Psychoneurowissenschaften

BIN TRAVERLER FORM

Cut By: Iris C. # 13 Qty 14 Date 8-24-26

Scanned By:__________ Qty_____ Date_______

Scanned Batch ID's

Notes / Exceptions

Gerhard Roth
Andreas Heinz
Henrik Walter
(Hrsg.)

Psychoneurowissen-schaften

Hrsg.
Gerhard Roth
Institut für Hirnforschung
Universität Bremen
Bremen, Deutschland

Andreas Heinz
Klinik für Psychiatrie und Psychotherapie
Charité Universitätsmedizin Berlin
Berlin, Deutschland

Henrik Walter
CharitéCentrum Psychatrie
Charité Universitätsmedizin Berlin
Berlin, Deutschland

ISBN 978-3-662-59037-9 ISBN 978-3-662-59038-6 (eBook)
https://doi.org/10.1007/978-3-662-59038-6

Die Deutsche Nationalbibliothek verzeichnet diese Publikation in der Deutschen Nationalbibliografie; detaillierte bibliografische Daten sind im Internet über ► http://dnb.d-nb.de abrufbar.

Illustrations by Martin Lay, Verlagsdienstleister, Breisach, Deutschland

Planung: Stephanie Preuß
Lektorat: Angela Simeon
Springer Spektrum ist ein Imprint der eingetragenen Gesellschaft Springer-Verlag GmbH, DE und ist ein Teil von Springer Nature.
Die Anschrift der Gesellschaft ist: Heidelberger Platz 3, 14197 Berlin, Germany

Vorwort

Das vorliegende Lehrbuch will eine Brücke zwischen den Psychowissenschaften, also Psychologie, Psychiatrie und Psychotherapie, und den Neurowissenschaften, das heißt Neurobiologie und Neurologie, schlagen. Von einem solchen Brückenschlag träumten bereits die bedeutendsten Neurowissenschaftler, Neurologen und Psychiater der zweiten Hälfte des 19. Jahrhunderts, wie Ernst von Brücke, Theodor Meynert und Sigmund Exner und auch der junge Sigmund Freud, der bekanntlich seine Karriere als sehr talentierter Neuroanatom begann. Ein solcher Brückenschlag, der weder die Geistes- noch die Naturwissenschaften vernachlässigt, konnte in fruchtbarer Weise aber erst viele Jahrzehnte später, nämlich gegen Ende des vorigen Jahrhunderts, angegangen werden, als Erkenntnisse in der Neuroanatomie, der Neurophysiologie, Entwicklungsneurobiologie und Neurogenetik stark zunahmen und sich konsolidierten.

Während inzwischen viele Psycho- und Neurowissenschaftler die Notwendigkeit eines solchen Brückenschlags betonen und aktiv daran arbeiten, gibt es dennoch nach wie vor auf beiden Seiten erhebliche Widerstände und Abschottungstendenzen. Das hat seinen Grund oft darin, dass Neurobiologie und Neurologie sich als Naturwissenschaften verstanden und verstehen und in Hinblick auf Theorie und Praxis der Psychowissenschaften auf naturwissenschaftliche Fundierung und empirische Evidenz pochen, wohingegen viele Psychowissenschaftler die Eigenständigkeit ihrer geisteswissenschaftlichen Orientierung betonen und offensiv gegen die „Deutungshoheit" der Neurowissenschaften angehen.

Dies führt häufig in den jeweiligen Ausbildungsgängen oder Fortbildungsveranstaltungen zu erheblicher Verwirrung – ist es doch oft Zufall, ob man als Studierender oder sich Fortbildender an einen „harten" neurobiologischen Reduktionisten gerät, für den psychische Erkrankungen „nichts anderes" sind als Fehlfunktionen synaptischer Transmission, oder an einen explizit geisteswissenschaftlich denkenden und praktizierenden Psychologen, Psychiater oder Psychotherapeuten, der die Autonomie des Geistes oder zumindest der geisteswissenschaftlichen Zugänge zu den relevanten Phänomenen betont. Zwar wird immer stärker die Abschaffung eines solchen „Lagerdenkens" gefordert, aber es mangelt meist an klaren Konzepten und zusammenfassenden Darstellungen, wie ein solcher Brückenschlag gelingen kann. Diesen zu vollziehen ist die Hauptintention des Lehrbuchs und seiner Autoren.

Entsprechend beabsichtigen wir, den Studierenden und jungen Wissenschaftlerinnen und Wissenschaftlern, Doktoranden wie Postdoktorandinnen sowie allen an Weiter- und Fortbildung Interessierten sowohl aus den Psychowissenschaften als auch aus den Neurowissenschaften eine kompakte und integrative Übersicht über die aktuelle Kenntnis- und Erkenntnislage zu vermitteln, die keinem Lagerdenken verpflichtet ist. Wir vermeiden daher, wo immer möglich, die Rede von „psychischen Korrelaten neurobiologischer Vorgänge" oder die von „neuronalen Korrelaten psychischer Vorgänge", da diese Herangehensweise implizit immer noch einen traditionellen Dualismus des Psychischen und Neuronalen nahelegt. Vielmehr gehen wir davon aus, dass das „Neuronale" und das „Psychische" eine untrennbare Einheit bilden in dem Sinne, dass zu jedem psychischen Vorgang ein bestimmter neuronaler Vorgang existiert und sich die unterschiedlichen Beschreibungsebenen im Rahmen naturwissenschaftlicher Gesetzmäßigkeiten abbilden lassen. Worauf eine solche Einheit letztendlich beruht, was also die eigentliche „Natur des Geistes“ ist, bleibt Gegenstand philosophischer Erörterungen, die wir nur stellenweise berühren werden. Auch sind wir uns darüber im Klaren, dass es in vielen Bereichen noch am detaillierten Nachweis und an einer kritischen Reflexion einer solchen ganzheitlichen Erklärung fehlt. Aber wo immer intensiv geforscht wird, wird diese Einheit deutlich.

Wir respektieren somit die Eigenständigkeit der Phänomene und die damit verbundene Bereichsgesetzlichkeit, sofern es keinen Widerspruch zu derjenigen des Neuronalen und des Psychischen gibt. Mit anderen Worten: Psychologie, Psychiatrie und Psychotherapie sind ohne eine naturwissenschaftlich-neurobiologische Basis nicht denkbar, aber die Neurowissenschaften geben ihrerseits nur die Rahmenbedingungen vor, innerhalb derer sich die Psychowissenschaften in Theorie und Praxis entfalten. Auf praktischer und methodischer Ebene verschwinden bereits die traditionellen Grenzen, das heißt viele Neurowissenschaftler befassen sich mit psychologisch-psychiatrisch-psychotherapeutischen Fragestellungen und umgekehrt, sofern sie nicht schon selbst doppelt qualifiziert sind, und wir gehen davon aus, dass scharfe Grenzziehungen bereits jetzt schon obsolet sind.

Wir sind uns aber darüber im Klaren, dass wir mit unserem Brückenschlag erst am Anfang stehen, zumal sich in den Neurowissenschaften und Psychowissenschaften ständig wichtige neue Erkenntnisse und Methoden ergeben, die integriert werden müssen. Die Richtung, die wir mit unserem Lehrbuch einschlagen, ist dennoch unseres Erachtens unumkehrbar.

Das Lehrbuch ist folgendermaßen aufgebaut: Nach einer historischen Einführung der drei Herausgeber in die zwei Jahrtausende dauernde Suche nach der „Natur der Seele“ liefern im ersten Teil die einzelnen Autoren eine Übersicht über den Stand der neurowissenschaftlichen Forschung, welche die funktionelle Neuroanatomie des limbischen Systems als entscheidendem Träger psychischer Phänomene, die pharmakologischen und neurophysiologischen Grundlagen der neuronalen Erregungsverarbeitung, die Gehirnentwicklung, die neurobiologischen Grundlagen von Persönlichkeitsmerkmalen, Emotionen und Motivation, die neurobiologischen Folgen früher Stresserfahrung und die psychologischen und neurobiologischen Grundlagen des Bewusstseins umfasst.

Hieran schließt sich der zweite Teil an, der sich mit Fragen der Psychiatrie und Psychotherapie vor dem Hintergrund des neurowissenschaftlichen Teils befasst. Es geht dabei um die Definition, Klassifikation und Diagnose psychischer Erkrankungen, von denen in den folgenden Kapiteln exemplarisch Suchterkrankungen, Schizophrenien, affektive Störungen und Angststörungen behandelt werden. Danach werden in integrativer Absicht unter dem Begriff der „Neuropsychotherapie“ die Wirkung psychotherapeutischer Verfahren und ihre neurobiologische Basis diskutiert.

Abgeschlossen wird das Buch mit einer Betrachtung der Herausgeber über die Psychoneurobiologie und ihre Bedeutung für die psychiatrische Praxis.

Wir danken allen Koautoren dieses Buches für die Mühe, die sie auf sich genommen haben, um ihr Fachwissen in einer für die jeweils andere „Seite" hoffentlich verständlichen Form darzustellen, ohne höchste Ansprüche an wissenschaftliche Korrektheit und Aktualität aufzugeben.

Weiterhin danken wir Frau Stephanie Preuß und Bettina Saglio vom Springer Verlag für die professionelle und geduldige Betreuung dieses Projekts.

Gerhard Roth
Andreas Heinz
Henrik Walter
Berlin und Bremen
September 2019

Inhaltsverzeichnis

Die Suche nach der Natur der Seele

Gerhard Roth, Andreas Heinz und Henrik Walter

G. Roth et al. (Hrsg.), *Psychoneurowissenschaften*, https://doi.org/10.1007/978-3-662-59038-6_1

1

In diesem Kapitel liefern wir einen kurzen Überblick über die Geschichte der Konzepte zum Verhältnis der „Seele" bzw. Psyche zum Gehirn und zum Körper, Diese Geschichte beginnt mit der antiken Lehre von den drei Seelenvermögen, gefolgt von der sogenannte Ventrikellehre, die von der Spätantike über das Mittelalter bis ins 18. und 19. Jahrhundert hineinwirkte, und dann von den Ergebnissen der modernen Hirnforschung und den Versuchen einer „Verortung" der Psyche im Gehirn, vor allem mithilfe bildgebender Verfahren, abgelöst wurde. Viele Spekulationen über die Natur der Reizfortleitung in den Nerven (mechanisch, hydraulisch, pneumatisch) wurden angestellt, bis sich sehr langsam die heute dominierende Vorstellung durchsetzte, dass diese Fortleitung gemischt elektrisch-chemisch geschieht. Wir werden fragen, in welcher Weise die modernen Erkenntnisse zu einer Lösung des uralten Geist-Gehirn- bzw. Seele-Körper-Problems beitragen.

Lernziele

Der Leser sollte nach Lektüre dieses Kapitels in der Lage sein, die sich über zwei Jahrtausende hinziehenden philosophischen und wissenschaftlichen Anschauungen über Bau und Funktionen des menschlichen Gehirns und seines Verhältnisses zu geistig-psychischen Zuständen gedanklich nachzuvollziehen.

In den derzeit gängigen Lehrbüchern, Handbüchern und Lexika der Neurowissenschaften, Psychologie, Psychiatrie und Psychotherapie kommt der Begriff der „Seele" meist nur im historischen Kontext vor und ist in seiner Bedeutung für das gesamte Denken und Fühlen des Menschen mehr oder weniger vollkommen durch den Begriff der „Psyche" ersetzt worden. Dies ging aber mit einer erheblichen Einschränkung des historischen Begriffs der „Seele" einher, wie wir hier kurz darstellen wollen.

Die Frage nach der Definition und Beschaffenheit bzw. Natur der Seele hat Theologen, Philosophen und Wissenschaftler seit Langem beschäftigt. Alle großen Religionen haben irgendeine Art von Seelenlehre entwickelt, ebenso haben nahezu alle bedeutenden Philosophen zu Natur und Eigenschaften der Seele Stellung genommen. Im Folgenden beziehen wir uns auf europäisch geprägte Traditionen, wohl wissend, dass andere Kulturen und Weltregionen teilweise ganz andere Vorstellungen ausgebildet haben (Morris 1994).

Für die europäisch geprägte Tradition gilt, dass seit der Antike bis in das zwanzigste Jahrhundert hinein Hirnforscher auf der Suche nach dem „Sitz" der Seele im Nervensystem waren (vgl. Breidbach 1997; Florey 1996), und ohne diese intensive Suche wären die großen Fortschritte in der Hirnforschung nicht möglich gewesen. Erst in der zweiten Hälfte des 20. Jahrhunderts kam diese Frage aus der Mode, und die Versuche des Neurophilosophen John Eccles, seines Zeichens Nobelpreisträger für Physiologie, den Begriff des Geistes und der Seele mit der modernen Hirnforschung in Verbindung zu bringen (vgl. Popper und Eccles 1977/1982; Eccles 1994), wurden von Neurobiologen, Psychologen und auch den meisten Philosophen belächelt.

Das Bedürfnis, sich über die Seele Gedanken zu machen, ergibt sich aus einer Reihe von Gründen. Ein Grund sind traditionelle Anschauungen über den Aufbau der Welt. Für Aristoteles (384–322) setzt sich die Welt zusammen aus zwei Grundbereichen, nämlich den toten und den belebten Dingen. Die belebten Dinge wiederum werden von Aristoteles unterteilt in:

1. die Pflanzen, die leben und wachsen können,
2. die Tiere, die leben und wachsen, sich aber zusätzlich selbst bewegen können und wohl auch Empfindungen haben, und schließlich
3. die Menschen, die leben und wachsen, sich selbst bewegen können, Empfindungen haben, darüber hinaus aber noch einen Geist besitzen, mit dem sie denken können[1].

1 Aristoteles, Über die Seele, 413a.

In der philosophischen Anthropologie finden sich dementsprechend Unterscheidungen zwischen den Pflanzen als „offenen" und Tieren als „geschlossenen" Lebensformen mit einer Grenze, die Innen- und Außenwelt scheidet. In dieser Sicht leben Menschen, anders als Tiere, nicht nur im Zentrum ihrer Umwelt, sondern können sich auch exzentrisch positionieren und dabei beispielsweise über sich selbst lachen oder nachdenken (Plessner 1975).

Antike Seelenlehre von Platon bis Galenos

Die Überlegungen von Aristoteles haben ihren Ausgangspunkt in der Lehre von den drei Seelenvermögen, die zweieinhalbtausend Jahre hindurch das abendländische Denken wie auch das Denken vieler anderer Kulturen beherrscht hat (Florey 1996). Sie stammen alle drei vom universellen Weltgeist, Gott, Pneuma oder Weltäther genannt, ab und unterteilen sich in die *anima vegetativa (spiritus vegetativus),* die das Lebendige lebendig macht („Lebenshauch, Odem"), die *anima animalis (spiritus animalis),* die die Tiere bewegt und ihnen Empfindungen verleiht, und die *anima rationalis (spiritus rationalis),* die als Intellekt („Geist") Verstand und Vernunft repräsentiert (Aristoteles, dto., 428a, 432a; 434a).

Ein weiterer Grund für die Seelenlehre ist unsere Selbsterfahrung: Wir erleben die Welt in charakteristisch unterschiedlicher Weise, nämlich erstens uns selbst, d. h. unser Wahrnehmen, Denken, Erinnern, Vorstellen, Fühlen und Wollen, das mit dem Ich-Gefühl aufs Stärkste verbunden ist (vgl. Frank 1991, S. 246 ff.; Sartre 2014, S. 157); zweitens unseren Körper, in dem wir als Leib leben, aber den wir auch als Objekt unter anderen Objekten erleben können (Plessner 1975); und drittens die Welt außerhalb unseres Ich und unseres Körpers, also all das, was wir nicht direkt fühlen oder beeinflussen können (Roth 1996). Die Vorstellung, dass unser Ich, unsere Bewusstseinszustände, unser Denken, Erinnern und Wollen, scheinbar unstofflich und unräumlich ist, ist zumindest in der europäischen Tradition vorherrschend. Wir können uns in der Regel nicht vorstellen, dass unser Geist von derselben Art sein sollte wie ein Stein oder ein Stück Holz, und auch unser Körper scheint irgendwie von anderer Natur zu sein. Es muss demnach also etwas rein Geistiges, rein Seelisches geben[2]. Schwierigkeiten können bei dieser Abgrenzung die Gefühle bereiten, die einerseits reine Empfindungen, andererseits aber mehr oder weniger stark an den Körper gebunden sind.

Ein weiterer und meist wenig beachteter Grund kommt aus der Traumerfahrung. Während ich schlafe und wie tot im Bett oder woanders liege, habe ich Träume, in denen ich mich häufig ganz realistisch in einer Traumwelt bewege, Dinge erlebe, sage, tue, Gefühle habe usw.; andere berichten darüber ebenfalls. Dies spricht für eine Trennung von Seele und Körper im Traum: Demnach müsste es etwas geben, das oft Freiseele genannt wird und den Körper belebt, ihn aber zeitweilig verlassen kann (dann ist der Körper im Tiefschlaf wie tot), und das beim Tod den Körper endgültig verlässt (▫ Abb. 1.1).

Schon in der Antike gab es Diskussionen über die Beschaffenheit dieser drei Seelen. Die ersten beiden, *anima vegetativa* bzw. *spiritus vegetativus* und *anima animalis* bzw. *spiritus animalis*, waren für die antiken Philosophen unstrittig materieller Natur, wenngleich (zumindest der *spiritus animalis*) sehr feinstofflicher Art wie der Weingeist ist, der bei der Destillation von Wein entsteht. Die doppelte Bedeutung von „Spiritus" als „Geist" und als „Weingeist" hat eine jahrtausendealte Tradition. Die Natur der dritten Seele war umstritten: Während materialistische Philosophen sie ebenfalls für materiell- feinstofflich hielten (Lukrez 2017), war für die meisten anderen Philosophen, vor allem für Platon (428/427–348/347), die dritte Seele, die *anima rationalis*, immateriell, unsterblich

2 Scheler 1930, S. 82.

1

Ain sermon võ der Beraitung
zũm sterbẽ/Doctor Martini Luther Augustiner ꝛc.

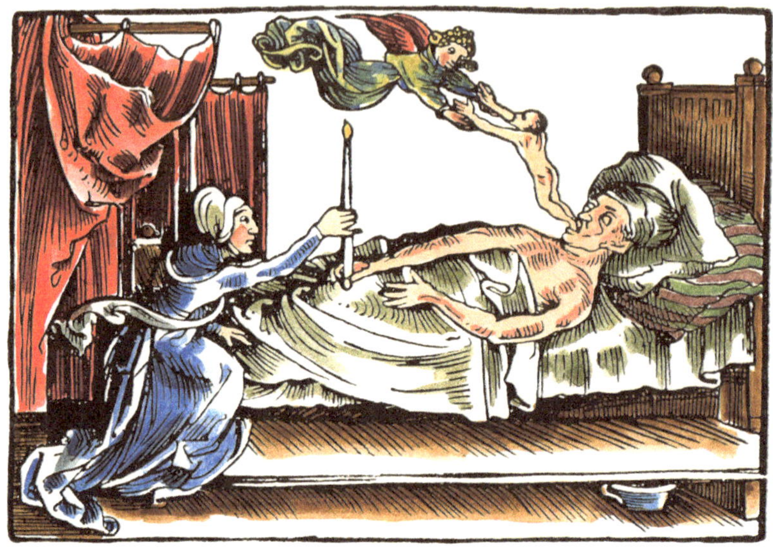

Abb. 1.1 Volkstümliche Darstellung aus dem 16. Jahrhundert, die zeigt, wie die Seele aus dem Munde eines Sterbenden entweicht und den toten Körper zurück lässt. Die Seele wird von einem Engel in Empfang genommen. Die Gleichsetzung von Seele und Atem ist antiken Ursprungs. (Aus: Martin Luther: *Ain sermon von der Beraitung zum sterben*. Um 1520. © akg-images/picture alliance)

und entsprechend vom Körper lösbar.[3] Dieser Anschauung, wie sie in der Neuzeit vornehmlich von René Descartes vertreten wurde, waren auch die meisten Philosophen bis in das 20. Jahrhundert hinein.

Seit alters her haben Ärzte und Naturforscher diese drei Seelen oder Seelenvermögen im Menschen zu verorten gesucht. Platon führt in seinem Dialog Timaios[4] sowie in anderen Dialogen aus, das Seelenvermögen der Begierde sei angesiedelt im Unterleib, der Mut als zweites Seelenvermögen habe seinen Sitz im Herzen, und das Denken bzw. den Verstand als drittes

3 Platon: Phaidros 245, Timaios 69c.

4 Platon: Timaios 69c–d.

Seelenvermögen sei angesiedelt im Gehirn. Das Gehirn ist dabei gedacht als das Zentralorgan des Körpers; wie der Verstand das Verhalten, so soll das Gehirn den Körper lenken. Verstand/Vernunft/Geist/Seele sind für Platon synonym; sie charakterisieren ein unsterbliches, unstoffliches Wesen göttlicher Herkunft.

Für Lukrez (99–55/53 v. Chr.) gab es dagegen nur Materie (Körper) und Leere. Der feinstofflich verstandene Verstand *(animus)* sitzt in der mittleren Brust, während die Seele *(anima)* im ganzen Leib verstreut ist.[5] Die mittlere Brust bzw. das Herz sind auch in anderen philosophischen Systemen von zentraler Bedeutung: Für Aristoteles war das Herz Sitz von Wahrnehmungen und Empfindungen; vom Herzen aus werden die Körperfunktionen geregelt.[6] Über die mit Pneuma gefüllten Arterien schickt das Herz „Lebensgeister" zu den Organen, über die blutgefüllten warmen Venen die lebensspendenden Nährstoffe. Über die Verbindungen mit den Sinnesorganen wird es indirekt über den Zustand und die Vorgänge der Außenwelt informiert. Diese Vorstellung ist auch heute noch in der volkstümlichen Auffassung vom Herzen als Sitz der Gefühle lebendig. Das Gehirn war für Aristoteles ein Kühlorgan für das warme Blut, es war blutleer bis auf die Hirnhäute und konnte deshalb gar nicht das „Seelenorgan" sein.[7] Die Seele sah Aristoteles, anders als sein Lehrer Platon, nicht als eigenständige Instanz an; sie existierte für ihn nicht ohne den Körper, vielmehr war sie die dem jeweiligen Stoff innewohnende Form und legte damit sein konkretes Wesen fest.[8]

Der spätantike Arzt und einer der ersten empirischen Hirnforscher Claudius Galenos (129–199 n. Chr.) entwickelte schließlich aufgrund anatomischer Studien eine Seelenlehre, die weit bis ins siebzehnte Jahrhundert wirksam war, und zwar die Lehre von den drei Pneuma-/Spiritus-/Seelen-Arten, die von der genannten Seelenlehre etwas abweicht.[9] In der Leber wird nach Galenos aus den Nährstoffen der *spiritus naturalis/materialis* gebildet, der dann im Herzen unter dem Einfluss des mit der Luft eingeatmeten Spiritus/Pneuma zum *spiritus vitalis* umgewandelt und ins Blut abgegeben wird. Im blutdurchströmten Gehirn entsteht dann per Destillation über das Wundernetz *(rete mirabile)* aus dem *spiritus vitalis* der *spiritus animalis* (◘ Abb. 1.2). Die drei Spiritus werden allen Organen des Körpers zugeführt, der *spiritus naturalis* über die Venen, der *spiritus vitalis* über die Arterien und der *spiritus animalis* über die Nerven. Kurz gesagt: Venen ernähren, Arterien beleben, die Nerven beseelen. Über einen *spiritus rationalis* schweigt Galenos sich aus.[10]

5 Lukrez 2017, S. 51, 109.

6 Aristoteles: Über die Teile der Lebewesen, 652a–665 f.

7 Aristoteles dto. 669.

8 Aristoteles: Metaphysik 1036b–1037b, und Über die Seele 413b.

9 Galenos: De placitis Hippocratis et Platonis. Opera omnia Bd. V, 518.

10 dazu Julius Rocca (2003): Galen on the brain, Leiden, 34–38.

1

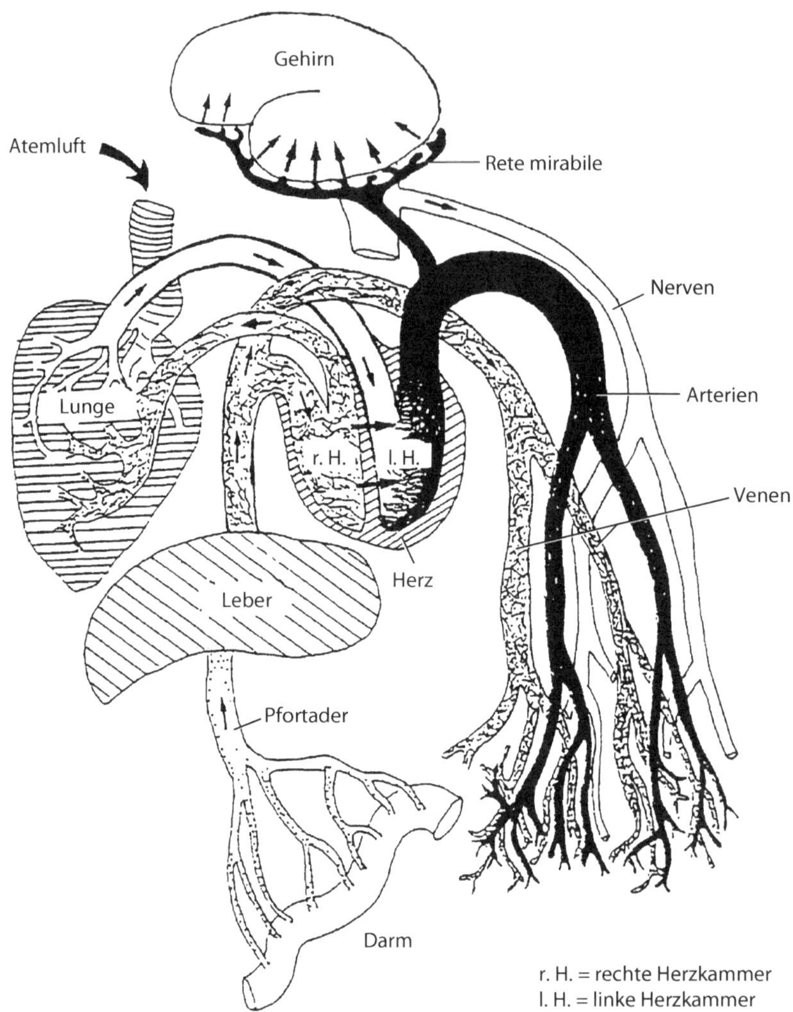

Abb. 1.2 Schema der Spiritus-Lehre von Galenos. Aus den der Nahrung entnommenen Nährstoffen wird in der Leber der *spiritus naturalis* gebildet, der dann im Herzen unter dem Einfluss des mit der Luft eingeatmeten *spiritus/pneuma* zum *spiritus vitalis* umgewandelt wird. Im Gehirn entsteht dann hieraus der *spiritus animalis*. (Verändert nach Florey, aus Roth und Prinz 1996)

Die Ventrikellehre

In der Nachfolge von Galenos entwickelte im späten 4. Jahrhundert nach Chr. Nemesios von Emesa die Vorstellung, dass der Ort der geistigen Funktionen die Hirnventrikel seien. Daran schließt sich die mittelalterliche und frühneuzeitliche Ventrikellehre an, die auf Albertus Magnus (um 1200–1280) zurückgeht: Die drei (in Wirklichkeit sind es mit den beiden Endhirnventrikeln vier) Ventrikel oder *cellulae* sind hintereinander angeordnet und mit Pneuma/Spiritus gefüllt (◘ Abb. 1.3). Die vorderste Zelle ist der Ort des Gemeinsinns *(sensus communis)*, der Wahrnehmungen *(phantasia)* und der durch die Seele erzeugten Vorstellungen *(imaginationes)*. Die zweite Zelle dient der Bewertung des Wahrgenommenen und des intellektuellen Erkennens (*cogitatio* und *aestimatio*), die dritte dem Gedächtnis *(memoria)*, bei anderen Autoren auch der Willenskraft *(voluntas, volitio)*. Zwischen erster und zweiter Zelle liegt ein wurmförmiges Klümpchen, das nach Art eines Ventils den Informationsfluss regelt. Es entspricht anatomisch der Zirbeldrüse, die bei Descartes eine wichtige Rolle spielt. Geist im engeren Sinne ist dabei immer etwas Unstoffliches und Unsterbliches, das mit dem Gehirn in den Ventrikeln interagiert (vgl. Breidbach 1997). Diese Lehre hielt sich bis in das 19. Jahrhundert, so beim Neuroanatomen Samuel Thomas Soemmerring (1755–1830), der 1786 das bedeutende Buch „Über das Organ der Seele" veröffentlichte, in dem er die Ventrikel als „Sitz der Seele", d. h. als das Verbindungsorgan zwischen Körper und Geist, ansah. Die Seele selbst war auch bei Soemmering unstofflich und unsterblich.

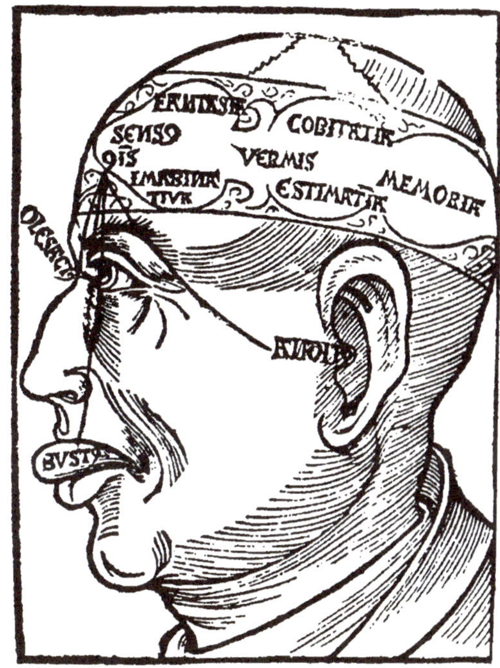

◘ **Abb. 1.3** Eine aus dem 16. Jahrhundert stammende Darstellung der Hirnventrikel. Die hier gezeigten drei der fünf Sinne, nämlich der Geruchssinn *(olfactus)*, der Hörsinn *(auditus)* und der Geschmackssinn *(gustus)* schicken, zusammen mit dem Gesichtssinn *(visus)* und dem Tastsinn *(tactus)*, Erregungen zum ersten Ventrikel, in dem der Gemeinsinn *(sensus communis)*, die Vorstellungskraft *(fantasia)* und das Anschauungsvermögen *(vis imaginativa)* ihren Sitz haben. Im zweiten Hirnventrikel sind das Denkvermögen *(vis cogitativa)* und das Urteilsvermögen *(vis estimativa)* angesiedelt; erster und zweiter Hirnventrikel sind durch den Wurm *(vermis)* als eine Art Ventil getrennt. Im dritten Hirnventrikel ist das Gedächtnis *(memoria)* lokalisiert. Heute weiß man, dass die Hirntätigkeit nicht in den Ventrikeln, sondern in der Hirnmasse (graue und weiße Substanz) stattfindet. (Aus: Florey in Roth und Prinz 1996)

Mechanismen der Erregungsfortleitung im Gehirn und der Beginn der Elektrophysiologie

Eine wichtige Frage der neuzeitlichen Philosophie und Medizin war diejenige nach der Art und Weise, wie die Erregungen von den Sinnesorganen zum Gehirn, genauer zu den Ventrikeln oder anderen Vermittlungsorganen, transportiert würden. Für Descartes waren, wie er in seinem Traité de l'homme (posthum 1742 publiziert) ausführte, die Nerven Röhren, die einen Markfaden enthalten. Die Zirbeldrüse ragt in die Ventrikel hinein. Über die sensorischen Nerven wirken die Fäden mechanisch auf die Oberfläche der Zirbeldrüse ein und versetzen sie in Schwingungen. Ihre verspiegelte Oberfläche dient auch zur „Repräsentation" von Bildern. Durch die Auslenkung der Zirbeldrüse wird in unterschiedlicher Weise Nervenfluidum *(spiritus animalis)* in die motorischen Röhren-Nerven gedrückt, welche dann die Muskeln aufblähen und die Bewegungen veranlassen. Bewusste Wahrnehmungen und Willensakte kommen dadurch zustande, dass die immaterielle menschliche Seele zum einen die Geschehnisse auf der Oberfläche der Zirbeldrüse wahrnehmen und zum anderen die Zirbeldrüse bewegen kann (vgl. Métraux 1993).

Die bei Descartes zu findende Unklarheit darüber, ob die Signaltransmission in den Nervenröhren nun mechanisch über Fäden, über Vibrationen dieser Fäden oder hydraulisch bzw. gasförmig geschah, hielt bis weit ins 19. Jahrhundert an. Bedeutende Naturforscher wie Albrecht von Haller (1708–1777) waren der Meinung, es handle sich um einen feinflüssigen Stoff.[11] Isaac Newton vertrat in seinen Principia mathematica die Idee der Signaltransmission über vibrierende elastische Nervenfäden[12], wobei er in der 2. Auflage einen *electric and elastic spirit* erwähnte, der sich angeblich schneller als mit Lichtgeschwindigkeit ausbreitet, jedoch bei Newton eine unklare Rolle spielte. Mehrere italienische Forscher des 18. Jahrhunderts wie Leopoldo Caldani (1725–1813) postulierten in der Nachfolge Newtons, dass das „Nervenfluidum" elektrisch sei, ja dass Elektrizität das Lebensprinzip darstelle.[13] Dies löste heftigen Widerstand in Fachkreisen aus. Die Entdeckungen von Luigi Galvani (1737–1798), dass Muskelzuckungen sich durch elektrische Reizung auslösen ließen, waren hierfür der offensichtliche Beweis[14]. Galvani hing allerdings noch der antiken Pneuma- bzw. Fluidum-Lehre an und glaubte, dass sich das elektrische Fluidum in der Hirnrinde aus dem Blut entwickelt und in die Nerven fließt. Der bedeutende Anatom Karl-Friedrich Burdach (1776–1847) vertrat in seinem dreibändigen Werk Vom Baue und Leben des Gehirns (1819–1826) entsprechend die Auffassung, die der Seelentätigkeit zugrunde liegende „Nervenkraft" sei eine energetische Transformation von Elektrizität. Aus dem *spiritus animalis* wurde somit ein elektrisches Fluidum, und aus dem bewegten Fluidum schließlich ein elektrischer Strom.

Die moderne Elektrophysiologie wurde von Emil Dubois-Reymond (1818–1896) begründet und durch die Erfindung völlig neuer Apparate und Experimente vorangetrieben. Diese Entwicklung gipfelte in Dubois-Reymonds Werk Untersuchungen über die thierische Elektrizität (1848). Seit den 1960er-Jahren des 19. Jahrhunderts lag der Nachweis vor, dass die Nervenerregung pulsartig ist („Aktionspotenziale"). Mithilfe sehr empfindlicher Galvanometer wurden durch Richard Caton (1842–1926) oszillierende Ströme im Gehirn von Kaninchen, Katzen und Affen nachgewiesen, die bei Kopfdrehungen, Kaubewegungen oder Hautberührungen an der Oberfläche der Großhirnrinde auftraten (Caton 1875). Dies wurde zur Grundlage des modernen EEG, wie es in den zwanziger Jahren des

11 Haller: Elementa physiologiae corporis humanae, Bd. 6: Cerebrum.

12 Newton, Principia mathematica III, 5.

13 Caldani: Institutiones. Physiologiae, 136.

14 Caldani: De viribus electricitatis in motu muscularis commentarius.

vorigen Jahrhunderts von Hans Berger (1873–1941) entwickelt wurde (Berger 1929), und der modernen Elektrophysiologie.

Parallel zu diesen Untersuchungen machte die funktionelle Neuroanatomie Fortschritte. F. J. Gall (1758–1828) und J. C. Spurzheim (1775–1832) waren bedeutende Hirnanatomen und die prominentesten Vertreter der heute als unwissenschaftlich angesehenen „Phrenologie", d. h. einer detaillierten Lokalisationstheorie von Hirnfunktionen und geistig-seelischen Vermögen, die aus der Beschaffenheit der Schädeloberfläche abgeleitet wurde (Gall 1791), da die Auswölbungen des Gehirns am Schädelknochen tastbar seien. Gall und Spurzheim vertraten eine radikal materialistische Sicht: Veränderungen des Gehirns führen zu Veränderungen von Hirnfunktionen. In dieser Auffassung gab es keinen Platz mehr für die „Seele".

In dieser Darstellung zeigt sich, wie sich innerhalb der Philosophie und der Hirnforschung von der Antike bis heute die Seele im sprichwörtlichen Sinne verflüchtigte. Bei Platon und den anderen antiken und mittelalterlichen Philosophen, Ärzten und Naturforscher wurden die Seelenvermögen noch im ganzen Körper angesiedelt, nur die denkende Seele hatte ihren Sitz im Gehirn. Seit der Neuzeit wurden alle Seelenvermögen in das Nervensystem verlegt. Man spricht in heute gängigen Lehrbüchern bezeichnenderweise von einem *vegetativen* Nervensystem *(anima vegetativa!)*, das unsere Körperfunktionen und unsere grundlegenden Affekte antreibt, und ebenso von einem *animalischen* Nervensystem *(anima animalis!)* bzw. von einer animalischen Physiologie, die all das an Wahrnehmung, Empfindung und Bewegungssteuerung antreibt, was wir Menschen mit den Tieren teilen (bei Dubois-Reymonds und Wundt „Thierseele" genannt, vgl. Wundt 1863). Diese animalische Seele wird dann in Teilen des Hirnstamms, des Zwischenhirns und des Endhirns einschließlich einiger Teile der Großhirnrinde verortet. Das dritte Seelenvermögen, die *anima rationalis,* auf das man heutzutage mit dem Begriff der *kognitiven* oder *mentalen* Zustände verweist, lokalisierte man seit Langem in den sogenannten assoziativen Arealen der Großhirnrinde. Über den Sitz der Gefühle war man sich lange Zeit ziemlich unsicher; inzwischen werden die neurobiologische Korrelate der Emotionen meist im Hirnstamm, im Zwischenhirn und Teilen der Großhirnrinde beobachtet – in Zentren, die dem heutigen Begriff des limbischen Systems entsprechen (▶ Kap. 2).

Die gegenwärtige Auffassung des Seelischen bzw. Psychischen und seiner neurobiologischen Grundlagen

Das Seelische wird, wie eingangs erwähnt, heute meist durch den Begriff des Psychischen ersetzt, was eigentlich nur eine Übersetzung des griechischen Wortes *psyché* ist, aber weniger problematisch klingt. Dennoch ist auch der Begriff des Psychischen nach wie vor unklar. In seinem allgemeinsten Sinne umfasst das Seelische bzw. Psychische alles, was an und in uns nicht rein körperlich ist wie die Aktivität des Herzens und der Leber, rein motorisch wie das Heben des Armes, oder was die elementaren Vorstufen unserer Wahrnehmung betrifft, wie die Vorgänge in unserer Netzhaut oder unserem Innenohr. Entsprechend gehören zum Seelischen bzw. Psychischen

1. alle bewussten kognitiven Leistungen wie Wahrnehmen, Erkennen, Denken, Vorstellen, Erinnern und Planen;
2. alle emotionalen, als intentional verstandenen Zustände wie Freude/Glück, Furcht, Ärger, Furcht, Ekel usw., und
3. alle Stimmungen, die als affektiver Hintergrund des Erlebens verstanden werden können und dann ebenfalls einen intentionalen Charakter („affektive Intentionalität") aufweisen, auch wenn sie nicht auf einzelne Sachverhalte, sondern auf die allgemeine Befindlichkeit in der Welt gerichtet sind (Gaebler et al. 2011; Heinz 2014).

Kontrovers diskutiert wird die Frage, ob auch nicht bewusste Vorgänge zum Psychischen gehören – die meisten Neurobiologen stimmen wohl der letzteren Auffassung zu.

Die moderne Neurobiologie kann diese Zustände mit Strukturen und Funktionen des menschlichen (und zum Teil des tierischen) Gehirns in Verbindung bringen, wie dies im vorliegenden Lehrbuch dargestellt wird. Kognitive Leistungen sind gebunden an die Aktivität verschiedener Hirnregionen, unter anderem der assoziativen Großhirnrinde, des allocortikalen Gedächtnissystems (Hippocampus und umgebende Rinde) sowie subcortikaler Strukturen, die an der Steuerung von Bewusstsein und Aufmerksamkeit beteiligt sind (z. B. basales Vorderhirn, Basalganglien, thalamische Kerne, retikuläre Formation). Emotionale Zustände und Stimmungen sind gebunden an die Aktivität des limbischen Systems (beispielsweise des orbitofrontalen und cingulären Cortex, der Amygdala und des mesolimbischen Systems, des Hypothalamus, des zentralen Höhlengraus und vegetativer Kerne des Mittelhirntegmentums, der Brücke und des verlängerten Marks). Diese werden wiederum von Hormonsystemen aus dem ganzen Körper beeinflusst, sodass eine Beschränkung des „Seelischen" auf das Gehirn auch aus neurobiologischer Sicht fehlgeht.

Neben den „schnellen" Neurotransmittern wie Glutamat, GABA und Glycin üben die vielleicht wichtigste Funktion die sogenannten neuromodulatorischen Systeme aus, die durch die Botenstoffe Noradrenalin, Dopamin, Serotonin und Acetylcholin bestimmt sind. Diese Stoffe werden in vergleichsweise kleinen Zentren des Hirnstamms (v. a. Raphekerne, Locus coeruleus, Substantia nigra, ventrales tegmentales Areal) und des unteren Endhirns (basales Vorderhirn) produziert und über ein weit ausgreifendes Fasersystem in das gesamte Gehirn einschließlich der bewusstseinsfähigen Großhirnrinde transportiert und dort ausgeschüttet. Diese neuromodulatorischen Substanzen sind, zusammen mit weiteren neuroaktiven Stoffen, wie Neuropeptiden und Neurohormonen, wichtige Bestandteile psychischer Funktionsfähigkeiten, indem sie ungerichtete Aufmerksamkeit und Erregtheit (v. a. Noradrenalin), Zufriedenheit und Wohlbefinden (z. B. Serotonin), gerichtete Aufmerksamkeit (etwa Acetylcholin) und Antrieb, Neugierde sowie die Erwartung von Belohnung (v. a. Dopamin) vermitteln. Das dopaminerge System ist eng gekoppelt an die so genannten hirneigenen Opioide, welche die eigentlichen Lust- und Belohnungsstoffe des Gehirns darstellen (Heinz et al. 2012). Andere Neuropeptide wie Cholecystokinin und Substanz P können Angst und Unwohlsein auslösen (vgl. Roth und Strüber 2018). Während man bisher in den Neuro- und Kognitionswissenschaften die vermeintlich „höheren" kognitiven Funktionen und die emotionalen/affektiven Funktionen stark trennte, wächst heute die Einsicht, dass diese Funktionen beim Menschen aufs Engste miteinander verbunden sind, ja, dass die kognitiven Leistungen eingebettet sind in die viel umfassenderen emotionalen und affektiven Leistungen (Kaminski et al. 2018; Stephan und Walter 2003). Dies ist der Hauptgrund dafür, dass man den Begriff des Seelischen durchaus für nützlich in der Hirnforschung halten kann, denn er umfasst alle Zustände, die unser Selbstverständnis betreffen, unsere Gedanken, Vorstellungen, Wünsche, Gefühle und Affekte, aber auch unsere Triebe und Motivationszustände.

Historisch gesprochen handelt es sich um eine Synthese der *anima animalis* und der *anima rationalis* der alten Seelenlehre, also all dessen, was uns motorisch, emotional-affektiv und kognitiv bewegt. Die *anima vegetativa* hingegen ist durch diejenigen biophysikalischen, biochemischen und physiologischen Prozesse realisiert, die das zelluläre Geschehen eines Organismus ausmachen. Allerdings lassen sich die neurobiologischen Korrelate kognitiver und emotionaler, also seelischer Zustände und Prozesse, die von Bewusstsein begleitet sind, nicht in bestimmten Hirnregionen verorten, sondern es handelt sich um ein ausgedehntes Netz von Hirnzentren, die auch stark von Körperorganen beeinflusst werden.

Die Frage nach der Natur seelisch-psychischer Zustände und des Verhältnisses von Gehirn und Geist

Eine klassische Frage bleibt aber bisher unbeantwortet: Man kann zwar inzwischen einigermaßen genau angeben, was im Gehirn abläuft, wenn wir bewusste seelisch-psychische Zustände haben, man kann sogar einigermaßen angeben, welche neurobiologischen Grundlagen dafür erforderlich sind und wie sich spezifische Modifikationen der neurobiologischen Korrelate (beispielsweise beim Drogenkonsum) auf seelische Zustände wie das Glücksgefühl auswirken, aber man kann bisher nicht plausibel angeben, was diese seelischen Zustände *ihrer Natur nach* sind. Der heute noch weithin populäre interaktive Dualismus hält Seele und Geist für etwas vom (materiell verstandenen) Gehirn Wesensverschiedenes und im Prinzip davon Unabhängiges. Dies führt zu der bereits genannten Grundschwierigkeit zu erklären, wie dann Geist und Seele auf das Gehirn einwirken können, und umgekehrt. Neben den eingangs genannten Gründen ist hier auch der Einfluss religiöser Vorstellungen sowohl bei Naturvölkern (Boyer 2003) als auch der Einfluss der großen Weltreligionen, insbesondere des Christentums, von anhaltender Bedeutung. Selbst bei den Theorien, die Seele und Geist als vom Gehirn unabtrennbar ansehen, gibt es nach wie vor eine große Auswahl an Positionen (für eine ausführlichere Darstellung vgl. Walter 1997). Dazu gehören z. B.:

1. der Eliminativismus: Anders als uns die Alltagspsychologie des Seelischen glauben machen will, existiert Seelisches an sich gar nicht, sondern ist nichts anderes als das Feuern bestimmter Neuronen in bestimmten Hirnregionen (Bickl 2008; Churchland 1986; Crick 1998).
2. die Identitätstheorie (Reduktionismus): Seelisches ist identisch mit Gehirnprozessen (z. B. Pauen 1999, 2016);
3. der Funktionalismus: Seelisches ist eine Funktion des Neurobiologischen, könnte aber auch durch andere physische Strukturen realisiert werden (Fodor 1975)
4. neutraler Monismus (Zwei-Aspekt-Theorie): Neuronales und Seelisches sind zwei Aspekte/ Zustände eines dritten, bisher unbekannten Zustandes (vgl. Vollmer 1975, evolutionäre Erkenntnistheorie)
5. nichtreduktiver Materialismus: Seelisches ist zwar immer physisch realisiert und zwar im oder durch das Gehirn, ist aber prinzipiell nicht auf physische Eigenschaften reduzierbar. Dazu zählen u. a.
   - der anomale Monismus, der einzelne seelische Ereignisse *(tokens)* zwar als identisch mit einzelnen physischen Ereignissen ansieht, aber Typen von seelischen Ereignisse nicht als identisch mit Typen physischer Ereignisse (Davidson 1970),
   - der Eigenschafts-dualismus, der bewusste Eigenschaften als intrinsische, elementare Kraft innerhalb der physischen Welt ansieht (Chalmers 1996),
   - verschiedene Emergenztheorien, denen zufolge komplexe seelische Eigenschaften aus einfachen physischen Eigenschaften entstehen oder auftauchen („emergieren"), ohne dass sie sich auf diese reduzieren lassen (vgl. dazu Stephan 2016).
6. externalischer Materialismus: Seelisches ist nicht allein auf das Gehirn beschränkt, sondern wird durch Prozesse konstituiert, die über das Gehirn hinausreichen, nämlich in den Körper und die Umwelt (Clark und Chalmers 1998; Walter 2018)

1

Die gegenwärtige Diskussionslage

Für die heutigen Neurowissenschaftler, die sich mit psychischen oder neuronalen Vorgängen befassen, steht die Annahme, dass das Seelische ein Teil der Natur ist, damit physikalischen Beschreibungen zugänglich ist und den bekannten Naturgesetzen unterliegt, nicht im Widerspruch zu der Tatsache, dass wir noch nicht oder vielleicht niemals ganz genau wissen werden, wie es zustande kommt, was es eigentlich ist, und wie genau wir es in ein naturwissenschaftliches Weltbild einordnen sollten. Dies alles traf historisch gesehen für Elektrizität und Magnetismus ebenso zu wie für Effekte, die zur Entwicklung der Relativitätstheorie einerseits und der Quantenphysik andererseits geführt haben. Es bedeutet auch nicht, dass wir Seelisches auf unser Verständnis seiner materiellen, in diesem Fall seiner neurobiologischen Korrelate verkürzen dürfen. Eine solche wissenschaftliche Erklärung ist nämlich von den vorherrschen Paradigmen der jeweiligen Zeit geprägt und muss, will sie experimenteller Überprüfung zugänglich sein, komplexe Phänomene immer auf empirisch testbare Fragestellungen hin eingegrenzt und damit reduziert werden (Ernst und Heinz 2013).
Mit dieser Position ist auch dasjenige Merkmal des Seelisch-Bewusstsein vereinbar, das den Leib-Seele-Philosophen auch heute noch das meiste Kopfzerbrechen bereitet, nämlich die Tatsache, dass sich das Seelisch-Bewusste nur introspektiv selbst empfinden kann und daher mehr ist, als je aus der Beobachter-Perspektive („von außen") erschlossen werden kann. Dieses introspektive Privileg bewussten Empfindens ist auch als Qualia-Problem bekannt (Nagel 1974). Neben seiner intuitiven Plausibilität wird es philosophisch v. a. durch Gedankenexperimente wie das Zombie-Argument gestützt, was von Peter Bieri als „tibetanische Gebetsmühle" bezeichnet wurde (Bieri 1994): So lässt sich bei jeder wissenschaftlichen Erklärung bewussten Erlebens immer die Frage stellen: Könnte nicht all das der Fall sein, ohne dass wir bewusste Empfindungen haben? Anders ausgedrückt: Können wir nicht alle Zombies sein? Allerdings gibt es gegen diese Gedankenexperimente auch gute Gegenargumente (vgl. Pauen 2016). Außerdem gilt, dass dasjenige, was „von innen" differenziert erlebt werden kann, aus neurowissenschaftlicher Sicht mit „von außen" beobachtbaren Unterschieden seiner neurobiologischen Korrelate verbunden sein sollte. Diese scheinbare exklusive Zugänglichkeit individueller bewusster Erlebnisse lässt sich auch aus der extremen Binnenverdrahtung und Selbstbezüglichkeit der beteiligten cortikalen und subcortikalen Zentren folgern (Roth 2003). Dieses Thema ist auch Gegenstand aktueller interdisziplinärer Forschung, wie etwa in dem Graduiertenkolleg „Extrospection", das historisch, philosophisch und empirisch das epistemische Privileg der Introspektion infrage stellt (► http://www.mind-and-brain.de/rtg-2386/).

Das im Dualismus häufig postulierte Merkmal des Seelischen, das *Immaterielle,* ist deshalb problematisch geworden, weil sich in den modernen Naturwissenschaften das Verständnis der Materie grundlegend verändert hat. Bei dem Ausdruck „Materie" denkt man traditionell an ein Stück Holz oder ein Gehirngewebe, das man anfassen, physiologisch untersuchen, in Scheiben schneiden und im Mikroskop betrachten kann. Wenn man einen solchen Materiebegriff hat, dann ist es natürlich rätselhaft, wie aus solch materiellen Dingen wie dem Gehirngewebe Geist entstehen kann. Die moderne Physik lehrt uns aber, dass alles Makrophysikalische aus Molekülen, Atomen und schließlich subatomaren Teilchen zusammengesetzt ist, die, wie die Elektronen, nur eine winzige Masse haben, oder sogar überhaupt keine (Ruhe-)Masse besitzen, wie dies der Fall bei den Photonen ist. Solche Elementarteilchen und ihre unterstellten Bausteine, seien diese als Quarks oder Strings konzeptualisiert, schaffen in der Vorstellung vieler Experten erst das, was wir als Materie, Raum und Zeit bezeichnen.[15] Von welcher physikalischen Natur das Seelische auch immer sein mag – es muss überhaupt nicht „materiell" im Sinne des kruden Begriffs aus dem 19. Jahrhundert sein, also etwas, das man anfassen kann; Licht kann man schließlich auch nicht anfassen. Es scheint, dass man das Seelische als ein besonderes physikalisches Prinzip ansehen muss, auf das die traditionell gebräuchliche Unterscheidung materiell und immateriell keine Anwendung findet.

Über den traditionellen Aspekt der Unsterblichkeit der Seele kann man aus neurobiologischer Sicht nichts empirisch Nachprüfbares aussagen: Es gilt in der Hirnforschung als gesichert, dass alles Seelische, sofern es individuell empfunden wird, unabtrennbar an Hirnstrukturen und -vorgänge gebunden ist. Ein Mensch hört auf zu denken und zu fühlen, wenn seine Großhirnrinde nicht mehr mit genügend Sauerstoff und Zucker versorgt wird; er wird dann bewusstlos, und schließlich tritt der Großhirntod ein. Das Unbewusst-Seelische mag dabei fortexistieren, aber auch dieser Teil unserer Existenz hört auf, wenn das Zwischenhirn und der Hirnstamm nicht mehr aktiv sind. Dann tritt der Ganzhirntod ein. Die Frage, ob es eine überindividuelle unsterbliche Seele gibt oder geben könnte, liegt jenseits des Erklärungsbereichs der Neurowissenschaften.

Zusammenfassung

Nach einem rund zweitausendjährigen Bemühen um die Lösung des uralten Geist-Gehirn- bzw. Leib-Seele-Problems ist die moderne Hirnforschung in der Lage, in vielen Fällen diejenigen Prozesse im Gehirn multizentrisch zu verorten, die unseren geistig-psychischen Erlebniszuständen zugrunde liegen, und exemplarisch die Frage zu beantworten, wie unbewusst ablaufende Vorgänge mit diese Bewusstseinszuständen zusammenhängen. Auch die Natur der Reizfortleitung und Reizfortleitung im Gehirn und Nervensystem kann als weitgehend aufgeklärt gelten. Das Seelische ist aus heutiger Sicht unabdingbar an Gehirnvorgänge gebunden. Es unterliegt den Naturgesetzen (etwa den Erhaltungssätzen) und wird von Prozessen beeinflusst, die mit Mitteln der Naturwissenschaften untersucht und erklärt werden können. Ob mit diesen Erkenntnissen das Geist-Gehirn-Problem gelöst, einer Lösung entscheidend nähergebracht oder überhaupt nicht berührt wurde, ist nach wie vor heftig diskutierte Frage.

15 Zur Einführung siehe Ernst und Heinz 2013, S. 46–54.

Literatur

Aristoteles (1995) Philosophische Schriften in sechs Bänden. Felix Meiner, Hamburg

Berger H (1929) Über das Elektrenkephalogramm des Menschen. Arch Psychiatr Nervenkrankh 87(1):527–570

Bickl JW (2008) Psychoneural reduction. The new wave. MIT Press, Cambridge (Mass.)

Bieri P (1994) Was macht Bewußtsein zu einem Rätsel? In: Singer W (Hrsg) Gehirn und Bewusstsein. Spektrum, Heidelberg, S 172–180

Boyer P (2003) Religious thought and behaviour as by-products of brain function. Trends Cognit Sci 7:119–124

Breidbach O (1997) Die Materialisierung des Ichs-. Zur Geschichte der Hirnforschung im 19. und 20. Jahrhundert. Suhrkamp, Frankfurt

Burdach KF (1822) Vom Baue und Leben des Gehirns. Dyk, Leipzig

Caldani LMA (1773) Institutiones physiologicae. Padua

Caton E (1875) The electric currents of the brain. Br Med J 765:278

Chalmers D (1996) The conscious mind: in search of a fundamental theory. Oxford University Press, Oxford

Churchland (1986), Neurophilosophy. MIT Press, Cambridge (Mass.)

Clark A, Chalmers DJ (1998) The extended mind. Analysis 58:7–19

Crick (1998) Was die Seele wirklich ist. Rowohlt, Hamburg

Davidson D (1970) Mental events. In: Foster L, Swanson JW (Hrsg) Essays on actions and events. Clarendon Press, Oxford, S 207–224

Descartes R (1993) Meditationes de prima philosophia. Paris. Dt. Meditationen über die Grundlagen der Philosophie. Meiner, Hamburg (Erstveröffentlichung 1641)

1

Descartes R (1969) De Homine/Traité de l'Homme. Dt. Über den Menschen sowie Beschreibung des menschlichen Körpers, Heidelberg (Erstveröffentlichung 1662)

Dubois-Reymond (1848) Untersuchungen über die thierische Elektrizität (1848–1884). Reimer, Berlin

Eccles JC (1994) Wie das Selbst sein Gehirn steuert. Piper, München

Ernst G, Heinz A (2013) Die widerspenstige Materie. Neues aus der Naturwissenschaft und Konsequenzen für linke Theorie und Praxis. Schmetterling, Stuttgart

Florey E (1996) Geist – Gehirn – Seele: Eine kurze Ideengeschichte der Hirnforschung. In: Roth G, Prinz W (Hrsg) Kopfarbeit. Kognitive Leistungen und ihre neuronalen Grundlagen. Spektrum Akademischer, Heidelberg, S 37–86

Fodor J (1975) The language of thought. Harvard University Press, Cambridge (Mass.)

Frank M (1991) Selbstbewußtsein und Selbsterkenntnis. Reclam, Stuttgart

Gaebler M, Daniels J, Walter H (2011) Affektive Intentionalität und existenzielle Gefühle aus Sicht der systemischen Neurowissenschaft. In: Slaby S, Stephan A, Walter H, Walter S (Hrsg) Affektive Intentionalität. Beiträge zur welterschließenden Funktion der menschlichen Gefühle. Mentis, Paderborn, S 321–339

Galenos Opera omnia. I–XX. Hrsg. von K. G. Kühn. Cnobloch 1821–1833

Gall FJ (1791) Philosophisch-Medicinische Untersuchungen über Natur und Kunst im kranken und gesunden Zustand des Menschen. Wien, Gräffer

Galvani L (1791) De viribus electricitatis in motu musculari. Commentarius, Bologna, Accademia delle Scienze

Haller A (1759–1776) Elementa physiologiae corporis humani. 8 Bde. Dt. Anfangsgründe der Phisiologie des menschlichen Körpers, Bd 8. Berlin

Heinz A (2014) Der Begriff psychischer Krankheit. Suhrkamp, Berlin

Heinz A, Batra A, Scherbaum N, Gouzoulis-Mayfrank E (2012) Neurobiologie der Abhängigkeit. Schattauer, Stuttgart

Kaminski JA, Schlagenhauf F, Rapp M, Awasthi S, Ruggeri B, Deserno L, Banaschewski T, Bokde ALW, Bromberg U, Büchel C, Quinlan EB, Desrivières S, Flor H, Frouin V, Garavan H, Gowland P, Ittermann B, Martinot JL, Martinot MP, Nees F, Orfanos DP, Paus T, Poustka L, Smolka MN, Fröhner JH, Walter H, Whelan R, Ripke S, Schumann G, Heinz A, IMAGEN Consortium (2018) Epigenetic variance in dopamine D2 receptor: a marker of IQ malleability? Transl Psychiatry (epub ahead of press)

Lukrez (2017) Über die Natur der Dinge. DTV, München

Métraux A (1993) Die Mikrophysik der Wahrnehmung und des Gedächtnisses in der französischen Aufklärung. In: Florey E, Breidbach O (Hrsg) Das Gehirn – Organ der Seele? Akademie, Berlin

Morris B (1994) Anthropology of the self. Pluto Press, London

Nagel T (1974) What it is like to be a bat? Philos Rev 83:435–450

Newton I (1872) Philosophiae naturalis principia mathematica. Dt.: Sir Isaac Newton's Mathematische Principien der Naturlehre – Mit Bemerkungen und Erläuterungen herausgegeben von J. Ph. Wolfers. Berlin (Unveränderter Nachdruck Minerva, 1992)

Pauen M (1999) Das Rätsel des Bewusstseins. Eine Erklärungsstrategie. Mentis, Paderborn

Pauen M (2016) Die Natur des Geistes. Fischer, Frankfurt, S.Fischer

Platon Sämtliche Dialoge (2004) Hrsg. von O. Apelt, Bd 7. Meiner, Hamburg

Plessner H (1975) Die Stufen des Organischen und der Mensch. Walter de Gruyter, Berlin

Popper KR, Eccles JC (1982) Das Ich und sein Gehirn. Piper, München

Rocca J (2003) Galen on the brain. Anatomical knowledge and physiological speculation in the second century AD. Brill Academy Press, Leiden, S 34–38

Roth G (1996) Das Gehirn und seine Wirklichkeit, 2. veränderte Aufl. Suhrkamp, Frankfurt

Roth G (2003) Fühlen, Denken, Handeln. Wie das Gehirn unser Verhalten steuert. Suhrkamp, Frankfurt

Roth G, Prinz W (1996) Kopfarbeit. Kognitive Leistungen und ihre neuronalen Grundlagen. Spektrum Akademischer, Heidelberg

Roth G, Strüber N (2018) Wie das Gehirn die Seele macht. Klett-Cotta, Stuttgart

Sartre JP (2014) Das Sein und das Nichts, 18. Aufl. Rowohlt, Reinbek bei Hamburg

Scheler M (1930) Die Stellung des Menschen im Kosmos. Otto Reichl, Darmstadt

Soemmerring GT (1786) Über das Organ der Seele. F. Nicolovius, Königsberg

Stephan A (2016) Emergenz: Von der Unvorhersagbarkeit zur Selbstorganisation. Mentis, Paderborn

Stephan und Walter (Hrsg) (2003) Natur und Theorie der Emotion. (Nature and Theory of Emotions). Mentis, Paderborn

Vollmer G (1975) Evolutionäre Erkenntnistheorie. Hirzel, Stuttgart

Walter H (1997/1998) Neurophilosophie der Willensfreiheit. Von libertarischen Illusionen zum Konzept natürlicher Autonomie. Mentis, Paderborn

Walter H (2018) Über das Gehirn hinaus. Aktiver Externalismus und die Natur des Mentalen. Nervenheilkunde 7/8:479–486

Wundt W (1863) Vorlesungen über die Menschen- und Thierseele. Leopold Voß, Leipzig, S 1863

Die funktionelle Neuroanatomie des limbischen Systems

Ursula Dicke

G. Roth et al. (Hrsg.), *Psychoneurowissenschaften,* https://doi.org/10.1007/978-3-662-59038-6_2

2

In diesem Kapitel wollen wir die anatomischen Komponenten des limbischen Systems und seine Grundfunktionen betrachten. Die Hauptstrukturen des Gehirns werden in ihrer Morphologie und Neurochemie dargestellt ebenso wie die Verbindungen der limbischen Strukturen zueinander und ihre Verknüpfungen mit motorischen und sensorisch-kognitiven Hirnregionen. Es geht darum, die Hauptfunktionen der jeweiligen limbischen Region, aber auch die überlappenden und ergänzenden Funktionen mit anderen limbischen Strukturen kennen zu lernen. Gefühle, Stimmungen und Affekte werden in limbischen Strukturen erzeugt, und in komplexer Zusammenarbeit mit den anderen Hirnsystemen werden Gefühlszustände, körperliche Reaktionen, psychische Zustände und Verhaltensäußerungen als einheitliche Gesamtheit erlebt. Ein wichtiges Prinzip ist dabei das der multiplen Vernetzung und der Bildung verschiedener Netzwerke der limbischen Strukturen mit den anderen Hirnsystemen, die in Abhängigkeit von der persönlichen Befindlichkeit, dem situativen Kontext und den äußeren Gegebenheiten und Anforderungen wirken.

Lernziele

Nach der Lektüre dieses Kapitels sollen die Leserinnen und Leser die Hauptstrukturen des limbischen Systems kennen, mit den jeweiligen Funktionen der limbischen Regionen vertraut sein, die Verbindungen limbischer Netzwerke mit den motorischen und sensorisch-kognitiven Systemen und die damit verbundene Steuerung der Gefühle und des Verhaltens verstanden haben.

2.1 Das limbische System

Das limbische System wurde von dem amerikanischen Neurologen James Papez (1937) als Hauptzentrum für Emotionen angesehen. Grund für diese Ansicht war die Beobachtung, dass Erkrankungen dieses Systems oft zu schweren emotionalen und psychischen Störungen führen. Zu diesem System zählte Papez den Hypothalamus einschließlich der Mammillarkörper, die anterioren thalamischen Kerne, den Gyrus cinguli und den Hippocampus. Er sah diese Strukturen durch mächtige Bahnen kreisförmig verbunden an und konzipierte somit dasjenige, was man heute den „Papez-Kreis" nennt. Die damalige Vorstellung, dieser Kreis sei in sich und von der Großhirnrinde abgeschlossen, gilt heute aber als widerlegt, auch wenn die neuroanatomischen Grundzüge zutreffen.

Die moderne Auffassung des limbischen Systems entwickelte sich durch Beiträge des Neuroanatomen Walle Nauta, der in den Fünfzigerjahren des vorigen Jahrhunderts das limbische System um Bereiche des Mittelhirns erweiterte, und insbesondere durch die Arbeiten des Neuroanatomen Rudolf Nieuwenhuys, der Kerne bzw. Bereiche der Brücke und der Medulla oblongata mit einschloss (Nieuwenhuys 1985; Nieuwenhuys et al. 1991). Nieuwenhuys entwickelte das fruchtbare Konzept des „zentralen limbischen Kontinuums" (Nieuwenhuys et al. 1991), das sich vom Septum über die präoptische Region und den Hypothalamus zu den limbischen Zentren des ventralen Mittelhirns zieht. Auf subcorticaler Ebene sind das olfaktorische und vomeronasale System, der Amygdala-Komplex, die Hypophyse, die Habenula und die limbischen thalamischen Kerne und auf corticaler Ebene der Gyrus cinguli, der Hippocampus, der Gyrus parahippocampalis und der präpiriforme Cortex diesem zentralen Komplex unmittelbar angegliedert(◘ Abb. 2.1).

Begrifflichkeiten und anatomische Methoden

Neuronen werden als Neuronengruppe bzw. Kerngruppe oder Nucleus (abgekürzt Ncl.) zusammengefasst, wenn ihre Zellkörper dicht zusammenliegen und wenn sie gleiche Verbindungen von oder

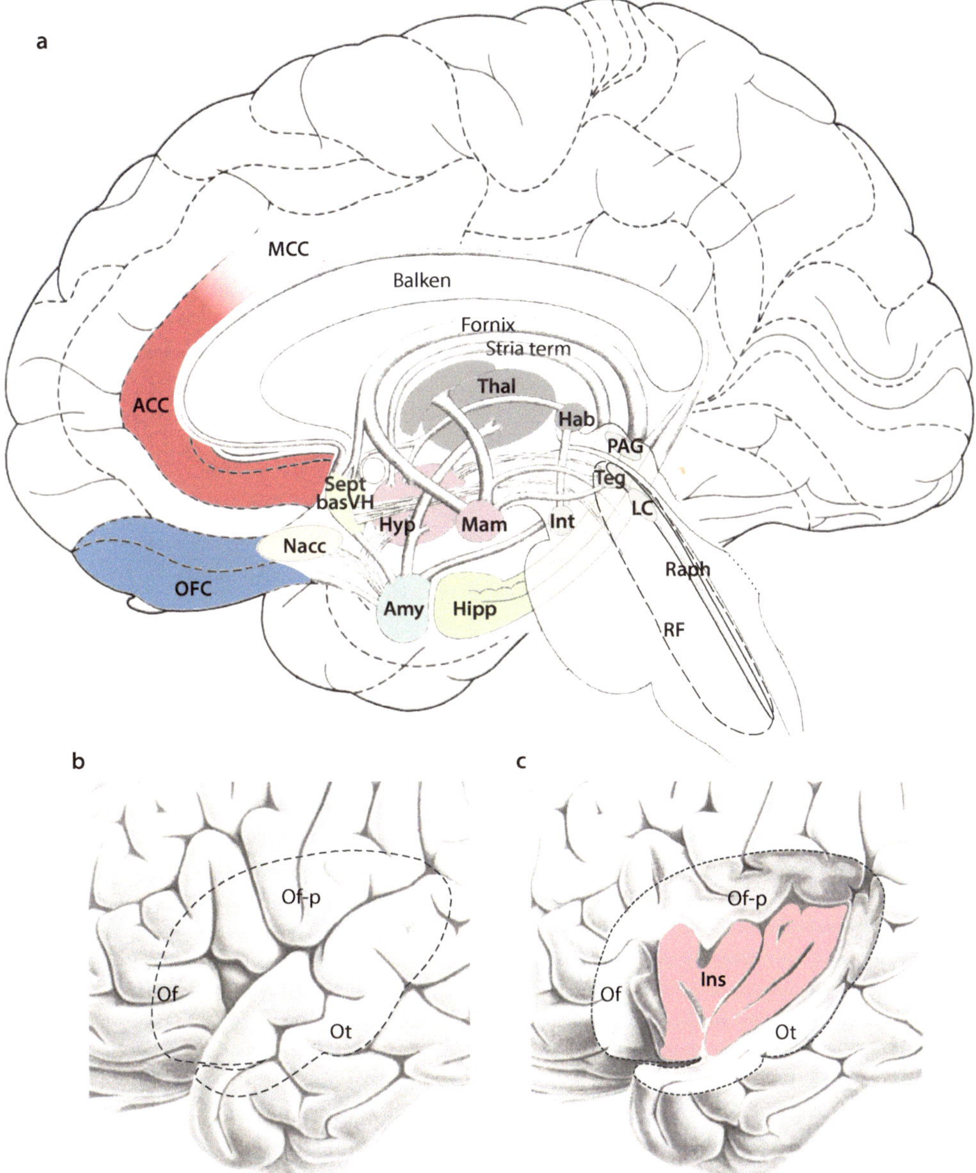

Abb. 2.1 **a** Hauptstrukturen des limbischen Systems mit Faserverbindungen in einer Medialansicht der rechten Hemisphäre (verändert nach Nieuwenhuys et al. 1988). Rostral ist links. Zu den inneren Strukturen gehören Kerngebiete im subcortikalen Endhirn (Nucleus accumbens Nacc, Septum und basales Vorderhirn Sept/bas VH, Amygdala-Komplex Amy, Hippocampus Hipp), im Zwischenhirn (Thalamus Thal mit der Habenula Hab, Hypothalamus Hyp mit dem Mammillarkörper Mam) und im Hirnstamm (periaquäduktales Grau PAG, Tegmentum Teg, Ncl. interpeduncularis Int, Locus coeruleus LC, Raphekerne Raph, retikuläre Formation RF; Stria term = Stria terminalis). Der orbitofrontale Cortex (OFC), der anteriore zinguläre Cortex (ACC) und der insuläre Cortex (**b**, **c**) sind limbische Cortices. Angrenzend an den ACC liegt der mittlere zinguläre Cortex (MCC). **b** Ausschnitt der Lateralansicht des linken temporalen, frontalen und frontparietalen Cortex. Die gestrichelte Linie gibt den Bereich an, der in **c** den tief liegenden insulären Cortex zeigt. Das temporale Operculum (Ot), das frontale (Ot) und das fronto-parietale Operculum (Of-p) bedecken den insulären Cortex (Ins)

2

zu anderen Hirngebieten aufweisen, gleiche Transmitter besitzen oder weitere gemeinsame Charakteristika haben. Die axonalen Verbindungen einer Kerngruppe zu einer anderen Hirnstruktur werden als Projektionen bezeichnet. Eine *Efferenz* stellt den Ausgang von einer zu einer anderen Kerngruppe dar, Eingänge in eine Kerngruppe sind *Afferenzen.* Die Lage von Neuronen oder Kerngruppen, ihre Lagebeziehungen und die Richtungsbezeichnungen werden in der Anatomie relativ zum Köper beschrieben. So werden Neuronen als *dorsal,* also rückenseits, oder *ventral,* bauchseits, gelegene Zellen oder Zellgruppen bezeichnet. Auf der Mittellinie befindliche Strukturen liegen *median,* sie liegen *medial,* wenn sie im mittleren Teil gelegen sind oder *lateral* bei seitlicher Lage. Die vorn befindlichen Strukturen werden als *rostral* oder beim Menschen als cranial und hinten gelegene als *caudal* bezeichnet. Innerhalb einer Kerngruppe werden des Öfteren Unterteilungen vorgenommen, die einen vorderen bzw. *anterioren,* hinteren bzw. *posterioren* und einen unteren bzw. *inferioren* und oberen bzw. *superioren* Anteil darstellen.
Im Folgenden sollen die limbischen Strukturen in der rostrocaudalen Reihenfolge der subcorticalen Strukturen des Endhirns (Telencephalon), des Zwischenhirns (Diencephalon), des Mittelhirns (Mesencephalon) und des verlängerten Marks (Medulla oblongata) und daran anschließend die wichtigen corticalen limbischen Zentren des präfrontalen Cortex einschließlich des orbitofrontalen Cortex (OFC), des anterioren zingulären Cortex (ACC) und des insulären Cortex dargestellt werden. Die Bezeichnung Hirnstamm fasst Mittelhirn, Brücke (Pons) und verlängertes Mark zusammen.
Die erwähnten anatomischen Verbindungsstudien stammen überwiegend aus Experimenten an Makakenaffen, nur in wenigen Fällen werden Daten von Nagetieren zitiert. Cytologische oder immunhistochemische Untersuchungen ebenso wie Konnektivitätsstudien mithilfe von bildgebenden Verfahren stellen zu einem kleineren Teil die Befunde an Menschen dar. Das Taxon „Primaten" wird verwendet, wenn homologe Hirnstrukturen von Affen und Menschen dargestellt werden.

2.1.1 Septale Region

Das Septum ist eine dünne Trennwand in der Mitte des Gehirns zwischen den beiden Vorderhirnventrikeln; die septale Region bezeichnet das anliegende Nervengewebe beidseits an dieser Wand und grenzt an den linken und rechten Ventrikel. Sie befindet sich im subcorticalen Endhirn ventral zum Balken, dem Corpus callosum und dorsal zum Ncl. accumbens.

Die septale Region besteht aus verschiedenen Kerngruppen, die sich in ein *mediales* und ein *laterales Septum* unterteilen. Das mediale Septum und der Ncl. des diagonalen Bandes von Broca (NDB) mit einem vertikalen und horizontalen „Schenkel" (abgekürzt vertikaler bzw. horizontaler NDB) bilden die mediale septale Region. Neuronen des medialen Septum ähneln sich cytoarchitektonisch; sie tragen wenige oder keine Dornenfortsätze (engl. *spines*). Die größte Neuronengruppe besitzt den Transmitter Acetylcholin (ACh), andere GABA oder ACh und GABA, oder GABA und das calciumbindende Protein Parvalbumin; wieder andere Neuronen Glutamat (Frotscher und Léránth 1985; Kiss et al. 1990a, b; Jakab und Leranth 1995; Hajszan et al. 2004). Diese Neuronen bilden ein lokales Netzwerk.

Das *mediale* Septum erhält Afferenzen von der CA1–CA3-Region des Hippocampus

(► Abschn. 2.1.3). Die medial-septalen Neuronen projizieren über den mächtigen Faserzug der Fimbria/Fornix zur CA1-Region des Hippocampus. GABAerge und glutamaterge Neuronen kontaktieren GABAerge hippocampale Neuronen, cholinerge Neuronen kontaktieren Pyramidenzellen in CA1. Diese direkte *septo-hippocampale Schleife* ist entscheidend an Lernen und Gedächtnis beteiligt; Neuronen in beiden Arealen zeigen rhythmische Aktivität im Theta-Frequenzband (4–12 Hz); Theta-Oszillationen begleiten Willkürbewegungen, REM-Schlaf und Erregungs- und Aufmerksamkeitszustände. Die cholinerge Verbindung passt die Erregbarkeit von Hippocampusneuronen in neuer oder vertrauter Umgebung an, glutamaterge septale Neuronen sind an der Initiierung von Lokomotion beteiligt, während GABAerge Neuronen den Thetarhythmus beeinflussen bzw. ausbilden und auch Informationen über die Intensität sensorischer Reize liefern (Übersicht in Müller und Remy 2018). GABAerge und cholinerge Neuronen mit Projektion zum Hippocampus modulieren verschiedene Aspekte kontextueller Furcht ebenso wie schmerzbezogene (nozizeptive) Information. Die affektive nozizeptive Komponente wird über die Projektion des medialen Septum zum limbischen Cortex verarbeitet und dann als Schmerz empfunden. Efferenzen der medialen septalen Region bestehen zum medialen präfrontalen Cortex (mPFC) und zum anterioren zingulären Cortex (ACC), außerdem zur Amygdala, zum Ncl. accumbens und zum Rückenmark.

Reziproke Beziehungen bestehen zwischen medialem Septum und lateralem, posteriorem und medialem Hypothalamus, präoptischer Region und supramammillärem Kern. Vegetative und endokrine Funktionen werden über diese Achse reguliert. Schließlich hat das mediale Septum reziproke Verbindungen mit dopaminergen Mittelhirnstrukturen als auch mit cholinergen, serotonergen und noradrenergen Kerngebieten des Hirnstamms (► Abschn. 2.1.5) und erhält Afferenzen aus dem Rückenmark.

Das *laterale* Septum gliedert sich in einen dorsalen, intermediären und ventralen Teil. Die Neuronen sind GABAerg und im Gegensatz zu denen des medialen Septums mit Dornen besetzt. Eine Vielzahl von Neuropeptiden als auch Steroidhormone ist in den Neuronen vorhanden. Die laterale septale Region ist wie die mediale eng mit dem Hippocampus und der entorhinalen Rinde verbunden; diese Afferenzen sind aber rein glutamaterg. Daneben projizieren der Bett-Nucleus der Stria terminalis (BNST) und die Amygdala, der Hypothalamus und limbische Kerne des Mittelhirns und der Brücke zum lateralen Septum. Dessen Efferenzen terminieren in limbischen corticalen und subcorticalen Arealen. Die Projektionen zum medialen und lateralen Hypothalamus sind stark ausgebildet. Efferenzen verlaufen auch zur präoptischen Region, zu limbischen thalamischen Kernen und zu Kerngebieten des Hirnstamms, insbesondere zum zentralen Höhlengrau, auch periaquäduktales Grau (PAG) genannt.

Das laterale Septum ist in emotional-motivationales Verhalten involviert; so kontrolliert es über seine Verbindungen zum Hypothalamus emotional-kognitive Aspekte der Nahrungsaufnahme (Sweeney und Yang 2015; Carus-Cadavieco et al. 2017) als auch das Explorations- und Territorialverhalten inklusive aggressiver Reaktionen (Tóth et al. 2010; Oldfield et al. 2015). Konditioniertes soziales Angstverhalten (Zoicas et al. 2014) und soziale Interaktion bei Suchtabhängigkeit (Zernig und Pinheiro 2015) werden über ein Netzwerk zwischen Ncl. accumbens, Amygdala, dopaminergen Mittelhirnkernen, medialem und lateralem Septum reguliert. Mütterliches Fürsorgeverhalten wird ebenfalls durch das laterale Septum kontrolliert (Zhao und Gammie 2014); über eine Projektion des lateralen Septums zum PAG wird das Sexual- und Fortpflanzungsverhalten beeinflusst (Tsukahara und Yamanouchi 2001; Veening et al. 2014).

Das *basale Vorderhirn* befindet sich ventral zur septalen Region und zum BNST und ist eine cholinerge Zellgruppe, die sich ventral zum Ncl. accumbens und dorsal zur Amygdala von rostral nach caudal erstreckt. Im basalen Vorderhirn werden vier Gruppen cholinerger Neuronen unterschieden: neben dem Ncl. basalis Meynert (CH4-Gruppe) finden sich cholinerge Neuronen im medialen septalen Kern (CH1-Gruppe) und dem NDB (vertikaler NDB CH2- und horizontaler NDB CH3-Gruppe). Der Ncl. basalis Meynert erhält Eingang aus limbischen frontalen, insulären und temporalen corticalen Arealen, aus den septalen Kernen, dem Ncl. accumbens und ventralen Pallidum, der Amygdala, dem Hypothalamus und dem Parabrachialkern im Hirnstamm. Neben der Projektion zum Hippocampus projizieren CH1-Zellen zum Nucleus interpeduncularis, CH2-Zellen auch zum Hypothalamus und dopaminergen Mittelhirn. Die Projektion der CH3-Zellen verläuft zum olfaktorischen Bulbus, die der CH4-Zellen zur basalen Amygdala sowie zum Isocortex.

Funktionen der cholinergen Projektionen betreffen das Lernen und die Extinktion kontextueller oder stimulusassoziierter Furchtreaktionen in den cortico-amygdalären und cortico-hippocampalen Schaltkreisen (Knox 2016; Wilson und Fadel 2017), ebenso die Regulation des Schlaf-Wach-Rhythmus (Yang et al. 2017). Cholinerge Modulation von Aufmerksamkeitsprozessen findet mittels einer „Top-down"-Kontrolle des PFC über sensorische corticale Areale statt. Bei der Alzheimer-Demenz bzw. der Parkinson-Erkrankung mit Demenz führt die Degeneration cholinerger Neuronen, vor allem der CH2- und CH4-Gruppen, zu Aufmerksamkeitsdefiziten, Gedächtnisverlust, Sprachbeeinträchtigung und mit fortschreitender Degeneration zu weiteren emotional-kognitiven Dysfunktionen (Liu et al. 2015; Ballinger et al. 2016).

2.1.2 Amygdala

Die Amygdala wurde historisch als Teil des limbischen Systems betrachtet, der überwiegend Verbindungen zum Hypothalamus und zum Hirnstamm aufweist. Neuroanatomische Studien aus den letzten drei Jahrzehnten zeigen aber, dass die Amygdala ein weit reichendes Netzwerk mit einer Vielzahl von corticalen und subcorticalen Hirnregionen bildet. Das Konzept der *erweiterten* Amygdala wurde von den Neuroanatomen Alheid und Heimer (1988) entwickelt und umfasst neben den klassischen Amygala-Kernen den bereits genannten BNST und weitere zwischen Amygdala und BNST liegenden Kerngebiete. Der Komplex der erweiterten Amygdala ist eine heterogene Kerngruppe, die im medialen temporalen Lappen rostral zur hippocampalen Formation liegt. Es gibt wenig Information über die anatomischen Konnektivitäten der Amygdala des Menschen. Der anatomische Aufbau und die Verbindungen der Amygdala des Makakenaffen werden jedoch als homolog zum Menschen betrachtet.

Die folgende Darstellung der Einteilung der Kerne des amygdalären Komplexes beruht im Wesentlichen auf den Arbeiten an Primaten und folgt der Nomenklatur von Freese und Amaral (2009). Bis zu dreizehn Kerngebiete und corticale Regionen gehören zum amygdalären Komplex. Sie werden in eine tiefe und eine oberflächlich liegende Kerngruppe unterteilt. Zur tief liegenden Gruppe zählen der laterale, basale, akzessorische basale und paralaminare Ncl.; zusammengefasst werden der laterale, basale und akzessorisch basale Kern der tiefen Gruppe als *basolaterale Kerngruppe* bezeichnet. Zur oberflächlichen Gruppe gehören der mediale, anteriore und posteriore corticale Ncl. als auch der Ncl. des lateralen olfaktorischen Trakts und der periamygdaloide Ncl.; diese Kerngruppe wird ohne den Ncl. medialis auch als *corticale Kerngruppe* bzw. mit ihm als *corticomediale Kerngruppe* bezeichnet. Die verbleibenden Kerngebiete sind das anteriore amygdaloide Areal, der zentrale Ncl., auch zentrale Amygdala genannt, das amygdalo-hippocampale Areal und die Nuclei intercalares (Freese und Amaral 2009). Zentraler und medialer Kern werden je nach Autor und untersuchter Spezies auch als *zentromediale Gruppe* zusammengefasst.

2.1.2.1 Tiefe Gruppe (basolaterale Kerngruppe)

Der *laterale Nucleus* wird aufgrund der Zelldichte und Größe der Neuronen und seiner Immunoreaktivität für das Acetylcholin abbauende Enzym AChE in einen dorsalen, einen intermediären und einen ventralen Teil untergliedert. Der dorsale laterale Kern wird aufgrund seiner Eingänge vom sensorischen Cortex als polysensorischer Teil des lateralen Kerns betrachtet. Seine Neuronen projizieren auf die dichter liegenden und stärker AchE-immunreaktiven Neuronen des ventralen lateralen Kerns. Der *basale Nucleus* gliedert sich in einen dorsal und caudal gelegenen magnozellulären Teil mit großen Neuronen, einen intermediären und einen kleinzelligen, sog. parvizellulären Teil, der am weitesten ventral und rostral liegt. Der Informationsfluss innerhalb des basalen Kerns verläuft von den dorsal zu den ventral gelegenen Neuronen. Der *akzessorische basale Nucleus* liegt von allen vier Kernen der tiefen Gruppe am meisten medial, und auch hier finden sich eine stärker AChE-reaktive magnozelluläre Neuronengruppierung und dicht gepackte, stark AChE-reaktive Neuronen im ventromedialen Teil. Der *paralaminare Nucleus* liegt am ventralen und rostralen Rand des amygdalären Komplexes und ist mit dem lateralen und basalen Kern verbunden.

2.1.2.2 Oberflächliche Gruppe (corticomediale Kerngruppe)

Der *mediale Nucleus* liegt innerhalb des amygdalären Komplexes caudal. Er besitzt einen größeren Teil GABAerger Neuronen. Auch der *posteriore corticale Nucleus* ist caudal im amygdalären Komplex gelegen. Der *anteriore corticale Nucleus* liegt rostral zum medialen Kern und wird aufgrund seiner Verschmelzung von Schicht II und III vom medialen Kern abgegrenzt, welcher eine abgegrenzte Schicht II hat. Der *Nucleus des lateralen olfaktorischen Trakts* liegt im rostralen Teil des amygdalären Komplexes und zeichnet sich durch eine intensive Immunreaktivität für AChE aus. Der *periamygdaloide Nucleus*, auch als periamygdaloider Cortex bezeichnet, befindet sich oberflächlich medial und erstreckt sich nahezu komplett von rostral nach caudal im amygdalären Komplex.

2.1.2.3 Zentrale Amygdala und die Nuclei intercalares

Der *zentrale Nucleus* befindet sich in der caudalen Hälfte und wird aufgrund der Cytoarchitektur in mediale und laterale Bereiche unterteilt. Der mediale Bereich ist hinsichtlich Zellgröße und Zelldichte heterogen, während der laterale Bereich einheitlicher in Zellgröße und dichter gepackt ist. Herausragendes Merkmal des zentralen Kerns ist das Vorhandensein GABAerger Neuronen; die Projektionen des zentralen Kerns wirken entsprechend überwiegend inhibitorisch. Die *Nuclei intercalares* bilden bei Primaten ein kontinuierliches inhibitorisches Netz GABAerger Neuronen, das zwischen den basalen Kernen liegt und sich bis zu den dorsal gelegenen anterioren Kernen und dem zentralen und medialen Kern des amygdalären Komplexes erstreckt. Dornenhaltige (engl. *spiny*) Neuronen finden sich in größerer Zahl als glatte (engl. *smooth*) Neuronen.

Der *BNST* wird zusammen mit Teilen des amygdalären Komplex als „erweiterte Amygdala“ betrachtet und weist zum Teil Ähnlichkeiten hinsichtlich der Verbindungen und Chemoarchitektur (vor allem die Anwesenheit GABAerger Neuronen) mit dem zentralen und medialen Kern der Amygdala auf. Der BNST wird beim Menschen in laterale, mediale, zentrale und ventrale Anteile unterteilt und weist mit einem bis zu 2,5 fach höheren Volumen bei Männern einen Sexualdimorphismus auf.

2.1.2.4 Intrinsische Konnektivitäten der amygdalären Kerngruppen

Die Kerne des amygdalären Komplexes sind eng miteinander verbunden. Der laterale

2

Kern hat Projektionen zu allen anderen amygdalären Kernen; besonders ausgeprägt sind diejenigen zum basalen, akzessorisch basalen und periamygdaloiden Kern. Die Verbindung des lateralen zum zentralen Kern der Amygdala ist schwächer als die des basalen. Außerdem projiziert der basale Kern vor allem zum medialen und anterioren corticalen Kern. Innerhalb der Amygdala verläuft der Informationsfluss generell von lateral nach medial. Die Amygdala ist über den amygdalofugalen Faserzug und die Stria terminalis mit einer Vielzahl subcorticaler und corticaler Regionen verbunden. Die Fasern des amygdalären Komplexes sammeln sich zur ventralen amygdalofugalen Faserbahn von rostral nach caudal an der dorsomedialen Kante der Amygdala, während die Stria terminalis von Fasern ventromedial in der caudalen Amygdala gebildet wird.

2.1.2.5 Extrinsische Konnektivitäten und Funktionen der amygdalären Kerngebiete

Die Verbindungen der Kerne des amygdalären Komplexes bestehen vor allem zu den limbischen corticalen Arealen, zu den anderen limbischen subcorticalen Hirnstrukturen und zum Thalamus und Hirnstamm. Der amydaläre Komplex ist in eine Vielzahl kognitiver, emotionaler und affektiv-vegetativer Funktionen eingebunden (◘ Abb. 2.2).

■ Olfaktorisches System

Der olfaktorische Bulbus und auch der piriforme Cortex senden Axone zum anterioren corticalen Kern, zum Kern des lateralen olfaktorischen Trakts und zum periamygdaloiden Kern (Turner et al. 1978);

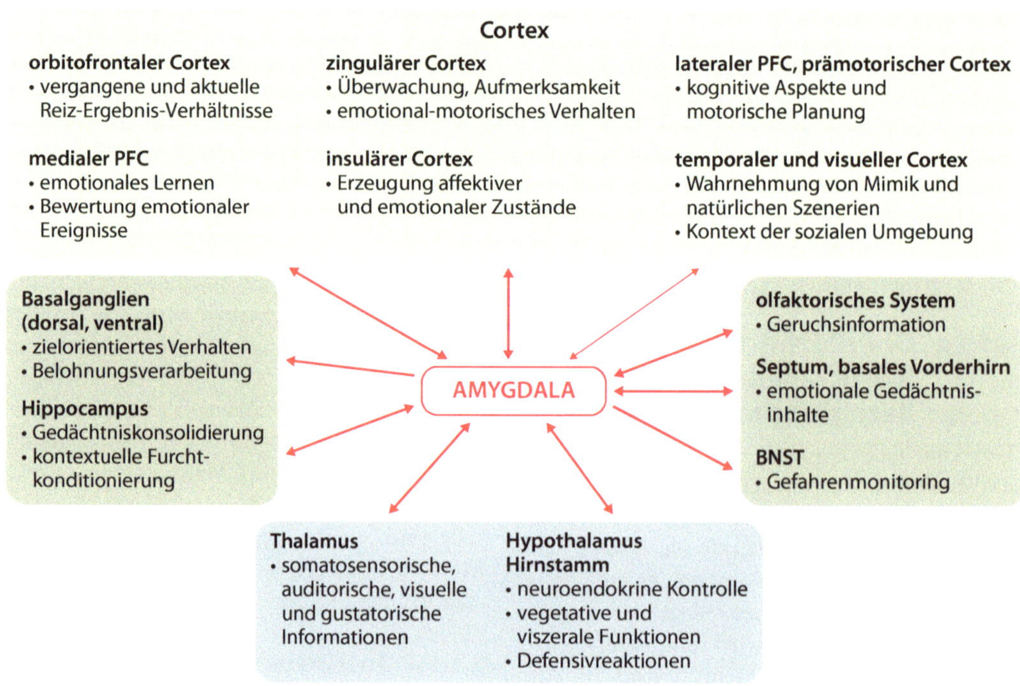

◘ **Abb. 2.2** Funktionelle Beziehungen der Amygdala zu corticalen Arealen (hellgrün), subcorticalen Endhirnstrukturen (dunkelgrün) und anderen Hirnteilen (graublau). Reziproke Projektionen sind durch Pfeile mit zwei Spitzen gekennzeichnet; die Linienstärke der Pfeile gibt die Stärke der Verbindung an

letztere beide Kerne projizieren auch zum olfaktorischen Bulbus.

■ Verbindungen zu Arealen des Cortex

Die basolaterale Kerngruppe erhält mehrheitlich Eingänge aus zahlreichen Arealen im frontalen, insulären, zingulären und temporalen Cortex, aus ihr entstammen auch weitläufige Projektionen zu einer größeren Zahl corticaler Areale (Brodmann-Areale, abgekürzt BA). Allgemein sind die Verbindungen der rostralen Bereiche der corticalen Areale mit den amygdalären Kernen schwächer ausgeprägt. Die corticalen Projektionen erreichen vor allem die basolaterale Kerngruppe.

Eingänge des caudalen OFC verlaufen stärker und weiter verzweigt in der caudalen als in der rostralen Amygdala. Projektionen aus dem OFC (BA 11,13 und Teile von 10,12, 14 und 24) und aus dem medialen präfrontalen Cortex (mPFC; BA 32, Teile von 9, 10, 14 und 24) ziehen außer zur basolateralen Kerngruppe auch zum medialen Kern, zu den corticalen Kernen, zum periamygdalären und zum zentralen Kern. Lateral gelegene präfrontale Areale (BA 8, 45, 46, Teile von 9 und 12) als auch der prämotorische Cortex (BA 6) projizieren – allerdings weniger stark – zum basalen Kern. Hinsichtlich der Efferenzen hat der basale Kern der Amygdala die stärkste Projektion zum OFC und mediolateralen Cortex und eine schwächere zum dorsolateralen PFC; Auch hier sind die Terminationen caudal im OFC ausgeprägter, erreichen aber auch den frontalen Pol. Die Projektion zum mPFC geht ebenfalls am stärksten vom basalen Kern aus und weniger vom akzessorisch basalen und medialen Kern und von den corticalen Kernen. Nur der basale Kern hat eine, wenngleich gering ausgeprägte, Projektion zum dorsolateralen PFC (Amaral und Insausti 1992; Carmichael und Price 1995a; Stefanacci und Amaral 2000; Ghashghaei und Barbas 2002).

Die Amygdala codiert zusammen mit dem OFC und dem mediodorsalen Thalamus (▶ Abschn. 2.1.5) die spezifische Identität eines vorhergesagten Ergebnisses (Reize und/oder Aktionen) unter Berücksichtigung des aktuellen Zustandes eines Individuums (Rudebeck und Murray 2014). Die basolaterale Amygdala liefert dabei Information über aktuelle Reiz-Ergebnis-Kontingenzen, während der OFC ein größeres Netzwerk der vergangenen und aktuellen Assoziationen bildet, welches die basolaterale Amygdala für zukünftige Lernepisoden nutzen kann (Sharpe und Schoenbaum 2016).

Einer der wichtigsten Eingänge zur Amygdala stammt vom insulären Cortex. Projektionen aus dem rostralen Teil der Insula (▶ Abschn. 2.2.3) sind stärker und erreichen vor allem den lateralen, basalen und zentralen Kern (Freese und Amaral 2009). Bis auf den zentralen Kern sind diese Projektionen reziprok. Caudale Anteile des insulären Cortex projizieren in geringerem Ausmaß zum lateralen und zentralen Kern; eine mäßig ausgeprägte Rückprojektion entstammt den Kernen der basolateralen Gruppe. Reziproke, stärker ausgeprägte Projektionen hat die basolaterale Kerngruppe der Amygdala auch mit dem rostralen zingulären Cortex (BA 24 und 25). Die Eingänge verlaufen aber auch in geringerem Ausmaß zum anterioren amygdaloiden Areal und zentralen Kern.

Zwischen dem temporalen Cortex und der basolateralen Kerngruppe bestehen ebenfalls reziproke Beziehungen. Regionen um den superioren temporalen Gyrus und Sulcus projizieren vor allem zum lateralen und basalen Nucleus und in geringerem Ausmaß zur corticomedialen Gruppe. Eingänge aus der Region TE im inferioren und mittleren temporalen Gyrus und der caudal gelegenen Region TEO des posterioren mittleren temporalen Gyrus erreichen ebenfalls die basolaterale Gruppe (Stefanacci und Amaral 2002). Die Regionen TE, TEO, V4, V2, und V1, die vom occipitalen bis zum temporalen Cortex den ventralen Pfad des visuellen Cortex bilden, erhalten Projektionen vom basalen Kern der Amygdala. Dabei besteht eine rostrocaudale Topografie zwischen dem

Amygdalakern und den visuellen Regionen (Freese und Amaral 2005). Emotionale Gesichtsausdrücke und die Wahrnehmung natürlicher Szenerien aktivieren die Amygdala ebenso wie limbische Cortexareale (Sabatinelli et al. 2011). Die sensorische Verarbeitung emotionaler Stimuli erfolgt in der Amygdala frühzeitig und kann so die spätere sensorische Verarbeitung in anderen Hirnarealen beeinflussen (Pourtois et al. 2013). Auch der Kontext der sozialen Umgebung kann über diese Verbindung der Amygdala für eine Regulation des sozialen Verhaltens moduliert werden (Adolphs und Spezio 2006).

▪ Verbindungen mit dem basalen Vorderhirn

Die basolaterale Kerngruppe projiziert zu den lateralen Regionen des cholinergen Ncl. basalis Meynert und NDB des basalen Vorderhirns; diese Projektion zieht auch weiter zu anderen subcorticalen Strukturen. Die basolateralen Kerne erhalten umgekehrt kräftige Projektionen vom Ncl. basalis Meynert und sind funktionell in das Gedächtnis für kontextuelle Furcht und Extinktion von Furcht eingebunden. Die cholinerge Signalverarbeitung ist bei der Entstehung aktivitätsabhängiger LTP in der Amygdala wichtig und trägt zur Aufrechterhaltung emotionaler Gedächtnisinhalte bei (Ballinger et al. 2016). Des Weiteren projiziert der zentrale Kern der Amygdala zum Ncl. basalis Meynert, beide Strukturen haben Einfluss auf Furchtkonditionierungsprozesse (Knox 2016).

▪ Verbindungen mit den Basalganglien

Der amygdaläre Komplex erhält bemerkenswerterweise keine Eingänge aus dem Striatum (Aggleton et al. 1980), projiziert aber dorthin. Die basolaterale Kerngruppe schickt topografisch geordnete Fasern zum Ncl. caudatus und Putamen sowie zum ventralen Striatum bzw. Ncl. accumbens. Neuronen der kleinzelligen Anteile der beiden basalen Kerne senden ihre Axone zum Ncl. accumbens, während die magnozellulären Teile zum Ncl. caudatus und zum rostroventralen Putamen und der laterale Kern zum caudoventralen Putamen und auch zum Schwanz des Nucleus caudatus projizieren (Russchen et al. 1985).

Cho et al. (2013) unterscheiden drei Schaltkreise, die von unterschiedlichen Cortexarealen zum basalen und akzessorisch basalen Kern der Amygdala und von dort zu verschiedenen Regionen des Striatum verlaufen. Ein „primitiver" Pfad erstreckt sich von BA 25 und 32 des mPFC und von der agranulären Insula zu den basalen Kernen und von dort zum rostralen ventralen Striatum. Dieser Schaltkreis justiert vermutlich innere emotionale Zustände über Aufmerksamkeitsprozesse mit der inneren Physiologie und mit Motivation. Ein „intermediärer" Pfad verläuft von BA 24 und 14 des mPFC und von der dysgranulären als auch granulären Insula (▶ Abschn. 2.2.3) über die basalen Kerne auch zum caudoventralen Striatum, zum rostralen Körper des ventromedialen Striatum und zum caudoventralen Putamen. Dieser Weg könnte Reaktionen auf soziale Ereignisse kontrollieren, da BA 24 soziale Kontakte, die Insula taktile Stimulation und das Striatum Gesichts- und Augenbewegungen verarbeitet. Ein „entwickelter" Pfad erstreckt sich vom OFC und BA 10 des mPFC zu den dorsalen Teilen der basalen Kerne. Die Projektion verläuft dann zum dorsolateralen und caudalen Körper, Knie und Schwanz des Striatum. Letzterer Pfad mag für sensorisch geleitete Änderungen des Verhaltens zuständig sein, da der OFC und BA 10 komplexere kognitive Funktionen wie Aktualisierung und zeitliche Aspekte des Verhaltens verarbeiten und die striatalen Anteile, die von diesem Pfad erreicht werden, auch Information von auditorischen und visuellen Assoziationscortices erhalten.

Die Projektion der Amygdala zum ventralen Striatum ist auch bei der Belohnungsverarbeitung aktiviert, vor allem, wenn zuvor belohnte Reize abgeschwächt (devaluiert) werden, oder auch in Kontexten mit Strafandrohung. Andere Untersuchungen ergeben, dass eher auffällige als belohnende Ereignisse zur Aktivierung der Amygdala führen. Antworten auf belohnende Reize schwächen sich in den Neuronen der Amygdala schnell ab (wie allgemein auf emotionale Reize), im Gegensatz zu denen des Nucleus accumbens (Übersicht in Haber und Knutson 2010). Motivationale Aspekte werden über ein Netzwerk kontrolliert, das direkte amygdalo-ventrostriatale Projektionen ebenso wie cortico-striato-pallido-thalamische und hippocampo-striatale Schaltkreise beinhaltet. Aktionen und prädiktive Reize werden mit dem Wert anschließender Ereignisse assoziiert; dieses größere Netzwerk stellt damit ein adaptives Verhalten sicher (Zorilla und Koob 2013).

▪ Verbindungen mit der hippocampalen Formation

Eingänge vom Hippocampus proper (des Hippocampus im engeren Sinne, ▶ Abschn. 2.1.3) stammen vornehmlich aus der CA1-Region und ziehen zu den basalen und corticalen Kernen und zum paralaminaren und periamygdaloiden Kern. Der Gyrus dentatus scheint keine direkten Verbindungen mit der Amygdala zu haben. Die Projektionen der Amygdala zu den CA1-, CA2- und CA3-Regionen des Hippocampus sind deutlich stärker als diejenigen zur Amygdala und stammen von basalen und corticalen Kernen, während eine Projektion vom basalen und periamygdaloiden Kern auch zur Grenzregion von Subiculum und CA1 zieht.

Auch der entorhinale Cortex (▶ Abschn. 2.1.3) projiziert zum lateralen, basalen und periamygdaloiden Kern. Vor allem der basale Kern sendet robuste Projektionen zum Subiculum, Para- und Präsubiculum der hippocampalen Formation. Ebenso sendet der laterale Kern Efferenzen zum Parasubiculum, beeinflusst den Hippocampus proper aber vor allem über eine kräftige Projektion zum entorhinalen Cortex. Konsolidierung von Gedächtnisinhalten und Verstärkung deklarativer Inhalte emotionaler Ereignisse als auch (kontextuelle) Furchtkonditionierung und Extinktion sind wichtige Funktionen, die auf amygdalo-hippocampalen Interaktionen beruhen (McDonald und Mott 2017).

▪ Verbindungen zum Thalamus

Die Eingänge vom Thalamus in die basolaterale Kerngruppe, in den medialen und den zentralen Kern der Amygdala stammen von der Mittellinienkerngruppe, z. B. dem Ncl. paraventricularis und Ncl. paratenialis, die bei Stresssituationen, Angst und anderem affektiven Verhalten aktiviert sind. Projektionen des Thalamus aus dem Ncl. reuniens, dem größten Kern der Mittellinienkerngruppe, und der Intralaminarkerne ziehen außer zu den basalen Kernen auch zum medialen, corticalen und zentralen Kern der Amygdala. Starke Eingänge zur Amygdala entspringen auch dem Nucleus-centralis-Komplex der Intralaminargruppe (Aggleton et al. 1980; Mehler 1980).

Der mediale und zentrale Kern der Amygdala senden Projektionen zum Ncl. reuniens. Letzterer hat eine massive Verbindung zum Hippocampus und zu limbischen Cortexarealen, vor allem zum mPFC (Vertes et al. 2015). Die Amygdala projiziert auch stark zum mediodorsalen Kern des Thalamus (▶ Abschn. 2.1.5); die Axone der verschiedenen Amygdala-Kerne terminieren dort separat voneinander (Russchen et al. 1987). Der mediodorsale thalamische Kern hat wiederum starke reziproke Beziehungen mit limbischen Cortexarealen, vor allem mit dem mPFC, OFC und der Insula. Ebenso sendet der mediale Kern der Amygdala Fasern zu den zentralen Kernen der intralaminaren Kerngruppe im Thalamus, welche in Aufmerksamkeit und sensomotorische Funktionen involviert sind.

Reziproke Beziehungen bestehen zwischen Amygdala und Pulvinar. Das Pulvinar ist im caudalen Thalamus gelegen und hat eine starke Verbindung zum visuellen Cortex und ist Teil des visuellen Aufmerksamkeitssystems. Der zentrale Kern projiziert zum

Pulvinar (Price und Amaral 1981), und der laterale Kern der Amygdala erhält eine Projektion aus dem medialen Pulvinar (Aggleton et al. 1980).

- **Verbindungen mit dem Hypothalamus**

Starke reziproke Beziehungen bestehen zwischen dem ventromedialen Kern des Hypothalamus und den basalen Kernen, dem zentralen und dem medialen Kern der Amygdala. Die laterale hypothalamische Region projiziert zum medialen und zentralen Kern und zu den corticalen Kernen. Der laterale mammilläre Kern des Hypothalamus innerviert den zentralen Kern, die supramammilläre Region den medialen Kern.

Der mediale Kern und Teile der corticalen Kerne der Amygdala projizieren zur präoptischen Region, zum anterioren Hypothalamus und zu prä- und supramammillären Regionen des Hypothalamus. Eine starke Projektion des zentralen Kerns zieht zum lateralen Hypothalamus und zum Mammillarkörper. Neuroendokrine Kontrolle, vegetative und viszerale Steuerung und Defensivreaktionen sind wesentliche Funktionen, die über die amygdalo-hypothalamische Achse reguliert werden.

- **Verbindungen mit dem Hirnstamm**

Im zentralen Kern der Amygdala enden dopaminerge Projektionen von der Substantia nigra und dem ventralen tegmentalen Areal (VTA) des Mittelhirns, während der laterale und mediale Kern Eingänge aus dem peripeduncularen Kern erhalten. Eingänge zum amygdalären Komplex stammen auch vom serotonergen dorsalen Raphekern und vom PAG.

Der zentrale Kern der Amygdala wiederum sendet Projektionen zu den dopaminergen Mittelhirnkernen, zum PAG und zum dorsalen Raphekern und zum Ncl. raphe magnus. Reziproke Projektionen finden sich auch zwischen dem zentralen Kern, dem parabrachialen Kern und dem noradrenergen Locus coeruleus. Der zentrale Kern projiziert außerdem zur retikulären Formation und zu Regionen der Medulla oblongata bis zum cervicalen Spinalmark (Price und Amaral 1981; Amaral et al. 1982; Price 2003). Da der zentrale Kern viele GABAerge Neuronen besitzt, haben viele dieser lang absteigenden Projektionen zum Hirnstamm wahrscheinlich inhibitorische Wirkungen. Die Verbindungen der zentralen Amygdala mit dem Hirnstamm dienen der Regulation vegetativer, viszeraler und motorischer Funktionen wie Atmung, Blutkreislauf, Abwehr-, Vermeidungs- und Fluchtverhalten.

2.1.2.6 Zusammenfassung der funktionellen Aspekte des amygdalären Komplexes

Die Amygdala ist global mit emotionaler Verarbeitung befasst und an Motivations- und Gedächtnisleistungen beteiligt. Informationen über externe Reize und den internen Zustand des Organismus werden von ihr integriert und üben über die Projektion zu anderen subcortikalen Strukturen einen emotionalen Einfluss auf das Verhalten aus. Dies betrifft durch das olfaktorische System direkt vermittelte Geruchssignale und über den Thalamus indirekt verschaltete sensorische Information wie Geschmack, Sehen, Hören, Fühlen. Vegetative Zentren, Herz-Kreislauf und Atmungszentren aus dem Hirnstamm als auch die hypothalamischen neuroendokrinen Zentren, viszerale Zustände und defensive Reaktionen informieren die Amygdala über den inneren Zustand. Die Amygdala erhält Informationen über die im Septum und basalen Vorderhirn verarbeiteten Aspekte von Aggression und Motivation. Diese Ereignisse und Zustände beeinflussen über die Projektionen zum dorsalen und ventralen Striatum Handlungen, Motivation und Belohnungsverhalten, über die Projektionen zum BNST Angstzustände und über die zur hippocampalen Formation Lernen und Gedächtnisleistungen.

Die Amygdala ist stark mit dem OFC und dem mediodorsalen PFC verbunden. Diese Areale assoziieren Veränderungen der sensorischen Umwelt im Verhältnis zum vorhergesagten und aktuellen Zustand eines

Individuums, sie vermitteln soziale Signale zur Amygdala, welche über ihre Projektion zu diesen Cortices das Sozialverhalten beeinflusst. Die Verbindungen zwischen Amygdala und insulärem Cortex dienen der Erkennung und Vermeidung von Gefahren in der Umwelt als auch der Regulation vegetativer Informationen. Die Erkennung emotionaler Gesichtsausdrücke und natürlicher Szenerien werden über die Interaktion zwischen temporalen visuellen Arealen und der Amygdala in Verhalten integriert. Die Amygdala ist bei negativer *und* positiver emotionaler Verarbeitung sowie bei aversivem und appetitivem Lernen aktiv. Unklar ist jedoch, welche Kerngruppen und Verbindungen der Amygdala für eine appetitive, d. h. belohnungsorientierte Signalverarbeitung relevant sind (Correia und Goosens 2016; Kolada et al. 2017).

2.1.2.7 Die Rolle des BNST

Der BNST wird als wichtige Struktur für Angstreaktionen in Anwesenheit von Gefahren und für ein Gefahrenmonitoring betrachtet; er initiiert in Stressreaktionen unter Beteiligung des medialen PFC die stressrelevante HPA- (Hypophysen-Hypothalamus-Nebennierenrinden-)Achse. Dabei scheint der BNST sowohl bei nur vorgestellter als auch bei aktueller Gefahr aktiviert zu sein, während die Amygdala nur in letzterer Situation aktiviert wird (Lebow und Chen 2016). Der BNST ist über seine Verbindungen in ein ausgedehntes limbisches Netzwerk eingebunden, sodass er in viele weitere Funktionen wie Stimmungslage, Aufmerksamkeit, Schlaf, Appetit, aber auch in soziale Interaktion und in das Reproduktionsverhalten involviert ist (Lebow und Chen 2016).

2.1.3 Hippocampale Formation

Der Hippocampus proper ist eine längliche Struktur tief im medialen temporalen Lappen, der im Querschnitt einem Seepferdchen (griech. Hippocampus) ähnelt. Er besteht aus vier morphologisch unterschiedlichen Subregionen: dem Gyrus dentatus (DG), dem Ammonshorn, lat. Cornu ammonis, (CA) mit den vier Feldern CA1 bis CA4, Präsubiculum und Subiculum (Amaral und Lavenex 2006). Die CA4-Region befindet sich in der inneren Krümmung des DG und wird im Primatengehirn auch als CA4/DG bezeichnet. Aufgrund neurochemischer Merkmale wird bei Primaten der Subiculum-Komplex unterteilt in ein Prosubiculum und ein eigentliches Subiculum (zusammengefasst als Subiculum), ein Prä- und Postsubiculum (zusammengefasst als Präsubiculum) und ein Parasubiculum. Der Subiculum-Komplex befindet sich zwischen Hippocampus und entorhinalem Cortex. Die drei subiculären Hauptteile zeichnen sich durch unterschiedliche Verbindungen und Funktionen aus. Während das Subiculum die Hauptausgangsstruktur der hippocampalen Formation darstellt und bei der Encodierung und beim Abruf von Langzeitgedächtnisinhalten beteiligt ist, hat das Präsubiculum Funktionen bei der räumlichen Orientierung („Landmarkennavigation") und ist zusammen mit dem anterioren thalamischen Kern, dem lateralen mammillären Kern und dem retrosplenialen Cortex (BA 29, 30) eine Hauptstruktur des Kopf-Orientierungs-System. Das Parasubiculum hat starke Verbindung zum entorhinalen Cortex und generiert Theta-EEG-Aktivität (Übersicht in Ding 2013), d. h. die Zellen feuern in einer Frequenz von 4–12 Hz. Theta-Frequenz-Oszillation wird lokal im Hippocampus und durch den septohippocampalen Schaltkreis generiert. Im EEG ist sie im REM-Schlaf und während des Explorationsverhaltens von Ratten messbar.

Aufgrund der Größe und Morphologie der glutamatergen Pyramidalzellen als der wichtigsten Zelltypen hippocampaler Schaltkreise können zwei Hauptregionen, CA1 und CA3, unterschieden werden. Ein trisynaptischer Weg erstreckt sich vom DG zu CA1 und CA3; die Axone des DG verlaufen durch die CA4-Region zu CA3. Der dem Hippocampus proper vorgelagerte entorhinale Cortex sendet Axone über den sog. *perforanten Pfad* zu den Körnerzellen des

DG, deren Axone wiederum über den sog. *Moosfasertrakt* auf den CA3-Pyramidalzellen terminieren. Die Axone letzterer Neuronen bilden den *Schaffer-Kollateral-Pfad,* der zurück zum Subiculum und dann zum entorhinalen Cortex läuft. Die Axone der CA3-Zellen projizieren außer zu CA1 zusätzlich über Axonkollaterale auf andere CA3-Neuronen und bilden einen rekurrenten Kollateralpfad. Die CA3-Region wird deshalb auch als ein autoassoziatives, d. h. selbstbezügliches Gedächtnissystem betrachtet (Yau et al. 2015). CA3-Zellen projizieren über exzitatorische Mooszellen auch zurück zum DG dentatus, sodass die Pfade nicht ausschließlich unidirektional organisiert sind. Zudem zeigt sich aufgrund neuerer Daten, dass die bisher als Übergangszone betrachtete CA2-Region eine distinkte funktionelle Einheit gleichwertig mit der CA1- und CA3-Region darstellt (Ding et al. 2010). CA2-und CA4-Neuronen sind bei Erkrankungen wie der chronisch traumatischen Encephalopathie bevorzugt von Degenerationsprozessen betroffen (McKee et al. 2016).

■ Verbindungen der hippocampalen Formation

Die dem Hippocampus proper anliegende parahippocampale Region umfasst den entorhinalen (BA 28), den parahippocampalen (temporale Areale TH und TF nach von Economo 1929) und den perirhinalen Cortex (BA 35, 36). Die Eingangsstruktur für den Hippocampus proper ist der entorhinale Cortex, welcher seinerseits reziproke Verbindungen mit dem perirhinalen und parahippocampalen Cortex aufweist. Die zwei letzteren Cortices projizieren ebenfalls zueinander. Der perirhinale Cortex ist mit visuellen (assoziativen) Arealen wie TE, TEO und V4 reziprok verbunden; er hat aber auch direkte Verbindungen mit der CA1-Region und dem Subiculum. Der parahippocampale Cortex steht in reziproker Verbindung mit den genannten visuellen corticalen Arealen sowie mit parietalen und cingulären Cortices. Ebenfalls hat der parahippocampale Cortex einen direkten Eingang auf die CA1-Region und das Subiculum.

Die stärksten Projektionen des Hippocampus stammen von der CA1-Region und dem Subiculum-Komplex; nur die Projektionen zum Septum und Ncl. accumbens beinhalten auch Information aus der CA3-Region. Vier Gruppen unterschiedlicher Efferenzen lassen sich unterscheiden. Fast ausschließlich vom Subiculum ziehen Projektionen zum retrosplenialen Cortex, zum anterioren, lateralen dorsalen und Mittellinienkern des Thalamus und zu den Mammillarkörpern; Prä- und Parasubiculum tragen partiell dazu bei. Eine zweite Projektion geht gleichermaßen vom Subiculum und CA1 und in geringerem Maß vom Prä- und Parasubiculum aus; sie erreicht im PFC den OFC (BA 11, 13) und den mPFC (BA 14, 25, 32), die Amygdala als auch Areal TE und TG im temporalen Cortex. Efferenzen der dritten Gruppe stammen aus der CA1-Region und dem Subiculum und ziehen zum entorhinalen, perirhinalen und parahippocampalen Cortex. Die vierte Gruppe von Projektionen aus der CA3- und CA1-Region erreicht das Septum, den vertikalen Schenkel des diagonalen Bandes von Broca und den Ncl. accumbens (Friedman et al. 2002; Aggleton 2012; Aggleton et al. 2012).

Die Entdeckung sog. Ortszellen (engl. *place cells*) im Hippocampus und der mit ihnen in Verbindung stehenden Gitterzellen (engl. *grid cells*) im entorhinalen Cortex von Ratten ergaben ein Bild über die Entstehung räumlicher Orientierung und die Bildung räumlicher Gedächtnisleistungen und erklärten Defizite in der Raumorientierung nach Läsionen des Hippocampus. Funktionell ergaben Untersuchungen an Mensch und Tier, dass der anteriore Hippocampus innerhalb eines größeren Netzwerks in *nicht-räumliche Funktionen* wie Kontextcodierung, Aufmerksamkeit oder Belohnungserwartung und der posteriore (bei Nagetieren dorsale) Teil in *räumliche Navigation* oder Erinnerung an räumliche Anordnungen einer Szene eingebunden ist (Viard et al. 2011; Nadel et al. 2013).

2.1.4 Basalganglien und mesolimbisches System

Zu den Basalganglien zählen im Endhirn das Corpus striatum, welches sich aus dem Ncl. caudatus, dem Putamen und dem ventralen Striatum einschließlich des Ncl. accumbens zusammensetzt, sowie der Globus pallidus. Im Zwischenhirn gehören dazu der Ncl. subthalamicus und im Mittelhirn die Substantia nigra, die wiederum mit dem ventralen tegmentalen Areal eine funktionale Einheit bildet. Die Basalganglien unterteilen sich in einen dorsal befindlichen Teil mit exekutiven und sensomotorischen Funktionen, welcher motorische Handlungen vorbereitet und steuert, und einen ventralen Teil, der emotionale und motivationale Funktionen hat und zum limbischen System gehört (für eine Übersicht s. Haber et al. 2012).

▪ Nucleus caudatus/Putamen

Ncl. caudatus und Putamen bilden zusammen eine große subcortical gelegene Struktur und sind durch die Faserzüge der inneren Kapsel voneinander getrennt und grenzen nur im rostralen Teil direkt aneinander. Der Ncl. caudatus liegt medial vom Putamen, gliedert sich in einen Kopf und Schwanz und zieht von dorsal bis ventrolateral um das Putamen herum.

Die Mehrzahl der Neuronen im Ncl. caudatus und Putamen sind mittelgroße Zellen, die im mittleren und distalen Bereich des Dendritenbaums dicht mit Dornen besetzt sind und deshalb als *medium spiny cells* bezeichnet werden. Sie besitzen den Transmitter GABA und projizieren inhibitorisch zum dorsalen Pallidum, zur Substantia nigra und zum VTA. Die Interneuronen des Striatum sind cholinerg oder GABAerg und immunoreaktiv für eine Reihe von Neuropeptiden und Proteinen wie Neurotensin, Enkephalin, Somatostatin, Substanz P, Vasoaktives Intestinales Peptid (VIP), Neuropeptid Y, Calbindin und Parvalbumin sowie für NADPH-Diaphorase.

Das Striatum weist bei Primaten eine Kompartimentierung in Striosomen (auch *patches* genannt) und eine Matrix auf (Graybiel und Ragsdale 1978). Die Striosomen machen 10–20 % der Zellmasse aus und sind 300–600 µm breite Inseln mit geringer Dichte des Enzyms Acetylcholin-Esterase (AChE) und einer hohen Dichte von Opioidrezeptoren sowie einer hohen Immunreaktivität für GABA, Enkephalin, Substanz P und Neurotensin. Die dazwischen liegende Matrix weist dagegen eine hohe AChE-Dichte und eine starke Calbindin- und Somatostatin-Immunreaktivität auf. Diese Unterteilung ist im Kopf des Ncl. caudatus deutlich ausgeprägt, in dem assoziative und limbische Afferenzen einlaufen, aber nur schwach im posterioren Teil und im Putamen mit sensomotorischen Eingängen erkennbar. Striosomen erhalten spezifisch Projektionen aus dem OFC, ACC und insulären Cortex, während die Matrix Afferenzen aus den gesamten frontalen Arealen erhält (Eblen und Graybiel 1995). Die von den limbischen corticalen Arealen ausgehenden Projektionen endigen inselförmig innerhalb des Striatum; deshalb werden sog. Mikroschaltkreise zwischen den verschiedenen corticalen Arealen und Striatum vermutet. Gleichzeitig überlappen im Striatum die inselförmigen Projektionen von PFC-Arealen, die miteinander in Verbindung stehen, sodass auch intra-corticale Projektionen im Striatum repräsentiert sein könnten.

▪ Ncl. accumbens/ventrales Striatum

Der Ncl. accumbens umfasst den rostralen ventromedialen Teil des Striatum und wird zusammen mit dem rostral gelegenen olfaktorischen Tuberkel und den ventral gelegenen Teilen des Ncl. caudatus und Putamen auch als limbischer Teil der Basalganglien betrachtet. Er ist anatomisch und immunhistochemisch untergliedert in einen ventromedialen Anteil, *Schalenregion* (engl. *shell*) genannt, und eine *Kernregion* (engl. *core*), wobei die Schalenregion den dorsalen und zentralen Teil des Ncl. accumbens bildet. Letztere Region ist mit dem ventromedialen Teil des Ncl. caudatus verbunden und hat ähnliche histochemische Merkmale. Die Gliederung in Kern und Schale ist bei Primaten nur durch den Nachweis histochemischer Marker ersichtlich (Meredith et al. 1996; Holt et al. 1997; Brauer et al. 2000). Im gesamten Ncl. accumbens/ventralen Striatum finden sich *patches* von Immunreaktivität für Enkephalin- bzw. Opioidrezeptoren. Die Schale zeigt stärkere Immunreaktion für Neurotensin und AChE und eine mittlere Calbindin- und eine starke Calretinin-Immunreaktion sowie eine schwache Anwesenheit von Opioidrezeptoren, während der Kern eine starke Calbindin- und eine nur geringe Calretinin-Immunreaktivität sowie eine starke Präsenz von Opioidrezeptoren zeigt. Die Kernregion des Ncl. accumbens erhält Afferenzen vom OFC (BA 12, 13), während die Schalenregion vom sub- und prägenualen zingulären Cortex (BA 25) Projektionen empfängt (Haber et al. 1995). Aufgrund der corticalen Projektionen gibt es demnach eine – wenn auch nicht vollständige – Trennung in ein *assoziatives* Territorium im medialen Teil des Ncl. caudatus und Putamen mit Eingang aus dem lateralen OFC und dorsalen PFC und ein *limbisches* Territorium im ventralen Striatum mit Eingang aus den limbischen Cortexarealen (Buot und Yelnik 2012).

Subcorticale Eingänge in das Striatum stammen aus der basolateralen Amygdala vorrangig zum Kopf des Ncl. caudatus und weniger stark zum anterioren und ventralen Teil des Putamen; diese Eingänge unterschieden sich nicht hinsichtlich ihrer Termination in den Striosomenmatrix-Anteilen des Striatum. Im Ncl. accumbens erreichen Projektionen aus dem anterioren Teil der basolateralen Amygdala die Kernregion, Projektionen aus dem posterioren Teil zusammen mit denen aus der zentralen Amygdala die Schalenregion des Ncl. accumbens. Auch hier findet sich eine inselförmige Verteilung der Afferenzen. Die hippocampale Formation innerviert den Ncl. accumbens exzitatorisch, Weitere Afferenzen stammen aus den limbischen Mittellinienkernen und intralaminaren Kernen des Thalamus.

Der Ncl. accumbens-ventrales Striatum-Komplex ist in dopaminerge Schaltkreise mit den Mittelhirnkernen eingebunden. Striosomen, die limbische Information erhalten, projizieren zu den dopaminergen Neuronen der Substantia nigra pars compacta (SNc); letztere bilden Afferenzen zu den Striosomen und zur Matrix. Über eine Reihe von Schaltkreisen zwischen Striatum und SNc können ventrale striatale Regionen dorsale striatale Regionen beeinflussen und Information zwischen limbischen medial gelegenen Neuronen und motorischen lateral gelegenen Neuronen weitergeben (Haber et al. 2000). Substantia nigra und VTA stellen darüber eine Verbindung der motorischen und limbischen Anteile der Basalganglien her, die bemerkenswerterweise keine direkten Verbindungen untereinander haben.

▪ Globus pallidus

Der Globus pallidus, auch kurz als Pallidum bezeichnet, besteht aus einem externen und internen Segment, das wie das Striatum jeweils in einen dorsalen motorischen und ventralen limbischen Teil gegliedert wird. Letzterer bildet zusammen mit dem ventralen Striatum/Ncl. accumbens-Komplex das ventrale striato-pallidale System. Das ventrale Pallidum der Primaten ist eine halbmondförmige Struktur, deren externes Segment reich an Enkephalin-Immunoreaktivität ist und ventral zur Commissura anterior liegt. Im Globus pallidus finden sich überwiegend GABAerge Neuronen, die auch Calretinin, Calbindin, Parvalbumin, Neuropeptid Y oder Somatostatin exprimieren. Die GABAergen Neuronen sind stark mit GABAergen Boutons besetzt – sie werden also ihrerseits gehemmt.

Die Projektionen des Ncl. accumbens zum ventralen Pallidum sind topografisch geordnet. Der limbische Teil des Pallidum hat einen ventromedialen Anteil, der reich an Neurotensin ist und Afferenzen aus der Schalenregion des Ncl. accumbens erhält. Diese Projektion aus dem Ncl. accumbens setzt sich zur erweiterten Amygdala und zum lateralen Hypothalamus fort. Eine Projektion aus dem lateralen Teil der Schalenregion und dem olfaktorischen Tuberkel zieht zu einer ventrolateralen Subregion, die frei von Neurotensin ist. Die Kernregion des Ncl. accumbens projiziert zu einem ventrolateralen Teil des ventralen Pallidum mit starker Calbindin-Immunoreaktivität. Cholinerge Neuronen im ventralen Pallidum erhalten ebenfalls GABAergen Eingang vom Nucl. accumbens, sind lokal verschaltet und projizieren zur basolateralen Amygdala und zum PFC. Die Efferenzen des ventralen Pallidum zum Ncl. accumbens gehen gleichermaßen vom dorsolateralen und ventromedialen Teil des ventralen Pallidum aus und erreichen die Schale oder den Kern des Ncl. accumbens. Efferenzen zur basolateralen Amygdala stammen hauptsächlich von cholinergen Neuronen im ventralen Pallidum, die durch *mu*-, *kappa*- und *delta*-Opioidrezeptoren reguliert werden. Einige dieser cholinergen Neuronen innervieren auch den PFC und den entorhinalen Cortex; diese besitzen offenbar aber keine *kappa*- oder *delta*-Opioidrezeptoren, sodass separate cholinerge ventropallidale Projektionen dorthin zu bestehen scheinen.

Die Neuronen des ventralen Pallidum weisen dopaminerge D1-, D2- und D3-Rezeptoren auf. Die dopaminergen Eingänge zum ventralen Pallidum sind topografisch geordnet; eine Projektion des lateralen VTA zieht zum rostralen, ventromedialen, dorsolateralen und ventrolateralen Teil des ventralen Pallidum, die des Mittellinienteil des VTA zum medialen ventralen Pallidum. Afferenzen aus der Substantia nigra sind spärlich.

Die Striosomen- und Matrix-Neuronen des dorsalen Striatum bilden einen sog. direkten Pfad durch ihre Projektion zum internen Segment des dorsalen Pallidum zur Substantia nigra pars reticulata (SNr) und einen indirekten Pfad über das externe Segment des dorsalen Pallidum zum subthalamischen Thalamus, der von dort zum internen Segment des Globus pallidus und weiter zur SNr verläuft. Die Mehrzahl der zum dorsalen Pallidum projizierenden Neuronen zeigt eine Immunreaktivität für GABA, Neurotensin und Enkephalin und besitzt dopaminerge D2-Rezeptoren, während die Mehrzahl der zur SNc und SNr projizierenden Zellen eine Immunreaktivität für GABA, Dynorphin, Neurotensin und Substanz P aufweist und dopaminerge D1-Rezeptoren trägt. Unklar ist bisher, ob auch die starke efferente Projektion der Kern- und Schalenregion des Ncl. accumbens eine Organisation in einen direkten und indirekten Pfad aufweist.

Weitere subcorticale Verbindungen bestehen zum Thalamus und Hirnstamm. Efferenzen des ventralen Pallidum erreichen auch den retikulären Kern des Thalamus. Eine weitere Projektion führt zur lateralen Habenula, die wiederum zum mesopontinen rostromedialen tegmentalen Nucleus (früher auch als *tail* des VTA bezeichnet) projiziert, welches reziprok mit dem ventralem Pallidum verbunden ist (Zahm und Root 2017). Eine Projektion zum lateralen Hypothalamus ist topografisch von medial nach lateral organisiert; auch in die Schaltkreise des medialen präoptischen Kern ist das ventrale Pallidum eingebunden. Projektionen bestehen zum pedunculopontinen tegmentalen Nucleus.

▪ Funktionen limbischer Schaltkreise

Die verschiedenen Funktionen innerhalb des Ncl. accumbens/ventralem Pallidum-Komplexes werden in einer Übersicht von Root et al. (2015) auf der Grundlage pharmakologischer Mikroinjektionen in das ventrale Pallidum dargestellt. Das ventrale Pallidum ist beteiligt an einer Vielfalt motorischen Verhaltens wie unbewusste Reflexe, aber auch Willkürhandlungen, Lern- und Gedächtnisleistungen oder belohnungsmotivierte Handlungen. Konsummatorisches Verhalten wie Futteraufnahme, Futterpräferenz und Geschmacksreaktionen, aber auch

Fürsorgeverhalten werden ebenfalls durch das ventrale Pallidum beeinflusst. Kognitive Aspekte während sensomotorischer Filtermechanismen beim Startle-Reflex, Arbeitsgedächtnisleistungen und assoziatives Lernen sind bei pharmakologischer Mikroläsion betroffen, ebenso werden Belohnungsmechanismen während Selbststimulation und aversives Verhalten durch ventrale pallidale Schaltkreise reguliert.

Das ventrale Striatum/Ncl. accumbens scheint stärker bei impulsivem Wahlverhalten als bei der Hemmung auszuführender Handlungen aktiv zu sein. Allerdings ist der Ncl. accumbens nicht allein für die Regulation impulsiven Verhaltens zuständig. Generell scheint das Muster der neuronalen Aktivierung im Ncl. accumbens teils genetisch determiniert, teils erlernt zu sein und hat starken Einfluss auf Unterschiede in der Impulsivität von Individuen. Die Dopaminausschüttung durch das VTA beeinflusst die Stärke der neuronalen Repräsentation und die Selektion des fronto-temporalen limbischen Eingangs zum Ncl. accumbens und fördert darüber in Abhängigkeit von der Beziehung (Kontingenz) von Reiz und Belohnung, Antwort und Ergebnis entweder impulsives oder kontrolliertes Verhalten (Basar et al. 2010).

Berridge und Kringelbach (2013) lokalisieren sog. Hotspots im Ncl. accumbens und ventralen Pallidum, die bei bestimmten *hedonischen Aspekten* wie Lust und Vergnügen aktiv sind, während *Wunsch und Verlangen nach Belohnungen* in einem größeren und verteilten dopaminergen Netzwerk repräsentiert ist. Im Ncl. accumbens wird auch eine Aktivierung für Valenzen (Appetenz und Aversion) lokalisiert, die bei positiv gewerteten Wünschen oder bei negativ gewerteter Furcht eine entsprechende intensive Motivation erzeugt. Abgestufte Mischungen affektiver Wunsch-Furcht-Aktivierungen finden sich bei Mikrostimulation entlang einer rostrocaudalen Achse in der medialen Schalenregion; nämlich von rostral beginnend mit dem Wunsch nach Nahrung bis nach caudal mit angstvollen Furchtreaktionen. Subjektives, bewusst erlebtes Vergnügen wird hingegen im OFC codiert, in dem es ebenfalls hedonische Hotspots gibt (Berridge und Kringelbach 2015).

▪ Funktionen der Basalganglien

Die dorsalen und ventralen Teile der Basalganglien und ihre Schaltkreise sind in motorische bzw. limbische Funktionen eingebunden. Anfängliche Modelle der corticalen Projektionen zu den Basalganglien gingen von fünf getrennten Schaltkreisen aus, die zwischen frontalem, okulomotorischem, dorsolateral frontalem, lateral orbitofrontalem und anteriorem cingulärem Cortex und unterschiedlichen Regionen im Striatum, Pallidum/Substantia nigra und Thalamus bestehen, bevor sie zum corticalen Ausgangsareal rücklaufen (z. B. Alexander und Crutcher 1990). Das ventrale Striatum erhält aber auch Eingänge von auditorischen und visuellen assoziativen parietalen Arealen und vom temporalen Gyrus, sodass eine Unterteilung in ein limbisches, ein assoziatives und ein sensomotorisches Territorium angenommen wird (Parent und Hazrati 1995). Die Basalganglien spielen bei Reaktions- und Selektionsvorgängen von deklarativen und prozeduralen Gedächtnisleistungen eine Rolle. Der Ncl. accumbens und das olfaktorische Tuberkel sind bei unkonditionierten und konditionierten Reaktionen beteiligt. Das ventrale Striatum unterstützt die Selektion und Reaktion während des instrumentellen Lernens. Zielorientierte Handlungen und Gewohnheiten werden vom dorsalen Striatum kontrolliert (da Cunha et al. 2012; Liljeholm und O'Doherty 2012).

2.1.5 Thalamus

Im Thalamus werden klassischerweise drei große Zellmassen unterschieden, nämlich sog. Relaiskerne, limbische Mittellinien- und intralaminare Kerne und assoziative Kerne (Price 1995; Jones 1998; Groenewegen und Witter 2004). Die Relaiskerne erhalten sensorische und motorische Information über aufsteigende modalitätsspezifische Pfade und projizieren zu distinkten Regionen im Cortex. Sie werden auch als *spezifische* Nuclei bezeichnet. Zu ihnen gehören der laterale und mediale genikuläre Komplex (LGN, MGN), ventrale posteromediale und posterolaterale Nuclei, ein posteriorer Nucleus, ein ventral lateraler, ventral anteriorer und ventral medialer Nucleus. Die *assoziativen* Kerne bestehen aus dem mediodorsalen, anterioren, submedialen und lateralen Nucleus. Sie erhalten Eingänge aus dem somatosensorischen Cortex und vermitteln diese zu assoziativen corticalen Arealen.

Die *limbischen* Kerngebiete wurden ursprünglich „unspezifisch" genannt, weil sie weitreichende Projektionen haben und keiner spezifischen Funktion zugeordnet werden konnten. Jedoch erhalten Mittellinien- und intralaminare Kerne jeweils spezifische afferente Projektionen aus dem Hirnstamm, und diese Kerne projizieren ihrerseits zu spezifischen und wenig überlappenden Regionen des Cortex und Striatum (Pereira de Vasconcelos und Cassel 2015). Der Nucleus reticularis des Thalamus ist ein separater Komplex, der die thalamischen Relaiskerne inhibitorisch und modulatorisch beeinflusst und unter der Kontrolle topografisch organisierter Afferenzen vom Cortex und Thalamus und verbreiteter Afferenzen vom basalen Vorderhirn und Hirnstamm steht (Guillery und Harting 2003).

Die Mittellinienkerne und die intralaminaren Kerne sind räumlich voneinander getrennt, und zwar erstere entlang der Mittellinie und letztere innerhalb einer medullären Lamina. Die Mittellinienkerne bestehen aus dem Ncl. rhomboideus, einem periventrikularen Areal, dem Ncl. intermediodorsalis, Ncl. paraventricularis, Ncl. reuniens und Ncl. paratenialis. Zu den intralaminaren Kernen gehören verschiedene zentrale und parafaszikulare Kerne.

▪ Nucleus reuniens und Nucleus rhomboideus

Der größte Mittellinienkern ist der Ncl. reuniens. Eingänge stammen vom medialen PFC (mPFC), anterioren zingulären Cortex, insulären Cortex, von der hippocampalen Formation, von der medialen und anterioren Amygdala, dem lateralen Septum und Teilen des basalen Vorderhirns. Thalamische Eingänge aus dem retikulären Nucleus, dem Corpus geniculatum laterale und hypothalamischen Kerngebieten sowie dem Hirnstamm (dopaminerge, serotonerge und noradrenerge Eingänge; Colliculus superior, periaquäduktalem Grau, retikuläre Formation und weiteren Afferenzen) erreichen ebenfalls diesen Kern. Eingänge des Ncl. rhomboideus aus dem Hirnstamm entstammen ebenfalls transmitterspezifischen Kernen und der retikulären Formation; aus dem Cortex stammen Projektionen vom mPFC und zingulärem Cortex sowie von motorischen Cortices und dem primär somatosensorischen Cortex (Vertes et al. 2015).

Projektionen aus dem Ncl. reuniens ziehen zum rostralen Vorderhirn, vor allem zu limbischen Cortices, am stärksten zum mPFC. Eine topografisch geordnete Projektion zieht zur CA1-Region des Hippocampus und zu der ihn umgebenden Rinde; ein geringerer Teil der Neuronen projiziert parallel zum mPFC und zu CA1. Auch die Efferenzen des Ncl. rhomboideus erreichen die ventralen limbischen frontalen Cortices, den zingulären Cortex und im Weiteren Teile des dorsalen und ventralen Striatum, das laterale Septum und die Kernregion des Ncl. accumbens. Eine dichte Projektion terminiert in der CA1-Region des dorsalen Hippocampus und in der umgebenden Rinde (Vertes et al. 2015).

Die beiden genannten Mittellinienkerne modulieren circadiane Rhythmen, Essverhalten und Erregungszustände und sind in Stress- und Angstnetzwerke eingebunden. Nach Cassel et al. (2013) gibt es Hinweise für eine Beteiligung der beiden Kerne an kognitiven Funktionen. Zu diesen Leistungen zählen Aufmerksamkeit, Impulsivität, Vermeidungsgedächtnis, (räumliches) Arbeitsgedächtnis als auch Strategiewechsel und

2

Verhaltensflexibilität. Diese kognitiven Prozesse werden über die starken reziproken Verbindungen der beiden intralaminaren Kerne mit dem medialen PFC und dem Hippocampus beeinflusst. Sie können damit ein Bindeglied zwischen mPFC und Hippocampus sein. Zusammen mit dem rostralen intralaminaren Kern bilden der Ncl. reuniens und Ncl. rhomboideus ein hippocampo-cortico-thalamisches Netzwerk zur Konsolidierung eines andauernden deklarativen Gedächtnisses auf systemischer Ebene (Pereira de Vasconcelos und Cassel 2015).

Dorsal gelegene Mittellinienkerne wie der paraventrikulare und parateniale Kern haben starke reziproke Verbindungen zu einem medialen präfrontalen Netzwerk bestehend aus BA 25, 32 und Teilen von BA 14 als auch benachbarten Regionen von BA 13 (Hsu und Price 2007). Der parateniale Kern ist zusammen mit dem zentralen intermedialen Kern auch stark mit BA 13 und 12, also dem orbitalen und medialen PFC verbunden. Das mediale präfrontale Netzwerk, insbesondere der subgenuale Cortex, kontrolliert viszerale und emotionale Zustände und ist auch an Angststörungen beteiligt. Die starke Verbindung zwischen Paraventrikularkern und subgenualem Cortex stellt einen Pfad für die Verarbeitung von Stresssignalen in präfrontalen Schaltkreisen dar.

Der Paraventrikularkern ist der einzige thalamische Kern mit starken Projektionen zu limbischen Zentren wie der Amygdala, dem BNST und dem zingulären Cortex, die eine wichtige Rolle bei Furcht, Angst und im Belohnungsverhalten spielen. Reziproke Verbindungen bestehen auch zwischen dem suprachiasmatischen Nucleus des Hypothalamus als dem circadianen Schrittmacher des Gehirns und dem Paraventrikularkern, der über seine dichte Innervation von orexinhaltigen Neuronen eine Rolle bei Erregungszuständen spielt (Colavito et al. 2015). Über seine Verbindungen beeinflusst der Paraventrikularkern wichtige limbische Strukturen, die Motivation und Stimmungslage kontrollieren (Übersicht in Hsu et al. 2014), ebenso wie über die Verbindungen zum medialen PFC, Ncl. accumbens und Amygdala Funktionen im Zusammenhang mit chronischem Stress, Sucht- und Belohnungsverhalten moduliert werden (Colavito et al. 2015). Im limbischen Thalamus wird Schmerzverarbeitung moduliert und emotional motorisches Verhalten kontrolliert (Vogt et al. 2008).

Beim Menschen wurden die intralaminaren Kerne mittels Diffusions-Tensor-Bildgebungsverfahren in ihren Konnektivitäten mit anderen Hirnzentren untersucht (Jang et al. 2014). Besonders der PFC und der Ncl. caudatus der Basalganglien, der primär motorische und prämotorische Cortex, der posteriore parietale Cortex, der Globus pallidus, das basale Vorderhirn und der Hypothalamus als auch die retikuläre Formation und der pedunculopontine Kern im Hirnstamm sind mit den intralaminaren Kernen verbunden; der zinguläre Cortex hat jedoch nur geringe Verbindungen. Die Verbindungen werden von den Autoren in sog. „Arousal"-Funktionen zur Kontrolle von Erregungszuständen (PFC, Hirnstamm, basales Vorderhirn und Hypothalamus) und für den PFC auch in eine Aufmerksamkeitsfunktion und in sensomotorische Funktionen (motorische Cortices, parietaler Cortex und Basalganglien) gruppiert.

2.1.6 Hypothalamus

An der Basis des End- und Zwischenhirns bildet der Hypothalamus einschließlich der präoptischen Region die Mittelzone, welche rostral und medial von der anterioren Kommissur begrenzt wird und sich caudal bis zum ventralen tegmentalen Areal und zentralem Höhlengrau erstreckt. Der Hypothalamus ist eine bilaterale Ansammlung von Kernen, die in drei Längszonen, eine periventrikuläre, eine mediale und eine laterale Zone, unterteilt wird. In der Transversalebene wird die Mittelzone von rostral nach caudal in eine prä- und supraoptische, eine tuberale und eine mammilläre Zone untergliedert (Mai et al. 2016). Der Hypothalamus ist zentral im Gehirn gelegen und hat über das mediale Vorderhirnbündel Verbindung zum cerebralen Cortex, über den Fornix zum Hippocampus und über die Stria terminalis zur Amygdala. Der Thalamus ist über den mammillo-thalamischen Trakt mit dem Hypothalamus verbunden, der Hirnstamm über den Fasciculus longitudinalis dorsalis; der retino-hypothalamische Trakt verbindet Retina und Hypothalamus (Bear und Bollu 2018).

Die periventrikuläre Längszone hat eine enge Beziehung zur Hypophyse, und dementsprechend finden sich in dieser Zone Neuronen, die „Releasing-Faktoren" ausschütten. Am rostralen Pol der präoptischen Region liegt an der Mittellinie der *Ncl. periventricularis,* der sich nach caudal entlang der supraoptischen und tuberalen Region erstreckt. Der Ncl. periventricularis kontrolliert das kardiovaskuläre System und den Flüssigkeitshaushalt und projiziert zum supraoptisch-paraventrikularen Kernkomplex. An den Ncl. periventricularis schließt sich nach lateral eine *präoptische Kerngruppe* an. Ventral zu ihr liegt die supraoptische Region; in ihr befinden sich ein an den Ventrikel grenzender *Ncl. paraventricularis* und ein anteriorer *lateraler hypothalamischer Nucleus.* Ein *supra- und retrochiasmatischer Ncl.* schließen sich ventral an.

In der tuberalen Region befindet sich ein *juxtaparaventriculares hypothalamisches Areal,* ein *dorsal hypothalamisches Areal,* eine *mediale hypothalamische Kerngruppe,* ein *Ncl. arcuatus,* ein *lateraler tuberaler Ncl.* und eine ventral liegende *mediane Eminenz.* Die mammilläre Region besteht aus dem dorsal gelegenen *posterioren hypothalamischen Kern,* dem posterioren *lateralen hypothalamischen Ncl.* und dem ventral gelegenen *supramammillären und mammillären Nucleus.* Lateral grenzen ein *tuberomammillärer Ncl.* und ein *lateraler mamillärer Ncl.* an. Weiter caudal schließt sich das *retromammilläre Areal* an (Ding et al. 2016).

Im anterioren und tuberalen Hypothalamus befinden sich neuroendokrine Neuronen im para- und periventricularen Ncl., im supraoptischen Ncl. und im Ncl. arcuatus. Die produzierten Hormone sind bis auf den Transmitter Dopamin Peptide wie das Oxytocin, das Vasopressin, die Releasing-Hormone (Corticotropin, Thyrotropin, Wachstumshormon, Gonadotropin) und das Somatostatin; diese Neurohormone werden in den Blutstrom entlassen. Die Produktion der neuroendokrinen Hormone als auch die Produktion weiterer nicht neuroendokriner Neuropeptide in anderen hypothalamischen Kernen wird durch ein komplexes Netzwerk von Transkriptionsfaktoren reguliert (Alvarez-Bolado 2019).

In der präoptischen Region erfolgen die Temperaturregulation und die endokrine Regulation des Sexualverhaltens durch den präoptischen Kern, während im hypothalamischen Paraventrikularkern neuroendokrine und vegetative Stressantworten und die Sekretion von Vasopressin und Oxytocin geregelt werden. Im suprachiasmatischen Nucleus (SCN) wird der circadiane Rhythmus reguliert, im supraoptischen Kern werden neurohypophysäre Hormone sezerniert. Die tuberale Region umfasst den Ncl. arcuatus, der die Nahrungsaufnahme, kardiovaskuläre Funktionen und das Körperfettgewebe überwacht, und den dorsomedialen Ncl. mit Kontrolle über Tages-Nahrungszeitplanung, emotionale Stressreaktionen und Libido. Der ventromediale Ncl. der tuberalen Region ist auch in die Kontrolle von Nahrungsaufnahme, Gewichtsverlust und -zunahme, Fettverdauung und Sexualverhalten involviert. In der mammillären Region organisiert der posteriore Kern Reaktionen des sympathischen Nervensystems sowie defensives und aggressives Verhalten, während der tuberomammilläre Kern motiviertes Verhalten bzgl. Nahrung, Flüssigkeit, Sex und Rauschmitteln als auch den Wachzustand kontrolliert und der mammilläre Kern auch beim Encodieren episodischer Gedächtnisinhalte aktiv ist (Barbosa et al. 2017).

2

Essverhalten

Die Kontrolle der Energiebilanz ebenso wie die Speicherung, Nutzung und Umwandlung der Nährstoffe wird durch den *Ncl. arcuatus* reguliert (Joly-Amado et al. 2014). Dieser ist nah an der Blut-Hirn-Schranke gelegen und kontrolliert Hunger- und Sättigungszustände über im Blut zirkulierende Signale (Leptin, Insulin, Ghrelin). POMC- (Proopiomelanocortin-)Neuronen des Ncl. arcuatus reduzieren die Nahrungsaufnahme und erhöhen den Energieverbrauch, während NPY/AgRP (Neuropeptid-Y-/Agouti-related Protein-) Neuronen appetitanregend und anabol wirken. Ein ausgedehntes Netzwerk steuert das Essverhalten. Der Ncl. arcuatus projiziert zu anderen hypothalamischen Kernen, zum Parabrachialkern, VTA und Ncl. solitarius im Hirnstamm. Letztere sind mit limbischen Vorderhirnstrukturen wie dem Ncl. accumbens verbunden, der als Wächter für den hedonischen, d. h. lustbezogenen Wert der Nahrung fungiert (Ferrario et al. 2016). Der Ncl. accumbens projiziert wiederum zum lateralen Hypothalamus, der nahrungssignalinduzierte Motivation in Essverhalten umsetzt; er scheint aber auch kritisch für den Erwerb der Signal-Nahrungs- Assoziationen und den Abruf entsprechender Erinnerung zu sein (Petrovich 2018). Der PFC verarbeitet kognitiv-emotionale Aspekte der Nahrungssignale zur Entscheidungsfindung, dorsale Teile der Basalganglien kontrollieren das motorische Essverhalten. Die Amygdala und der insuläre Cortex integrieren homeostatische, kognitive und viszerale Eingänge zur Modulation des Essverhaltens (Andermann und Lowell 2017; Sweeney und Yang 2017). Dieses Netzwerk steuert über das vegetative Nervensystem die Stoffwechselrate, die Freisetzung endokriner Hormone und letztlich die Nahrungsaufnahme, wobei der Hypothalamus auch Schnittstelle für motivationale und kognitive Aspekte des Essverhaltens ist.

Schlaf-Wach-Rhythmus

Der laterale Hypothalamus reguliert den Schlaf-Wach-Rhythmus über Neuronenpopulationen, die das Peptid Orexin/Hypocretin (Ox) bzw. das Neuropeptid Melanin-konzentrierendes Hormon (MCH) produzieren. Ox-Neuronen sind im Wachzustand aktiv und bewirken im Schlaf einen schnellen Wechsel vom Non-REM- *(Rapid Eye Movement)* zum REM-Schlaf bzw. vom REM-Schlaf zum Wachzustand. Verlust von Ox-Neuronen (normal sind ca. 70.000 Neuronen beim Menschen) erzeugt Narkolepsie, eine exzessive Schläfrigkeit. Ox-Neuronen haben ausgedehnte Projektionen im Gehirn und Rückenmark und aktivieren z. B. das dopaminerge VTA, den noradrenergen Locus coeruleus und histaminerge Neuronen des tuberomammillären Kern. Die Aktivierung der cholinergen Neuronen des Hirnstamms und des basalen Vorderhirns sind ebenfalls kritisch für die Aufrechterhaltung des Wachzustandes (Schwartz und Kilduff 2015). MCH-Neuronen sind auch in die Regulation des Essverhaltens eingebunden und erhöhen die Dauer des REM-Schlafes. Auch MCH-Neuronen projizieren in alle Teile des Gehirns; sie scheinen „wachmachende" Hirnstrukturen zu inhibieren. Absteigende Verbindungen beeinflussen die in der Brücke befindlichen Generatoren des REM-Schlafes. Zusammen mit GABAergen Neuronen der präoptischen Region und Hirnstammstrukturen regulieren MCH-Neuronen den Schlaf.

Der SCN ist circadianer Zeitgeber für viele physiologische und biochemische Faktoren und auch für den 24-h-Schlaf-Wach-Rhythmus. Der Schlaf-Wach-Rhythmus wird vom SCN indirekt über multiple Pfade organisiert (Fuller et al. 2006); diese erreichen über eine indirekte Projektion zum dorsomedialen hypothalamischen Kern den lateralen Hypothalamus. GABAerge Afferenzen zum lateralen Hypothalamus kommen aus dem präoptischen Nucleus, lateralen Septum, basalen Vorderhirn und Ncl. accumbens, während der ventromediale Hypothalamus und der PFC glutamaterg auf den lateralen Hypothalamus einwirken. Diese Eingänge können, je nach synaptischer Verbindung, depolarisierend oder hyperpolarisierend auf Ox- und MCH-Neuronen wirken (Yamashita und Yamanaka 2017). Eine funktionelle Vernetzung der hypothalamischen Strukturen für Nahrung und Essverhalten und Schlaf-und Wach-Rhythmus zeigt sich auch darin, dass z. B. Leptin, ein Hormon für das Sättigungssignal, Ox-Neuronen inhibieren kann, während Ghrelin, ein Hunger signalisierendes Hormon, Ox-Neuronen aktiviert.

2.1.7 Limbischer Hirnstamm

In diesem Abschnitt werden diejenigen Strukturen des limbischen Hirnstamms beschrieben, welche wichtige Verbindungen mit den bereits dargestellten limbischen Hirnstrukturen aufweisen (◘ Abb. 2.3).

▪ Periaquäduktales Grau (Zentrales Höhlengrau)

Das periaquäduktale Grau (PAG) ist periventrikulär gelegen und erstreckt sich rostrocaudal vom dritten bis zum vierten Ventrikel in der Brücke. Es ist in eine dorsomediale, dorsolaterale, laterale und ventrolaterale Längskolumne unterteilt (Bandler und Shipley 1994). Wie fast alle periventrikulär gelegenen Strukturen zeichnet sich das PAG durch das Vorhandensein zahlreicher peptiderger Systeme aus; diese umfassen Fasern und/oder Rezeptoren für Opioide, Substanz P, Neurotensin, Somatostatin, Neurophysin, Oxytocin, Vasopressin, VIP, CGRP, Neuropeptid Y und weitere Peptide (Übersicht in Carrive und Morgan 2012).

Afferenzen zum PAG stammen von allen Regionen des PFC mit Ausnahme des medialen vorderen Teils des OFC, aus dem ACC und dem insulären Cortex. Die Projektionen verlaufen topografisch geordnet; die des medialen PFC ziehen zur dorsolateralen Kolumne, die des posterioren OFC und anterioren insulären Cortex zur ventrolateralen Kolumne und die des ACC zur lateralen, ventrolateralen und dorsomedialen Kolumne (An et al. 1998). Einer Bildgebungsstudie an Menschen zufolge ist die ventrolaterale Region überwiegend mit schmerzmodulierenden Zentren wie dem ACC verbunden, die laterale und dorsolaterale Region mit exekutiven Zentren wie PFC und Striatum (Coulombe et al. 2016), Das Netzwerk bestehend aus PFC und PAG ist demzufolge für die Verarbeitung der verschiedenen motivationalen und emotionalen Aspekte des Verhaltens differenziert organisiert. Andere starke Verbindungen kommen aus amygdalären, limbisch-thalamischen und hypothalamischen Kernen; letztere sind überwiegend reziprok mit dem PAG verbunden. Die Projektionen aus dem Hirnstamm stammen von sensorischen Mittelhirnstrukturen, aus den dopaminergen, noradrenergen und serotonergen Kernen, dem Ncl. solitarius und dem Parabrachialkern. Eingänge aus dem Trigeminuskern und dem dorsalen Horn des Spinalmarks sind somatotopisch geordnet, d. h. die Projektionen aus dem trigeminalen System enden im rostralen PAG, die aus dem cervicalen Spinalmark im intermediären und dem lumbaren Spinalmark im caudalen PAG. Diese Anordnung spiegelt die Bedeutung der Verarbeitung viszeraler, somatischer und nozizeptiver Eingänge im PAG wider (Carrive und Morgan 2012).

Die Efferenzen des PAG laufen nicht direkt zum Cortex, sondern enden in den limbischen Thalamuskernen, die eine Schaltstelle zum medialen PFC, zur Amygdala und zu den Basalganglien darstellen (Hsu und Price 2009). Auch der retikuläre Ncl. des Thalamus erhält Eingänge, über die der Einfluss der thalamischen Kerne auf den Cortex moduliert werden kann. Der Hypothalamus ist eine wichtige Eingangsstruktur für die Efferenzen des PAG ebenso wie die retikuläre Formation, die transmitterspezifischen

2

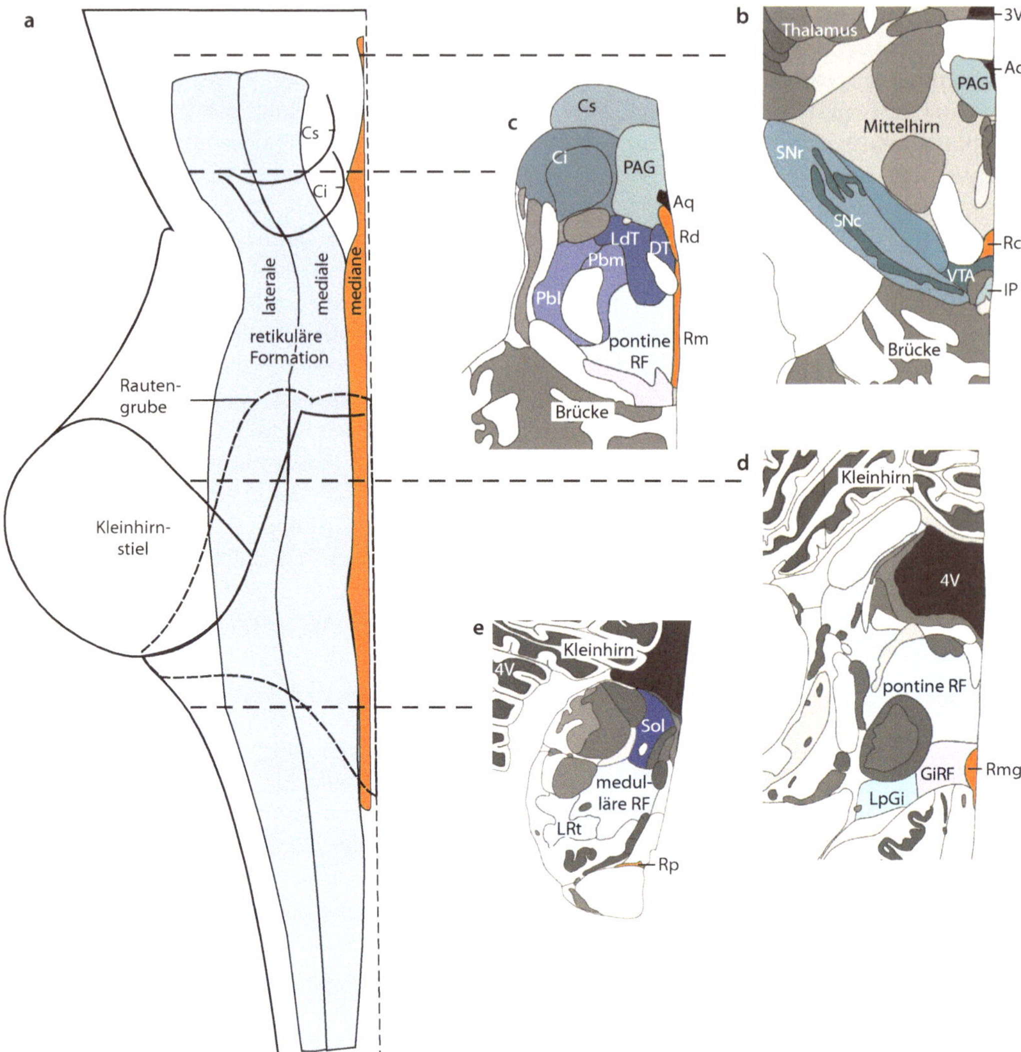

Abb. 2.3 **a** Schematische Aufsicht von dorsal auf die linke Hemisphäre des Hirnstamms. Das darüber liegende Kleinhirn ist nicht gezeigt. Die Mittellinie befindet sich rechts; oben ist rostral. **b–e** Halbschematische Querschnitte durch den Hirnstamm von rostral nach caudal zeigen die graue und weiße Substanz. Wichtige Kerngebiete des limbischen Hirnstamms sind farbig gekennzeichnet (verändert nach Ding et al. 2016). Die serotonergen Raphekerne (Rcl caudaler linearer Raphekern, Rd Raphe dorsalis, Rm Raphe medianis, Rmg Raphe magnus, Rp Raphe pallidus; orange) liegen in der medianen retikulären Formation. Rostral im basalen Mittelhirn befinden sich dopaminerge Kerngebiete (SNc Substantia nigra pars compacta, VTA ventrales tegmentales Areal). 3V/4V dritter/vierter Ventrikel, Aq Aquädukt, Cs/Ci Colliculus superior/inferior, GiRF gigantozelluläre retikuläre Formation, IP interpeduncularer Kern, LdT/DT laterodorsaler und dorsaler tegmentaler Kern, LpGi Lateraler paragigantozellulärer Kern, LRt lateraler retikulärer Kern, PAG periaquäduktales Grau, Pbm/Pbl medialer und lateraler Parabrachialkern, RF retikuläre Formation, SNr Substantia nigra pars reticulata, Sol Nucleus solitarius

Hirnstammkerne, zahlreiche prämotorische Kerngebiete und auch das Spinalmark (Carrive und Morgan 2012).

Das PAG ist aufgrund seiner Verbindungen zum emotionsbezogenen Vorderhirnsystem und zu vegetativen Zentren eine bedeutende Schaltstelle für ein aufsteigendes Schmerz-/Körpergefühlsystem ebenso wie für ein absteigendes limbisch-emotionales motorisches System. Insgesamt ist das PAG neben der Schmerzmodulation in kardiovaskuläre und andere vegetative Prozesse, emotional affektives Verhalten inklusive Defensiv- und Panikverhalten als auch Sexualverhalten, emotionale Vokalisierung und in Miktion eingebunden.

▪ Substantia nigra und ventrales tegmentales Areal

Die größte Ansammlung dopaminerger Neuronen finden sich in der Substantia nigra (SN), dem ventralen tegmentalen Areal (VTA) und dem retrorubralen Feld. Beim Menschen finden sich ungefähr 600.000 dopaminerge Neuronen im Mittelhirn, eine kleinere Anzahl im PAG, in der Zona incerta, im Hypothalamus, im olfaktorischen Bulbus und in der Netzhaut (Gruppe A9–A17; Dahlström und Fuxe 1964). Die SN liegt ventral im Mittelhirn und hat eine längliche laminare Architektur, in der sich in einer ventralen Reihe GABAerge Neuronen (Pars reticulata) und darüber liegend dopaminerge Neuronen in einer ventralen und dorsalen Reihe (Pars compacta) finden (McRitchie et al. 1995). Die dopaminergen Neuronen besitzen das namensgebende schwarze Pigment Neuromelanin (Double et al. 2008). Das VTA liegt in der retikulären Formation des Mittelhirns, im menschlichen Gehirn dorsal und medial zur Substantia nigra. Das VTA ist in eine ventromediale und dorsolaterale Zone unterteilt; erstere Zone geht in das retrorubale Feld über. Die Neuronen des VTA liegen weniger dicht und sind kleiner als die der Substantia nigra; 50 % der Neuronen des VTA besitzen Neuromelanin.

Dopaminerge Verbindungen zum Ncl. caudatus und/oder Putamen stammen aus dorsalen und ventralen SN-Neuronen. Eine mesostriatale Projektion geht von dorsolateralen Neuronen des VTA und vom retrorubralen Feld aus. Letzteres moduliert über Dopamin auch die Interaktion zwischen den dopaminergen Mittelhirnneuronen. Die kräftige mesolimbische Projektion des VTA zum Ncl. accumbens, zur Amygdala, zum lateralen Hypothalamus und subgenualem limbischen PFC ebenso wie zum Gyrus dentatus des Hippocampus ist beim Menschen zu 75 % dopaminerg und 25 % GABAerg; eine kleinere Projektion erstreckt sich auch zum Septum, Hippocampus und entorhinalem Cortex. Die mesocorticale Projektion des VTA ist zu jeweils 50 % dopaminerg und GABAerg und verläuft bei Primaten neben allen limbischen Cortices auch zum dorsolateralen PFC, zu motorischen, parietalen und temporalen Cortices (Berger et al. 1991).

Diese Verbindungen sind in die Regulation einer Vielzahl von motorischen und kognitiven Funktionen eingebunden und befördern Lernen und Belohnungsmechanismen. Dopamin moduliert die Membranzustände von Neuronen über verschiedene Rezeptortypen (► Kap. 3). Die Funktion der nigrostriatalen Projektion ist vor allem Bewegungskontrolle, die der mesolimbischen/-corticalen Projektion die Steuerung von emotionalem Verhalten und Motivation (Halliday et al. 2012). Verstärkungslernen, Belohnungssuche, Arbeitsgedächtnisleistungen, Suchtverhalten, Handlungsantrieb und Motivation als auch hippocampale Plastizität bei Lernvorgängen sind Prozesse, bei denen der Transmitter Dopamin eine wichtige Rolle spielt. Elektrophysiologische Untersuchungen an Affen zeigen, dass dopaminerge Neuronen sowohl positive als auch negative Belohnungserwartungen codieren (Satoh et al. 2003). Sie sind entsprechend nicht nur bei Belohnung und positiver Motivation aktiv, sondern auch in Nicht-Belohnungssituationen wie bei aversiven und alarmierenden Ereignissen (Bromberg-Martin et al. 2010).

Raphekerne und Locus coeruleus

Die Raphekerne sind Teil der medianen retikulären Formation und erstrecken sich bilateral entlang der Mittellinie des Tegmentum vom rostralen Mittelhirn bis nach caudal kurz vor der Kreuzung des Pyramidaltraktes. In den Raphekernen befinden sich viele Serotonin- (5-HT-)haltige Neuronen. Im Primatengehirn befindet sich ein Teil der serotonergen Neuronen auch lateral von der medianen retikulären Formation. Serotonin wird von ca. 80 % der Neuronen im rostral gelegenen Ncl. raphe dorsalis und bis zu 10–20 % der Neuronen in den caudalen medullären Raphekernen synthetisiert. Die Projektionen der Raphekerne haben serotonerge und nicht serotonerge Komponenten (GABA, Glutamat, andere Monoamine wie Dopamin). In Neuronen des dorsalen Raphekerns finden sich Kolokalisationen von Serotonin mit Substanz P, dem Neuropeptid CRF oder Galanin. Die serotonergen Kerne werden in eine rostrale (caudaler linearer Ncl., Raphe dorsalis, Raphe medianus, oraler pontiner Ncl., supralemniscaler Ncl.) und eine caudale Gruppe (Raphe magnus, Raphe obscurus, Raphe pallidus und Neuronen der medullären retikulären Formation) unterteilt. Im dorsalen Raphekern findet sich mit ungefähr 170.000 serotonergen Neuronen die größte Anzahl.

Die Verbindungen der rostralen Raphekerngruppe sind äußerst weitreichend und überwiegend serotonerg. Der dorsale und mediane Raphekern projizieren zum Cortex, zum Striatum, zur Amygdala, zum BNST, zum lateralen Septum, zum Hippocampus, entorhinalen Cortex, zum Thalamus, zur SN und zu diversen Hirnstammkernen. Der mediane Raphekern beeinflusst die Basalganglien und den Hippocampus über direkte Projektion sowie über indirekte Projektionen via SN, Septum und Mammillarkern. Die caudale Raphekerngruppe projiziert zum caudalen Hirnstamm und Spinalmark. Afferenzen zum dorsalen und medianen Raphekern stammen vom medialen PFC, von der zentralen Amygdala, vom medialen Septum, NDB, ventralen Pallidum, von der lateralen Habenula, von hypothalamischen Regionen, aus dem PAG und anderen Hirnstammkernen und von der retikulären Formation (Hornung 2012).

Die Raphekerne und die serotonergen Neuronen sind an einer Vielzahl von Funktionen beteiligt. Diese umfassen synaptische Reifung und Migration von Neuronen in der frühen Hirnentwicklung, eine Modulation des Schlaf-Wach-Rhythmus, die zentrale Modulation von Schmerzreizen zusammen mit dem PAG, die Steuerung der motorischen Aktivität und des emotionalen Verhaltens bei der Verarbeitung appetitiver oder aversiver Information (Hornung 2012; Hayashi et al. 2015; Luo et al. 2016). Schmerzlindernde Effekte werden je nach Stresszustand serotonerg (tonisch aktiviert bei Stress) oder nicht serotonerg (bei Nicht-Stresszuständen) erzeugt (Mitchell et al. 1998). Das serotonerge System ist bei affektiven Störungen wie Depression, bei der Stressbewältigung und auch bei Drogenabhängigkeit betroffen; eine wichtige Kontrolle des sozio-affektiven Verhaltens erfolgt durch den ventromedialen PFC und das serotonerge System, zum Teil über direkte Schaltkreise zwischen ihnen (Challis und Berton 2015). Auch die Achse zwischen lateraler Habenula und rostralen Raphekernen ist bei Depression betroffen; ein wichtiger Faktor in der Pathophysiologie scheint eine gestörte serotoninabhängige Modulation mit Hyperaktivierung der lateralen Habenula zu sein (Metzger et al. 2017). Generell sind die synaptischen Effekte in den verschiedenen Schaltkreisen aufgrund der Vielzahl verschiedener Serotoninrezeptoren (5-HT) komplex und erfolgen zum Teil auch über die Modulation anderer Transmitter.

Eine komplexe Kette von Erregung und Hemmung unter Beteiligung von Serotonin findet sich auch bei der Stressverarbeitung. So können z. B. bei Anwesenheit von Stressoren die im Hypothalamus entstehenden Corticotropin-Ausschüttungsfaktoren je nach aktiviertem Rezeptortyp CRF1 oder CRF2 serotonerge Neuronen im Raphekern hemmen oder erregen, was dann im medialen PFC glutamaterge Neuronen über 5-HT1A-Rezeptoren erregt oder hemmt. Die mPFC-Neuronen projizieren zurück zum Raphekern und erregen oder hemmen dortige GABAerge Interneuronen. Diese wiederum erregen oder hemmen serotonerge Neuronen, die ihrerseits zur basolateralen Amygdala projizieren und dort GABAerge Neuronen hemmen oder erregen. Über die Amygdala kann auf diese Weise ein aktives oder passives Verhalten zur Stressbewältigung initiiert werden (Puglisi-Allegra und Andolina 2015). Der dorsale serotonerge Raphekern ist auch mittels ähnlich komplexer neuronaler Interaktion maßgeblich bei der Unterdrückung bzw. der Ausführung aggressiven Verhaltens beteiligt (Miczek et al. 2015).

▪ Locus coeruleus

Der Locus coeruleus (LC, lat. „blauer Ort") ist ein stark pigmentierter Kern in der dorsalen Wand der rostralen Brücke im seitlichen Boden des vierten Ventrikels. Er besteht überwiegend aus monoaminergen Neuronen, die den Neurotransmitter/Neuromodulator Noradrenalin synthetisieren. Die Polymerisation von Noradrenalin führt zur Bildung von Neuromelanin, welches die bläuliche Färbung hervorruft. Dieser Kern stellt die Hauptquelle der noradrenergen Projektionen zu den anderen Hirnteilen dar. Der LC ist mit Aufmerksamkeits- und Wahrnehmungsverarbeitung, Gedächtnisleistungen und Motivation befasst.

Afferenzen zum LC entstammen dem dorsolateralen und dorsomedialen PFC, dem ACC und der Amygdala; letztere endigen auf LC-Neuronen, die Corticotropin- und Thyrotropin-Ausschüttungshormone exprimieren. Hypocretin- und orexinhaltige Neuronen des posterioren Hypothalamus innervieren den LC ebenso wie Neuronen der nozizeptionverarbeitenden Lamina des Spinalmarks und Fortsätze vasopressin-, somatostatin- und Neuropeptid-Y-haltiger Neuronen. Zum Teil stammen letztere aus der zentralen Amygdala. Serotonin-, Angiotensin-, Acetylcholin- und Dopaminrezeptoren befinden sich auf den LC-Neuronen, sodass davon auszugehen ist, dass ein breites Spektrum subcorticaler und corticaler Afferenzen die Aktivität des LC reguliert und Modulationen zum Teil über Feedbackschleifen erfolgen (Counts und Mufson 2012). LC-Neuronen exprimieren außer Noradrenalin eine Reihe von Neuropeptiden wie Neuropeptid Y, Calcitonin Gene-Related Peptide, Cholecystokinin oder Somatostatin.

Ungefähr 45.000 Neuronen im rostralen LC weisen weitverzweigte axonale Projektionen zum Vorderhirn auf (Counts und Mufson 2012). Projektionen verlaufen über zwei axonale Systeme. Ein dorsales tegmentales Bündel zieht zum Vorderhirn und ein kleinerer Teil von ihm zu lokalen Hirnstammstrukturen und zum Spinalmark. Über ein rostrales periventrikuläres Bündel verlaufen aufsteigende Projektionen zum rostralen Zwischenhirn, absteigende Bahnen ziehen zu sensorisch-rezipienten Hirnstammstrukturen wie den Ncl. solitarius. Telencephale Projektionen des LC erreichen den frontalen, dorsalen und lateralen Cortex. Der PFC und der parietale Cortex werden moderat innerviert, während somatosensorische und motorische Cortices ein dichtes Netz noradrenerger Fasern aufweisen. Im subcorticalen Endhirn bestehen Projektionen zur Amygdala, zum entorhinalen Cortex, zum Hippocampus, zum Septum, zum NDB und Ncl. basalis Meynert. Noradrenalin kann über synaptische Kontakte sowie extrasynaptisch über Volumentransmission ausgeschüttet werden (Aoki et al. 1998). Rezeptoren für Noradrenalin (und gleichzeitig für Adrenalin) bilden unterschiedliche Klassen G-Protein-gekoppelter Rezeptoren (▶ Kap. 3).

LC-Neuronen zeigen einen tonischen und einen phasischen Aktivitätsmodus, die vom Aktivitätszustand eines Individuums abhängig sind. Eine phasische Aktivierung wird durch sensorische Eingänge getrieben und ist für Wachheit und effiziente Verarbeitung markanter Informationen wichtig. Entsprechend wird der LC als „Wachturm" für wichtige Ereignisse betrachtet, die sofortige Aufmerksamkeit erforderlich machen (Berridge und Waterhouse 2003; Sara 2009). Dabei moduliert der LC die Bildung und erfahrungsabhängige Änderungen des Gedächtnisses durch corticale und subcorticale Aufmerksamkeits- und Gedächtnisschaltkreise. Der LC spielt auch eine wichtige Rolle bei Stress und emotionalen Gedächtnisleistungen. Ein intaktes emotionales Gedächtnis erfordert die Interaktion des LC mit der Amygdala und dem Hippocampus. Zu den normalen Alterungsprozessen gehört ein Verlust noradrenerger Zellen mit rostrocaudalem Gradienten und beträgt bei 70-Jährigen durchschnittlich 30–50 %. Die verminderte Zahl der LC-Neuronen mit Vorderhirnprojektion mag auch eine Erklärung für verminderte Aufmerksamkeits- und Gedächtnisleistungen im Alter haben. Bei der Alzheimer-Erkrankung beträgt der Verlust bis 80 % der LC-Neuronen. Die Reduktion von LC-Neuronen geht mit dem Auftreten vermehrter corticaler Plaquebildung und neurofibrillären Knäueln einher; diese Phänomene korrelieren mit dem Beginn und Verlauf der Alzheimer-Erkrankung besser als der Verlust cholinerger Neuronen (Förstl et al. 1994; Zarow et al. 2003).

▪ Die retikuläre Formation

Die retikuläre Formation (RF) ist ein ausgedehntes Neuronennetzwerk entlang der rostrocaudalen Achse vom Mittelhirn bis zur caudalen Medulla oblongata. Sie bildet den inneren Kern des Hirnstamms ohne auffällige cytoarchitektonische Grenzen; in ihr eingebettet liegen klar begrenzte Kerne. Eine mediane Zone mit den Raphekernen unterscheidet sich von einer medialen großzelligen und einer lateralen kleinzelligen Zone (Nieuwenhuys et al. 1991, 2008).

In der *medialen RF* wird aufgrund der Polarität der Zellkörper entlang einer dorsomedialen-ventrolateralen Achse und ihrer Hauptdendriten eine intermediäre retikuläre Zone von gigantozellulären und parvizellulären retikulären Kernen mit Neuronen verschiedener Ausrichtungen abgegrenzt. In der intermediären retikulären Zone finden sich catecholaminerge Zellen, die sympathische kardiovaskuläre und kardiorespiratorische Funktionen haben und die Vasopressinausschüttung kontrollieren. Neuropeptid-Y- und Substanz-P-haltige Neuronen ebenso wie serotonerge Neuronen sind in dieser Zone vorhanden. Die intermediäre Zone hat aufsteigende Verbindungen zur Parabrachialregion und absteigende Verbindungen zum Ncl. solitarius und zu den Motorneuronen des Nervus phrenicus im Zervikalmark (Paxinos et al. 2012).

Im gigantozellulären Ncl. und paragigantozellulären Ncl. der medialen RF befinden sich serotonerge Neuronen, die größer sind als die in der intermediären retikulären Zone. Sie sind in die Hemmung von Baroreflexen eingebunden, die durch schädigende Reize im nozizeptiven System ausgelöst werden. Auch adrenerge und noradrenerge Neuronen liegen in dieser Zone. Anders als bei Ratten oder Affen finden sich im gigantozellulären Kern des Menschen keine Riesenzellen. Absteigende Projektionen von gigantozelluären und paragigantozellulären Unterkernen zum Spinalmark kontrollieren Strukturen des vegetativen Systems wie parasympathische Kerne und Neuronen mit Beteiligung in der Organisation von Reflexen des Beckenbodens (Hermann et al. 2003).

In der *lateralen RF* befindet sich der parvizelluläre retikuläre Nucleus mit verschiedenen Unterkernen, deren Neuronen unterschiedlich immunoreaktiv für Acetylcholin-Esterase (AChE) sind. Ein Unterkern dieses retikulären Nucleus hat ebenso wie der caudale medulläre retikuläre Kern vegetative respiratorische Funktionen. Der parvozelluläre Teil mit kleinen kompakten Zellen und dichter AChE-Reaktivität enthält dichte neurokininhaltige Fasern (Coveñas et al. 2003). In der caudalen Region liegt der medulläre retikuläre Nucleus mit einem dorsalen bzw. ventralen Teil. Der dorsale medulläre retikuläre Nucleus wird bei schädigenden Reizen aktiviert und ist immunoreaktiv für Opioide, Neuropeptide und monaminerge, catecholaminerge und serotonerge Transmitter/Modulatoren. Er ist ein wichtiger Teil des Schmerzkontrollsystems und integriert erregende und hemmende Eingänge in der nozizeptiven Verarbeitung (Lima und Almeida 2002).

Eingänge zur RF stammen aus vielen Regionen des Zentralnervensystems. Corticale Eingänge stammen aus prämotorischen, supplementär-motorischen und primär motorischen Arealen und innervieren die RF ipsi- und contralateral (Fregosi et al. 2017). Dorsale mediale präfrontale Areale und parietale Areale des Cortex projizieren in die pontine RF, eine Projektion der zentralen Amygdala zieht zur lateralen RF (Price und Amaral 1981; Leichnetz et al. 1984). Das Kleinhirn ebenso wie der aufsteigende spinoretikuläre Trakt aus dem Spinalmark projizieren zur RF.

Der RF entspringen absteigende Trakte zum Spinalmark und aufsteigende Bahnen zu Hirnstamm- und Mittelhirnstrukturen, zum Hypothalamus, zum limbischen Thalamus und zum Striatum (Ángeles Fernandez-Gil et al. 2010). Das *aufsteigende retikuläre Aktivierungssystem* (ARAS) entstammt der RF; wichtige Komponenten des ARAS bestehen aus cholinergen Kernen im Hirnstamm und basalen Vorderhirn, noradrenergen Kernen, vor allem des Locus coeruleus, aus histaminergen und hypocretinergen hypothalamischen Projektionen sowie dopaminergen und serotonergen Projektionen aus dem Hirnstamm und der RF (Hobson und Pace-Schott 2002). Das ARAS verläuft in einem dorsalen Pfad über die limbischen thalamischen Nuclei (intralaminare- und Mittellinienkerne und retikulärer thalamischer Kern) und in einem ventralen Pfad über cholinerge Kerne im basalen Vorderhirn. Über das vom Thalamus ausgehende ARAS ziehen verschiedene Projektionen zum ventromedialen, dorso- und ventrolateralen PFC, zum OFC, zum prämotorischen Cortex, zum primär motorischen und somatosensorischen sowie zum posterioren parietalen Cortex. Die wichtigste Funktion des ARAS ist die Regulation von Bewusstseinszuständen und Wachheit (Paus 2000; Jang und Kwak 2017); das ARAS reguliert auch damit zusammenhängende Funktionen wie Stimmung, Motivation, Aufmerksamkeit, Lernen, Gedächtnis, Bewegung und vegetative Funktionen (Zeman und Coebergh 2013).

2.2 Limbische Cortexareale

Der orbitofrontale, zinguläre und insuläre Cortex sind limbische Strukturen im Frontalhirn. Sie werden im Folgenden nach der Nomenklatur von Ding et al. (2016) benannt. Diese Studie verwendet Daten aus bildgebenden Verfahren, hochauflösende cytoarchitektonische und chemoarchitektonische Daten, die in einem menschlichen Gehirn aufeinander abgebildet wurden. Die Nomenklatur der Cortexareale von Brodmann (1909) wird als primäre Referenz benutzt und, wenn nötig, mithilfe der Nomenklatur aus einer Reihe anderer Studien des menschlichen Gehirns modifiziert.

Der gesamte präfrontale Cortex (PFC) wird in einen frontopolaren, dorsolateralen präfrontalen, ventrolateralen präfrontalen, orbitofrontalen und einen posterioren frontalen Cortex unterteilt. Der frontopolare Cortex (Brodmann-Areal; BA 10) weist einen medialen, lateralen und orbitalen Bereich auf. Der dorsolaterale PFC hat einen rostralen (BA 9), caudalen (BA 8), einen intermediären (BA 9, 46) und einen rostroventralen Anteil (BA 46). Der ventrolaterale PFC besteht aus einem rostralen (BA 45) und einem caudalen (BA 44) Teil. Der posteriore frontale Cortex ist der motorische Cortex und enthält den primär motorischen Bereich (BA 4, auch als Areal MI oder Areal FA bezeichnet), den prämotorischen Cortex (BA 6 oder Areal FB), der eine laterodorsale, lateroventrale und mediale (Areal MII) Unterteilung aufweist, und einen Übergangsbereich des prämotorischen zum zingulären Cortex BA 6/32.

2

2.2.1 Orbitofrontaler Cortex

Der orbitofrontale Cortex (OFC) des Menschen wird nach Ding et al. (2016) in ein mediales, intermediäres und laterales Gebiet unterteilt. Der mediale OFC (BA 14) hat einen rostralen und caudalen Anteil, während der intermediäre OFC einen rostralen, medialen und lateralen Teil (BA 11) sowie einen caudalen Teil (BA 13) besitzt. Der laterale OFC (BA 12, 47) weist wiederum eine mediale und eine laterale Unterteilung auf. Die hier dargestellten Verbindungsstudien des OFC wurden mehrheitlich an Makakenaffen durchgeführt, deren OFC in eine frontopolare Region, BA 10 und in einen lateralen und medialen OFC mit verschiedenen Anteilen von BA 11–14 unterteilt wird (für einen Vergleich siehe Henssen et al. 2016).

Der OFC hat innerhalb des Cortex starke bidirektionale Verbindungen, insbesondere mit den anderen limbischen corticalen Arealen. Innerhalb des PFC sind orbitale, laterale und mediale präfrontale Areale intensiv miteinander verbunden (Barbas und Pandya 1989; Carmichael und Price 1996). Limbische corticale Areale mit Verbindung zum OFC umfassen den insulären Cortex, den temporopolaren Cortex und die medial-temporal gelegene hippocampale Formation (Morecraft et al. 1992; Barbas 1993). Diese ist indirekt über den entorhinalen und perirhinalen Cortex und die posterior gelegenen parahippocampalen Areale TF und TH und direkt über den Hippocampus proper (CA1, Subiculumkomplex) mit dem OFC verbunden (Cavada et al. 2000). Der entorhinale Cortex und die parahippocampale Region, d. h. der temporale Pol (TP), der perirhinale Cortex und der posteriore parahippocampale Cortex, projizieren zum caudalen orbitofrontalen Teil von BA 12 und zur caudalen Hälfte von BA 13 des OFC (Muñoz und Insausti 2005).

Direkte olfaktorische Eingänge erhält der OFC über den primären olfaktorischen Cortex, indirekte über die anteriore Insula und den entorhinalen Cortex. Gustatorische Informationen gelangen über das orbitofrontale Operculum und die Insula in den OFC (Insausti et al. 1987; Morecraft et al. 1992). Diese Areale erhalten gustatorische und viszerale Information über thalamische Relaiskerne (Carmichael und Price 1995b). Somatosensorische Eingänge stammen aus den primären Arealen BA1 und 2 und dem sekundären S2-Cortex als auch aus der Insula und Teilen des parietalen Areal BA 7, in dem somatosensorische Eingänge aus Gesicht und Hand verarbeitet werden. Aus primären auditorischen Arealen und vor allem aus sekundären Arealen, den auditorisch assoziativen Arealen und dem superior-temporal gelegenen polysensorischen Areal STP ziehen Axone in den OFC ein (Hackett et al. 1999).

Projektionen des OFC ziehen zum anterioren Temporallappen (ATL), zu dem der temporale polare Cortex, der rostrale Teil des perirhinalen Cortex (BA 35 und 36), das Areal TE bis zur Spitze des superioren temporalen Sulcus einschließlich der vorderen Grenze des superioren temporalen Gyrus gerechnet werden. Das Areal BA 13 des OFC projiziert zum gesamten ATL mit einer schwächeren Projektion zu BA 35 und 36. Der temporale polare Cortex erhält eine stärkere Projektion aus BA 11 (Markowitsch et al 1985; Moran et al. 1987; Mohedano-Moriano et al. 2015). Der Einfluss des OFC auf den ATL ist direkt, während der dorsolaterale und ventrolaterale PFC offenbar über indirekte Pfade den ATL beeinflussen (Mohedano-Moriano et al. 2015).

Subcorticale Afferenzen des OFC stammen vom Nucleus basalis Meynert, der den OFC ebenso wie andere corticale Regionen cholinerg innerviert (Mesulam et al. 1983). Limbische Cortices mit Projektionen zum Ncl. basalis Meynert wie der insuläre Cortex oder parahippocampale Cortices sind mit dem OFC verbunden (Mesulam und Mufson 1984; Öngür et al. 1998). Eine mittelstarke dopaminerge Innervation des OFC stammt vor allem aus dem VTA; ebenfalls erreicht ihn eine noradrenerge bilaterale Innervation aus dem Locus coeruleus.

Der OFC wie auch die gesamte mediale präfrontale Region sind stark mit der

Amygdala verbunden. Die basolateralen, corticalen, medialen Kerngruppen und der periamygdaloide Cortex projizieren zum OFC, wobei diese Projektionen vor allem von zahlreichen Neuronen im basalen und akzessorisch basalen Kern stammen (Porrino et al. 1981; Amaral und Price 1984; Barbas und De Olmos 1990). Der OFC projiziert zu den genannten Kernen der Amygdala und auch zu weiteren Kernen, z. B. auch zum paralaminaren und zentralen Kern der Amygdala zurück (Cavada et al. 2000). Besonders der posteriore OFC weist starke Efferenzen zur Amygdala auf (Ghashghaei et al. 2007), die wiederum eine den posterioren OFC erregende Rückprojektion hat. Der OFC und die Amygdala projizieren beide zum mediodorsalen Kern des Thalamus. Letzterer Kern innerviert seinerseits den posterioren OFC (Aggleton und Mishkin 1984; McFarland und Haber 2002; Timbie und Barbas 2015). Dieses dreiteilige Netzwerk bestehend aus OFC, Amygdala und mediodorsalem Thalamus kann Informationen über emotional bedeutsame Ereignisse liefern und höhergeordnete Cortexareale beeinflussen, welche emotionale kognitive Prozesse für Entscheidungen und flexibles Verhalten integrieren.

Dichte Projektionen des OFC erreichen den Ncl. caudatus und das Putamen, vor allem ventromediale Bereiche, und erstrecken sich entlang einer beträchtlichen longitudinalen Ausdehnung zum Kopf, Körper und Schwanz des Ncl. caudatus (Selemon und Goldman-Rakic 1985). Die OFC-Projektionen sind in verschiedenen Bereichen topografisch geordnet. Axone von BA 13 projizieren in das zentrale ventrale Striatum, während die von BA 13a, 13b und 14 vor allem im medialen ventralen Striatum, die von BA 12 in der Kernregion des Ncl. accumbens und die von BA 11 in beiden genannten Strukturen terminieren. Hingegen stammen Projektionen in die Schalenregion des Ncl. accumbens überwiegend aus dem anterioren zingulären Cortex (BA 32, 25; Haber et al. 1995). Die Projektion des OFC sowie die der ebenfalls untersuchten weiteren präfrontalen Areale scheinen überwiegend in den Striosomen zu terminieren. Die topografische Anordnung der Projektionen wird auch in den Projektionen der striatalen Bereiche zum medialen und zentralen Globus pallidus aufrechterhalten, während die striatale Projektion zur Substantia nigra nicht topografisch geordnet ist.

Projektionen des OFC zum Thalamus, meist reziproker Art, erreichen die ipsilateralen Mittellinienkerne und intralaminare Kerne und, wie bereits beschrieben, den mediodorsalen Kern der medialen Kerngruppe; aber auch Teile des Pulvinars. Der OFC hat Verbindung zu vegetativen Zentren im Hypothalamus und zum lateralen und medialen präoptischen Areal sowie zur Zona incerta und zum Hirnstamm, hier vor allem zum periaquäduktalen Grau des Mittelhirns, den dopaminergen Kerngebieten und zum interpeduncularen Nucleus (An et al. 1998; Rempel-Clower und Barbas 1998). Der frontale Cortex kann über diese Verbindungen ebenso wie die Amygdala schnellen Einfluss auf vegetative Systeme nehmen, die für die Ausführung und den Ausdruck von Emotionen zuständig sind (Barbas et al. 2003).

Der OFC scheint mit dieser Vielzahl von Verbindungen zu anderen limbischen Zentren und zu gedächtnisverarbeitenden und sensorischen Strukturen einen besonderen Knotenpunkt zu bilden, in dem relevante vergangene und gegenwärtige Erfahrungen einschließlich ihrer affektiven und sozialen Bedeutungen gesammelt und überwacht werden. Der OFC nimmt eine wichtige Rolle in der Persönlichkeit von Menschen bei der Integration komplexer Gedächtnisinhalte und sozialer Anpassungen ein. Dabei werden persönliche Erfahrungen und Absichten mit kontextuellen externen Reizen verglichen und verarbeitet, um ein angepasstes und vernünftiges Verhalten zu erzeugen. Allgemein ist der OFC wichtig, um ein geeignetes Verhalten für den aktuellen Kontext auszuwählen (Cavada et al. 2000; Wilkenheiser und Schoenbaum 2016).

Der OFC integriert aktuelle Informationen, um Vorhersagen oder Abschätzungen über zukünftige Ergebnisse zu treffen. Eine wichtige

2

Bedeutung der Funktion des OFC liegt nach Meinung der Gruppe um Schoenbaum (Schoenbaum und Esber 2010; Schoenbaum et al. 2011) darin, dass er vornehmlich für ergebnisgeleitetes und weniger für wertegeleitetes Verhalten wichtig ist. In Zusammenarbeit mit der Amygdala und dem Hippocampus (und weiteren Hirnstrukturen) bildet nach dieser Auffassung der OFC ein ausgedehntes Netzwerk zur Verarbeitung bereits erfolgter und gegenwärtiger Assoziationen und bildet neue, für den aktuellen Zustand spezifische komplexe mehrdimensionale Assoziationen. Die Amygdala aktualisiert die Informationen über Signal-Ergebnis- Bedingungen und greift auf die Assoziationen des OFC zu, um diese in zukünftigen Lernepisoden zu nutzen (Sharpe und Schoenbaum 2016). Der Hippocampus wiederum ist ein höchst flexibles System, um komplexe (direkt erlebte oder erschlossene) Merkmale der Umgebung schnell zu erfassen und wichtige Information derart zu codieren, dass übergeordnete räumliche und relationale Information erhalten bleibt. Hippocampus und OFC verarbeiten parallel, aber interaktiv, kognitive Karten, die die komplexen Zusammenhänge zwischen Signalen, Aktionen, Ergebnissen und anderen Umwelt-Merkmalen erfassen. Während der Hippocampus abstrakte Assoziationen liefert, betrifft die Informationsverarbeitung im OFC die direkte biologische Relevanz der Ereignisse und Objekte (Wilkenheiser und Schoenbaum 2016).

OFC, Insula und ACC sowie subcorticale Regionen wie Ncl. accumbens, ventrales Pallidum und Amygdala bilden das Belohnungsnetzwerk des Gehirns. Der anteriore OFC scheint besonders das Gefühl des subjektiven Vergnügens in verschiedenen Kontexten zu registrieren (Gottfried et al. 2003; Grabenhorst und Rolls 2011; Rolls 2012) und ist auch bei sexueller Lust, der euphorischen Wirkung von Drogen oder Musik aktiv. Eine Steigerung des Vergnügensgefühls wird über Opioid- oder Orexinrezeptoren in den Hotspots des OFC reguliert (Castro et al. 2014).

Koelsch et al. (2015) unterscheiden insgesamt vier affektive Systeme, nämlich ein Hirnstamm-, ein Diencephalon-, ein Hippocampus- und ein OFC-zentriertes Affektsystem. Der OFC hat dabei eine Reihe von Funktionen inne, wie die Integration sensorischer Information mit abgespeicherten Gedächtnisinhalten, Entscheidungsfindungen und Präferenzen, welche der Motivation bzw. Hemmung hinsichtlich eines bestimmten Verhaltens dienen. Der OFC sorgt dafür, dass hierbei „somatische" Marker im Sinne von Damasio (1994), also körperliche Begleitzustände, zum Einsatz kommen. Er moduliert im Hypothalamus und Hirnstamm endokrine und vegetative Prozesse, die zum subjektiven Gefühl beitragen. Weiterhin verarbeitet der OFC flexibel Belohnungen und Bestrafungen und erzeugt „moralische" Affekte auf der Grundlage von Repräsentationen sozialer Normen und Konventionen. Die Funktionen des OFC erfolgen nach der Theorie der Autoren in diesem Kontext schnell, automatisiert und unbewusst. Die spezifische Rolle des OFC bei Bewusstseinszuständen ist dagegen ungeklärt. EEG-Befunde bei Risikoentscheidungen von Menschen zeigen, dass OFC-Neuronen auf Hinweisreize nach 400–600 ms eine höhere Belohnungswahrscheinlichkeit codieren, der OFC 1000–2000 ms nach erfolgter Entscheidung ein Risikosignal in der Belohnungserwartungsphase und ein Bewertungssignal 0–800 ms nach der Belohnung erzeugt (Li et al. 2016). In diesem Zeitfenster findet wahrscheinlich auch bewusste Informationsverarbeitung statt.

Läsionsstudien an Makakenaffen ergaben, dass der laterale und der mediale OFC unterschiedliche Rollen beim Wahlverhalten in unsicheren bzw. uneindeutigen Situationen spielen. Während der mediale OFC eher die Aufmerksamkeit auf die relevanten Entscheidungsvariablen für das Erreichen eines Ziels fokussiert, wird der laterale OFC für ein schnelles Lernen in fluktuierender Umgebung benötigt, indem er ein bestimmtes Ergebnis einer bestimmten Entscheidung zuordnet (Walton et al. 2011). Menschen mit Schädigung des orbitofrontalen und ventromedialen Cortex zeigen Schwächen bei der

Entscheidungsfindung gegenüber Nahrung, Objekten, Objektmerkmalen, Landschaften oder Lebewesen. Die Schädigung im OFC scheint die Genauigkeit der affektiven, wertebasierten Entscheidung zu beeinträchtigen, ohne dass ein großer Effekt bei der Reaktionszeit einer Entscheidung – und auch kein impulsives Handeln – auftritt (Fellows 2011).

Die von Forschern vorgeschlagenen Funktionen des OFC wurden von Stalnaker et al. (2015) unter Berücksichtigung konkurrierender Ideen und widersprüchlicher Befunde evaluiert. Demzufolge sind die Unterdrückung von Reaktionen, das flexible assoziative Codieren, somatische Marker für Gefühlszustände ebenso wie wertebasierte Signalverarbeitung als alleiniger Prozess *keine* adäquate Erklärung der Funktion des OFC. Jedoch können einige dieser Funktionen wie Antwortunterdrückung, Werteberechnung, Fehleranzeige oder auch deren Zuordnung zu spezifischen Ursachen bei der Bildung einer sog. kognitiven Karte in der aktuellen Entscheidungssituation nötig sein. Eine kognitive Karte enthält die wesentlichen Merkmale der gegenwärtigen Information und etikettiert den aktuellen Aufgabenzustand (Wilson et al. 2014). Dies zeigt, dass Funktionen des OFC mit denen anderer limbischer Cortexareale deutlich überlappen.

2.2.2 Zingulärer Cortex

Der zinguläre Cortex liegt in der medialen Wand der cerebralen Hemisphäre in Nachbarschaft des Balkens (Corpus callosum) und wird in einen anterioren, mittleren und posterioren Bereich unterteilt. Diese werden in rostrale und caudale als auch dorsale und ventrale Subregionen eingeteilt.

Im *anterioren zingulären Cortex* (ACC) werden vom Corpus callosum aus ventrodorsal BA 24 und ein subcallosaler oder subgenualer Teil BA 25 (unter dem Corpus callosum bzw. dessen „Knie" oder „genu" liegend) und dorsorostral BA 32 unterschieden. Eine ventrale limbische Reihe besetzt die Oberfläche des zingulären Gyrus und enthält die BA 24a und 24b, das subcallosale BA 25 und den callosalen Teil BA 33. Eine dorsale paralimbische Reihe liegt tief im zingulären Sulcus und entspricht BA 24c und 32.

Der *mittlere zinguläre Cortex* (MCC) gliedert sich in einen anterioren Teil, wiederum mit einem dorsalen anterioren (BA 32' und 24c'), einem ventralen anterioren (BA 24a' und 24b') und einem callosalen Anteil (BA 33'). Der posteriore Teil des MCC beinhaltet die im zingulären Sulcus liegenden BA 24c' und 24d (Vogt et al. 2006; Vogt 2016). Zu den zingulären motorischen Arealen (CMA) gehören rostral BA 24c, dorsal BA 6c und ventral BA 23c.

Der *posteriore zinguläre Cortex* (PCC) beinhaltet die BA 23a–c, das dorsale gelegene BA 31. Ventral zu diesen Arealen und eng mit ihnen verbunden liegt der retrospleniale Cortex (BA 29 und 30; Vogt und Palomero-Gallagher 2012).

Eingänge des zingulären Cortex

Die anterioren zingulären Bereiche BA 25 und 24 sind reziprok miteinander verbunden und erhalten auch Eingänge aus dem PCC. Beide werden vom dorsolateralen PFC und vom OFC innerviert und erhalten Projektionen aus der Amygdala, dem Hippocampus und dem superioren temporalen Sulcus. Während BA 25 auch vom superioren temporalen Gyrus innerviert wird, erhält BA 24 Eingänge vom temporalen Pol, aus parahippocampalen Gebieten und von der Insula. Das posteriore BA 23 ist mit BA 24 verbunden, wird wie dieses vom dorsolateralen PFC und OFC innerviert, erhält aber auch Eingänge aus dem parietalen und occipitalen Cortex. Die temporalen Eingänge stammen ebenfalls vom superioren temporalen Sulcus und parahippocampalen Gebieten (Vogt und Pandya 1987).

Ausgänge des zingulären Cortex

Das am weitesten rostral gelegene BA 32 projiziert zum lateralen PFC, zum mittleren OFC sowie zum rostralen Teil des superioren temporalen Gyrus. Das anteriore gelegene

Areal BA 24 innerviert prämotorische corticale Regionen, den OFC, den rostralen inferioren Parietallappen, die vordere Insula, den perirhinalen Cortex und die basolaterale Amygdala. Das posterior liegende Areal BA 23 entsendet Efferenzen zum dorsalen PFC, rostralen orbitalen Cortex, parieto-temporalen Cortex (hinteren inferioren Parietallappen und superioren temporalen Sulcus) sowie zu parahippocampalen Gebieten (Pandya et al. 1981). Die medial und rostral gelegenen Areale 25 und 32 des ACC entsenden starke Projektionen zu allen Bereichen des Hypothalamus (Öngür et al.1998).

Das im ACC rostral gelegene BA 24c (beim Affen auch als M3 bezeichnet) und das im PCC ventral gelegene BA23c (M4) zeichnen sich durch stark unterschiedliche Verbindungsmuster aus thalamischen und intracorticalen Eingängen aus (Hatanaka et al. 2003). Die Efferenzen beider Areale verlaufen gleichermaßen somatotopisch geordnet zum primären und supplementär-motorischen Cortex (M1 und M2 im Makakengehirn). Die in BA 24c und in BA 23c anterior befindlichen Neuronen projizieren zum Gesichterareal in M1 und M2, die im mittleren Teil befindlichen Neuronen entsenden ihre Axone zum vorderen Extremitätenareal und posterior gelegene Neuronen zum hinteren Extremitätenareal (Morecraft und Van Hoesen 1993). Demzufolge haben frontale assoziative und limbische Areale über den zingulären Cortex einen direkten Zugang zu dem Teil der corticospinalen Projektion, der aus dem mittleren zingulären (motorischen) Cortex hervorgeht. Rostrale Regionen der BA 23c und 24c projizieren nicht nur zum Gesichterareal in M1 und M2, sondern parallel auch zum Fazialis-Nucleus in der Pons. BA 23c und 24c enthalten jeweils eigene Gesichterrepräsentationen und beeinflussen die Gesichtsmimik direkt über Efferenzen zu corticalen und subcorticalen Zentren (Morecraft et al. 1996). Die Efferenzen des zingulären motorischen Cortex ziehen zum Teil bis in das Zervikalmark (Dum und Strick 1996), gleichzeitig erhalten diese Areale über thalamische Relaiskerne Information aus dem spinothalamischen Trakt (Dum et al. 2009), sodass diese Areale nicht nur in sensomotorische Funktionen, sondern auch in die Schmerzverarbeitung involviert sind.

Die basolaterale Kerngruppe und der cortikale Kern der Amygdala projizieren zu BA 24c (M3). Der mediale Temporallappen beeinflusst Gesichtsmimik und zu einem geringeren Teil Armbewegungen durch diesen amygdalären Pfad zum zingulärem Cortex (Morecraft et al. 2007). Der primäre motorische Cortex, der ventrale laterale prämotorische Cortex und das supplementär-motorische Areal steuern die *willentliche* Gesichtsmimik, während die zingulären corticalen Areale aufgrund ihrer Verbindung mit limbischen Hirnstrukturen den *unwillkürlichen* emotionalen Gesichtsausdruck regulieren (Müri 2016).

Kunishio und Haber (1994) untersuchten die Projektionen des zingulären Cortex zu den Basalganglien. Insgesamt projizieren mediale Regionen des zingulären Cortex (BA 24c, 24c', 23c) zum ventralen Striatum und zur Schalenregion des Ncl. accumbens, während die lateralen Regionen und der Fundus dieser Areale zum dorsalen sensomotorischen Striatum projizieren. Damit ist der Fundus des zingulären Sulcus über seine Verbindung zum dorsalen Striatum in skeleto-motorische Funktionen involviert, während die mediale Region des zingulären Sulcus mit limbischen und assoziativen corticalen Funktionen befasst ist.

Insgesamt hat der zinguläre Cortex sehr ausgedehnte Verbindungen mit limbischen, parietotemporalen und frontalen assoziativen Arealen (Morecraft et al. 2004). Der ACC ist aber auch stark mit auditorischen assoziativen Arealen verbunden und hat eine ausgeprägte Verbindung zur Amygdala ebenso wie zu einer Zahl vegetativer motorischer Systeme (Barbas et al. 1999; Öngür et al. 1998; Ghashghaei et al. 2007; García-Cabezas und Barbas 2017). ACC und posteriorer OFC sind ebenfalls stark miteinander verbunden (Barbas und Pandya 1989; Cavada et al. 2000). Ein Vergleich der Stärke von Ein- und Ausgängen ergibt, dass der ACC stärkere Projektionen zur Amygdala besitzt, als er von ihr erhält; dies ist beim posterioren OFC umgekehrt (Ghashghaei et al. 2007). Der ACC zeigt aufgrund seiner Verbindungen eine starke Beteiligung in der Regulation von Emotionen und vegetativen Reaktionen, während die Funktionen des MCC im Entscheidungsverhalten und in der skeleto-motorischen Kontrolle liegen (Vogt 2016). Der ACC ist bei der Aufmerksamkeitssteuerung und bei Aufgabenwechsel *(task-switching)* aktiv, und zwar besonders dann, wenn die kognitiven Anforderungen hoch sind (Bush et al. 2000; Botvinick 2007). ACC und Areal BA 10 sind während mentaler Tracking-Aufgaben aktiviert (Burgess et al. 2007), sodass das Netzwerk bei der Aufrechterhaltung der Konzentration beteiligt sein könnte und darüber Arbeitsgedächtnisleistungen und Problemlösungsfindung unterstützt.

Die genannten Befunde basieren vornehmlich auf Untersuchungen am Makaken. Beim Menschen werden aufgrund von fMRI-Konnektivitätstudien rostrale und caudale als auch dorsale und ventrale Subregionen des ACC angenommen; diese Studien legen funktionell distinkte Netzwerke nahe (Margulies et al. 2007). Der anteriore MCC ist während der Planung und Ausführung motorischer Funktionen aktiv und evaluiert auch den Ausgang einer Aktion über Feedback-Detektion (Picard und Strick 2001; Amiez und Petrides 2014; Procyk et al. 2016). Affektive Schmerzwahrnehmung findet ebenfalls im aMCC statt (Büchel et al. 2002; Rainville 2002). Eine erhöhte Aktivierung des aMCC und supplementär-motorischen Areals findet sich auch bei gleichzeitigem Auftreten motorischer Kontrolle und Schmerzverarbeitung (Misra und Coombes 2015). Der zinguläre Cortex wird auch als Interface für die Umsetzung von Intentionen und Motivation in Handlung gesehen: Dies erklärt die Vielfältigkeit der Funktionen des zingulären Cortex (Paus 2001).

2.2.3 Insulärer Cortex

Der insuläre Cortex (auch kurz Insula bezeichnet) befindet sich in der lateralen Wand der cerebralen Hemisphäre. Er liegt tief eingesenkt zwischen dem frontalen, parietalen und temporalen Cortex und wird vom Operculum von außen überlagert (Abb. 2.4). Er wird eingeteilt in einen dysgranulären (Idg) und granulären (Ig) insulären Cortex mit jeweils einem rostralen und caudalen Teil, und einen agranulären insulären Cortex (Iag), der in einen frontalen (FI) und temporalen (TI) Teil gegliedert ist. Bei Primaten besteht der insuläre Cortex von ventral nach dorsal aus einer rostroventralen agranulären, einer caudodorsalen granulären und einer breiteren zwischenliegenden intermediären dysgranulären Zone. Granulär und agranulär bezieht sich auf die An- oder Abwesenheit einer internen granulären Schicht IV, die durch das Vorkommen kleiner Zellen, sog. Körnerzellen, gekennzeichnet ist. Die intermediäre dysgranuläre Zone besitzt weniger granuläre Neuronen und eine unvollständige laminare Differenzierung (Mesulam und Mufson 1985; Friedman et al. 1986). In einer Subregion der agranulären Insula (FI) und dorsal bis zur anterioren dysgranulären Zone finden sich die oft zitierten, spindelförmigen großen „von-Economo"-Zellen (nach ihrem Entdecker von Economo benannt), die ein wichtiger Teil von Schaltkreisen für kognitive, komplexe soziale Funktionen und Bewusstsein sein sollen. Diese Zellen, z. B. auch im ACC und dorsolateralen PFC beschrieben, wurden aber nicht nur bei Primaten mit größeren Gehirnen, sondern auch in Gehirnen anderer größerer und kleinerer Säugetiere mit sehr unterschiedlichen kognitiven Fähigkeiten gefunden, sodass die eigentliche Funktion unklar bleibt.

Eingänge erhält der insuläre Cortex aus dem rostralen, orbitalen und dorsolateralen PFC, aus Regionen im Parietal- und Temporallappen, aus dem ACC, dem olfaktorischen System, dem entorhinalen Cortex und den Basalganglien. Limbische Strukturen

2

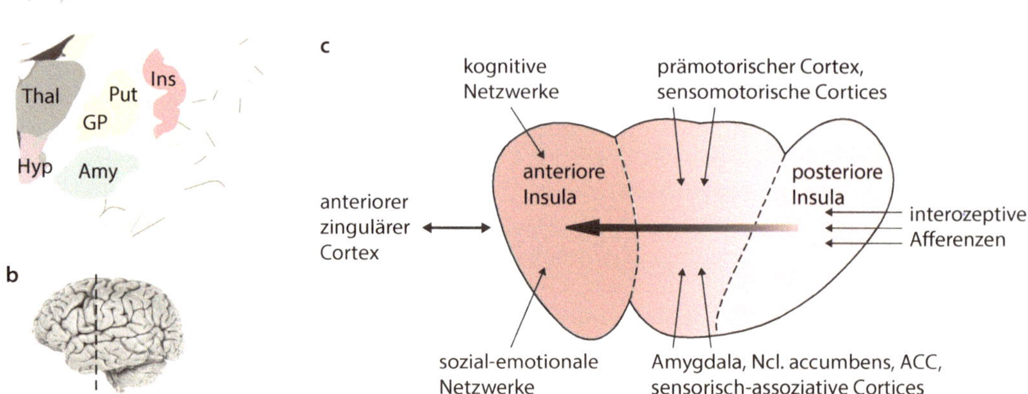

Abb. 2.4 **a** Halbschematische Darstellung der Lage der Insula in einer Hemisphäre des menschlichen Gehirns (verändert nach Ding et al. 2016). Der insuläre Cortex (Ins) wird vom parietalen und temporalen Operculum bedeckt. Amy Amygdala; GP Globus pallidus; Hyp Hypothalamus; Put Putamen; Thal Thalamus. Graue Linien im umliegenden Cortex trennen funktionell unterschiedliche corticale Areale. **b** Lateralansicht des menschlichen Gehirns. Die gestrichelte Linie gibt die Lage des Querschnitts in **a** an. Rostral ist links und caudal rechts. **c** Schematische Darstellung der insulären Rinde in einer Lateralaufsicht nach Entfernen der Opercula (verändert nach Nieuwenhuys 2012). Nach dem Modell von Craig (2010) schreitet die Informationsverarbeitung innerhalb der Insula von posterior nach anterior fort. Viszerale Zustände aus dem Körper werden primär in der posterioren Insula verarbeitet. In dem interozeptiven Verarbeitungspfad zur anterioren Insula werden limbische, sensorische und kognitive Einflüsse integriert. Die anteriore Insula codiert eine „globale emotionale Bewusstheit" und arbeitet eng mit dem anterioren zingulären Cortex (ACC) zusammen. Der insuläre Cortex erzeugt Gefühle und (körperliche) Bewusstheit und der ACC Motivation und Selbstwirksamkeit. Zusammen bilden sie das Kernnetzwerk für eine adaptive homeostatische Kontrolle des Körpers und Gehirns

wie der entorhinale Cortex (BA 28), die perirhinalen Areale (BA 35, 36), die posterioren orbitofrontalen Areale (BA 13, 14), der temporopolare (BA 38) und zinguläre (BA 23, 24) Cortex und der amygdaläre Komplex sind stark und reziprok mit der anterobasalen Region der Insula verbunden (Mesulam und Mufson 1982a, b; Mufson und Mesulam 1982; Augustine 1996). Dieser limbische Teil erhält auch Eingänge vom superior gelegenen insulären somatischen assoziativen Cortex. Deshalb wird die limbische Insula als ein somatolimbischer Integrationsort angesehen, in dem Ereignisse in der extrapersonellen Umgebung mit motivationalen Zuständen verknüpft werden. Die Efferenzen des insulären Cortex zur Amygdala ebenso wie die zu den limbischen Arealen des perihippocampalen Cortex sind stärker ausgeprägt als umgekehrt. Insgesamt findet sich ein weites Spektrum an corticalen und subcorticalen limbischen Verbindungen der Insula, die bei Makakenaffen durch Tracing-Studien und bei Menschen mittels bildgebender Verfahren belegt sind (Ghaziri et al. 2017).

Efferenzen des insulären Cortex laufen zum prämotorischen Cortex sowie zum ventralen und dorsalen Striatum. Die agranuläre und ventrale dysgranuläre Zone projizieren zur Schale des Ncl. accumbens und zum medialen ventralen Striatum, während die mehr dorsal und posterior gelegenen Teile der agranulären und dysgranulären Insula das zentrale ventrale Striatum innervieren. Die dorsale dysgranuläre und die granuläre Insula projizieren überwiegend zum dorsolateralen Striatum (Chikama et al. 1997). Generell gesehen gelangen zum dorsolateralen Striatum somatosensorische Information aus dem dorsalen granulären und dysgranulären Teil und zum ventralen Striatum limbische Information über Belohnungs- und Gedächtnisinhalte zum Nahrungsverhalten. Die agranulären und rostralen dysgranulären Teile der anterioren Insula integrieren sensorische und amygdaläre Eingänge und projizieren zum caudalen ventralen Striatum, welches auch Projektionen von der Amygdala erhält. Der posteromediale, laterale und posterolaterale Teil der agranulären Insula, welche olfaktorische, gustatorische und viszerale Informationen verarbeitet, zeigt eine besonders dichte Innervation dieser striatalen Region (Fudge et al. 2005). Nach Läsionen der Insula werden beispielsweise konditionierte Futteraversionen nicht länger aufrechterhalten. Antworten der Insula auf viszerale negative und positive Reize können demnach das Verhalten beeinflussen, das vom caudalen ventralen Striatum organisiert wird.

▪ Verarbeitung von Sinnesinformationen

Die in der Insula einlaufenden Eingänge übertragen gustatorische, viszerale, nozi- und thermorezeptive, vestibuläre, somatosensorische und olfaktorische Informationen/Sinnesreize. Ein *primärer gustatorischer Cortex (GI)* im granulären antero-superioren Teil der Insula wird von einem unter dem GI liegenden *sekundären gustatorischen Cortex* im dysgranulären Teil der Insula unterschieden. Posterior zum GI liegt der *insuläre viszerosensorische Cortex*, der generelle Eingeweide-Informationen verarbeitet. Schmerz- und Temperaturbahnen endigen in der postero-superioren Insula, dem *insulären nozi- und thermorezeptiven Cortex* (Brooks et al. 2005; Craig und Zhang 2006). Caudal zum letzteren befindet sich im postero-superioren Teil der *parieto-insuläre vestibuläre Cortex*, der Information aus dem vestibulären System erhält. In der postero-superioren Insula terminieren Afferenzen aus somatosensorischen, vestibulären und auditorischen Cortices im *insulären somatischen assoziativen Cortex* (Nieuwenhuys 2012). Der primäre olfaktorische Cortex, die gustatorische und die viszerosensorische Insula projizieren in die agranuläre anteriore Zone, welche nahrungsbezogene Information verarbeitet (Carmichael und Price 1996).

Das viszerale Gebiet der Insula verarbeitet Geschmacksinformationen, reguliert Essverhalten und hat viszeral motorische, vegetative Funktionen (Augustine 1996). Das somatosensorische Areal der Insula spielt eine Rolle bei der taktilen Wahrnehmung, dem nach Schlaganfall oder Trauma entstehenden Schmerz-Asymbolie-Syndrom, d. h. dem Fehlen normaler schmerzbezogener motorischer und emotionaler Reaktionen und eines Leidengefühls trotz Schmerzerkennung, und dem thalamischen Schmerzsyndrom, bei dem brennender Schmerz oder Kälteschmerz auftritt aufgrund der Unterbrechung thalamischer Verbindungen.

Beim Menschen wurden nach elektrischer Stimulation der Insula vier qualitativ und topografisch unterschiedliche funktionelle Regionen beschrieben. Im posterioren Teil wurde eine somatosensorische Repräsentation, in einem posterioren superioren Teil eine Repräsentation von Temperatur und Schmerz und anterior zur somatosensorischen Repräsentation eine für viszerosensorische Empfindungen gefunden. In einem zentral liegenden Teil der Insula wurden Geschmacksrepräsentationen lokalisiert, während bei Stimulation der anterioren Insula keine Sinnesempfindungen ausgelöst wurden (Ostrowsky et al. 2002; Stephani et al. 2011).

▪ Emotionale und kognitive Verarbeitung in der Insula

Die anteriore Insula und besonders ihre anteriore basale Region sind mit der Verarbeitung von Emotionen und Empathie befasst (Kurth et al. 2010; Nieuwenhuys 2012). Dabei geht es um das Erkennen der emotionalen Bedeutung von Reizen wie z. B. die (Wieder-)Erkennung von Emotionen in Gesichtsausdrücken und die darauf bezogene, nachfolgende Erzeugung eines affektiven Zustands (Phillips et al. 2003). Diese Prozesse werden durch ein ventrales System bestehend aus Amygdala, Insula, ventralem Striatum, ventralem ACC und PFC reguliert. Ein dorsales System bestehend aus Hippocampus, dorsalem ACC und PFC reguliert und moduliert den affektiven Zustand vermittels kognitiver Aspekte.

Das empathische Gefühl für Schmerzen Anderer ist vor allem von einer Aktivierung der anterioren Insula begleitet. Schmerzerfahrungen werden sensorisch-diskriminativ und vegetativ-affektiv verarbeitet (Singer et al. 2004). Die Aktivierung eines Kernnetzwerkes, bestehend aus anteriorer Insula und ACC, spiegelt die emotionale Komponente wider, die unsere Reaktionen auf den Schmerz entstehen lässt und die neuronale Basis für das Erkennen der Gefühle von Anderen und der eigenen Gefühle darstellt (Lamm et al. 2011). Dabei ist die Insula auch bei der Vorhersage emotionaler Zustände aktiviert, sie ermöglicht ein Fehlerlernen bei emotionalen Zuständen und emotionalen Unsicherheiten und moduliert individuelle Präferenzen bei der Risikovermeidung und bei kontextuellen Bewertungen (Singer et al. 2009; Lamm und Singer 2010; Bernhardt und Singer 2012).

Decety und Michalska (2010) untersuchten mit bildgebenden Verfahren Kinder und Erwachsene, während diese eine Person beobachten, die entweder einen unwillentlichen, selbst verursachten, schmerzhaften kleineren Unfall im Alltag erleidet (Sympathie-Situation), sich in einer nicht schmerzhaften Alltagssituation verhält oder einen durch einen Anderen willentlich herbeigeführten Schmerz erleidet (Empathiesituation). Bei allen Versuchspersonen erzeugte die Wahrnehmung von Schmerzen in der Sympathiesituation ähnliche Aktivierungen im ACC, im somatosensorischen Cortex, im periäquaduktalen Grau und in der Insula, während die Empathiesituation unterschiedliche PFC-Regionen aktivierte. In der Empathiesituation wurde bei Kindern eine stärkere negative Erregung als bei jungen Erwachsenen gefunden. Dies deutet auf einen Entwicklungsaspekt hin.

Der insuläre Cortex ist auch in die Belohnungsverarbeitung eingebunden. So findet sich beim Musikhören eine Aktivierung des mesolimbischen Systems (Ncl. accumbens, VTA), des OFC, des Hypothalamus und der Insula. Vegetative und physiologische Anpassungen in angenehmen, belohnungsversprechenden und emotionalen Situationen werden von letzteren beiden Strukturen reguliert (Menon und Levitin 2005).

■ Das funktionelle Netzwerk der Insula

Die Insula wird als ein wichtiger integrativer Cortex betrachtet, in dem multimodale Information aus somatosensorisch-limbischen, insulär-limbischen, insulär-orbital-temporalen Netzwerken und aus der Achse zwischen PFC, Basalganglien und basalem Vorderhirn konvergieren (Shelley und Trimble 2004). Innerhalb der Insula scheinen homöostatische Zustände mit Informationen aus der sensorischen Umwelt und mit motivationalen, hedonischen und sozialen Informationen aus verschiedenen Hirnregionen stufenweise von posterior nach anterior verbunden zu werden (Craig 2010).

Die anteriore Insula ist auch beim Menschen ein funktionell komplexes Areal, in der dorsale Regionen mit auditorisch-motorischer Integration befasst sind, während die ventrale Region zur Regulation physiologischer Parameter von emotionalen Zuständen mit der Amygdala verbunden ist (Mutschler et al. 2009). Cauda et al. (2011) untersuchten mit bildgebenden Verfahren die Konnektivität der Insula beim Menschen im Ruhezustand und beschreiben zwei komplementäre Netzwerke. Im ersten Netzwerk hat die ventrale anteriore Insula bevorzugt eine Verbindung zum mittleren und inferioren temporalen Cortex und zum ACC.

Dieses Netzwerk kontrollliert Erregungs- und Aufmerksamkeitszustände, die für eine Verarbeitung emotionaler Reize und Situationen eine Rolle spielen. Im zweiten Netzwerk ist die mittlere posteriore Insula mit prämotorischen, sensomotorischen, supplementär-motorischen Cortices und dem posterioren zingulären Cortex verbunden, hat eine ausgeprägtere rechtsseitige Verbindung mit dem superioren temporalen und occipitalem Cortex und ist funktionell mit sensomotorischer Integration befasst.

Zusammenfassung

Das limbische System umfasst im Endhirn zum einen den orbitofrontalen Cortex (OFC), den anterioren zingulären Cortex (ACC) und den insulären Cortex (Insula), zum anderen subcorticale Anteile wie die septale Region, den amygdalären Komplex, die hippocampale Formation, die Habenula, Teile der Basalganglien und das mesolimbische System. Im Zwischenhirn befinden sich limbische Thalamuskerne und der Hypothalamus, und im Mittelhirn liegt das periaquäduktale Grau (PAG) mit wichtigen limbischen Funktionen. Der limbische Hirnstamm enthält transmitterspezifische Kerngruppen wie das dopaminerge ventrale tegmentale Areal (VTA), die serotonergen Raphekerne und den noradrenergen Locus coeruleus. Weitere wichtige limbische Regionen des Hirnstamms sind der Parabrachialkern, der Nucleus solitarius, die retikuläre Formation und andere kleinere Kerngebiete.

Funktionen des limbischen Systems betreffen emotionale Wahrnehmung, Bewertung und Verhaltenssteuerung, welche die kognitiven und exekutiven Leistungen des Gehirns beeinflussen. Fehlererkennen und Fehlerkontrolle, Erkennen der emotionalen Komponenten von Gestik, Mimik, Körperhaltung und Sprache, Lernen und Gedächtnisbildung sowie Problemlösen, Handlungsplanung und Aufmerksamkeitssteuerung werden wesentlich von einem limbischen ausgedehnten Netzwerk im Endhirn reguliert. Dieses besteht aus OFC, ACC, medialem Septum, Hippocampus, basalem Vorderhirn, der Amygdala, der lateralen Habenula, dem ventralen Pallidum und Ncl. accumbens und ist eng mit subcorticalen Strukturen im Hypothalamus, mit den transmitterspezifischen Kerngruppen und der retikulären Formation verflochten.

Auch die emotionale Konditionierung des Verhaltens und die motivationale Verhaltenssteuerung werden von einem Neuronenverband bestehend aus den limbischen corticalen Arealen und vor allem der Amygdala, dem ventralen Pallidum und dem basalen Vorderhirn kontrolliert. Diese stehen zum Teil über limbische thalamische Kerne miteinander in Verbindung und werden von den dopaminergen und serotonergen Hirnstammkernen moduliert.

Zu den vom limbischen System gesteuerten affektiven Zuständen zählen Flucht- und Vermeidungsverhalten, Verteidigung und Angriff, die von der Amygdala, dem lateralen Septum, dem Hypothalamus, dem PAG und mehreren, auch transmitterspezifischen, Kernen im Hirnstamm reguliert werden.

Die Kontrolle der Nahrungsaufnahme, Fortpflanzung bzw. des Sexualverhaltens und Fürsorgeverhaltens erfolgt durch das laterale Septum und ventrale Pallidum, den Hypothalamus und das PAG, während Stressregulation und Schmerzverarbeitung von der Insula, dem ACC, dem Hippocampus, dem limbischen Thalamus und PAG kontrolliert werden; auch hier erfolgt eine Modulation durch transmitterspezifische und andere Hirnstammkerne.

Die vegetativen Grundfunktionen des Körpers, zu denen Atmung, Blutkreislauf, Stoffwechsel, Verdauung, Hormonhaushalt, Bewusstheit- und Erregungszustände und Schlafen-Wachen gehören, werden vom Hypothalamus und den limbischen Hirnstammkernen reguliert und durch ein Endhirn-Netzwerk aus Insula, ACC und Amygdala in Zusammenarbeit mit dem limbischen Thalamus überwacht und moduliert.

Das limbische System nimmt zum geringeren Teil direkten (MCC) und zum größeren Teil einen indirekten Einfluss auf die motorisch-exekutiven und sensorisch-kognitiven Systeme. Die Vernetzung dieser drei Systeme

2

wird nach heutigem Stand als stark verwoben angesehen. Schnittpunkte sind z. B. der Hippocampus, die (auch corticalen) weitreichenden Verbindungen der Amygdala als auch die Verknüpfung limbischer Cortexareale mit PFC-Arealen und thalamischen Regionen, die direkte und indirekte Verbindung zum sensorisch-kognitiven System herstellen. Die Interaktion der drei Systeme scheint demnach dynamischer zu sein als bisher angenommen. Dies schlägt sich auch zunehmend in den Konzepten und Modellvorstellungen der limbischen Netzwerke nieder.

Das limbische System ist der Entstehungsort von Affekten und Emotionen und wird als Sitz des Psychischen betrachtet. Psychische Erkrankungen können in gestörten Funktionen einer bestimmten limbischen Struktur oder in einer Störung des Gleichgewichts zwischen limbischen Zentren liegen. Bei vielen psychischen Erkrankungen betreffen Veränderungen oft auch die Transmitter-/Neuromodulatorensysteme und die Wirkung der Transmitter in ihren Zielgebieten.

Literatur

Adolphs R, Spezio M (2006) Role of the amygdala in processing visual social stimuli. Prog Brain Res 156:363–378

Aggleton JP (2012) Multiple anatomical systems embedded within the primate medial temporal lobe: implications for hippocampal function. Neurosci Biobehav Rev 36:1579–1596

Aggleton JP, Mishkin M (1984) Projections of the amygdala to the thalamus in the cynomolgus monkey. J Comp Neurol 222:56–68

Aggleton JP, Burton MJ, Passingham RE (1980) Cortical and subcortical afferents to the amygdala of the rhesus monkey (Macaca mulatta). Brain Res 190:347–368

Aggleton JP, Wright NF, Vann SD, Saunders RC (2012) Medial temporal lobe projections to the retrosplenial cortex of the macaque monkey. Hippocampus 22:1883–1900

Alexander GE, Crutcher MD (1990) Functional architecture of basal ganglia circuits: neural substrates of parallel processing. Trends Neurosci 13:266–271

Alheid GF, Heimer L (1988) New perspectives in basal forebrain organization of special relevance for neuropsychiatric disorders: the striatopallidal, amygdaloid, and corticopetal components of substantia innominata. Neuroscience 27: 1–39

Alvarez-Bolado G (2019) Development of neuroendocrine neurons in the mammalian hypothalamus. Cell Tissue Res 375:23–39

Amaral DG, Insausti R (1992) Retrograde transport of D-[3H]-aspartate injected into the monkey amygdaloid complex. Exp Brain Res 88:375–388

Amaral D, Lavenex P (2006) Hippocampal neuroanatomy. In: Andersen P, Morris R, Amaral D, Bliss T, O'Keefe J (Hrsg) The hippocampus book. Oxford University Press, New York, S 37–114

Amaral DG, Price JL (1984) Amygdalo-cortical projections in the monkey (Macaca fascicularis). J Comp Neurol 230:465–496

Amaral DG, Veazey RB, Cowan WM (1982) Some observations on hypothalamo-amygdaloid connections in the monkey. Brain Res 252:13–27

Amiez C, Petrides M (2014) Neuroimaging evidence of the anatomo-functional organization of the human cingulate motor areas. Cereb Cortex 24:563–578

An X, Bandler R, Öngür D, Price JL (1998) Prefrontal cortical projections to longitudinal columns in the midbrain periaqueductal gray in macaque monkeys. J Comp Neurol 401:455–479

Andermann ML, Lowell BB (2017) Toward a wiring diagram understanding of appetite control. Neuron 95:757–778

Angeles Fernández-Gil M, Palacios-Bote R, Leo-Barahona M, Mora-Encinas JP (2010) Anatomy of the brainstem: a gaze into the stem of life. Semin Ultrasound CT MR 31:196–219

Aoki C, Venkatesan C, Go CG, Forman R, Kurose H (1998) Cellular and subcellular sites for noradrenergic action in the monkey dorsolateral prefrontal cortex as revealed by the immunocytochemical localization of noradrenergic receptors and axons. Cereb Cortex 8:269–277

Augustine JR (1996) Circuitry and functional aspects of the insular lobe in primates including humans. Brain Res Brain Res Rev 22:229–244

Ballinger EC, Ananth M, Talmage DA, Role LW (2016) Basal forebrain cholinergic circuits and signaling in cognition and cognitive decline. Neuron 91:1199–1218

Bandler R, Shipley MT (1994) Columnar organization in the midbrain periaqueductal gray: modules for emotional expression? Trends Neurosci 17:379–389

Barbas H (1993) Organization of cortical afferent input to orbitofrontal areas in the rhesus monkey. Neuroscience 56:841–864

Barbas H, De Olmos J (1990) Projections from the amygdala to basoventral and mediodorsal prefrontal regions in the rhesus monkey. J Comp Neurol 300:549–571

Barbas H, Pandya DN (1989) Architecture and intrinsic connections of the prefrontal cortex in the rhesus monkey. J Comp Neurol 286:353–375

Barbas H, Ghashghaei H, Dombrowski SM, Rempel-Clower NL (1999) Medial prefrontal cortices are unified by common connections with superior temporal cortices and distinguished by input from memory-related areas in the rhesus monkey. J Comp Neurol 410:343–367

Barbas H, Saha S, Rempel-Clower N, Ghashghaei T (2003) Serial pathways from primate prefrontal cortex to autonomic areas may influence emotional expression. BMC Neurosci 10(4):25

Barbosa DAN, de Oliveira-Souza R, Monte Santo F, de Oliveira Faria AC, Gorgulho AA, De Salles AAF (2017) The hypothalamus at the crossroads of psychopathology and neurosurgery. Neurosurg Focus 43:E15

Basar K, Sesia T, Groenewegen H, Steinbusch HW, Visser-Vandewalle V, Temel Y (2010) Nucleus accumbens and impulsivity. Prog Neurobiol 92:533–557

Bear MH, Bollu PC (2018) Neuroanatomy, hypothalamus. Nov 10. StatPearls [Internet]. StatPearls Publishing, Treasure Island (FL)

Berger B, Gaspar P, Verney C (1991) Dopaminergic innervation of the cerebral cortex: unexpected differences between rodents and primates. Trends Neurosci 14:21–27

Bernhardt BC, Singer T (2012) The neural basis of empathy. Annu Rev Neurosci 35:1–23

Berridge CW, Waterhouse BD (2003) The locus coeruleus-noradrenergic system: modulation of behavioral state and state-dependent cognitive processes. Brain Res Rev 42:33–84

Berridge KC, Kringelbach ML (2013) Neuroscience of affect: brain mechanisms of pleasure and displeasure. Curr Opin Neurobiol 23:294–303

Berridge KC, Kringelbach ML (2015) Pleasure systems in the brain. Neuron 86:646–664

Botvinick MM (2007) Conflict monitoring and decision making: reconciling two perspectives on anterior cingulate function. Cogn Affect Behav Neurosci 7:356–366

Brauer K, Häusser M, Härtig W, Arendt T (2000) The core-shell dichotomy of nucleus accumbens in the rhesus monkey as revealed by double-immunofluorescence and morphology of cholinergic interneurons. Brain Res 858:151–162

Brodmann K (1909) Vergleichende Lokalisationslehre der Grosshirnrinde in ihren Prinzipien dargestellt auf Grund des Zellenbaues. Johann Ambrosius Barth, Leipzig

Bromberg-Martin ES, Matsumoto M, Hikosaka O (2010) Dopamine in motivational control: rewarding, aversive, and alerting. Neuron 68:815–834

Brooks JC, Zambreanu L, Godinez A, Craig AD, Tracey I (2005) Somatotopic organisation of the human insula to painful heat studied with high resolution functional imaging. NeuroImage 27:201–209

Büchel C, Bornhovd K, Quante M, Glauche V, Bromm B, Weiller C (2002) Dissociable neural responses related to pain intensity, stimulus intensity, and stimulus awareness within the anterior cingulate cortex: a parametric single-trial laser functional magnetic resonance imaging study. J Neurosci 22:970–976

Buot A, Yelnik J (2012) Functional anatomy of the basal ganglia: limbic aspects. Rev Neurol (Paris) 168:569–575

Burgess PW, Gilbert SJ, Dumontheil I (2007) Function and localization within rostral prefrontal cortex (area 10). Philos Trans R Soc Lond B Biol Sci 362:887–899

Bush G, Luu P, Posner MI (2000) Cognitive and emotional influences in anterior cingulate cortex. Trends Cogn Sci 4:215–222

Carmichael ST, Price JL (1995a) Limbic connections of the orbital and medial prefrontal cortex in macaque monkeys. J Comp Neurol 363:615–641

Carmichael ST, Price JL (1995b) Sensory and premotor connections of the orbital and medial prefrontal cortex of macaque monkeys. J Comp Neurol 363:642–664

Carmichael ST, Price JL (1996) Connectional networks within the orbital and medial prefrontal cortex of macaque monkeys. J Comp Neurol 371:179–207

Carrive P, Morgan MM (2012) Periaqueductal gray. In: Mai JK, Paxinos G (Hrsg) The human nervous system. Academic, London, S 367–400

Carus-Cadavieco M, Gorbati M, Ye L, Bender F, van der Veldt S, Kosse C, Börgers C, Lee SY, Ramakrishnan C, Hu Y, Denisova N, Ramm F, Volitaki E, Burdakov D, Deisseroth K, Ponomarenko A, Korotkova T (2017) Gamma oscillations organize top-down signalling to hypothalamus and enable food seeking. Nature 542:232–236

Cassel JC, Pereira de Vasconcelos A, Loureiro M, Cholvin T, Dalrymple-Alford JC, Vertes RP (2013) The reuniens and rhomboid nuclei: neuroanatomy, electrophysiological characteristics and behavioral implications. Prog Neurobiol 111:34–52

Castro DC, Chesterman NS, Wu MKH, Berridge KC (2014) Two cortical hedonic hotspots: orbitofrontal and insular sites of sucrose ‚liking' enhancement. In: Society for neuroscience conference (Washington, DC)

Cauda F, D'Agata F, Sacco K, Duca S, Geminiani G, Vercelli A (2011) Functional connectivity of the insula in the resting brain. Neuroimage 55:8–23

Cavada C, Compañy T, Tejedor J, Cruz-Rizzolo RJ, Reinoso-Suárez F (2000) The anatomical connections of the macaque monkey orbitofrontal cortex. A review. Cereb Cortex 10:220–242

2

Challis C, Berton O (2015) Top-down control of serotonin systems by the prefrontal cortex: a path toward restored socioemotional function in depression. ACS Chem Neurosci 6:1040–1054

Chikama M, McFarland NR, Amaral DG, Haber SN (1997) Insular cortical projections to functional regions of the striatum correlate with cortical cytoarchitectonic organization in the primate. J Neurosci 17:9686–9705

Cho YT, Ernst M, Fudge JL (2013) Cortico-amygdala-striatal circuits are organized as hierarchical subsystems through the primate amygdala. J Neurosci 33:14017–14030

Colavito V, Tesoriero C, Wirtu AT, Grassi-Zucconi G, Bentivoglio M (2015) Limbic thalamus and state-dependent behavior: the paraventricular nucleus of the thalamic midline as a node in circadian timing and sleep/wake-regulatory networks. Neurosci Biobehav Rev 54:3–17

Correia SS, Goosens KA (2016) Input-specific contributions to valence processing in the amygdala. Learn Mem 23:534–543

Coulombe MA, Erpelding N, Kucyi A, Davis KD (2016) Intrinsic functional connectivity of periaqueductal gray subregions in humans. Hum Brain Mapp 37:1514–1530

Counts SE, Mufson EJ (2012) Locus coeruleus. In: Mai JK, Paxinos G (Hrsg) The human nervous system. Academic, London, S 425–438

Coveñas R, Martin F, Belda M, Smith V, Salinas P, Rivada E, Diaz-Cabiale Z, Narvaez JA, Marcos P, Tramu G, Gonzalez-Baron S (2003) Mapping of neurokinin-like immunoreactivity in the human brainstem. BMC Neurosci 4:3

Craig AD (2010) The sentient self. Brain Struct Funct 214:563–577

Craig AD (2014) Topographically organized projection to posterior insular cortex from the posterior portion of the ventral medial nucleus in the long-tailed macaque monkey. J Comp Neurol 522:36–63

Craig AD, Zhang ET (2006) Retrograde analyses of spinothalamic projections in the macaque monkey: input to posterolateral thalamus. J Comp Neurol 499:953–964

Da Cunha C, Gomez-A A, Blaha CD (2012) The role of the basal ganglia in motivated behavior. Rev Neurosci 23:747–767

Dahlström A, Fuxe K (1964) Evidence for the existence of monoamine-containing neurons in the central nervous system. I. Demonstration of monoamines in the cell bodies of brain stem neurons. Acta Physiol Scand Suppl 62:1–55

Damasio AR (1994) Descartes' Irrtum. Fühlen, Denken und das menschliche Gehirn. Paul List Verlag, München

Decety J, Michalska KJ (2010) Neurodevelopmental changes in the circuits underlying empathy and sympathy from childhood to adulthood. Dev Sci 13:886–899

Ding SL (2013) Comparative anatomy of the prosubiculum, subiculum, presubiculum, postsubiculum, and parasubiculum in human, monkey, and rodent. J Comp Neurol 521:4145–4162

Ding SL, Haber SN, Van Hoesen GW (2010) Stratum radiatum of CA2 is an additional target of the perforant path in humans and monkeys. NeuroReport 21:245–249

Ding SL, Royall JJ, Sunkin SM, Ng L, Facer BA, Lesnar P, Guillozet-Bongaarts A, McMurray B, Szafer A, Dolbeare TA, Stevens A, Tirrell L, Benner T, Caldejon S, Dalley RA, Dee N, Lau C, Nyhus J, Reding M, Riley ZL, Sandman D, Shen E, van der Kouwe A, Varjabedian A, Wright M, Zöllei L, Dang C, Knowles JA, Koch C, Phillips JW, Sestan N, Wohnoutka P, Zielke HR, Hohmann JG, Jones AR, Bernard A, Hawrylycz MJ, Hof PR, Fischl B, Lein ES (2016) Comprehensive cellular-resolution atlas of the adult human brain. J Comp Neurol 524:3127–3481

Double KL, Dedov VN, Fedorow H, Kettle E, Halliday GM, Garner B, Brunk UT (2008) The comparative biology of neuromelanin and lipofuscin in the human brain. Cell Mol Life Sci 65:1669–1682

Dum RP, Strick PL (1996) Spinal cord terminations of the medial wall motor areas in macaque monkeys. J Neurosci 16:6513–6525

Dum RP, Levinthal DJ, Strick PL (2009) The spinothalamic system targets motor and sensory areas in the cerebral cortex of monkeys. J Neurosci 29:14223–14235

Eblen F, Graybiel AM (1995) Highly restricted origin of prefrontal cortical inputs to striosomes in the macaque monkey. J Neurosci 15:5999–6013

Fellows LK (2011) Orbitofrontal contributions to value-based decision making: evidence from humans with frontal lobe damage. Ann N Y Acad Sci 1239:51–58

Ferrario CR, Labouèbe G, Liu S, Nieh EH, Routh VH, Xu S, O'Connor EC (2016) Homeostasis meets motivation in the battle to control food intake. J Neurosci 36:11469–11481

Förstl H, Levy R, Burns A, Luthert P, Cairns N (1994) Disproportionate loss of noradrenergic and cholinergic neurons as cause of depression in Alzheimer's disease – a hypothesis. Pharmacopsychiatry 27:11–15

Freese JL, Amaral DG (2005) The organization of projections from the amygdala to visual cortical areas TE and V1 in the macaque monkey. J Comp Neurol 486:295–317

Freese JL, Amaral DG (2009) Neuroanatomy of the primate amygdala. In: Whalen PJ, Phelps EA (Hrsg)

The human amygdala. The Guilford Press, New York, S 3–42
Fregosi M, Contestabile A, Hamadjida A, Rouiller EM (2017) Corticobulbar projections from distinct motor cortical areas to the reticular formation in macaque monkeys. Eur J Neurosci 45:1379–1395
Friedman DP, Murray EA, O'Neill JB, Mishkin M (1986) Cortical connections of the somatosensory fields of the lateral sulcus of macaques: evidence for a corticolimbic pathway for touch. J Comp Neurol 252:323–347
Friedman DP, Aggleton JP, Saunders RC (2002) Comparison of hippocampal, amygdala, and perirhinal projections to the nucleus accumbens: combined anterograde and retrograde tracing study in the Macaque brain. J Comp Neurol 450:345–365
Frotscher M, Léránth C (1985) Cholinergic innervation of the rat hippocampus as revealed by choline acetyltransferase immunocytochemistry: a combined light and electron microscopic study. J Comp Neurol 239:237–246
Fudge JL, Breitbart MA, Danish M, Pannoni V (2005) Insular and gustatory inputs to the caudal ventral striatum in primates. J Comp Neurol 490:101–118
Fuller PM, Gooley JJ, Saper CB (2006) Neurobiology of the sleep-wake cycle: sleep architecture, circadian regulation, and regulatory feedback. J Biol Rhythm 21:482–493
García-Cabezas MÁ, Barbas H (2017) Anterior cingulate pathways may affect emotions through orbitofrontal cortex. Cereb Cortex 27:4891–4910
Ghashghaei HT, Barbas H (2002) Pathways for emotion: interactions of prefrontal and anterior temporal pathways in the amygdala of the rhesus monkey. Neuroscience 115:1261–1279
Ghashghaei HT, Hilgetag CC, Barbas H (2007) Sequence of information processing for emotions based on the anatomic dialogue between prefrontal cortex and amygdala. Neuroimage 34:905–923
Ghaziri J, Tucholka A, Girard G, Houde JC, Boucher O, Gilbert G, Descoteaux M, Lippé S, Rainville P, Nguyen DK (2017) The corticocortical structural connectivity of the human insula. Cereb Cortex 27:1216–1228
Gottfried JA, O'Doherty J, Dolan RJ (2003) Encoding predictive reward value in human amygdala and orbitofrontal cortex. Science 301:1104–1107
Grabenhorst F, Rolls ET (2011) Value, pleasure and choice in the ventral prefrontal cortex. Trends Cog Sci 15:56–67
Graybiel AM, Ragsdale CW Jr (1978) Histochemically distinct compartments in the striatum of human, monkeys, and cat demonstrated by acetylthiocholinesterase staining. Proc Natl Acad Sci USA 75:5723–5726
Groenewegen HJ, Witter MP (2004) Thalamus. In: Paxinos G (Hrsg) The rat nervous system. Academic, San Diego, S 408–441
Guillery RW, Harting JK (2003) Structure and connections of the thalamic reticular nucleus: advancing views over half a century. J Comp Neurol 463:360–371
Haber SN, Knutson B (2010) The reward circuit: linking primate anatomy and human imaging. Neuropsychopharmacology 35:4–26
Haber SN, Kunishio K, Mizobuchi M, Lynd-Balta E (1995) The orbital and medial prefrontal circuit through the primate basal ganglia. J Neurosci 15:4851–4867
Haber SN, Fudge JL, McFarland NR (2000) Striatonigrostriatal pathways in primates form an ascending spiral from the shell to the dorsolateral striatum. J Neurosci 20:2369–2382
Haber SN, Adler A, Bergman H (2012) The basal ganglia. In: Mai JK, Paxinos G (Hrsg) The human nervous system. Academic, London, S 678–738
Hackett TA, Stepniewska I, Kaas JH (1999) Prefrontal connections of the parabelt auditory cortex in macaque monkeys. Brain Res 817:45–58
Hajszan T, Alreja M, Leranth C (2004) Intrinsic vesicular glutamate transporter 2-immunoreactive input to septohippocampal parvalbumin-containing neurons: novel glutamatergic local circuit cells. Hippocampus 14:499–509
Halliday G, Reyes S, Double K (2012) Substantia nigra, ventral tegmental area, and retrorubral fields. In: Mai JK, Paxinos G (Hrsg) The human nervous system. Academic, London, S 439–454
Hatanaka N, Tokuno H, Hamada I, Inase M, Ito Y, Imanishi M, Hasegawa N, Akazawa T, Nambu A, Takada M (2003) Thalamocortical and intracortical connections of monkey cingulate motor areas. J Comp Neurol 462:121–138
Hayashi K, Nakao K, Nakamura K (2015) Appetitive and aversive information coding in the primate dorsal raphé nucleus. J Neurosci 35:6195–6208
Henssen A, Zilles K, Palomero-Gallagher N, Schleicher A, Mohlberg H, Gerboga F, Eickhoff SB, Bludau S, Amunts K (2016) Cytoarchitecture and probability maps of the human medial orbitofrontal cortex. Cortex 75:87–112
Hermann GE, Holmes GM, Rogers RC, Beattie MS, Bresnahan JC (2003) Descending spinal projections from the rostral gigantocellular reticular nuclei complex. J Comp Neurol 455:210–221
Hobson JA, Pace-Schott EF (2002) The cognitive neuroscience of sleep: neuronal systems, consciousness and learning. Nat Rev Neurosci 3:679–693
Holt DJ, Graybiel AM, Saper CB (1997) Neurochemical architecture of the human striatum. J Comp Neurol 384:1–25

Hornung JP (2012) Raphe Nuclei. In: Mai JK, Paxinos G (Hrsg) The human nervous system. Academic, London, S 401–424

Hsu DT, Price JL (2007) Midline and intralaminar thalamic connections with the orbital and medial prefrontal networks in macaque monkeys. J Comp Neurol 504:89–111

Hsu DT, Price JL (2009) Paraventricular thalamic nucleus: subcortical connections and innervation by serotonin, orexin, and corticotropin-releasing hormone in macaque monkeys. J Comp Neurol 512:825–848

Hsu DT, Kirouac GJ, Zubieta JK, Bhatnagar S (2014) Contributions of the paraventricular thalamic nucleus in the regulation of stress, motivation, and mood. Front Behav Neurosci 8:73

Insausti R, Amaral DG, Cowan WM (1987) The entorhinal cortex of the monkey: II. Cortical afferents. J Comp Neurol 264:356–395

Jakab RL, Leranth C (1995) Chapter 20 – Septum. In: Paxinos G (Hrsg) The rat nervous system, 2. Aufl. Academic, San Diego, S 405–442

Jang S, Kwak S (2017) The upper ascending reticular activating system between intralaminar thalamic nuclei and cerebral cortex in the human brain. J Korean Phys Ther 29:109–114

Jang SH, Lim HW, Yeo SS (2014) The neural connectivity of the intralaminar thalamic nuclei in the human brain: a diffusion tensor tractography study. Neurosci Lett 579:140–144

Joly-Amado A, Cansell C, Denis RG, Delbes AS, Castel J, Martinez S, Luquet S (2014) The hypothalamic arcuate nucleus and the control of peripheral substrates. Best Pract Res Clin Endocrinol Metab 28:725–737

Jones EG (1998) The thalamus of primates. In: Bloom FE, Björklund A, Hökfelt T (Hrsg) The primate nervous system. Part II. Handbook of chemical neuroanatomy, Bd 14. Elsevier, Amsterdam, S 1–298

Kiss J, Patel AJ, Baimbridge KG, Freund TF (1990a) Topographical localization of neurons containing parvalbumin and choline acetyl- transferase in the medial septum-diagonal band region of the rat. Neuroscience 36:61–72

Kiss J, Patel AJ, Freund TF (1990b) Distribution of septohippocampal neurons containing parvalbumin or choline acetyltransferase in the rat brain. J Comp Neurol 298:362–372

Knox D (2016) The role of basal forebrain cholinergic neurons in fear and extinction memory. Neurobiol Learn Mem 133:39–52

Koelsch S, Jacobs AM, Menninghaus W, Liebal K, Klann-Delius G, von Scheve C, Gebauer G (2015) The quartet theory of human emotions: an integative and neurofunctional model. Phys Life Rev 13:1–17

Kolada E, Bielski K, Falkiewicz M, Szatkowska I (2017) Functional organization of the human amygdala in appetitive learning. Acta Neurobiol Exp (Wars) 77:118–127

Kunishio K, Haber SN (1994) Primate cingulostriatal projection: limbic striatal versus sensorimotor striatal input. J Comp Neurol 350:337–356

Kurth F, Zilles K, Fox PT, Laird AR, Eickhoff SB (2010) A link between the systems: functional differentiation and integration within the human insula revealed by meta-analysis. Brain Struct Funct 214:519–534

Lamm C, Singer T (2010) The role of anterior insular cortex in social emotions. Brain Struct Funct 214:579–591

Lamm C, Decety J, Singer T (2011) Meta-analytic evidence for common and distinct neural networks associated with directly experienced pain and empathy for pain. Neuroimage 54:2492–2502

Lebow MA, Chen A (2016) Overshadowed by the amygdala: the bed nucleus of the stria terminalis emerges as key to psychiatric disorders. Mol Psychiatry 21:450–463

Leichnetz GR, Smith DJ, Spencer RF (1984) Cortical projections to the paramedian tegmental and basilar pons in the monkey. J Comp Neurol 228:388–408

Liljeholm M, O'Doherty JP (2012) Contributions of the striatum to learning, motivation, and performance: an associative account. Trends Cognit Sci 16:467–475

Lima D, Almeida A (2002) The medullary dorsal reticular nucleus as a propriociceptive centre of the pain control system. Prog Neurobiol 66:81–108

Li Y, Vanni-Mercier G, Isnard J, Mauguière F, Dreher JC (2016) The neural dynamics of reward value and risk coding in the human orbitofrontal cortex. Brain 139:1295–1309

Liu AK, Chang RC, Pearce RK, Gentleman SM (2015) Nucleus basalis of Meynert revisited: anatomy, history and differential involvement in Alzheimer's and Parkinson's disease. Acta Neuropathol 129:527–540

Luo M, Li Y, Zhong W (2016) Do dorsal raphe 5-HT neurons encode "beneficialness"? Neurobiol Learn Mem 135:40–49

Mai JK, Majtanik M, Paxinos G (2016) Atlas of the human brain, 4. Aufl. Academic, London

Margulies DS, Kelly AM, Uddin LQ, Biswal BB, Castellanos FX, Milham MP (2007) Mapping the functional connectivity of anterior cingulate cortex. Neuroimage 37:579–588

Markowitsch HJ, Emmans D, Irle E, Streicher M, Preilowski B (1985) Cortical and subcortical afferent connections of the primate's temporal pole: a study of rhesus monkeys, squirrel monkeys, and marmosets. J Comp Neurol 242:425–458

McDonald AJ, Mott DD (2017) Functional neuroanatomy of amygdalohippocampal interconnections and their role in learning and memory. J Neurosci Res 95:797–820

McFarland NR, Haber SN (2002) Thalamic relay nuclei of the basal ganglia form both reciprocal and nonreciprocal cortical connections, linking multiple frontal cortical areas. J Neurosci 22:8117–8132

McKee AC, Cairns NJ, Dickson DW, Folkerth RD, Keene CD, Litvan I, Perl DP, Stein TD, Vonsattel JP, Stewart W, Tripodis Y, Crary JF, Bieniek KF, Dams-O'Connor K, Alvarez VE, Gordon WA, TBI/CTE Group (2016) The first NINDS/NIBIB consensus meeting to define neuropathological criteria for the diagnosis of chronic traumatic encephalopathy. Acta Neuropathol 131:75–86

McRitchie DA, Halliday GM, Cartwright H (1995) Quantitative analysis of the variability of substantia nigra cell clusters in the human. Neuroscience 68:539–551

Mehler WR (1980) Subcortical afferent connections of the amygdala in the monkey. J Comp Neurol 190:733–762

Menon V, Levitin DJ (2005) The rewards of music listening: response and physiological connectivity of the mesolimbic system. Neuroimage 28:175–184

Meredith GE, Pattiselanno A, Groenewegen HJ, Haber SN (1996) Shell and core in monkey and human nucleus accumbens identified with antibodies to calbindin-D28k. J Comp Neurol 365:628–639

Mesulam MM, Mufson EJ (1982a) Insula of the old world monkey. I. Architectonics in the insulo-orbito-temporal component of the paralimbic brain. J Comp Neurol 212:1–22

Mesulam MM, Mufson EJ (1982b) Insula of the old world monkey. III: Efferent cortical output and comments on function. J Comp Neurol 212:38–52

Mesulam MM, Mufson EJ (1984) Neural inputs into the nucleus basalis of the substantia innominata (Ch4) in the rhesus monkey. Brain 107:253–274

Mesulam MM, Mufson EJ (1985) The insula of Reil in man and monkey. In: Peters A, Jones EG (Hrsg) Associa- tion and auditory cortices. Plenum, New York, S 179–226

Mesulam MM, Mufson EJ, Levey AI, Wainer BH (1983) Cholinergic innervation of cortex by the basal forebrain: cytochemistry and cortical connections of the septal area, diagonal band nuclei, nucleus basalis (substantia innominata), and hypothalamus in the rhesus monkey. J Comp Neurol 214:170–197

Metzger M, Bueno D, Lima LB (2017) The lateral habenula and the serotonergic system. Pharmacol Biochem Behav 162:22–28

Miczek KA, DeBold JF, Hwa LS, Newman EL, de Almeida RM (2015) Alcohol and violence: neuropeptidergic modulation of monoamine systems. Ann N Y Acad Sci 1349:96–118

Misra G, Coombes SA (2015) Neuroimaging evidence of motor control and pain processing in the human midcingulate cortex. Cereb Cortex 25:1906–1919

Mitchell JM, Lowe D, Fields HL (1998) The contribution of the rostral ventromedial medulla to the antinociceptive effects of systemic morphine in restrained and unrestrained rats. Neuroscience 87:123–133

Mohedano-Moriano A, Muñoz-López M, Sanz-Arigita E, Pró-Sistiaga P, Martínez-Marcos A, Legidos-Garcia ME, Insausti AM, Cebada-Sánchez S, Arroyo-Jiménez Mdel M, Marcos P, Artacho-Pérula E, Insausti R (2015) Prefrontal cortex afferents to the anterior temporal lobe in the Macaca fascicularis monkey. J Comp Neurol 523:2570–2598

Moran MA, Mufson EJ, Mesulam MM (1987) Neural inputs into the temporopolar cortex of the rhesus monkey. J Comp Neurol 256:88–103

Morecraft RJ, Van Hoesen GW (1993) Frontal granular cortex input to the cingulate (M3), supplementary (M2) and primary (M1) motor cortices in the rhesus monkey. J Comp Neurol 337:669–689

Morecraft RJ, Geula C, Mesulam MM (1992) Cytoarchitecture and neural afferents of orbitofrontal cortex in the brain of the monkey. J Comp Neurol 323:341–358

Morecraft RJ, Schroeder CM, Keifer J (1996) Organization of face representation in the cingulate cortex of the rhesus monkey. NeuroReport 7:1343–1348

Morecraft RJ, Cipolloni PB, Stilwell-Morecraft KS, Gedney MT, Pandya DN (2004) Cytoarchitecture and cortical connections of the posterior cingulate and adjacent somatosensory fields in the rhesus monkey. J Comp Neurol 469:37–69

Morecraft RJ, McNeal DW, Stilwell-Morecraft KS, Gedney M, Ge J, Schroeder CM, van Hoesen GW (2007) Amygdala interconnections with the cingulate motor cortex in the rhesus monkey. J Comp Neurol 500:134–165

Mufson EJ, Mesulam MM (1982) Insula of the old world monkey. II: Afferent cortical input and comments on the claustrum. J Comp Neurol 212:23–37

Müller C, Remy S (2018) Septo-hippocampal interaction. Cell Tissue Res 373:565–575

Muñoz M, Insausti R (2005) Cortical efferents of the entorhinal cortex and the adjacent parahippocampal region in the monkey (Macaca fascicularis). Eur J Neurosci 22:1368–1388

Müri RM (2016) Cortical control of facial expression. J Comp Neurol 524:1578–1585

Mutschler I, Wieckhorst B, Kowalevski S, Derix J, Wentlandt J, Schulze-Bonhage A, Ball T (2009) Functional organization of the human anterior insular cortex. Neurosci Lett 457:66–70

Nadel L, Hoscheidt S, Ryan LR (2013) Spatial cognition and the hippocampus: the anterior–posterior axis. J Cognit Neurosci 25:22–28

2

Nieuwenhuys R (1985) Chemoarchitecture of the brain. Springer, Berlin

Nieuwenhuys R (2012) The insular cortex: a review. Prog Brain Res 195:123–163

Nieuwenhuys R, Voogd J, van Huijzen C (1988) The human central nervous system. Springer, Berlin

Nieuwenhuys R, Voogd J, van Huijzen C (1991) Das Zentralnervensystem des Menschen. Springer, Berlin

Nieuwenhuys R, Voogd J, Van Huijzen C (2008) The human central nervous system. Springer, Berlin

Oldfield RG, Harris RM, Hofmann HA (2015) Integrating resource defence theory with a neural nonapeptide pathway to explain territory-based mating systems. Front Zool 12(Suppl 1):S16

Öngür D, An X, Price JL (1998) Prefrontal cortical projections to the hypothalamus in macaque monkeys. J Comp Neurol 401:480–505

Ostrowsky K, Magnin M, Ryvlin P, Isnard J, Guenot M, Mauguière F (2002) Representation of pain and somatic sensation in the human insula: a study of responses to direct electrical cortical stimulation. Cereb Cortex 12:376–385

Pandya DN, Van Hoesen GW, Mesulam MM (1981) Efferent connections of the cingulate gyrus in the rhesus monkey. Exp Brain Res 42:319–330

Papez JW (1937) A proposed mechanism of emotion. Arch Neurol Psychiatry 38:725–743

Parent A, Hazrati LN (1995) Functional anatomy of the basal ganglia. I. The cortico-basal ganglia-thalamo-cortical loop. Brain Res Rev 20:91–127

Paus T (2000) Functional anatomy of arousal and attention systems in the human brain. Prog Brain Res 126:65–77

Paus T (2001) Primate anterior cingulate cortex: where motor control, drive and cognition interface. Nat Rev Neurosci 2:417–424

Paxinos G, Xu-Feng H, Sengul G, Watson C (2012) Organization of brainstem nuclei. In: Mai JK, Paxinos G (Hrsg) The human nervous system. Academic, London, S 260–327

Pereira de Vasconcelos A, Cassel JC (2015) The non-specific thalamus: a place in a wedding bed for making memories last? Neurosci Biobehav Rev 54:175–196

Petrovich GD (2018) Lateral hypothalamus as a motivation-cognition interface in the control of feeding behavior. Front Syst Neurosci 12:14

Phillips ML, Drevets WC, Rauch SL, Lane R (2003) Neurobiology of emotion perception I: the neural basis of normal emotion perception. Biol Psychiatry 54:504–514

Picard N, Strick PL (2001) Imaging the premotor areas. Curr Opin Neurobiol 11:663–672

Porrino LJ, Crane AM, Goldman-Rakic PS (1981) Direct and indirect pathways from the amygdala to the frontal lobe in rhesus monkeys. J Comp Neurol 198:121–136

Pourtois G, Schettino A, Vuilleumier P (2013) Brain mechanisms for emotional influences on perception and attention: what is magic and what is not. Biol Psychol 92:492–512

Price JL (1995) Thalamus. In: Paxinos G (Hrsg) The rat nervous system, 2nd Aufl. Academic, San Diego, S 629–648

Price JL (2003) Comparative aspects of amygdala connectivity. Ann N Y Acad Sci 985:50–58

Price JL, Amaral DG (1981) An autoradiographic study of the projections of the central nucleus of the monkey amygdala. J Neurosci 1:1242–1259

Procyk E, Wilson CR, Stoll FM, Faraut MC, Petrides M, Amiez C (2016) Midcingulate motor map and feedback detection: converging data from humans and monkeys. Cereb Cortex 26:467–476

Puglisi-Allegra S, Andolina D (2015) Serotonin and stress coping. Behav Brain Res 277:58–67

Rainville P (2002) Brain mechanisms of pain affect and pain modulation. Curr Opin Neurobiol 12:195–204

Rempel-Clower NL, Barbas H (1998) Topographic organization of connections between the hypothalamus and prefrontal cortex in the rhesus monkey. J Comp Neurol 398:393–419

Rolls ET (2012) The emotional systems. In: Mai JK, Paxinos G (Hrsg) The human nervous system. Academic, London, S 1328–1350

Root DH, Melendez RI, Zaborszky L, Napier TC (2015) The ventral pallidum: subregion-specific functional anatomy and roles in motivated behaviors. Prog Neurobiol 130:29–70

Rudebeck PH, Murray EA (2014) The orbitofrontal oracle: cortical mechanisms for the prediction and evaluation of specific behavioral outcomes. Neuron 84:1143–1156

Russchen FT, Amaral DG, Price JL (1985) The afferent connections of the substantia innominata in the monkey, Macaca fascicularis. J Comp Neurol 242:1–27

Russchen FT, Amaral DG, Price JL (1987) The afferent input to the magnocellular division of the mediodorsal thalamic nucleus in the monkey, Macaca fascicularis. J Comp Neurol 256:175–210

Sabatinelli D, Fortune EE, Li Q, Siddiqui A, Krafft C, Oliver WT, Beck S, Jeffries J (2011) Emotional perception: meta-analyses of face and natural scene processing. Neuroimage 54:2524–2533

Sara SJ (2009) The locus coeruleus and noradrenergic modulation of cognition. Nat Rev Neurosci 10:211–223

Satoh T, Nakai S, Sato T, Kimura M (2003) Correlated coding of motivation and outcome of decision by dopamine neurons. J Neurosci 23:9913–9923

Schoenbaum G, Esber GR (2010) How do you (estimate you will) like them apples? Integration as a defining trait of orbitofrontal function. Curr Opin Neurobiol 20:205–211

Schoenbaum G, Takahashi Y, Tzu-Lan L, McDannald MA (2011) Does the orbitofrontal cortex signal value? Ann N Y Acad Sci 1239:87–99
Schwartz MD, Kilduff TS (2015) The neurobiology of sleep and wakefulness. Psychiatr Clin North Am 38:615–644
Selemon LD, Goldman-Rakic PS (1985) Longitudinal topography and interdigitation of corticostriatal projections in the rhesus monkey. J Neurosci 5:776–794
Sharpe MJ, Schoenbaum G (2016) Back to basics: making predictions in the orbitofrontal-amygdala circuit. Neurobiol Learn Mem 131:201–206
Shelley BP, Trimble MR (2004) The insular lobe of Reil – its anatamico-functional, behavioural and neuropsychiatric attributes in humans – a review. World J Biol Psychiatry 5:176–200
Singer T, Seymour B, O'Doherty J, Kaube H, Dolan RJ, Frith CD (2004) Empathy for pain involves the affective but not sensory components of pain. Science 303:1157–1162
Singer T, Critchley HD, Preuschoff K (2009) A common role of insula in feelings, empathy and uncertainty. Trends Cogn Sci 13:334–340
Stalnaker TA, Cooch NK, Schoenbaum G (2015) What the orbitofrontal cortex does not do. Nat Neurosci 18:620–627
Stefanacci L, Amaral DG (2000) Topographic organization of cortical inputs to the lateral nucleus of the macaque monkey amygdala: a retrograde tracing study. J Comp Neurol 421:52–79
Stefanacci L, Amaral DG (2002) Some observations on cortical inputs to the macaque monkey amygdala: an anterograde tracing study. J Comp Neurol 451:301–323
Stephani C, Fernandez-Baca Vaca G, Maciunas R, Koubeissi M, Lüders HO (2011) Functional neuroanatomy of the insular lobe. Brain Struct Funct 216:137–149
Sweeney P, Yang Y (2015) An excitatory ventral hippocampus to lateral septum circuit that suppresses feeding. Nat Commun 6:10188
Sweeney P, Yang Y (2017) Neural circuit mechanisms underlying emotional regulation of homeostatic feeding. Trends Endocrinol Metab 28:437–448
Timbie C, Barbas H (2015) Pathways for emotions: specializations in the amygdalar, mediodorsal thalamic, and posterior orbitofrontal network. J Neurosci 35:11976–11987
Toth M, Fuzesi T, Halasz J, Tulogdi A, Haller J (2010) Neural inputs of the hypothalamic "aggression area" in the rat. Behav Brain Res 215:7–20
Tsukahara S, Yamanouchi K (2001) Neurohistological and behavioral evidence for lordosis-inhibiting tract from lateral septum to periaqueductal gray in male rats. J Comp Neurol 431:293–310
Turner BH, Gupta KC, Mishkin M (1978) The locus and cytoarchitecture of the projection areas of the olfactory bulb in Macaca mulatta. J Comp Neurol 177:381–396
Veening JG, Coolen LM, Gerrits PO (2014) Neural mechanisms of female sexual behavior in the rat; comparison with male ejaculatory control. Pharmacol Biochem Behav 121:16–30
Vertes RP, Linley SB, Hoover WB (2015) Limbic circuitry of the midline thalamus. Neurosci Biobehav Rev 54:89–107
Viard A, Doeller CF, Hartley T, Bird CM, Burgess N (2011) Anterior hippocampus and goal-directed spatial decision making. J Neurosci 31:4613–4621
Vogt BA (2016) Midcingulate cortex: structure, connections, homologies, functions and diseases. J Chem Neuroanat 74:28–46
Vogt BA, Pandya DN (1987) Cingulate cortex of the rhesus monkey: II. Cortical afferents. J Comp Neurol 262:271–289
Vogt BA, Palomero-Gallagher N (2012) Cingulate cortex. In: Mai JK, Paxinos G (Hrsg) The human nervous system. Academic Press, London, S 943–987
Vogt BA, Vogt L, Laureys S (2006) Cytology and functionally correlated circuits of human posterior cingulate areas. Neuroimage 29:452–466
Vogt BA, Hof PR, Friedman DP, Sikes RW, Vogt LJ (2008) Norepinephrinergic afferents and cytology of the macaque monkey midline, mediodorsal, and intralaminar thalamic nuclei. Brain Struct Funct 212:465–479
Von Economo C (1929) The cytoarchitectonics of the human cerebral cortex. Oxford University Press, London
Walton ME, Behrens TE, Noonan MP, Rushworth MF (2011) Giving credit where credit is due: orbitofrontal cortex and valuation in an uncertain world. Ann N Y Acad Sci 1239:14–24
Wilkenheiser AM, Schoenbaum G (2016) Over the river, through the woods: cognitive maps in the hippocampus and orbitofrontal cortex. Nat Rev Neurosci 17:513–523
Wilson MA, Fadel JR (2017) Cholinergic regulation of fear learning and extinction. J Neurosci Res 95:836–852
Wilson RC, Takahashi YK, Schoenbaum G, Niv Y (2014) Orbitofrontal cortex as a cognitive map of task space. Neuron 81:267–279
Yamashita T, Yamanaka A (2017) Lateral hypothalamic circuits for sleep-wake control. Curr Opin Neurobiol 44:94–100
Yang C, Thankachan S, McCarley RW, Brown RE (2017) The menagerie of the basal forebrain: how many (neural) species are there, what do they look like, how do they behave and who talks to whom? Curr Opin Neurobiol 44:159–166

Yau SY, Li A, So KF (2015) Involvement of adult hippocampal neurogenesis in learning and forgetting. Neural Plast 2015:717958

Zahm DS, Root DH (2017) Review of the cytology and connections of the lateral habenula, an avatar of adaptive behaving. Pharmacol Biochem Behav 162:3–21

Zarow C, Lyness SA, Mortimer JA, Chui HC (2003) Neuronal loss is greater in the locus coeruleus than nucleus basalis and substantia nigra in Alzheimer and Parkinson diseases. Arch Neurol 60:337–341

Zeman A, Coebergh JA (2013) The nature of consciousness. Handb Clin Neurol 118:373–407

Zernig G, Pinheiro BS (2015) Dyadic social interaction inhibits cocaine-conditioned place preference and the associated activation of the accumbens corridor. Behav Pharmacol 26:580–594

Zhao C, Gammie SC (2014) Glutamate, GABA, and glutamine are synchronously upregulated in the mouse lateral septum during the postpartum period. Brain Res 1591:53–62

Zoicas I, Slattery DA, Neumann ID (2014) Brain oxytocin in social fear conditioning and its extinction: involvement of the lateral septum. Neuropsychopharmacology 39:3027–3035

Zorrilla EP, Koob GF (2013) Amygdalostriatal projections in the neurocircuitry for motivation: a neuroanatomical thread through the career of Ann Kelley. Neurosci Biobehav Rev 37:1932–1945

Neuro- und Psychopharmakologie

Michael Koch

G. Roth et al. (Hrsg.), *Psychoneurowissenschaften*, https://doi.org/10.1007/978-3-662-59038-6_3

3

Das Ziel der Neuro- und Psychopharmakologie ist die Aufklärung und gezielte Beeinflussung der chemischen Signalübertragung im Zentralnervensystem (ZNS) zu wissenschaftlichen oder therapeutischen Zwecken. Die Grundlage dafür ist die Tatsache, dass die Signalübertragung zwischen Nervenzellen im Wesentlichen über Neurotransmitter und Neuropeptide erfolgt, d. h. über chemische Botenstoffe, die von einer Zelle synthetisiert und freigesetzt werden und an postsynaptischen Zellen physiologische Veränderungen (Erhöhung oder Verminderung des Membranpotenzials, Regulation der Aktivität intrazellulärer Signalkaskaden oder der Genexpression) hervorrufen. Neuromodulatoren (z. B. Endocannabinoide) können diese Vorgänge regulieren. Einige Neurotransmitter (z. B. Glutamat und γ-Aminobuttersäure, GABA) sind ubiquitär im ZNS verteilt, während andere Neurotransmitter (z. B. Acetylcholin, Dopamin, Noradrenalin und Serotonin) in neuroanatomisch definierten „Systemen" vorkommen. Neuropeptide sind meist Kotransmitter der „klassischen" Neurotransmitter. Für jedes dieser Signalmoleküle gibt es relativ spezifische Rezeptoren, Auf- und Abbauenzyme sowie Transporter. Neuromodulatoren, wie die Endocannabinoide, regulieren die Aktivität der klassischen Transmitter. Eine Vielzahl von neurologischen und psychiatrischen Erkrankungen ist durch pathologische Veränderungen der chemischen Kommunikation zwischen Nervenzellen charakterisiert. Deshalb stellen die Neurotransmitter einen wichtigen Ansatzpunkt für die Pharmakotherapie dieser Erkrankungen dar. Geht man davon aus, dass letztlich alle kognitiven und emotionalen Prozesse im Gehirn auf der Kommunikation in neuronalen Netzwerken beruhen, dann erkennt man die große Bedeutung der Neuropharmakologie nicht nur für die Neurowissenschaften im engeren Sinne, sondern auch für die Psychotherapie und Psychologie.

Lernziele

Dieses Kapitel macht die Leserinnen und Leser mit den Grundprinzipien der chemischen Signalübertragung im Gehirn vertraut und zeigt deren pharmakotherapeutische Möglichkeiten auf.

Die Informationsübertragung zwischen Nervenzellen (Neuronen) geschieht vornehmlich durch eine Kombination elektrischer und chemischer Prozesse, d. h. durch Freisetzung eines Neurotransmitters und/oder eines Neuropeptids aus der Synapse eines Neurons aufgrund einlaufender Aktionspotenziale, der Diffusion dieser Signalmoleküle zu einem anderen Neuron, der Bindung an spezifische Rezeptoren und der kurz- oder langfristigen Veränderung der Aktivität des Empfängerneurons (Cooper et al. 2003; Koch 2006; Siegel et al. 2006). Dass bestimmte Pflanzenextrakte mentale Zustände verändern können, ist eine Erfahrung, die in der Menschheitsgeschichte Tausende Jahre zurückreicht, als in der chinesischen Medizin Hanfextrakte eingesetzt wurden. Die Entdeckung und wissenschaftliche Betrachtung der chemischen Signalübertragung im peripheren Nervensystem und im ZNS ist bereits über hundert Jahre alt. Die Wirkmechanismen der Signalmoleküle im Gehirn sind für das Verständnis neurologischer und psychiatrischer Erkrankungen essenziell und bilden die Grundlage der Psychopharmakotherapie (Davis et al. 2002; Tretter und Albus 2004; Gründer und Benkert 2012).

3.1 Aufbau der chemischen Synapse und Transmitterfreisetzung

Eine historisch wichtige Landmarke der Hirnforschung ist die um 1910 von dem spanischen Neuroanatomen Santiago Ramón y

Cajal formulierte „Neuronentheorie", die besagt, dass Neuronen distinkte Einheiten darstellen und das Gehirn aus einem Netzwerk zusammengeschalteter Neuronen besteht[1]. Die Kontaktstellen, an denen die Signalübertragung zwischen Neuronen durch chemische Botenstoffe stattfindet, werden Synapsen genannt. Dieser Begriff geht auf den britischen Physiologen Sherrington zurück. Synapsen sind spezialisierte Strukturen, die vom Axon des präsynaptischen Neurons an verschiedenen Orten des postsynaptischen Neurons (Zellkörper, Axon, Dendriten) ausgebildet werden. Der Einfachheit halber wird in diesem Kapitel nicht weiter darauf eingegangen, dass postsynaptische Ziele von Neuronen auch Muskelzellen, Gliazellen, Drüsenzellen oder Endothelzellen sein können (◘ Abb. 3.1). Historisch interessant ist, dass die Tatsache der synaptischen Informationsübertragung durch chemische Botenstoffe lange angezweifelt wurde, weil der Gedanke einer rein elektrischen Weiterleitung dominierte (Valenstein 2005).

Die Freisetzung des Transmitters erfolgt nach Eintreffen eines Aktionspotenzials an der Synapse durch Ca^{2+}-abhängige Exocytose. Hierbei spielen eine Reihe von Ca^{2+}-abhängigen Enzymen und andere Proteine eine wichtige Rolle, die letztlich zur Ausbildung einer Fusionspore zwischen Vesikelmembran und präsynaptischer Membran führen. Zuvor wurden die Vesikel in der Präsynapse durch Transportproteine mit einigen Tausend Transmittermolekülen gefüllt. Dieser Transport wird von einem elektrochemischen Gradienten angetrieben, der durch eine ATP-abhängige Protonenpumpe erzeugt wird (► Kap. 4). Die gefüllten Vesikel werden durch Cytoskelettproteine (z. B. Aktin und Mikrotubuli) zur präsynaptischen Membran transportiert. Nach Eintreffen eines Aktionspotenzials an der Präsynapse werden spannungsgesteuerte Ca^{2+}-Kanäle geöffnet und Ca^{2+} strömt in die Präsynapse ein. Dadurch wird die Bildung der Fusionspore ausgelöst, die eine direkte Verbindung zwischen der Vesikelmembran und der präsynaptischen Membran herstellt, durch die der Transmitter freigesetzt wird. Nach der Fusion und Transmitterfreisetzung wird das in die Membran eingefügte Stück Vesikelmembran abgeschnürt und durch Endocytose wieder aufgenommen. Dieser „Recycling"-Prozess ist eng an den Freisetzungsprozess gekoppelt und wird von dem Protein Clathrin reguliert. Die Transmittermoleküle diffundieren durch den etwa 20 nm breiten synaptischen Spalt zum postsynaptischen Neuron. Prä- und postsynaptische Neuronen sind durch verschiedene Zelladhäsionsmoleküle miteinander verbunden, wodurch die Synapsen stabilisiert werden. Außerdem haben diverse sog. extrazelluläre Matrixproteine modulatorische Wirkungen auf die Transmitterfreisetzung. All diese einzelnen Prozesse der Transmitterfreisetzung laufen innerhalb von nur 1–2 ms ab. Die Beendigung der Transmitterwirkung erfolgt durch enzymatischen Abbau, Diffusion und Wiederaufnahme über Transporterproteine.

In der postsynaptischen Membran sind neben den Transmitterrezeptoren noch Cytoskelettproteine und Enzyme für den Abbau des Transmitters eingelagert, die im Mikroskop als Verdickungen *(postsynaptic densities)* erkennbar sind. Auch die präsynaptische Membran weist mikroskopisch auffällige Anlagerungen auf, die man als „aktive Zone" bezeichnet, weil dort die bereits gefüllten Vesikel, für die Exocytose notwendigen Ca^{2+}-Kanäle und Fusionsproteine in besonders großer Dichte vorhanden sind. Durch die Cytoskelettproteine, über die die Transmitterrezeptoren in der postsynaptischen Membran verankert sind, können die Rezeptoren bewegt werden. So können Rezeptoren aus der extrasynaptischen Zone der Membran in den synaptischen Bereich transportiert werden und

---

1 Ramón y Cajal erhielt zusammen mit Camillo Golgi 1906 den Nobelpreis. Die wesentlichen anatomischen Entdeckungen zur Grundlage der Neuronentheorie gehen auf den Einsatz der von Golgi entwickelten Methode zur Anfärbung einzelner Nervenzellen zurück.

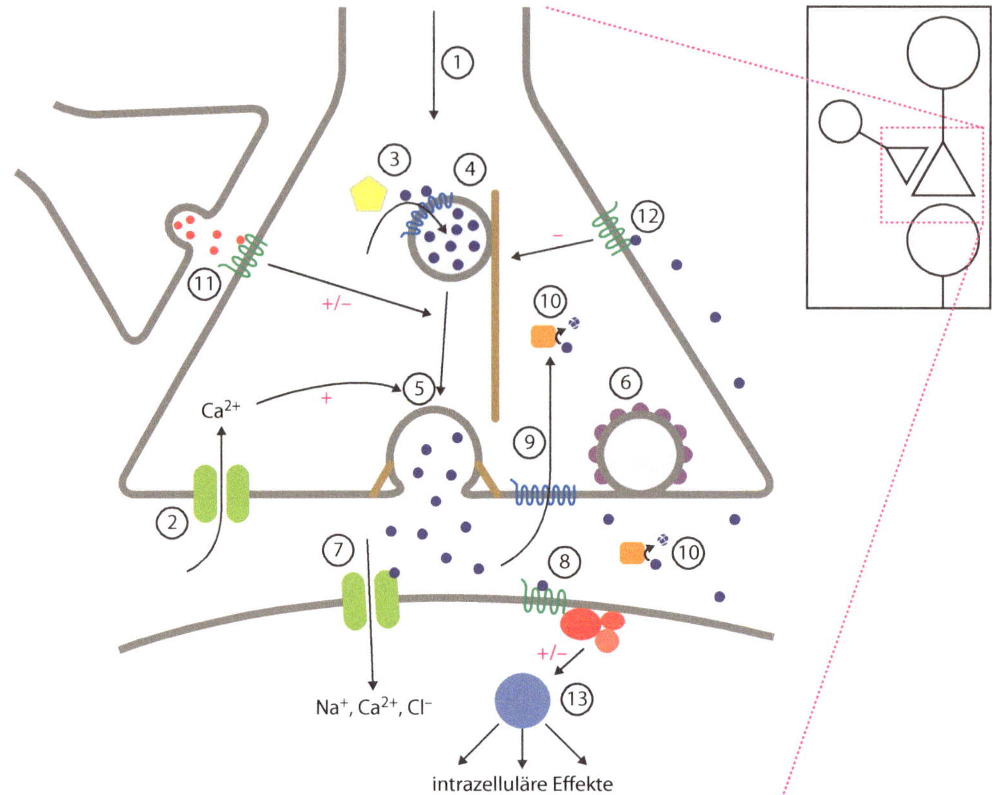

1 Aktionspotenzial
2 Calciumkanal
3 Syntheseenzym
4 Transmittervesikel mit vesikulärem Transporter wird an einem Cytoskelettfilament zur aktiven Zone verschoben
5 Transmitterfreisetzung; calciumabhängige Bildung der Fusionspore
6 Vesikelrecycling durch Clathrin
7 postsynaptische ionotrope Rezeptoren
8 postsynaptische metabotrope Rezeptoren
9 cytoplasmatischer Transporter
10 Abbauenzyme
11 präsynaptische Heterorezeptoren
12 präsynaptische Autorezeptoren
13 intrazelluläre Signalkaskaden (second messenger)

Abb. 3.1 Schema einer chemischen Synapse mit den wesentlichen Prozessen der Signalübertragung

sind damit durch den Transmitter aktivierbar. Der umgekehrte Fall, also das Entfernen von Rezeptoren aus dem synaptischen Bereich, wird ebenfalls beobachtet. Diese Dynamik der Rezeptorverteilung an der Postsynapse spielt eine große Rolle bei der synaptischen Plastizität im Kontext von Lernen und Gedächtnis. Auch bei einigen pathologischen Prozessen spielt die Lateralbewegung postsynaptischer Rezeptoren eine wichtige Rolle. So findet man in bestimmten Teilen des Gehirns bei Epilepsie und bei chronischem Alkoholmissbrauch eine verminderte Anzahl synaptischer Rezeptoren für den Transmitter GABA (Jacob et al. 2008). In Zusammenhang mit neurotoxischen Prozessen wurde festgestellt, dass synaptische Glutamatrezeptoren andere intrazelluläre Signalkaskaden aktivieren als extrasynaptische Glutamatrezeptoren (Hardingham und Bading 2010).

Synthese- und Abbauraten von Rezeptoren liegen im Minutenbereich, während die Dauer des Transportes von Rezeptoren in die aktive Zone der postsynaptischen Membran oder aus ihr heraus Bruchteile von Sekunden beträgt.

Für die Definition eines Neurotransmitters wurden folgende Kriterien aufgestellt:

- Synthese durch spezielle Enzyme und synaptische Freisetzung
- die physiologischen Effekte des Transmitters auf die postsynaptische Zelle gleichen der Stimulation des afferenten Neurons
- Abbau und Wiederaufnahme des Transmitters in die Zelle erfolgen durch spezifische Enzyme bzw. Transporter

Einige neuroaktive Substanzen erfüllen diese Kriterien nicht vollständig und werden deshalb als *Neuromodulatoren* bezeichnet, die die Funktion der eigentlichen Transmitter verstärken oder abschwächen. Beispiele für solche Neuromodulatoren sind Endocannabinoide, Adenosin, neuroaktive Steroidhormone und Stickstoffmonoxid (NO). Daneben gibt es noch eine Vielzahl von *Neuropeptiden,* die einige Unterschiede (vor allem bezüglich Synthese und Transport) zu den Neurotransmittern aufweisen (Von Bohlen und Halbach und Dermietzel 2002).

3.2 Transmitterrezeptoren

Neurotransmitter und -peptide sind meist wasserlösliche, hydrophile Moleküle, die aufgrund dieser Eigenschaft die aus einer Lipid-Doppelschicht bestehende Zellmembran nicht durchdringen können. Daher sind Transmitterrezeptoren in der Regel Transmembranproteine mit extrazellulären Bindungsstellen für den Botenstoff, die durch Konformationsänderungen die Aktivität des postsynaptischen Neurons beeinflussen und damit das Signal weiterleiten.

Grundsätzlich unterscheidet man zwei Typen von Transmitterrezeptoren: *ionotrope* und *metabotrope* Rezeptoren. Ionotrope Rezeptoren sind ligandengesteuerte Ionenkanäle, d. h. der Rezeptor ist selbst ein Ionenkanal (z. B. ein Natrium- oder ein Chloridkanal). Ionotrope Rezeptoren sind quasi verschließbare Membranporen, die eine direkte Verbindung zwischen dem extra- und dem intrazellulären Milieu ermöglichen. Meist sind sie aus vier oder fünf Protein-Untereinheiten zusammengesetzt, die miteinander interagieren können. Die Porenbildung nach Bindung des Transmitters (oder eines Agonisten) erfolgt durch Konformationsänderungen der Protein-Untereinheiten. Interessanterweise sind die meisten ionotropen Rezeptoren Heterotetramere oder Heteropentamere, d. h. sie sind aus etwas unterschiedlichen Untereinheiten zusammengesetzt. Dies führt dazu, dass unterschiedliche Kombinationen von Untereinheiten zu etwas unterschiedlichen Rezeptoreigenschaften (z. B. unterschiedlichen Öffnungskinetiken) führen. Auf dieses Phänomen wird in den speziellen Abschnitten über die einzelnen Rezeptoren näher eingegangen.

Metabotrope Rezeptoren sind keine Ionenkanäle, sondern wirken über Second-Messenger-Systeme auf die physiologischen Eigenschaften der postsynaptischen Zelle ein (z. B. G-Protein-gekoppelte Rezeptoren, die über Enzyme wie die Adenylat-Cyclase und diverse Proteinkinasen durch Phosphorylierung die Öffnungskinetik von Ionenkanälen oder die Genaktivität modulieren).

G-Protein-gekoppelte Rezeptoren (GPCR)

Die Kopplung metabotroper Rezeptoren an GTP-bindende Proteine (G-Proteine) ist einer der häufigsten und wirkungsvollsten Mechanismen für die Modulation intrazellulärer Prozesse. Für deren Entdeckung erhielten Gilman und Rodbell 1994 den Nobelpreis. Es handelt sich dabei um heterotrimere Proteine, d. h. sie bestehen aus drei unterschiedlichen Protein-Untereinheiten: α, β und γ, von denen die α-Untereinheit Guanosindiphosphat (GDP) oder Guanosintriphosphat (GTP) binden kann. Im inaktiven Zustand ist GDP gebunden. Eine Konformationsänderung des Transmitterrezeptors aktiviert – infolge der Ligandenbindung – das G-Protein, indem nun GTP statt GDP an die α-Untereinheit bindet. Daraufhin dissoziiert das heterotrimere G-Protein und beeinflusst verschiedene intrazelluläre Signalwege, z. B. die Aktivität von Enzymen wie Adenylat-Cyclase oder von Phospholipasen. Es gibt vereinfacht drei Unterfamilien von G-Proteinen:

3

1. G_s-Proteine besitzen eine α-Untereinheit, die das Enzym Adenylat-Cyclase *stimuliert*. Dadurch wird Adenosintriphosphat (ATP) in cyclisches Adenosinmonophosphat (cAMP) umgewandelt. cAMP ist ein intrazellulärer Botenstoff, der eine Reihe von Proteinkinasen aktivieren kann. Proteinkinasen können durch Übertragung von Phosphatresten (Phosphorylierung) die Aktivität zahlreicher Proteine (Ionenkanäle, Transkriptionsfaktoren, Synthese- und Abbauenzyme usw.) regulieren.
2. G_i-Proteine besitzen eine α-Untereinheit, durch die die Adenylat-Cyclase *inhibiert* wird und wodurch keine Neusynthese von cAMP erfolgt. Da cAMP durch konstitutiv exprimierte Phosphodiesterasen rasch abgebaut wird, hat die Aktivierung eine G_s-Proteins die Senkung des cAMP-Spiegels zur Folge.
3. G_q-Proteine besitzen eine α-Untereinheit, die Phospholipasen stimuliert. Aktivierte Phospholipasen spalten Phospholipide und erzeugen dabei weitere intrazelluläre Botenmoleküle, z. B. Inositoltrisphosphat und Diacylglycerin, die Ca^{2+}-Ionen aus intrazellulären Speichern freisetzen können.

Da es sich bei all diesen biochemischen Signalkaskaden um enzymatische, d. h. um katalytische Prozesse handelt, ist durch diese Art der intrazellulären Signalverarbeitung eine erhebliche Verstärkung des Eingangssignals – also der Transmitterbindung an den Rezeptor – möglich. Ein weiterer Vorteil der Signalverarbeitung durch metabotrope Rezeptoren ist der *Cross-Talk* verschiedener Rezeptoren über die Regulation gemeinsamer Second-Messenger-Systeme. Neben GPCR gibt es noch weitere metabotrope Rezeptorsysteme, z. B. Rezeptor-Tyrosinkinasen.

Die Wechselwirkung eines Neurotransmitters bzw. eines Agonisten oder Antagonisten[2] mit einem Rezeptor erfolgt durch elektrostatische allosterische Wechselwirkungen, d. h. die Anlagerung an bestimmte Bereiche des Rezeptorproteins und dessen dadurch verursachte Konformationsänderung. Die Bindung wird durch das Massenwirkungsgesetz beschrieben, wobei die Bindungs- oder Dissoziationskonstante (K_d) das Verhältnis der Konzentrationen von freien Liganden und Rezeptoren zur Konzentration des Ligand-Rezeptor-Komplexes angibt. Damit ist der K_d-Wert ein wichtiges Maß für die Affinität zwischen Ligand und Rezeptor. Je kleiner der K_d-Wert, desto höher ist die Affinität (bzw. Spezifität) des Liganden für den Rezeptor. Dabei gilt die Faustregel, dass hydrophile (wasserlösliche) Stoffe meist eine hohe Affinität und Spezifität aufweisen, während lipophile (fettlösliche) Stoffe eher unspezifisch wirken.

Für die physiologische Wirkung eines Liganden auf die postsynaptische Zelle ist allerdings nicht nur die Affinität zum Rezeptor wichtig, sondern auch die sog. „intrinsische Aktivität". Damit sind die funktionelle Kopplungsstärke des aktivierten Rezeptors (Ligand-Rezeptor-Komplex) mit den nachgeschalteten intrazellulären Effektoren (G-Proteine oder Second-Messenger-Systeme) bzw. die Art und das Ausmaß der Konformationsänderung eines Rezeptors gemeint.

Substanzen, die an einen Transmitterrezeptor mit hoher Affinität binden, aber den Rezeptor nur zu einer schwachen zellulären Antwort aktivieren, nennt man *partielle Agonisten*. Partielle Agonisten spielen in der Psychopharmakologie eine wichtige Rolle, denn durch ihre hohe Affinität zum Rezeptor bei schwacher intrinsischer Aktivität wirken sie bei Störungen, die auf eine Überfunktion eines Transmitters zurückgehen, wie ein Antagonist. Im Gegensatz zu vollen Antagonisten haben sie durch ihre schwache physiologische Aktivität jedoch meist weniger Nebenwirkungen.

3.3 Regulation der Transmitterfreisetzung durch präsynaptische Auto- und Heterorezeptoren

Die Synthese und Freisetzung eines Transmitters wird durch präsynaptische Rezeptoren durch eine Feedback-Hemmung reguliert.

2 Agonisten haben in der Regel die gleiche physiologische Wirkung wie der natürliche Ligand. Antagonisten vermindern oder blockieren die Wirkung des natürlichen Liganden und der Agonisten. Es gibt kompetitive Antagonisten, die mit dem Transmitter oder seinen Agonisten um dieselbe Rezeptorbindungsstelle konkurrieren, und nichtkompetitive Antagonisten, die an einer anderen Stelle des Rezeptors binden und seine Aktivität vermindern.

Diese sog. Autorezeptoren sind meist metabotrope Rezeptoren, die an ein G_i-Protein gekoppelt sind. Durch die Aktivierung der Autorezeptoren wird die Transmittersynthese und -freisetzung gehemmt. Die Wirkung von Autorezeptoren führt zu einem interessanten pharmakologischen Phänomen: Die Blockade der Feedback-Hemmung durch einen Antagonisten des Autorezeptors führt nämlich zur *Erhöhung* der Transmitterfreisetzung. Dadurch kann ein Antagonist funktionell wie ein Agonist wirken. Zwar ist derselbe Rezeptortyp dann auch am postsynaptischen Neuron blockiert, jedoch wird die Wirkung des Transmitters an anderen postsynaptischen Rezeptortypen verstärkt. Ein gutes Beispiel hierfür ist die Wirkung des Aphrodisiakums Yohimbin, welches durch Blockade von α2-adrenergen Autorezeptoren die Freisetzung des Monoamintransmitters Noradrenalin erhöht und damit die Aktivierung von postsynaptischen α1- und β-adrenergen Rezeptoren bewirkt.

Autorezeptoren haben meist eine höhere Affinität für den Transmitter als die postsynaptischen Rezeptoren, sodass niedrige Konzentrationen eines Transmitters oder seines Agonisten die Transmitterfreisetzung reduzieren, ohne die postsynaptischen Rezeptoren zu aktivieren. Ein Agonist kann dadurch funktionell wie ein Antagonist wirken – ein Wirkprinzip, das ebenfalls in der Psychopharmakologie eingesetzt wird. So wurde in den 1970er-Jahren versucht, durch niedrige Dosierung des Dopaminrezeptor-Agonisten Apomorphin relativ selektiv dopaminerge Autorezeptoren zu aktivieren, um dadurch die pathologisch erhöhte Dopaminfreisetzung bei Patienten mit Schizophrenie zu senken.

Neben den Autorezeptoren sind auch präsynaptische Heterorezeptoren bekannt, wodurch ein Transmitter A über präsynaptische Axonterminalen die Freisetzung des Transmitters B reguliert. Wichtige Beispiele sind glutamaterge Afferenzen auf dopaminergen Axonterminalen in den Basalganglien, welche die Freisetzung von Dopamin über Glutamat-Heterorezeptoren fördern, sowie Cannabinoidrezeptoren auf glutamatergen und GABAergen Synapsen.

In den letzten Jahren wurde interessanterweise gezeigt, dass es offenbar in einigen Hirnbereichen zu einer Komplexbildung und funktionellen Kopplung von postsynaptischen Heterorezeptoren kommen kann. Beispielsweise wurde nachgewiesen, dass metabotrope Serotoninrezeptoren und metabotrope Glutamatrezeptoren als funktionell antagonistisch gekoppelte Dimere vorkommen können und dass diese Kopplung bei schizophrenen Patienten gestört sein kann (Wischhof und Koch 2016).

3.4 Acetylcholin

Aus historischen Gründen wird der Transmitter Acetylcholin (ACh) hier zuerst behandelt, denn ACh ist der erste chemische Botenstoff, der wissenschaftlich beschrieben und physiologisch charakterisiert wurde. Um 1921 untersuchte Otto Loewi die Regulation des Herzschlages durch den Vagusnerv. Stimulation des Vagusnervs bei Fröschen reduzierte die Schlagkraft und -frequenz des Herzens. Dieser Effekt wurde auch durch Extrakte aus Vagusnerven erzielt, sodass Loewi den bis dahin unbekannten Transmitter „Vagusstoff" nannte. Wenig später wurde von Henry Dale gezeigt, dass es sich bei dem Botenstoff um ACh handelt[3]. ACh wirkt als Transmitter an postganglionären Neuronen des Parasympathikus, an der neuromuskulären Endplatte auf Muskeln und im Gehirn.

▪ Synthese und Abbau

ACh wird aus Cholin (gebildet aus Lecithin = Phosphatidylcholin) und Acetyl-CoA („aktivierte Essigsäure") unter der katalytischen Wirkung des Enzyms Cholin-Acetyltransferase (ChAT) in den präsynaptischen Axonendigungen synthetisiert.

3 Loewi und Dale erhielten für ihre Arbeiten 1936 den Nobelpreis.

Der Abbau von ACh erfolgt durch das Enzym Acetylcholin-Esterase (AChE). AChE-Hemmer spielen bei der Pharmakotherapie von Demenzen (z. B. Donepezil), als Nervengifte (z. B. Sarin und Nowitchok) und bei der Schädlingsbekämpfung (Parathion, E605) eine wichtige Rolle.

▪ Cholinerge Systeme

ACh ist der Überträgerstoff an der neuromuskulären Endplatte, d. h. an den Synapsen, die Motoneurone auf den Muskeln ausbilden. Im Gehirn spielt ACh eine wichtige Rolle als Transmitter in neuroanatomisch relativ klar definierbaren Systemen. Die Kartierung cholinerger Neurone und deren Projektionen gehen im Wesentlichen auf den immunhistochemischen Nachweis des Syntheseenzyms ChAT und auf den histochemischen Nachweis von AChE zurück.

1. Basales Vorderhirn: Mediales Septum (CH1-Zellgruppe), Nucleus des diagonalen, bzw. horizontalen Schenkels des Bandes von Broca (CH2 und CH3) sowie Nucleus basalis (CH4). Diese Kerngebiete versorgen fast das gesamte Vorderhirn mit ACh. Das mediale Septum projiziert im Wesentlichen in den Hippocampus, der Nucleus basalis in den Cortex und in die Amygdala. Die Kerne des Broca-Bandes projizieren in den Cortex und in den Bulbus olfactorius. Die Funktionen von ACh im Gehirn wurden aus pharmakologischen Untersuchungen mit Agonisten und Antagonisten sowie anhand von Ausfallserscheinungen bei transgenen Knock-out-Tieren und nach spezifisch cholinergen Läsionen abgeleitet. Die cholinergen Vorderhirngebiete spielen eine wichtige Rolle bei der sensorischen Verarbeitung, bei Aufmerksamkeit, Lernen und Gedächtnis. Unterfunktionen der cholinergen Systeme sind maßgeblich an der Symptomatik seniler Demenzen beteiligt. Pharmakotherapeutisch werden daher AChE-Hemmer (z. B. Donepezil) eingesetzt.
2. Ponto-Mesencephale cholinerge Kerngebiete: Die pedunculopontinen (CH5) und laterodorsalen (CH6) tegmentalen Kerne projizieren in den Thalamus und in die Substantia nigra sowie in die Formatio reticularis und ins Kleinhirn. Die cholinergen Hirnstammsysteme sind für den generellen Erregungs- und Wachzustand (Arousal), für das Belohnungsystem und den Schlaf-Wach-Rhythmus wichtig. Sie bilden im Wesentlichen das anatomische Substrat für das von Moruzzi und Magoun um 1950 beschriebene *Aufsteigende retikuläre Aktivierungssystem* („ARAS"). Funktionelle Störungen der CH5- und -6-Zellgruppen sind möglicherweise an der Narkolepsie beteiligt. Außerdem kommt ACh noch als Transmitter in der Habenula und im Nucleus parabigeminus sowie in Interneuronen des Striatums vor.

ACh beeinflusst die postsynaptische Nervenzelle über zwei Klassen von Rezeptoren, die jeweils nach ihren wirksamsten Agonisten benannt sind:

1. Muscarinische Rezeptoren[4]: Inzwischen sind fünf verschiedene G-Protein-gekoppelte muscarinische Rezeptortypen (M1–M5) charakterisiert: M1-, M3- und M5-Rezeptoren sind G_q-Protein-gekoppelte Rezeptoren, die die Bildung von Diacylglycerol und Inositoltriphosphat erhöhen, während M2- und M4-Rezeptoren über die Kopplung an G_i-Proteine die cAMP-Synthese hemmen. Durch die Aktivierung muscarinischer Rezeptoren werden K^+-, Ca^{2+}- oder Cl^--Kanäle geöffnet oder verschlossen, sodass ACh an muscarinischen Rezeptoren die Zelle sowohl depolarisieren als auch hyperpolarisieren kann. Agonisten für muscarinische Rezeptoren sind Muscarin und Oxotremorin, während Scopolamin und Atropin antagonistisch wirken.

4 Muscarin gehört, zusammen mit Muscimol und Ibotensäure, zu den Giften des Fliegenpilzes *(Amanita muscaria)*.

2. Nicotinische Rezeptoren[5]: Der nicotinische ACh-Rezeptoren gilt als der prototypische ligandengesteuerte Ionenkanal. Es handelt sich um einen Kationenkanal, der aus fünf Untereinheiten (meist 2 · α, β, γ und δ) besteht und Kationen wie Na^+, Ca^{2+} und K^+ passieren lässt. Agonisten an nicotinischen ACh-Rezeptoren im ZNS sind Nicotin und Anatoxin A, antagonistisch wirken Mecamylamin und α-Bungarotoxin (ein Gift der Giftnatter *Bungarus*),sowie einige α-Conotoxine (d. h. Gifte der marinen Kegelschnecken der Familie *Conidae*, die auch therapeutisch, z. B. bei der Schmerzbehandlung, eingesetzt werden).

3.5 Aminosäuretransmitter

3.5.1 Glycin

Glycin ist die einfachste Aminosäure und kommt als Produkt des Proteinstoffwechsels in allen Zellen des Gehirns vor. Als Botenstoff hat Glycin im ZNS zwei verschiedene Funktionen, und zwar einerseits als inhibitorischer Transmitter und andererseits als Modulator des glutamatergen N-Methyl-D-aspartat (NMDA)-Rezeptors (▶ Abschn. 3.5.3).

Glycin wird durch *trans*-Hydroxymethylase aus der Aminosäure Serin gebildet. Für die Aufnahme aus dem synaptischen Spalt sorgen gliale und neuronale Transporter. Der Abbau von Glycin erfolgt durch die Glycin-Dehydrogenase und Aminomethyl-Transferase.

Der Glyinrezeptor ist ein Chloridkanal bestehend aus fünf Untereinheiten (α1–4- und β-Untereinheiten), seine Aktivierung führt zur Hyperpolarisation (Hemmung) der Zelle. Die Verteilung von Glycinrezeptoren im ZNS zeigt, dass die Bedeutung von Glycin als inhibitorischer Transmitter entlang der Neuraxis vom Vorderhirn über die Pons zur Medulla oblongata und zum Rückenmark zunimmt. Der Glycinrezeptor wird durch das Pflanzengift Strychnin blockiert, weshalb er auch Strychnin-sensitiver Glycinrezeptor genannt wird, zur Unterscheidung von der Strychnin-insensitiven Glycinbindungsstelle am NMDA-Rezeptor. Aus der Symptomatik von Strychninintoxikation (Konvulsionen und Muskelkrämpfe) ergibt sich, dass Glycin vor allem an motorischen und prämotorischen Neuronen als inhibitorischer Transmitter wirkt. Die seltene neurologische Erkrankung Hyperekplexie *(Startle-Disease)*, die auf eine Punktmutation im Gen der α1-Untereinheit und entsprechend reduzierte Glycinbindung zurückgeht, ist durch explosives motorisches Verhalten charakterisiert.

Glycin wirkt auch als positiver allosterischer Modulator am NMDA-Glutamatrezeptor (▶ Abschn. 3.5.3), wo es die Öffnungsdauer des Ionenkanals verlängert. Glycin ist für die Funktion des NMDA-Rezeptors notwendig, wie aus Untersuchungen mit dem Blocker dieser Bindungsstelle (7-Chlorkynurensäure) bekannt ist, der wie ein NMDA-Rezeptorantagonist wirken kann. Agonisten dieser Glycin-Bindungsstelle wie das Antibiotikum D-Cycloserin üben dagegen eine stimulierende Wirkung auf den NMDA-Rezeptor aus und wirken daher als *cognitive enhancers* (▶ Abschn. 3.5.3).

3.5.2 γ-Aminobuttersäure

γ-Aminobuttersäure (GABA) ist eine neuronenspezifische Aminosäure, die durch Decarboxylierung mithilfe der Glutamat-Decarboxylase (GAD) aus Glutamat (▶ Abschn. 3.5.3) gebildet wird. GAD kommt in zwei Versionen vor. GAD_{65}[6] kommt vor allem in der Synapse vor, während GAD_{67} im gesamten Cytoplasma gefunden wird. Der immunhistochemische Nachweis von

5 Nicotin ist ein Alkaloid, das in der Tabakpflanze *(Nicotiana tabacum)* vorkommt.

6 65 und 67 stehen für die Atommassen der Enzyme in Kilodalton (kDa).

3

$GAD_{65/67}$ im ZNS ist eine der wichtigsten Methoden für die Untersuchung der Verteilung von GABAergen Neuronen. GABAerge *Interneurone* sind häufig im Cerebellum, im Thalamus, Striatum, im gesamten Cortex, im Hippocampus und in der Amygdala anzutreffen. GABAerge Interneurone kommen in einer Vielzahl von morphologisch-physiologischen Variationen vor. GABAerge *Projektionsneurone* finden sich im Striatum (Nucleus caudatus, Putamen und Nucleus accumbens), im retikulären Thalamuskern, in der Substantia nigra pars reticulata, im Globus pallidus und im Kleinhirn. GABA wird durch hochaffine GABA-Transporter (GAT) aus dem synaptischen Spalt entfernt und entweder in die Präsynapse (GAT-1 und -4) oder in Gliazellen (GAT-2 und -3) zurücktransportiert. Der Abbau von GABA zu Succinatsemialdehyd erfolgt durch eine Transaminase.

Vor über 60 Jahren wurde von Eugene Roberts und Ernst Florey gezeigt, dass GABA ein inhibitorischer Transmitter *(Factor I)* ist. GABA kann über zwei verschiedene Rezeptor-Subtypen wirken: $GABA_A$- und $GABA_B$-Rezeptoren. Für den ligandenaktivierten $GABA_A$-Rezeptor sind über 20 verschiedene Varianten von Untereinheiten beschrieben worden. Entscheidend für die physiologischen und pharmakologischen Eigenschaften des pentameren Chloridkanals ist die Kombinatorik dieser Untereinheiten. Bindung von GABA zwischen der α- und der β-Untereinheit führt direkt zur Erhöhung der Chloridpermeabilität und damit unter normalen Bedingungen (hohe extrazelluläre Chloridkonzentration) zu einer Hyperpolarisation der Zelle[7].

7 Strenggenommen ist es falsch, von erregenden oder hemmenden Transmittern zu sprechen, denn die Effekte des Öffnens von Ionenkanälen auf das Membranpotenzial der Zelle hängen von der Ionenverteilung an der Membran ab. Beispielsweise liegt im embryonalen Gehirn teilweise eine hohe intrazelluläre Chloridkonzentration vor, sodass GABA-Rezeptoren in den frühen Phasen der Entwicklung des ZNS durch einen Ausstrom von Chlorid aus der Zelle erregende Wirkung auf die Zelle haben.

Etwa 75 % der $GABA_A$-Rezeptoren enthalten Bindungsstellen für Benzodiazepine, welche die Öffnungsdauer des Kanals verlängern. Benzodiazepine werden seit den 1960er-Jahren – Chlordiazepoxid (Librium®), Diazepam (Valium®) – als Anxiolytika und Beruhigungsmittel klinisch eingesetzt, wobei beachtet werden muss, dass bei chronischer Behandlung Abhängigkeiten auftreten können. $GABA_A$-Rezeptoren sind auch der Angriffsort einiger Schlaf- und Betäubungsmittel (z. B. Pentobarbital und Propofol), die ebenfalls als allosterische Modulatoren der Öffnungskinetik des Kanals wirken. Alkohol (Ethanol), Barbiturate, Anästhetika und neuroaktive Steroide (z. B. Allopregnanolol, ein Abbauprodukt des Schwangerschaftshormons Progesteron) binden an die β-Untereinheiten.

$GABA_B$-Rezeptoren sind dimere metabotrope, G_i-Protein-gekoppelte Rezeptoren, welche die Adenylat-Cyclase hemmen, die Leitfähigkeit von Ca^{2+}-Kanälen vermindern und die Durchlässigkeit von K^{+}-Kanälen erhöhen. Bindung von GABA an $GABA_B$-Rezeptoren führt zu einer langsam einsetzenden und langanhaltenden Hyperpolarisation der Zelle. $GABA_B$-Rezeptoren können auch als präsynaptische Autorezeptoren die Freisetzung von GABA und als Heterorezeptoren die Freisetzung von Acetylcholin, Glutamat und Monoaminen sowie von Neuropeptiden regulieren.

GABA-Transporter befinden sich in Gliazellen und in Vesikeln in den präsynaptischen Endigungen GABAerger Neurone. Es sind vier verschiedene Varianten dieser Transporterproteine nachgewiesen. Die Bindung von GABA an den Transporter und die Aufnahme des Transmitters in die Vesikel werden von einem elektrochemischen Gradienten von Natrium- und Chloridionen reguliert.

GABA ist der wichtigste inhibitorische Transmitter im Gehirn. Deshalb haben Defizite der GABAergen Transmission schwere neurologische und psychiatrische Störungen zur Folge. Prominente Erkrankungen bei denen Defekte des GABAergen Systems eine wichtige Rolle spielen, sind Angst- und

Furchtstörungen, Schizophrenie, Impulskontrollstörungen, Epilepsie und die Huntington'sche Erkrankung.

3.5.3 Glutamat

Die Aminosäure L-Glutamat ist der wichtigste erregende Neurotransmitter im ZNS. Glutamat wird durch Transaminierung aus 2-Oxoglutarat oder Oxalacetat (Stoffwechselprodukte des Citratzyklus) gebildet. Glutamat ist im gesamten Gehirn in relativ hoher Konzentration vorhanden, und zwar sowohl in lokalen Schaltkreisen als auch in Projektionsneuronen. Die glutamatergen Projektionen vom Cortex in subcortikale Bereiche (Hippocampus, Amygdala, Basalganglien und über die Pyramidenbahn ins Rückenmark) sowie die thalamo-cortikalen und cerebellären Verbindungen sind für kognitive, emotionale, sensorische und motorische Funktionen besonders wichtig.

Eine wesentliche Rolle bei der Regulation der Transmitterwirkung von Glutamat spielen die selektiven Transporter in der Membran von Neuronen und Gliazellen. Die Glutamataufnahme durch diese Transporter wird von den elektrochemischen Gradienten von Na^+ und K^+ angetrieben. Derzeit kennt man fünf verschiedene Glutamattransporter (*Excitatory Amino Acid Transporters,* EAAT1–5), die sich durch ihren Aufbau, ihre Lokalisation und Pharmakologie unterscheiden. Defizite der Glutamataufnahme infolge von Störungen der EAAT-Funktion bei zellulärem Stress oder Energiemangel sind an der Entstehung von neurodegenerativen Erkrankungen beteiligt.

Für die Vermittlung der zellulären Effekte von Glutamat sorgen ionotrope und metabotrope Rezeptoren. Die drei verschiedenen ionotropen Glutamatrezeptoren werden nach ihren spezifischen Agonisten benannt: NMDA (*N*-Methyl-D-aspartat), AMPA (α-Amino-3-hydroxy-5-methylisoxazol-propionsäure) und Kainat. Die metabotropen Glutamatrezeptoren (mGluR) werden ebenfalls in drei Klassen und weiter in verschiedene Subtypen (► Abschn. 3.5.3.1) unterteilt.

Der NMDA-Rezeptor ist ein liganden- *und* spannungsgesteuerter Ionenkanal, der aus vier Transmembranprotein-Untereinheiten aufgebaut und vor allem für Na^+ und Ca^{2+} durchlässig ist. Die Durchlässigkeit des NMDA-Rezeptors für Kationen ist durch einige weitere Faktoren regulierbar; die Bindung von Glycin als Cofaktor an der sog. Strychnin-insensitiven Glycinbindungsstelle (so genannt, weil sie nicht durch den Glycinrezeptor-Antagonisten Strychnin blockiert wird) ist eine notwendige Voraussetzung für die Funktion des NMDA-Rezeptors. Außerdem regulieren Protonen (pH-Wert), Zn^{2+} und Polyamine (z. B. Spermidin) die Kanaleigenschaften des Rezeptors. Interessanterweise ist die Ionendurchlässigkeit des NMDA-Rezeptors spannungsabhängig und bei einem Membranpotenzial bis etwa −35 mV durch Mg^{2+} blockiert. Erst bei Überschreiten dieses Schwellenwertes wird der Mg^{2+}-Block entfernt und der Kanal wird für Na^+ und Ca^{2+} durchlässig. Die Liganden- *und* Spannungsabhängigkeit des NMDA-Rezeptors begründet seine besondere Eigenschaft als „Koinzidenzdetektor" bei der Langzeitpotenzierung (*Long-term Potentiation,* LTP) als einer zellulären Grundlage des Lernens. Bei starker Erregung eines Neurons, z. B. durch schnelle repetitive („tetanische") Reizung oder gleichzeitiger Aktivierung durch zwei afferente Eingänge des Neurons, wird der Kanal aktiv und ermöglicht den Einstrom von Ca^{2+}-Ionen, die zur Aktivierung zahlreicher intrazellulärer Prozesse (z. B. Aktivierung von Proteinkinasen und Transkriptionsfaktoren) beitragen. Aufgrund dieser Eigenschaften ist der NMDA-Rezeptor entscheidend an Lern- und Gedächtnisleistungen sowie an Entwicklungsprozessen beteiligt. NMDA-Rezeptorantagonisten wie Ketamin (Kurzzeit-Narkotikum) und Phencyclidin („Angel Dust" oder „Engelsstaub") beeinträchtigen das Lernen und führen zu Bewusstseinsveränderungen bis hin zum Bewusstseinsverlust (Anästhesie). Agonisten

3

des NMDA-Rezeptors (z. B. D-Cycloserin) können als kognitive Verstärker *(cognitive enhancers)* Lern- und Gedächtnisfunktionen verbessern und bei der Behandlung von Demenzen und bei der Expositionstherapie von Angststörungen eingesetzt werden (Ressler et al. 2004). Die wichtigsten Antagonisten sind die (nichtkompetitiven) Kanalblocker Ketamin, Phencyclidin und Dizocilpin (MK-801) und die kompetitiven Antagonisten AP-5 (2-Amino-5-phosphonopentansäure) und CGS19755.

NMDA-Rezeptoren sind weit verbreitet im Gehirn, insbesondere im Cortex und im limbischen System (z. B. in der Amygdala und im Hippocampus). Sie sind auch an neurotoxischen Prozessen beteiligt. Eine Reihe von endogenen und exogenen Neurotoxinen sind NMDA-Rezeptoragonisten. Chinolinsäure ist ein Metabolit der Aminosäure Tryptophan. Domoinsäure wird von Algen produziert und von Muscheln aufgenommen, die dann nach deren Verzehr beim Menschen eine Vergiftung mit Schädigung des Hippocampus verursachen können. Ibotensäure ist ein Gift und Neurotoxin, das in Fliegenpilzen vorkommt.

AMPA- und Kainatrezeptoren werden als Nicht-NMDA-Rezeptoren den NMDA-Rezeptoren gegenübergestellt. Sie sind ligandengesteuerte Ionenkanäle mit bevorzugter Durchlässigkeit für Natriumionen. AMPA-Rezeptoren bestehen aus vier Untereinheiten, von denen es acht Subtypen und mehrere Splicevarianten[8] gibt. Dabei bestimmt die Kombination der Untereinheiten die Eigenschaften (Affinität für Glutamat, Öffnungskinetik, etc.) des Kanals. AMPA-Rezeptoren werden durch AMPA, Quisqualat und Glutamat aktiviert und durch CNQX gehemmt. AMPA-Rezeptoren sind im gesamten Gehirn verbreitet und wesentlich an der Entstehung von Aktionspotenzialen in glutamatergen Bahnen beteiligt. Bei der Langzeitpotenzierung (LTP) kommt es zur Neusynthese und zum postsynaptischen Einbau von AMPA-Rezeptoren.

Kainatrezeptoren sind ligandengesteuerte Natriumkanäle bestehend aus vier Untereinheiten, wovon bisher fünf verschiedene Typen und verschiedene Splicevarianten charakterisiert wurden. Kainatrezeptoren sind für langanhaltende erregende postsynaptische Potenziale verantwortlich und spielen eine Rolle bei der zeitlichen Integration neuronaler Signale im Kontext der synaptischen Plastizität.

Die Dichte postsynaptischer Transmitterrezeptoren und damit der Effekt eines Transmitters sind sehr variabel. Durch verschiedene Cytoskelettproteine (z. B. durch Aktin) können Rezeptoren aus der aktiven Zone der Postsynapse entfernt werden, oder es können zusätzliche Rezeptoren eingebaut werden. Damit kann die „physiologische Stärke" einer Synapse reguliert werden (Collingridge et al. 2004).

3.5.3.1 Metabotrope Glutamatrezeptoren (mGluR)

Neben den ligandengesteuerten Ionenkanälen kann Glutamat auch metabotrope, d. h. G-Protein-gekoppelte Rezeptoren aktivieren. Die mGluR werden in drei Gruppen eingeteilt: Gruppe I erhöht durch Aktivierung von Phospholipase C die Bildung von Inositoltriphosphat und wirkt aktivierend. Gruppe II und Gruppe III hemmen dagegen die Adenylat-Cyclase. Gruppe I mGluR sind vor allem im Cortex, limbischen System, Striatum und Cerebellum lokalisiert und spielen bei Lernen und Gedächtnis eine wichtige Rolle. Verhaltensuntersuchungen an

8 Bei der Transkription eines Gens (DNA-Sequenz) in die entsprechende messenger-RNA wird zunächst eine prä-mRNA gebildet, die aus codierenden und nichtcodierenden Nucleinsäuresequenzen besteht. Aus demselben Gen können dann durch das sog. „alternative Spleissen" (engl. *alternative splicing*) etwas unterschiedliche reife mRNA-Moleküle gebildet werden, je nachdem, an welcher Stelle die Splice-Enzyme die nichtcodierenden Sequenzen ausschneiden. Werden diese mRNAs dann in den Ribosomen in das entsprechende Protein translatiert, so können diese Unterschiede der Aminosäuresequenz zu etwas unterschiedlichen biochemischen und physiologischen Eigenschaften führen. Dies erhöht die Vielfalt des durch ein Gen codierten Proteins.

mGluR-Knock-out-Mäusen und pharmakologische Tests mit spezifischen mGluR-Antagonisten zeigten, dass mGluR an einer Vielzahl motorischer und kognitiver Funktion beteiligt sind.

Prozesse auf der Ebene der Glutamatrezeptoren spielen eine wichtige Rolle bei neurodegenerativen Erkrankungen und bei Schlaganfällen. Durch die unkontrolliert starke Aktivierung von NMDA-Rezeptoren und den damit ausgelösten Ca^{2+}-Einstrom in die Zelle kommt es zu osmotischem und metabolischen Zellstress, der zum Absterben von Neuronen führt.

3.5.4 Monoamine

Die Monoamine stellen eine wichtige Klasse von Neurotransmittern dar. Zu ihnen gehören die Catecholamine Adrenalin, Noradrenalin und Dopamin sowie das Indolamin Serotonin. Die Catecholamine werden aus Aminosäuren synthetisiert:

L-Tyrosin wird aus der Aminosäure L-Phenylalanin gebildet und durch das Enzym Tyrosin-Hydroxylase zu Dihydroxyphenylalanin (L-DOPA) hydroxyliert, welches durch DOPA-Decarboxylase in Dopamin umgewandelt wird. Unter der Wirkung von Dopamin-β-Hydroxylase wird daraus Noradrenalin, welches seinerseits unter enzymatischer Abspaltung einer Methylgruppe zu Adrenalin wird. Hier soll nochmals betont werden, dass letztlich das Vorhandensein oder Fehlen der entsprechenden Enzyme über die Transmitterausstattung eines Neurons entscheidet.

Der erste Nachweis der Catecholamine im Gehirn gelang um 1960 den Schweden Falck und Hillarp mit histochemischen Methoden. Sie erstellten damals bereits „Karten“ der Verteilung catecholaminerger Neurone im peripheren Nervensystem und im ZNS, die im Wesentlichen heute noch gültig sind.

Die Kontrolle der Wirkung der Monoamintransmitter erfolgt zum einen über deren Wiederaufnahme und zum anderen über deren enzymatischen Abbau.

Die Wiederaufnahme der Transmitter aus dem synaptischen Spalt in die präsynaptische Terminale erfolgt durch Transporterproteine. Die pharmakologische Beeinflussung (meist Hemmung) von Monoamintransportern spielt eine wichtige Rolle bei der Behandlung von Depressionen und der ADHS. Die Sucht auslösende Wirkung von Amphetamin und Cocain geht auf die Hemmung des Dopamintransporters zurück.

Für den Abbau der Monoamine sind die Enzyme Monoaminoxidase (MAO) und die Catechol-*ortho*-Methyltransferase (COMT) verantwortlich. Durch die Blockade dieser Abbauenzyme kann die Wirkung der Transmitter verlängert werden. Dies macht man sich in der Psychopharmakologie zunutze: Zahlreiche Antidepressiva wirken durch Hemmung des Abbaus oder der Wiederaufnahme von Noradrenalin und Serotonin; ähnliche Effekte werden in der Therapie des Morbus Parkinson durch COMT-Inhibitoren und den dadurch vermittelten reduzierten Abbau von Dopamin im synaptischen Spalt erreicht. Allerdings spricht vor allem der zeitlich verzögerte Eintritt der therapeutischen Wirkung von Antidepressiva (in der Regel mehrere Wochen) dafür, dass die Wirkung nicht auf die akute pharmakologische Wirkung der Wiederaufnahmehemmer, sondern eher auf plastische Prozesse an den monoaminergen Synapsen zurückgeht.

3.5.4.1 Noradrenalin und Adrenalin

Diese beiden Monoamine waren zunächst als Botenstoffe im autonomen Nervensystem bekannt. Im ZNS ist deren Transmitterfunktion erst seit etwa sechzig Jahren beschrieben, wobei Adrenalin im Gehirn eine deutlich geringere Bedeutung hat als Noradrenalin. Deshalb wird hier vor allem die Wirkung von Noradrenalin behandelt. Wie oben bereits erwähnt, wird Noradrenalin unter der Wirkung von Dopamin-β-Hydroxylase aus Dopamin gebildet und gelangt über den vesikulären Monoamintransporter in die synaptischen Vesikel. Dieser vesikuläre Transporter kann durch das

3

Alkaloid Reserpin gehemmt werden. Reserpin spielte früher in der Pharmakotherapie von Bluthochdruck und Schizophrenie sowie in der experimentellen Neuropharmakologie (vor allem bei der Etablierung eines Tiermodells für Morbus Parkinson) eine wichtige Rolle.

Noradrenalin wirkt über verschiedene Klassen und Subtypen von metabotropen Rezeptoren:

- $\alpha 1_{A-D}$-Rezeptoren sind an ein G_q-Protein gekoppelt und stimulieren die Aktivität der Phospholipase C, wodurch letztlich die intrazelluläre Ca^{2+}-Konzentration erhöht wird.
- $\alpha 2_{A-C}$-Rezeptoren aktivieren ein G_i-Protein und hemmen die Adenylat-Cyclase, und
- β-Rezeptoren erhöhen über ein G_s-Protein die Aktivität der Adenylat-Cyclase. Zentralnervöse β-Rezeptoren werden durch Isoproterenol stimuliert und durch Propranolol (einen prototypischen „Betablocker") gehemmt.

Noradrenerge Neuronengruppen sind vor allem im pontinen und medullären Hirnstamm zu finden. Der prominenteste noradrenerge Kern ist der Locus coeruleus, der beim Menschen aus nur ca. 60.000 Neuronen besteht und über ein dorsales und ein ventrales Projektionsbündel fast das gesamte Vorderhirn mit Noradrenalin versorgt. Der Nucleus des Tractus solitarius projiziert vor allem in den Hypothalamus, während die noradrenergen Zellen des lateralen tegmentalen Feldes insbesondere das Rückenmark innervieren.

Verhaltenspharmakologische Untersuchungen bei Menschen und Versuchstieren haben gezeigt, dass Noradrenalin eine wichtige Rolle bei Defensivreaktionen (Stress, Furcht und Angst), bei Aufmerksamkeit und Arousal, beim Signal-Rausch-Verhältnis sensorischer Systeme sowie bei der Konsolidierung aversiver Gedächtnisinhalte spielt. Betablocker können daher das Abspeichern negativer Erlebnisse verhindern. Der für die Behandlung von ADHS eingesetzte Wirkstoff Atomoxetin erhöht die Wirkung von Noradrenalin durch Verminderung der Wiederaufnahme durch Transporter. Auch die tricyclischen Antidepressiva wie z. B. Imipramin und Desipramin wirken durch Hemmung von Noradrenalintransportern.

3.5.4.2 Dopamin

Auch Dopamin wurde zunächst nur als Synthesevorstufe von Adrenalin angesehen, ehe vor allem der schwedische Pharmakologe Carlsson[9] in den 1950er-Jahren die Bedeutung von Dopamin bei der Verhaltenssteuerung, insbesondere bei der Initiation von Bewegungen in den Basalganglien und der Kontrolle von Exekutivfunktionen im Frontalhirn, nachwies.

Dopamin wird durch Decarboxylierung von L-DOPA synthetisiert und durch Transporter in Vesikel verpackt. Zur Beendigung seiner Wirkung tragen die Abbauenzyme MAO und COMT sowie die Wiederaufnahme durch cytoplasmatische Transporter bei. Kokain und Amphetamin hemmen diesen Transporter und verstärken dadurch die Wirkung von Dopamin. Auch der für die Behandlung von ADHS eingesetzte Wirkstoff Methylphenidat (z. B. „Ritalin") wirkt als Hemmstoff der cytoplasmatischen Monoamintransporter.

Man unterscheidet die folgenden dopaminergen Systeme (Zellgruppen und deren Projektionen):

- Der retrorubrale Kern projiziert in das dorsale und ventrale Striatum (Nucleus caudatus, Putamen und Nucleus accumbens), den perirhinalen und piriformen Cortex und in die Amygdala.
- Die Substantia nigra pars compacta projiziert vor allem ins dorsale Striatum (Nucleus caudatus und Putamen). Diese Projektion wird als *nigrostriatales* System bezeichnet.

9 Arvid Carlsson erhielt für seine Entdeckungen im Jahr 2000 zusammen mit Eric Kandel und Paul Greengard den Medizin-Nobelpreis.

- Das ventrale tegmentale Areal (VTA) innerviert verschiedene Cortexareale, vor allem den präfrontalen Cortex (*mesocortikales* System), den Nucleus accumbens (*mesoaccumbales* System), die Amygdala und den Hippocampus (mesolimbisches System).
- Das *tuberoinfundibuläre* System projiziert vom Hypothalamus in die Hypophyse, wo Dopamin die Prolaktinfreisetzung hemmt. Diese Projektion ist auch in der Psychiatrie relevant, da klassische Neuroleptika als Dopaminrezeptor-Antagonisten die hemmende Wirkung von Dopamin auf die Prolaktinfreisetzung aufheben und über eine so ausgelöste Hyperprolaktinämie zu unerwünschten Nebenwirkungen (Brustwachstum, Libidoverlust) vor allem bei männlichen Patienten führen.

Neben den dopaminergen Projektionssystemen gibt es auch noch lokale dopaminerge Zellgruppen im Bulbus olfactorius und in der Netzhaut des Auges.

Dopamin wirkt über G-Protein-gekoppelte Rezeptoren, die sowohl postsynaptisch als auch präsynaptisch (Autorezeptoren) vorkommen und in zwei Gruppen (D1 und D2) unterteilt werden.

Zur Gruppe der D1-Rezeptoren gehören D1- und D5-Rezeptoren, die über ein G_s-Protein mit der Adenylat-Cyclase verbunden sind, die Bildung von cAMP fördern und meist *erregend* auf das postsynaptische Neuron wirken. D1-Rezeptoren sind in den dopaminergen Terminationsgebieten (Basalganglien, Cortex), in der Retina und auf glatten Muskeln der Blutgefäße weit verbreitet. Selektive D1-Rezeptoragonisten sind SKF38393 und Dihydrexidin, als Antagonist wirkt SCH23390. D5-Rezeptoren sind vor allem im Thalamus und im Hippocampus zu finden.

Zur Gruppe der D2-Rezeptoren gehören D2-, D3- und D4-Rezeptoren, die über ein G_s-Protein und die Hemmung der Adenylat-Cyclase die cAMP-Bildung drosseln und deshalb *inhibitorisch* wirken. Da cAMP ständig von dem Enzym Phosphodiesterase abgebaut wird, sinkt dadurch dessen intrazelluläre Konzentration. Auch D2-Rezeptoren sind postsynaptisch in den Basalganglien, im Cortex, im limbischen System, in der Netzhaut und in der Hypophyse häufig und kommen vor allem im frontalen Cortex auch als präsynaptische Autorezeptoren vor. Die Bindung an Autorezeptoren vermindert die Synthese und Freisetzung von Dopamin. D3- und D4-Rezeptoren sind besonders häufig im limbischen System und im frontalen Cortex. Selektive Agonisten an D2-Rezeptoren sind Quinpirol und PHNO (9-Hydroxynaphthoxazin), als Antagonisten (die vor allem wegen ihrer möglichen Wirkung als Neuroleptika wichtig sind) wirken Sulpirid, Raclоprid und Haloperidol.

Für die experimentelle Untersuchung der Funktion von Dopamin haben sich neben psychopharmakologischen Studien am Menschen und an Versuchstieren genetische Manipulationen (Knock-out-Mäuse) und selektive Läsionen durch Neurotoxine bei Versuchstieren als hilfreiche Methoden erwiesen[10]. Die Funktionen von Dopamin sind vielfältig und müssen für die anatomisch unterschiedlichen Systeme getrennt betrachtet werden:

- *Nigrostriatales System:* Dopaminerge Neurone in der Substantia nigra pars compacta projizieren in den Nucleus caudatus und das Putamen. Im dorsalen Striatum spielt Dopamin eine wichtige Rolle bei der

10 Neuerdings stehen als weitere molekularbiologische Methoden auch optogenetische Verfahren zur Verfügung. Dabei wird durch teils zelltypspezifisches Einschleusen von lichtempfindlichen Kanalrhodopsinen ins Genom von Nervenzellen durch virale Vektoren ein Ionenkanal exprimiert, der durch gezielte Beleuchtung über intracerebrale Lichtsonden geöffnet werden kann. Damit können diese Zellen mit höchster zeitlicher Präzision aktiviert oder gehemmt werden. Eine weitere moderne Methode stellen die „DREADDs" *(Designer Receptors Exclusively Activated by Designer Drugs)* dar. Hier werden ebenfalls gezielt in bestimmten Nervenzellen künstlich hergestellte G-Protein-gekoppelte Rezeptoren exprimiert, die nur durch künstlich hergestellte Liganden (z. B. Clozapin *N*-Oxid) aktiviert werden können.

3

Initiation von Bewegung (Lokomotion, Greifbewegungen) und bei der Auswahl alternativer Verhaltensprogramme. Ein Mangel an Dopamin im nigrostriatalen System aufgrund der Degeneration der dopaminergen Neurone in der Substantia nigra ist für die charakteristischen motorischen Symptome des Morbus Parkinson (Rigor, Akinesie, posturale Instabilität) verantwortlich. Da Dopamin die Blut-Hirn-Schranke nicht überwinden kann, eignet es sich nicht zur Behandlung eines Dopaminmangels. Stattdessen wird die Synthesevorstufe von Dopamin, L-DOPA (Levodopa)[11], eingesetzt, das die Blut-Hirn-Schranke passieren kann. Um den Abbau des daraus neu synthetisierten Dopamins zu verzögern wird Levodopa meist noch mit COMT- oder Decarboxylase-Hemmern kombiniert.

- *Mesolimbisches und mesoaccumbales System:* Dopaminerge Neurone im ventralen tegmentalen Areal (VTA) projizieren ins ventrale Striatum/Nucleus accumbens und weitere limbische Areale wie die Amygdala. Im ventralen Striatum (Nucleus accumbens) ist Dopamin an der Verhaltenskontrolle im Kontext von Belohnung *(Reward)* beteiligt. Insbesondere die antreibende (appetitive) motorische Komponente (z. B. die Annäherung an begehrtes Futter, Sexualpartner, etc.) wird von dopaminergen Neuronen gesteuert. Aufgrund zahlreicher human- und tierexperimenteller Studien der vergangenen sechzig Jahre wird das mesolimbisch-mesoaccumbale Dopaminsystem als das „Belohnungssystem" des Gehirns bezeichnet[12]. Der Konsum gebräuchlicher Genussmittel (z. B. Kaffee, Tee, Nikotin, Alkohol) sowie lebenserhaltende Verhaltensweisen wie Nahrungsaufnahme, Trinken, Sex und Brutpflege sind bei Mensch und Tier von einer Aktivierung des mesoaccumbalen Dopaminsystems abhängig. Auch Suchtmittel und Psychostimulanzien wie Kokain und Amphetamin sowie die Opioide wirken präferenziell über die Freisetzung von Dopamin im Nucleus accumbens. Für die nicht stoffgebunden Süchte (z. B. Spielsucht) wurden ebenfalls Störungen im mesoaccumbalen Dopaminsystem nachgewiesen. Die Verminderung der Wirkung von mesoaccumbalem Dopamin (z. B. durch Gabe von Neuroleptika) führt zur Unfähigkeit, Freude und Lust zu empfinden (Anhedonie), weil die Blockade der Dopaminrezeptoren die Belohnungserwartung verhindert.
- *Mesocorticales System:* Eine weitere aufsteigende Projektion dopaminerger Neurone im VTA innerviert den frontalen Cortex. D1- und D2-Rezeptoren sind im Cortex sowohl auf glutamatergen als auch auf GABAergen Interneuronen vorhanden. Dopamin spielt im präfrontalen Cortex eine wichtige Rolle beim Arbeitsgedächtnis und bei Exekutivfunktionen wie Handlungsplanung, -vorbereitung und -kontrolle. Dabei zeigten vor allem die Untersuchungen von Goldman-Rakic, dass es entsprechend der jeweiligen kognitiven Anforderungen der Testaufgabe ein Optimum der Aktivität des mesocorticalen Dopaminsystems gibt, d. h. dass sowohl zu viel als auch zu wenig Dopamin die Leistung der Probanden beeinträchtigen kann.

---

11 Die Präfixe „L-" oder „D-" bei Naturstoffen gehen auf deren Spiegelbildisomerie (Chiralität oder Händigkeit) zurück. Spiegelbildisomere gleichen sich in allen physikochemischen Eigenschaften (Löslichkeit, Schmelzpunk, etc.), unterscheiden sich aber in ihrer Eigenschaft, polarisiertes Licht entweder nach rechts (D = *dexter*, lat. rechts) oder nach links (L = *laevus*, lat. links) zu drehen. Aminosäuren kommen in der Natur nur in der L-Form vor.

12 Die Entdeckung des Belohnungssystems geht im Wesentlich auf Hirnstimulationsversuche an Ratten zurück, die James Olds und Peter Milner in den 1950er-Jahren durchgeführt haben. Zusammen mit den daran anschließenden Tierversuchen zur intracraniellen Selbstverabreichung von Drogen durch Bartley Hoebel haben sie das Fundament für die moderne Forschung zum Belohnungssystem gelegt.

Die Funktion der dopaminergen Vorderhirnsysteme ist für das Verständnis von Sucht relevant, ebenso wie für Depression, ADHS und Schizophrenie. Die „Dopamin-Hypothese" der Schizophrenie geht vereinfacht von einer Überfunktion mesoaccumbaler und mesolimbischer Systeme aus, während im mesocorticalen System ein Dopaminmangel herrscht. Die in den 1950er-Jahren entwickelten Neuroleptika zur Behandlung von Schizophrenie sind vor allem Dopamin-D2-Rezeptorantagonisten, mildern akut psychotische Symptome, haben jedoch durch die Blockade striataler und hypophysärer Dopaminrezeptoren zahlreiche Nebenwirkungen wie die parkinsonähnlichen Bewegungsstörungen (Extrapyramidalsymptome) und eine Erhöhung der Prolaktinfreisetzung (Hyperprolaktinämie). Atypische Antipsychotika (Clozapin, Risperidon, Olanzapin) zeigen eine deutlich schwächere D2-Rezeptorblockade und erhöhen nach chronischer Gabe sogar die Dopaminfreisetzung im Frontalhirn, wodurch es zu einer Verbesserung der kognitiven Leistungen der Patienten kommt.

Antipsychotika der dritten Generation sind unter anderem Partialagonisten von D2-Rezeptoren, die zwar eine hohe Affinität für den Rezeptor haben, aber nur zu einer schwachen zellulären Reaktion (ca. 30 % des vollen Agonisten) führen. Die Eigenschaft der hohen Affinität kombiniert mit schwacher Kopplung von Rezeptor und G-Protein führt dazu, dass der Wirkstoff (z. B. Aripiprazol) bei niedrigen Dopaminspiegeln als Agonist wirkt, während bei einem Dopaminüberschuss ein antagonistischer Effekt eintritt. Durch diesen Wirkmechanismus werden die völlige Blockade der Dopaminrezeptoren und damit die oben beschriebenen Nebenwirkungen weitgehend vermieden, und es wird dennoch eine therapeutische Dämpfung der dopaminergen Überfunktion erreicht (Koch 2007).

3.5.4.3 Serotonin (5-Hydroxytryptamin, 5-HT)

Das Indolamin 5-HT wurde um 1950 als vasokonstriktiver Wirkstoff in den Eingeweiden und im Blutserum entdeckt (daher stammt der Name „Sero-tonin"). Kurze Zeit später wurde auf die strukturelle Ähnlichkeit von 5-HT mit dem psychedelisch wirkenden Mutterkornalkaloid Lysergsäurediethylamid (LSD) hingewiesen, woraufhin die Rolle von 5-HT als Neurotransmitter im Gehirn verstärkt untersucht wurde.

5-HT wird aus der essenziellen Aminosäure Tryptophan gebildet, die durch einen Aminosäuretransporter über die Blut-Hirn-Schranke ins Gehirn gelangt[13]. Der Abbau von 5-HT erfolgt durch die MAO sowie durch Aldehyd-Dehydrogenase zu 5-Hydroxyindolessigsäure, welches im Blut und Urin nachgewiesen werden kann und so Informationen über den 5-HT-Stoffwechsel gibt.

Neben dem enzymatischen Abbau von 5-HT ist die Wiederaufnahme aus dem synaptischen Spalt in die Präsynapse der wichtigste Mechanismus zur Beendigung der Wirkung dieses Transmitters. Für die Wiederaufnahme sorgen selektive cytoplasmatische Serotonintransporter, die erhebliche therapeutische Bedeutung für die Behandlung von Depressionen erlangt haben.

5-HT wird von Neuronen des Mittelhirns, der Pons und der Medulla gebildet, die serotonerge Projektionen in viele Teile des Gehirns

13 Die Tatsache, dass der Ausgangsstoff für Serotonin eine *essenzielle* Aminosäure ist, führte in der Vergangenheit zu interessanten diätetischen Überlegungen. Essenzielle Aminosäuren werden vom Organismus gebraucht, können aber nicht im Körper synthetisiert werden, sondern müssen durch die Nahrung aufgenommen werden. Deshalb gab es Überlegungen, dass durch Zufuhr von tryptophanreichen Nährstoffen der Serotoninspiegel im Gehirn erhöht werden kann. Da jedoch die beiden Syntheseenzyme des Serotonins (Tryptophan-Hydroxylase und Aminosäure-Decarboxylase) bei normaler Ernährung bereits gesättigt sind, wirken sich solche diätetischen Maßnahmen kaum aus (so, wie ein Auto mit vollem Tank keine höhere Geschwindigkeit erreicht als eines mit fast leerem Tank). Allerdings kann eine tryptophanarme Diät in der Tat zu einem Serotoninmangel führen. Dies wird experimentell auch ausgenutzt, etwa um Versuchspersonen kurzfristig aggressiver zu machen.

3

senden. Für die Innervation des Vorderhirns (Cortex, limbisches System, Striatum, Interstitialkern der Stria terminalis) mit 5-HT sorgen vor allem die oberen Raphé-Kerne des Mittelhirns. Die serotonergen Kerngruppen in der Medulla projizieren absteigend ins Ventralhorn des Rückenmarks, während die der Pons den Thalamus mit 5-HT versorgen.

5-HT-Rezeptoren zeigen eine beachtliche Vielfalt an Subtypen. Neben den metabotropen Rezeptoren der 5-HT1-Familie mit sieben verschiedenen Subtypen, der 5-HT2-Familie (Subtypen 5-HT2A–C) und den 5-HT4, 5, 6, 7 gibt es noch eine Klasse ionotroper 5-HT3-Rezeptoren. 5-HT1-Rezeptoren kommen häufig als Autorezeptoren vor, die die 5-HAT-Freisetzung hemmen. 5-HT2-Rezeptoren koppeln an G_q-Proteine und aktivieren die Phospholipase C. Dadurch kommt es letztlich über eine Hemmung der K^+-Leitfähigkeit und Erhöhung der intrazellulären Ca^{2+}-Konzentration zu einer Erregung des Neurons. 5-HT3-Rezeptoren sind ligandengesteuerte Kationenkanäle und an der Erregung von Neuronen beteiligt. 5-HT4-Rezeptoren sind über ein G_s-Protein mit der Adenylat-Cyclase gekoppelt und wirken durch Absenkung der cAMP-Konzentration über eine Reduktion der K^+-Leitfähigkeit erregend auf das Neuron. Die intrazelluläre Wirkung der 5-HT5-Rezeptoren ist unbekannt. 5-HT6- und -7-Rezeptoren aktivieren über ein G_s-Protein die Adenylat-Cyclase und wirken depolarisierend.

5-HT1-Rezeptoren befinden sich als Autorezeptoren in den Raphé-Kernen und im Hippocampus. Außerdem kommen sie postsynaptisch in den Basalganglien vor. 5-HT2-, -4-, und -6-Rezeptoren findet man im Cortex, Hippocampus und in der Amygdala[14]. 5-HT3-Rezeptoren wurden im entorhinalen Cortex, in der Area postrema und im peripheren Nervensystem nachgewiesen. 5-HT7-Rezeptoren kommen im Thalamus und Hypothalamus sowie im limbischen System vor.

Die große funktionelle Vielfalt von 5-HT-Rezeptorsystemen und ihre breite Verteilung im Gehirn ist die Grundlage dafür, dass 5-HT an vielen verschiedenen physiologischen und kognitiven Funktionen beteiligt ist, nämlich Lernen, Gedächtnisbildung, Schmerzverarbeitung, Sexualverhalten, Nahrungsaufnahme, Stimmung und Affekt, Schlaf-Wach-Rhythmus und Aggression. Störungen der verschiedenen serotonergen Systeme sind dementsprechend an einer Vielzahl von Erkrankungen beteiligt, z. B. Depressionen, Angst- und Furchtstörungen, Ess- und Schlafprobleme, Schizophrenie, Aggression, Migräne. Störungen, die auf einen Mangel an 5-HT zurückgehen (z. B. Depressionen) können mit selektiven Serotonin-Wiederaufnahmehemmern (SSRIs) wie Fluoxetin (Prozac®), Paroxetin, Sertralin oder Citalopram behandelt werden. Auch bei Zwangsstörungen und bei der Behandlung von Angst- und Furchtstörungen werden SSRIs eingesetzt, wobei – wie oben bereits angemerkt – die Wirkung meist verzögert eintritt. Insgesamt betrachtet ist die Wirkung der SSRI noch nicht ganz aufgeklärt.

Die halluzinogene Wirkung von LSD, das um 1938 von dem Schweizer Chemiker Albert Hofmann aus Lysergsäure (einem Alkaloid von Mutterkornpilzen) erstmals synthetisiert wurde, sowie von Mescalin und anderen Psychedelika geht auf einen Partialagonismus am 5-HT2A-Rezeptor zurück. Auch MDMA (3,4-Methylendioxy-*N*-methylamphetamin, der wesentliche Inhaltsstoff von „Ecstasy") wirkt unter anderem an postsynaptischen 5-HT2A-Rezeptoren und erhöht außerdem die Freisetzung der Monoamine 5-HAT, Noradrenalin und Dopamin. MDMA verursacht Euphorie, steigert das Selbstbewusstsein, wirkt entaktogen und erzeugt ein Gefühl sozialer Nähe. Durch die wiederholte Einnahme von MDMA kann es jedoch zu gegenteiligen Effekten (Dysphorie, Antriebslosigkeit, Gefühl der Vereinsamung) kommen. In Langzeitstudien bei Menschen und in Tierversuchen

14 Interessanterweise kommen 5-HT2A-Rezeptoren auch als sog. Heterodimere – funktionell antagonistisch – gekoppelt an metabotrope Glutamatrezeptoren (mGluR 2/3) vor.

wurden auch neurotoxische Effekte von MDMA nachgewiesen.

Zusammenfassend ist festzustellen, dass das Zusammenspiel der drei Monoamin-Transmitter Dopamin, Noradrenalin und Serotonin für eine Vielzahl von kognitiven Leistungen (Aufmerksamkeit, Arbeitsgedächtnis, Exekutivfunktionen) und von Emotionen wichtig ist. Dementsprechend stellen diese Transmittersysteme (Rezeptoren, Auf- und Abbauenzyme, Transporter) die Angriffsorte zahlreicher Drogen und Psychopharmaka dar.

3.5.4.4 Histamin

Histamin ist ein stammesgeschichtlich alter Botenstoff, der nicht nur bei Wirbeltieren, sondern auch bei Insekten und Mollusken vorkommt. Neben seiner entzündungsvermittelnden Wirkung im Blut und in der Haut sowie Funktionen im Magen-Darm-Trakt wirkt das Monoamin Histamin[15] auch als Neurotransmitter im Gehirn. Es wird aus der Aminosäure Histidin gebildet und von der MAO abgebaut.

Das histaminerge System besteht aus nur einer Neuronengruppe, die vom tuberomammillären Kern des posterioren Hypothalamus über das mediale Vorderhirnbündel ins Vorderhirn projiziert und dort vor allem Striatum, Amygdala, Septum, Cortex und Hippocampus innerviert. Außerdem gibt es eine absteigende histaminerge Projektion in Kerne des Hirnstammes und ins Rückenmark.

Histamin wirkt auf die postsynaptische Zelle über drei verschiedene G-Protein-gekoppelte Rezeptoren H1–H3. Aktivierung von H1-Rezeptoren führt über vermehrten Ca^{2+}-Einstrom zu einer Erregung der Zelle. H1-Rezeptor-Antagonisten (Mepyramin), die als Antiallergika eingesetzt werden und die Blut-Hirn-Schranke durchdringen, haben sedierende Wirkung. H2-Rezeptoren sind über ein G_s-Protein mit der Adenylat-Cyclase gekoppelt. H3-Rezeptoren wirken als inhibitorische Autorezeptoren an histaminergen Synapsen, regulieren aber auch als Heterorezeptoren die Freisetzung anderer Transmitter (NA, DA, 5-HT) und Neuropeptide.

Die Wirkung von Histamin als Neurotransmitter im Gehirn ist noch nicht genau bekannt. Wahrscheinlich fördert Histamin lokal den Blutfluss und die Durchlässigkeit von Blutgefäßen im Gehirn. Weiterhin gesichert ist die Beteiligung von Histamin als Neurotransmitter an der Hormonfreisetzung (ACTH) in der Hypophyse, an der Kontrolle des Gleichgewichtssystems sowie der Wärmeregulation. Außerdem wird eine Rolle bei Lernprozessen im Hippocampus und bei corticalem Arousal angenommen. Einige der Nebenwirkungen von Antipsychotika (z. B. Gewichtszunahme und Sedierung nach Einnahme von Clozapin) werden auf den Antagonismus von Histamin an den H1-Rezeptoren zurückgeführt.

15 *Histos*, altgriech. Gewebe.

3.5.5 Adenosin und ATP

Adenosin und auch der ubiquitäre biochemische „Energieträger" Adenosintriphosphat (ATP) wirken neben ihrer Rolle als allgemeine Energieüberträger und ihrer Rolle beim Membranpotenzial (▶ Kap. 4) als neuroaktive Substanzen, werden aber meist als *Neuromodulatoren* bezeichnet, weil sie die Kriterien für klassische Neurotransmitter (▶ Abschn. 3.1) nicht ganz erfüllen.

Adenosin und ATP wirken nach Freisetzung ins neuronale Gewebe und Diffusion zu benachbarten Zellen oder auf das freisetzende Neuron selbst in einer para- oder autokrinen Weise. ATP wirkt im Nervensystem über P2-Purinrezeptoren, die in die Subtypen X und Y unterteilt werden. P2X-Rezeptoren sind Kationenkanäle, die im Rückenmark und im Hippocampus vorkommen. P2Y-Rezeptoren sind an G_q-Proteine gekoppelt, kommen im Gehirn relativ häufig vor und erhöhen die intrazelluläre Ca^{2+}-Konzentration. Die wichtigste Funktion von extrazellulärem ATP im Gehirn ist vermutlich die Aktivierung von Reparaturmechanismen nach

Schädigung neuronalen Gewebes. ATP wird aus verletzten Neuronen freigesetzt und führt nach Bindung an P2-Rezeptoren auf Gliazellen zur Freisetzung von Cytokinen und zur Aktivierung von Phagocytoseprozessen. Durch die Cytokine (z. B. Interleukine) werden insbesondere Mikrogliazellen aktiviert, die daraufhin amöboid an die beschädigte Stelle wandern und zerstörtes Gewebe aufnehmen und resorbieren. Auch Astrocyten sind in diese von ATP initiierten Reparaturprozesse involviert.

Adenosin wirkt über vier Subtypen von P1-Rezeptoren (A1, A2A, A2B und A3), die allesamt G-Protein-gekoppelte, metabotrope Rezeptoren sind. A1-Rezeptoren sind weit verbreitet im Gehirn und hemmen über ein G_i-Protein die Adenylat-Cyclase. A2-Rezeptoren sind ebenfalls häufig im Gehirn und stimulieren über ein G_s-Protein die Adenylat-Cyclase. Der A3-Rezeptor dagegen spielt im Gehirn keine Rolle. Wichtige Antagonisten von Adenosin an A1- und A2-Rezeptoren sind die Genussmittel Coffein und Theophyllin aus der Stoffklasse der Methylxanthine.

Interessanterweise sind Adenosinrezeptoren vor allem in den Basalganglien mit Dopaminrezeptoren kolokalisiert und funktionell antagonistisch gekoppelt. Deshalb wirken A1- und A2-Rezeptoragonisten wie Dopamin-D1- bzw. wie D2-Antagonisten. Umgekehrt wirken die Adenosinrezeptorantagonisten (Theophyllin und Coffein) wie Dopaminrezeptoragonisten. Vermutlich resultiert ein Teil der stimulierenden, anregenden und euphorisierenden Wirkung von Tee und Kaffee aus der Stimulation des Dopaminsystems[16]. Diese Wechselwirkungen werden intensiv erforscht, um die Pharmakotherapie von Störungen des dopaminergen Systems (wie z. B. Morbus Parkinson oder Schizophrenie) über Adenosinrezeptoren zu unterstützen (Agnati et al. 2003).

3.5.6 Cannabinoide

Bereits seit annähernd 5000 Jahren werden Teile der Hanfpflanze *(Cannabis sativa)* als Rauschmittel verwendet. Das Harz und die Blätter dieser Pflanze enthalten zahlreiche psychoaktive Wirkstoffe, von denen Δ^9-Tetrahydrocannabinol (THC) das wirksamste ist. THC wurde um 1960 von Mechoulam und Mitarbeitern charakterisiert, aber die Entdeckung der Cannabinoidrezeptoren und deren endogener Liganden (Endocannabinoide) gelang erst um 1990 (Murray et al. 2007).

Die wichtigsten Endocannabinoide sind die aus dem Zellmembranbestandteil Arachidonsäure synthetisierten Botenstoffe Anandamid und 2-Arachidonylglycerol. Diese wirken als retrograde Neuromodulatoren, d. h. sie werden in der postsynaptischen Membran synthetisiert und diffundieren dann zu den in der präsynaptischen Membran verankerten Cannabinoidrezeptoren. Es gibt zwei verschiedene Cannabinoidrezeptoren, nämlich CB1- und CB2-Rezeptoren. CB1-Rezeptoren kommen häufig im Gehirn und anderen Teilen des ZNS vor, während im Körper CB2-Rezeptoren vorherrschen. CB2-Rezeptoren spielen dabei eine wichtige Rolle bei der Aktivität des Immunsystems. Beide Rezeptoren sind G_i-Protein-gekoppelte Rezeptorproteine, wodurch der im Gehirn häufig vorkommende CB1-Rezeptor die Adenylat-Cyclase in Neuronen hemmt. CB1-Rezeptoren sind meist als präsynaptische Heterorezeptoren auf Synapsen verschiedener Transmittersysteme (Dopamin, GABA, Glutamat) lokalisiert und hemmen die Freisetzung dieser Transmitter. Eine besonders hohe Dichte von CB1-Rezeptoren findet man im Cortex, Hippocampus und in den Basalganglien. Die Endocannabinoide spielen eine wichtige Rolle bei der Regulation der Nahrungsaufnahme, der Thermoregulation, der Schmerzwahrnehmung, sowie beim

16 Daneben wirken die Methylxanthine auch als Inhibitoren des Enzyms Phosphodiesterase, welches die intrazellulären Botenstoffe cAMP und cGMP zu AMP bzw. GMP abbaut. Durch Hemmung der Phosphodiesterase wird die über eine Stimulation der Adenylat-Cyclase bewirkte Erhöhung der cAMP-Konzentration aufrechterhalten.

Lernen und Gedächtnis. Außerdem wirken sie antiemetisch, d. h. Brechreiz hemmend.

Außerdem spielen Endocannabinoide sowohl während der frühen Entwicklung des ZNS (Embryogenese) als auch während der späten Entwicklung (Adoleszenz) eine Rolle bei zahlreichen Ontogeneseprozessen, u. a. der Synaptogenese und der Myelinisierung von Fasertrakten. All diese natürlichen neuromodulatorischen Effekte der Endocannabinoide werden von den Exocannabinoiden (z. B. THC bzw. Dronabinol) beeinflusst. Einige Befunde legen eine Beteiligung einer Fehlfunktion des endocannabinoiden Systems durch chronische Zufuhr von THC bei der Entstehung schizophrener Psychosen nahe. Insbesondere der Cannabisgebrauch während der Adoleszenz scheint zu dauerhaften, nachteiligen Veränderungen des Gehirns zu führen (Meier et al. 2012).

3.5.7 Neuropeptide

Die Zahl der neuroaktiven Peptide (d. h. Aminosäureketten, die über sog. Peptidbindungen[17] miteinander verbunden sind) übersteigt die der klassischen Transmitter deutlich. Inzwischen sind weit über 40 Neuropeptide bekannt und in ihrer Wirkung charakterisiert. Die Entdeckung des ersten Neuropeptids, Substanz P, vor etwa 90 Jahren durch Ulf von Euler und John Gaddum, das mit dem klassischen Transmitter Glutamat koexistiert, widerlegte das Dale'sche Prinzip, welches besagt, dass jedes Neuron nur einen Neurotransmitter an seinen Synapsen ausschüttet. Tatsächlich sind sehr viele klassischen Neurotransmitter mit Neuropeptiden kolokalisiert.[18]

Es gibt einige grundsätzliche Unterschiede zwischen Neuropeptiden und klassischen Transmittern. Die Konzentration von Neuropeptiden in den Vesikeln ist meist geringer als die klassischer Transmitter, und Neuropeptide werden stets im Soma des Neurons gebildet und in Transportvesikeln über axonalen Transport entlang von Cytoskelettmolekülen zur Synapse geleitet. Die Synthese geschieht nicht über spezifische Syntheseenzyme, sondern nach den Prinzipien der Gentranskription und -translation an Ribosomen. Neuropeptide werden stets als Vorläuferpeptide synthetisiert, die anschließend durch spezifische Proteasen zum aktiven Neuropeptid abgebaut werden. Dieses Bauprinzip ermöglicht es, dass aus demselben Vorläuferpeptid verschiedene Neuropeptide gebildet werden können, je nachdem, an welcher Stelle in der Aminosäuresequenz die Proteasen die Peptidbindung spalten. Die Länge der Neuropeptide, d. h. die Anzahl der Aminosäurereste, aus denen sie aufgebaut sind, variiert stark (von vier bei Cholecystokinin bis 41 bei Corticotropin-Releasing-Faktor). Die Wirkung von Neuropeptiden auf die postsynaptische Zelle dauert meist deutlich länger als die von klassischen Transmittern. Die postsynaptischen Neuropeptidrezeptoren sind immer G-Protein-gekoppelte metabotrope Rezeptoren.

Aufgrund der Vielzahl von Neuropeptiden seien hier nur einige prominente Vertreter besprochen.

3.5.7.1 Substanz P (SP)

SP besteht aus 11–13 Aminosäureresten und gehört zusammen mit den Neurokininen zur Familie der Tachykinine. Es wurde vor etwa 90 Jahren durch Von Euler und Gaddum aus Hirn- und Eingeweidegewebe isoliert und

17 Bei der Bildung einer Peptidbindung handelt es sich um eine Kondensationsreaktion, bei der die Aminogruppe der einen Aminosäure mit der Carboxylgruppe einer zweiten Aminosäure unter Wasserabspaltung kovalent verbunden wird. So können lange Peptidketten und schließlich Proteine entstehen.

18 Das Koexistenzprinzip wurde von dem schwedischen Neurowissenschaftler Tomas Hökfelt eingeführt.

3

ist an einer Vielzahl von zentralennervösen Funktionen als Botenstoff beteiligt. In Neuronen des Rückenmarks kommen Neurone, die SP bilden sowie SP-Rezeptoren häufig vor. SP ist dabei oft mit Glutamat kolokalisiert und ist für die Schmerzverarbeitung zuständig. Im ZNS ist SP in Neuronen der Raphékerne mit Serotonin und in Neuronen von mesopontinen Kernen mit Acetylcholin kolokalisiert und steuert aversive Verhaltensweisen. Wichtig ist außerdem die Kolokalisation von SP mit GABA in Neuronen des Striatums, die die „direkte Bahn" der striatopallido-thalamischen Schleife darstellen, welche bei der Parkinson'schen Krankheit beeinträchtigt ist.

Rezeptoren für SP (NK1-Rezeptoren) im Gehirn befinden sich in der Amygdala, im Septum, Hippocampus, zentralen Höhlengrau, in der pontinen Formatio reticularis, im Cortex und im Hypothalamus. Diese breite Rezeptorverteilung deutet an, dass SP an einer Vielzahl von Funktionen des Gehirns beteiligt ist. SP spielt eine Rolle bei Stress und Angst, den zentralnervösen Aspekten von Schmerz und erhöht allgemein die Empfindlichkeit von Sinnessystemen.

3.5.7.2 Oxytocin und Vasopressin

Beide Neuropeptide bestehen jeweils aus neun Aminosäureresten und werden in Neuronen des paraventrikulären hypothalamischen Nukleus (PVN) gebildet. Der PVN besteh aus einem magnozellulären und einem parvozellulären Anteil. Über die Axone magnozellulärer Neurone werden Oxytocin und Vasopressin zur Neurohypophyse transportiert und dort in den Blutkreislauf abgegeben, von wo aus die peripheren Zielgebiete (z. B. glatte Muskulatur in Blutgefäßen, Uterus und Niere) erreicht werden. Auch die parvozellulären Neurone des PVN bilden beide Neuropeptide und steuern nach Freisetzung in das Pfortadersystem der Hypophyse die Bildung von ACTH in der Adenohypophyse. Rezeptoren für beide Neuropeptide finden sich vor allem im Hypothalamus, in der Amygdala und im ventralen Striatum.

Oxytocin – und in etwas geringerem Maß auch Vasopressin – haben in den vergangenen Jahren erhebliche Aufmerksamkeit der neurowissenschaftlichen Forschung erlangt, da sie offenbar eine wichtige Rolle beim Sozialverhalten spielen. Vor allem bei der emotionalen Bindung von Partnern, zwischen Eltern und Kindern und innerhalb sozialer Gruppen scheint Oxytocin einen fördernden Effekt zu haben. Wissenschaftliche Hinweise darauf, dass bei Patienten mit einer autistischen Störung Einzelnucleotid-Polymorphismen[19] im Gen des Oxytocinrezeptors vorliegen, unterstützen die Annahme, dass Autismus und verwandte Krankheiten zumindest teilweise auf ein Defizit im Oxytocinsystem zurückgehen könnten und dementsprechend Oxytocin eine vielversprechende Behandlungsoption darstellen könnte (Meyer-Lindenberg et al. 2011).

3.5.7.3 Vasoaktives Intestinalpeptid (VIP)

VIP besteht aus 28 Aminosäureresten und wurde, wie der Name andeutet, zuerst im Darm gefunden, wo es die lokale Durchblutung und Sekretfreisetzung reguliert. Später wurde VIP auch im parasympathischen Nervensystem kolokalisiert mit Acetylcholin nachgewiesen. Außerdem finden sich VIP-immunoreaktive Neurone und Rezeptoren auch im ZNS, vor allem im Hypothalamus, Nucleus accumbens und im Cortex. VIP beeinflusst über VPAC1- und 2-Rezeptoren hormonelle Vorgänge im Kontext von Sozialverhalten.

---

19 Einzelnucleotid-Polymorphismen (engl. *single nucleotide polymorphisms* oder kurz SNPs) sind relativ häufig vorkommende Veränderungen der Nucleotidsequenz eines bestimmten Gens, bei der ein Nucleotid der DNA durch ein anderes ersetzt wird, z. B. kann Cytosin durch Thymin ausgetauscht werden. Da der genetische Code redundant ist, kann es sein, dass dies ohne Konsequenz für das durch dieses Gen codierte Protein ist. Es gibt aber auch die Möglichkeit, dass es durch den SNP zum Austausch einer Aminosäure im Protein kommt, wodurch die Funktion dieses Proteins – z. B. ein bestimmter Transmitterrezeptor – verändert wird.

3.5.7.4 Neuropeptid Y (NPY)

NPY setzt sich aus 36 Aminosäureresten zusammen und findet sich weit verbreitet im peripheren Nervensystem und im Gehirn, vor allem in der Amygdala und im Nucleus arcuatus des Hypothalamus, der zum PVN projiziert. NPY hat ein breites Spektrum von Funktionen im Gehirn und steuert u. a. den Tag-Nacht-Rhythmus, Sexualverhalten und die Nahrungsaufnahme. Im sympathischen Nervensystem ist NPY mit Noradrenalin kolokalisiert und ist an der Blutdrucksteigerung im Kontext von Stressreaktionen beteiligt.

3.5.7.5 Corticotropin-Releasing-Faktor (CRF) und Adrenocorticotropes Hormon (ACTH)

CRF wurde 1983 von Vale und Mitarbeitern als dasjenige Neuropeptid beschrieben, welches über die Freisetzung von ACTH in der Adenohypophyse die hormonelle Stressreaktion (Bildung von Cortisol in der Nebennierenrinde) steuert. Damit ist CRF elementarer Bestandteil der sogenannten HPA-Achse[20]. CRF besteht aus 41 Aminosäureresten, wird in den parvozellulären Neuronen des PVN aus dem Vorläuferpeptid Präpro-CRF gebildet und über die Hypophysenpfortader zur Adenohypophyse geleitet. ACTH besteht aus 39 Aminosäureresten, wird in der Adenohypophyse gebildet und gelangt von dort über den Blutkreislauf zur Nebennierenrinde, wo es die Bildung von Gluco- und Mineralocorticoiden steuert. Diese wiederum (vor allem Cortisol) sind an den unmittelbaren Stressreaktionen (Stimulation des Energiestoffwechsels, Unterdrückung des Immunsystems, aber auch an zentralnervösen Effekten auf Lernen und Gedächtnis) beteiligt.

CRF steuert allerdings nicht nur die Freisetzung von ACTH aus der Adenohypophyse, sondern kommt auch in Neuronen der Amygdala und des Hippocampus vor, wo es an Defensivreaktionen (Angst- sowie „Fight-or-Flight“-Reaktionen) beteiligt ist. Die postsynaptische Wirkung von CRF wird von zwei G-Protein-gekoppelten Rezeptoren (CRF1 und 2) vermittelt. CRF1-Rezeptoren findet man häufig in der Adenohypophyse, im Cortex, Hypothalamus, Bulbus olfactorius, Cerebellum und Locus coeruleus, während CRF2-Rezeptoren in Neuronen von PVN, Septum, Amygdala, Interstitialkern der Stria terminalis (BNST), Hippocampus und Pons vorkommen. Die Aktivierung von CRF1-Rezeptoren ist für die unmittelbar vom Stressor ausgelöste Defensivreaktion und die begleitenden aversiven Gefühlszustände verantwortlich. Demensprechend werden CRF1-Rezeptorantagonisten als mögliche Behandlungsoptionen für Angst- und Furchterkrankungen und Depressionen in Betracht gezogen. Die Bedeutung von CRF2-Rezeptoren wird eher in der Beendigung der unmittelbaren Stressreaktion und im Einleiten der Erholungsphase gesehen. Das Neuropeptid Oxytocin (▶ Abschn. 3.5.7) und der Neurotransmitter Serotonin (▶ Abschn. 3.5.4) scheinen ebenfalls die Stressreaktion zu unterdrücken.

Überdies stehen die Bildung und Freisetzung von CRF und ACTH unter der Feedbackkontrolle von Cortisol, sodass Stressreaktionen durch dieses Feedback relativ schnell beendet werden. Hier spielen Glucocorticoid- (GR) und Mineralocorticoid- (MR) Rezeptoren im Hippocampus eine wichtige Rolle, denn deren Aktivierung löst im Hippocampus eine Hemmung der CRF-Produktion im PVN aus. Extrem starker oder chronischer Stress kann dieses Rückkopplungssystem beeinträchtigen, indem hippocampale GR und MR derart geschädigt werden, dass sich in der Folge aufgrund einer Überproduktion von CRF, ACTH und schließlich Cortisol (Hypercortisolismus) u. a. depressive Störungen und/oder Angst- und Furchtstörungen entwickeln können (▶ Kap. 5, 7). CRF-Rezeptorliganden sind deshalb ein interessanter Ansatzpunkt für die Pharmakotherapie von Depressionen und Angststörungen (De Kloet et al. 2005).

---

20 HPA: engl. ***h**ypothalamus-**p**ituitary gland-**a**drenal cortex*.

3

3.5.7.6 Cholecystokinin (CCK)

CCK wurde zuerst in Verdauungssekreten gefunden, welche die Aktivität von Galle und Bauchspeicheldrüse steuern. Erst um 1975 wurde dieses Intestinalpeptid auch im Gehirn nachgewiesen. CCK wird aus einem Vorläuferpeptid (115 Aminosäurereste) gebildet und posttranslational in verschiedene Fragmente gespalten, die als Neuropeptide im Gehirn wirken. Besonders die kurzen Fragmente CCK-4 und CCK-8 spielen im Gehirn eine wichtige Rolle, beispielsweise bei der Verminderung des Appetits, der Thermoregulation, bei Angstreaktionen und bei der Schmerzwahrnehmung. Neurone, die CCK produzieren, und CCK-Rezeptoren sind im Gehirn weit verbreitet, insbesondere in der Amygdala, im Hypothalamus und im entorhinalen und piriformen Cortex, im olfaktorischen Tuberkel, im Septum, in den Basalganglien (Substantia nigra, dorsales und ventrales Striatum), dem ventralen tegmentalen Areal und im zentralen Höhlengrau. CCK ist oft kolokalisiert mit GABA und Dopamin. CCK wird als Regulator dopaminerger Neurone im Tegmentum auch im Zusammenhang mit neurologischen und psychiatrischen Störungen (Schizophrenie, Huntington'sche Erkrankung und Parkinson'sche Erkrankung) diskutiert.

3.5.7.7 Somatostatin

Somatostatin wurde 1973 aus Rinderhirnen isoliert und kommt im Gehirn in zwei Varianten (aus 14 oder 28 Aminosäuren) vor. Seine Wirkung wurde entdeckt, als Hypophysenextrakte auf ihre Wirksamkeit bei der Hemmung der Freisetzung von Wachstums- und Schilddrüsenhormonen aus der Hypophyse untersucht wurden. Es ist im zentralen und peripheren Nervensystem weit verbreitet und kommt auch in Drüsen der Eingeweide vor. Im Gehirn kommen Somatostatin produzierende Zellen im Hypothalamus, in der Amygdala, im Hippocampus, im somatosensorischen Cortex, den Basalganglien und im zentralen Höhlengrau sowie im Nucleus tractus solitarius vor. Somatostatin wirkt über fünf verschiedene G-Protein-gekoppelte Rezeptoren. Seine wesentliche Wirkung besteht in der Modulation klassischer Transmitter wie Noradrenalin, Dopamin und Acetylcholin. Dabei spielt Somatostatin eine Rolle bei der Motorik, beim Schlaf und auch bei Angst.

3.5.7.8 Orexine

Die Neuropeptide Orexin A und B (bzw. Hypocretin 1 und 2) wurden 1998 erstmals beschrieben. Orexin A besteht aus 33 und Orexin B aus 28 Aminosäuren. Sie werden aus einem Prä-Pro-Orexin-Vorläuferpeptid in Neuronen des lateralen Hypothalamus, insbesondere im posterioren perifornikalen Bereich, gebildet, von wo aus sie über weitreichende Projektionen auch über den Hypothalamus hinaus verschiedene Hirnareale beeinflussen. So findet man orexinhaltige Fasern im Locus coeruleus, VTA, Septum, zentralen Höhlengrau, in der Amygdala, im Hippocampus, Cortex und Nucleus accumbens sowie in autonomen Hirnstammzentren (z. B. im Nucleus tractus solitarius). Orexine binden an Orexin-1- und Orexin-2-Rezeptoren, die G_q-Protein-gekoppelt sind. Orexine spielen eine wichtige Rolle bei der Regulation der Nahrungsaufnahme, beim Belohnungsverhalten (altgriech. *orexis:* Appetit, Verlangen), beim Schlaf-Wach-Rhythmus, bei Stress und Panikreaktionen sowie bei allgemeiner Wachheit („Arousal").

Möglicherweise sind Störungen in den Orexinsystemem an der Entstehung von Narkolepsie und anderen Formen der Schlafstörungen beteiligt und wären damit ein Zielsystem für die Behandlung dieser Erkrankungen. Auch pathologische Veränderungen im Essverhalten (z. B. „Binge-Eating"-Störungen) könnten auf Veränderungen im Orexinsystem zurückgehen. Wegen der Bedeutung der Orexine bei Panikverhalten könnten Orexinrezeptorantagonisten auch hierbei eine Behandlungsoption darstellen (James et al. 2017).

3.5.8 Opioide

Extrakte aus Mohnpflanzen werden vom Menschen seit Jahrtausenden als Opium zur Schmerzbekämpfung, zur Entspannung und zur Berauschung eingesetzt. Morphin[21] wurde um 1800 von Sertürner aus Schlafmohnextrakten isoliert und als narkotischer sowie analgetischer Wirkstoff von Opium identifiziert. Erst im Anschluss an diese Entdeckung wurden die *endogenen* Opioidsysteme identifiziert. In den 1970er-Jahren wurden die verschiedenen Opioidrezeptoren und ihre endogenen Liganden charakterisiert.

Endogene Opioide werden von drei verschiedenen Genen codiert und gehören zu drei verschiedenen Familien von Peptiden: Endorphine, Enkephaline und Dynorphine. Alle endogenen Opioide binden mit etwas unterschiedlicher Affinität an drei verschiedene G_i/G_o-Protein-gekoppelte Rezeptorsubtypen, μ-, δ- und κ-Rezeptoren genannt. Die physiologische Wirkung besteht meist aus einer Hyperpolarisation der Zelle durch Hemmung der Adenylat-Cyclase, einer Verminderung der Ca^{2+}-Leitfähigkeit oder einer Erhöhung der K^+-Leitfähigkeit. Alle endogenen Opioide werden aus Vorläuferpeptiden (z. B. Pro-Opio-Melanocortin, POMC) bereitgestellt.

Beta-Endorphin besteht aus 31 Aminosäureresten, bindet an μ-, δ- und κ-Rezeptoren, die sowohl im zentralen als auch im peripheren Nervensystem weit verbreitet sind. Endorphin hat ähnliche Wirkungen wie Morphin (Euphorie, Analgesie, Blutdrucksenkung und Atemdepression). POMC, das Vorläuferpeptid von Beta-Endorphin enthält übrigens auch die Aminosäuresequenzen der Signalpeptide ACTH (s. o.) und des α-Melanocyten-stimulierenden Hormons, die über spezifische Peptidasen aus POMC herausgeschnitten werden.

Enkephaline sind Pentapeptide, die sich durch den fünften Aminosäurerest in Methionin- (Met-)Enkephalin und Leucin- (Leu-) Enkephalin unterscheiden. Beide sind im Gehirn in Nervenzellen und -fasern weit verbreitet, vor allem im Cortex, in der Amygdala, in den Basalganglien, im Mittelhirn (zentrales Höhlengrau und ventrales tegmentales Areal), Hypothalamus und in der Medulla. Wichtig ist die Kolokalisation von Enkephalin in GABAergen Neuronen des Striatums, welche die „indirekte Bahn" der striatopallido-thalamischen Basalganglienschleife darstellen. Enkephaline haben eine besonders hohe Affinität für δ-Rezeptoren und zeigen eine antinozizeptive, d. h. schmerzstillende Wirkung. Wahrscheinlich dämpfen sie den Schmerz auf spinaler Ebene nach stressbedingter Aktivierung von medullären Neuronen und vermitteln so die Stressanalgesie. Die Funktion von Enkephalinen im Mittel- und Vorderhirn wird in Zusammenhang mit den lustvollen (hedonischen) Aspekten von Belohnung gesehen.

Dynorphin A (8–17 Aminosäuren) und Dynorphin B (29 Aminosäuren) findet man im Cortex, Striatum, Globus pallidus, Hippocampus und Hypothalamus, aber auch im Cerebellum und im Hirnstamm. Dynorphine haben eine hohe Affinität zu κ- und relativ niedrige Affinität zu μ- und δ-Rezeptoren. Dynorphine sind ebenfalls an der Schmerzverarbeitung, aber auch an der Nahrungsaufnahme und der Atmung beteiligt. Im Hippocampus wurde eine Beteiligung von Dynorphinen beim Lernen nachgewiesen.

Heroin ist ein halbsynthetisches Morphinderivat, das starke Euphorie auslöst und extrem hohes Suchtpotenzial hat. Seine analgetische Wirkung ist deutlich stärker als die von Morphin. Methadon ist ein synthetisches Opioid mit hoher Selektivität für den μ-Rezeptor und stark analgetischer sowie sedierender Wirkung, das vor allem in Drogen-Substitutionsprogrammen zur Behandlung der Heroinabhängigkeit eingesetzt wird. Aufgrund besonderer pharmakokinetischer Eigenschaften hat es geringeres Suchtpotenzial als Heroin. Die Sucht auslösende Wirkung der Opioide geht wahrscheinlich primär auf deren Hemmung GABAerger Interneurone im VTA zurück, wodurch die

21 Zunächst als „Morphium" bezeichnet nach Morpheus, dem Gott des Traumes in der griechischen Mythologie.

3

accumbale Dopminfreisetzung erhöht wird. Fentanyl ist ein synthetisches Opioid mit stark analgetischen Eigenschaften (etwa 80-mal stärker als Morphium), das zur Behandlung chronischer Schmerzen und bei chirurgischen Eingriffen verwendet wird. Auch Buprenorphin und Tilidin werden als Opioidrezeptoragonisten zur Analgesie eingesetzt. Naloxon ist ein kompetitiver Opioidrezeptorantagonist, der bei Überdosierung von Opioiden verabreicht wird (zur Suchtentstehung und -behandlung s. ► Kap. 14).

Zusammenfassung

Die Neuro- und Psychopharmakologie befasst sich mit dem Einfluss von Drogen und Psychopharmaka auf die chemische Signalweiterleitung im Gehirn. Diese bildet neben und in Kombination mit der elektrischen Signalverarbeitung die „Sprache des Gehirns". Wie kurz erwähnt und in weiteren Kapiteln dieses Buches ausführlicher dargestellt, hängen sowohl die psychische Normalität eines Menschen ebenso wie psychische Erkrankungen unmittelbar mit den chemischen Prozessen an den Synapsen zusammen. Für die Beeinflussung dieser Prozesse gibt es eine Vielzahl von Ansatzpunkten an chemischen Synapsen, über die geeignete neuroaktive Substanzen den Informationsfluss in neuronalen Netzwerken und Schaltkreisen modulieren können. Da die Informationsverarbeitung im Gehirn unser Denken und Fühlen, unser Verhalten, unsere Persönlichkeit bestimmt, liefert diese Disziplin wichtige Beiträge zum Verständnis der Psyche des Menschen sowie Ansatzpunkte für die Therapie neurologischer und psychiatrischer Störungen.

Literatur

Agnati LF, Ferré S, Lluis C, Franco R, Fuxe K (2003) Molecular mechanisms and therapeutic implications of intramembrane receptor/receptor interactions among heptahelical receptors with examples from the striatopallidal GABA neurons. Pharmacol Rev 55:509–550

Collingridge GL, Isaac JTR, Wang YT (2004) Receptor trafficking and synaptic plasticity. Nat Rev Neurosci 5:953–962

Cooper JR, Bloom FE, Roth RH (2003) The biochemical basis of neuropharmacology, 8. Aufl. Oxford University Press, Oxford

Davis KL, Charney D, Coyle JT, Nemeroff C (Hrsg) (2002) Neuropsychopharmacology. The fifth generation of progress. Lippincott Williams & Wilkins, Philadelphia

De Kloet ER, Joels M, Holsboer F (2005) Stress and the braun: from adaptation to disease. Nat Rev Neurosci 6:463–475

Gründer G, Benkert O (Hrsg) (2012) Handbuch der Psychopharmakotherapie. Springer, Berlin

Hardingham GE, Bading H (2010) Synaptic versus extrasynaptic NMDA receptor signalling: implications for neurodegenerative disorders. Nat Rev Neurosci 11:682–696

Jacob TC, Moss SJ, Jurd R (2008) GABA(A) receptor trafficking and its role in the dynamic modulation of neuronal inhibition. Nat Rev Neurosci 9:331–343

James MH, Campbell EJ, Dayas CV (2017) Role of the orexin/hypocretin system in stress-related psychiatric diseases. Curr Top Behav Neurosci 33:197–220

Koch M (2006) Neuropharmakologie. In: Förstl H, Hautzinger M, Roth G (Hrsg) Neurobiologie psychischer Störungen. Springer, Berlin, S 178–219

Koch M (2007) On the effects of partial agonists of dopamine receptors for the treatment of schizophrenia. Pharmacopsychiatry 40:1–6

Meier MH, Caspi A, Ambler A, Harrington H, Houts R, Keefe RSE, McDonald K, Ward A, Poulton R, Moffitt TE (2012) Persistent cannabis users show neuropsychological decline from childhood to midlife. Proc Natl Acad Sci USA 109:E2657–E2664

Meyer-Lindenberg A, Domes G, Kirsch P, Heinrichs M (2011) Oxytocin and vasopressin in the human brain: social neuropeptides for translational medicine. Nat Rev Neurosci 12:524–538

Murray RM, Morrison PD, Henquet C, Di Forti M (2007) Cannabis, the mind and society: the hash realities. Nat Rev Neurosci 8:885–895

Ressler KJ, Rothbaum BO, Tannenbaum L, Anderson P, Graap K, Zimand E, Hodges L, Davis M (2004) Cognitive enhancers as adjuncts to psychotherapy. Arch Gen Psychiatry 61:1136–1144

Siegel GJ, Albers RW, Brady ST, Price DL (Hrsg) (2006) Basic neurochemistry, 7. Aufl. Elsevier Academic Press, Burlington

Tretter F, Albus M (2004) Einführung in die Psychopharmakotherapie. Georg Thieme, Stuttgart

Valenstein ES (2005) The war of the soups and the sparks. Columbia University Press, New York

Von Bohlen und Halbach O, Dermietzel R (2002) Neurotransmitters and neuromodulators. Wiley-VCH, Weinheim

Wischhof L, Koch M (2016) 5-HT2A and mGlu2/3 receptor interactions: on their relevance to cognitive function and psychosis. Behav Pharmacol 27:1–11

Neurophysiologie

Jakob von Engelhardt

G. Roth et al. (Hrsg.), *Psychoneurowissenschaften*, https://doi.org/10.1007/978-3-662-59038-6_4

4

Ziel dieses Kapitels ist es, dem interessierten Leser die neurophysiologischen Vorgänge, die dem Verhalten des Menschen und der meisten Säugetiere zugrunde liegen, näherzubringen. Die Kommunikation von Neuronen ist Grundvoraussetzung dafür, dass wir Umweltreize wahrnehmen, verarbeiten und auf sie reagieren können. Berühren wir eine heiße Herdplatte, wird der Reiz über Nervenfasern im peripheren und zentralen Nervensystem zum Thalamus und Cortex geleitet. In diesen höheren Hirnregionen wird die eintreffende Information verarbeitet, und es kommt zur bewussten Wahrnehmung der Wärme der Herdplatte, d. h. bei einer sehr heißen Platte zu einer Schmerzempfindung. Gleichzeitig hierzu wird über Aktivierung von efferenten Nervenzellen eine komplexe motorische Reaktion in Gang gesetzt, und wir ziehen unseren Arm zurück. Die Assoziation von Berührung der Herdplatte und Schmerzempfindung setzt außerdem einen Lernprozess in Gang, der unser Verhalten langfristig zu ändern vermag. Der Anblick einer Herdplatte, auch einer ausgeschalteten, wird uns in Zukunft eine Gefahr signalisieren. Wir werden dementsprechend eine größere Vorsicht im Umgang mit Herdplatten walten lassen und erst kontrollieren, ob diese an- oder ausgeschaltet sind, bevor wir sie berühren. Motorik, Empfindungen und Gefühle gehen mit der Kommunikation von Neuronen innerhalb einer, aber auch zwischen verschiedenen Hirnregionen einher. Das neurophysiologische Korrelat für Lernprozesse ist eine Veränderung der Stärke dieser Kommunikation.

Lernziele

Nach der Lektüre dieses Kapitels sollte der Leser die neurophysiologischen Grundlagen neuronaler Kommunikation verstehen und die wesentlichen Änderungen dieser Kommunikation kennen, die Lernprozessen zugrunde liegen.

4.1 Membranpotenzial

Als Membranpotenzial bezeichnet man die elektrische Spannung zwischen dem durch die Zellmembran getrennten Extrazellulär- und dem Intrazellulärraum (Hille 2001). Alle Zellen eines Organismus weisen ein für sie charakteristisches Membranpotenzial auf. Dieses ist unter Ruhebedingungen meistens negativ, was bedeutet, dass das Zellinnere elektrisch negativer als der Extrazellulärraum ist. Änderungen dieses charakteristischen Potenzials, die beispielsweise bei der Aktivität einer erregbaren Zelle auftreten, kann man experimentell mithilfe von Mikroelektroden messen. Dabei befindet sich eine Messelektrode im Extrazellulärraum und eine zweite in der Zelle bzw. bei der *Patch-Clamp-Technik* unmittelbar an der Zellmembran (◘ Abb. 4.1).

Das charakteristische Membranpotenzial erregbarer Zellen kommt vor allem durch zwei Bedingungen zustande (Hille 2001):

1. Ionen, das heißt elektrisch geladene Atome oder Moleküle, sind intrazellulär und extrazellulär ungleich verteilt und
2. die Plasmamembran der Zelle ist nur für bestimmte Ionen durchlässig (permeabel).

Die für das Membranpotenzial erregbarer Zellen wichtigsten Ladungsträger sind die positiv geladenen Kationen Natrium (Na^+) und Kalium (K^+) und das negativ geladene Anion Chlorid (Cl^-). Die Konzentration positiv geladener Na^+-Ionen und negativ geladener Cl^--Ionen ist extrazellulär ca. 10–25 Mal höher als intrazellulär. Dagegen ist die intrazelluläre Konzentration von K^+-Ionen 30 Mal höher als extrazellulär (◘ Tab. 4.1). Intrazellulär sind anionische organische Moleküle die wichtigsten Träger negativer Ladungen.

Die unterschiedliche Verteilung der Ionen kommt vor allem dadurch zustande, dass in der Zellmembran sitzende Proteine, sog. *Pumpen*, Ionen entgegen ihres Konzentrationsgefälle in die Zelle hinein oder aus der Zelle

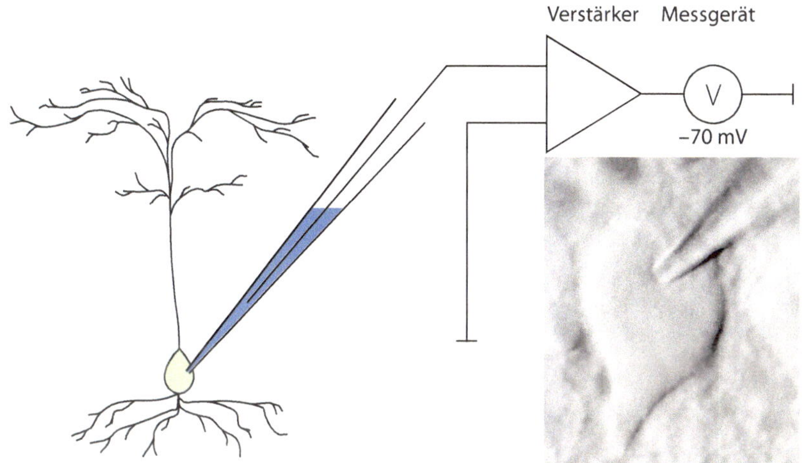

Abb. 4.1 Bestimmung des Membranpotenzials eines Neurons. Zur Bestimmung des Potenzials einer Zellmembran wird eine dünne Glaskapillare mit einer Öffnung von wenigen Mikrometern direkt an der Membran positioniert. Durch Ansaugen der Zellmembran an die Öffnung der Kapillare entsteht eine hohe elektrische Abdichtung. Diese ist essenziell für das Messen von Strömen und Potenzialänderungen im pA- oder mV-Bereich, wie sie an Nervenzellen typischerweise auftreten. In der Glaskapillare befindet sich eine Salzlösung, die in Kontakt mit einer Elektrode steht. Außerhalb der Zelle befindet sich noch eine weitere Elektrode. Über diesen Aufbau kann die Spannung differenziell gemessen werden. Aufgrund der geringen Größe der gemessenen Ströme/Spannungen müssen diese vor der Auswertung noch elektronisch verstärkt werden. Das Ruhemembranpotenzial des Neurons liegt in diesem Beispiel bei −70 mV

Tab. 4.1 Intrazelluläre und extrazelluläre Ionenkonzentrationen beim Menschen

Ion	Konzentration intrazellulär (mM)	Konzentration extrazellulär (mM)	Gleichgewichtspotenzial (≈mV)
Na^+	15	145	+60
K^+	120	3	−95
Ca^{2+}	0,0001	1[a]	+120
Cl^-	7	120	−75
HCO_3^-	15	24	−13
A^-[b]	≈120–150	–	–

[a]Die gesamt Ca^{2+}-Ionenkonzentration liegt bei ca. 2 mM, rund die Hälfte davon liegt ungebunden und ionisiert vor

[b]A^-: negativ geladene organische Moleküle, die die Plasmamembran nicht passieren können

heraus transportieren. Ein prominentes Beispiel für solch eine Pumpe ist die **Natrium-Kalium-ATPase** (Skou 1957), für deren Erforschung der skandinavische Wissenschaftler Jens Christian Skou 1997 den Nobelpreis erhielt. Die Natrium-Kalium-ATPase pumpt drei Na^+-Ionen aus der Zelle heraus und zwei K^+-Ionen in die Zelle hinein. Für diesen Transportprozess benötigt sie Energie, da er entgegen des Konzentrationsgefälles der beiden zu transportierenden Ionen geschieht. Aufgrund der ungleichen Mengenverhältnisse dieses Transports (die Pumpe transportiert für drei positiv geladene Na^+-Ionen nur zwei positiv geladene K^+-Ionen) entsteht bereits durch die Aktivität der Natrium-Kalium-ATPase ein leicht negatives Membranpotenzial. Ein solcher potenzialgenerierender Transport wird als elektrogen bezeichnet (◘ Abb. 4.2). Wie ihr Name schon vermuten lässt, nutzt die Natrium-Kalium-ATPase *Adenosintriphosphat* (ATP) als Energieträger. Die Spaltung von ATP zu Adenosindiphosphat (ADP) durch die ATPase-Aktivität der Pumpe führt dabei zur Freisetzung der für den Transportprozess benötigten Energie. Dies erklärt die Beobachtung, dass bei unzureichender Bereitstellung des Energieträgers ATP das negative Ruhemembranpotenzial erregbarer Zellen zusammenbricht.

Wie oben beschrieben, ist eine Grundvoraussetzung zur Ausbildung des negativen Membranpotenzials von Nervenzellen die Ungleichverteilung verschiedener Ionen

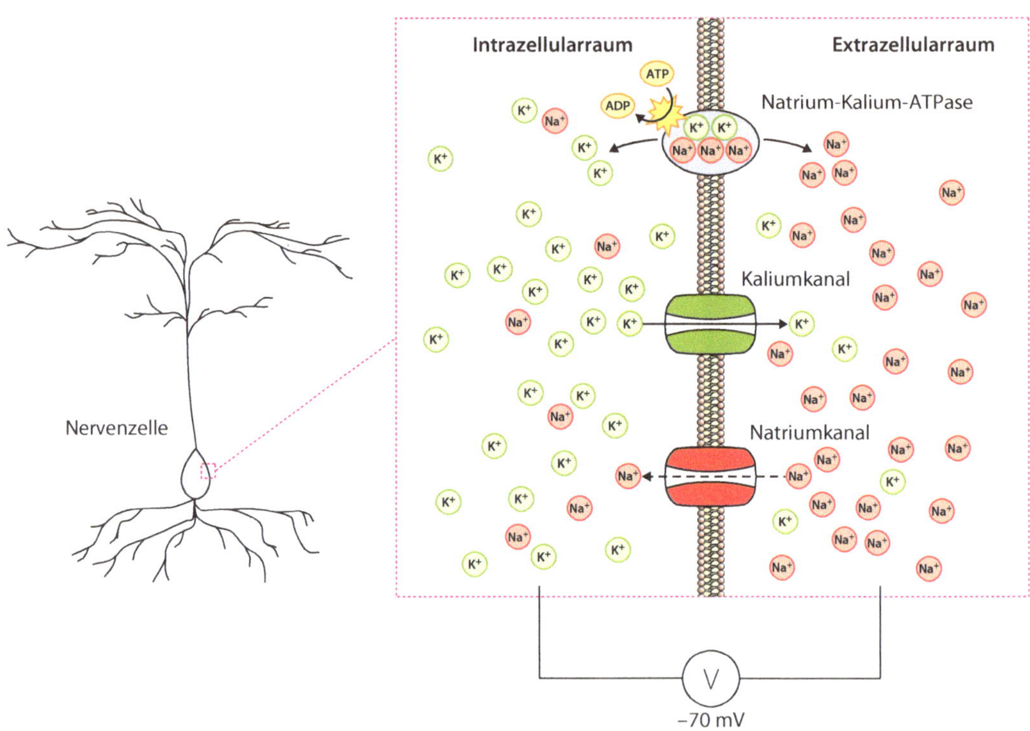

◘ **Abb. 4.2** Entstehung des negativen Membranpotenzials eines Neurons. Damit sich das Ruhemembranpotenzial einer Nervenzelle bei −70 mV einpendeln kann, benötigt es verschiedener Voraussetzungen. Zum einen muss zunächst eine Ungleichverteilung von Natrium- und Kalium-Ionen intra- und extrazellulär vorliegen. Diese Ungleichverteilung wird unter Energieverbrauch (ATP → ADP) durch die Aktivität der Natrium-Kalium-ATPase (hellblau) erzeugt und aufrechterhalten. Zum anderen muss die Zellmembran besonders durchlässig für Kalium- und nur gering durchlässig für Natrium-Ionen sein. Die unter Bedingungen des Ruhemembranpotenzials relativ hohe Kaliumdurchlässigkeit wird über offene Kaliumkanäle (grün) vermittelt. Durch diese Kaliumkanäle fließt kontinuierlich Kalium aus der Zelle in den Extrazellularraum. Dieser konstante Fluss von Kalium führt zu einer Annäherung des Membranpotenzials der Zelle an das Gleichgewichtspotenzial von Kalium (◘ Tab. 4.1). Das Gleichgewichtspotenzial von Kalium (ca. −90 mV) ist jedoch in der Regel niedriger als das Ruhemembranpotenzial einer Nervenzelle (ca. −70 mV). Die meisten Neurone besitzen nämlich unter Ruhebedingungen auch eine geringe Durchlässigkeit für Natrium-Ionen. Diese Durchlässigkeit wird über eine kleine Zahl offener Natriumkanäle (rot) vermittelt. Der Natriumfluss „zieht" das Membranpotenzial leicht in Richtung des Natriumumkehrpotenzials (ca. +60 mV), wodurch sich das Ruhemembranpotenzial bei Werten um −70 mV einpendelt

zwischen Extra- und Intrazellularraum. Um diese Ungleichverteilung stabil aufrecht zu erhalten, benötigt es einer wichtigen Eigenschaft der Zellmembran. Die Zellmembran darf nur eine geringe Durchlässigkeit *(Permeabilität)* für Ionen besitzen, ansonsten würden sich die extra- und intrazellulären Ionenkonzentrationen mit der Zeit über Diffusion wieder angleichen. Die Permeabilität der Lipiddoppelschicht der Zellmembran selbst ist sehr gering. Es gibt allerdings in der Membran von Neuronen Kanalproteine, die für gewisse Ionen permeabel sind. Während unter Ruhebedingungen die Permeabilität für Ionen wie Na^+ und Cl^- niedrig ist, gibt es in der Zellmembran von Neuronen K^+-Kanäle, die auch bei negativem Membranpotenzial geöffnet sind. K^+-Ionen können deshalb auch unter Ruhebedingungen durch diese offenen Kanäle in Richtung des durch die Natrium-Kalium-ATPase aufgebauten Konzentrationsgefälles aus der Zelle in den Extrazellulärraum strömen. Im Unterschied dazu können Na^+-Ionen unter Ruhebedingungen kaum in die Zelle strömen, da die meisten Na^+-Kanäle geschlossen sind. Das Membranpotenzial wird durch diese Verschiebung des positiven Ladungsträgers K^+ von intrazellulär nach extrazellulär negativer (▪ Abb. 4.2). Die elektrogene Aktivität der Natrium-Kalium-ATPase erklärt demnach nur zum Teil die ungleiche Ladungsverteilung zwischen Zellinnerem und Extrazellulärraum. Das negative Ruhemembranpotenzial kommt zusätzlich durch eine höhere Permeabilität für K^+-Ionen als beispielsweise für Na^+- oder Cl^--Ionen zustande. Wie wir später sehen werden, kann sich die Permeabilität der Zellmembran für spezifische Ionen sehr schnell ändern. Als Konsequenz einer solchen Permeabilitätsänderung verschiebt sich das Membranpotenzial hin zu positiveren oder negativeren Werten, je nachdem, welches Ion verstärkt über die Membran fließt (Hille 2001).

Patch-Clamp-Technik

Die Technik ist ein vor allem in der neurowissenschaftlichen Grundlagenforschung Verwendung findendes Messverfahren, mit dessen Hilfe Wissenschaftler kleinste Ströme und Potenzialänderungen von lebenden Nervenzellen nachvollziehen können.
Die Technik wurde Ende der 1970er- und Anfang der 1980er-Jahre des letzten Jahrhunderts von den beiden deutschen Elektrophysiologen Bert Sakmann und Erwin Neher entwickelt (Hamill et al. 1981). Um möglichst störungsarm Ströme oder Potenziale einer einzelnen Nervenzelle messen zu können, wird eine Messelektrode in sehr engen Kontakt mit der Zellmembran der Zelle gebracht. Neher und Sakmann gelang dies durch eine spezielle, mit einer Salzlösung gefüllte Glaselektrode, die es ihnen ermöglichte, die Zellmembran mittels Unterdruck an die Elektrode zu saugen. Über einen Draht in der Glaselektrode können die Ströme oder Potenzialänderungen der Nervenzelle abgeleitet werden. Der Durchmesser der Spitze einer solchen Glaselektrode ist mit 1–2 μM wesentlich kleiner als der Durchmesser der meisten Neuronen (bei kortikalen Pyramidenzellen ca. 20 μm). Nur eine kleine Fläche (der namensgebende *patch;* engl. Fleck) der Zellmembran befindet sich also unter der Glaselektrode. In der Tat ist die Fläche der Zellmembran so klein, dass sie häufig nur einen Ionenkanal beinhaltet. Mit der Patch-Clamp-Technik kann also sehr hochauflösend die Aktivität eines einzelnen Kanals untersucht werden. Der Vorteil der Patch-Clamp-Technik ist eine starke Verminderung des Hintergrundrauschens, was das Ableiten auch von sehr kleinen Strömen

oder Spannungsänderungen ermöglicht. Diese Rauscharmut der Patch-Clamp-Technik ist eine Grundvoraussetzung bei der Untersuchung der Aktivität einzelner Kanäle. So kann man Ströme mit Amplituden von wenigen Pikoampere (1 pA = 10^{-12} A) gut auflösen. Gleichzeitig erlaubt die Patch-Clamp-Technik ein Konstanthalten (das namensgebende *clamp;* engl. klemmen) entweder der Membranspannung beim Messen von Strömen oder des Stromes beim Messen von Spannungsänderungen. Dies bietet einen großen Vorteil bei der kontrollierten Analyse der Eigenschaften von Ionenkanälen. Die Membran unter der Pipette kann aber auch zerstört werden, sodass man dann in der Ganzzellkonfiguration (engl. *whole cell configuration*) Ströme und Spannungsänderungen messen kann, die durch das Öffnen von Ionenkanälen in der Membran des gesamten Neurons hervorgerufen werden. Da man auch Neuronen in akuten Hirnschnitten und sogar in vivo „patchen" kann, ermöglicht die Patch-Clamp-Technik die Analyse der Aktivität eines Neurons, das sich in einem neuronalen Netzwerk befindet und von anderen Neuronen Informationen erhält. Bert Sakmann und Erwin Neher haben mit der Entwicklung der Patch-Clamp-Technik das Verständnis der Funktion von Ionenkanälen entscheidend vorangebracht, was 1991 mit der Verleihung des Nobelpreises honoriert wurde.

4.2 Gleichgewichtspotenzial eines Ions

In ► Abschn. 4.1 haben wir bereits die beiden Kräfte angesprochen, die für eine Bewegung von Ionen von intrazellulär nach extrazellulär verantwortlich sind. Zum einen bewegen sich Ionen in Richtung des Konzentrationsgradienten. Diese chemische Triebkraft führt zu einer Bewegung von K^+-Ionen von intrazellulär nach extrazellulär. Zum anderen bewegen sich Ionen aber auch entlang eines elektrischen Potenzialgefälles. Das negative Membranpotenzial (d. h. der Intrazellularraum ist negativer als der Extrazellularraum) bewirkt demnach, dass K^+-Ionen in die Zelle einströmen. Nun kann man aber chemische und elektrische Triebkraft nicht getrennt betrachten. Wenn man exemplarisch die Bewegung von K^+-Ionen bei einem negativen Ruhemembranpotenzial von −70 mV betrachtet, so steht die chemische Triebkraft der elektrischen entgegen. Da bei diesem Potenzial die chemische Triebkraft größer als die elektrische Triebkraft ist, werden mehr K^+-Ionen aus der Zelle heraus als in die Zelle hinein strömen. Netto kommt es demnach zu einem K^+-Einstrom. Im Unterschied dazu werden beim Öffnen von Na^+-Kanälen beide Triebkräfte Na^+-Ionen in die Zelle strömen lassen (Hille 2001).

Die Nettobewegung eines Ions ist demnach abhängig von der elektrochemischen Triebkraft, in der beide Triebkräfte zusammengefasst sind. Sind die Triebkräfte für ein Ion gegensätzlich und gleich groß, so kommt es netto zu keiner Bewegung des Ions über die Membran. Dies ist beispielsweise für K^+-Ionen bei etwa −95 mV der Fall. Bei diesem Membranpotenzial ist die chemische Triebkraft nach extrazellulär und die elektrische Triebkraft nach intrazellulär gerichtet. Da die Triebkräfte bei etwa −90 mV gleich groß sind, fließen genau so viel K^+-Ionen aus der Zelle heraus wie in die Zelle hinein. Es fließt also netto kein Strom. Das Potenzial der Zelle, bei dem dies zutrifft, wird daher als **Gleichgewichtspotenzial** eines bestimmten Ions bezeichnet (◘ Abb. 4.3). Bei Kenntnis der intrazellulären und extrazellulären Ionenkonzentration kann man das Gleichgewichtspotenzial eines Ions mit der **Nernst-Gleichung** berechnen (Hille 2001):

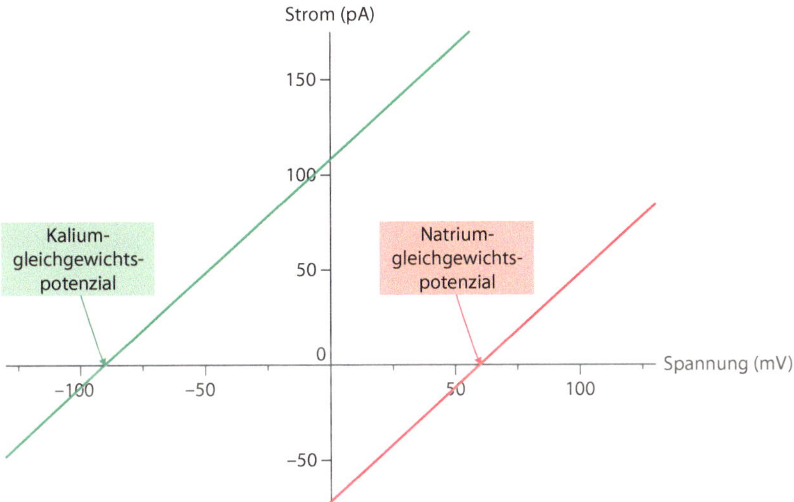

Abb. 4.3 Strom-Spannungs-Kennlinie eines Ionenkanals. Der Übertritt von Ionen über die Zellmembran erfolgt durch Ionenkanäle entlang des elektrochemischen Gradienten. Größe und Richtung des Ionenstroms hängen von der Membranspannung und dem Konzentrationsgefälle ab. Der Strom ist gleich null, wenn sich alle treibenden Kräfte aufheben (Gleichgewichtspotenzial, s. Nernst-Gleichung ▶ Gl. 4.1). Verändert sich beispielsweise die Membranspannung, so ändern sich in der Folge auch Größe und Richtung des Ionenstroms. Dieser ist dann wiederum als elektrischer Strom messbar. Es ergibt sich aufgrund der unterschiedlichen Ladungs- und Konzentrationsverteilungen für jedes Ion eine spezifische Beziehung aus Strom und Spannung. Die hier gezeigten Strom-Spannungs-Kurven für idealisierte Natrium- und Kaliumkanäle sind streng linear. In Natura zeigen die meisten Kanäle aber eine abweichende Strom-Spannungs-Kurve. Die Kanäle verändern in Abhängigkeit der Membranspannung ihre Durchlässigkeit, wodurch sie die Richtung potenzieller Ionenströme beeinflussen. Aufgrund dieser Eigenschaften werden sind dann als einwärts- bzw. auswärtsgleichrichtende Kanäle bezeichnet (vgl. NMDA-Rezeptorkanal, Abb. 4.12)

$$E_{\text{ion}} = \frac{R \cdot T}{z \cdot F} * \ln \frac{[K^+]_a}{[K^+]_i} \quad (4.1)$$

mit E_{ion} = Gleichgewichtspotenzial, R = allgemeine Gaskonstante, T = absolute Temperatur, F = Faraday-Konstante, z = Wertigkeit des Ions

In unserem Körper ist die Na^+-Ionenkonzentration in der Regel extrazellulär viel höher als intrazellulär Tab. 4.1). Das erklärt, warum das Gleichgewichtspotenzial für Na^+-Ionen positiv ist (ca. +75 mV). Die Cl^--Ionenkonzentration ist zwar extrazellulär ebenfalls viel höher als intrazellulär, da aber Cl^--Ionen negativ geladen sind, ist das Gleichgewichtspotenzial negativ (ca. −50 mV).

4.3 Ruhemembranpotenzial

Als Ruhemembranpotenzial bezeichnet man das Membranpotenzial eines Neurons in Ruhe, also wenn das Neuron kein Aktionspotenzial bildet. Im Gehirn von Säugetieren, einschließlich des Menschen, liegt für die meisten Neuronen das Ruhemembranpotenzial bei ca. −70 mV und damit nahe dem Gleichgewichtspotenzial für K^+-Ionen (ca. −95 mV). Diese Tatsache ist dadurch zu erklären, dass die Zellmembran unter Ruhemembranbedingungen eine hohe Permeabilität für K^+-Ionen besitzt. Na^+-Ionen und Cl^--Ionen können unter diesen Bedingungen in der Regel kaum fließen und beeinflussen daher das Ruhemembranpotenzial nur wenig. Für das Membranpotenzial einer Zelle sind also nicht nur die extrazellulären und intrazellulären Konzentrationen der Ionen entscheidend, sondern auch die Permeabilität der Membran für diese Ionen. Dasjenige Ion, für das die Membran besonders durchlässig ist, gibt quasi den Ton an. Es „zieht“ das Membranpotenzial in die Nähe seines Gleichgewichtspotenzials. Ionen mit geringeren Permeabilitäten haben einen geringeren Einfluss auf das Membranpotenzial (Hodgkin 1964). Die **Goldman-Hodgkin-Katz-Gleichung** berücksichtigt neben der Konzentrationsdifferenz der Ionen auch die Permeabilität und erlaubt die Berechnung des Membranpotenzials:

$$E_M = \frac{R \cdot T}{z \cdot F} * \ln \frac{P_{Na} \cdot [Na^+]_a + P_K \cdot [K^+]_a + P_{Cl} \cdot [Cl^-]_i}{P_{Na} \cdot [Na^+]_i + P_K \cdot [K^+]_i + P_{Cl} \cdot [Cl^-]_a}$$

mit E_M = Membranpotenzial, R, T und F wie bei der Nernst-Gleichung, P_{Na}, P_K, P_{Cl} = Permeabilität für K^+-Ionen, Na^+-Ionen und Cl^--Ionen

Wie man sieht, ist die Goldman-Hodgkin-Katz-Gleichung eine Erweiterung der Nernst-Gleichung. In die Berechnung gehen alle Ionen ein, die für das Membranpotenzial eine Rolle spielen. Unter Ruhebedingungen ist – wie gesagt – die Permeabilität für K^+-Ionen hoch, die für Na^+-Ionen und Cl^--Ionen niedrig. Demnach liegt das Ruhemembranpotenzial in der Nähe des Gleichgewichtspotenzials für K^+ (i. Allg. etwas positiver, da die Permeabilität für Na^+-Ionen und Cl^--Ionen nicht gleich null ist).

Wenn sich die Permeabilität für K^+-Ionen erhöht, indem zusätzliche K^+-Kanäle öffnen, nähert sich das Membranpotenzial dem Gleichgewichtspotenzial für K^+, es wird also negativer. Man spricht von einer **Hyperpolarisation**. Wie wir später sehen werden, führt die Hyperpolarisation dazu, dass sich die Erregbarkeit des Neurons verringert. Das Gleichgewichtspotenzial für Na^+ liegt bei etwa +60 mV. Das bedeutet, dass Na^+-Ionen bei einem Ruhemembranpotenzial von z. B. −70 mV bestrebt sind, in die Zelle zu strömen. Das geschieht beispielsweise, wenn ein Neuron so aktiviert wird, dass sich die Permeabilität der Membran für Na^+-Ionen erhöht. In diesem Fall nähert sich das Membranpotenzial dem Gleichgewichtspotenzial für Na^+ an. Das Membranpotenzial wird also weniger negativ bzw. sogar positiv. Man spricht in diesem Fall von einer **Depolarisation**.

4.4 Aktionspotenzial

Neurone zählen zu den erregbaren Zellen unseres Körpers. Das bedeutet, dass sie in der Lage sind, ein Aktionspotenzial zu bilden (Hille 2001). Unter einem Aktionspotenzial versteht man eine sehr schnelle Änderung des Membranpotenzials, und zwar aufgrund einer Depolarisation des Membranpotenzials auf ca. −50 mV (**Initiationsphase** des Aktionspotenzials). Bei diesem sog. **Schwellenpotenzial** kommt es zu einer Öffnung von spannungsgesteuerten Na^+-Kanälen (Na_V-Kanäle). Spannungsgesteuerte Ionenkanäle ändern ihre Ionenpermeabilität in Abhängigkeit des Membranpotenzials (Armstrong und Hille 1998). Sie unterscheiden sich damit von ligandengesteuerten Ionenkanälen (= ionotrope Rezeptoren), bei denen die Bindung eines Transmitters die Öffnung des Kanals bewirkt. Spannungsgesteuerte Na^+-Kanäle sind bei normalem Ruhemembranpotenzial geschlossen und öffnen sich bei einem Membranpotenzial von ca. −60 mV. Wie in ► Abschn. 4.3 dargestellt, führt die Öffnung von Kanälen, die selektiv für Na^+-Ionen permeabel sind, zu einer Depolarisation (der sog. **Aufstrich** des Aktionspotenzials). Das Membranpotenzial wird positiv **(Overshoot)** und nähert sich dem Gleichgewichtspotenzial für Na^+-Ionen bei ca. +60 mV. Spannungsgesteuerte Na^+-Kanäle schließen allerdings sehr schnell wieder. Etwas später als die Na^+-Kanäle öffnen sich spannungsgesteuerte K^+-Kanäle. Dies führt zu einer **Repolarisation**

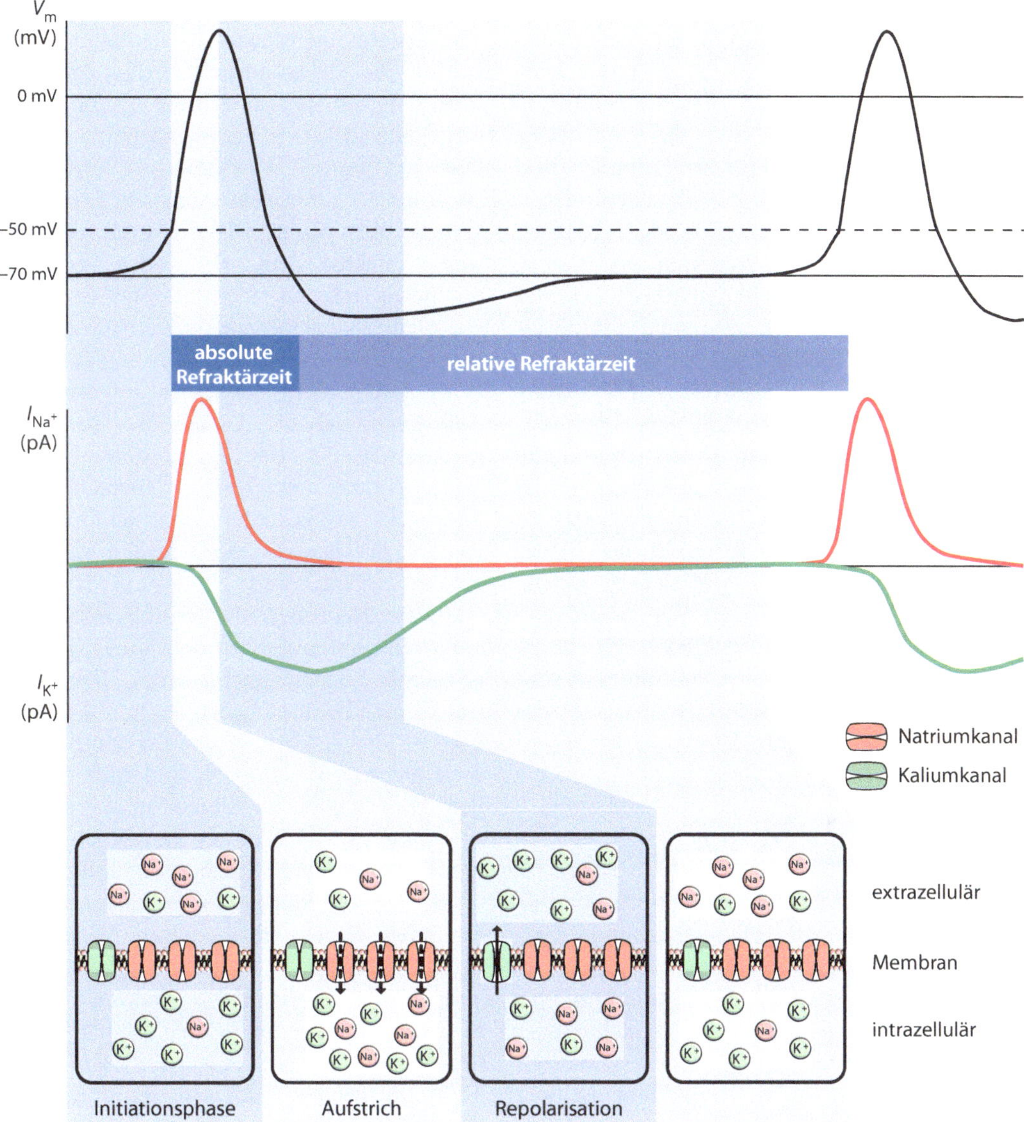

Abb. 4.4 Das Aktionspotenzial. Im oberen Abbildungsteil ist der Verlauf der Membranspannung über die Zeit während zweier Aktionspotenziale gezeigt. Exzitatorische postsynaptische Potenziale depolarisieren während der Initiationsphase das Membranpotenzial (▶ Abschn. 4.14 und 4.16). Erreicht dieses dann das Schwellenpotenzial (gestrichelte Linie), kommt es zu einer schnellen, starken Depolarisation mit Overshoot (positives Membranpotenzial). Während der Repolarisation ist die Zelle kurzfristig hyperpolarisiert. Ein weiteres Aktionspotenzial kann frühestens in der relativen Refraktärzeit gebildet werden

des Membranpotenzials (Abb. 4.4). Die Permeabilität der Membran für K^+-Ionen ist in dieser Phase meist größer als vor dem Aktionspotenzial. Das erklärt, warum das Membranpotenzial nach einem Aktionspotenzial hyperpolarisiert ist, also näher am Gleichgewichtspotenzial für K^+-Ionen als vor dem Aktionspotenzial. Aktionspotenziale folgen einem Alles-oder-Nichts-Gesetz. Das bedeutet, dass das Erreichen des Schwellenpotenzials immer ein Aktionspotenzial auslöst, welches dann sehr stereotyp abläuft mit einer ähnlichen Amplitude (ca. 80–100 mV) und zeitlicher Dauer (ca. 1 ms). Die zunehmende Depolarisation während des Aufstrichs führt zur explosionsartigen Öffnung aller spannungsgesteuerten Na^+-Kanäle. Nach einem Aktionspotenzial sind demnach auch alle spannungsgesteuerten Na^+-Kanäle inaktiviert. Die Zelle befindet sich dann in der absoluten **Refraktärzeit**, während der kein weiteres Aktionspotenzial ausgelöst werden kann. In der sich anschließenden relativen Refraktärzeit sind spannungsgesteuerte Na^+-Kanäle teilweise wieder aktivierbar, sodass eine starke Depolarisation erneut ein Aktionspotenzial auslösen kann. Die Refraktärzeit spielt eine wichtige Rolle bei der Kontrolle der Erregbarkeit von Neuronen. Mutationen, welche die Dauer der Inaktivierung der spannungsgesteuerten Na^+-Kanäle verkürzen, führen zu einer Übererregbarkeit der Neurone und sind damit ursächlich für bestimmte Formen von Epilepsien (Catterall 2017).

4.5 Erregungsleitung

Änderungen des Membranpotenzials werden passiv und aktiv in der Membran fortgeleitet. Für das Verständnis der passiven *(elektrotonischen)* Erregungsleitung ist es hilfreich, sich die Membran als elektrisches *Kondensator-Widerstands-Element* vorzustellen (◘ Abb. 4.5a). Die Lipiddoppelschicht der Membran ist ein Kondensator, da sie als isolierende Schicht zwischen zwei leitenden Medien elektrische Ladung speichern kann. Die Membran hat aber, abhängig von der Zahl der offenen Ionen-Kanäle, auch eine gewisse elektrische Leitfähigkeit (als Kehrwert des Widerstandes). K^+-Kanäle beispielsweise, die auch in ruhenden Neuronen offen sind, reduzieren den Membranwiderstand und verursachen einen Verluststrom (Leckstrom). Ändert sich das Membranpotenzial an einer Stelle eines Neurons, so wird sich diese Membranpotenzialänderung über die Membran des Neurons passiv ausbreiten. Die Kondensatoreigenschaft der Membran erklärt, warum die elektrotonische Erregungsleitung recht langsam ist und sich die Amplitude der fortgeleiteten Membranpotenzialänderung mit Distanz zum Ursprungsort verringert (◘ Abb. 4.5). Eine elektrotonische Erregungsleitung über weite Distanzen ist demnach wenig effektiv. Änderungen des Membranpotenzials müssen aber teilweise über sehr weite Distanzen fortgeleitet werden. Aktionspotenziale nehmen ihren Ursprung am *Axonhügel.* In der Membran dieses Initialsegments des Axons ist die Dichte an spannungsgesteuerten Na^+-Kanälen besonders hoch. Von dort muss das Aktionspotenzial bis in die Enden des Axons zu den Synapsen fortgeleitet werden. Die längsten Axone beim Menschen können beispielsweise über 2 m lang sein (z. B. von Neuronen, die sensible Informationen vom großen Zeh zu dem im Hirnstamm gelegenen Nucleus gracilis leiten). Beim Blauwal können Axone sogar über 30 m lang sein. Eine passive/elektrotonische Erregungsleitung wäre hier viel zu langsam, und auch bei großen Änderungen des Membranpotenzials am Axonhügel würde sich an den Synapsen das Membranpotenzial nicht messbar ändern.

Eine Erregungsleitung über weite Distanzen muss deshalb aktiv erfolgen. Von aktiven Mechanismen spricht man, wenn es zur Öffnung von spannungsgesteuerten Kanälen kommt. Eine axonale Erregungsleitung kann man sich folgendermaßen vorstellen: Ein am Axonhügel entstehendes Aktionspotenzial führt zur Depolarisation der benachbarten Axonmembran. Dadurch öffnen sich spannungsgesteuerte Na^+-Kanäle. Wie bei der elektrotonischen Erregungsleitung wird das Aktionspotenzial also kontinuierlich fortgeleitet. Im Unterschied zur passiven Erregungsleitung reduziert sich aber bei der aktiven *(regenerativen)* Erregungsleitung die Amplitude des Aktionspotenzials nicht (◘ Abb. 4.5). Ein Aktionspotenzial wird im Allgemeinen nur in *orthodromer* Richtung fortgeleitet, also vom Axonhügel entlang des Axons in Richtung der Synapsen. Nur in orthodromer Richtung trifft das Aktionspotenzial

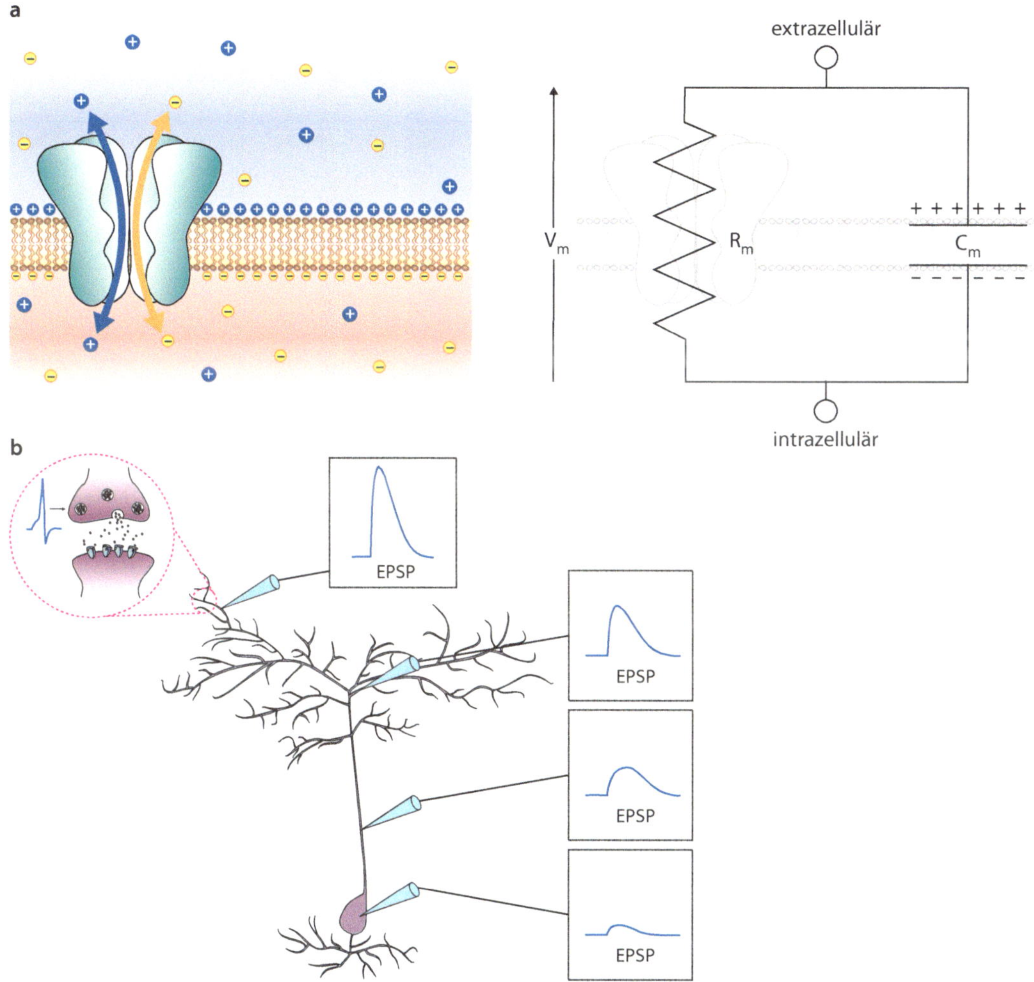

Abb. 4.5 Erregungsleitung. **a** Die Membran von Neuronen hat Eigenschaften eines Kondensator-Widerstands-Elements. An der Lipiddoppelschicht können wie bei einem Kondensator Ladungen gespeichert werden. Gleichzeitig kann durch Ionenkanäle ein Strom fließen. Abhängig von der Zahl der geöffneten Kanäle hat die Zellmembran einen Widerstand. **b** Bei der passiven (elektrotonischen) Erregungsleitung führt ein Stromfluss (z. B. durch Öffnung von exzitatorischen Rezeptoren) dazu, dass sich lokal das Membranpotenzial ändert. Daraufhin wird das Membranpotenzial benachbarter Membranabschnitte ebenfalls verändert, es kommt zur passiven Weiterleitung. Durch geöffnete Kanäle fließende Leckströme reduzieren die Membranpotenzialänderung. Bei der elektrotonischen Erregungsleitung reduziert sich dadurch mit der Entfernung zum Ursprung der Membranpotenzialänderung deren Amplitude. Gleichzeitig führt eine hohe Kapazität der Membran zu einer Verlangsamung der Erregungsleitung und zu einem Verschleifen der Potenziale (sie flachen ab). EPSP: exzitatorisches postsynaptisches Potenzial

auf geschlossene und aktivierbare spannungsgesteuerte Na^+-Kanäle. Die Inaktivierung der gerade aktivierten Na^+-Kanäle und die Öffnung spannungsgesteuerter K^+-Kanäle verhindert die *antidrome* Erregungsleitung, der Bereich ist refraktär (▶ Abschn. 4.4).

Aktionspotenziale spielen allerdings nicht nur am Axon eine Rolle. Sogenannte rücklaufende Aktionspotenziale (engl. *back-propagating action potentials*) können sich vom Axonhügel über das Zellsoma in die Dendriten ausbreiten. Die rückläufige Erregungsleitung in die Dendriten beruht auf passiven (elektrotonisch) sowie aktiven (Aktivierung spannungsabhängiger Na^{+}- oder Ca^{2+}-Kanäle) Mechanismen. Die genaue Funktion der rücklaufenden Aktionspotenziale ist noch nicht geklärt. Es ist jedoch wahrscheinlich, dass sie durch die Depolarisation der Dendritenmembran den Mg^{2+}-Block der NMDA-Rezeptoren (▶ Abschn. 4.17) entfernen und somit die synaptische Signalübertragung beeinflussen.

4

4.6 Erregungsleitung entlang myelinisierter Axone

Die regenerative Erregungsleitung verhindert zwar die Reduktion der Amplitude des Aktionspotenzials, ist aber recht zeitaufwendig. Eine sehr schnelle Erregungsleitung ist damit deshalb nicht möglich. Damit Aktionspotenziale nicht nur über weite Distanzen, sondern auch sehr schnell fortgeleitet werden können, müssen aktive mit passiven Mechanismen kombiniert werden. Dies geschieht in markhaltigen (myelinisierten) Axonen. Die **Myelinisierung** ist eine elektrisch isolierende Schicht, die das Axon eng umschließt. Sie stammt nicht vom Neuron selbst, sondern wird von Gliazellen (Oligodendrocyten im zentralen, Schwann-Zellen im peripheren Nervensystem) gebildet, deren Membranausstülpungen spiralförmig um das Axon des Neurons wachsen (◻ Abb. 4.6). Mit zunehmendem Myelinisierungsgrad nimmt die Zahl der das Axon umhüllenden Lamellen zu.

Wie beeinflusst die Myelinisierung die Erregungsleitung? In ▶ Abschn. 4.5 haben wir erörtert, dass die Membran als Kondensator-Widerstands-Element angesehen werden kann. Myelin, das einen hohen Lipidanteil und einen relativ geringen Proteinanteil hat, übernimmt eine ähnliche Funktion wie die isolierende Plastikumhüllung um ein Stromkabel. Es erhöht den Membranwiderstand und reduziert die Kapazität des Kondensators. Der durch das Myelin erhöhte Membranwiderstand (Reduktion der Leckströme) verringert den Amplitudenabfall der elektrotonisch fortgeleiteten Aktionspotenziale. Die reduzierte elektrische Kapazität der Membran bewirkt, dass sich das Membranpotenzial bei einem Stromfluss deutlich schneller ändert. Dadurch können myelinisierte Axone die Aktionspotenziale auch wesentlich schneller als nicht myelinisierte (sog. marklose) Axone elektrotonisch fortleiten. Da sich mit der Dicke der Myelinschicht die Geschwindigkeit der Erregungsleitung erhöht, weisen insbesondere lange Axone, die Informationen sehr schnell leiten müssen, einen hohen Myelinisierungsgrad, d. h. eine dickere Myelinschicht auf. Dies betrifft zum Beispiel Axone von motorischen Neuronen im Cortex oder Rückenmark. Nicht oder wenig myelinisierte Axone könnten schnelle, koordinierte Bewegungsmuster nicht initiieren.

Die Myelinisierung kann aber die Amplitudenreduktion der Aktionspotenziale nicht komplett verhindern. Aus diesem Grund gibt es im Verlauf des Axons regelmäßig Unterbrechungen der Myelinisierung. Diese myelinfreien Axonbereiche bezeichnet man als **Ranvier-Schnürringe**, der myelinisierte Bereich zwischen zwei Schnürringen ist das **Internodium**. Im Bereich der Schnürringe gibt es in besonders hoher Dichte spannungsgesteuerte Na^{+}-Kanäle. Die Öffnung dieser Kanäle führt zur Regeneration des Aktionspotenzials. Während die elektrotonische Leitungsgeschwindigkeit im Bereich der Internodien sehr hoch ist, kommt es am Ranvier-Schnürring zu einer Verzögerung, da die Regeneration des Aktionspotenzials durch Öffnung der Na^{+}-Kanäle mehr Zeit in Anspruch nimmt. Die Erregungsleitung ist also nicht kontinuierlich, sondern das Aktionspotenzial springt quasi von Schnürring zu Schnürring. Man spricht deshalb von einer saltatorischen Erregungsleitung (◻ Abb. 4.6). Die maximale Erregungsleitungsgeschwindigkeit kann in myelinisierten Axonen $130\ m\ s^{-1}$ erreichen. Nicht myelinisierte Axone leiten dagegen nur mit einer Geschwindigkeit von $1–3\ m\ s^{-1}$.

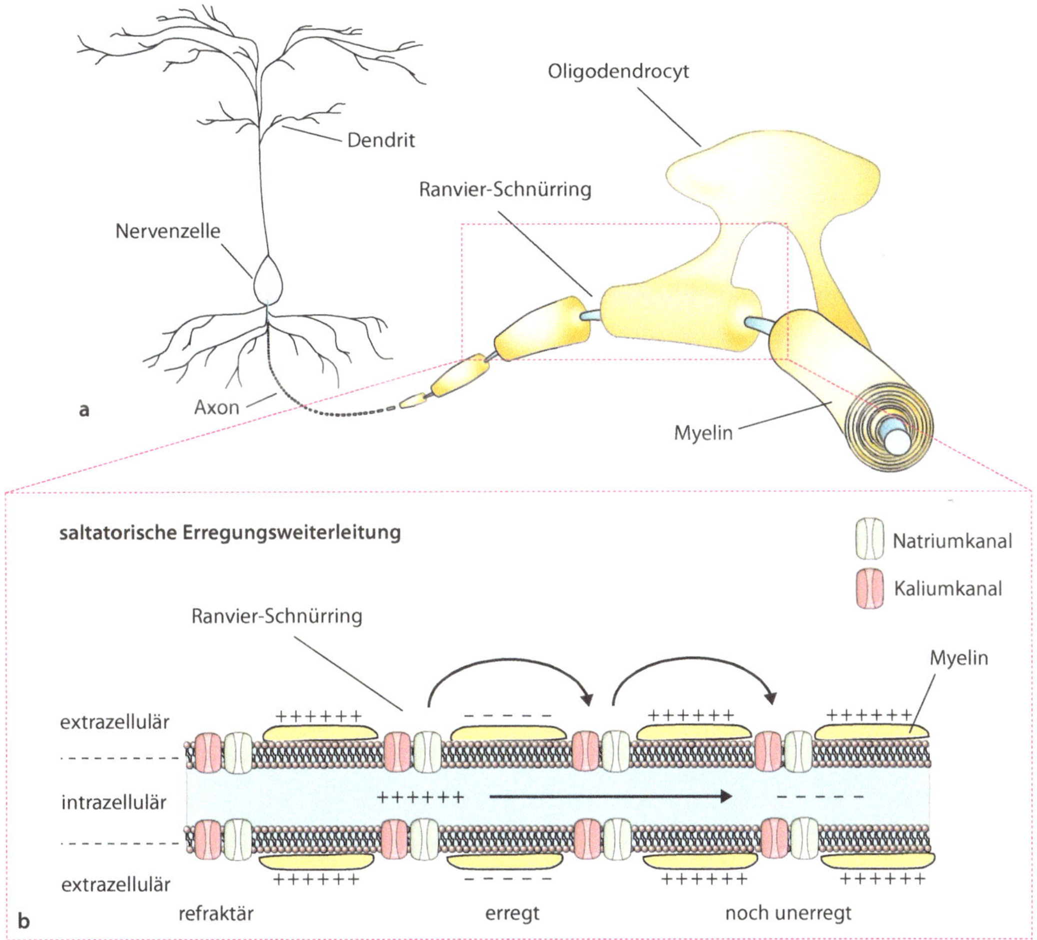

Abb. 4.6 Saltatorische Erregungsleitung. **a** Die Abbildung zeigt ein Neuron, dessen Axon von einer Myelinschicht überzogen ist. Die Myelinschicht, welche im ZNS von Oligodendrocyten gebildet wird, ist in regelmäßigen Abständen unterbrochen (Ranvier-Schnürring). Die Myelinisierung bewirkt, dass Aktionspotenziale schneller entlang des Axons weitergeleitet werden

Multiple Sklerose und Guillain-Barré-Syndrom

Bei der Multiplen Sklerose (Encephalomyelitis dissiminata) handelt es sich um eine entzündliche Erkrankung des zentralen Nervensystems, die mit einer Demyelinisierung von Axonen einhergeht. Die dadurch gestörte Erregungsleitung führt zu Ausfallerscheinungen wie Lähmungen, Sensibilitätsstörungen oder Sehstörungen. Da die Demyelinisierung an vielen verschiedenen Stellen des Gehirns auftritt (deshalb dissiminata), ist das Erkrankungsbild bunt. Patienten können beispielsweise gleichzeitig an einer Sehstörung des linken Auges, Taubheit des rechten Fußes und Koordinationsstörungen und Lähmungen beider Hände leiden. Wie bei einer demyelinisierenden Erkrankung zu erwarten, ist die Erregungsleitung verlangsamt, was mittels Elektroenzephalogramm (EEG) dokumentiert werden kann. Eine gängige Untersuchung bei

Multiplen-Sklerose-Patienten mit Sehstörungen ist beispielsweise eine EEG-Ableitung mit visueller Reizung. Kurz nach der visuellen Reizung kann über dem visuellen Cortex ein Signal detektiert werden, das allerdings, da es sehr klein ist, erst nach Mitteln von vielen EEG-Ableitungen sichtbar wird. Signale, die unabhängig vom Reiz sind, werden durch das Mitteln herausgefiltert. Das primäre cortikale visuell evozierte Potenzial tritt beim Gesunden nach ca. 100 ms auf, bei Patienten mit Sehstörungen ist eine Latenzverlängerung zu erwarten. Demyelinisierende Erkrankungen gibt es nicht nur im zentralen Nervensystem. Das Guillain-Barré-Syndrom z. B. ist eine entzündliche Erkrankung, bei der vom Körper produzierte Antikörper (Autoantikörper) gegen die Myelinscheide der peripheren Nerven gerichtet sind. Auch hier ist die Folge der Demyelinisierung eine verlangsamte Erregungsleitung, was zu Symptomen wie Lähmungen und Sensibilitätsstörungen führt.

4.7 Synaptische Übertragung

> So far as our present knowledge goes, we are led to think that the tip of a twig of the arborescence is not continuous with but merely in contact with the substance of the dendrite or cell body on which it impinges. Such a special connection of one nerve cell with another might be called a synapsis.
> Sir Charles Scott Sherrington 1897 (Foster 1897)

Der italienische Neuroanatom Camillo Golgi entwickelte Ende des 19. Jahrhunderts eine Silberfärbung, mit der er nicht das ganze Gewebe, sondern nur einzelne Zellen im Gehirn anfärben konnte. Diese Methode, von dem spanischen Neuroanatomen Santiago Ramón y Cajal später noch weiterentwickelt, ermöglichte zum ersten Mal eine Visualisierung der Anatomie von Neuronen. Golgi und Ramón y Cajal legten damit den Grundstein für eine moderne Neurowissenschaft und erhielten für ihre Leistungen 1906 den Nobelpreis. Beide Wissenschaftler zogen allerdings aus der Betrachtung der angefärbten Zellen sehr unterschiedliche Schlüsse. Die unterschiedlichen Hypothesen waren Ursache einer erbitterten Gegnerschaft der beiden Wissenschaftler. Die Reticular-Theorie Golgis besagte, dass Nervengewebe ein Netzwerk, ein „Reticulum", aus miteinander verbundenen Zellen ist. In der Tat können Neurone über Kanäle (engl. *gap junctions*) direkt miteinander verbunden sein. Solche Verbindungen sind aber eher die Ausnahme. Vielmehr sind Neurone, wie von Ramón y Cajal vermutet, voneinander getrennt, auch wenn sie räumlich in sehr engem Kontakt zueinander stehen. Erst in den 1950er-Jahren wurde der Streit durch die Entwicklung der Elektronenmikroskopie zugunsten der Neuronentheorie entschieden. Diese Mikroskopie ist so hochauflösend, dass man mit ihr die sehr kleine Lücke (30–50 nm) zwischen Synapsenendköpfchen (**Axonterminale** bzw *twig of the arborescence*) des einen Neurons und Dendrit oder Zellkörper des zweiten Neurons sehen kann. Diese Kontaktstelle zwischen zwei Neuronen wurde von Charles Sherrington auf Vorschlag seines Kollegen Michael Foster und des Philologen Arthur Verrall als Synapse bezeichnet (Sherrington hatte zuerst *syndesm* als Begriff präferiert, ließ sich aber überzeugen, dass Synapse die bessere Wahl ist, u. a. da sich so ein besseres Adjektiv bilden lässt: synaptisch versus syndesmisch).

Heute wissen wir, dass an den Synapsen die neuronale „Kommunikation" zwischen präsynaptischem und postsynaptischem Neuron stattfindet. Man spricht von prä- und postsynaptisch, da die Kommunikation i. Allg. nur in eine Richtung geht: Das präsynaptische Neuron „spricht", das postsynaptische Neuron „hört zu". Dabei muss das elektrische Signal (das Aktionspotenzial) in ein chemisches Signal umgewandelt werden. Dafür setzt das präsynaptische Neuron Transmitter frei, die an Rezeptoren in der Membran des postsynaptischen Neurons binden, wodurch dieses erregt oder gehemmt wird. Die präsynaptische Transmitterfreisetzung wird durch das an der Axonterminale ankommende Aktionspotenzial ausgelöst. Dabei werden durch die Depolarisation der Zellmembran spannungsgesteuerte Ca^{2+}-Kanäle geöffnet. Das in die Axonterminale einströmende Ca^{2+} bindet an Synaptotagmin – ein Protein, das als Calciumsensor fungiert. Die Bindung von Ca^{2+} an Synaptotagmin wiederum initiiert über Aktivierung von Proteinen des sog. SNARE-Komplexes (u. a. Synaptobrevin, Syntaxin, SNAP25) die Fusion von Vesikeln, d. h. kleinen, mit Membran umhüllten Bläschen, mit der präsynaptischen Zellmembran. Durch die Fusion kommt es zur Freisetzung (Exocytose) der sich in den Vesikeln befindenden Transmittermoleküle in den synaptischen Spalt (◘ Abb. 4.7) (Jahn und Fasshauer 2012).

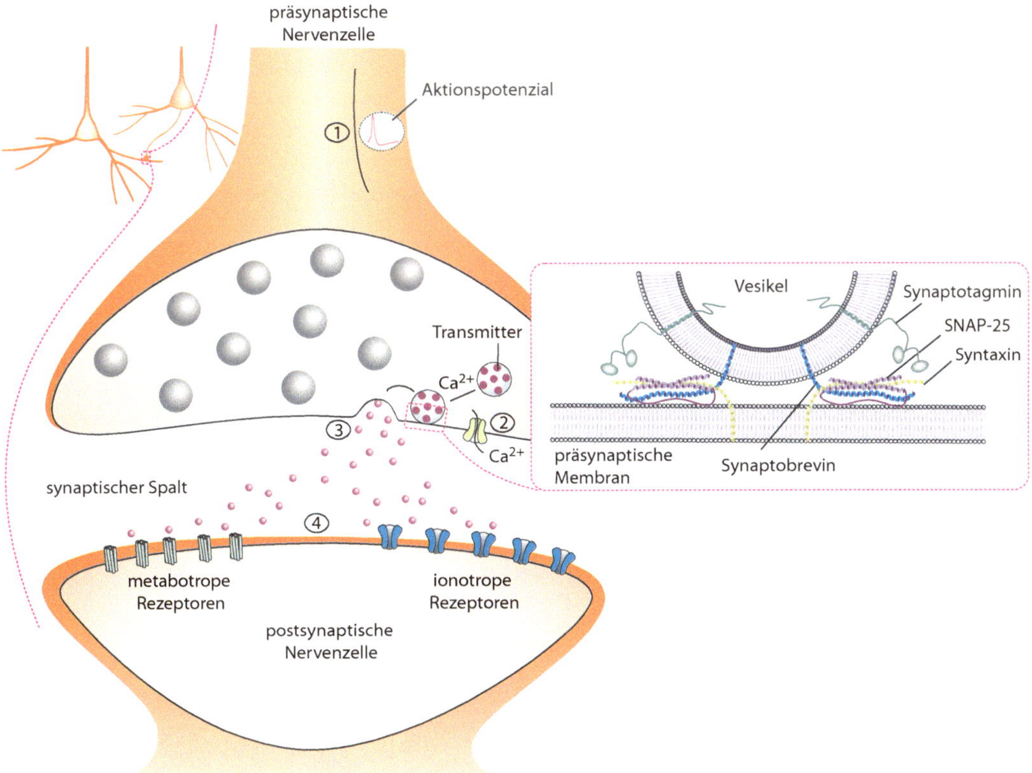

◘ **Abb. 4.7** Aufbau einer Synapse. Links oben: zwei Nervenzellen, die über eine Synapse miteinander verbunden sind. Mitte: vereinfachte Struktur der Synapse bestehend aus der Axonendigung der präsynaptischen Nervenzelle und dem sog. Dornfortsatz (engl. *spine*) der postsynaptischen Nervenzelle (Yuste 2015). Ein ankommendes Aktionspotenzial (1) führt zum Ca^{2+}-Einstrom über präsynaptische Ca^{2+}-Kanäle (2), was wiederum die Fusion der synaptischen Vesikel mit der präsynaptischen Membran und die darauffolgende Transmitterfreisetzung (3) einleitet. Die Transmittermoleküle binden dann spezifisch an ionotrope oder metabotrope Rezeptoren (4), die in der postsynaptischen Membran lokalisiert sind. Rechts: Struktur synaptischer Proteine, die an der Calcium-abhängigen Exocytose beteiligt sind. Das einströmende Ca^{2+} bindet an das Vesikelprotein Synaptotagmin. Als Folge davon bindet Synaptotagmin an die präsynaptische Membran und an den SNARE-Komplex, welcher aus dem Vesikelprotein Synaptobrevin und den beiden Proteinen der synaptischen Membran, Syntaxin und SNAP-25, gebildet wird. Der SNARE-Komplex trägt zur Verschmelzung der Vesikelmembran mit der benachbarten präsynaptischen Membran bei (Jahn und Fasshauer 2012)

Präsynaptische Vesikel beinhalten mehrere Tausend Neurotransmittermoleküle. Die Diffusion des Neurotransmitters durch den synaptischen Spalt zur postsynaptischen Membran geschieht in einem Bruchteil einer Millisekunde. In der Membran des postsynaptischen Neurons befinden sich Rezeptoren, an welche die Transmittermoleküle binden und dadurch ihre Wirkung entfalten.

Tetanus und Botulismus

Die Proteine des SNARE-Komplexes spielen eine entscheidende Rolle für die Symptome des Wundstarrkrampfes (Tetanus) und des Botulismus (Fleischvergiftung). In beiden Fällen werden von Bakterien (*Clostridium tetani* und *Clostridium botulinum*) Gifte produziert (Tetanustoxin und Botulinustoxin), die Proteine des SNARE-Komplexes spalten.
Tetanusbakterien kommen ubiquitär (vor allem im Erdreich) vor. Zu einer Infektion kommt es beispielsweise nach einer Verletzung an einem Holzsplitter. Ist die Verletzung tief, können sich die Bakterien insbesondere in einem anaeroben (d. h. sauerstoffarmen) Milieu gut vermehren und Tetanustoxin bilden. Dieses wird über Axone von Motoneuronen retrograd ins Rückenmark transportiert, wo es in hemmenden Neuronen seine Wirkung entfaltet. Über die Spaltung von Synaptobrevin inhibiert es die synaptische Übertragung zwischen den hemmenden Neuronen und Motoneuronen. Die reduzierte Hemmung der Motoneurone führt zu einer verstärkten Aktivierung von Muskeln und damit zu den namensgebenden Krämpfen. Die akute Behandlung besteht aus einer Wundsanierung, antibiotischen Behandlung und Gabe von Antitoxin (Antikörper gegen Tetanustoxin). Ein guter Schutz wird durch eine aktive Impfung gewährleistet, bei der die Gabe von Tetanustoxoid (inaktiviertes Tetanustoxin) eine Produktion von schützenden Antikörpern induziert.
An Botulismus erkrankt man i. Allg. aufgrund einer Vergiftung mit Nahrungsmitteln, meist Fleisch oder Wurst, in denen sich durch unsachgemäße Lebensmittelhygiene Botulinumbakterien vermehren. Typischerweise sind das selbst eingekochte Konserven, die nicht mit Überdruck und Temperaturen von über 100 °C sterilisiert wurden. In diesen können sich die ebenfalls anaeroben Bakterien bestens vermehren und Botulinustoxin bilden. Dieses wird dann beim Verzehr aufgenommen und gelangt in Motoneurone, wo es, wie auch Tetanustoxin, u. a. Synaptobrevin spaltet und dadurch die Übertragung von Motoneuron auf Muskel inhibiert. Lähmungen sind die Folge. Neben symptomatischer Therapie (z. B. Beatmung bei Atemlähmung) ist die Gabe von Antitoxin (Antikörper gegen Botulinustoxin) indiziert. In der ästhetischen Medizin ist der Einsatz von Botulinustoxin als Anti-Aging-Substanz weit verbreitet. Dort ist es als Botox bekannt und wird vor allem im Gesichtsbereich injiziert, was zur Erschlaffung von Muskeln und damit zum vorübergehenden Verschwinden von Falten führt.

4.8 Motorische Endplatte

Die motorische Endplatte ist eine Sonderform der Synapse, da sie nicht die Kommunikation zwischen zwei Neuronen, sondern zwischen Neuron und Skelettmuskelzelle ermöglicht. Die Prinzipien der chemischen Übertragung sind aber ähnlich wie bei Synapsen zwischen zwei Neuronen. Der Neurotransmitter der motorischen Endplatte ist Acetylcholin, der postsynaptisch an **nicotinerge Acetylcholinrezeptoren** der Muskelzelle bindet. Diese sind ionotrope Rezeptoren (im Unterschied zu den *muscarinergen* Acetylcholinrezeptoren;

► Abschn. 4.10), durch die bei Bindung des Transmitters Ionen strömen können, wodurch die Muskelzelle depolarisiert wird. Das resultierende Aktionspotenzial führt zu einer Freisetzung von Ca^{2+}-Ionen aus dem sarkoplasmatischen Retikulum, was wiederum die Kontraktion der Muskelzelle zur Folge hat (elektromechanische Kopplung). Acetylcholin wird im synaptischen Spalt innerhalb kürzester Zeit durch das Enzym Acetylcholin-Esterase zu Cholin und Acetat gespalten, was die Dauer des chemischen Signals und damit auch der Muskelkontraktion begrenzt.

4.9 Elektrische Synapsen

Camillo Golgi hatte nicht ganz unrecht, als er postulierte, dass Nervenzellen ein Syncytium bilden, bei dem Neurone direkt miteinander verbunden sind. Die räumliche Trennung von Neuronen, die über chemische Synapsen miteinander kommunizieren, ist zwar die Regel, dennoch können Neurone auch direkte Verbindungen über **Gap Junctions** bilden (◘ Abb. 4.8; Bennett und Zukin 2004). Dies sind Kanäle, die aus Connexinen gebildet werden. Sechs Connexine bilden ein Connexon, die miteinander verbundenen Zellen haben jeweils ein Connexon, die zusammen eine Gap Junction bilden. Gap Junctions kommen in vielen Geweben vor (Herz, Leber, Darm, Gefäße), wo sie u. a. einen direkten Stoffaustausch zwischen benachbarten Zellen ermöglichen. Der Durchmesser der Gap Junctions limitiert den Stoffaustausch allerdings auf kleine Moleküle bis zu einer Größe von ca. 500–1000 Da. Das ermöglicht beispielsweise einen Austausch von Second Messengers wie cAMP oder Ca^{2+}. Im Gehirn exprimieren vor allem Gliazellen Gap Junctions. Die direkte Verbindung zwischen Neuronen über Gap Junctions ist bei wirbellosen Tieren vergleichsweise häufiger als bei Wirbeltieren. Gap Junctions erlauben nicht nur einen Stoffaustausch, sondern auch die direkte elektrische Kommunikation zwischen den beiden Neuronen. Man bezeichnet sie deshalb auch als elektrische Synapsen. Im Unterschied zu chemischen Synapsen ist die Kommunikation bidirektional. Da die Umwandlung des elektrischen Signals in ein chemisches Signal wegfällt, sind elektrische Synapsen auch wesentlich schneller. Eine Depolarisation in einem Neuron wird also mit minimaler Zeitverzögerung eine Depolarisation in einem über elektrische Synapsen verbundenen Neuron verursachen. Wenn viele Neurone miteinander über Gap Junctions verbunden sind, kann die Aktivität dieses Neuronenverbundes durch die elektrischen Synapsen synchronisiert werden. Die synchrone Aktivität von Interneuronen spielt z. B. eine Rolle für die Generierung von oszillatorischer Aktivität im Gehirn.

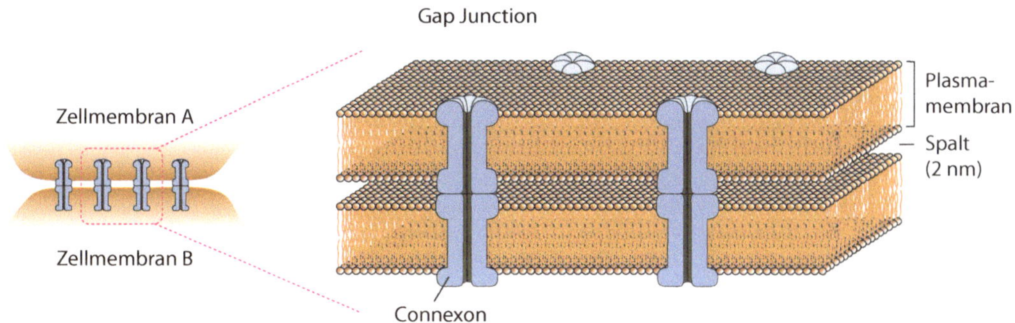

◘ **Abb. 4.8** Elektrische Synapsen. Links: Die Plasmamembranen zweier Zellen sind über Gap Junctions verbunden. Rechts: Schematische Darstellung eines Querschnitts durch die prä- und postsynaptischen Plasmamembran mit Connexonen

4

4.10 Ionotrope Rezeptoren

Ionotrope Rezeptoren sind Membranproteine, die nicht nur Neurotransmitter binden, sondern auch einen Ionenkanal bilden. Die Bindung des Neurotransmitters auf der extrazellulären Membranseite führt zu einer Strukturänderung des Proteins, wodurch sich der Ionenkanal öffnet. Abhängig vom Membranpotenzial strömen durch den Kanal Ionen in die Zelle ein bzw. aus der Zelle heraus; es fließt also ein Strom. Ionotrope Rezeptoren sind aber nicht für alle Ionen gleich permeabel. Ionotrope **Glutamatrezeptoren** und **Acetylcholinrezeptoren** sind Beispiele für transmittergesteuerte Kationenkanäle. Die Bindung von Glutamat oder Acetylcholin öffnet Kanäle, die permeabel für Na^+- und K^+-Ionen sind. Abhängig vom Membranpotenzial kommt es zu einem Einstrom und Ausstrom von Na^+- und K^+-Ionen (◘ Abb. 4.9). Bei einem Ruhemembranpotenzial von −70 mV überwiegt der Einstrom von Na^+-Ionen gegenüber dem Ausstrom von K^+-Ionen, sodass es netto zu einem Einwärtsstrom und damit zu einer Depolarisation des Neurons kommt. Das Membranpotenzial nähert sich damit dem Schwellenpotenzial für Aktionspotenziale. Glutamat und Acetylcholin sind dementsprechend exzitatorische (erregende)

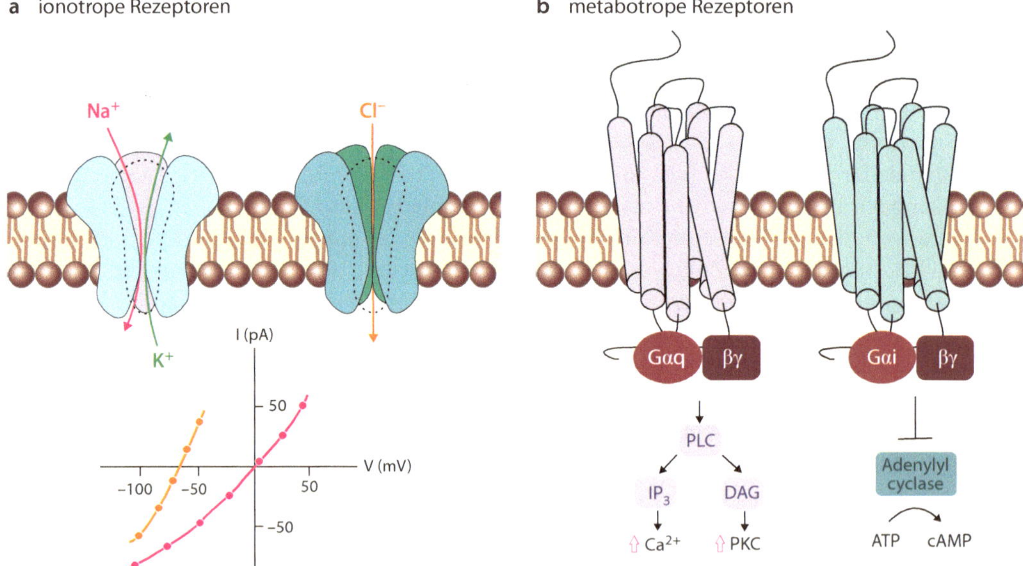

◘ **Abb. 4.9** Ionotrope und metabotrope Rezeptoren. **a** Aufbau und Stromspannungskurven ionotroper Rezeptoren. Ionotrope Glutamatrezeptoren und Acetylcholinrezeptoren (links) sind (exzitatorische) Kationenkanäle, die nach Bindung durch einen Neurotransmitter öffnen und zu einer Membrandepolarisation führen. Die Depolarisation ist hierbei hauptsächlich durch die einströmenden Natrium-Ionen getragen. Wie an der Stromspannungskurve abzulesen, liegen die Umkehrpotenziale von Glutamatrezeptoren in der Regel um 0 mV. Bei Membranspannungen unter 0 mV überwiegt der Natriumeinstrom, d. h. die Zelle depolarisiert, bei Membranspannungen über 0 mV überwiegt der Kaliumausstrom, und es kommt zu einer Hyperpolarisation. Physiologisch wichtig ist hier jedoch vor allem die depolarisierende Wirkung, da Membranspannungen über 0 mV an der Synapse in der Regel nicht erreicht werden. $GABA_A$-Rezeptoren leiten Cl^--Ionen, das heißt eine Öffnung des Kanals führt in der Regel zu einer Hyperpolarisation der Zelle. **b** Aufbau und intrazelluläre Signalkaskaden metabotroper Rezeptoren. Metabotrope Rezeptoren unterscheiden sich in ihrer Wirkung vor allem durch das an den Rezeptor gekoppelte G-Protein. G_q-gekoppelte Rezeptoren erhöhen über Aktivierung der Phospholipase C die intrazellulären Ca^{2+}-Spiegel und stimulieren die Aktivität der Proteinkinase C. G_i-gekoppelte Rezeptoren hemmen die Adenylat-Cyclase und erhöhen dadurch den intrazellulären cAMP-Level

Neurotransmitter, und die Neurone, die diese Transmitter freisetzen, exzitatorische Neurone. Die inhibitorischen (hemmenden) Neurotransmitter γ-Aminobuttersäure (GABA) und Glycin binden dagegen an transmittergesteuerte Anionenkanäle, die permeabel für Cl^--Ionen sind. Der Einstrom von Cl^--Ionen durch **GABA$_A$-Rezeptoren** oder **Glycinrezeptoren** in die Zelle führt zu einer Hyperpolarisation und damit zu einer Hemmung des Neurons.

4.11 Metabotrope Rezeptoren

Die Wirkung der Bindung eines Neurotransmitters an metabotrope Rezeptoren ist indirekter als die an ionotrope Rezeptoren. Metabotrope Rezeptoren sind keine Kanäle, sondern entfalten ihre Wirkung über die Aktivierung intrazellulärer Signalkaskaden und Änderung der Konzentration intrazellulärer Botenstoffe (Second Messengers). Primär aktivieren sie Proteine auf der intrazellulären Seite. Viele Neurotransmitter binden an G-Protein-gekoppelte metabotrope Rezeptoren. Die Bindung des Neurotransmitters an diese Rezeptoren führt zur Aktivierung des Guanosintriphosphat-(GTP-)bindenden Proteins (kurz G-Proteins), welches selbst wieder aus drei Untereinheiten aufgebaut ist (α-, β- und γ-Untereinheit). Die Folge dieser Aktivierung hängt davon ab, welches G-Protein an den Rezeptor gekoppelt ist. Beispielsweise sind metabotrope Glutamatrezeptoren, von denen es acht Unterformen gibt ($mGluR_1$–$mGluR_8$), entweder G_q-gekoppelt oder G_i-gekoppelt. Die Aktivierung der G_q-gekoppelten Rezeptoren ($mGluR_1$ und $mGluR_5$) führt zur Aktivierung einer Signalkaskade, die schließlich in der Aktivierung der Proteinkinase C und der Freisetzung von Ca^{2+}-Ionen aus dem endoplasmatischen Retikulum mündet. Die Aktivierung der G_i-gekoppelten Rezeptoren ($mGluR_{2-4}$ und $mGluR_{6-8}$) hemmt hingegen die Adenylat-Cyclase und reduziert dadurch die intrazelluläre Konzentration des Second Messengers cAMP. Die Folgen der Ca^{2+}- oder cAMP-Konzentrationsänderung und der Aktivierung der Proteinkinase C sind komplex und abhängig vom Neuronentyp.

Ein weiteres Beispiel für einen metabotropen Rezeptor ist der GABA$_B$-Rezeptor. Im Unterschied zum GABA$_A$-Rezeptor, der als ionotroper Kanal bei Öffnung das Neuron über einen Cl^--Ioneneinstrom hemmt, handelt es sich beim GABA$_B$-Rezeptor um einen mit einem G-Protein gekoppelten metabotropen Rezeptor. Die Bindung von GABA an den GABA$_B$-Rezeptor führt über Aktivierung des G-Proteins postsynaptisch zu einer Öffnung von K^+-Kanälen. Der Ausstrom von K^+-Ionen aus der Zelle hyperpolarisiert die Zelle (insofern ihr Membranpotenzial weniger negativ als das Gleichgewichtspotenzial für K^+ ist), es kann ein IPSP bzw. ein IPSC (▶ Abschn. 4.12–4.14) gemessen werden. Metabotrope Rezeptoren (das Gleiche trifft auch in gewissem Maße für ionotrope Rezeptoren zu) werden aber nicht nur postsynaptisch exprimiert. Man findet sie auch präsynaptisch, wo beispielsweise die Aktivierung von mGluRs oder GABA$_B$-Rezeptoren die Wahrscheinlichkeit reduziert, dass Neurotransmitter freigesetzt werden. Die übermäßige Transmitterfreisetzung kann so über präsynaptische Rezeptoren verhindert werden. Die Wirkung von metabotropen Rezeptoren hält deutlich länger an als die von ionotropen Rezeptoren. So kann ein von einem GABA$_B$-Rezeptor vermitteltes IPSP eine Sekunde andauern, während ein GABA$_A$-Rezeptor-vermitteltes IPSP dagegen eine rund 50-fach schnellere Kinetik hat. Metabotropen Rezeptoren wird daher auch eine signalmodulierende Wirkung zugesprochen.

4.12 Exzitatorische und inhibitorische postsynaptische Potenziale

Der Einfluss, den ein präsynaptisches Neuron auf ein postsynaptisches Neuron ausübt, ist davon abhängig, welcher Neurotransmitter freigesetzt wurde und welche Rezeptoren das postsynaptische Neuron auf seiner Membran trägt. Exzitatorische Transmitter, wie

4

Glutamat und Acetylcholin, führen über Bindung an ihre spezifischen ionotropen Rezeptoren i. Allg. zu einer Membrandepolarisation, inhibitorische Transmitter zu einer Hyperpolarisation. Exzitatorische postsynaptische Potenziale (EPSPs) und inhibitorische postsynaptische Potenziale (IPSPs) sind also Potenziale, die das Membranpotenzial dem Schwellenpotenzial für das Auslösen eines Aktionspotenzials entweder näherbringen oder entfernen. Die Ströme, die einem EPSP und IPSP zugrunde liegen, werden als EPSC und IPSC bezeichnet (engl. *excitatory* oder *inhibitory postsynaptic currents*). EPSPs, IPSPs, EPSCs und IPSCs sind nur von kurzer Dauer (wenige Millisekunden), da sich die Neurotransmitter sehr schnell wieder von den Rezeptoren lösen und aus der Synapse diffundieren (◘ Abb. 4.10). Die Wirkungsdauer der Neurotransmitter wird außerdem dadurch begrenzt, dass sie entweder sehr schnell abgebaut werden (z. B. Acetylcholin durch die Acetylcholin-Esterase) oder durch Aufnahme in Neurone oder Gliazellen beseitigt werden.

4.13 mEPSPs und mIPSPs

Die Amplitude von EPSPs und IPSPs hängt von der Neurotransmitterkonzentration in den Vesikeln, der Zahl der auf ein Aktionspotenzial exocytierten Vesikel sowie der Zahl der postsynaptischen Rezeptoren ab. Sogenannte Miniatur-EPSPs und Miniatur-IPSPs (engl. *miniature-EPSPs* oder *miniature-IPSPs* bzw. *mEPSPs* und *mIPSPs*) kommen zustande, wenn nur ein Vesikel mit der präsynaptischen Membran fusioniert. Die in diesem Zusammenhang entwickelte Quantenhypothese besagt, dass die Amplituden der EPSPs und IPSPs bei Freisetzung mehrerer Vesikel ganzzahlige Vielfache der Amplituden

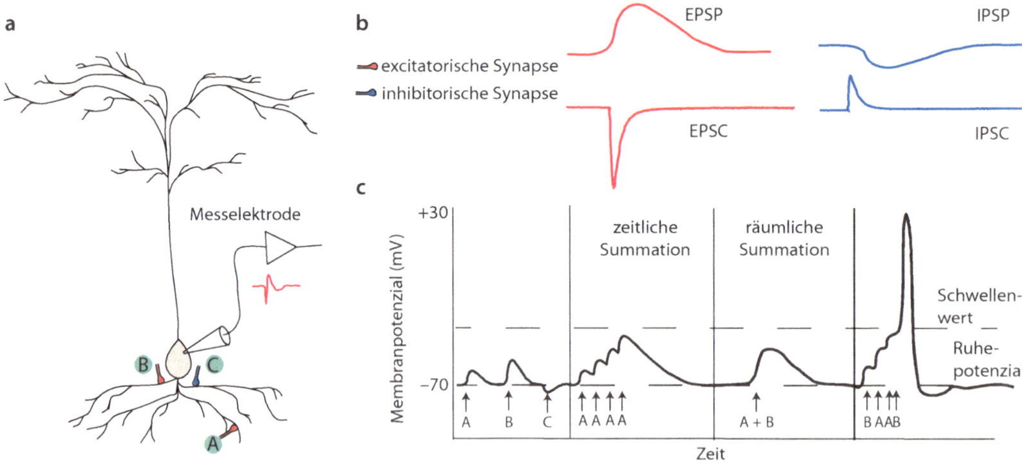

◘ **Abb. 4.10** Exzitatorische und inhibitorische Ströme und Potenziale. **a** Exzitatorische und inhibitorische Synapsen befinden sich im gesamten Dendritenbaum, am Zellkörper setzen häufig inhibitorische Synapsen an. **b** Exzitatorische und inhibitorische postsynaptische Ströme (EPSC und IPSC) sowie exzitatorische und inhibitorische postsynaptische Potenziale (EPSP und IPSP) resultieren aus der Aktivierung der exzitatorischen und inhibitorischen Synapsen. **c** Die Aktivierung einzelner exzitatorischer und inhibitorischer Synapsen ändert das Membranpotenzial meist nur wenig. Bei wiederholter Aktivierung einer Synapse in einem kurzen Zeitraum führt eine zeitliche Summation zu einer größeren Änderung des Membranpotenzials. Bei Aktivierung mehrerer Synapsen kommt es zur Summation der einzelnen Potenzialänderungen (räumliche Summation). Wenn viele Synapsen in einem kurzen Zeitraum aktiv sind, kann durch die räumliche und zeitliche Summation eine Potenzialänderung zustande kommen, die überschwellig ist, sodass ein Aktionspotenzial gebildet wird

der mEPSPs und mIPSPs sind.[1] Dabei stellen die mEPSPs und mIPSPs als kleinste und nicht teilbare Antworten die sog. „Quanten“ dar. Die Quantenhypothese wurde aufgrund von Beobachtungen an der motorischen Endplatte von Bernard Katz postuliert. Die motorische Endplatte ist die Synapse zwischen Motoneuron und Muskel. Das Motoneuron setzt als Transmitter Acetylcholin frei, das an nicotinerge Actelycholinrezeptoren in der Membran der Muskelzelle bindet. Die Depolarisation in Antwort auf Exocytose eines Acetylcholinvesikels wird hier als Miniatur-Endplattenpotenzial (mEPSPs) bezeichnet. Bernard Katz bemerkte, dass die Amplituden der Depolarisation der Muskelzellen ganzzahlige Vielfache dieses mEPSPs sind.

mEPSPs und mIPSPs sowie die ihnen zugrunde liegenden Ströme (mEPSCs und mIPSCs) kann man mit einem methodischen Trick sichtbar machen. Dabei werden spannungsgesteuerte Na^+-Kanäle mit dem von Kugelfischen der Familie Tetraodontidae stammenden Tetrodotoxin (TTX) blockiert. Dies verhindert die Aktionspotenzialgenerierung und damit die durch Aktionspotenziale ausgelöste Exocytose von Vesikeln. In seltenen Fällen kommt es aber dennoch zur Fusion eines Vesikels mit der präsynaptischen Membran. Da diese Fusion nicht durch ein Aktionspotenzial ausgelöst ist, findet keine zeitlich koordinierte Exocytose mehrerer Vesikel statt. Die Antwort der Transmittermoleküle des einen Vesikels kann dann als mEPSP, mIPSP, mEPSC oder mIPSC im postsynaptischen Neuron gemessen werden. Die Analyse dieser kleinsten Antworten ist vor allem aus zwei Gründen interessant: Zum einen korreliert die Frequenz, mit der sie auftreten, mit der Zahl der Synapsen des postsynaptischen Neurons, und zum anderen korreliert die Amplitude der Antworten mit der Zahl der Rezeptoren pro Synapse.

1 Trotz der Begriffsähnlichkeit hat die Quantenhypothese aber primär nichts mit quantenphysikalischen Phänomenen zu tun.

4.14 Integration von EPSPs und IPSPs

Ein einzelnes EPSP ist normalerweise nicht in der Lage, ein Neuron soweit zu depolarisieren, dass am Axonhügel das Schwellenpotenzial erreicht wird und das Neuron ein Aktionspotenzial bildet. Vielmehr führt eine Verrechnung (Integration) von vielen EPSPs und IPSPs zu einer ständigen Schwankung des Membranpotenzials. Ein präsynaptisches Neuron bildet häufig mehrere Synapsen mit einem postsynaptischen Neuron. Dennoch reicht auch die Aktivität eines einzelnen präsynaptischen Neurons i. Allg. nicht aus, um ein Aktionspotenzial in einem postsynaptischen Neuron auszulösen. Es ist die mehr oder minder koordinierte Aktivität von mehreren exzitatorischen Neuronen notwendig, damit das postsynaptische Neuron das Schwellenpotenzial erreicht. Das liegt zum einen daran, dass ein Aktionspotenzial nicht in jeder Synapse zu einer Freisetzung von Vesikeln führt (die Präsynapse ist nicht besonders zuverlässig, ▶ Abschn. 4.16), und zum anderen daran, dass ein einzelnes EPSP das Membranpotenzial nur wenig ändert. Lokal an der Synapse hat ein EPSP häufig schon eine kleine Amplitude. Bei einer elektrotonischen (also rein passiven) Signalweiterleitung von den dendritischen Synapsen in Richtung Zellkörper würde sich die Amplitude noch weiter verringern (▶ Abschn. 4.6) und die resultierende Depolarisation am Axonhügel sehr klein sein (in der Tat liegt sie bei rund 1 mV). Weiter vom Soma entfernte Synapsen hätten somit einen Nachteil und ein geringeres Gewicht in der Generierung der Aktionspotenziale als näher am Axonhügel befindliche Synapsen. Distal entstehende EPSPs oder IPSPs können aber dennoch eine relevante Rolle spielen, da ihre Amplitude am Entstehungsort entweder relativ groß ist oder indem sie dendritische spannungsabhängige Na^+- und Ca^{2+}-Kanäle aktivieren.

Trotz dieser Verstärkungsmechanismen, kann man sich vorstellen, dass bei einem Ruhemembranpotenzial von etwa −70 mV eine Summation vieler EPSPs notwendig ist, um ein Schwellenpotenzial von ca. −50 mV zu erreichen (◘ Abb. 4.10). Dabei können die aktiven Synapsen weit voneinander getrennt in unterschiedlichen Dendriten liegen. Die EPSPs werden letztlich am Axonhügel aufsummiert. Neben dieser **räumlichen Summation** gibt es auch eine zeitliche Summation (und Kombinationen aus räumlicher und zeitlicher Summation). Eine **zeitliche Summation** von EPSPs findet dann statt, wenn diese nicht zur gleichen Zeit durch synaptische Aktivität ausgelöst werden. Für eine Summation von EPSPs müssen diese nur in einem zeitlich überlappenden Zeitfenster stattfinden, eine exakt koordinierte synaptische Aktivität ist nicht notwendig (◘ Abb. 4.10). Ein im gleichen Zeitfenster eintreffendes IPSP wird die resultierende Depolarisation und damit die Wahrscheinlichkeit, dass ein Aktionspotenzial gebildet wird, wieder reduzieren. Inhibitorische Synapsen findet man zwar im Verlauf der gesamten Dendriten, in besonders hoher Dichte aber am Zellkörper, also in strategisch günstiger Nähe zum Axonhügel. Dort sind sie ideal positioniert, um die Bildung von Aktionspotenzialen effektiv zu verhindern.

Inhibitorische Transmitter wie GABA können im Übrigen ein Neuron auch dann hemmen, wenn die Öffnung ihrer Rezeptoren zu keinem IPSP führt. Das Umkehrpotenzial für Cl^--Ionen ist dem Ruhemembranpotenzial recht nahe. Wenn das Umkehrpotenzial gleich dem Ruhemembranpotenzial ist, wird die Öffnung von Cl^--permeablen Kanälen zu keinem IPSP führen. Es gibt Neurone, deren Ruhemembranpotenzial sogar negativer als das Umkehrpotenzial für Cl^--Ionen ist. In diesem Fall führt die Öffnung der Cl^--permeablen Kanäle sogar zu einer Depolarisation des Neurons (formal kann man dann ein EPSPs in elektrophysiologischen Untersuchungen messen). Im Allgemeinen wird das Neuron trotzdem durch die Öffnung von Cl^--permeablen Kanälen (z. B. $GABA_A$-Rezeptoren) inhibiert. Das liegt zum einen daran, dass das Umkehrpotenzial für Cl^--Ionen negativer als das Schwellenpotenzial ist. Sobald das Membranpotenzial durch EPSPs dem Schwellenpotenzial nahe kommt und das Membranpotenzial dann weniger negativ als das Umkehrpotenzial für Cl^--Ionen ist, wird die Öffnung der Cl^--permeablen Kanäle wieder ein IPSP auslösen. Zum anderen reduziert die Öffnung der Cl^--permeablen Kanäle den Membranwiderstand. In ► Abschn. 4.6 haben wir erwähnt, dass die Amplitude von Membranpotenzialänderungen vom Membranwiderstand abhängt. Je niedriger dieser ist, z. B. wenn viele K^+-Kanäle offen sind, die Leckströme verursachen, desto kleiner wird die Membranpotenzialänderung ausfallen. Auf ganz ähnliche Weise reduzieren offene Cl^--permeable Kanäle die Amplitude von EPSP, selbst wenn die Cl^--permeablen Kanäle selbst kein IPSP auslösen oder sogar das Neuron depolarisieren. Man spricht in diesem Fall von ***shunting inhibition***.

Elektroenzephalographie

Mithilfe der Elektroenzephalografie (EEG) wird elektrische Hirnaktivität über Elektroden, die auf der Kopfhaut angebracht sind, grafisch aufgezeichnet. Dabei leitet man Potenzialschwankungen von vielen, insbesondere cortikalen Neuronen ab (keine Aktionspotenziale, sondern vor allem Potenziale, die durch synaptische Aktivität zustande kommen). Abhängig vom Wachheits- bzw. Bewusstseinszustand synchronisiert sich die Aktivität von Populationen an Neuronen. Diese synchrone Aktivität spiegelt sich in oszillatorischen EEG-Signalen wieder. Das Frequenzspektrum des EEGs kann mittels Fourier-Analyse quantitativ analysiert werden. Meistens wird aber die vorherrschende Frequenz vom erfahrenen Untersucher direkt vom EEG abgelesen. α-Wellen (alpha-Wellen; 8–13 Hz) findet man im EEG als dominante Frequenz beim wachen und entspannten Menschen mit geschlossenen Augen (vor allem über dem Hinterhauptscortex). Bei Augenöffnen oder geistiger Anspannung kommt es zu einer Desynchronisierung, schnellere β-Wellen (beta-Wellen; 13–30 Hz) ersetzten die α-Wellen (α-Blockierung; Arousal-Reaktion). Im Schlaf verlangsamt sich die dominante EEG-Frequenz, es werden ϑ-Wellen (theta-Wellen; 4–7 Hz) und mit zunehmender Schlaftiefe δ-Wellen (delta-Wellen; 0,5–3 Hz) beobachtet. Die langsamen Frequenzen erklären sich dadurch, dass mit abnehmendem Wachheits- bzw. Bewusstseinszustand der Thalamus den Rhythmus cortikaler Aktivität bestimmt, was zur synchronen Aktivität großer Neuronenpopulationen führt. Mit der Zahl der synchron aktiven Neuronen wächst auch die Amplitude der aufgezeichneten Potenzialschwankungen. δ-Wellen haben demnach i. Allg. eine höhere Amplitude als β-Wellen. γ-Wellen (Gamma-Wellen; 30–80 Hz) treten im wachen und aufmerksamen Zustand auf, haben aber so kleine Amplituden, dass man für ihre Analyse meist intrakortikale EEG-Aufzeichnungen benötigt. Die Sensitivität des intrazerebralen EEGs ist so gut, dass man auch Aktionspotenziale einzelner Neuronen erfasst. Damit kann beispielsweise die Einzelzellaktivität von über hundert Neuronen simultan aufgezeichnet und mit bestimmten Verhaltensmustern in Korrelation gesetzt werden. Intracerebrale EEGs kommen nicht nur in Tierversuchen im Rahmen der Grundlagenforschung zum Einsatz, sondern werden auch bei Epilepsiepatienten im Rahmen der präoperativen Diagnostik durchgeführt. EEGs haben insgesamt in der Epilepsiediagnostik einen besonderen Stellenwert. Analysiert werden dabei vom Neurologen neben dem Frequenzspektrum vor allem die Formen der Potenzialschwankungen. Während eines epileptischen Anfalls zeigt sich die synchrone Aktivität großer Neuronenpopulationen an den hochamplitudigen Potenzialschwankungen. Im anfallsfreien Intervall weisen charakteristische Potenzialschwankungen (epilepsietypische Potenziale; z. B. *spike-waves*) auf das Vorliegen der Erkrankung hin. Auch in der Hirntoddiagnostik kommt das EEG zum Einsatz. Hier deuten fehlende Potenzialschwankungen (Null-Linien-EEG) auf die irreversible Hirnschädigung bzw. den Hirntod hin.

4.15 Synaptische Kurzzeitplastizität

Die Stärke der Kommunikation zwischen präsynaptischem und postsynaptischem Neuron ist veränderlich. Diese Veränderlichkeit ist Grundlage für adaptive Prozesse, Lernen und Gedächtnisbildung. Unterschiedliche Mechanismen führen dazu, dass die Amplitude postsynaptischer Antworten für kurze, aber auch sehr lange Zeit zu- oder abnimmt. Wenn die Änderung nur kurze Zeit anhält (wenige Sekunden), spricht man von Kurzzeitplastizität.

Kurzzeitplastizität bezeichnet die Veränderung der synaptischen Antworten, wenn eine Synapse in einem kurzen Zeitraum mehrmals aktiv ist, z. B. wenn das präsynaptische Neuron mit einer Frequenz von 10 Hz feuert. Dabei kann sich die Amplitude der Antworten vergrößern oder verringern (■ Abb. 4.11). Man spricht von synaptischer **Fazilitierung** bzw. **Depression.** Es gibt präsynaptische und postsynaptische Mechanismen, die zu einer kurz anhaltenden Änderung der synaptischen Stärke führen. Auf der präsynaptischen Seite führt eine hochfrequente Aktivität i. Allg. zu einer Änderung der Wahrscheinlichkeit, dass ein mit Transmitter gefülltes Vesikel freigesetzt wird. In Synapsen, bei denen die Wahrscheinlichkeit sehr hoch ist, dass es zu einer Freisetzung kommt, reduziert sich mit jedem weiteren Aktionspotenzial diese Wahrscheinlichkeit. Das erste Aktionspotenzial und der daraus folgende Ca^{2+}-Einstrom haben hat quasi ein leichtes Spiel. Es gibt Vesikel, die der Zellmembran sehr nahe sind und nur auf das Signal zur

4

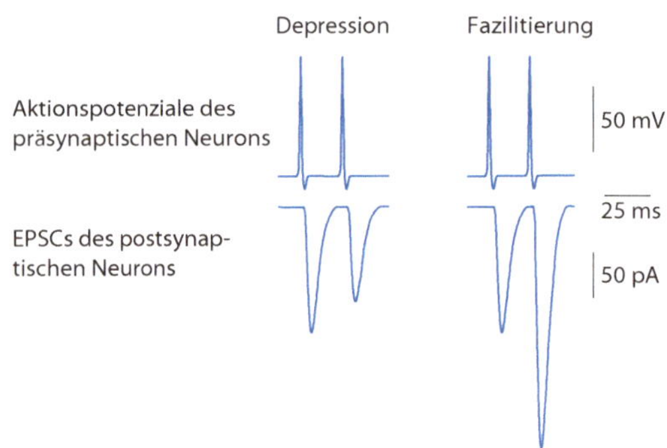

Abb. 4.11 Synaptische Kurzzeitplastizität. Wird eine präsynaptischen Nervenzelle innerhalb einer kurzen Zeitspanne mehrmals erregt, so kann eine synaptische Kurzzeitplastizität auftreten. Kurzzeitplastizität kann als Fazilitierung oder als Depression auftreten. Fazilitierung bedeutet, dass EPSC (postsynaptischer Strom) größer als ein vorhergegangenes EPSC ist. Depression bewirkt das Gegenteil, d. h. ein darauf folgendes EPSC ist geringer als ein vorhergehendes EPSC. Für beide Mechanismen können sowohl prä- als auch postsynaptische Mechanismen verantwortlich sein

Exocytose „warten". Wenn kurz darauf das präsynaptische Neuron wieder aktiv ist, gibt es diese leicht freizusetzenden Vesikel nicht mehr. Jedes darauffolgende Aktionspotenzial setzt weniger Vesikel frei. Die postsynaptischen Antworten werden demnach kleiner (Depression). Ganz anders ist es in Synapsen, in denen die Freisetzungswahrscheinlichkeit niedrig ist. In diesen Synapsen reicht der präsynaptische Ca^{2+}-Einstrom häufig nicht aus, damit überhaupt ein Vesikel exocytiert wird. Die repetitive Aktivität solcher Synapsen führt zu einer Akkumulation von Ca^{2+} im Axonterminal, sodass sich die Freisetzungswahrscheinlichkeit mit jedem Aktionspotenzial erhöht. Man spricht dann von synaptischer Fazilitierung.

In der Tat ist die Freisetzungswahrscheinlichkeit in Synapsen des zentralen Nervensystems meistens kleiner als 1. Es gibt Synapsen, bei denen die Freisetzungswahrscheinlichkeit 0,05 ist. Das bedeutet, dass nur jedes 20. Aktionspotenzial die Exocytose eines Vesikels auslöst. Die Effektivität der Kommunikation zwischen zwei Neuronen wird auch dadurch erhöht, dass ein präsynaptisches Neuron häufig mehr als eine Synapse mit dem postsynaptischen Neuron hat. Dennoch führt ein einzelnes Aktionspotenzial nicht immer zu einer postsynaptischen Antwort. Synaptische Fazilitierung stärkt dann diese wenig effektiven Verbindungen.

In einigen Synapsen mit hoher Freisetzungswahrscheinlichkeit spielen postsynaptische Mechanismen für die Kurzzeitplastizität eine wichtige Rolle. Die Bindung des Transmitters an seinen Rezeptor führt nicht nur dazu, dass dieser öffnet, sondern auch dazu, dass er desensitisiert, also unempfindlicher wird. Einige Rezeptoren erholen sich nur langsam von dieser Desensitisierung. In Synapsen mit hoher Freisetzungswahrscheinlichkeit kann demnach die lang anhaltende Desensitisierung der Rezeptoren die Stromamplitude reduzieren und dadurch zur synaptischen Depression beitragen.

4.16 Synaptische Langzeitplastizität

Im Unterschied zur Kurzzeitplastizität können die Änderungen der synaptischen Stärke bei Langzeitplastizität für viele Stunden oder Tage anhalten. Es ist wahrscheinlich, dass die Langzeitplastizität ein grundlegender Mechanismus für die lang anhaltende Speicherung von Gelerntem im Gedächtnis darstellt. Die Kommunikation zwischen Neuronen kann gestärkt und abgeschwächt werden. Man spricht von Langzeitpotenzierung und Langzeitdepression. Der kanadische Psychologe Donald Hebb hatte 1949 postuliert, dass die synaptische Kommunikation zweier Neurone verstärkt wird, wenn die Aktivität des einen Neurons wiederholt eine Aktivität im anderen Neuron verursacht (Hebb 1949) *(what fires together, wires together)*. Langzeitpotenzierung kann z. B. die synaptischen Veränderungen bei der **klassischen Konditionierung** erklären: Wenn ein Tier wiederholt kurz vor oder während eines elektrischen Schocks einen Ton hört, dann tritt eine Furchtkonditionierung *(fear conditioning)* auf. Das Tier wird nach Konditionierung mit einer Furchtreaktion reagieren, wenn es den Ton hört. Vor der Konditionierung wird der Ton als **neutraler Reiz** keine Furchtreaktion auslösen. Auf zellulärer Ebene kann man sich vorstellen, dass vor Konditionierung die auditorischen Neurone in den für die Furchtreaktion wichtigen Zellen in der Amygdala zwar ein EPSP, aber kein Aktionspotenzial auslösen. Der elektrische Schock wird in den gleichen Zellen ein für die Bildung eines Aktionspotenzials ausreichend großes EPSP hervorrufen. Als **unkonditionierter Stimulus** (UCS; oder auch **unbedingter Reiz**) wird der elektrische Schock demnach immer eine Furchtreaktion auslösen. Treten Ton und Schock wiederholt gemeinsam auf, werden die auditorischen Neurone mehr oder minder gleichzeitig mit den Neuronen der Amygdala aktiv sein. Dadurch wird – wie von Hebb vorhergesehen – die synaptische Kommunikation gestärkt, und zwar in unserem Beispiel so, dass nach Konditionierung die Aktivität in den auditorischen Neuronen ein überschwelliges EPSP in den Neuronen der Amygdala auslöst. Der Ton wird dadurch zum **konditionierten Stimulus** (CS, **bedingter Reiz**). Wird der Ton nun wiederholt ohne elektrischen Schock dargeboten, wird die Furchtreaktion abnehmen **(Extinktion).** Der Einfluss auditorischer Neurone auf Neurone der Amygdala wird wieder schwächer. Synaptische Langzeitdepression, bei der es zu einer langanhaltenden Abschwächung der synaptischen Kommunikation kommt, scheint bei der Extinktion eine Rolle zu spielen.

Die zeitliche Abfolge der Aktivität des präsynaptischen und postsynaptischen Neurons ist von Bedeutung dafür, ob es zu einer Potenzierung oder Depression kommt (Markram et al. 1997). Man spricht von ***spike-timing-dependent plasticity***. Im Allgemeinen kommt es zu einer Langzeitpotenzierung, wenn das präsynaptische Neuron kurz vor dem postsynaptischen Neuron aktiv ist (▫ Abb. 4.12 und 4.13). Diese zeitliche Abfolge deutet auf eine kausale Verbindung hin. In unserem Furchtkonditionierungsbeispiel werden die auditorischen Neurone vor den Neuronen in der Amygdala aktiv sein. Bei diesem augenscheinlich kausalen Zusammenhang (Ton löst elektrischen Schock aus) macht eine Konditionierung Sinn. Der Ton sagt den gleich folgenden Schock voraus. Wenn dem Ton kein Schock folgt, z. B. wenn die Reihenfolge Schock-Ton umgekehrt wird, dann hat der Ton keinen prädiktiven Wert für das Auftreten des Tones. Synaptische Verbindungen, bei denen das präsynaptische Neuron wiederholt nach dem postsynaptischen Neuron aktiv ist, werden dementsprechend i. Allg. geschwächt.

4.17 Zelluläre Mechanismen der synaptischen Langzeitplastizität

Was passiert auf synaptischer Ebene bei Langzeitpotenzierung und Langzeitdepression? Wie auch bei der synaptischen Kurzzeitplastizität gibt es im Prinzip präsynaptische und postsynaptische Mechanismen, die zur Veränderung der synaptischen Kommunikationsstärke beitragen können. Im Unterschied zur Kurzzeitplastizität spielen aber in den meisten Synapsen postsynaptische Mechanismen eine größere Rolle.

Änderungen der präsynaptischen Funktion wurden von dem amerikanischen Neurophysiologen Erik Kandel und seinen Kollegen besonders detailliert an der Meeresschnecke *Aplysia* analysiert. Sie untersuchten die zellulären Mechanismen, die assoziativem und nicht assoziativem Gedächtnis zugrunde liegen. **Assoziatives Lernen** wurde mit einer **klassischen Konditionierung** untersucht, bei der ein elektrischer Schock als unkonditionierter Stimulus und die Berührung des Siphons der Schnecke als neutraler Stimulus verwendet wurde. Nach wiederholter Paarung beider Stimuli löst die Berührung des Siphons eine Kontraktion des Kiemens der Schnecke aus. Dabei kommt es zu einer lang anhaltenden Stärkung der Kommunikation zwischen den sensorischen Neuronen, die bei Berührung des Siphons aktiv sind, und den postsynaptischen

4

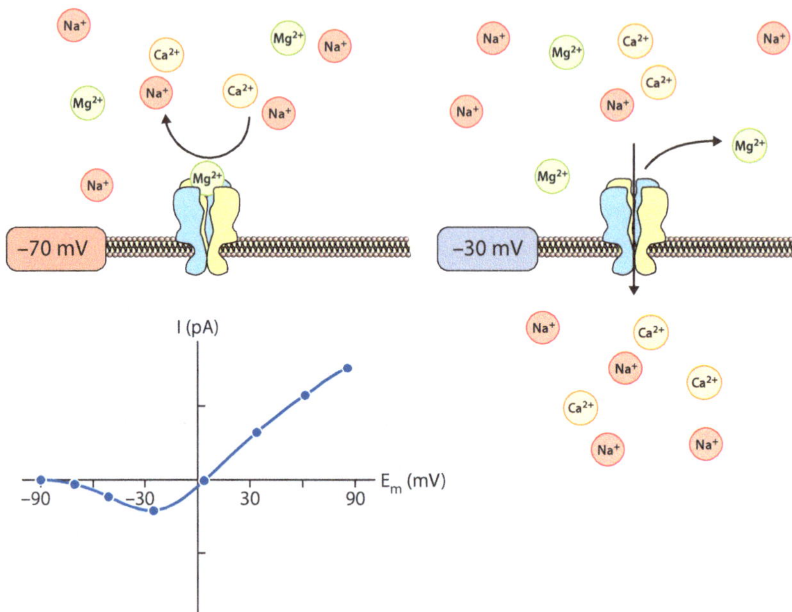

Abb. 4.12 Magnesiumblock von NMDA-Rezeptoren. NMDA-Rezeptoren besitzen eine durch Mg^{2+}-Ionen vermittelte Spannungsabhängigkeit. Öffnen sich die Rezeptoren nach Bindung von Glutamat bei Werten um das Ruhemembranpotenzial einer Nervenzelle (ca. −70 mV), so blockieren die von dem negativen Zellinneren angezogenen Mg^{2+}-Ionen den Rezeptor, da sie ihn nicht passieren können. Durch diesen sog. Mg^{2+}-Block können auch die anderen Ionen (v. a. Na^{+}- und Ca^{2+}-Ionen) den Kanal nicht mehr passieren. Verschiebt sich aber das Membranpotenzial zu positiveren Werten hin, reduziert sich der Mg^{2+}-Block. In der Folge können immer mehr Na^{+}- und Ca^{2+}-Ionen den Rezeptor passieren, und es kommt u. a. zur Ausbildung eines EPSPs. Die Abhängigkeit des Ionenflusses von der Membranspannung kann besonders gut in einer sog. Strom-Spannungs-Kurve dargestellt werden, in welcher der Stromfluss durch den Rezeptor gegen die Membranspannung der Zelle aufgetragen wird. In der hier dargestellten Kurve für einen NMDA-Rezeptor sieht man, dass bei Werten unter −70 mV kein Strom durch den Rezeptor fließt. Mit Depolarisation des Membranpotenzials verringert sich zunehmend der oben beschriebene Mg^{2+}-Block, und es entsteht ein Stromfluss

motorischen Neuronen, die für die Kontraktion des Kiemens verantwortlich sind. Für die **Induktion** der präsynaptischen Langzeitpotenzierung (LTP) ist die Aktivität von Interneuronen notwendig, die aktiv sind, wenn der elektrische Schock appliziert wird. Diese Interneurone schütten den Transmitter Serotonin aus, der an metabotrope Rezeptoren der sensorischen Siphon-Berührungsneurone bindet. In den Axonterminalen der sensorischen Neurone wird über Second-Messenger-Signalkaskaden die Freisetzungswahrscheinlichkeit für Glutamatvesikel erhöht. Die resultierende Langzeitpotenzierung der synaptischen Kommunikation erklärt, warum eine Berührung des Siphons auch Tage nach Konditionierung eine Kontraktion des Kiemens auslöst. Auch hier spielt die Reihenfolge der Reizung eine Rolle. Eine Langzeitpotenzierung und konditionierte Reaktion wird beobachtet, wenn die Berührung des Siphons kurz vor dem elektrischen Schock stattfindet. Bei umgekehrter Reizung tritt eine Langzeitdepression (LTD) auf.

Die Mechanismen, die zur Stärkung der synaptischen Verbindung bei der klassischen Konditionierung führen, sind im Prinzip den Mechanismen sehr ähnlich, die bei der **Sensitivierung** eine Rolle spielen. Hier verstärkt ein wiederholt applizierter starker elektrischer Reiz die Transmitterfreisetzung der sensorischen Neurone, die bei elektrischer Reizung aktiv sind. Diese präsynaptischen

Veränderungen werden ebenfalls über die Aktivität serotonerger Neurone ausgelöst. Die resultierende Langzeitpotenzierung zwischen sensorischen und motorischen Neuronen führt dazu, dass sich die Kontraktion des Kiemens auf schwache elektrische Reize verstärkt. Da die Sensitivierung auf wiederholte Applikation eines elektrischen Reizes auftritt, also keine Paarung mit einem anderen Reiz benötigt, handelt es sich dabei um eine Form des **nichtassoziativen Lernens**. Bei primär eher schwachen elektrischen Reizen kommt es dagegen zur **Habituation,** einer weiteren Form des nichtassoziativen Lernens. Die serotonergen Interneurone werden dabei nicht in ausreichendem Maße aktiviert, sodass sich die Stärke der synaptischen Kommunikation zwischen sensorischen und motorischen Neuronen abschwächt. Die Kiemenkontraktion wird demnach bei wiederholter Applikation eines schwachen elektrischen Reizes geringer.

In komplexeren Lebewesen führen präsynaptische und postsynaptische Mechanismen zur anhaltenden Stärkung der neuronalen Kommunikation. Als prominentes Beispiel für eine präsynaptische Langzeitpotenzierung sei die langanhaltende Stärkung der Kommunikation zwischen Körnerzellen und CA3-Neuronen im Hippocampus zu nennen. Körnerzellen projizieren mit ihren die als Moosfasern bezeichneten Axonen auf CA3-Neurone. Eine hochfrequente Stimulation der Moosfasern induziert eine Langzeitpotenzierung in Körnerzell-CA3-Synapsen. Die Aktivierung von Second-Messenger-Signalkaskaden erhöht dabei in Axonterminalen der Körnerzellen die Freisetzungswahrscheinlichkeit von Glutamatvesikeln (ähnlich wie bei sensorischen Neuronen der *Aplysia*). Dadurch werden die EPSP-Amplituden in postsynaptischen CA3-Neuronen potenziert.

Im Hippocampus projizieren CA3-Neurone auf CA1-Neurone. Hier induziert eine hochfrequente Stimulation oder auch eine niederfrequente Stimulation, bei der ein präsynaptisches Aktionspotenzial mit einer Depolarisation des postsynaptischen Neurons gepaart wird *(spike-timing dependent plasticity)* eine postsynaptische Form der Langzeitpotenzierung. Entscheidend für die Induktion der Potenzierung sind die Aktivierung von Glutamatrezeptoren vom NMDA-Typ und ein Einstrom von Ca^{2+}-Ionen in das postsynaptische Neuron. NMDA-Rezeptoren haben zwei Eigenschaften, die sie zu zentralen Spielern bei der Induktion von synaptischer Plastizität machen (◘ Abb. 4.12 und 4.13). Zum einen sind NMDA-Rezeptoren bei einem Ruhemembranpotenzial von z. B. −70 mV durch Magnesium-Ionen blockiert, welche auf der extrazellulären Seite im Kanal der NMDA-Rezeptoren sitzen und andere Ionen daran hindern, durch den Kanal zu strömen (◘ Abb. 4.12). Die Bindung von Glutamat an NMDA Rezeptoren führt bei nicht depolarisierten Neuronen demnach zu keinem Stromfluss. Bei Depolarisation des Neurons verlassen die Mg^{2+}-Ionen den Kanal der NMDA-Rezeptoren. Bei Membranpotenzialen positiver als –30 mV blockieren Mg^{2+}-Ionen die NMDA-Rezeptoren nicht, sodass die Bindung von Glutamat einen Strom induzieren kann. NMDA-Rezeptoren sind demnach **Koinzidenzdetektoren**, die nur bei gleichzeitiger Aktivität des präsynaptischen (Freisetzung von Glutamat) und postsynaptischen Neurons (Depolarisation) öffnen. Erinnern wir uns an Donald Hebb. Er hatte postuliert, dass Neurone ihre Verbindung stärken, wenn sie gemeinsam aktiv sind. Die molekulare Grundlage für „Hebb'sches Lernen" sind also die NMDA-Rezeptoren, da sie die gemeinsame Aktivität detektieren können. Dies erklärt auch, warum die synaptische Plastizität i. Allg. auf die Synapsen beschränkt bleibt, bei denen diese gleichzeitige Aktivität auftritt **(Eingangsspezifität).** Eine hochfrequente präsynaptische Aktivität kann z. B. zu einer für die Öffnung von NMDA-Rezeptoren ausreichenden postsynaptischen Depolarisation führen. Weniger aktive Synapsen, bei denen die Depolarisation nicht ausreichend ist, werden nicht potenziert. Wenn diese allerdings zeitgleich mit einer Synapse aktiv sind, die zu einer starken Depolarisation führt, können auch sie potenziert werden **(Assoziativität).** Die Potenzierung „schwacher" Synapsen bei synchroner Aktivierung „starker" Synapsen ist eine Form der synaptischen Plastizität, die wahrscheinlich assoziativem Lernen zugrunde liegt. In unserem obigen Beispiel aktivieren vor Konditionierung die auditorischen Reize schwache Synapsen. Die zeitgleiche Applikation von elektrischen Reizen stimuliert starke Synapsen so, dass die Depolarisation ausreichend für eine Öffnung der NMDA-Rezeptoren in den schwachen Synapsen ist. Diese werden dadurch potenziert, der primär neutrale Reiz wird zum überschwelligen konditionierten Reiz.

Die zweite für die Induktion von synaptischer Plastizität entscheidende Eigenschaft der NMDA-Rezeptoren ist deren hohe Permeabilität für Ca^{2+}-Ionen. In das postsynaptische Neuron einströmende Ca^{2+}-Ionen aktivieren als Second Messenger intrazelluläre Signalkaskaden, die letztlich zur Expression der Langzeitpotenzierung führen. Dabei spielen Kinasen wie die Ca^{2+}/Calmodulin-Kinase II (CaMKII), Protein-Kinase A und C eine wichtige Rolle (Raymond 2007). Die darauf folgende Phosphorylierung von AMPA-Rezeptoren erhöht deren Leitfähigkeit. Zusätzlich werden vermehrt AMPA-Rezeptoren in die synaptische Membran eingebaut. Beide Mechanismen führen zu einer schnellen Potenzierung der synaptischen Übertragung (Abb. 4.13).

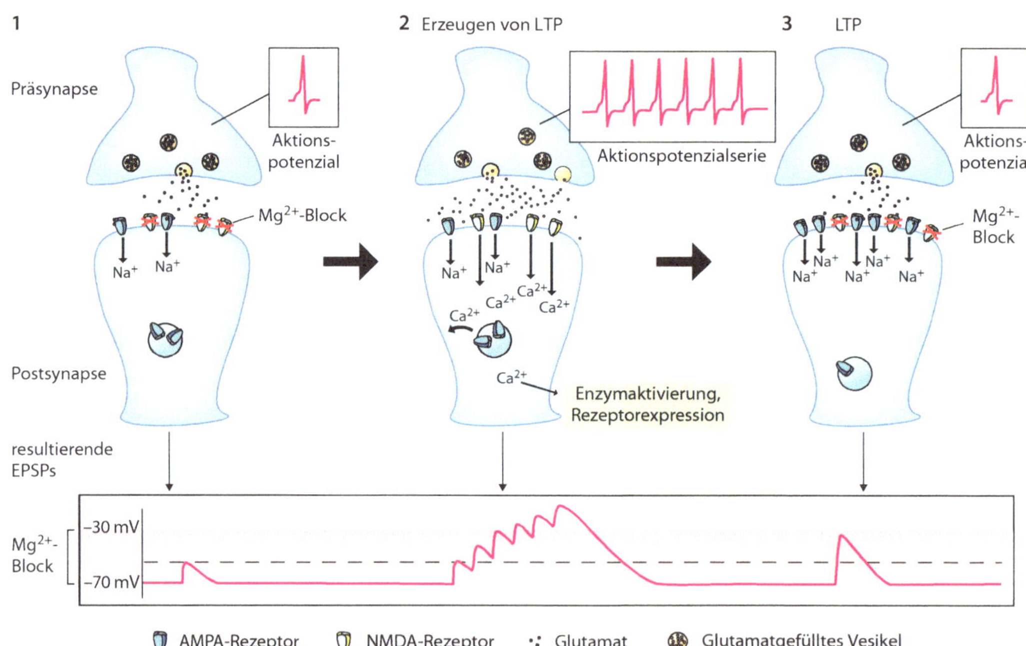

Abb. 4.13 Entstehung einer Langzeitpotenzierung. An erregenden Synapsen des Gehirns führen an der Präsynapse eintreffende Aktionspotenziale Ca^{2+}-vermittelt zur Ausschüttung glutamatgefüllter Vesikel und Bindung von Glutamat an postsynaptische Glutamatrezeptoren. 1) Bei negativem Ruhemembranpotenzial öffnen nur AMPA-Rezeptoren, da NMDA-Rezeptoren durch Mg^{2+}-Ionen blockiert sind. Die durch Öffnung weniger AMPA-Rezeptoren entstehende Depolarisation ist zu gering, um den Mg^{2+}-Block zu entfernen. 2) Bei höherfrequenter Aktivierung der Synapse und zeitlicher Summation der EPSPs wird der Mg^{2+}-Block der NMDA-Rezeptoren aufgehoben. Die durch NMDA-Rezeptoren in die Zelle fließenden Ca^{2+}-Ionen führen über verschiedene Mechanismen zum vermehrten Einbau von AMPA-Rezeptoren in die Synapse. 3) Trifft anschließend ein weiteres Aktionspotenzial auf eine durch den Einbau von weiteren AMPA-Rezeptoren verstärkte Synapse, so erzeugt es ein EPSP, dass größer als das initiale EPSP ist. Da die Verstärkung des EPSPs über lange Zeiträume Bestand haben kann, wird sie als Langzeitpotenzierung bezeichnet (Bredt und Nicoll 2003)

Nicht in jeder exzitatorischen Synapse werden AMPA-Rezeptoren exprimiert. Diese Synapsen bezeichnet man auch als stumm *(silent synapses),* da sie bei einem Ruhepotenzial von z. B. −70 mV kein EPSP bilden. Stumme Synapsen können aber NMDA-Rezeptoren exprimieren, deren Aktivierung bei der Induktion von synaptischer Plastizität durch die oben genannten Mechanismen zum Einbau von AMPA-Rezeptoren führen. Diese Form der Langzeitpotenzierung wird auch als *unsilencing* bezeichnet (Bredt und Nicoll 2003).

Für eine lang anhaltende Potenzierung ist zudem eine vermehrte Proteinsynthese notwendig. Dabei ist ein entscheidender Schritt die Transkription von DNA in RNA, die über Transkriptionsaktivatoren wie CREB *(cAMP response element binding protein)* induziert wird. Es kommt dadurch zur vermehrten Synthese von AMPA-Rezeptoren und strukturellen Proteinen. Die Folge ist nicht nur ein vermehrter Einbau von AMPA-Rezeptoren in die Synapse, sondern auch eine Umstrukturierung der Synapse. Die Potenzierung resultiert aber nicht nur aus der Stärkung der vorhandenen Synapsen, die größer werden und mehr AMPA-Rezeptoren beinhalten, sondern auch aus einer Neuausbildung von zusätzlichen synaptischen Verbindungen.

Die Aktivierung von NMDA-Rezeptoren kann aber nicht nur Langzeitpotenzierung, sondern auch Langzeitdepression induzieren. Dabei ist die Aktivierung von NMDA-Rezeptoren i. Allg. schwächer als bei der Induktion von Langzeitpotenzierung, und konsekutiv fällt der Anstieg der intrazellulären Ca^{2+}-Ionenkonzentration auch geringer aus. Die Signalkaskaden, die nach Induktion von Langzeitdepression aktiviert werden, unterscheiden sich demnach auch von denen nach Induktion von Langzeitpotenzierung. Während beispielsweise bei der Langzeitpotenzierung Kinasen eine besondere Rolle spielen, sind es bei der Langzeitdepression eher Phosphatasen, das heißt Enzyme, die phosphorylierte Proteine wieder dephosphorylieren. Die Depression der synaptischen Stärke resultiert insbesondere aus einer Reduktion der Zahl der synaptischen AMPA-Rezeptoren.

Zusammenfassung

Wie entsteht Bewusstsein? Wie funktioniert unser Gedächtnis? Wodurch entstehen Krankheiten, die unser Verhalten beeinflussen? Dies sind nur drei Beispiele für aktuelle wissenschaftliche Fragen, deren Beantwortung unabdingbar mit der Kenntnis der grundlegenden neurophysiologischen Vorgänge in unserem Gehirn verknüpft ist, wie wir sie im vorliegenden Kapitel beschrieben haben. Obwohl durch den enormen technischen Fortschritt seit der Aufstellung der Membrantheorie durch Julius Bernstein im 19. Jahrhundert große Fortschritte auf dem Gebiet der neurophysiologischen Grundlagenforschung erzielt wurden, befinden wir uns weit davon entfernt, die Komplexität des menschlichen Gehirns in all seinen Facetten zu verstehen. Vor allem Experimente an Nagetieren, in der Regel Mäusen oder Ratten, lieferten wichtige Erkenntnisse für das Verständnis physiologischer wie auch pathophysiologischer Prozesse im Gehirn. So konnte z. B. durch die optogenetische Stimulation einzelner Nervenzellen im Gehirn lebender Mäusen deren Gedächtnis manipuliert werden, sodass sich ihr Verhalten veränderte. Auch für die medizinische Forschung spielen die Erkenntnisse der neurophysiologischen Grundlagenforschung eine große Rolle. Die zu den Autismusspektrum-Störungen zählenden Erkrankungen gehen z. B. mit einer pathologischen Veränderung der Synapsenzahl einher. Auch hier wurden Grundlagen der Erkrankung an Nagetieren studiert und die gewonnenen Erkenntnisse auf den Menschen übertragen. Die Untersuchung der pathophysiologischen Veränderungen der Hirnfunktionen sind essenziell für das Verständnis von Erkrankungen des Gehirns wie Schlaganfall, Migräne, Morbus Parkinson, Multiple Sklerose, Epilepsien, Morbus Alzheimer, Schizophrenie, Autismus, Depression, Angststörungen und somit ein wichtiger Baustein für die Entwicklung neuer Therapieansätze.

4

Literatur

Armstrong CM, Hille B (1998) Voltage-gated ion channels and electrical excitability. Neuron 20:371–380

Bennett MV, Zukin RS (2004) Electrical coupling and neuronal synchronization in the mammalian brain. Neuron 41:495–511

Bredt DS, Nicoll RA (2003) AMPA receptor trafficking at excitatory synapses. Neuron 40:361–379

Catterall WA (2017) Forty years of sodium channels: structure, function, pharmacology, and epilepsy. Neurochem Res 42(9):2495–2504

Foster M (1897) A textbook of physiology, part III, 7. Aufl. Macmillian, London

Hamill OP, Marty A, Neher E, Sakmann B, Sigworth FJ (1981) Improved patch-clamp techniques for high-resolution current recording from cells and cell-free membrane patches. Pflüg Arch 391:85–100

Hebb DO (1949) The organization of behavior. A neuropsychological theory. Wiley, New York

Hille B (2001) Ionic channels of excitable membranes, 3. Aufl. Sinauer, Sunderland

Hodgkin AL (1964) The ionic basis of nervous conduction. Science 145:1287

Jahn R, Fasshauer D (2012) Molecular machines governing exocytosis of synaptic vesicles. Nature 490(7419):201–207

Markram H, Lübke J, Frotscher M, Sakmann B (1997) Regulation of synaptic efficacy by coincidence of postsynaptic APs and EPSPs. Science 275:213–215

Raymond CR (2007) LTP forms 1, 2 and 3: different mechanisms for the 'long' in long-term potentiation. Trends Neurosci 30:167–175

Skou JC (1957) The influence of some cations on an adenosine triphosphatase from peripheral nerves. Biochim Biophys Acta 23:394–401

Yuste R (2015) The discovery of dendritic spines by Cajal. Front Neuroanat 9:18

Weiterführende Literatur

Andersen P, Morris R, Amaral D, Bliss T, O'Keefe J (2007) The hippocampus book. Oxford University Press, New York

Jack JJB, Noble D, Tsien RW (1975) Electric current flow in excitable cells. Clarendon Press, Oxford

Kandel ER (2013) Principles of neural science, 5. Aufl. McGraw-Hill Professional, New York

Kreutz MR, Sala C (2012) Synaptic plasticity. Springer, Wien

Llinás RR (1988) The intrinsic electrophysiological properties of mammalian neurons: insights into central nervous system function. Science 242:1654–1664

Entwicklungsneurobiologie

Nicole Strüber und Gerhard Roth

G. Roth et al. (Hrsg.), *Psychoneurowissenschaften*, https://doi.org/10.1007/978-3-662-59038-6_5

5

Trailer

Das Gehirn nimmt seine Umwelt wahr, es fühlt, vergleicht, schlussfolgert und initiiert und kontrolliert Verhalten und Sprache – und noch Vieles mehr. Wie entsteht all dies aus einer einzigen befruchteten Eizelle?
Bereits früh in der vorgeburtlichen Entwicklung bilden sich erste Anlagen des Gehirns. Die Entwicklung wird hierbei zunächst genetisch gesteuert. Allerdings beginnt bereits vorgeburtlich auch die Umwelt, Einfluss auf das entstehende Gehirn zu nehmen, etwa dann, wenn die werdende Mutter erheblichen Stress erlebt. Mit der Geburt ist das Gehirn in seiner morphologischen Erscheinung dem ausgereiften Gehirn bereits sehr ähnlich. Schon mit bloßem Auge sind Windungen (Gyri) und Furchen (Sulci) deutlich erkennbar, in bildgebenden Untersuchungen zeigt sich der typische Aufbau des Gehirns mit Anteilen grauer und weißer Substanz. Nach der Geburt ist der Einfluss von Erfahrungen groß. Diese können die Gehirnentwicklung maßgeblich beeinflussen und werden in vielen Schaltkreisen sogar für die normale Entwicklung benötigt. Sie verfeinern die synaptischen Verschaltungen und die psychoneuralen Grundsysteme im reifenden Gehirn und beeinflussen damit die Art und Weise, wie das Gehirn wahrnimmt, fühlt, bewertet und Verhalten steuert.

Lernziele

Sie lernen, wie sich das Gehirn vorgeburtlich und früh nachgeburtlich entwickelt und wie der Mensch vor dem Hintergrund eines Wechselspiels von Genen, Epigenetik und Umwelt individuelle Neigungen des Fühlens, Denkens und Handelns erwirbt.

5.1 Vorgeburtliche Entwicklung des Gehirns

Die vorgeburtliche Hirnentwicklung folgt zunächst einem genetisch festgelegten Plan, der ein funktionstüchtiges Nervensystem hervorbringt, wenn er nicht durch Mutationen oder schädliche Umwelteinflüsse wie Drogen, Medikamente und Nährstoffmangel gestört wird. In den ersten acht Wochen nach der Befruchtung entstehen während der embryonalen Periode in kurzer Zeit neue Strukturen, d. h. Gewebe und Organe. Es schließt sich eine Phase an, deren wesentliche Kennzeichen Wachstum und histologische Ausdifferenzierung sind: die fötale Periode. Der cerebrale Cortex, die Hirnrinde, wird komplexer und dicker und verbirgt zunehmend darunter liegende, „subcorticale" Bereiche wie das Diencephalon, das Mesencephalon und Teile des Cerebellums. Auch Sulci und Gyri der Hirnrinde bilden sich aus. Es entsteht ein hochkomplexes zentrales Nervensystem, welches Informationen verarbeiten und Verhalten organisieren kann (■ Abb. 5.1 und 5.2). Im Folgenden werden wir uns die einzelnen Schritte dieser Entwicklung genauer ansehen. Wir beginnen mit dem Embryo.

5.1.1 Entstehung und Differenzierung neuronalen Gewebes

In den Tagen und Wochen nach der Befruchtung teilen sich die Zellen des jungen Embryos immer und immer wieder. Bereits zu Beginn der dritten Woche bilden sich Strukturen von Zellen mit unterschiedlichen Bestimmungen, die sog. Keimblätter: Endoderm, Mesoderm und Ektoderm. Für die Neurobiologie ist vor allem das Ektoderm relevant, denn es bringt neben der äußersten Hautschicht auch das Nervensystem hervor. Hierfür ist der zentrale Bereich dieser embryonalen Struktur wichtig, die sog. Neuralplatte, die am 19. Tag der Entwicklung erscheint. Woher aber wissen die mittig im Ektoderm gelegenen Zellen, dass sie nicht wie die seitlich gelegenen Zellen Hautgewebe, sondern stattdessen neuronales Gewebe bilden sollen? Dies geschieht aufgrund von Signalen benachbarter Zellen eines zweiten Keimblatts

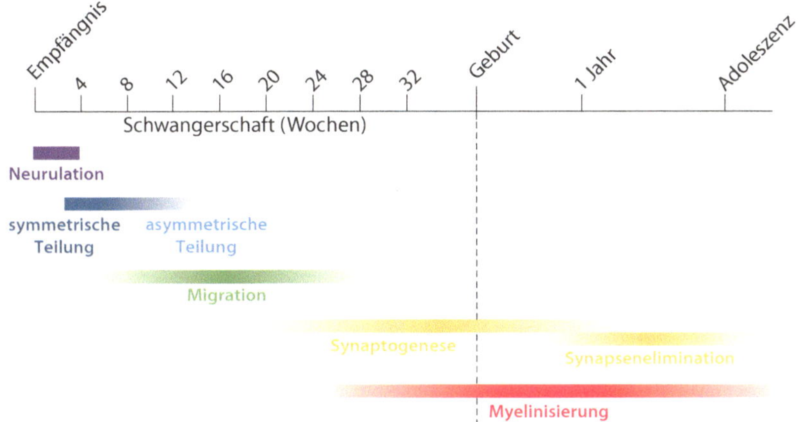

Abb. 5.1 Übersicht über den ungefähren Zeitverlauf wesentlicher Prozesse der Hirnentwicklung

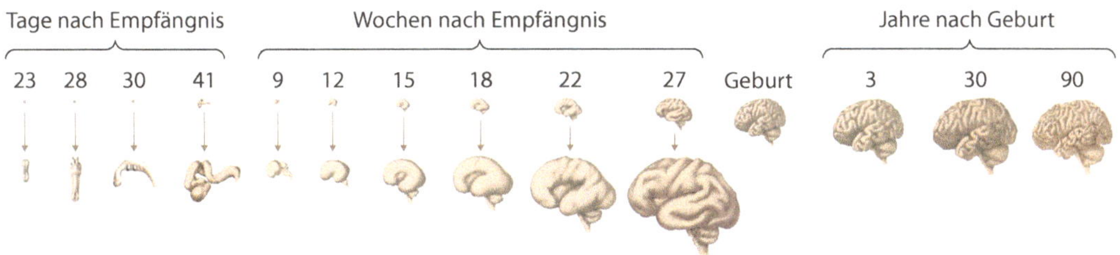

Abb. 5.2 Übersicht über die anatomischen Merkmale des sich entwickelnden menschlichen Gehirns. Die vorgeburtlichen Stadien der Hirnentwicklung sind in der zweiten Zeile noch einmal in Vergrößerung dargestellt. (Modifiziert nach Silbereis et al. 2016)

(des Mesoderms). Das genetische Programm dieser Zellen lässt sie spezifische Faktoren abgeben, die ihrerseits die mittig gelegenen Zellen des Ektoderms dazu anhalten, andere Gene anzuschalten als die seitlich gelegenen späteren Hautzellen. Man bezeichnet dies als **neuronale Induktion.** Die Neuralplatte verlängert und vertieft sich entlang der Mittellinie, und es bildet sich die sog. Neuralrinne, deren Ränder gegen Ende der vierten Woche damit beginnen, zum Neuralrohr zu verschmelzen (**Neurulation;** Abb. 5.1). Einige Zellen wandern aus dem Fusionsbereich aus und bilden paarige Stränge, die Neuralleisten. Aus ihnen gehen die meisten Anteile des peripheren Nervensystems sowie das Nebennierenmark hervor. Das Neuralrohr durchzieht den Embryo der Länge nach. In Richtung Steiß (bei Tieren in Richtung Schwanz, d. h. in caudaler Richtung) entsteht aus dem Hohlraum dieser Struktur der Zentralkanal des Rückenmarks, während sie sich im vorderen, kopfseitigen Bereich (rostral) zu den Ventrikeln des Gehirns erweitert. Die Wände des innen hohlen Neuralrohres bestehen aus neuronalen Stammzellen oder auch Vorläuferzellen. In diesem Bereich, auch als ventrikuläre Zone bezeichnet, teilen sich die Stammzellen durch Mitose.

Die daraus folgende Vermehrung von Zellen, die Proliferation, vollzieht sich in zwei Stufen, nämlich einer symmetrischen und einer asymmetrischen Proliferation. Zunächst teilen sich die Zellen symmetrisch. Eine Vorläuferzelle bringt zwei identische Zellen hervor, und die Zahl an neuronalen Stammzellen wächst quadratisch an. Zu einem regional unterschiedlichen Zeitpunkt schalten die Stammzellen auf eine asymmetrische Art der Zellteilung um. Eine Tochterzelle bleibt dabei Vorläufer und teilt sich weiterhin, die andere Zelle wird entweder zu einer Gliazelle oder, im Prozess der vorgeburtlichen Neurogenese, zu einem Neuron.

Neuronale Induktion

Aufgrund von Signalen anderer Zellen differenzieren sich die zentral gelegenen Zellen des Ektoderms zu neuronalen Zellen.

Neurulation

Dieser Prozess bezeichnet die Bildung des Neuralrohres und hiermit den Entwicklungsbeginn des zentralen Nervensystems. Er beginnt mit der Ausbildung der Neuralplatte aus Zellen des Ektoderms und endet mit der Ausbildung eines Rohres, das sich zu Gehirn und Rückenmark entwickeln wird.

Im Gehirn gibt es viele verschiedene Arten von Neuronen. Entsprechend müssen sich die Zellen **differenzieren.** Je nachdem, wo eine Zelle innerhalb des Gewebes lokalisiert ist, erhält sie vom benachbarten Gewebe ein bestimmtes Muster chemischer Signale. Dies führt zu einer unterschiedlichen Genexpression bei den verschiedenen Zellen, und es wird eine große Vielfalt neuronaler Zelltypen erzeugt, jeder Typ mit einer charakteristischen Gestalt, mit bestimmten synaptischen Eigenschaften und Neurotransmittern. Im hinteren, caudalen Bereich des Neuralrohres wird infolge dieser Differenzierung das Rückenmark gebildet, im vorderen Bereich sind bereits im embryonalen Alter von dreieinhalb Wochen erste Anlagen des zukünftigen Gehirns zu erkennen. Im Alter von fünf Wochen sind die fünf Hirnstrukturen durch lokale Auswölbung des Innenraums (Vesikel) am rostralen Ende des nun geschlossenen Neuralrohres identifizierbar: Großhirn (Telencephalon), Zwischenhirn (Dienencephalon), Mittelhirn (Mesencephalon), Hinterhirn (Metencephalon) und Nachhirn (Myelencephalon).

Differenzierung

Die Entwicklung von Zellen in Richtung einer höheren strukturellen und funktionalen Spezialisierung.

Das Hinterhirn entwickelt sich schnell und entspricht in seiner Komplexität bereits in einem Embryonalalter von acht Wochen dem eines Neugeborenen. Erste Anlagen der verschiedenen Strukturen des Großhirns werden ebenfalls früh ausgebildet. So beginnt beispielsweise der Hippocampus im Alter von fünf Wochen mit seiner Bildung. Anlagen des Amygdala-Komplexes können ebenfalls in dieser Zeit erkannt werden. Faserverbindungen zwischen den Nuclei der Amygdala mit dem Septum, dem Hippocampus und auch dem Zwischenhirn formen vor dem Ende der embryonalen Periode den Beginn des limbischen Systems.

Die Groß- oder Endhirnrinde, der cerebrale Cortex, entsteht durch eine Auswanderung **(Migration)** der jungen Neurone von ihrem Entstehungsort in der ventrikulären Zone des Endhirns in Richtung Hirnoberfläche (▣ Abb. 5.1). Um die Migration zu ermöglichen, entwickelt sich ein Teil der Vorläuferzellen zunächst zu spezialisierten Zellen, den Radiärfaserglia. Deren Zellkörper verbleiben zwar in der ventrikulären Zone, senden aber lange Fortsätze sowohl zur inneren Membran, welche die ventrikuläre Zone vom Ventrikel trennt, als auch zur der das Gehirn umspannenden Membran, Pia mater genannt. Dadurch bilden sie ein Gerüst, an dem die Neurone sich entlanghangeln und in Richtung der Hirnoberfläche auswandern können. Beim Menschen beginnt die corticale Migration etwa am 33. Tag der

Embryonalentwicklung. Nach der Migration verschwinden die radialen Gliazellen. Viele von ihnen wandeln sich zu Astrocyten um.

Der ausgereifte cerebrale Cortex ist in verschiedene Areale aufgeteilt, die aufgrund des Musters ihrer Verbindungen anatomisch unterscheidbar und funktional spezialisiert sind. Wo sich innerhalb des Cortex ein Neuron ansiedelt, hängt davon ab, wo es innerhalb der ventrikulären Zone erzeugt wird und wann dies innerhalb der frühen Entwicklung geschieht. Die ersten auswandernden Zellen lassen sich in der tiefsten, d. h. innersten Schicht des Cortex (Schicht 6) nieder, später erzeugte Zellen wandern an den früh geborenen Neuronen vorbei und besiedeln oberflächlichere Schichten des Cortex. Der Gipfel der Migration tritt zwischen dem dritten und fünften Schwangerschaftsmonat auf. Während des dritten Trimesters der Schwangerschaft ist die Migration abgeschlossen, der Neocortex ist im siebten Monat bereits in seine charakteristischen sechs Schichten unterteilt.

Migration

Auswanderung der im Verlauf der Hirnentwicklung neu entstandenen Neurone von ihrem Entstehungsort in der ventrikulären Zone in Richtung Hirnoberfläche.

5.1.2 Entstehung von Netzwerken synaptischer Verbindungen

In einem reifen Gehirn sind ca. 90 Mrd. Neurone (Herculano-Houzel 2009) verschiedener Regionen präzise miteinander verschaltet und bilden die Grundlage allen Verhaltens. Die Bildung solcher Netzwerke erfordert, dass die Axone der Neurone während der frühen vorgeburtlichen Entwicklung auswachsen und ihren richtigen Weg finden. Die Möglichkeiten für das **Axonwachstum** sind hierbei begrenzt. Das Axon kann in eine bestimmte Richtung wachsen, drehen oder stoppen. Gesteuert wird sein Auswuchs durch molekulare Signale. An der Spitze des Axons befindet sich ein Wachstumskegel, der mithilfe spezifischer Rezeptoren die molekularen Hinweise erkennen und integrieren kann, um das Axon zu seinem Bestimmungsort zu führen. Im Wachstumskegel verändert sich hierbei die Struktur des Zellskeletts, und dies bestimmt, in welche Richtung und mit welcher Geschwindigkeit sich das Axon ausbreitet.

Axonwachstum

Das zielgerichtete Auswachsen von Axonen neuronaler Zellen während der frühen Hirnentwicklung.

Sobald die Axone die für sie adäquate Nachbarschaft gefunden haben, müssen sie aus einer Vielzahl potenzieller Partner ihr entsprechendes synaptisches Ziel erkennen und kontaktieren. Hierbei stimulieren Wachstumsfaktoren und andere Moleküle, die von den Zielneuronen oder umgebenden Gliazellen freigesetzt werden, die lokale Ausbreitung der Fortsätze und die weitere Differenzierung und Reifung des Neurons. Sobald sich die Partner angenähert haben, ist die Bildung von Synapsen, die **Synaptogenese,** ein interaktiver Prozess. Die Neurone tauschen zahlreiche Signale aus, um ihre Aktivitäten zu koordinieren und Stellen des Kontaktes zu stabilisieren. Die Synaptogenese beginnt während des zweiten Trimesters der Schwangerschaft und setzt sich über die ersten Lebensjahre hinaus fort.

Synaptogenese

Die Bildung von Kontaktstellen, Synapsen, zwischen zwei Nervenzellen.

Jedes Neuron hat aufgrund der hier beschriebenen Prozesse zahlreiche synaptische Partner, im Durchschnitt mehrere Tausend, zuweilen über 100.000. Während der Entwicklung des Nervensystems sterben allerdings bis zu 50 % der Neurone, kurz nachdem sie synaptische Verbindungen mit ihren Zielzellen gebildet haben. Das Gewebe schrumpft jedoch nicht, da sich für fast jede Zelle, die stirbt, eine weitere teilt und diese ersetzt. Ursächlich für diesen **„programmierten Zelltod"** könnte eine mangelnde Versorgung mit Wachstumsfaktoren sein, die für jedes Neuron überlebenswichtig sind. Auf der Suche nach synaptischen Partnerzellen muss ein Neuron die von den Zielzellen der Neurone freigesetzten Stoffe aufnehmen, und zwar über seine präsynaptischen Endigungen. Die Stoffe sind allerdings nur in einer begrenzten Menge vorhanden, und diese reicht nicht aus, alle Neurone zu versorgen, die während der Entwicklung erzeugt wurden. Die Unterversorgung ist jedoch kein Manko des sich entwickelnden Gehirns, sondern ein geschickter Schachzug des „Entwicklungsprogramms" des Gehirns: Nur die Nervenzellen mit aktiven synaptischen Verbindungen erhalten ausreichend Wachstumsfaktoren. Für alle anderen wird ein intrazelluläres „Selbstmordprogramm" freigegeben, und sie sterben ab. Dieser Mechanismus stellt sicher, dass nur Zellen mit geeigneten synaptischen Zielen überleben.

Programmierter Zelltod

Geregelte Elimination von Zellen, die im Gehirn dafür sorgt, dass sich geeignete synaptische Verbindungen herausbilden.

5.1.3 Entstehung von Gliazellen und Myelin

Aus denselben Vorläuferzellen, aus denen auch die Neurone entstehen, entwickelt sich eine weitere Klasse von Zellen: die Gliazellen. Deren Bildung beginnt viereinhalb Wochen nach der Befruchtung und setzt sich postnatal fort. Verschiedene Unterarten von Gliazellen übernehmen im Gehirn verschiedene Funktionen. Die Astrocyten sind beispielsweise an der Regulation der Zusammensetzung des extrazellulären Milieus, der Wiederaufnahme überschüssiger Neurotransmitter und an der Synaptogenese beteiligt. Sie stellen fast die Hälfte aller Zellen im menschlichen Gehirn dar. Oligodendrocyten, eine andere Klasse von Gliazellen, sind im zentralen Nervensystem u. a. für die Bildung von Myelin zuständig. Myelin ist eine von den Gliazellen gebildete lipidreiche Membran, welche die Axone der Neurone umwickelt und isoliert und dadurch die schnelle und effiziente Übertragung von Aktionspotenzialen entlang der Axone fördert.

Die **Myelinisierung** beginnt im Gehirn gegen Ende des zweiten Trimesters der fötalen Entwicklung und dehnt sich nach der Geburt bis weit in das dritte Lebensjahrzehnt und darüber hinaus aus. Sie schreitet von caudal nach rostral fort und folgt hiermit einem grundsätzlichen Prinzip der Reifung im zentralen Nervensystem: Caudale Bereiche, etwa solche des Rückenmarks, die für einfache Reflexe zuständig sind, reifen zuerst, während rostrale Hirnstrukturen mit komplizierteren Funktionen später zur Reifung kommen. Zuletzt sind die Hirnrindenbereiche des Frontallappens an der Reihe. Hier beginnt die Myelinisierung erst im Alter von 7–11 Monaten nach der Geburt.

Wird durch die fortschreitende Ummantelung der Axone mit Myelin die schnelle Übertragung von Aktionspotenzialen gefördert, dann kann dies auch die Geschwindigkeit und Effizienz erhöhen, mit der sensorische, kognitive, emotionale und motorische Inhalte verarbeitet werden können. Die verzögerte bzw. zeitlich ausgedehnte Entwicklung dieses Prozesses ist entsprechend mitverantwortlich dafür, dass viele Fähigkeiten erst mit zunehmendem Alter stabil ausgebildet werden.

Myelinisierung

Die isolierende Ummantelung der Axone mit einer lipidreichen Membran zur Steigerung der Übertragungseffizienz von Aktionspotenzialen.

Wesentliche Prozesse in der vorgeburtlichen Entwicklung folgen einem in den Genen gespeicherten Entwicklungsplan. Sie laufen entsprechend bei jedem Individuum in ähnlicher Weise ab. Vorgeburtlich beginnt jedoch auch die Umwelt damit, das sich entwickelnde Gehirn in einer individuellen Weise zu beeinflussen, so etwa das Stresssystem des Kindes. Auf diesen Einfluss werden wir später, in einem Zusammenhang mit den psycho-neuronalen Persönlichkeitssystemen, zurückkommen (► Abschn. 5.3.2). Zunächst betrachten wir das Fortschreiten der Vernetzung der Nervenzellen nach der Geburt.

Vorgeburtliche Entwicklung
Die vorgeburtliche Entwicklung folgt zunächst einem genetisch vorgegebenen Plan. Aus einem kleinen Bereich eines der embryonalen Keimblätter entsteht über Prozesse wie neuronale Induktion, Neurulation, Differenzierung, Migration, Axonwachstum, Synaptogenese, programmierten Zelltod, Myelinisierung und viele andere Vorgänge ein funktionierendes, hochkomplexes zentrales Nervensystem.

5.2 Nachgeburtliche Entwicklung

Nachgeburtlich wird die Anzahl der Verbindungen zwischen den Neuronen noch einmal rapide erhöht. Die schnelle und umfangreiche Synaptogenese bringt zunächst eine Überproduktion der synaptischen Verbindungen hervor. Genauso wie ein Teil der Neurone wieder abgebaut wird, kommt es anschließend auch bei einem Großteil der Synapsen zu einer Elimination. Hierbei wird das initiale Muster von Verbindungen aktivitätsabhängig verfeinert, und es werden abgestimmte funktionale Schaltkreise erzeugt: Solche Verbindungen, die genutzt werden, d. h. aktiv sind, werden stabilisiert, nicht verwendete Synapsen werden eliminiert (Changeux und Danchin 1976). Welche Synapsen genutzt und stabilisiert werden ist abhängig von den jeweiligen Erfahrungen, die ein Kind in seiner spezifischen Umwelt macht.

Wir werden diesen Prozess und seine Bedeutung für die Anpassung an eine individuelle Umwelt nun erläutern. Anschließend wird es um die Bedeutung sensibler Perioden für diese Abläufe gehen.

5.2.1 Aktivitätsabhängige Modifikation neuronaler Schaltkreise

Die Synaptogenese bringt vorgeburtlich und früh nachgeburtlich ein zunächst übermäßig verschaltetes Netzwerk von Nervenzellen hervor. Erfahrungen entscheiden nun, welche Synapsen durch neuronale Aktivität stabilisiert und welche eliminiert werden: Solche Synapsen, die durch Erregungen von sensorischen oder motorischen Zentren des Gehirns aktiviert werden, überleben, die restlichen verschwinden aufgrund der Nichtnutzung. Die beteiligten Fortsätze werden zurückgezogen – ein Prozess, der auch als Pruning (d. h. „Zurückschneiden") bezeichnet wird.

Die Feinabstimmung synaptischer Verbindungen während der Gehirnentwicklung folgt dem von Donald O. Hebb (1949) vorgeschlagenen allgemeinen Lernprinzip, demzufolge Verbindungen zwischen Zellen verstärkt werden, wenn eine Zelle wiederholt daran beteiligt ist, eine andere Zelle zu erregen. Die aktivitätsabhängige Modifikation scheint in Anlehnung an diese Regel zu beinhalten, dass

- synaptische Kontakte zwischen synchron aktiven prä- und postsynaptischen Neuronen verstärkt und
- synaptische Kontakte zwischen nicht synchron aktiven Neuronen geschwächt oder eliminiert werden (Constantine-Paton et al. 1990; Singer 1990).

Die aktivitätsabhängige Veränderung der dauerhaften Stärke der synaptischen Verbindungen wird als **synaptische Plastizität** bezeichnet. Die synaptische Plastizität ist die Grundlage allen Lernens und erlaubt es dem Organismus, sich an seine jeweilige Umwelt anzupassen.

Synaptische Plastizität

Die aktivitätsabhängige Veränderung der dauerhaften Stärke der synaptischen Verbindungen. Sie ist die Grundlage allen Lernens und ermöglicht es dem Organismus, sich an seine jeweilige Umwelt anzupassen.

Auf molekularer Ebene spielt der NMDA-Rezeptor (▶ Kap. 4) eine wichtige Rolle für die assoziativen Lernprozesse, und seine Aktivierung ist auch für die Stabilisierung synaptischer Verbindungen während der frühen Entwicklung von entscheidender Bedeutung. Die frühe Feinabstimmung synaptischer Verbindungen wird jedoch von zahlreichen weiteren Prozessen beeinflusst, so etwa von der aktivitätsabhängigen Freisetzung von Wachstumsfaktoren oder der Reifung hemmender Schaltkreise durch GABAerge Neurone. Letzteres wird in ▶ Abschn. 5.2.2 in Zusammenhang mit sensiblen Perioden beschrieben.

Der frühen Überproduktion von Synapsen folgt also eine Stabilisierung derjenigen Synapsen, die aufgrund spezifischer Erfahrungen immer wieder genutzt werden, und ein Abbau derjenigen, die ungenutzt bleiben. Damit wird das Gehirn an seine Umwelt angepasst. Eine „Vollverdrahtung" zwischen Gehirnzellen wäre nutzlos – es entspräche einem Verwaltungsbetrieb, in dem alle Mitarbeiter ständig mit allen anderen reden. Im Gehirn bildet sich vielmehr eine Verknüpfungsstruktur aus, die sich in netzwerktheoretischer Hinsicht als optimal herausgestellt hat, nämlich eine Kombination von intensiver örtlicher („lokaler") Verknüpfung und immer weniger und immer selektiver werdenden „globalen" Verknüpfungen über zunehmende Distanzen. Dies wird das „Small-World-Verknüpfungsmodell" genannt (Watts und Strogatz 1998).

Das Gehirn muss in der Lage sein, auf seine jeweilige Umgebung angemessen zu reagieren. Das Genom determiniert einen großen Teil der grundlegenden Struktur und Funktion des Nervensystems. Die Umwelt und die physischen Charakteristika des Individuums können jedoch nicht durch die Gene codiert werden. Diese Informationen müssen über Erfahrungen erworben werden. Die aktivitätsabhängige Verfeinerung der Netzwerke kann die Anpassung der Funktionen des Nervensystems an die Bedingungen der Außenwelt ermöglichen und gleichzeitig gewährleisten, dass nur für diejenigen Prozesse Stoffwechselenergie aufgebracht werden muss, die auch benötigt werden. Dadurch kann das Gehirn in seiner jeweiligen Umgebung schnell und effizient arbeiten. Aufgrund der so konzipierten Entwicklung wird das Gehirn von den Auswirkungen früher Erfahrungen geformt. Dies bedeutet jedoch auch, dass die Konsequenzen negativer Erfahrungen dauerhaft sein können.

Für die Psychoneurowissenschaften ist der genaue zeitliche Ablauf dieser Prozesse von großer Bedeutung, denn er bestimmt, in welchem Alter das Gehirn besonders empfänglich für den Einfluss von Erfahrungen ist und diese einen großen Einfluss auf die psychische Entwicklung des Kindes haben. Um solche Perioden besonderer Empfänglichkeit wird es nun gehen.

5.2.2 Sensible Perioden der Hirnentwicklung

Viele neuronale Schaltkreise werden durch Erfahrungen während früher sensibler Perioden geformt. Das Auftreten solcher Zeitfenster wurde vor allem an sensorischen Systemen von Tieren erforscht. Auch wenn wir uns in diesem Lehrbuch vornehmlich mit der psychischen Entwicklung befassen, ist das visuelle System ein gutes Modell für die Bedeutung sensibler Perioden. Es zeigte sich nämlich, dass das visuelle System der Säugetiere einschließlich des Menschen beginnend mit dem ersten Lebensmonat visuelle Informationen benötigt, damit es eine normale Funktion entwickeln kann. Deshalb spricht man hier auch von einer kritischen Periode und nicht von einer sensiblen Periode.

Streng genommen muss zwischen den **kritischen Perioden** und den **sensiblen Perioden** unterschieden werden. Kritische Perioden bezeichnen Zeitfenster, innerhalb derer bestimmte Erfahrungen unbedingt nötig sind. Das Gehirn benötigt Informationen aus der Umwelt, die für alle Mitglieder der Spezies gleich und universell in der Umwelt vorhanden sind, so etwa grundlegende Elemente visueller Muster. Das Gehirn wartet in dieser Zeit auf diese Erfahrungen (Greenough et al. 1987). Werden sie nicht gemacht, so schließt sich das Zeitfenster, und spätere Erfahrungen können kaum mehr etwas ausrichten. Darüber hinaus gibt es den Begriff der sensiblen Perioden. Das sind Zeitfenster, innerhalb derer das Gehirn besonders empfindlich für Erfahrungen ist. Es wird in dieser Zeit mehr als sonst durch Erfahrungen beeinflusst. Jede kritische Periode ist auch eine sensible Periode, aber nicht jede sensible Periode ist auch eine kritische Periode – nicht immer müssen die Erfahrungen in dieser Zeit stattfinden. Das Gehirn hätte die Informationen nur gerne in dieser Zeit.

Definition

Kritische Perioden bezeichnen Zeitfenster, innerhalb derer bestimmte Erfahrungen unbedingt nötig sind, damit das Gehirn eine für die Spezies charakteristische Funktion hervorbringen kann. **Sensible Perioden** bezeichnen Zeitfenster, innerhalb derer die neuronalen Verschaltungen des Gehirns besonders empfindlich für den Einfluss von Erfahrungen sind.

Beim Menschen wurde vor allem die Entwicklung der Sehschärfe untersucht. Das visuelle System des Menschen benötigt zehn Jahre lang strukturierte visuelle Informationen, damit sich in den für die visuelle Verarbeitung zuständigen Hirnbereichen stabile funktionale Einheiten miteinander verbundener Neurone bilden können und eine hohe Sehschärfe ermöglichen. Diese Zeit stellt somit eine kritische Periode für die Sehschärfe dar. Die Bedeutung der frühen visuellen Informationen für die Sehschärfe wurde u. a. an Menschen untersucht, deren Augen aufgrund einer angeborenen Linsentrübung (Katarakt) erst nach einer Operation volle Funktionalität erlangten. Zwar können sie auch nach einer Operation in späterer Kindheit oder Jugend durchaus in der Lage sein, räumlich zu sehen oder etwa Gesichter zu unterscheiden, wie das sog. Prakash-Projekt, das sich die medizinische Versorgung blinder Kinder in Indien zum Ziel gesetzt hat, eindrucksvoll demonstriert, allerdings entwickelt sich ihre Sehschärfe nie normal. Das Gehirn benötigt die visuellen Informationen nämlich bereits in den ersten Lebensmonaten, damit sich die Fähigkeit zur Detailauflösung später normal entwickeln kann. Dies ist insbesondere deshalb beachtlich, weil ein Kind mit gesunden Augen in dieser Zeit noch gar keine feinen Details erkennen kann. Die Informationen sind also in einer Zeit nötig, in der das Kind sie noch gar nicht nutzen kann (Maurer 2017).

Schaltkreise des Gehirns, die für andere Funktionen zuständig sind, sind ebenfalls während sensibler Perioden der Entwicklung besonders empfänglich für Erfahrungen. Man kann allerdings keine allgemeine sensible Periode definieren, denn jeder Hirnbereich und jede Funktion hat eigene Zeitfenster. Dies kann man an der Sprachentwicklung verdeutlichen. Es gibt eine sensible Periode für die Lautbildung, eine andere für den Satzbau. Säuglinge können in den ersten Lebensmonaten grundsätzlich alle Laute unterscheiden, und deshalb können auch japanische Säuglinge das „r" und das „l" auseinanderhalten. Diese Fähigkeit bleibt bis zum Alter von 10 12 Monaten erhalten, danach können die Kinder nur noch die Laute ihrer Muttersprache(n) unterscheiden – die sensible Periode für den Erwerb spezieller Laute ist geschlossen. Die Lernfähigkeit für den

Satzbau nimmt hingegen erst nach dem Alter von sieben Jahren steil ab. Vokabeln können lebenslang gelernt werden (Werker und Hensch 2015).

Es gibt also je nach Funktion im Gehirn verschiedene Zeitfenster, innerhalb derer Erfahrungen erwartet werden oder das Gehirn besonders empfindlich für Erfahrungen ist. Es wird angenommen, dass sich das Gehirn zu Beginn dieser frühen sensiblen oder kritischen Periode in einem Zustand der übermäßigen synaptischen Verschaltung befindet. Die Erfahrungen innerhalb der Periode führen nun zur Stabilisierung bestimmter Nervenzellverbindungen. Verbindungen, die anderen Zwecken gedient hätten (z. B. der Unterscheidung von „r" und „l" bei einem japanischen Kind), werden abgebaut. In einem weiteren Prozess werden nun die aktiven und stabilisierten Synapsen durch den Einsatz bestimmter Moleküle strukturell gefestigt (▶ Abschn. 5.2.3). Sie sind anschließend nicht mehr anfällig dafür, eliminiert zu werden (Knudsen 2004).

Übersicht

Drei Prozesse charakterisieren das Geschehen während sensibler Perioden:

1. die Ausbreitung der Fortsätze und die Bildung stabiler Synapsen
2. die Beseitigung von Fortsätzen und Synapsen
3. die Konsolidierung oder Verfestigung der Synapsen

Natürlich wird das menschliche Gehirn auch später, d. h. jenseits sensibler Perioden, durch Lernerfahrungen verändert. Und auch dann führen assoziative Lernvorgänge dazu, dass neue synaptische Verbindungen von Nervenzellen stabilisiert werden, wie in ▶ Kap. 4 beschrieben wurde. Allerdings unterscheidet sich jenseits der sensiblen Periode das molekulare Milieu im Gehirn von dem des reifenden Gehirns. Wir wollen uns nun fragen, warum das Gehirn eigentlich nicht immer gleich veränderungsbereit ist? Kann man dies beeinflussen?

5.2.3 Regulation der Plastizität

Die Diskussion um die Bedeutung früher sensibler Perioden wurde in den letzten Jahren um einen weiteren Aspekt bereichert. Man geht heutzutage davon aus, dass die Zeitfenster der sensiblen Perioden nicht starr sind. Das bedeutet: deren Zeitraum ist nicht unwiederbringlich genetisch festgelegt, vielmehr werden auch das Öffnen und Schließen der Zeitfenster von Erfahrungen beeinflusst. Entsprechend können sensible Perioden experimentell verzögert oder beschleunigt werden. Unter bestimmten Bedingungen scheint auch später ein molekulares Milieu wiederhergestellt werden zu können, in dem umfangreiche Änderungen möglich sind. Die Zeitfenster werden erneut geöffnet. Dies hat natürlich eine große Bedeutung für die Fähigkeit eines Menschen, sich, etwa im Rahmen einer Psychotherapie, ändern zu können.

Man nimmt an, dass die frühkindlich erhöhte Plastizität während sensibler Perioden kein Ausgangszustand im kindlichen Gehirn ist. Das Zeitfenster erhöhter Plastizität wäre entsprechend zunächst noch geschlossen. Damit die sensible Periode überhaupt erst beginnen kann, müssen bestimmte molekulare Voraussetzungen erfüllt sein – und diese werden wiederum von Erfahrungen beeinflusst. Zu diesen Voraussetzungen gehört ein bestimmtes Maß der Versorgung mit Wachstumsfaktoren ebenso wie der Reifegrad einer Untergruppe hemmender GABAerger Interneurone (der sog. Parvalbumin-positiven Interneurone). Erst wenn diese – u. a. aufgrund von Erfahrungen – einen gewissen Grad an Reife erlangt haben, ist die Plastizität besonders ausgeprägt. Eine weitere Zunahme an Reife schließt die sensible Periode wieder (Hensch 2018). In bestimmten Zuständen der Reife können die hemmenden Schaltkreise wie eine **molekulare Bremse** auf die Plastizität der Hirnrinde wirken. Sie verhindern vor und nach den sensiblen Perioden, dass die Nervenzellverbindungen zu sehr verändert werden (Abb. 5.3).

Molekulare Bremsen

Molekulare Mechanismen zur temporären Verhinderung von Plastizität. Diese können vor und nach den sensiblen Perioden die Plastizität des sich entwickelnden Gehirns einschränken.

Die molekularen Bremsen bzw. Voraussetzungen für Plastizität können im Tierexperiment manipuliert werden, wobei hier wieder das visuelle System Modell steht: Wächst ein Tier in völliger Dunkelheit auf (werden die Augen also nicht einmal durch das Licht einer getrübten Linse wie bei den oben erwähnten Kindern mit einem Katarakt stimuliert), dann bleibt das Zeitfenster erhöhter Empfänglichkeit zunächst geschlossen. Ohne Erfahrungen wirken nur wenige Wachstumsfaktoren auf die für die visuelle Verarbeitung zuständige Hirnrinde ein. Außerdem reifen die hemmenden Schaltkreise nur verzögert. Unter diesen Bedingungen beginnt die sensible Periode später und bleibt mitunter bis in das Erwachsenenalter der Tiere geöffnet (Abb. 5.4). Man kann aber auch einen frühzeitigen Beginn der sensiblen Periode auslösen, wenn man unter normalen Lichtbedingungen aufwachsenden Tieren Wachstumsfaktoren verabreicht oder wenn man die hemmenden Schaltkreise mit Benzodiazepinen vorzeitig zur Reifung bringt (Hensch 2018). Stimulierende Umweltbedingungen können hingegen die Zeitperiode einer erhöhten Empfänglichkeit *verlängern,* wie in einer deutschen Studie gezeigt wurde (▶ Box: Verlängerung der Zeitperiode einer erhöhten Empfänglichkeit). Die individuellen Erfahrungen beeinflussen hiernach das molekulare Milieu, und dies wirkt sich wiederum darauf aus, wie lange das Gehirn durch Umwelteinflüsse verändert werden kann.

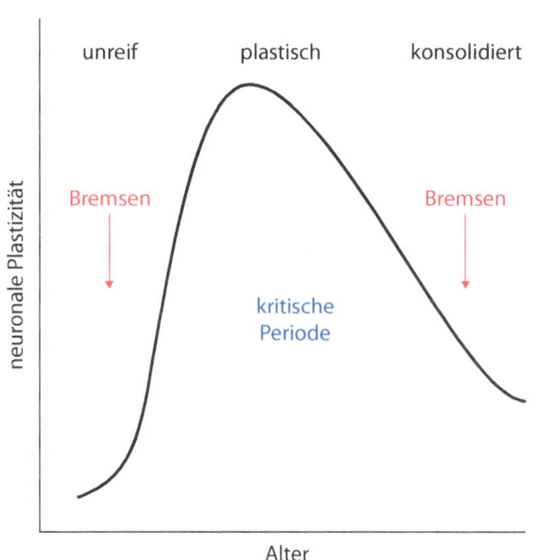

Abb. 5.3 Molekulare Bremsen unterdrücken die Plastizität der Hirnrinde. (Nach Werker und Hensch 2015)

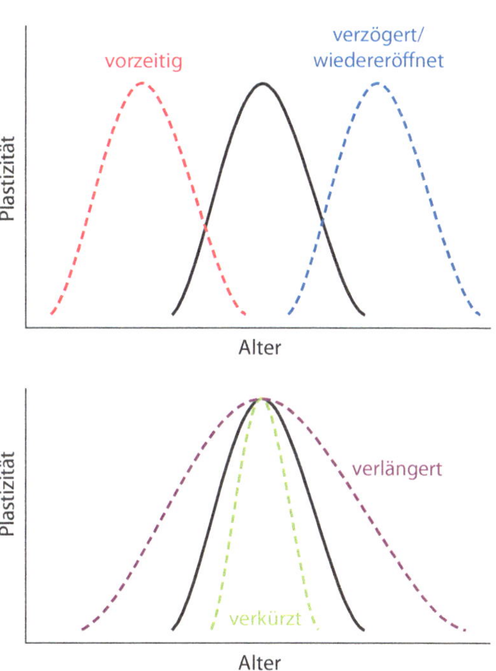

Abb. 5.4 Veränderbarer Zeitverlauf kritischer Perioden. (Nach Werker und Hensch 2015)

Verlängerung der Zeitperiode einer erhöhten Empfänglichkeit durch stimulierende Umweltbedingungen
Je nachdem, ob die untersuchten Tiere in einer stimulierenden oder einer deprivierten Umgebung aufwuchsen, war bei ihnen eine für das Sehen mit beiden Augen wichtige sensible Periode im visuellen System kürzer oder länger. Wuchsen die Tiere in typischen Laborkäfigen auf, so endete die sensible Periode in der Jugend. Wuchsen die Tiere hingegen in einer stimulierenden Umwelt auf und erlebten ein soziales Miteinander, körperliche und auch kognitive Anreize, dann war ihre visuelle Hirnrinde bis in das Erwachsenenalter hinein sehr empfänglich für Erfahrungen. Die Tiere hatten sich sozusagen ihr jugendliches Gehirn erhalten. Eine elektrophysiologische Analyse der Aktivität im Gehirn legte nahe, dass bei den deprivierten Tieren eine besondere Dominanz der hemmenden Schaltkreise für das Ende der sensiblen Periode verantwortlich ist (Greifzu et al. 2014).

Gegen Ende der sensiblen Periode werden langfristige Verschaltungsmuster konsolidiert. Dies prägt die spätere Funktion der Hirnrinde maßgeblich. Kinder, bei denen eine einseitige Sehschwäche nicht früh korrigiert wurde, müssen nun mit der Sehschwäche leben, selbst wenn das optische Problem des Auges korrigiert wird. Ebenso ist festgelegt, welche Laute Kinder auseinanderhalten können, ob sie beispielsweise zwischen den Buchstaben „r" und „l" differenzieren können. Im Gehirn sind neben den nun ausgereiften hemmenden Schaltkreisen auch strukturelle Veränderungen verantwortlich für diese Konsolidierung. Zu letzteren gehören die sog. **perineuronalen Netze.** Das sind Netze aus extrazellulären Matrixproteinen, die gegen Ende der sensiblen Periode reifen, die Synapsen schützen und somit ebenfalls eine molekulare Bremse darstellen.

Perineuronale Netze

Netze aus extrazellulären Matrixproteinen zum Schutz und zur Konsolidierung synaptischer Kontakte.

Diese Mechanismen der Konsolidierung können beispielsweise dazu führen, dass Furchterinnerungen dauerhaft gespeichert werden. Lernen Tiere früh nach der Geburt, dass bestimmte Reize (etwa Töne) an Schmerz gekoppelt sind, dann fürchten sie sich anschließend davor (Furchtkonditionierung). Bleibt die Kopplung jedoch anschließend aus (noch immer früh nach der Geburt), dann wird dieser gelernte Inhalt wieder gelöscht (Extinktion). Eine solche Löschung ist in einer frühen Zeit nach der Geburt, die der frühen Kindheit des Menschen entspricht, gut machbar. Später ist die Löschung des Zusammenhangs nicht mehr möglich, die Furchtkonditionierung bleibt erhalten – auch wenn gelernt wird, dass der Reiz doch nicht so schlimm ist. Scheinbar werden die Furchterinnerungen auf der Ebene der Amygdala durch die perineuronalen Netze aktiv geschützt (Gogolla et al. 2009).

Möchte man Zeitfenster einer erhöhten Empfänglichkeit später wiedereröffnen, müssen die molekularen Bremsen gelöst werden, z. B. pharmakologisch. Hierdurch können die Netzwerke im Gehirn wieder empfindlich werden. Sie sind aufnahmefähig für Neues, und alte Lerninhalte können besser überlernt werden. Dies kann man erreichen, indem man beispielsweise die Aktivität der hemmenden Schaltkreise der Hirnrinde stört (Harauzov et al. 2010) oder auch auf die perineuronalen Netze einwirkt. Führt man bei den furchtkonditionierten Tieren pharmakologisch einen Abbau dieser Netze herbei, so können anschließende Furchtkonditionierungen besser gelöscht werden. Leider ist die Forschung hier noch am Anfang, und es ist noch nicht möglich, mit entsprechenden Vorgehensweisen etwa Angsterkrankungen des Menschen zu behandeln. Verschiedenen Studien zufolge gibt es noch weitere Möglichkeiten, die Zeitfenster der erhöhten Plastizität erneut zu öffnen. Hiernach könnten sowohl das Aufwachsen der Tiere in einer komplexen und anregenden Umgebung als auch die chronische Verabreichung von Antidepressiva Zeitfenster einer erhöhten Veränderbarkeit des Gehirns wiedereröffnen und die Integration neuer Informationen ermöglichen (▶ Box: Wiedereröffnung der Zeitperiode einer erhöhten Empfänglichkeit). Allerdings beschränken sich diesbezügliche Erkenntnisse ebenfalls auf die Ergebnisse von Untersuchungen des visuellen Systems von Nagetieren.

Wiedereröffnung der Zeitperiode einer erhöhten Empfänglichkeit durch stimulierende Umweltbedingungen

Wurden – wie im Beispiel „Verlängerung der Zeitperiode einer erhöhten Empfänglichkeit" beschrieben – die im Laborkäfig aufgewachsenen Tiere im Erwachsenenalter in einer stimulierenden Umwelt gehalten, so konnte dies die Empfänglichkeit der Hirnrinde wiederherstellen. Die sensible Periode, innerhalb derer Umweltreize das Sehen mit beiden Augen beeinflussen können, war wiedereröffnet worden (Greifzu et al. 2014). In einer ähnlichen Weise konnte auch die Verabreichung von Antidepressiva (Serotonin-Wiederaufnahme-Hemmer) Zeitfenster erhöhter Empfänglichkeit der visuellen Hirnrinde erwachsener Ratten wieder öffnen. Begleitet wurden die positiven Wirkungen des Medikaments von einer verminderten Aktivität hemmender Schaltkreise ebenso wie von einer erhöhten Bildung von Wachstumsfaktoren in der visuellen Hirnrinde. Die Autoren der Studie legen nahe, dass die chronische Verabreichung von Antidepressiva auch beim Menschen diese Wirkung haben und deren therapeutischer Wirkung zugrunde liegen könnte (Vetencourt et al. 2008).

Zwar ist noch nicht geklärt, ob sich die hier dargestellten Erkenntnisse im Detail auf die Reifung der für psychische Funktionen zuständigen Bereiche des menschlichen Gehirns übertragen lassen. Dennoch ist anzunehmen, dass ein hoher Grad an Reifung dann erreicht ist, wenn die Prozesse von Synapsenstabilisierung und Synapsenelimination abgeschlossen sind und die Verbindungen strukturell konsolidiert wurden. Erfahrungen selbst scheinen diese Prozesse und somit auch die Reifung fördern zu können.

Hintergrundinformation

Dem Psychologen Mark H. Johnson zufolge führen Erfahrungen bzw. Lernprozesse dazu, dass miteinander verbundene Hirnstrukturen bzw. corticale Areale sich auf bestimmte Funktionen spezialisieren, was seinerseits sensible Perioden beendet.

Johnson wendet sich gegen eine seiner Ansicht nach verbreitete Auffassung, der zufolge Hirnregionen infolge genetischer Steuerung reifen und bei ausreichendem Reifegrad bestimmte sensorische, motorische oder auch kognitive Fähigkeiten hervorbringen *(maturational view)*. Diesem von ihm kritisierten Modell zufolge wäre die hohe Plastizität in sensiblen Perioden durch intrinsische Faktoren der Hirnrinde bestimmt (z. B. bestimmte reifungsabhängige Veränderungen). Die Zeitfenster erhöhter Plastizität wären durch die Reifung in ihrer Dauer festgelegt. Johnson betont hingegen, dass Hirnregionen nicht von vorneherein spezialisiert seien, und stellt dieser Ansicht seine Hypothese der „interaktiven Spezialisierung" gegenüber. Er geht davon aus, dass die verschiedenen Bereiche der Hirnrinde zunächst nur eingeschränkt auf bestimmte Funktionen spezialisiert sind. Entsprechend sind sie in verschiedensten Situationen aktiv. Werden diese verschiedenen Hirnbereiche im Verlauf der Entwicklung immer wieder gemeinsam aktiviert, so werden ihre Funktionen immer weiter geschärft, und ihre Aktivität reduziert sich zunehmend auf umgrenzte Situationen (z. B. wird eine Region, die zuvor auf alle möglichen visuellen Objekte reagiert hat, dann nur noch auf aufrecht dargebotene menschliche Gesichter reagieren). Geht man von dieser Auffassung aus, so wird eine sensible Periode dann beendet, wenn eine Hirnregion infolge ihrer Interaktion mit den anderen Hirnbereichen ihre volle Funktion erlangt hat. Das Ende der sensiblen Periode wird also durch den Lernprozess selbst ausgelöst (Johnson 2005).

5.2.4 Zeitverlauf von Synaptogenese und Synapsenelimination

Wollen wir wissen, in welchem Lebensalter die für psychische Funktionen relevanten Netzwerke besonders empfänglich für Erfahrungen sind, so müssen wir uns fragen, wann die in ▶ Abschn. 5.2.1 und 5.2.2 beschriebenen Prozesse der Synapsenstabilisierung und des -abbaus in der Hirnrinde stattfinden, denn diese bringen, wie erläutert, stabile Verschaltungsmuster hervor, die das Kind auf seine jeweilige Umwelt vorbereiten.

Erkenntnisse lieferten hier zunächst postmortem durchgeführte Synapsenzählungen. Hierbei zeigte sich in der frühen Kindheit eine Zunahme der Synapsendichte, gefolgt von einem Plateau in der Kindheit und einem Abbau von Synapsen in der späteren

5

Kindheit und Jugend. Je nach Hirnregion und Funktion liefen die Prozesse jedoch in einem unterschiedlichen Alter ab. Heutzutage wendet man in der Regel bildgebende Verfahren an, um Erkenntnisse über den Verlauf der Entwicklung der Hirnrinde zu erhalten. Gemessen werden die Dicke oder das Volumen der Hirnrinde, wobei man hier aufgrund der den zahlreichen Nervenzellkörpern geschuldeten Graufärbung der Hirnrinde meist von grauer Substanz spricht. Es wird angenommen, dass eine Zunahme an Dicke oder Volumen der grauen Substanz vor allem die Folge einer zu dieser Zeit stattfindenden Ausbreitung und Umgestaltung der axonalen und dendritischen Fortsätze der Nervenzellen in der Hirnrinde ist. Die Abnahme im Verlauf der Zeit wird hingegen mit der Beseitigung nicht genutzter Synapsen und dem damit einhergehenden Rückzug der Fortsätze begründet. Aber auch die zunehmende Isolierung der Nervenzellen mit Myelin und das damit einhergehende Einwachsen des Myelins in die Schicht grauer Substanz kann die Cortexdicke verringern. Eine in dieser Weise ausgedünnte Hirnrinde wird als ausgereift angesehen. Das Volumen und die Dicke grauer Substanz sind nicht gleichbedeutend. Für das Volumen grauer Substanz ist nämlich nicht nur wichtig, wie dick die Hirnrinde ist, sondern auch wie ausgebreitet sie ist. Letztere Eigenschaft wird als Oberfläche angegeben.

- **Synapsendichte** Anzahl der Synapsen pro Raumeinheit der Hirnrinde. Die Synapsendichte nimmt in der Hirnrindenentwicklung erst zu und dann wieder ab.
- **Dicke der grauen Substanz** Gemessene Dicke der Hirnrinde. Die Dicke grauer Substanz nimmt erst zu und dann wieder ab. Eine ausgedünnte Hirnrinde gilt als reif.
- **Volumen der grauen Substanz** Gemessenes Volumen der Hirnrinde. Das Volumen ergibt sich aus der Dicke und der Oberfläche der grauen Substanz und nimmt erst zu und dann wieder ab.
- **Oberfläche der grauen Substanz** Ausbreitung der Hirnrinde. Die Oberfläche nimmt erst zu und dann wieder ab, Letzteres allerdings erst später als Dicke und Volumen.

Über den Zeitablauf dieser Reifungsprozesse herrscht in der Wissenschaft noch keine Einigkeit. Die ersten Untersuchungen mit bildgebenden Verfahren (z. B. Sowell et al. 2004; Shaw et al. 2008) ergaben, dass es auch im Verlauf der frühen Schulzeit noch zu einer Zunahme an corticaler Dicke kommt. Einem dann auftretenden Gipfel sollte im späteren Kindes- und Jugendalter eine Abnahme corticaler Dicke folgen. In den vergangenen Jahren wurde jedoch in vielen großen Studien beobachtet, dass sowohl Volumen als auch Dicke bereits in der frühen Kindheit abzunehmen beginnen und diesen Prozess bis in die Jugend hinein fortsetzen (für eine Übersicht s. Walhovd et al. 2017).

Wie konnte es zu so unterschiedlichen Ergebnissen kommen? Verschiedene methodische Probleme werden hier diskutiert, so etwa das Auftreten von Bewegungsartefakten. Leichte Bewegungen im Verlauf bildgebender Untersuchungen können dazu führen, dass die corticale Dicke unterbewertet wird. Es wird angenommen, dass sich Kinder in der Untersuchung vermutlich umso mehr bewegen, je jünger sie sind, und dass dies zu – falschen – Ergebnissen einer geringeren corticalen Dicke in jungen Jahren und dem beobachteten Anstieg im Verlauf der Kindheit führte (Walhovd et al. 2017).

Studien, in denen speziell die frühe Kindheit untersucht wurde, zeigen, dass die Ausdünnung der Hirnrinde in vielen Regionen bereits im ersten oder zweiten Lebensjahr beginnt, so etwa auch in Hirnrindenbereichen (z. B. medialer superiorer frontaler Cortex, orbitofrontaler Cortex), die für die Verarbeitung von Emotionen und Informationen über Belohnung und Bestrafung zuständig sind (Li et al. 2015; Croteau-Chonka et al. 2016). Es wird aufgrund

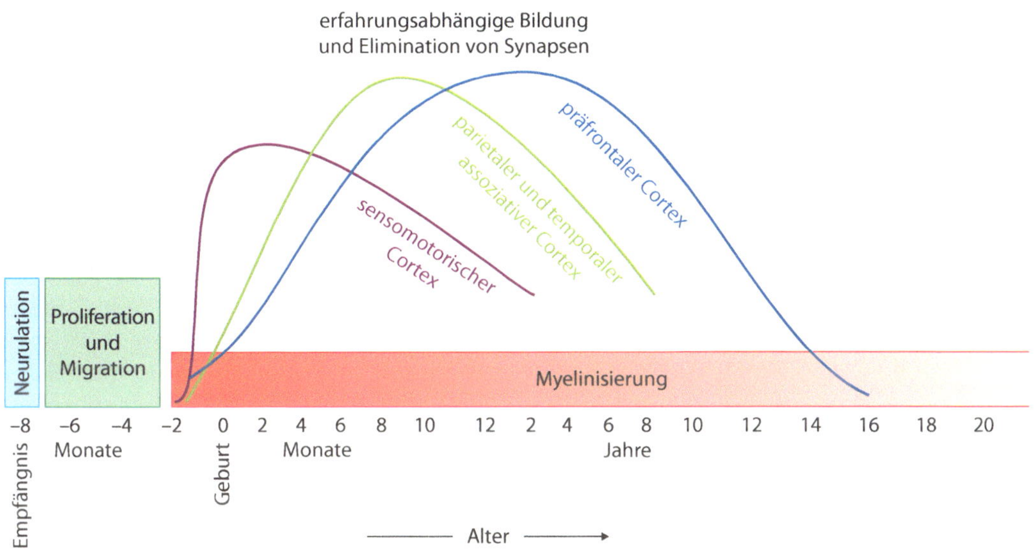

Abb. 5.5 Ungefährer Zeitverlauf von Prozessen der Synapsenbildung und des Synapsenabbaus in verschiedenen Regionen der Hirnrinde. (Modifiziert nach Casey et al. 2005)

dieser Befunde angenommen, dass einem rasanten Aufbau von Synapsen bereits im Kleinkindalter ein schneller und umfangreicher Abbau folgt, der in geringerer Ausprägung bis in die Jugend hinein anhält (Abb. 5.5). Aus den Befunden dieser und anderer Studien wird gefolgert, dass insbesondere Erfahrungen der ersten beiden Lebensjahre (► Kap. 7), einschließlich traumatischer Stresserlebnisse, die Netzwerke im Gehirn des Kindes maßgeblich beeinflussen und im Falle negativer Erfahrungen die Entstehung neuropsychiatrischer Erkrankungen fördern (Lyall et al. 2015). Diese Annahme wird durch verschiedene Befunde aus der psychologischen Forschung unterstützt, wie wir nun zeigen wollen.

5.2.5 Frühe Erfahrungen und die psychische Entwicklung

Erkenntnisse aus der psychologischen Forschung zeigen immer wieder, dass nicht nur sensorische Systeme oder die Sprachentwicklung, sondern auch die psychische Entwicklung durch frühe Erfahrungen langfristig beeinflusst werden. Deutlich wird dies, wenn Kinder infolge eines frühen Erlebens von Stress oder Vernachlässigung häufiger als andere ein Aufmerksamkeitsdefizit, psychische Erkrankungen, ein erhöhtes Schmerzempfinden oder Verhaltensstörungen entwickeln (► Kap. 7). Da aber in den meisten Fällen die Kinder auch nach ihrer frühen Kindheit noch ähnlichen Lebensbedingungen ausgesetzt sind, kann man nur schwer bestimmen, ob es wirklich die frühen Erfahrungen sind, die einen bleibenden Einfluss hinterlassen haben. Zur Klärung dieser Frage werden Kinder untersucht, deren Umfeld sich nach der frühen Kindheit erheblich verändert hat, so etwa Waisenkinder (► Box: Studien zur Untersuchung des Einflusses früher Erfahrungen).

Studien zur Untersuchung des Einflusses früher Erfahrungen

Dieser Aufgabe haben sich verschiedene große Forschungsprojekte gewidmet. Untersucht wurden Waisenkinder, die ihre ersten Lebensjahre unter erheblich nachteiligen Bedingungen in Waisenhäusern verbracht haben und anschließend adoptiert (z. B. English and Romanian Adoptees Study, ERA, Rutter et al. 2010; z. B. International Adoption Project Survey, Gunnar und van Dulmen 2007) oder von einer Pflegefamilie (z. B. Bucharest Early Intervention Project, BEIP, Zeanah et al. 2017) betreut wurden oder deren Bedingungen sich in der Institution erheblich verbesserten (z. B. The St. Petersburg-USA Orphanage Research Team 2008). In allen Projekten wurden Kinder untersucht, deren Lebensbedingungen sich in unterschiedlichen Zeiten ihres jungen Lebens drastisch änderten.

Die Untersuchung der Waisenkinder brachte wichtige Erkenntnisse über die Bedeutung der frühen Erfahrungen für die psychische Entwicklung. Insbesondere Untersuchungen rumänischer Waisenkinder waren hier aufschlussreich. Als 1989 das rumänische Ceauşescu-Regime zu Fall kam, wurde die Öffentlichkeit auf die erbärmlichen Lebensbedingungen der in Rumänien untergebrachten Waisenkinder aufmerksam, die kaum individuelle Aufmerksamkeit und soziale Zuwendung erhielten und in ihrer körperlichen und kognitiven Entwicklung sowie in der Entfaltung ihres Verhaltens erheblich zurückgeblieben waren. Viele der Kinder wurden von Familien in Westeuropa und Nordamerika adoptiert oder in rumänischen Pflegefamilien untergebracht. Da dies in einem individuell unterschiedlichen Alter geschah, ergab sich für die Wissenschaft die Möglichkeit, die Folgen früher Vernachlässigung altersabhängig zu untersuchen. So konnte überprüft werden, ob die Entwicklung der Kinder vor allem in sensiblen Perioden der Entwicklung geprägt wurde.

Die Erkenntnisse der verschiedenen Forschungsprojekte waren ähnlich. Es zeigte sich beispielsweise, dass Kinder, die erst nach dem zweiten Lebensjahr adoptiert wurden, häufiger in ihrem späteren Leben psychische Störungen wie Depressionen, Angststörungen und Störungen des Sozialverhaltens entwickelten als früher adoptierte Kinder (Gunnar und van Dulmen 2007). Besonders aussagekräftig waren die Ergebnisse der randomisiert-kontrollierten Studien des Bucharest Intervention Projects, in denen Gruppen unterschiedlich alter rumänischer Waisenkinder nach einer zufälligen Auswahl entweder den zur Verfügung stehenden Pflegefamilien zugewiesen wurden oder in den Waisenhäusern verblieben. Dieser Studie zufolge schnitten die Kinder, die früh in die Pflegefamilien kamen, in vielen Bereichen besser ab als die spät in die Familien gekommenen Kinder. Eine gute Sprachfähigkeit konnte sich beispielsweise dann entwickeln, wenn die Kinder innerhalb der ersten 15 Lebensmonate der Pflegefamilie zugewiesen wurden. Für eine angemessene Fähigkeit, auf sozialen Stress zu reagieren, war es erforderlich, dass die Kinder vor dem Alter von 24 Monaten in die Pflegefamilie kamen (für eine Übersicht s. Zeanah et al. 2017).

Sowohl die Befunde aus der Hirnforschung über den Zeitverlauf von Synapsenbildung und -elimination als auch die Erkenntnisse aus der Untersuchung der Waisenkinder legen nahe, dass Erfahrungen der ersten zwei Lebensjahre die Entwicklung der sozialen, emotionalen und kognitiven Fähigkeiten erheblich beeinflussen können. Die frühe Kindheit stellt hiernach eine *sensible Periode* dar, innerhalb derer frühe Erfahrungen von Zuwendung und sozialer wie kognitiver Stimulation einen besonders großen Einfluss auf die Entwicklung haben. Andere Forschungsansätze (für eine Übersicht s. Teicher et al. 2016; s. a. ► Kap. 7) zeigen, dass auch *Misshandlungen* während dieser frühen sensiblen Zeitperiode einen dauerhaften Einfluss auf das Gehirn des Kindes und hiermit dessen Psyche haben.

Für eine Beurteilung der Folgen von Vernachlässigung ist zudem wichtig, ob diese ersten Lebensjahre auch eine *kritische Periode* darstellen, innerhalb derer bestimmte Erfahrungen notwendig sind, damit sich die Hirnstrukturen entwickeln und die entsprechenden Fähigkeiten entfalten können. Dies wird durch die psychologischen Befunde aus der Untersuchung der Waisenkinder nicht eindeutig beantwortet. Und auch die Erkenntnisse der Hirnforschung über die Reifungsprozesse im Gehirn legen lediglich nahe, dass das Gehirn in den ersten Lebensjahren besonders stark beeinflusst wird, belegen jedoch nicht, dass bei ausbleibenden Erfahrungen im Rahmen einer Vernachlässigung diese Erfahrungen nicht nachgeholt werden können.

Der Umstand, dass bei einer erst nach dem zweiten Lebensjahr erfolgten Veränderung der Lebenssituation eines zuvor vernachlässigten Kindes häufig psychische Probleme folgen, mag ebenso darin begründet sein, dass eine Erholung des Kindes ein Nachholen der in der frühen Kindheit verpassten Erfahrungen von zuverlässiger und feinfühliger Vorsorge voraussetzen würde, dieses Nachholen jedoch nicht stattfindet. Dies kann beispielsweise geschehen, wenn ein früh traumatisiertes Kind mit seinem Verhalten in einer neuen Umwelt Missgunst auslöst und Teufelskreise entstehen. Oder es kann dann gegeben sein, wenn einem Kind im Rahmen der seinem aktuellen Alter angepassten Fördermaßnahmen ein Nachholen der verpassten Erfahrungen nicht angeboten wird. Es ist durchaus denkbar, dass eine Förderung des Kindes, die nicht altersgerecht erfolgt, sondern bei dessen aktueller Entwicklungsstufe ansetzt, ein Nachholen der entsprechenden Erfahrungen ermöglicht und hiermit einen tief greifenden und langfristigen positiven Einfluss auf die psychische Entwicklung haben kann (für eine ausführliche Darstellung s. Strüber 2019).

Auf der Grundlage all dieser in diesem Unterkapitel dargestellten Erkenntnisse über die Reifung der für die psychischen Funktionen relevanten Hirnbereiche werden wir nun erläutern, wie psychische Hirnfunktion auf den verschiedenen Ebenen des Gehirns entstehen und wie verschiedene funktionale Systeme individuell geprägt werden.

Nachgeburtliche Entwicklung

Nachgeburtlich werden die Nervenzellen zunächst im Überfluss miteinander verbunden. Anschließend werden die Schaltkreise aktivitätsabhängig verfeinert: Genutzte Verbindungen werden stabilisiert, nicht genutzte eliminiert. Hierdurch wird das Gehirn an seine Umwelt angepasst. In der frühen Kindheit treten hierbei Perioden auf, in denen das Gehirn besonders stark durch Erfahrungen beeinflusst wird. Neuen Erkenntnissen zufolge wird auch der Verlauf dieser Perioden von Erfahrungen beeinflusst, und sie können unter Umständen sogar wiedereröffnet werden. Möchte man begreifen, welches Lebensalter von entscheidender Bedeutung für die psychische Entwicklung ist, dann ist es sinnvoll, sowohl auf die neurobiologischen Prozesse, d. h. den Zeitverlauf von Synaptogenese und Synapsenelimination, zu schauen als auch auf die psychologischen Erkenntnisse aus der Untersuchung von Kindern, deren Lebensbedingungen sich zu einem bestimmten Zeitpunkt in ihrem Leben drastisch geändert haben. Beide Disziplinen betonen die Bedeutung der ersten zwei Lebensjahre, sodass angenommen wird, dass diese eine sensible Periode für Hirnfunktionen darstellen, die der psychischen Entwicklung zugrunde liegen. Hier zeigt sich auch, wie aus einer Zusammenführung der Disziplinen Psychologie und Neurobiologie ein beträchtlicher Erkenntnisgewinn entstehen kann.

5.3 Reifung psychisch relevanter Hirnfunktionen

Wir werden nun sehen, wie sich die psychische Entwicklung auf vier Ebenen der Hirnfunktion vollzieht und dass neuromodulatorische Moleküle funktionale Systeme hervorbringen, die unsere Psyche ganz wesentlich beeinflussen.

5.3.1 Vier-Ebenen-Modell

In diesem Modell werden in vertretbarer Vereinfachung vier anatomische und funktionale Gehirnebenen unterschieden, die in

5

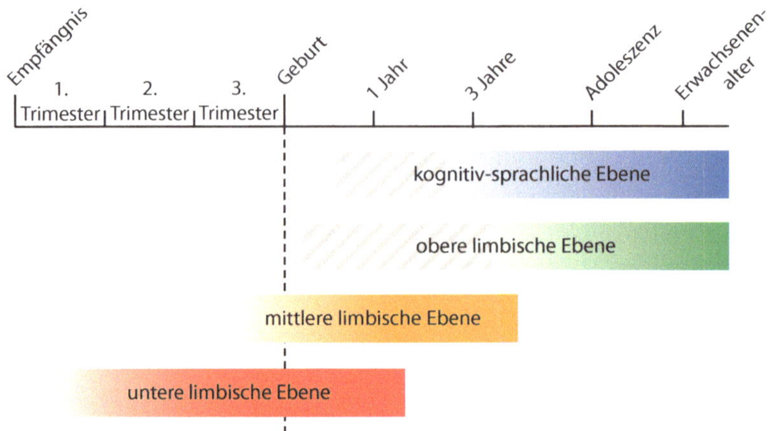

Abb. 5.6 Übersicht über den ungefähren Zeitverlauf der Reifung der vier anatomischen und funktionalen Gehirnebenen. In ihrer Entwicklung bauen die Ebenen auf den Fähigkeiten und Eigenschaften auf, die durch die jeweils darunter liegende Ebene vermittelt werden. Schraffierte Bereiche markieren Zeiten, in denen die Reifung der Ebene bereits durch Erfahrungen beeinflusst wird, die Ebene jedoch noch nicht voll funktionsfähig ist. Die untere limbische Ebene mit ihren vegetativen Funktionen beginnt bereits in den ersten Wochen nach Empfängnis mit ihrer Entwicklung. Im letzten Trimester der Schwangerschaft beginnen im Uterus wahrgenommene Umweltreize die mittlere limbische Ebene zu prägen. Die obere limbische Ebene beginnt sich zu entwickeln, sobald das Kind damit anfängt, seine Eltern oder andere Bindungspersonen gezielt anzulächeln. Im Alter von 3–4 Jahren ermöglicht sie dem Kind eine aktive Teilhabe am sozialen Leben. Die kognitiv-sprachliche Ebene wird bereits im ersten Lebensjahr beeinflusst, ist aber erst zwischen dem zweiten und dritten Lebensjahr in der Lage, das Kind mit grammatikalisch-syntaktischen Fähigkeiten auszustatten

unterschiedlichen Entwicklungsperioden entstehen und unterschiedliche Aspekte des Fühlens und Denkens hervorbringen. Dazu gehören drei limbische Ebenen und eine kognitive Ebene (Abb. 5.6 und 5.7). Eine detaillierte Darstellung der funktionellen Neuroanatomie findet sich in ▶ Kap. 2, eine ausführliche Darstellung der vier Ebenen und ihrer Interaktion in Roth und Strüber (2018).

5.3.1.1 Untere limbische Ebene

Dieser Ebene gehören Hirnstrukturen wie der Hypothalamus, zentrale Bereiche der Amygdala und vegetativ-autonome Zentren des Hirnstamms an. Insbesondere der Hypothalamus ist von großer Bedeutung für die Funktion dieser Ebene. Er ist das wichtigste Kontrollzentrum für biologische Grundfunktionen wie Nahrungs- und Flüssigkeitsaufnahme, Schlaf- und Wachzustand, Temperatur- und Kreislaufregulation, Angriffs- und Verteidigungsverhalten und Sexualverhalten. Zusammen mit der Hirnanhangsdrüse, der Hypophyse, und dem zentralen Höhlengrau ist er hiermit der unbewusste Entstehungsort von Trieb- und Affektzuständen wie Hunger, Durst, sexuelles Begehren, Aggression, Wut, aber auch positiver Gefühle wie Lust, Bindung und Liebe.

Bei diesen Strukturen geht es um das Überleben und um die Fortpflanzung.

Die Entwicklung dieser Ebene beginnt bereits früh in der Schwangerschaft und ist zum Zeitpunkt der Geburt teilweise bereits abgeschlossen. Die individuelle Funktion wird entsprechend durch Gene und vorgeburtliche Erfahrungen beeinflusst und bringt unser Temperament hervor (▶ Kap. 6). Hier ist beispielsweise eine gewisse Neigung gespeichert, in bestimmter Weise auf Stress zu reagieren. Spätere Erfahrungen, beispielsweise im Rahmen der Erziehung, können die Funktion der unteren limbischen Ebene nur schwer verändern.

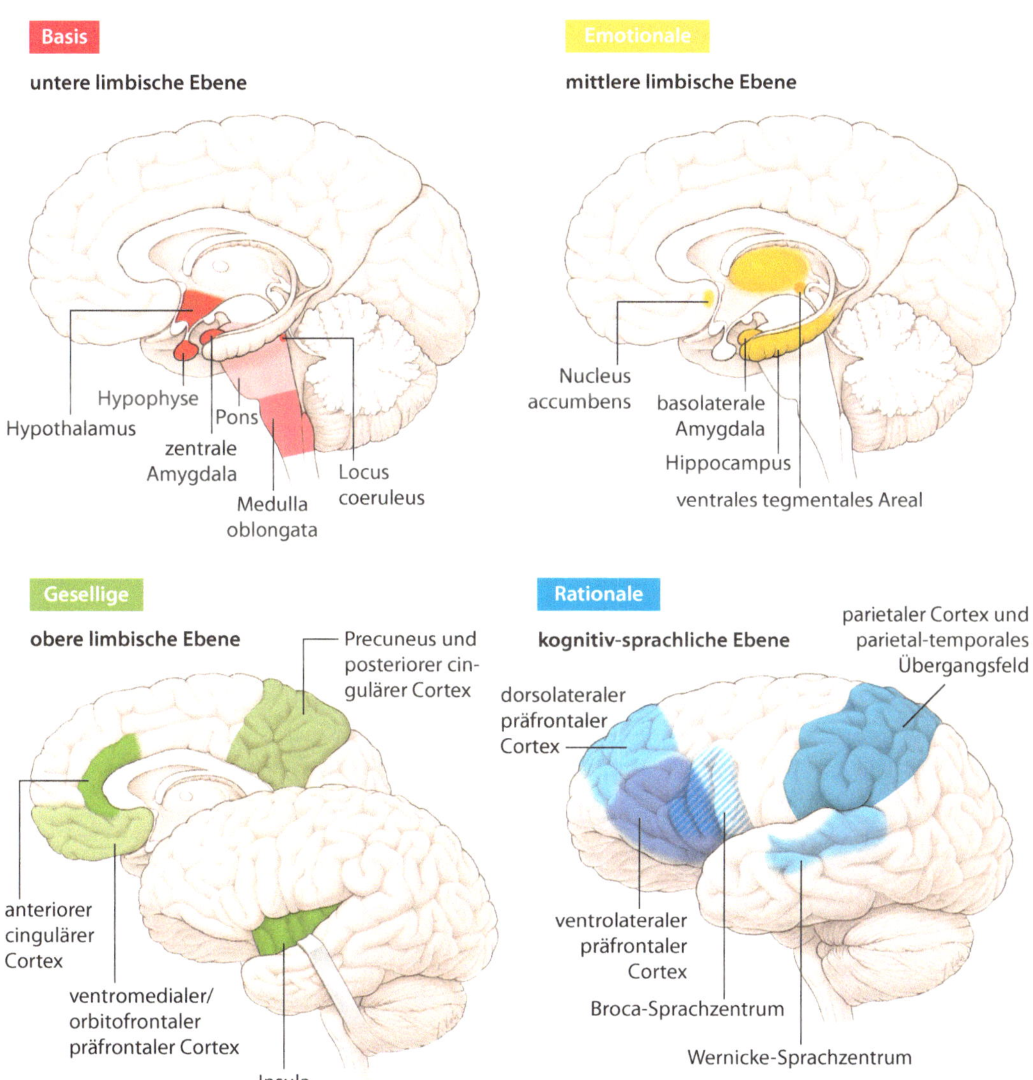

Abb. 5.7 Vier anatomische und funktionale Ebenen der Hirnfunktion. (© Youson Koh; aus Strüber und Roth 2017)

5.3.1.2 Mittlere limbische Ebene

Hirnstrukturen der mittleren limbischen Ebene befassen sich mit individuellen Lernerfahrungen. Zu dieser Ebene gehören Hirnstrukturen wie die basolaterale Amygdala, die Basalganglien und der Hippocampus. Auf dieser Ebene werden Erfahrungen unbewusst bewertet, und das Ergebnis wird für zukünftige Handlungen gespeichert. In der Kindheit erlebte Bedrohungen werden beispielsweise fest in die Verschaltungen der Amygdala integriert, positive Erfahrungen wie das Erleben feinfühliger Fürsorge halten Einzug in das Netzwerk der Basalganglien einschließlich des Nucleus accumbens. Wichtig sind hierbei vor allem die Erfahrungen während der frühen Kindheit. Die in dieser Zeit vorgenommenen Bewertungen leiten das künftige Verhalten unbewusst an.

Die mittlere limbische Ebene beginnt ebenfalls bereits in der Schwangerschaft mit ihrer Entwicklung, setzt ihre Reifung jedoch bis in die frühe Kindheit hinein fort. Im Jugend- oder Erwachsenenalter kann diese Ebene nur unter Einsatz starker emotionaler oder langanhaltender Einwirkungen verändert werden.

5

An einer bestimmten Struktur dieser Ebene kann man gut den Zusammenhang von struktureller Reifung und Entstehung spezifischer psychischer Funktionen verdeutlichen, und zwar am Hippocampus. Der Hippocampus ist wichtig für die Speicherung und den Abruf von Erinnerungen, einschließlich autobiografischer Inhalte. Wenngleich frühe Erfahrungen durchaus die späteren psychischen Funktionen erheblich prägen, ist es den meisten erwachsenen Menschen paradoxerweise so gut wie gar nicht möglich, Erinnerungen an ihre ersten zwei bis drei Lebensjahre abzurufen. Man bezeichnet dieses Phänomen der vergessenen Erinnerungen als **infantile Amnesie.** Ursächlich scheint u. a. die in den ersten Lebensjahren noch nicht abgeschlossene Reifung des Hippocampus zu sein. Allerdings können sich 5–10 Jahre alte Kinder teilweise noch gut an ihre ersten Lebensjahre erinnern, so dass eine Speicherung zunächst erfolgt sein muss und erst später ein Vergessen stattfand. Tiermodelle legen nahe, dass eine in der frühen Kindheit besonders ausgeprägte Neubildung von Nervenzellen **(Neurogenese)** verantwortlich für das frühe Vergessen ist. Wird die Neurogenese nämlich experimentell stimuliert, dann verstärkt dies sogar bei erwachsenen Tieren das Vergessen. Wird die Neubildung von Nervenzellen hingegen blockiert, kann dies bei jungen Tieren die infantile Amnesie abschwächen und die Erinnerung begünstigen (Akers et al. 2014). Es wird angenommen, dass die Integration neuer Neurone in bestehende Schaltkreise des Hippocampus zuvor gebildete Erinnerungen destabilisieren kann. Erst wenn sich mit zunehmender Reifung des Hippocampus das Ausmaß der Neurogenese vermindert, können dauerhafte Erinnerungen gebildet werden (für eine Übersicht s. Roth und Strüber 2018).

> **Infantile Amnesie**
>
> Das Unvermögen, sich an die Erlebnisse der ersten Lebensjahre zu erinnern.

> **Neurogenese**
>
> Die Neubildung von Nervenzellen

5.3.1.3 Obere limbische Ebene

Die obere limbische Ebene beinhaltet die für die emotionale Verarbeitung wichtigen Teile der Hirnrinde, etwa den orbitofrontalen, den ventromedialen präfrontalen und den anterioren und posterioren cingulären Cortex, aber auch die anteriore Insula und den sog. Precuneus. In den Hirnstrukturen der oberen limbischen Ebene werden die in den unteren beiden limbischen Ebenen entstandenen Emotionen teilweise bewusst und differenziert verarbeitet und auf ihre situative Angemessenheit hin überprüft. Diese Ebene ist dafür zuständig, dass sich der Mensch in seiner sozialen Umwelt adäquat verhält. Entsprechend geht es nicht nur um einfache Emotionen wie Angst oder Aggression, sondern um so komplizierte und oft bewusst erlebte menschliche Befindlichkeiten wie Stolz, Scham, Enttäuschung und Schadenfreude. Die obere limbische Ebene bewertet das eigene soziale Verhalten hinsichtlich seiner Konsequenzen und ermöglicht die Regulation der eigenen Gefühle und die Zügelung voreiliger Impulse. Die Verhaltenstendenzen der beiden unteren limbischen Ebenen werden durch diese Ebene je nach Sozialisation verstärkt oder abgeschwächt.

Die Hirnstrukturen der oberen limbischen Ebene beginnen sich zwar ebenfalls in der Schwangerschaft zu entwickeln, sind jedoch nach der Geburt noch wenig reif und verändern sich bis in das Jugendalter hinein. Möchte man auf die in diesen Schaltkreisen niedergelegten Inhalte einwirken, dann erfordert dies emotionale und soziale Anreize. Mittels eines rein sprachlichen Einwirkens dürften kaum Veränderungen der dortigen Verschaltungen erzielt werden.

5.3.1.4 Kognitiv-sprachliche Ebene

Die kognitiv-sprachliche Ebene umfasst präfrontale, temporale und parietale assoziative corticale Bereiche, etwa solche zum Sprachverständnis und zur Spracherzeugung oder auch solche, die als Arbeitsgedächtnis die Grundlage für Vorstellungen und bewusste Handlungsplanung bilden. Für Letzteres ist insbesondere der dorsolaterale präfrontale Cortex als Sitz des vorderen Arbeitsgedächtnisses wichtig. Auf dieser Ebene werden die in den limbischen Ebenen entstandenen Gefühle und Motive versprachlicht, Gedanken strukturiert und in Reihenfolge gebracht, Verhaltensziele intern abgebildet und aufrechterhalten, miteinander und mit Modellen verglichen. Nicht immer stimmen die eigenen Motive mit den Annahmen über korrektes Verhalten oder mit dem Selbstbild überein. Dann ist es Sache der kognitiv-sprachlichen Ebene, Rechtfertigungen zu finden.

Die kognitiv-sprachliche Ebene reift im Verlauf von Kindheit und Jugend erst allmählich, und die Entwicklung ihrer individuellen Funktion ist nie abgeschlossen. Sie verändert sich im sprachlichen Miteinander mit anderen stetig, gibt jedoch nicht den Kern der Persönlichkeit wieder, sondern reflektiert, wie wir uns gerne sehen und gesehen werden möchten. Ein Grund hierfür liegt darin, dass die corticalen assoziativen Areale dieser Ebene keinen wirksamen Einfluss auf die Zentren der unteren und mittleren limbischen Ebene und einen nur begrenzten Einfluss auf die Areale der oberen limbischen Ebene haben (Ray und Zald 2012; vgl. ► Kap. 6):

Übersicht

- **Untere limbische Ebene:** Ebene der überlebenswichtigen Regulation vegetativer Funktionen und angeborener Verhaltensweisen sowie des Temperaments
- **Mittlere limbische Ebene:** Ebene des unbewussten individuellen Lernens und der emotionalen Konditionierung
- **Obere limbische Ebene:** Ebene des sozialen Lernens und der bewusst erfahrenen Gefühle und Ziele
- **Kognitiv-sprachliche Ebene:** Ebene von Arbeitsgedächtnis, zielgerichteter Handlungsplanung und grammatisch-syntaktischer Sprache.

5.3.2 Sechs psychoneurale Grundsysteme

Fragen wir uns, wie die verschiedenen Ebenen miteinander kommunizieren und warum die untere limbische Ebene so wichtig für unser Temperament ist, so müssen wir unseren Blick auf die sog. **Neuromodulatoren** lenken. Es handelt sich dabei um die Stoffe Noradrenalin, Serotonin, Dopamin und Acetylcholin, die ebenso wie Neuropeptide und Neurohormone die Kommunikation zwischen den Nervenzellen der verschiedenen Ebenen beeinflussen und sich damit erheblich auf unsere psychische Befindlichkeit auswirken. Die meisten dieser Stoffe werden in eng umgrenzten Bereichen der unteren und mittleren limbischen Ebene produziert und von dort aus verteilt.

5

Neuromodulatoren

Langsam und eher global wirkende Transmitter, die schnell und lokal an der Synapse wirkende Transmitter wie Glutamat, GABA und Glycin in ihrer Aktivität modulieren. Dazu gehören die Stoffe Noradrenalin, Serotonin, Dopamin und Acetylcholin. Je nach Definition werden auch die Neuropeptide und Neurohormone dazu gerechnet.

Die Anzahl der im menschlichen Gehirn wirksamen Substanzen ist groß. Zudem gibt es für viele Substanzen verschiedene Rezeptortypen, die auf unterschiedliche Konzentrationen dieser Stoffe reagieren und mitunter gegenteilige, d. h. erregende oder hemmende, Auswirkungen auf die Aktivität der Nervenzellen haben. Möchte man die Wirkung dieser Stoffe auf die Entwicklung der Psyche des Menschen verstehen, so ist es sinnvoll, sie mit dem Ziel der Komplexitätsreduktion funktionalen Systemen zuzuordnen. Deshalb benennen wir hier sechs „psychoneurale" Grundsysteme, welche die Persönlichkeit und psychische Befindlichkeit eines Menschen begründen (s. dazu ▶ Kap. 6; s. a. Roth 2019).

Für die Wirkung der neuromodulatorischen Substanzen und hiermit auch der psychoneuralen Grundsysteme spielt die jeweilige genetische Ausstattung eines Menschen eine große Rolle. Die Gene für Rezeptoren der Substanzen, aber auch für weitere, deren Funktion beeinflussende Moleküle, etwa Transportproteine oder Abbauenzyme, können in unterschiedlichen Varianten vorliegen (▶ **Gen-Polymorphismen, Box**). Je nach Genvariante funktionieren die neuromodulatorischen Substanzen daraufhin mehr oder weniger effizient.

Gen-Polymorphismen

Im Rahmen der genetischen Vererbung geben Eltern ihren Kindern die Gene, d. h. bestimmte DNA-Gensequenzen, weiter. Verschiedene Varianten eines Gens werden „Allele" genannt. Häufig handelt es sich bei den Sequenzvariationen um Einzelnucleotid-Polymorphismen (engl. *single nucleotide polymorphisms* – SNPs). Bei diesen SNPs ist jeweils ein Nucleotid, d. h. einer der aus den Basen Adenin, Guanin, Cytosin, Thymin (bei der DNA) oder Uracil (bei der RNA), einem Monosaccharid und einem Phosphorsäurerest bestehenden Grundbausteine der DNA- bzw. RNA-Sequenz, ausgetauscht. Ein solcher Austausch kann eine regulatorische Sequenz des Gens betreffen und hierdurch dessen Expression dauerhaft verändern. Betrifft der Austausch hingegen den proteincodierenden Bereich einer Gensequenz, dann kann dies dazu führen, dass eine unterschiedliche Aminosäure und damit ein verändertes Protein, z. B. ein Enzym oder ein Rezeptor mit veränderten Eigenschaften, entsteht.

Aber auch frühe Erfahrungen beeinflussen die Funktion der neuromodulatorischen Substanzen. So können frühe Stresserfahrungen mit einer verringerten Rezeptorfunktion oder anderen molekularen Veränderungen der neuromodulatorischen Systeme einhergehen. Viele Studien zeigen inzwischen, dass Erfahrungen über **epigenetische Veränderungen** (▶ Box) Einfluss auf den Organismus nehmen.

Epigenetische Veränderungen

Der Begriff bezeichnet Änderungen der Genexpression, die im Gegensatz zu den SNPs (s. Gen-Polymorphismen) keine Änderung der Nucleotidsequenz beinhalten. Häufig beruhen sie auf Abänderungen der Funktion sog. Promotor-Regionen, die für die Expression der Nucleotidsequenzen zuständig sind. Unterschiede im Ausmaß der epigenetischen Veränderungen in einem bestimmten Gewebe bzw. im gleichen Gewebe unterschiedlicher Personen können dann dazu führen, dass auf der Ebene des Phänotyps Unterschiede entstehen, ohne dass genetische Unterschiede vorhanden sind (Szyf 2015). Häufig kommt es über Einwirkungen der Umwelt zu epigenetischen Veränderungen. Hierdurch kann die Genexpression mit dem Ziel der Anpassung eines Organismus an seine Umwelt reprogrammiert werden. Treten diese epigenetischen Veränderungen im Verlauf des Lebens als Folge von Umwelteinflüssen innerhalb von Keimzellen auf, dann können diese auch die Eigenschaften der nachfolgenden Generationen beeinflussen (Bale 2015). Zu den epigenetischen Veränderungen gehört beispielsweise die Methylierung bestimmter Nucleotide der DNA durch das Enzym DNA-Methyltransferase. Hierbei werden in der Regel Methylgruppen an Cytosinnucleotide geheftet, denen in der linearen Basensequenz (in der 5′ → 3′-Richtung) direkt darauf ein Guaninnucleotid folgt. Betrifft diese Methylierung ein Nucleotid in der regulatorischen Region eines Gens, dann kann dies verhindern, dass die proteincodierende Sequenz der DNA abgelesen werden kann. Die methylierten Cytosinnucleotide gehen so mit einer Stilllegung des Gens einher *(silencing)*. Die Genexpression ist dann ausgeschaltet. Verschiedene weitere epigenetische Mechanismen erlauben die epigenetische Veränderung der Genaktivität. Dazu gehören eine Modifikation der sog. Histone ebenso wie eine Steuerung der Genaktivität über Mikro-Ribonucleinsäuren, kurz microRNAs (s. Jones 2012).

Die individuelle Funktionsweise der psychoneuralen Grundsysteme entsteht entsprechend vor dem Hintergrund der individuellen genetischen Ausstattung und der jeweiligen Erfahrungen. Heutzutage nimmt man allerdings keine additive Wirkung dieser beiden Faktoren an. Stattdessen interagieren Gene und Umwelt in vielfältiger Weise (▶ Box: Gen-Umwelt-Wechselwirkungen).

Gen-Umwelt-Wechselwirkungen

... können unterschiedlich ausfallen:

1. Gene legen fest, welche Bedeutung die Umwelt hat. Menschen mit spezifischen genetischen Varianten reagieren empfindlicher auf ihre Umwelt als andere. Bei ihnen ist das Risiko höher, infolge früher Stresserfahrungen psychische Erkrankungen oder Verhaltensstörungen zu entwickeln, als bei Menschen mit anderen Genvarianten.
2. Die Umwelt legt fest, welche Bedeutung die Gene haben. Bestimmte Eigenschaften, etwa Intelligenz oder auch die Art, auf Stress zu reagieren, werden je nach Umwelt mehr oder weniger durch Gene beeinflusst. So wird z. B. Intelligenz bei Kindern bildungsnaher Familien erheblich durch die Gene beeinflusst, bei von Armut betroffenen Kindern hingegen fast ausschließlich durch die Umwelt geprägt (Turkheimer et al. 2003).
3. Die Umwelt legt fest, wie aktiv Gene sind. Erfahrungen können die Expression bestimmter Gene, etwa des Stresssystems, epigenetisch beeinflussen und hierdurch festlegen, wie der Mensch auf seine Umwelt reagiert.

5.3.2.1 Das Stressverarbeitungssystem

Menschen unterscheiden sich darin, wie sie mit Stress umgehen, ob sie also gut hohe Anforderungen bewältigen können, ob sie angesichts potenziell bedrohlicher Reize schnell „hochfahren" oder ob sie auch in schwierigen Situationen einen klaren Kopf behalten. All dies sind Aufgaben des Stressverarbeitungssystems. Dieses System ermöglicht dem Organismus, körperliche wie psychische Belastungen und Herausforderungen zu bewältigen.

Treffen wir auf eine solche Situation, so wird im Körper das für Kampf- und Fluchtreaktionen zuständige sympathische Nervensystem aktiviert und treibt Blutdruck und Herzfrequenz in die Höhe. Im Gehirn wird durch den Locus coeruleus im Hirnstamm Noradrenalin in erhöhten Konzentrationen ausgeschüttet. Dies erhöht die Aufmerksamkeit und fördert das emotionale Lernen. Im Hypothalamus und in der Amygdala des Gehirns kommt es zur Produktion des Neuropeptids Corticotropin-freisetzender Faktor (CRF), das seinerseits Erkundungsverhalten unterdrückt, die Wachsamkeit erhöht und in höherer Dosierung Furcht erzeugt. Der Mensch ist in Alarmbereitschaft. Hält der Stress über einen kurzen Moment hinaus an, so folgt dieser schnellen Reaktion die Aktivierung der sogenannten HPA-Achse (▶ Abschn. 3.5.7.5), als deren Endprodukt das Hormon Cortisol von den Nebennierenrinden in die Blutbahn ausgeschüttet wird. Das Cortisol erreicht das Gehirn, fördert zunächst die adäquate Verarbeitung der Stresssituation und dämpft etwas später die Stressreaktion über ein negatives Feedback.

Das Zusammenspiel der genetischen Ausstattung und der jeweiligen Erfahrungen beeinflusst die individuelle Funktion des Stressverarbeitungssystems. Vorgeburtlich können sich beispielsweise Stresserfahrungen der werdenden Mutter während der Schwangerschaft oder schon früher negativ auf den Fötus auswirken, und zwar über die damit verbundene erhöhte Cortisolfreisetzung im Körper von Mutter und Fötus. Dieser **vorgeburtliche Stress** wiederum kann in einem epigenetischen Prozess die langfristige Expression des Gens für einen Cortisolrezeptor beeinflussen. Da dieser an der Feedback-Hemmung der Stressreaktion beteiligt ist, kann dies das Ausmaß der Aktivität des Stressverarbeitungssystems langfristig modulieren. Ist die Fähigkeit zur Stressverarbeitung aufgrund genetischer Faktoren oder vorgeburtlicher Stresserfahrungen verringert, so kann die Belastung durch negative bzw. traumatisierende Erfahrungen verstärkt, durch positive Bindungserfahrungen hingegen abgemildert werden (für eine ausführliche Darstellung s. Strüber 2019). Es sind hiernach neben der genetischen Ausstattung vor allem die Erfahrungen der ersten Lebensjahre, die einer individuellen Funktion dieses Systems zugrunde liegen.

Vorgeburtlicher Stress

Stresserfahrungen der werdenden Mutter können das Stresssystem des Kindes über einen epigenetischen Mechanismus langfristig in seiner Funktionsweise prägen.

5.3.2.2 Das interne Beruhigungssystem

Sobald eine Stresssituation abgeklungen ist, sollte der Organismus schnell wieder zur Ruhe finden. Im Körper beinhaltet dies eine Aktivierung des parasympathischen Nervensystems, des Gegenspielers des sympathischen Nervensystems. Im Gehirn wird die Rückkehr zum Ruhemodus von verschiedenen Stoffen unterstützt. Das in der Stresssituation freigesetzte Cortisol dämpft nach einer Verzögerung – wie erwähnt – die schnelle Stressreaktion, und auch Serotonin kann, vor allem über eine Aktivierung des 5-HT1A-Rezeptors, eine selbstberuhigende Wirkung haben.

Verschiedene Gene des Serotoninsystems können in unterschiedlichen Varianten vorliegen, wobei insbesondere das Gen für den Serotonintransporter sowie das Gen für den 5-HT1A-Rezeptor besonders gut untersucht wurden. Diese Polymorphismen geben vor, wie gut Serotonin wirken kann. In zahlreichen Studien wurden Zusammenhänge zwischen dem Vorhandensein bestimmter Polymorphismen des Serotoninsystems und bestimmten Charaktereigenschaften oder Prädispositionen für psychische Erkrankungen gefunden, in denen die Fähigkeit zur Selbstberuhigung vermindert ist, wie dies beispielsweise bei Depressionen und Angststörungen auftritt.

Tiermodelle weisen darauf hin, dass auch frühe Erfahrungen das Serotoninsystem in seiner späteren Funktion beeinflussen. Erwachsene Nager, die während ihrer Entwicklung von ihrer Mutter getrennt oder in sozialer Isolation aufwuchsen, weisen beispielsweise im Hippocampus und im medialen präfrontalen Cortex eine geringere Serotoninkonzentration auf als Tiere, die unter normalen sozialen Bedingungen aufwuchsen (Braun et al. 2000). Immer wieder zeigt sich zudem – auch beim Menschen – eine Gen-Umwelt-Wechselwirkung, und zwar häufig in der Form, dass die Kombination bestimmter Polymorphismen mit frühen Stresserfahrungen das Risiko für spätere psychische Probleme erheblich erhöht. Ebenso wie das Stressverarbeitungssystem beginnt hiernach auch das Beruhigungssystem bereits in den ersten Lebensjahren damit, seine individuelle Funktion zu stabilisieren.

5.3.2.3 Das Bewertungs- und Belohnungssystem

Immer wenn wir handeln, unbewusst oder bewusst, folgen wir dem Prinzip, das anzustreben, was uns angenehm oder vorteilhaft erscheint, und das zu meiden oder zu beenden, was schmerzhaft oder nachteilig ist. Seine Erkenntnisse über die positiven oder negativen Konsequenzen unserer Handlungen bezieht das Gehirn aus dem Bewertungs- und Belohnungssystem. Es bewertet unsere persönlichen Erfahrungen hinsichtlich ihrer Konsequenzen und entwickelt in ähnlichen Situationen Belohnungs- und Bestrafungserwartungen (vgl. ► Kap. 6).

Betrachten wir die zwei Unterfunktionen des Bewertungs- und Belohnungssystems getrennt. Ein Untersystem ist das eigentliche

Belohnungssystem. Es erzeugt ein Wohlgefühl, wenn wir etwas Schönes erleben. Für diese hedonische Erfahrung sind vor allem endogene Opioide wichtig, die auf ihre Rezeptoren u. a. in der Schalenregion des Nucleus accumbens, im ventralen Pallidum und in der Amygdala einwirken und hierdurch unbewusst Belohnungserfahrungen erzeugen. Für ein bewusstes Erleben des Lust- und Befriedigungsgefühls, das mit dem Erhalt von Belohnungen verbunden ist, müssen darüber hinaus noch corticale Bereiche wie der orbitofrontale, ventromediale und insuläre Cortex aktiviert werden.

Ein weiteres Untersystem ist für die Belohnungserwartung zuständig. Für dieses System spielt der Stoff Dopamin die entscheidende Rolle. Treffen wir im Alltag auf potenziell verhaltensrelevante Reize, dann informieren Gruppen dopaminerger Neurone aus dem ventralen tegmentalen Areal über eine gezielte und strukturierte Freisetzung von Dopamin über deren Belohnungswert. Sie weisen auf die Art, die Größe und die Auftrittswahrscheinlichkeit einer erwarteten Belohnung hin und beeinflussen hierdurch unsere Motivation, in einer bestimmten Weise zu handeln oder auch nicht.

Auch das Bewertungs- und Belohnungssystem wird durch die jeweilige genetische Ausstattung sowie durch Erfahrungen beeinflusst. Verschiedene Polymorphismen etwa des Dopaminsystems werden mit Eigenschaften wie Sensationslust oder der individuellen Risikoneigung in Verbindung gebracht. Aber auch frühe negative Erfahrungen und deren Interaktion mit der genetischen Ausstattung beeinflussen die Funktion dieses Systems langfristig. Resultieren kann ein verstärkter Drang nach intensiver Belohnung, Drogensucht, aber auch Apathie und Hoffnungslosigkeit.

5.3.2.4 Das Impulshemmungssystem

Ein weiteres System steht mit dem eben vorgestellten Belohnungssystem in enger Verbindung. Häufig erfordert die Umwelt einen Aufschub der Belohnung. Der Impuls, eine Belohnung sofort haben zu wollen, muss gehemmt werden. Dies ist eine Aufgabe des Impulshemmungssystems. Es tritt aber ebenso in Erscheinung, wenn schnelle emotionale Reaktionen auf einen Reiz (beispielsweise die aggressive Reaktion auf eine bedrohlich wirkende Ansprache) in der jeweiligen Situation nicht angemessen sind.

Für die Impulshemmung ist wiederum vor allem das Serotoninsystem wichtig. Es wirkt als Gegenspieler des Dopamins. Erfordert eine Stresssituation ein schnelles und impulsives Handeln wie Kampf oder Flucht, so wird in Strukturen wie dem Nucleus accumbens ebenso wie im orbitofrontalen und ventromedialen präfrontalen Cortex der oberen limbischen Ebene die Dopaminfreisetzung erhöht. Ist jedoch in einer bestimmten Situation Zurückhaltung angebracht, etwa weil man gegen den Stressor ohnehin nichts ausrichten kann, wird die Dopaminfreisetzung verringert und die Ausschüttung von Serotonin in vielen Bereichen, insbesondere im orbitofrontalen und ventromedialen Cortex, gesteigert. Das Serotonin scheint dazu anzuhalten, nichts zu tun statt falsch zu reagieren.

Wie wir bereits gesehen haben, wird die Funktion von sowohl Dopamin- als auch Serotoninsystem von der genetischen Ausstattung und den individuellen Erfahrungen beeinflusst, wobei insbesondere die frühen Erfahrungen maßgeblich sind. Es liegt auf der Hand, dass individuelle Unterschiede in der Funktion sich auch auf die Impulshemmung auswirken. Allerdings wird die charakteristische Fähigkeit zur Impulshemmung häufig erst in der späteren Kindheit allmählich erkennbar, nämlich dann, wenn die genannten corticalen Strukturen der oberen limbischen Ebene über ausreichend stabile Verbindungen zu den Bereichen der beiden unteren limbischen Ebenen verfügen, um unter dem Einfluss von Dopamin und Serotonin ihren impulsregulierenden Einfluss auf diese Strukturen auszuüben.

5.3.2.5 Das Bindungssystem

Von Beginn an ist der Mensch ein soziales Wesen. Der Säugling schaut bevorzugt auf Gesichter und greift viel lieber nach einem menschlichen Daumen als nach einem anderen Gegenstand. Bereits früh beginnt er, nahestehende Personen gezielt anzulächeln. Er ist darauf vorbereitet, Bindungen einzugehen. Für dieses Miteinander spielt das Neuropeptid Oxytocin eine wesentliche Rolle. Es wird beim Stillen, bei Berührungen, aber auch allgemein bei vertrauensvollen sozialen Kontakten freigesetzt. Es hemmt das Stresssystem und verstärkt die Freisetzung von Serotonin in einer Weise, dass Gefühle von Angst gemindert werden. Es erhöht die Fähigkeit, Mimik zu erkennen, und fördert die Motivation, soziale Bindungen einzugehen. Soziale Emotionen, Vertrauen und Empathie gegenüber angenehmen Sozialkontakten werden ebenso hierdurch begünstigt wie etwa elterliches Verhalten.

Verschiedene weitere Stoffe sind am Bindungssystem beteiligt, so etwa die endogenen Opioide, die das Wohlgefühl bei sozialen Kontakten vermitteln, und das Dopamin, über das der belohnende Wert bestimmter Bindungspersonen gespeichert wird (für eine Übersicht s. Strüber 2016).

Auch die individuelle Funktion des Bindungssystems wird durch genetische Polymorphismen – vor allem solche des Oxytocinsystems – beeinflusst. Das bringt beispielsweise Unterschiede in der Neigung, prosozial, empathisch und vertrauensvoll zu handeln, hervor (Kumsta und Heinrichs 2013). Bei den Erfahrungen sind es vor allem die frühen Erfahrungen mit Bindungspersonen, die das Oxytocinsystem langfristig in seiner Funktion beeinflussen (z. B. Heim et al. 2009). Entsprechend ist die individuelle Funktion des Systems nach den ersten Lebensjahren relativ stabil.

5.3.2.6 Das System des Realitätssinns und der Risikobewertung

Auch wenn es uns im Alltag kaum auffällt, schätzt unser Gehirn laufend die Wahrscheinlichkeit ein, dass ein bestimmtes Verhalten mit negativen Folgen verbunden ist. Dies ist die Aufgabe des Systems des Realitätssinns und der Risikobewertung. Wird die Wahrscheinlichkeit negativer Folgen gegenüber der Wahrscheinlichkeit positiver Konsequenzen ignoriert oder unterbewertet, so zeigt sich dies in Form einer erhöhten Risikobereitschaft. Für die Fähigkeit, Risiken realistisch einschätzen zu können, spielen neben sensorischen und kognitiven Funktionen und dem nach Belohnung trachtendem Dopaminsystem vor allem die neuromodulatorischen Substanzen Noradrenalin und Acetylcholin eine wichtige Rolle. Noradrenalin erhöht die generelle Aufmerksamkeit und Wachsamkeit, während Acetylcholin die neuronale Aktivität im Arbeitsgedächtnis und beim gezielten Abruf von Gedächtnisinhalten aufrechterhält und hierdurch hilft, überlegtes Handeln umzusetzen. Auch die Aktivität dieser Neuromodulatoren wird durch Gene und Erfahrungen geprägt. Allerdings ist für die Herausbildung einer charakteristischen Risikobewertung auch der Reifungsgrad der Hirnstrukturen wichtig, deren Aktivität im Zuge der Risikobewertung von den genannten Neuromodulatoren beeinflusst wird. Hierzu gehört neben Strukturen der oberen limbischen Ebene auch der dorsolaterale präfrontale Cortex, der im Verlauf von Kindheit und Jugend erst allmählich reift.

Sechs psychoneurale Grundsysteme

- das Stressverarbeitungssystem
- das interne Beruhigungssystem
- das Bewertungs- und Belohnungssystem
- das Bindungssystem

- das Impulshemmungssystem
- das System des Realitätssinns und der Risikobewertung

Reifung psychisch relevanter Hirnfunktionen

Die psychische Entwicklung vollzieht sich auf vier Ebenen der Hirnfunktion, d. h. drei limbischen und einer kognitiv-sprachlichen Ebene. Neuromodulatorisch wirksame Moleküle bringen sechs psychoneurale Grundsysteme hervor, die sich auf die Ebenen und hiermit auf unsere Psyche auswirken. Die individuelle Funktion dieser Systeme wird durch eine Interaktion von Genen und Umwelt geprägt, wobei inzwischen häufig gezeigt wurde, dass Erfahrungen ihren Einfluss über eine epigenetische Prägung nehmen. Die individuelle Funktion der psychoneuralen Systeme bildet die Grundlage für unsere Persönlichkeit, um die es in ► Kap. 6 gehen wird.

Literatur

Akers KG, Martinez-Canabal A, Restivo L, Yiu AP, De Cristofaro A, Hsiang HLL et al (2014) Hippocampal neurogenesis regulates forgetting during adulthood and infancy. Science 344(6184):598–602

Bale TL (2015) Epigenetic and transgenerational reprogramming of brain development. Nat Rev Neurosci 16(6):332

Braun K, Lange E, Metzger M, Poeggel G (2000) Maternal separation followed by early social deprivation affects the development of monoaminergic fiber systems in the medial prefrontal cortex of Octodon degus. Neuroscience 95:309–318

Casey BJ, Tottenham N, Liston C, Durston S (2005) Imaging the developing brain: what have we learned about cognitive development? Trends Cogn Sci 9(3):104–110

Changeux J-P, Danchin A (1976) Selective stabilisation of developing synapses as a mechanism for the specification of neuronal networks. Nature 264:705–712

Constantine-Paton M, Cline HT, Debski E (1990) Patterned activity, synaptic convergence, and the NMDA receptor in developing visual pathways. Annu Rev Neurosci 13:129–154

Croteau-Chonka EC, Dean DC III, Remer J, Dirks H, O'Muircheartaigh J, Deoni SC (2016) Examining the relationships between cortical maturation and white matter myelination throughout early childhood. NeuroImage 125:413–421

Gogolla NP, Caroni A Luthi, Herry C (2009) Perineuronal nets protect fear memories from erasure. Science 325(5945):1258–1261

Greenough WT, Black JE, Wallace CS (1987) Experience and brain development. Child Dev 58:539–559

Greifzu F, Pielecka-Fortuna J, Kalogeraki E, Krempler K, Favaro PD, Schlüter OM, Löwel S (2014) Environmental enrichment extends ocular dominance plasticity into adulthood and protects from stroke-induced impairments of plasticity. Proc Natl Acad Sci 111(3):1150–1155

Gunnar MR, Van Dulmen MH (2007) Behavior problems in postinstitutionalized internationally adopted children. Dev Psychopathol 19(1):129–148

Harauzov A, Spolidoro M, DiCristo G, De Pasquale R, Cancedda L, Pizzorusso T et al (2010) Reducing intracortical inhibition in the adult visual cortex promotes ocular dominance plasticity. J Neurosci 30(1):361–371

Hebb DO (1949) The organization of behavior: a neuropsychological theory. Wiley, New York

Heim C, Young LJ, Newport DJ, Mletzko T, Miller AH, Nemeroff CB (2009) Lower CSF oxytocin concentrations in women with a history of childhood abuse. Mol Psychiatry 14(10):954–958

Hensch TK (2018) Critical periods in cortical development. In: Gibb R, Kolb B (Hrsg) The neurobiology of brain and behavioral development. Academic, London, S 133–151

Herculano-Houzel S (2009) The human brain in numbers: a linearly scaled-up primate brain. Front Hum Neurosci 3:31

Johnson MH (2005) Sensitive periods in functional brain development: problems and prospects. Dev Psychobiol 46(3):287–292

Jones PA (2012) Functions of DNA methylation: islands, start sites, gene bodies and beyond. Nat Rev Genet 13(7):484

Knudsen EI (2004) Sensitive periods in the development of the brain and behavior. J Cogn Neurosci 16(8):1412–1425

Kumsta R, Heinrichs M (2013) Oxytocin, stress and social behavior: neurogenetics of the human oxytocin system. Curr Opin Neurobiol 23:11–16

Li G, Lin W, Gilmore JH, Shen D (2015) Spatial patterns, longitudinal development, and hemispheric asymmetries of cortical thickness in infants from birth to 2 years of age. J Neurosci 35(24):9150–9162

Lyall AE, Shi F, Geng X, Woolson S, Li G, Wang L et al (2015) Dynamic development of regional cortical thickness and surface area in early childhood. Cereb Cortex 25(8):2204–2212

Maurer D (2017) Critical periods re-examined: evidence from children treated for dense cataracts. Cogn Dev 42:27–36

Ray RD, Zald DH (2012) Anatomical insights into the interaction of emotion and cognition in the prefrontal cortex. Neurosci Biobehav Rev 36:479–501

Roth G (2019) Warum es so schwierig ist, sich und andere zu ändern. Persönlichkeit, Entscheidung und Verhalten. Klett-Cotta, Stuttgart

Roth G, Strüber N (2018) Wie das Gehirn die Seele macht. Klett-Cotta, Stuttgart

Rutter M, Sonuga-Barke EJ, Beckett C, Castle J, Kreppner J, Kumsta R, et al (2010) Deprivation-specific psychological patterns: effects of institutional deprivation. Monographs of the Society for Research in Child Development, i-253

Shaw P, Kabani NJ, Lerch JP, Eckstrand K, Lenroot R, Gogtay N, Greenstein D et al (2008) Neurodevelopmental trajectories of the human cerebral cortex. J Neurosci 28:3586–3594

Silbereis JC, Pochareddy S, Zhu Y, Li M, Sestan N (2016) The cellular and molecular landscapes of the developing human central nervous system. Neuron 89(2):248–268

Singer BYW (1990) The formation of cooperative cell assemblies in the visual cortex. J Exp Biol 153:177–197

Sowell ER, Thompson PM, Leonard CM, Welcome SE, Kan E, Toga AW (2004) Longitudinal mapping of cortical thickness and brain growth in normal children. J Neurosci 24:8223–8231

Strüber N (2016) Die erste Bindung: wie Eltern die Entwicklung des kindlichen Gehirns prägen. Klett-Cotta, Stuttgart

Strüber N (2019) Risiko Kindheit. Die Entwicklung des Gehirns verstehen und Resilienz fördern. Klett-Cotta, Stuttgart

Strüber N, Roth G (2017) Infografik. So reift das Ich. Gehirn & Geist 7:12–19

Szyf M (2015) Nongenetic inheritance and transgenerational epigenetics. Trends Mol Med 21(2):134–144

Teicher MH, Samson JA, Anderson CM, Ohashi K (2016) The effects of childhood maltreatment on brain structure, function and connectivity. Nat Rev Neurosci 17(10):652

The St. Petersburg-USA Orphanage Research Team (2008) The effects of early social emotional and relationship experience on the development of young orphanage children. Monogr Soc Res Child Dev 73(3, Serial No. 291):1–297

Turkheimer E, Haley A, Waldron M, d'Onofrio B, Gottesman II (2003) Socioeconomic status modifies heritability of IQ in young children. Psychol Sci 14(6):623–628

Vetencourt JFM, Sale A, Viegi A, Baroncelli L, De Pasquale R, O'leary O et al (2008) The antidepressant fluoxetine restores plasticity in the adult visual cortex. Science 320(5874):385–388

Walhovd KB, Fjell AM, Giedd J, Dale AM, Brown TT (2017) Through thick and thin: a need to reconcile contradictory results on trajectories in human cortical development. Cereb Cortex 27(2):1472–1481

Watts DJ, Strogatz SH (1998) Collective dynamics of ‚small-world' networks. Nature 393:440–442

Werker JF, Hensch TK (2015) Critical periods in speech perception: new directions. Annu Rev Psychol 66:173–196

Zeanah CH, Humphreys KL, Fox NA, Nelson CA (2017) Alternatives for abandoned children: insights from the Bucharest Early Intervention Project. Curr Opin Psychol 15:182–188

Emotion, Motivation, Persönlichkeit und ihre neurobiologischen Grundlagen

Gerhard Roth und Nicole Strüber

G. Roth et al. (Hrsg.), *Psychoneurowissenschaften*, https://doi.org/10.1007/978-3-662-59038-6_6

In diesem Kapitel wollen wir uns mit drei Grundbestandteilen der menschlichen Psyche befassen: den Emotionen bzw. Gefühlen, der Motivation und der Persönlichkeit. Im Sinne des Brückenschlags zwischen den Psycho- und Neurowissenschaften geht es dabei zum einen darum darzustellen, was aus psychologischer Sicht Emotionen und motivationale Zustände sind, wie sich hieraus Merkmale für die Persönlichkeit eines Menschen ergeben und wie diese unsere Befindlichkeit und unser Verhalten bestimmen. Zum Zweiten wollen wir fragen, in welchem Maße sich diese psychologischen Phänomene mit Strukturen und Funktionen des Gehirns in Verbindung bringen lassen. Besonders spannend ist hierbei die Frage, auf welcher strukturellen und funktionalen Ebene sich Korrelate finden lassen. Wir werden sehen, dass hierbei die Ebene neuronaler Netzwerke und Vorgänge an den Synapsen eine besondere Rolle spielen, die ihrerseits von genetischen und epigenetischen Faktoren sowie von vorgeburtlichen und nachgeburtlichen Umwelteinflüssen und Erfahrungen beeinflusst werden.

Lernziele

Nach der Lektüre dieses Kapitels sollten die Leserin und der Leser mit den gängigen psychologischen Aussagen zu Emotionen, Motivation und zur Entwicklung und dem Aufbau der Persönlichkeit sowie mit den neurobiologischen Grundlagen dieser Bestandteile der menschlichen Psyche vertraut sein.

6.1 Emotionen

In der Psychologie erlebte gegen Ende des 19. Jahrhunderts und im frühen 20. Jahrhundert die Beschäftigung mit Emotionen bzw. Gefühlen einen ersten Höhepunkt mit Autoren wie William James, Wilhelm Wundt und William McDougall. Diese Entwicklung wurde aber für Jahrzehnte von der Dominanz des **Behaviorismus** erschwert, für den „interne Zustände" wie Gefühle, Gedanken oder Absichten keinerlei Erklärungswert hatten. Erst seit den 1980er-Jahren des vorigen Jahrhunderts befassen sich Psychologen wieder zunehmend mit der Frage, was Emotionen sind, wie sie entstehen und welchen Einfluss sie auf unser Denken und Verhalten haben. Dies löste dann auch das Interesse von Neurobiologen aus, die oft zugleich ausgebildete Psychologen oder Psychiater waren. Meilensteine waren hierbei die Arbeiten von Antonio Damasio, Jaak Pansepp und Joseph LeDoux – um nur einige zu nennen.

Beim **Behaviorismus** handelt es sich um eine sehr einflussreiche psychologische Theorie, die sich seit Beginn des 20. Jahrhunderts vorwiegend in den USA durch Forscher wie E. L. Thorndike, J. B. Watson und insbesondere B. F. Skinner entwickelte und im Gegensatz zur kontinentaleuropäischen „Psychologie des Verstehens" die Anschauung vertrat, Psychologie müsse sich beim Studium menschlichen und tierischen Verhaltens strikt auf beobachtbare Reiz-Reaktions-Beziehungen beschränken. Annahmen über „innere" geistig-psychische Zustände seien nutzlos. Zudem wurde die Ansicht vertreten, tierisches und menschliches Verhalten sei mehr oder weniger ausschließlich erlernt. Für die Psychologie und Verhaltenswissenschaften entwickelte Skinner bahnbrechende „Gesetze" des Lernens in Form der operanten Konditionierung zusätzlich zu denen der von Pawlow beschriebenen klassischen Konditionierung. Dies wurde auch Grundlage der weit verbreiteten Verhaltenstherapie.

6.1.1 Was sind Emotionen und Gefühle?

Alltagspsychologisch wird im Deutschen der Begriff „Emotion" mit „Gefühl" gleichgesetzt. Im Folgenden wollen wir aber den

Begriff „Emotion“ weiter fassen im Sinne eines Zustands, der uns entweder unbewusst oder bewusst „bewegt“ – entsprechend seiner Herkunft vom lateinischen Wort *movere*. „Gefühle“ fassen wir dagegen als einen (bewussten) Erlebniszustand (engl. *feelings*) auf und hiermit als eine *Unterform* von Emotionen, die sich von perzeptiven und kognitiven Zuständen wie Denken, Vorstellen und Erinnern unterscheidet. Gefühlszustände verbinden sich allerdings meist mit konkreten perzeptiven und kognitiven Inhalten: Während wir bestimmte Dinge erkennen, erinnern oder vorstellen, haben wir bestimmte Gefühle. Manche Gefühle, insbesondere in Form von Stimmungen wie Niedergeschlagenheit, können aber auch inhaltsleer auftreten (man weiß dann gar nicht, warum man sich so bedrückt fühlt), was für perzeptive und kognitive Zustände nicht gilt.

Gefühle können unterschiedliche *Intensitäten* aufweisen und *positiv* oder *negativ* sein – Letzteres nennt man ihre **Valenz.** Zudem treten Gefühle, besonders diejenigen höherer Intensität, oft auch **Affekte** genannt, in der Regel mit *körperlichen Ausdrucksformen* wie Mimik, Gestik, Körperhaltung, Stimmlage sowie mit *vegetativen Reaktionen* wie Beklemmungsgefühlen, Schwitzen, Zittern, schnellem Atmen und einem höheren Pulsschlag auf. Antonio Damasio (1994) spricht hier von „somatischen Markern“, die zusammen mit Wahrnehmungen und Geschehnissen automatisch auftreten. Schließlich wirken viele Gefühle *motivational*, d. h. sie treiben uns an, bestimmte positive Dinge zu tun bzw. aufzusuchen (Annäherungsverhalten, *Appetenz*) bzw. negative Dinge zu vermeiden (Vermeidungsverhalten, *Aversion*; ► Abschn. 6.2).

> Mit **Valenz** bezeichnet man in der Emotionspsychologie die positive oder negative Wertigkeit eines (bewussten) Gefühls, je nachdem, ob es von Freude, Lust bis hin zu Hochstimmung oder Furcht, Angst, Trauer und Ekel begleitet ist. Daraus ergeben sich dann bestimmte Motive bzw. Handlungstendenzen wie Annäherung und Vermeidung.

Während Gefühle definitionsgemäß bewusst sind, gibt es auch unbewusste Emotionen. Emotionen können unbewusst bleiben, wenn die sie auslösenden Reize zu kurz bzw. „maskiert“ (► Abschn. 6.1.3) oder zu schwach sind, um die Bewusstseinsschwelle zu überschreiten; sie können aus psychoanalytischer Sicht auch „verdrängt“ sein. Sie können vegetative Reaktionen wie eine Erhöhung des Blutdrucks oder der Atemfrequenz, Verhaltensweisen wie ein Vermeidungsverhalten oder muskulo-skeletale Verspannungen auslösen, ohne dass wir dies notwendigerweise bemerken.

6.1.2 Wie viele Emotionen gibt es, und wie entstehen sie?

Umstritten ist in der Psychologie bis heute die Frage, ob es eine emotionale Grundausstattung mit einer gewissen Zahl unabhängig voneinander existierender Affekte bzw. Emotionen gibt, die als separate „Module“ auch im Gehirn zu finden sind, ob Emotionen bzw. Gefühle ein Kontinuum aufweisen oder ob sich alle Affekte/Emotionen auf nur *zwei Grundpolaritäten* – meist „positiv/erstrebenswert“ vs. „negativ/zu vermeiden“ und geringe vs. starke Erregung – reduzieren lassen.

Der Psychologe Paul Ekman vertritt ein *modulares* Modell der Emotionen, wobei er unter Emotionen kurzfristige, auf einen bestimmten Reiz bezogene Gefühlszustände versteht, die sich vornehmlich in der Mimik ausdrücken (Ekman 1999, 2007). Er geht von insgesamt 15 „grundlegenden Emotionen“ *(basic emotions)* aus, nämlich Glück/Vergnügen *(happiness/amusement)*, Ärger *(anger)*, Verachtung *(contempt)*, Zufriedenheit *(contentment)*, Ekel *(disgust)*, Verlegenheit *(embarrassment)*, Aufgeregtheit *(excitement)*, Furcht *(fear)*, Schuldgefühl *(guilt)*, Stolz auf Erreichtes *(pride in achievement)*, Erleichterung *(relief)*, Trauer/Kummer *(sadness/distress)*, Befriedigung/Zufriedenheit *(satisfaction)*, Sinneslust *(sensory pleasure)* und Scham *(shame)*. Andere affektive Zustände wie Trauer *(grief)*, Eifersucht *(jealousy)*, schwärmerische

Liebe *(romantic love)* und elterliche Liebe *(parental love)* sind für Ekman eher längerfristige affektive Zustände oder Stimmungen und daher nicht unbedingt als Emotionen anzusehen. Diese fünfzehn genannten Emotionen sind für Ekman durch eine einzigartige Kombination von äußerlichen und innerlichen körperlichen Merkmalen charakterisiert, z. B. durch einen typischen Gesichtsausdruck, eine typische Lautäußerung (Schmerz-, Trauer-, Freudelaute usw.) und einen charakteristischen Zustand des autonomen Nervensystems.

Der 2017 verstorbene estnisch-amerikanische Neurobiologe Jaak Panksepp geht davon aus, dass es deutlich abgrenzbare *affektiv-emotionale Grundzustände* gibt, die durch unterschiedliche neuronale „Module" im Gehirn charakterisiert sind. Diese lassen sich seiner Meinung nach über gezielte Hirnstimulationen vornehmlich im sog. „zentralen Höhlengrau" (periaquäduktales Grau, PAG) nachweisen (Panksepp 1998; Panksepp et al. 2017), wobei er diese Auffassung vornehmlich tierexperimentell (Ratte) begründet. Er kommt aber zu einer anderen Einteilung als Ekman und unterscheidet sechs *basale emotionale Systeme,* nämlich Streben/Erwartung *(seeking/expectancy),* Wut/Ärger *(rage/anger),* Wollust/Sexualität *(lust/sexuality),* Fürsorge/Pflege *(care/nurturance),* Panik/Trennung *(panic/separation),* und Spiel/Freude *(play/joy).*

Gegenüber dieser „modularen" Auffassung von Emotionen vertreten Emotionsforscher wie James Russell, David Watson und Auke Tellegen, aber auch der Neurobiologe Edmund Rolls, die Auffassung, Emotionen seien doppelt „polar". Danach unterscheiden sich Emotionen auf einer Achse durch ihre Valenz (positiv-angenehm vs. negativ-unangenehm) und auf der anderen Achse durch die Stärke der Erregung (geringe vs. starke Erregung; vgl. Russell 2009).

Eine wiederum andere Klassifikation von Emotionen präsentieren die amerikanischen Emotionsforscher Andrew Ortony, Gerald Clore und Allan Collins (vgl. Clore und Ortony 2000), der auch der schwedische Forscher Arne Öhman folgt (Öhman 1999). Emotionen unterscheiden sich nach Ortony, Clore und Collins von Affekten, und zwar dadurch, dass sie eine Bewertung von Zielen *(goals),* Erwartungen/Normen *(standards)* und Einstellungen *(attitudes)* einschließen, was bei Affekten und Stimmungen nicht der Fall ist. Nach Meinung dieser Autoren sind Emotionen stets *intentional,* d. h. auf ein Ziel ausgerichtet.

Während viele Autoren Affekte und Emotionen einerseits und kognitive Leistungen andererseits als voneinander unabhängige, wenn auch miteinander interagierende psychische Zustände ansehen, sind Clore und Ortony entschiedene Verfechter einer *kognitiven Theorie der Emotionen,* wie sie auch vom Schweizer Psychologen Klaus Scherer vertreten wird (Scherer 1999). Emotionen sind für sie Bewertungszustände *(appraisals)* und haben immer eine kognitive Komponente, im Gegensatz zu den Affekten. Sie beziehen sich, gleichgültig ob bewusst oder unbewusst, auf das Erfassen der *Bedeutung* einer Situation oder eines Gegenstandes.

6.1.3 Unbewusste Emotionen und bewusste Gefühle

Es liegen zahlreiche Untersuchungen zur gezielten Verarbeitung und Wirkung unbewusst wahrgenommener Reize und Reizsituationen auf das limbisch-emotionale System vor (► Abschn. 6.1.4). Untersucht wurden z. B. Versuchspersonen, die eine starke Furcht vor Schlangen hatten, jedoch nicht vor anderen belebten oder unbelebten Objekten. Bei ihnen führte eine sehr kurze (d. h. 30 ms lange) und *maskierte,* d. h. von zwei länger präsentierten neutralen Bildern flankierte Darbietung von Schlangenbildern zu starken vegetativen Furchtreaktionen, obwohl die furchtauslösenden Bilder nicht bewusst wahrgenommen wurden. Dies war bei diesen Personen bei für sie nicht furchterregenden Bildern nicht der Fall. Dies zeigt, dass die subjektive Bedrohlichkeit des Reizes *unbewusst erkannt* wurde. Ähnliche Resultate ergaben

Versuche, in denen Personen mithilfe eines milden Elektroschocks auf bestimmte Objekte wie Spinnen, Schlangen oder auch neutrale Gesichter furchtkonditioniert wurden. Wurden diese Objekte maskiert dargeboten, so zeigten die Personen deutliche vegetative Reaktionen. Ebenso erkannten Versuchspersonen, die auf Spinnen, Schlangen oder andere Objekte als furchterregende Objekte konditioniert worden waren, in einer visuellen Suchaufgabe solche Objekte schneller, wenn diese in neutrale oder positive Objekte (Blumen oder Pilze) eingebettet waren. Letzteres zeigt, dass im Bereich unbewusster Wahrnehmungen das *Erkennen bedrohlicher Reize* Priorität vor dem Erkennen neutraler oder positiver Reize hat. Öhman spricht in diesem Zusammenhang von einer *automatisierten Sensibilität für Bedrohungen* (Öhman 1999).

6.1.4 Die neurobiologischen Grundlagen der Emotionen

Grundlage von Emotionen ist die Aktivität von Zentren des limbischen Systems (◘ Abb. 6.1), das in ► Kap. 2 ausführlich beschrieben wird. Unbewusste Emotionen werden in subcorticalen Zentren des limbischen Systems erzeugt, das bewusste Erleben dieser Emotionen als subjektiver Gefühlszustand setzt eine Aktivierung corticaler Areale voraus.

Der amerikanische Neurobiologie Joseph LeDoux hat sich im Rahmen seiner Untersuchungen zur Furchtkonditionierung ausführlich mit dem Verhältnis unbewusster und bewusster Prozesse befasst, vornehmlich bei Nagetieren (◘ Abb. 6.2). Er geht dabei von der bekannten Tatsache aus, dass wir auf ein negatives Ereignis meist sehr schnell mit bestimmten Reaktionen (Abwehr, Flucht, Angriff) reagieren, bevor wir das Ereignis überhaupt genauer erkannt haben, das diese Reaktion auslöste (LeDoux 1998). LeDoux hat dies in einem populär gewordenen **Modell der zwei Verarbeitungspfade** furcht- und angstbezogener Informationen zusammengefasst, das einerseits von einem „schnellen", unbewussten Pfad, der über den dorsalen Thalamus in der Amygdala endet, und andererseits von einem „langsamen" bewussten Pfad ausgeht, der ebenfalls über den dorsalen Thalamus, dann aber zu sensorischen und schließlich assoziativen corticalen Gebiete zieht (LeDoux 1998).

Modell der zwei Verarbeitungspfade

Dem Modell des Neurobiologen Joseph LeDoux zufolge gibt es einen „schnellen" und einen „langsamen Pfad" bei der Wahrnehmung bedrohlicher Reize (◘ Abb. 6.2). Nach dem ursprünglichen – auf Experimenten an Ratten beruhenden – Modell der auditorischen Furchtkonditionierung von LeDoux gelangen die auditorischen Reize vom Innenohr über den Hirnstamm zum Thalamus und von dort über den unbewussten „schnellen" Pfad direkt zur Amygdala, wo die Assoziation mit anderen Reizen (z. B. Elektroschock) stattfindet. Ebenfalls vom Thalamus aus gehen im „langsamen" Pfad Signale zum primären und sekundären auditorischen Cortex und zum assoziativen Cortex und werden dort weiterverarbeitet, bis sie bewusst werden. Diese bewussten Prozesse haben dann eine Rückwirkung auf die Amygdala und andere subcorticale Areale. LeDoux hat dieses Modell auch auf den Menschen und auf die visuelle Furchtkonditionierung ausgedehnt. Allerdings scheint der schnelle unbewusste Pfad beim Menschen anders gestaltet zu sein, denn es werden dort keine direkten sensorischen Verbindungen vom Thalamus zur Amygdala gefunden (vgl. ◘ Abb. 6.2).

Die Neurobiologen Pessoa und Adolphs (2010) haben jedoch darauf hingewiesen, dass es beim Menschen im Gegensatz zur Ratte, dem Untersuchungsobjekt von LeDoux, keinen schnellen sensorischen thalamo-amygdalären Pfad gibt. Vielmehr läuft der „schnelle" Pfad beim Menschen und anderen Primaten grundsätzlich vom Thalamus erst einmal zu

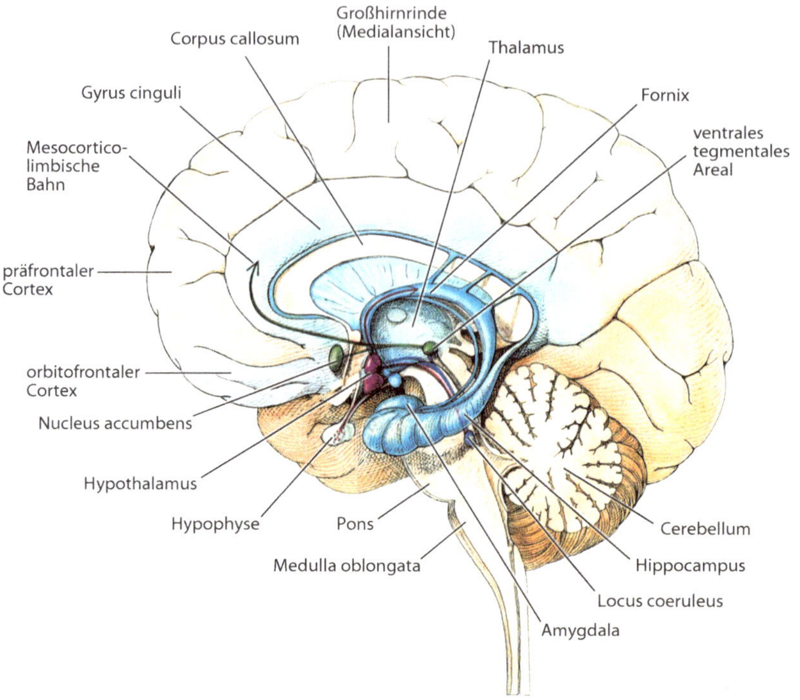

6

Abb. 6.1 Mediananansicht des menschlichen Gehirns mit den wichtigsten limbischen Zentren (blau). Diese Zentren sind Orte der Entstehung von Affekten, von überwiegend positiven (Nucleus accumbens, ventrales tegmentales Areal) und vornehmlich negativen oder stark bewegenden Gefühlen (Amygdala), der Gedächtnisorganisation (Hippocampus), der Aufmerksamkeits- und Bewusstseinssteuerung (basales Vorderhirn, Locus coeruleus, Thalamus) und der Kontrolle vegetativer Funktionen (Hypothalamus). (Verändert nach Gershon und Rieder 1992)

den primären sensorischen Cortexarealen, die ihrerseits neben den zu assoziativen Cortexarealen ziehenden Bahnen eine direkte Verbindung zur basolateralen Amygdala besitzen (Abb. 6.2). Nach wie vor erscheint aber die Vorstellung von einem schnellen und unbewussten und einem langsamen und schließlich bewussten Verarbeitungspfad gerechtfertigt.

Das unbewusste Entstehen von Emotionen ist vornehmlich Sache der basolateralen Amygdala und des mesolimbischen Systems. Das appetitive Verhalten, also das Streben nach Belohnung, ist mit einer Aktivierung des Nucleus accumbens verbunden, die Verarbeitung aversiver Reize, also das Beenden oder Vermeiden von Schmerz und Enttäuschung, beinhaltet vor allem eine Aktivierung der Amygdala und der Habenula. Darauf wird in ▶ Abschn. 6.2 in Zusammenhang mit Motivation genauer eingegangen werden.

Wie alle Geschehnisse im Gehirn entstehen Emotionen also grundsätzlich erst einmal *unbewusst* (LeDoux 1998, 2017). Der Grund hierfür ist, dass Bewusstsein zwingend einen unbewussten Vorlauf von 200–300 ms benötigt, innerhalb dessen bestimmte „Weckreize" aus der retikulären Formation des Hirnstamms und unbewusste Erregungen aus dem subcorticalen limbischen System in bestimmten Teilen der Großhirnrinde eintreffen und dort Erregungen hervorrufen. Sie könnten z. B. die dort erregten Nervenzellen veranlassen, synchron aktiv zu werden (Dehaene 2014; s. dazu auch ▶ Kap. 8).

Das bewusste Erleben von Gefühlen entsteht in Cortexarealen, die zur oberen limbischen Ebene gehören (s. ▶ Abschn. 6.3 über

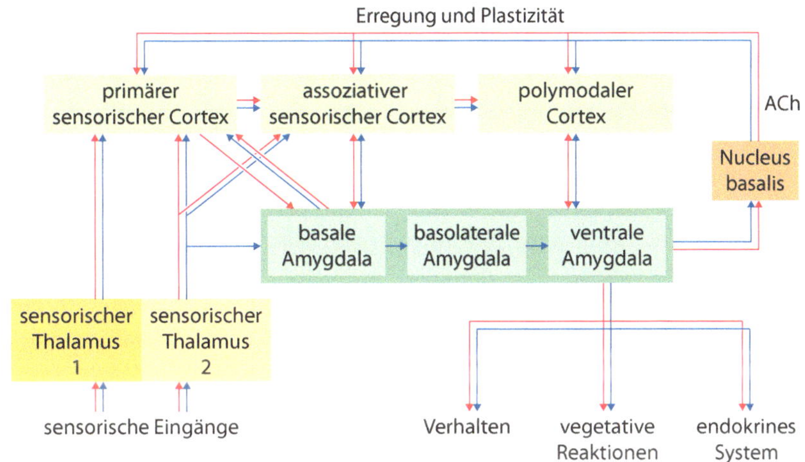

Abb. 6.2 LeDoux' Modell der zwei Verarbeitungspfade und dessen Korrektur. Die von LeDoux vorgeschlagenen Konnektivitäten sind mit blauen, die von Pessoa und Adolphs mit roten Pfeilen dargestellt. Nach LeDoux' erfolgen auditorische Reize vom Innenohr über den Hirnstamm zum Thalamus und von dort über den unbewussten „schnellen" Pfad direkt zur Amygdala (sensorischer Pfad 2), wo die Assoziation mit anderen Reizen (z. B. Elektroschock) stattfindet. Ebenfalls vom Thalamus aus gehen im „langsamen" Pfad (sensorischer Pfad 1) Signale zum primären und sekundären auditorischen Cortex und zum assoziativen Cortex und werden dort weiterverarbeitet, bis sie bewusst werden. Diese bewussten Prozesse haben dann eine Rückwirkung auf die Amygdala und andere subcorticale Areale. Nach Pessoa und Adolphs gibt es beim Menschen keinen direkten thalamischen Pfad zur Amygdala, sondern diese erhält „schnelle" absteigende Eingänge von primären sensorischen corticalen Arealen. ACh = Acetylcholin-vermittelter Eingang vom Nucleus basalis zu corticalen Arealen. Weitere Erklärung im Text

Persönlichkeit, s. ▶ Kap. 5). Diese limbischen Cortexareale erhalten einerseits einen eigenen Eingang von den subcorticalen und corticalen Sinneszentren und assoziativen Arealen. Zum anderen erhalten sie massive Eingänge vom Hypothalamus, vom Septum, von der Amygdala und vom mesolimbischen System (VTA, Nucleus accumbens). Über diese aufsteigenden Verbindungen steuert das „Unbewusste" unsere bewussten Gefühle (Roth und Strüber 2018). Darüber hinaus schicken die corticalen limbischen Areale massive Ausgänge dorthin zurück (Pessoa 2017). Über diese rückläufigen Verbindungen können die Emotionen bewusst oder unbewusst der jeweiligen Situation angepasst werden.

Der *orbitofrontale Cortex* (OFC) hat zusammen mit dem *ventromedialen präfrontalen Cortex* (vmPFC) mit der detaillierten und kontextabhängigen Bewertung unseres Verhaltens und seiner Konsequenzen (d. h. Aussicht auf Belohnung oder Furcht vor Verlust) und hierüber mit der Steuerung unserer Entscheidungen, unseres Sozialverhaltens, mit Moral und Ethik und allgemein mit der Regulation unserer Emotionen zu tun. Hier geht es auch um die Fähigkeit, starke Gefühle und Impulse, die vornehmlich vom Hypothalamus, der Amygdala und dem mesolimbischen System stammen, zu zügeln und sich nicht von ihnen überwältigen zu lassen (vgl. ▶ Kap. 2).

Ein auf der Innenseite der Großhirnrinde sich anschließendes limbisches Areal ist der *anteriore cinguläre Cortex* (ACC). Er hat in seinem dorsalen Teil mit innengeleiteter (also *top-down*) Aufmerksamkeit zu tun, mit Fehlererkennung, dem Abschätzen der Risiken unseres Verhaltens nach Erfolg und Misserfolg und in seinem ventralen Teil mit dem eigenen Schmerzempfinden und mit dem Empfinden des Leidens anderer, also mit *Empathie* (Lavin et al. 2013; Misra und Coombes 2014).

Am Übergang zwischen Frontal-, Parietal- und Temporallappen liegt – tief eingesenkt – der *insuläre* Cortex. Er hat mit Geschmack zu tun, der bekanntlich zusammen mit dem Geruch eine große Nähe zu Gefühlen hat, mit Schmerzwahrnehmung und in diesem Zusammenhang ebenso wie der ACC mit Empathie, nämlich der Wahrnehmung des Schmerzes bei anderen (Decety und Michalska 2010), aber auch mit eigenem seelischem Schmerz bei Erniedrigung, Beschämung und Ausgrenzung (Eisenberger et al. 2003; Singer et al. 2004, 2009; Eisenberger 2012).

Eine wichtige Rolle bei der Interaktion kognitiver und emotionaler Inhalte des Gedächtnisses spielt der *Hippocampus* (◘ Abb. 6.1) Er ist der *Organisator* des bewusstseinsfähigen und sprachlich formulierbaren *deklarativen* Gedächtnisses, d. h. er steuert sowohl das „Einlesen" als auch das „Abrufen" von Inhalten des Langzeitgedächtnisses. Er steht dabei zum einen unter dem Einfluss des gesamten assoziativen Cortex'. Zum anderen erhält der Hippocampus Eingänge von der Amygdala, vom Hypothalamus und vom mesolimbischen System. Über diese Eingänge des subcorticalen limbischen Systems nehmen unbewusste emotionale und motivationale Prozesse starken Einfluss auf die Verankerung und den Abruf von Gedächtnisinhalten (Bocchio et al. 2017). Hierbei scheint die Interaktion zwischen hippocampalen Pyramidenzellen und GABAergen Interneuronen, die sich in hochfrequenten Entladungen ausdrückt, eine wichtige Rolle zu spielen (Pastoll et al. 2013).

6.1.5 Die Chemie der Gefühle

Gefühle als bewusst erlebte Emotionen sind immer an die Ausschüttung bestimmter Stoffe im Gehirn gebunden (Roth und Strüber 2018). *Positive* Gefühle wie Zufriedenheit, Glück, Freude bis hin zu Euphorie und Ekstase werden hervorgerufen durch die Ausschüttung einer Reihe ganz unterschiedlicher Stoffe wie des Neurotransmitters bzw. -modulators Serotonin, der eher beruhigt und entspannt, „hirneigenen" Drogen, wie Endorphine, Enkephaline und Endocannabinoide, die Freude, Lust und Euphorie erzeugen, und Hormonen bzw. Neuropeptiden, wie Prolactin und Oxytocin, die soziales Wohlgefühl („Bindung") vermitteln. Die meisten dieser Stoffe haben überdies eine schmerzlindernde *(analgetische)* und stressmindernde Funktion. Diese Stoffe werden in unterschiedlichen Kernen des Hypothalamus und in der Hypophyse sowie in den Raphekernen des Hirnstamms (Serotonin) produziert und in anderen limbischen Zentren ausgeschüttet, v. a. in der Amygdala, im mesolimbischen System und im limbischen Cortex.

Negative Gefühlszustände werden ebenso durch ganz unterschiedliche Neuropeptide und Hormone ausgelöst. So vermittelt das Neuropeptid Substanz P allgemein Schmerzempfindungen und erhöht Erregung, Aggressivität und das männliche Sexualverhalten. Vasopressin steigert den Blutdruck und bei Männern ebenso wie Substanz P das sexuelle Appetenzverhalten und die Aggression. Cholecystokinin kann Panikattacken auslösen, und Corticotropin-Releasing-Hormon (CRH) löst über die Produktion von ACTH und Cortisol Stressgefühle und -reaktionen und in höheren Dosen Furcht und Angst aus. Der Neurotransmitter Adrenalin/Noradrenalin erhöht die generelle Aufmerksamkeit, erzeugt in höheren Dosen ein allgemeines Bedrohungsgefühl und unterstützt die Konsolidierung von Gedächtnisinhalten (Valentino und van Bockstaele 2008).

Diese Stoffe haben untereinander eine teils förderliche, teils hemmende Wirkung und treten dabei in den vielfältigsten Kombinationen auf. Sie können als die „Etikette" der Ergebnisse limbischer Bewertungs- und Konditionierungsprozesse und als Verstärker von deren Verhaltensrelevanz angesehen werden. Man nimmt an, dass dies vornehmlich über die rekursive Interaktion zwischen Amygdala, Nucleus accumbens, ventralem Pallidum und Hippocampus auf der einen Seite und den genannten limbischen corticalen Arealen auf der anderen Seite geschieht (Pessoa 2017).

Emotionen und Gehirn
Im Gegensatz zu kognitiven Funktionen haben Emotionen einen engen Zusammenhang mit körperlichen Zuständen und mit bestimmten Verhaltensreaktionen (Appetenz und Aversion). Als *Affekte* sind sie mit biologischen Grundbedürfnissen wie Nahrungsaufnahme, Verteidigungs- und Sexualverhalten und Brutfürsorge verbunden und begleiten als *starke Erlebniszustände* wie Wut und Begeisterung die verschiedenen Angriffs-, Verteidigungs- und Fluchtreaktionen sowie sexuelle Aktivitäten – d. h. unsere grundlegenden mehrheitlich angeborenen Reaktionsweisen.
Darüber hinaus gibt es eine Reihe weiterer „Grundemotionen", die allen Menschen eigen zu sein scheinen und sich im Rahmen der klassischen Konditionierung mit bestimmten positiven oder negativen Erlebnissen bzw. Erfahrungen verbinden. Die Zahl solcher Grundemotionen ist umstritten – Schätzungen reichen von fünf (z. B. Freude, Furcht, Überraschung, Ekel und Trauer) bis 15. In welchem Maße sie unabhängig voneinander als feste Module bestehen bzw. sich miteinander kombinieren oder ob sie sich doppelt polar (geringe vs. starke Erregung und positiv vs. negativ) anordnen lassen, ist ebenso umstritten. Allgemein akzeptiert ist jedoch die Deutung von Emotionen als Ergebnisse einer Verhaltensbewertung *(appraisal)*, d. h. der Beurteilung, ob etwas aus Sicht des Organismus gut oder schlecht gelaufen ist, und einer sich daraus ergebenden Ausrichtung zukünftigen Verhaltens in Form von Wünschen, Zielen und Erwartungen bzw. dem Beenden oder Vermeiden negativer Geschehnisse. In diesem Sinne bilden die meisten Emotionen die Grundlagen von *Handlungstendenzen.*
Emotionen entstehen als Erregungen subcorticaler Hirnzentren zunächst unbewusst. Häufig, aber nicht immer, werden diese unbewussten Erregungen von einem bewussten Gefühl begleitet, was eine Aktivierung limbischer Hirnrindenbereiche voraussetzt und viel detailreicher ist.
Bei der Entstehung von Emotionen werden im Gehirn Aktivitäten der subcorticalen und corticalen limbischen Areale mit der Ausschüttung bestimmter Neuromodulatoren, Neuropeptide und Neurohormone verbunden, z. B. hirneigene Opioide und Cannabinoide, Serotonin und Oxytocin, die beruhigende oder positive Empfindungen hervorrufen, oder Substanz P, Vasopressin oder hohe Dosen von Cortisol, die belastende, schmerzhafte oder sonstige unangenehme Empfindungen wie Enttäuschungen induzieren (Roth und Strüber 2018).

6.2 Motivation

Motive sind psychische Antriebszustände für Dinge, die *nicht* automatisiert ablaufen, sondern eine bestimmte Schwelle bzw. bestimmte Widerstände überwinden müssen. Je höher die Widerstände, desto stärker muss die **Motivation** zu einer bestimmten Handlung sein. Was aber treibt uns da an?

> Der Begriff **Motivation** beschreibt die Art, Richtung und Dauer eines Verhaltensantriebs. Solche Verhaltensantriebe werden „Motive" genannt. Man unterscheidet auch oft zwischen *unbewussten* Motiven und *bewussten* Zielen. Sie werden in der Regel von positiven (appetitiven) und negativen (aversiven) Gefühlen begleitet.

Die Antwort der Motivationspsychologie lautet: Menschen streben danach, Ereignisse herbeizuführen, die *positive* (appetitive) Gefühlszustände anregen, und solche zu vermeiden, die zu *negativen* (aversiven) Gefühlszuständen führen (vgl. Weiner 1994; Kuhl 2001; Neyer und Asendorpf 2018). Dies nennt man in der Motivationspsychologie *Affektoptimierung*. Man will damit ausdrücken, dass jeder danach strebt, dass es ihm unter den gegebenen Umständen maximal gut geht, d. h. dass er Freude und Lust erlebt, Spaß hat, gut drauf ist, optimistisch in die Zukunft sieht usw. Dies bedeutet in aller Regel gleichzeitig, dass er versucht, Schmerzen und negative Gefühlszustände zu vermeiden (Puca und Langens 2005).

Das Streben nach positiven Gefühlszuständen, meist aufgrund von Belohnungen irgendwelcher Art, ist natürlich nicht immer gleich stark, sondern hängt von vielen Faktoren ab, wie der Art und Attraktivität der Belohnung, ihrer Nachhaltigkeit und Erwartbarkeit bzw. der Unsicherheit ihres Erreichens bzw. Auftretens, des Aufwands, der getrieben werden muss, und Vielem anderen. Entsprechendes gilt natürlich auch für aversives Verhalten.

6.2.1 Psychologische Motivationsmodelle

In der Motivationspsychologie unterscheidet man üblicherweise *biogene* Motive, die zu unserer biologischen Ausrüstung gehören, wie das Stillen von Bedürfnissen in Form von Hunger, Durst und Sexualität, und *soziogene* Motive. Hier werden vor allem vier Motivbereiche genannt, nämlich *Anschluss, Intimität, Macht und Leistung* (vgl. Heckhausen und Heckhausen 2010; Neyer und Asendorpf 2018). Allerdings ist diese Unterscheidung nicht besonders strikt, denn alle soziogenen Motive müssen, um wirksam zu sein, letztendlich mit biogenen Motiven verbunden sein.

Anschluss ist das Streben nach sozialer Nähe, also Geborgenheit, Freundschaft und Zuneigung. Dieses Motiv kann auch negative Wirkungen haben, denn Menschen, die davon beherrscht werden, fühlen oft eine Furcht vor dem Verlust von Anschluss, d. h. Zurückweisung und Nichtbeachtung oder das Ende enger sozialer Beziehungen. Dies geht oft einher mit dem Persönlichkeitsmerkmal „Neurotizismus", d. h. einer erhöhten Ängstlichkeit und Ich-Schwäche, die ihrerseits ihre Wurzeln in einer defizitären Bindungserfahrung haben kann (► Abschn. 6.3). Das Motiv *Intimität* hingegen findet sich vorwiegend bei extravertierten, d. h. positiv gestimmten Personen, die selbst Vertrauen, Wärme und Gegenseitigkeit ausstrahlen. Sie sind zum Beispiel typische „Zuhörer". Vermutlich geht dies mit einem hohen Oxytocin-Spiegel einher. Auch in einem Zusammenhang mit dem Motiv Intimität können negative Gefühle auftreten, etwa als Furcht vor Distanz und Einsamkeit. Das Motiv *Macht* ist gekennzeichnet durch das Streben nach Status, Einfluss, Kontrolle und Dominanz. Kennzeichnend ist hier die Verbindung mit einem erhöhten Spiegel von Testosteron – interessanterweise ist dies deutlicher bei Frauen als bei Männern zu erkennen. Der Testosteronspiegel ist positiv mit der Ausschüttung von Dopamin („tu was!") und negativ mit Serotonin („es ist gut, wie es ist!") gekoppelt. Der häufig vermutete Zusammenhang zwischen Testosteron und Aggressivität ist nur bei Gewalttätern signifikant und scheint infolge einer Wechselwirkung mit dem Cortisolsystem aufzutreten (Roth und Strüber 2018). Das Streben nach Macht geht oft einher mit der Furcht vor Macht- und Kontrollverlust (Neyer und Asendorpf 2018).

Das Motiv *Leistung* ist komplex und äußert sich im Bedürfnis, Dinge gut oder besser zu machen, sich und andere zu übertreffen, schwierige Aufgaben zu meistern, etwas Neues anzufangen, Dinge zu erobern, Hindernisse zu überwinden und den Status zu erhöhen. Das Leistungsmotiv ist mit Neugier gekoppelt. Mit ihm tritt aber auch die Angst vor dem Versagen auf (Heckhausen und Heckhausen 2010).

Typen von Motivation

Man unterscheidet biogene Motive, d. h. das Streben nach Erfüllung basaler biologischer Bedürfnisse, und soziogene Motive wie das Streben nach Leistung, Macht, Nähe und Intimität. Oft sind diese Motive gekoppelt mit der Furcht vor Leistungs- und Machtverlust, Zurückweisung und Distanz. Das Leistungsmotiv ist in der Motivationspsychologie besonders gut untersucht. Hier werden erfolgs-zuversichtliche und misserfolgs-ängstliche Personen unterschieden, die sich in der Art und Erreichbarkeit der Ziele deutlich unterscheiden.

Viele Psychologen haben sich intensiv mit dem Leistungsmotiv beschäftigt, z. B. der amerikanische Psychologe J. W. Atkinson. Atkinson sah in seinem „Erwartung-mal-Wert-Modell" das *Bedürfnis nach Leistung* als grundlegendes menschliches Motiv an und befasste sich in diesem Zusammenhang mit der Frage, welche Ziele ein Mensch anstrebt, um Erfolg zu haben und gleichzeitig Misserfolg zu vermeiden (Atkinson 1964). Das Produkt hieraus entscheidet dann nach Atkinson über das Leistungsverhalten eines Menschen. Allerdings wird heute das Atkinson'sche Modell als zu schlicht empfunden (Myers 2014).

Der amerikanische Sozialpsychologe B. Weiner, ein Schüler von Atkinson, hat in Hinblick auf Leistungsmotivation verschiedene sog. Attributionstheorien, d. h. Erklärungsversuche für motivationales Verhalten aufgrund bestimmter Voreinstellungen, mit dem Atkison'schen Erwartung-mal-Wert-Modell zu verbinden gesucht. In diesem Zusammenhang werden zwei Persönlichkeitstypen unterschieden. Die einen sind die *Erfolgs-Zuversichtlichen:* Sie weisen eine positive Grundstimmung auf und setzen sich in aller Regel realistische Ziele und mittelschwere Aufgaben, d. h. solche, die sie mit einiger Anstrengung auch erreichen können. Sie schreiben in aller Regel Erfolge sich selbst zu. Die *Misserfolg-Ängstlichen* hingegen zeigen eine negative Grundstimmung und wählen sich meist entweder zu hohe Ziele, an deren Erreichen sie sowieso nicht glauben, oder zu niedrige Ziele, deren Erreichen ihnen kein richtiges Belohnungsgefühl vermittelt. Sie fürchten sich eher vor dem Misserfolg als dass sie sich auf den Erfolg freuen (Weiner 1994).

6.2.2 Kongruenz und Inkongruenz von Motiven und Zielen

In der Motivationspsychologie wird oft ein Unterschied zwischen Motiven und Zielen gemacht (vgl. Puca und Langens 2005). Motive sind danach *unbewusste,* Ziele *bewusste* Handlungsantriebe. Folgt man dieser Unterscheidung, so kann man sagen, dass Motive sowohl durch stammesgeschichtlich festgelegte als auch durch bindungsbedingte und frühkindlich erworbene Handlungsantriebe bestimmt werden, Ziele hingegen durch Antriebe, die in späterer Kindheit, Jugend und im Erwachsenenalter aufgrund von bewussten Erfahrungen entstehen. Ziele sind insbesondere durch *Vorstellungen* über zu erreichende Zustände geprägt.

Während Motive tief und unbewusst in der Persönlichkeit verwurzelt sind, werden Ziele bewusst verarbeitet. Auf der Bewusstseinsebene wird von *extrinsischen* und *intrinsischen* Zielen gesprochen. Extrinsische Ziele sind solche, die aus materiellen, z. B. finanziellen, Anreizen bestehen oder aus sozialen Anreizen wie Anerkennung, Einfluss und Macht. Intrinsische Ziele sind hingegen solche Ziele, die der Persönlichkeitsentwicklung entsprechen und entsprechend selbstbelohnend sind. Nach der bekannten Motivationstheorie von R. M. Deci und E. L. Ryan (1985) sind die Hauptmerkmale intrinsischer Motivation das Streben nach Kompetenz, nach Eingebundenheit und Selbstbestimmung/Autonomie. Andere Autoren nennen als Beispiele von intrinsischer Belohnung eine Steigerung der Selbstwirksamkeit, das Gefühl, besser zu sein als andere oder an einer wichtigen Sache mitzuarbeiten. Nach Di Domenico und Ryan (2017) sagt intrinsische Motivation am besten die Eigenschaften Leistung, Kompetenz und Autonomie und damit gesellschaftlichen und beruflichen Erfolg voraus.

Zwischen Motiven und Zielen kann es zu Konflikten oder **„Inkongruenzen"** kommen. Dies kann bereits auf der Ebene unbewusster Motive geschehen (untere und mittlere limbische Ebene, ► Abschn. 6.3), etwa zwischen dem Streben nach Bindung und dem nach Selbstständigkeit, aber auch zwischen Motiven und Zielen (untere und mittlere limbische Ebene vs. obere limbische und kognitive Ebene) wie etwa der Sehnsucht nach Bindung und einem beruflichen Erfolgsstreben. Eine Person kann mit einem aus äußerlichen, z. B. materiellen, Gründen gewählten Beruf unzufrieden sein und ihrem Jugendtraum, Schauspieler zu werden, nachtrauern. Diese Inkongruenz kann sich in erhöhter seelischer Belastung äußern (Grawe 2004).

6

Kongruenz und Inkongruenz von Motiven und Zielen

Bereits auf der unteren unbewussten Ebene der Persönlichkeit kann es zu Konflikten zwischen unterschiedlichen Antrieben wie der Suche nach Bindung und dem Streben nach Autonomie kommen, aber auch zwischen unbewussten Motiven (etwa dem Streben nach Nähe) und bewussten Zielen (etwa dem Willen, Karriere zu machen). Solche Inkongruenzen führen oft zu psychischen Konflikten bis hin zu schweren psychischen Erkrankungen. Es ist eines der Hauptziele der Psychotherapie und des Coachings, solche Inkongruenzen zu beseitigen.

Kongruenz von Motiven und Zielen ist die Voraussetzung für das, was der kanadisch-amerikanische Psychologe Albert Bandura (geb. 1925) *Selbstwirksamkeit* genannt hat, nämlich die subjektive Einschätzung, dass die Verwirklichung von Zielen durch das eigene Verhalten beeinflusst werden kann (Bandura 1997). Selbstwirksame Menschen zeigen *Persistenz,* d. h. eine Hartnäckigkeit bei der Verfolgung von Zielen. Das Gegenteil sind die *Vermeider:* Sie sehen Hindernisse nicht als Herausforderung, sondern als Bedrohung und Gefahr eines Scheiterns an. Persistenz ist aber nicht die einzige Voraussetzung für Selbstwirksamkeit, die andere ist *Realitätsorientierung.* Man kann nämlich sehr hartnäckig ein bestimmtes Ziel verfolgen, ohne zu erkennen, dass man dieses Ziel nie erreichen wird oder dass dieses Ziel gar nicht so lohnend ist, wie es aussah. Realitätsorientierung bedeutet, abschätzen zu können, welcher Aufwand sich für welches Ziel lohnt (Neyer und Asendorpf 2018).

6.2.3 Die neurobiologischen Grundlagen von Motiven und Zielen

Einige Motive, insbesondere diejenigen zur Sicherung unserer biologischen Existenz, sind genetisch bedingt, aber die Mehrzahl beruht auf Lernvorgängen, die auch Teil der Entwicklung der individuellen Persönlichkeit sind (► Abschn. 6.3). In Zusammenhang mit der bereits genannten unbewussten und bewussten *Bewertung* wird im Gehirn festgestellt, ob und in welcher Weise bestimmte Geschehnisse oder eigene Handlungen positive oder negative Folgen haben. Dies wird dann im Erfahrungsgedächtnis niedergelegt und bildet die Grundlage für die Ausrichtung künftiger Motive.

Auf der unbewussten mittleren limbischen Ebene (► Abschn. 6.3) sind an diesen Prozessen zahlreiche Zentren beteiligt, zu denen die basolaterale Amygdala, die laterale Habenula, das ventrale tegmentale Areal (VTA), der Nucleus accumbens, das ventrale Pallidum und der dorsale Raphekern gehören. Das Ergebnis dieser Zusammenarbeit wird an das dorsale Striato-Pallidum als subcorticales Koordinationszentrum für Handlungen weitergeleitet. In den genannten Zentren, vor allem im VTA und im Nucleus accumbens/ventralen Striatum, gibt es eine Vielfalt von Neuronen, die ganz unterschiedliche Anteile der unbewussten Handlungsplanung verarbeiten und in ihrer Wirkung auf corticale Areale auch zur Grundlage bewusster Handlungsplanung werden.

Zentrale Aspekte betreffen zum einen die Unterscheidung zwischen dem subjektiven positiven oder negativen Erlebniszustand, d. h. Lust *(liking)* und Unlust, einerseits und dem Streben nach Erlangen bzw. Vermeiden solcher Erlebniszustände (Appetenz und Aversion) andererseits (Berridge und Kringelbach 2015). Beiden Funktionen liegen unterschiedliche neuronale Systeme zugrunde, die in der Regel miteinander zusammenwirken, aber auch unabhängig voneinander wirksam werden können.

Das Auftreten von Lustzuständen in Belohnungssituationen ist vornehmlich an die Ausschüttung von endogenen Opioiden (Endorphinen und Enkephalinen) und Cannabinoiden gebunden, die über eine Bindung an unterschiedliche Rezeptoren (meist mu- und kappa-Rezeptoren bzw. CB1-Rezeptoren) entsprechende Gefühle hervorrufen. Dies geschieht in sog. *hedonic hotspots,* d. h. kleinen Arealen in unterschiedlichen limbischen Zentren wie dem Nucleus accumbens, der Amygdala, dem ventralen Pallidum, dem VTA und corticalen limbischen Arealen (z. B. OFC, insulärer Cortex; Berridge und Kringelbach 2015; Wenzel und Cheer 2018). Diese *hedonic hotspots* sind z. B. im Nucleus accumbens, VTA und ventralen Pallidum räumlich getrennt von *coldspots,* die positiven Erlebniszuständen entgegenwirken.

Die zweite Wirkung der endogenen Opioide und Cannabinoide besteht in der Hemmung GABAerger Interneurone im VTA, die ihrerseits dopaminerge Neurone hemmen. Durch die *Hemmung* dieser hemmenden Neurone werden die dopaminergen Neurone im VTA freigeschaltet und können über ihre Efferenzen den Nucleus accumbens, das ventrale Pallidum und andere verhaltensrelevante limbische Areale beeinflussen. Über diese Wirkung können die in Belohnungssituationen ausgeschütteten endogenen Opioide und Cannabinoide appetitives Verhalten auslösen. Aversive Reize hingegen wirken verstärkend auf die hemmenden GABAergen Interneurone ein und senken oder blockieren die Aktivität dopaminerger Neurone. Die laterale Habenula, die sowohl unter dem Einfluss der Amygdala als auch limbischer corticaler Areale (z. B. OFC, mPFC) steht, spielt mit ihrer Projektion zu caudalen Teilen des VTA eine wichtige Rolle bei der Vermittlung aversiver Reize (Baker und Mizumori 2017).

Nach einem von W. Schultz und Kollegen entwickelten Modell signalisieren dopaminerge Neurone mit ihrer Aktivität zwei unterschiedliche Reizklassen (Stauffer et al. 2016). Eine erste und schnelle Antwort erfolgt auf jegliche Art *auffälliger* Reize unabhängig von ihrem Belohnungscharakter *(saliency response),* was die Aufmerksamkeit des Gehirns auf diese Reize lenkt. Erst eine zweite, langsamere Antwort ist belohnungsspezifisch und signalisiert, ob eine bestimmte Belohnungserwartung sich erfüllt oder stärker bzw. schwächer ausfällt als erwartet – etwas verwirrend „Voraussagefehler" *(prediction error)* genannt (Schultz 2016), besser wäre der Ausdruck „Erwartungsabweichung". Normalerweise sind die dopaminergen Zellen gleichmäßig niederfrequent aktiv (*tonische* Aktivität). Der unerwartete Erhalt einer Belohnung (also eine hohe positive Erwartungsabweichung) führt zu einer zusätzlichen Salve von Aktionspotenzialen, d. h. zu einer *phasischen* Antwort. Wird gelernt, dass ein bestimmter Reiz immer einer Belohnung vorausgeht und sie somit vorhersagt, dann erfolgt die phasische Dopaminantwort bereits kurz nach dem ankündigenden Reiz, nicht aber zum Zeitpunkt der Belohnung. Dies signalisiert die *Belohnungserwartung.* Bleibt aber die Belohnung trotz Ankündigung aus, dann fällt die tonische Dopaminaktivität zur Zeit der ausbleibenden Belohnung *unter* das normale tonische Niveau (Schultz 2007).

Neben dem Eintreten und dem eventuellen Grad der Belohnung signalisieren bestimmte dopaminerge Zellen den Grad der *Unsicherheit* einer Belohnung (Fiorillo et al. 2003). Dies wird durch eine langsame und moderate Aktivierung codiert, die zwischen dem ersten Hinweis auf eine Belohnung und dem Zeitpunkt ihres Eintritts abläuft und umso höher ausfällt, je größer die Unsicherheit darüber ist, ob der Hinweisreiz und die damit einhergehende phasische Dopaminantwort auch wirklich eine Belohnung ankündigen. Die Zielzelle erhält also ein weiteres Signal: Eine schnelle und hohe Dopaminfreisetzung informiert darüber, dass eine Belohnung erwartet wird, eine langsame, moderate Dopaminfreisetzung signalisiert die *Unsicherheit* darüber, ob die Belohnung auch wirklich eintritt.

Allerdings spielt hier auch das *Risikobewusstsein* eine Rolle: Ist der Belohnungswert hoch und die Unsicherheit über das Auftreten der Belohnung ist ebenfalls hoch, dann verspüren vorsichtige Personen mit einem hohen Risikobewusstsein keine Motivation zum Handeln, während besonders risikobereite Personen auf dieses Muster mit einer großen Verhaltensbereitschaft reagieren. Bei ihnen hat das langsame Dopaminsignal der Unsicherheit selbst eine belohnende Wirkung und verstärkt riskantes Verhalten. Dies erklärt etwa, warum manche Individuen gewillt sind, im Glücksspiel hohe Beträge einzusetzen, obwohl die Unsicherheit über einen möglichen Gewinn extrem groß ist (Fiorillo et al. 2003).

Einige dopaminerge Zellen signalisieren auch *aversive* Ereignisse wie Bestrafung oder Belohnungsentzug, und zwar über eine langsame, anhaltende Verringerung der Spontanaktivität, die auf den Einfluss der bereits genannten inhibitorischen (GABAergen) Neurone im VTA zurückgeht (Luo et al. 2011). Derartige Signale verstärken das Rückzugsverhalten und führen dazu, dass ein bestimmter Reiz gemieden wird. Allerdings gibt es vermehrt Hinweise darauf, dass es dopaminerge Neurone im VTA gibt, die *direkt* von aversiven Reizen erregt werden (Holly und Miczek 2016). Diese beeinflussen über ihre Terminalien Neurone in medialen Gebieten des Nucleus accumbens, die dann das Auftreten aversiver Reize weitervermitteln (De Jong et al. 2019).

In Hinblick auf die Erwartung von Belohnungen hat sich zudem gezeigt, dass serotonerge Neurone im dorsalen Raphekern wesentlich an der Wirkung dopaminerger Neurone beteiligt sind (Fischer und Ullsperger 2017). Der dorsale Raphekern steht seinerseits u. a. unter corticaler (medialer PFC) und subcorticaler Kontrolle (laterale Habenula) und projiziert neben vielen anderen Hirnregionen massiv zum VTA. Die stattfindende Serotoninausschüttung führt zu einer gesteigerten Aktivität der dortigen dopaminergen Neurone. Möglicherweise sind sie besonders an der Detektion überraschender Reize beteiligt (Fischer und Ullsperger 2017).

Parallel zur subcorticalen Verarbeitung werden Informationen über das mesocorticale Bahnensystem auf die obere limbische und die kognitive Ebene weitergeleitet, wo dann bewusste Wünsche, Ziele und konkrete Absichten entstehen. Dies betrifft vor allem den orbitofrontalen, anterioren cingulären, ventromedialen und ventrolateralen präfrontalen Cortex, die für bewusst gewordene Handlungsabsichten zuständig sind, den dorsolateralen präfrontalen Cortex, in dem eine rein gedankliche Handlungsplanung erfolgt, und den posterioren parietalen Cortex, der für die räumliche Einbettung von Verhaltensweisen zuständig ist. Besonders wichtig sind die Funktionen des orbitofrontalen und ventromedialen Cortex, in denen Neurone angesiedelt sind, welche auch die soziale Erwünschtheit oder Nichterwünschtheit von Wünschen und Absichten codieren. Dies geschieht in Interaktion mit dem insulären Cortex, der wie der Nucleus accumbens über Hotspots und Coldspots körperliche Freude und körperlichen Schmerz signalisiert (Berridge und Kringelbach 2015).

Dopaminerges Belohnungssystem

Das limbische Bewertungssystem klassifiziert alles, was wir erfahren oder tun, nach positiv oder negativ. Daraus resultiert die Tendenz, dasjenige, was positive Zustände bzw. Gefühle hervorrief, zu wiederholen (Appetenz), und negative Dinge zu vermeiden (Aversion). Hierbei spielt die Interaktion zwischen Amygdala, lateraler Habenula, Nucleus accumbens und VTA die entscheidende Rolle, wobei die Amygdala beim Menschen über die laterale Habenula eher für das Negative, Überraschende bzw. stark Emotionalisierende, Nucleus accumbens und VTA unter Beteiligung des serotonergen dorsalen Raphekerns eher für das Positive, Belohnende „zuständig" sind. Aus den positiven Erfahrungen ergeben sich Belohnungserwartungen, die im VTA und Nucleus accumbens in Dopaminsignalen repräsentiert sind. Diese codieren unterschiedliche Aspekte des Belohnungseintritts und der erwarteten Belohnung wie Art, Stärke, Auftrittswahrscheinlichkeit, Aufwand, Risiko und Unsicherheit. Es gibt allerdings auch dopaminerge Neurone, die direkt aversive Reize codieren.

Es existiert also im Gehirn ein komplexes Netzwerk, das in sehr fein abgestufter Weise das Auftreten positiver und negativer Reize registriert und zur Grundlage von Motivation in Form appetitiven oder aversiven Verhaltens wird. Hierbei werden alle erdenklichen Aspekte möglicher Handlungsziele berücksichtigt, wie die Stärke und die zeitliche und räumliche Erreichbarkeit eines Zieles, seine Nachhaltigkeit, der zu treibende Aufwand und die Sicherheit bzw. Unsicherheit seines Auftritts. Schultz und Kollegen konnten zeigen, dass auf der Grundlage der Aktivität dieses Netzwerkes ein Verhalten erzeugt wird, dass sich als „zweckrational" interpretieren lässt (Pastor-Berniera et al. 2017).

6.2.4 Wie wird Motivation in Verhalten umgesetzt?

Motivation, so haben wir gehört, ist die Ausbildung von unbewussten Motiven und bewussten Zielen und damit von Verhaltenstendenzen. Wie aber findet im Gehirn die eigentliche Umsetzung solcher Tendenzen in Verhalten statt?

Man glaubte lange, der im oberen seitlichen Stirnhirn gelegene dorsolaterale präfrontale Cortex (dlPFC) als Sitz von logischen Operationen sei das „oberste Entscheidungszentrum", aber es zeigte sich, dass verhaltensrelevante Entscheidungen durch ein komplexes Netzwerk von Hirnzentren getroffen werden. Der dlPFC erhält dabei die Ziele aufrecht und ist so etwas wie ein „vernünftiger Berater", auf den, bildlich gesprochen, die eigentlichen handlungssteuernden corticalen und subcorticalen Gehirnzentren hören können, aber nicht müssen. Der dlPFC könnte gar keine direkte Steuerfunktion ausüben, denn er hat nur spärliche Verbindungen zu den Entscheidungszentren, während diese einen starken Einfluss auf ihn ausüben (Ray und Zald 2012). Dies erklärt, warum Verstand und Vernunft oft nur wenig ausrichten, stärkere und scheinbar irrationale Emotionen uns dagegen mitreißen können.

Wie dargestellt, gibt es unbewusst- oder bewusst-emotional und bewusst-rational operierende Entscheidungsinstanzen. Zur ersten unbewusst operierenden Instanz gehören der Hypothalamus, das Septum, das zentrale Höhlengrau, die Amygdala und der Nucleus accumbens auf der unteren und mittleren limbischen Ebene; sie umfassen teils angeborene, teils früh erworbene Motive. Bleibt es bei der Aktivität dieser Zentren, so handeln wir, *ohne zu wissen, warum*. Die bewusstseinsfähigen Instanzen werden durch Cortexareale auf der oberen limbischen Ebene repräsentiert. Hierzu gehören auch die intuitiven Verhaltenstendenzen, oft „Bauchgefühl" genannt. Die dritte Instanz ist auf

6

der kognitiv-sprachlichen Ebene, vornehmlich im dlPFC, angesiedelt und umfasst die rational-gedankliche Bewertungsebene. Alle drei Instanzen vermitteln Motive und die Ziele, zwischen denen es zu oft mehrfachen „Kämpfen" im Sinne einer Verrechnung neuronaler Erregungen kommt, bis sich die Dominanz eines Motivs oder Ziels einstellt. Dabei hat, wie erwähnt, die rationale Ebene die schwächste Stimme – es sei denn, die rationalen Argumente werden von emotionalen Zuständen gestützt –, und die unbewusste motivationale Ebene die stärkste Stimme – es sei denn, die bewusste Ebene kann starke Gegenargumente etwa in Form vorgestellter Verluste oder unangenehmer sozialer Konsequenzen auffahren (Ray und Zald 2012).

Das Konvergenz-Zentrum dieses „Machtpokers" ist das dorsale Striatum, das unser Handlungsgedächtnis darstellt. Hier sind alle unsere Handlungen gespeichert, die einmal erfolgreich waren. Alle unbewussten und bewussten Handlungsintentionen müssen mit diesem Gedächtnis abgeglichen werden. Das dorsale Striatum ist über viele rekursive Bahnen sowohl mit den corticalen und den subcorticalen Entscheidungszentren verbunden. In diesen Kreisläufen findet der manchmal kurze, manchmal lange Prozess statt, in dem aus Absichten und Wünschen eine konkrete Handlungsbereitschaft wird, die sich entweder in einer willentlichen Entscheidung oder in einem Handlungsdruck (oder beidem) niederschlägt (Ashby et al. 2010). Diese Erkenntnisse der Neurowissenschaften widersprechen in wesentlichen Teilen dem immer noch hoch angesehenen „Rubikon-Modell" der Entscheidungen, wie es von H. Heckhausen und P. M. Gollwitzer (1987) vor Jahrzehnten entwickelt wurde, in dem *unbewusste* Abwäge- und Entscheidungsprozesse gar nicht vorkommen.

Motivation

Unter Motivation versteht man psychische Antriebszustände, die sich auf die Erfüllung biologischer, individueller und sozialer Bedürfnisse ausrichten. Erstere ergeben sich aus genetischen Antrieben, letztere aus unbewussten oder bewussten Erfahrungen positiver und negativer Art, die unsere weiteren Handlungen derart leiten, dass die Wiederholung und genauere Exploration positiver Zustände (Appetenz) oder die Beendigung oder Vermeidung negativer Zustände (Aversion) angestrebt wird. Im Gehirn wird dies auf unbewusste Weise von subcorticalen limbischen Zentren wie Amygdala, Nucleus accumbens und VTA gesteuert, auf bewusste Weise von limbischen Cortexarealen wie dem orbitofrontalen, ventromedialen und insulären Cortex.

6.3 Persönlichkeit

Unsere Erfahrung lehrt: kein Mensch ist wie der andere, jeder unterscheidet sich irgendwie von anderen Menschen hinsichtlich seines Aussehens, Denkens, Fühlens und Handelns. Gleichzeitig beobachten wir auch, dass es trotz aller Variabilität *Grundmuster des Fühlens, Denkens und Handelns* gibt, mithilfe derer wir Menschen oft recht effektiv beschreiben können.

Es handelt sich allerdings nicht um Gesetzmäßigkeiten im strengen Sinne, sondern um *Dispositionen,* die wir von einer Person aufgrund bestimmter Vorkenntnisse und Vorerfahrungen mit unterschiedlicher

Wahrscheinlichkeit erwarten. Ein hinreichend hohes Maß an Erwartbarkeit der menschlichen Persönlichkeit und des daraus resultierenden Handelns ist die Grundlage gesellschaftlichen Zusammenlebens, während eine zu große Starrheit der Persönlichkeit ebenso wie eine zu große Variabilität ein gesellschaftliches Leben unmöglich machen würden.

6.3.1 Wie erfasst man die Persönlichkeit eines Menschen?

Bereits im Altertum hat man sich Gedanken darüber gemacht, wie sich Persönlichkeit und Psyche eines Menschen am besten erfassen lassen. Am bekanntesten ist die auf Hippokrates und Galenos zurückgehende „Lehre von den Temperamenten", die eine Einteilung in vier Persönlichkeitstypen vornimmt, nämlich in Choleriker, Melancholiker, Phlegmatiker und Sanguiniker. Die moderne Persönlichkeitspsychologie sucht hingegen nicht nach starren Typen, sondern nach dem Vorhandensein von einzelnen, statistisch gut abgrenzbaren (möglichst nicht überlappenden) Persönlichkeitsmerkmalen, die sich in stärkerer oder schwächerer Ausprägung bei allen Menschen finden. Die individuelle Persönlichkeit eines Menschen besteht danach aus einer jeweils *einzigartigen Kombination* solcher Merkmale (für eine Übersicht s. Stemmler et al. 2016; Neyer und Asendorpf 2018).

Der in der Persönlichkeitspsychologie gebräuchliche Ansatz beruht meist auf dem sog. lexikalischen Verfahren, das erstmals in den 1930er-Jahren von den Psychologen Allport und Odbert entwickelt wurde (Allport und Odbert 1936). Dabei nimmt man von der Alltagspsychologie ausgehend aus gängigen Lexika alle erdenklichen Vokabeln, die menschliche Eigenschaften beschreiben. Es handelt sich dabei um viele Tausende (im Englischen knapp 18.000) solcher Wörter, die in ihrer Bedeutung allerdings stark überlappen. Man kommt nun durch wiederholtes Zusammenfassen überlappender Merkmale, meist mithilfe der sog. **Faktorenanalyse,** auf immer weniger sich überschneidende Persönlichkeitsattribute, bis sich schließlich wenige Grundmerkmale herauskristallisieren. Diese sollten maximal überschneidungsfrei (zueinander „orthogonal") sein.

Faktorenanalyse

ist ein statistisches Verfahren, das angewandt wird, um aus einer Menge von beobachtbaren Merkmalen wenige, möglichst unabhängig voneinander bestehende Grundfaktoren zu erschließen, die möglichst überschneidungsfrei („orthogonal") sind. Dieses Verfahren dient der Daten- und Dimensionsreduktion. In der Psychologie wird es zum Beispiel angewandt, um Grundmerkmale der Persönlichkeit des Menschen zu identifizieren.

Die heute gebräuchlichen Persönlichkeitstests gehen meist von drei bis sechs Grundfaktoren aus (vgl. Neyer und Asendorpf 2018). Der bekannte „Big-Five"-Persönlichkeitstest wurde aufbauend auf Vorarbeiten des deutsch-britischen Psychologen Hans-Jürgen Eysenck von den Psychologen Costa und McCrae in den 1980er- und 1990er-Jahren entwickelt (Costa und McCrae 1989, 1992). Inzwischen liegt eine revidierte Fassung (NEO-PI-**R**) vor. Eine deutsche Version dieser Fassung wurde von Ostendorf und Angleitner herausgegeben (2004). In diesem Test sind die Grundfaktoren Extraversion, Neurotizismus, Verträglichkeit, Gewissenhaftigkeit und Offenheit/Intellekt.

Das „NEO-PI-**R**" ist die revidierte Fassung des Fünf-Faktoren-Persönlichkeitstests von Costa und McCrae. Eine deutsche Version wurde von Ostendorf und Angleitner 2004 vorgelegt.
Dieser Test versucht mit 240 Items, die grundlegenden Persönlichkeitsmerkmale des Menschen zu erfassen.
Eine differenziertere Betrachtung der fünf Hauptfaktoren soll durch insgesamt 30 Facetten erreicht werden.

Betrachten wir die fünf Grundfaktoren. Jeder dieser Grundfaktoren kann in unterschiedlicher Ausprägung vorliegen – meist wird dies in Form einer fünfstufigen *Likert-Skala* von „stark ausgeprägt" bis „schwach ausgeprägt" bzw. „überhaupt nicht" mit drei Zwischenstufen angegeben. Sehen wir uns diese „Big Five" an:

- Der Faktor *Offenheit/Intellekt* (Openness) bezeichnet in starker Ausprägung die Eigenschaften breit interessiert, einfallsreich, phantasievoll, intelligent, originell, wissbegierig, intellektuell, künstlerisch, gescheit, erfinderisch, geistreich und weise und in schwacher Ausprägung die Eigenschaften gewöhnlich, einseitig interessiert, einfach, ohne Tiefgang und unintelligent.
- Der Faktor *Gewissenhaftigkeit* (Conscientiousness) umfasst in starker Ausprägung die Eigenschaften organisiert, sorgfältig, planend, effektiv, verantwortlich, zuverlässig, genau, praktisch, vorsichtig, überlegt und gewissenhaft und in schwacher Ausprägung die Eigenschaften sorglos, unordentlich, leichtsinnig, unverantwortlich, unzuverlässig und vergesslich.
- Der Faktor *Extraversion* (Extraversion) umfasst in seiner starken Ausprägung die Eigenschaften gesprächig, bestimmt, aktiv, energisch, offen, dominant, enthusiastisch, sozial und abenteuerlustig und in seiner schwachen Ausprägung die Eigenschaften still, reserviert, scheu und zurückgezogen.
- Der Faktor *Verträglichkeit* (Agreeableness) bezeichnet in starker Ausprägung die Eigenschaften mitfühlend, nett, bewundernd, herzlich, weichherzig, warm, großzügig, vertrauensvoll, hilfsbereit, nachsichtig, freundlich, kooperativ und feinfühlig und in schwacher Ausprägung die Eigenschaften kalt, unfreundlich, streitsüchtig, hartherzig, grausam, undankbar und knickrig.
- Der Faktor *Neurotizismus* (Neuroticism) bezieht sich in starker Ausprägung auf die Eigenschaften gespannt, ängstlich nervös, launisch, besorgt, empfindlich, reizbar, furchtsam, selbstbemitleidend, instabil, mutlos und verzagt und in schwacher Ausprägung auf die Eigenschaften stabil, ruhig und zufrieden. Zu beachten ist, dass dieser Faktor eine negativ-positive-Polung hat, während die anderen eine positiv-negative Polung zeigen.

Im Englischen kann man sich die „Big Five" am besten anhand des Akronyms OCEAN merken.

Persönlichkeitstests nach Art des Big-Five-Tests werden standardmäßig angewandt, um die Persönlichkeit eines Menschen in Zusammenhang mit seiner Eignung für eine bestimmte Tätigkeit zu bestimmen, sei es für eine leitende Tätigkeit in der Wirtschaft oder Behörde oder in der Politik. Man versucht dabei festzustellen, in welchem Maße eine Person „extravertiert", „neurotizistisch" oder „gewissenhaft" usw. ist. Daraus ergibt sich ein Persönlichkeitsprofil der betreffenden Person.

6.3.2 Kritik an den „Big Five", Ergänzungen und Alternativen

Innerhalb der Persönlichkeitspsychologie ist der Big-Five-Ansatz nicht unumstritten (vgl. Neyer und Asendorpf 2018). Eine grundlegende Kritik betrifft den Umstand, dass die Big Five im Wesentlichen der Alltagspsychologie entnommen sind und keinerlei weiteren Erklärungswert haben. Ebenso wird kritisiert, dass es bei den Persönlichkeitstests nach Art der „Big Five" in der Regel um Selbstauskunft der getesteten Personen geht, die als „Fragebogenpsychologie" von Experten als nicht belastbar angesehen wird, da Menschen in aller Regel ihre eigene Persönlichkeit nicht gut einschätzen können, von Verstellung ganz abgesehen. In aller Regel neigen Menschen zur „Schönfärberei" bei eigenen Fähigkeiten und Leistungen, allerdings zeigt sich bei neurotizistischen Personen eine deutliche Neigung zur „Schwarzfärberei" (vgl. Myers 2014; Fletcher und Schurer 2017). Auch zeigt sich, dass die fünf Grundfaktoren teilweise untereinander deutlich korrelieren, was ihre Trennschärfe beeinträchtigt. In der Tat haben Neurotizismus und Gewissenhaftigkeit eine erhebliche Nähe zueinander, ebenso wie Extraversion, Verträglichkeit und Offenheit/Intellekt. Schließlich haben sich die Big Five nicht als gut anwendbar auf andere Bevölkerungen und Kulturen erwiesen, was teils zu einer Erweiterung, teils zu einer Reduktion der Zahl der Grundfaktoren oder der Unterfaktoren *(Facets)* führte (Neyer und Asendorpf 2018).

Auf eine Reduktion der fünf Grundfaktoren zielten auch die Bemühungen des britischen Psychologen und Persönlichkeitsforschers Jeffrey Gray. Gray ging von drei grundlegenden persönlichkeitsbezogenen Verhaltensmustern aus, nämlich einem **„Annäherungssystem"** (*behavioral approach system,* BAS), in dessen Zentrum die Belohnungsorientierung steht; einem **„Vermeidungs- bzw. Hemmungssystem"** (*behavioral inhibition system,* BIS), das im Wesentlichen durch passives Vermeidungsverhalten gekennzeichnet ist; und einem **„Kampf-, Flucht- und Erstarrungs-System"** (*fight-flight-freezing system,* FFFS), das schnelles, aktives Vermeidungsverhalten beinhaltet (Gray 1990). Das BAS weist große Übereinstimmung mit „Extraversion" auf, indem es starke Belohnungsorientierung, Impulsivität, Sensationslust, aber auch Geselligkeit und allgemein positive Gefühle umfasst. Das BIS hat wiederum große Ähnlichkeit mit „Neurotizismus", da es erhöhte Aufmerksamkeit auf negative Dinge, Grübeln, Ängstlichkeit und Depression beinhaltet. Das FFFS hingegen hat keine Entsprechung in den Big Five.

Definition

Annäherungssystem - (*behavioral approach system,* BAS) bezieht sich auf Belohnungsorientierung
Hemmungssystem - (*behavioral inhibition system,* BIS) bezieht sich auf passives Vermeidungsverhalten
Kampf-, Flucht- und Erstarrungs-System - (*fight-flight-freezing system,* FFFS) bezieht sich auf schnelles, aktives Vermeidungsverhalten

Gegenwärtige Bemühungen von Persönlichkeitspsychologen gehen ebenfalls dahin, „Supermerkmale" nach Art des Gray'schen BAS und BIS zu identifizieren. Nach Anschauung des amerikanischen Psychologen Colin DeYoung und seiner Kollegen sind dies Stabilität und Plastizität (DeYoung 2006; DeYoung et al. 2013, 2016). Das Supermerkmal Stabilität umfasst die drei Big-Five-Merkmale Neurotizismus, Verträglichkeit und Gewissenhaftigkeit, die das Kernmerkmal der Risikovermeidung, des „Auf-Nummer-sicher"-Gehens bis hin zu absoluter Passivität und völligem Rückzug in die Depression besitzen. Das Supermerkmal Plastizität umfasst die beiden Big-Five-Merkmale Extraversion und Offenheit/Intellekt, die sich um Lust auf Neues und Abenteuerlust bis hin zu hochriskantem Verhalten und Sensationsgier drehen.

Asendorpf und Neyer gehen davon aus, dass Personen sich in drei *Haupttypen* zusammenfassen lassen, nämlich in die *resiliente,* die *überkontrollierte* und die *unterkontrollierte* Person (vgl. Neyer und Asendorpf 2018). Dabei erweist sich die *resiliente* Person als aufmerksam, tüchtig, geschickt, selbstvertrauend, voll bei der Sache und neugierig. Sie kann aber auch deutliche Stimmungswechsel haben, zeigt auch unreifes Verhalten unter Stress, verliert leicht die Kontrolle, ist schnell eingeschnappt und fängt leicht zu weinen an. Die *überkontrollierte* Person ist verträglich, rücksichtsvoll, hilfsbereit, gehorsam, gefügig, verständig-vernünftig, hat Selbstvertrauen, ist selbstsicher, ist aber auch aggressiv und ärgert andere. Die *unterkontrollierte* Person schließlich ist lebhaft, zappelig, hält sich nicht an Grenzen, hat negative Gefühle, schiebt die Schuld auf andere, ist furchtsam-ängstlich, gibt nach bei Konflikten, stellt hohe Ansprüche an sich, ist gehemmt und neigt zum Grübeln.

Fachleute sind sich darin einig, dass es wichtige Persönlichkeitsmerkmale gibt, die von den Big Five nicht präzise erfasst werden. Hierzu gehört das Merkmal Impulsivität, was allerdings mit sehr unterschiedlichen und wenig zusammenhängenden Teilmerkmalen wie hoher Plastizität und niedriger Stabilität, Getriebensein *(urgency)*, fehlendem Durchhaltevermögen, fehlendem Vorausschauen, geringer Toleranz gegenüber Belohnungsaufschub und Sensationslust zu tun hat (vgl. hierzu Heinz und Rothenberg 1998; Heinz et al. 2011). Andere Autoren nennen als Merkmale, die von dem Big-Five-Ansatz nicht gut erfasst werden bzw. „quer" zu ihnen stehen: Belastungstoleranz (*distress tolerance;* Chowdhury et al. 2018), Sensationsgier *(sensation seeking)* bzw. Erlebnishunger (Mann et al. 2017), psychologische Flexibilität (Steenhout et al. 2018) und *grit* (Entschlossenheit, Einsatz), womit vor allem das hartnäckige Verfolgen langfristiger Ziele gemeint ist (Tucker-Drob et al. 2016; Wang et al. 2017) sowie Selbstkontrolle (Myers 2014). Beide letztere Merkmale sagen besser als die Big Five den akademischen und beruflichen Erfolg voraus.

Ein wichtiger Kritikpunkt am Big-Five-Modell betrifft die Tatsache, dass ihm keine Aussagen über die *Entwicklung* der individuellen Persönlichkeit zugrunde liegen. Bestimmte Grundeigenschaften der Persönlichkeit sind nämlich schon bei der Geburt oder kurz danach sichtbar und werden als **Temperament** bezeichnet (Thomas und Chess 1980; Buss und Plomin 1984; Blatný et al. 2015; ▶ Kap. 5). So ist ein Baby oder Kleinkind relativ ruhig, das andere eher „quengelig" oder gar ein „Schreibaby"; das eine Kind ist offen, freundlich, das andere eher verschlossen, schwer zugänglich usw., und diese Eigenschaften ändern sich im Laufe seines Lebens nicht wesentlich. Viele Psychologen sind deshalb der Meinung, dass das Temperament im Wesentlichen genetisch bedingt ist und damit der „Lotterie der Gene bzw. Gen-Allele" unterliegt. Allerdings gibt es viele Belege für eine nachhaltige Beeinflussung durch die vorgeburtliche Umwelt, nämlich über den Körper und das Gehirn der Mutter (s. ▶ Kap. 5). Aus diesem Grund darf man den Begriff „angeboren" nur als „bereits bei der Geburt vorhanden" und nicht zwangsläufig als „genetisch bedingt" verstehen. Unabhängig davon kann man davon ausgehen, dass dem Temperament eines Neugeborenen bzw. Kleinkindes eine wichtige Weichenstellungsfunktion für die weitere Entwicklung der Persönlichkeit zufällt. So fällt das Fürsorgeverhalten der primären Bezugspersonen bei einem ruhigen oder schwierigen Temperament unbeabsichtigt oft sehr verschieden aus, und dies kann die Bindungserfahrung des Kindes deutlich beeinflussen. Diese wiederum kann die Grundlage für das spätere Bindungsmodell des Kindes darstellen, sofern nicht psychisch stark wirkende Ereignisse im späteren Leben auftreten (Fletcher und Schurer 2017).

Mit **Temperament** bezeichnet man grundlegende emotionale und motorische Eigenschaften eines Menschen, die sehr früh, oft schon kurz nach der Geburt, auftreten und über die Lebensspanne relativ konstant bleiben. Sie betreffen vor allem den Grad der sensorischen und emotionalen Erregbarkeit eines Menschen, seine Reaktionsbereitschaft und -stärke, den Grad der Offenheit bzw. Verschlossenheit gegenüber anderen Personen und neuen Dingen, die Tendenz zu Ruhe oder Aktivität usw. Das Temperament kann sowohl genetisch als auch vorgeburtlich epigenetisch oder früh nachgeburtlich bestimmt sein.

Übersicht

Die gegenwärtige Persönlichkeitspsychologie ist darum bemüht, aus der Vielzahl von Persönlichkeitsmerkmalen mithilfe statistischer Verfahren (z. B. Faktorenanalyse) zeitlich relativ überdauernde und möglichst überschneidungsfreie Grundmerkmale zu bestimmen.
Die meisten Modelle gehen von wenigen, meist 3–6 Grundfaktoren der

Persönlichkeit aus, die in unterschiedlich starker Ausprägung vorliegen. Sie sind überwiegend alltagspsychologisch begründet, und ihre Überschneidungsfreiheit ist umstritten. Auch beruhen sie auf Selbstauskunft, was aus Sicht vieler Experten ein unzuverlässiges Werkzeug ist. Viele Autoren sehen über die Big Five hinaus wichtige Persönlichkeitsmerkmale wie Impulsivität und Bindung als nicht berücksichtigt, während andere Autoren sie auf die zwei „Supermerkmale" Annäherung und Vermeidung oder Stabilität und Plastizität zu reduzieren versuchen.

6.3.3 Genetische Grundlagen, Stabilität und Veränderbarkeit der Persönlichkeitsmerkmale

Bei der Frage der genetischen Determiniertheit grundlegender Persönlichkeitseigenschaften gehen in der Persönlichkeitspsychologie die Aussagen weit auseinander. Auf der Grundlage klassischer Zwillingsforschung kam man bisher auf Erblichkeitswerte der Big-Five-Merkmale von 40–60 % (Bouchard und McGue 2003). Aufgrund methodischer Unzulänglichkeiten der Zwillingsforschung und neuerer Erkenntnisse über die Rolle von Genen bei der Entwicklung psychologischer Merkmale wurden in den vergangenen Jahren genetische Untersuchungen auf der Grundlage sog. Einzelnucleotid-Polymorphismen (SNPs) durchgeführt. Diese zeigten zum einen, dass an grundlegenden Persönlichkeitsmerkmalen Hunderte bis Tausende unterschiedlicher Gene beteiligt sind, und dass zum anderen eine viel geringere Erblichkeitsrate der Big-Five-Merkmale vorhanden ist.

So ergab sich für Neurotizismus eine Erblichkeitsrate von nur 15 %, für Offenheit für Erfahrungen eine Rate von 21 % und überhaupt keine aussagekräftigen Werte für Extraversion, Gewissenhaftigkeit und Verträglichkeit (Power und Pluess 2015). Diese Befunde bedeuten allerdings keineswegs, dass die Big-Five-Merkmale oder die anderen genannten Merkmale nur schwache genetische Grundlagen besitzen, sondern lediglich, dass sie mit dem heute üblichen genetischen Screening auf der Grundlage von SNPs nicht erfassbar sind. Insbesondere sind die viel bedeutsameren epigenetischen Faktoren bisher kaum untersucht (► Kap. 5 und 7).

In der psychologischen Populärliteratur gehen die Meinungen über die Stabilität der Persönlichkeit bzw. der Persönlichkeitsmerkmale über die Lebensspanne weit auseinander. Während manche von einer hohen Stabilität von der Kindheit bis ins hohe Alter ausgehen, unterstellen viele populäre Autoren eine gleichbleibende lebenslange Veränderbarkeit, sei es aufgrund wechselnder Lebensumstände oder aus eigenem Willen. Die seriöse Forschung kommt jedoch zu einem anderen Befund (vgl. Neyer und Asendorpf 2018). Unterschiedliche Persönlichkeitsmerkmale sind unterschiedlich stabil: Am stabilsten ist die Intelligenz (gemessen über den IQ), und zwar über einen Zeitraum zwischen 11 und 69 Jahren, während die Big-Five-Persönlichkeitsmerkmale, verstanden als Persönlichkeitsprofile, eine mittlere Stabilität bis zu 0,65 (Extraversion und Neurotizismus) aufweisen. Allgemein gilt, dass die Variabilität der Persönlichkeitsmerkmale in Kindheit und Jugend größer ist, da hier Umwelteinflüsse stärker wirken und die Merkmale eine vorübergehende Destabilisierung im Pubertätsalter erfahren. Im frühen Erwachsenenalter bis zum 60.–70. Lebensjahr stabilisieren sich die Merkmale deutlich (bis 0,8), werden zum höheren Alter jedoch wieder variabler, meist bedingt durch Abbauprozesse. Das Ganze kann als ein Produkt der Interaktion von „Anlage" und „Umwelt" verstanden werden, mit einer deutlichen Tendenz zur Selbststabilisierung. Wie Asendorpf und Wilpers (1998) feststellen, nimmt mit zunehmendem Alter die Fähigkeit, entweder die eigene Umwelt selbst zu beeinflussen oder sich diejenige Umgebung zu suchen, die zur eigenen Persönlichkeit passt, stark zu.

Bestimmte genetische, epigenetische und frühkindlich wirkende, insbesondere negative Faktoren können *in Kombination* die Persönlichkeitsentwicklung bereits in sehr frühen Jahren stark beeinflussen, wie Langzeit-Kohorten-Studien, etwa die bekannte Dunedin-Studie, belegen (Moffit und Caspi 2001) und mit neurobiologischen Faktoren in Zusammenhang bringen. Es kann hier hinsichtlich bestimmter psychiatrischer Erkrankungen und antisozialem Verhalten ein sehr negativer Kanalisierungseffekt auftreten, der dann nur schwer zu unterbrechen ist (s. ▶ Kap. 7).

Die hier genannte Stabilität der Persönlichkeitseigenschaften bedeutet keineswegs, dass sich Menschen über unterschiedliche Situationen hinweg in einer bestimmten Weise verhalten. Vielmehr gehört es zum Wesen der Persönlichkeit einer gesunden Person, sich in unterschiedlichen sozialen Kontexten teilweise sehr unterschiedlich zu verhalten (Mischel et al. 1989; vgl. Myers 2014). Die Konstanz bezieht sich dabei auf das Muster der Unterschiedlichkeit des kontextabhängigen Verhaltens. Leider gibt es dazu nur wenige belastbare empirische Untersuchungen.

6.3.4 Die neurobiologischen Grundlagen der Persönlichkeit

Die dargestellten psychologischen Persönlichkeitstypologien sind überwiegend rein deskriptiv und liefern meist keine tiefere Begründung dafür, warum es genau diese Grundfaktoren sind, welche die Persönlichkeit eines Menschen am besten beschreiben. Auch geben sie keine Antwort auf die Frage, *warum* der eine Mensch eher extravertiert und der andere eher neurotizistisch ist. In den vergangenen Jahren hat sich eine Reihe von Persönlichkeitspsychologen und -neurobiologen um eine neurobiologische Begründung bemüht, wenngleich die Resultate bisher unbefriedigend sind (vgl. DeYoung und Gray 2009; Corr et al. 2013; Di Domenico und Ryan 2017). Derzeit gängige Verfahren sind Messungen von Eigenschaften des sog. Ruheaktivitätsnetzwerks *(default-mode network)*, das dann aktiv ist, wenn aktuell keine kognitiv anspruchsvollen Aufgaben bearbeitet werden Es wird hierbei angenommen, dass bei unterschiedlichen Persönlichkeitstypen unterschiedliche Eigenschaften des Ruheaktivitätsnetzwerkes erkennbar sind. Dies wird mithilfe verschiedener bildgebender Methoden, vor allem fMRI und EEG, gemessen. Bei Untersuchungen dieser Art von Toschi et al. 2018 ergab sich lediglich für das Big-Five-Merkmal Gewissenhaftigkeit ein signifikanter Zusammenhang mit der strukturellen und funktionalen Konnektivität im linken fronto-parietalen Netzwerk, d. h. diese Eigenschaft war umso stärker vorhanden, je ausgeprägter das Merkmal Gewissenhaftigkeit war. Die Autoren interpretieren diesen Befund als Anzeichen einer erhöhten kognitiven Kontrolle und Verhaltensflexibilität. Hinsichtlich der anderen Big-Five-Merkmale gab es keine signifikanten Korrelationen mit Zuständen des Ruheaktivitätsnetzwerks.

Ein anderer Ansatz, Eigenschaften dieses Ruheaktivitätsnetzwerkes mit Persönlichkeitseigenschaften in Verbindung zu bringen, ist die Bestimmung niederfrequenter Oszillationen in einem Frequenzbereich von insgesamt 0,01–0,25 Hz, der üblicherweise in fünf Frequenzbänder aufgeteilt wird. Hier ergab sich beim Merkmal Extraversion eine signifikante Korrelation der Ruheaktivität in allen fünf Frequenzbereichen und für Gewissenhaftigkeit im Frequenzbereich 2 (0,138–0,25). Die anderen drei Big-Five-Merkmale wiesen keine signifikante Korrelation auf (Ikeda et al. 2017).

Die Anwendung weiterer neurobiologischer Methoden wie die Bestimmung der Oberflächenmorphologie des Gehirns ergab Korrelationen mit Extraversion und Verträglichkeit und neuroanatomischen Eigenschaften wie Oberfläche oder Dicke bestimmter corticaler Areale, die nicht gut mit früheren Untersuchungsergebnissen übereinstimmten und auch schwierig zu interpretieren sind (vgl. Li et al. 2016).

Insgesamt zeigt sich, dass die geschilderten Messungen der Ruheaktivität des Gehirns bisher keine aussagekräftigen Resultate über die neurobiologischen Grundlagen von Persönlichkeitsmerkmalen ergeben haben. Es ist zu vermuten, dass derartige Messungen bisher viel zu grob sind, um die neurobiologischen Grundlagen komplexer Persönlichkeitseigenschaften zu erfassen. Derzeit sind Untersuchungen über den Zusammenhang zwischen psychologisch gut erfassbaren psychischen Zuständen und Verhaltensleistungen, funktionsanatomischen Gegebenheiten und neurophysiologisch-pharmakologischen Prozessen weitaus aussagekräftiger.

Im Folgenden wollen wir auf der Grundlage solcher Zusammenhänge anhand des bereits in ► Kap. 5 dargestellten Vier-Ebenen-Modells der Persönlichkeit und der dort ebenfalls vorgestellten psychoneuralen Grundsysteme das Entstehen grundlegender Persönlichkeitseigenschaften erläutern.

6.3.4.1 Das Vier-Ebenen-Modell der Persönlichkeit

Das Vier-Ebenen-Modell der Persönlichkeit von Roth und Cierpka (vgl. Roth und Strüber 2018) geht auf der Grundlage einer großen Zahl neurowissenschaftlicher Untersuchungen (vgl. ► Kap. 2) vom Vorhandensein von vier anatomischen und funktionalen Gehirnebenen aus, nämlich drei limbischen Ebenen und einer kognitiven Ebene (◘ Abb. 6.3).

- Die *untere limbische Ebene* enthält über die Aktivität von Zentren wie Hypothalamus-Hypophyse, Septum, zentrale Amygdala, zentrales Höhlengrau (PAG) und Zentren der Brücke und des verlängerten Marks Mechanismen, die der Lebenserhaltung und der Erfüllung der primären körperlichen Bedürfnisse dienen; auf ihr sind aber auch diejenigen Merkmale angesiedelt, die man zum Temperament (s. ► Abschn. 6.3.2) zählt. Die auf der unteren limbischen Ebene ablaufenden Prozesse sind und bleiben unbewusst; sie gehören zum *primären Unbewussten* und sind schwer von außen zu ändern.
- Die *mittlere limbische Ebene*, vornehmlich dargestellt durch die Aktivität des mesolimbischen Systems (Nucleus accumbens, VTA) und der basolateralen Amygdala, wird erheblich durch die Erfahrungen des Säuglings und Kleinkindes im Laufe der ersten drei Jahre geprägt, wobei vor allem die Erfahrungen der Interaktion mit der primären Bezugsperson, häufig der Mutter, von Bedeutung sind. Diese Erfahrungen prägen sich tief ein, und ihr Einfluss ist nur schwer und nur durch gezielte Maßnahmen zu ändern. Säugling und Kleinkind erleben diese Erfahrungen zumindest teilweise bewusst. Allerdings können diese Erfahrungen nicht langfristig abgespeichert werden, da in den ersten Lebensjahren noch kein erinnerungsfähiges Langzeitgedächtnis vorhanden ist. Man nennt diese Phase seit Sigmund Freud die „infantile Amnesie“. Sie gehört wegen ihrer prinzipiellen Nichterinnerbarkeit zum *sekundären Unbewussten*.
- Auf der *oberen limbischen Ebene*, repräsentiert durch Aktivitäten des limbischen Cortex (orbitofrontaler, ventromedialer, anteriorer cingulärer und insulärer Cortex) vollziehen sich diejenigen Prozesse, die geeignet sind, unsere primäre Persönlichkeit mit den Erfordernissen des sozialen Zusammenlebens in Einklang zu bringen, von der Familie über den Kindergarten und die Schule bis hin zum Erwachsenenalter. Hier geht es um die Ausbildung von Kooperativität, Rücksichtnahme, Geduld, Kompromissfähigkeit, Empathie, aber auch um Zielstrebigkeit, Durchsetzungswille, Selbstwirksamkeit, Selbstverwirklichung usw.
- Auf der *kognitiv-sprachlichen Ebene* finden, vermittelt durch die Aktivitäten des frontalen, temporalen und parietalen assoziativen Cortex, der Erfahrungs- und Wissenserwerb sowie die sprachliche Kommunikation als Grundlage des sachlich-logischen Denkens, der Vorstellungen und der Handlungsplanung statt. Die emotionalen Komponenten solcher

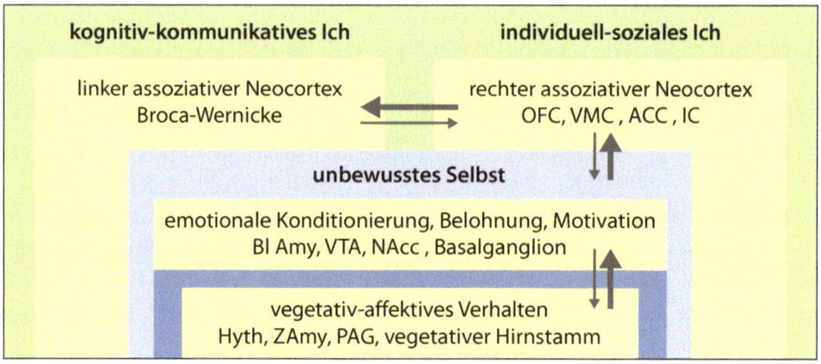

kognitiv-kommunikatives Ich

individuell-soziales Ich

linker assoziativer Neocortex
Broca-Wernicke

rechter assoziativer Neocortex
OFC, VMC , ACC , IC

unbewusstes Selbst

emotionale Konditionierung, Belohnung, Motivation
Bl Amy, VTA, NAcc , Basalganglion

vegetativ-affektives Verhalten
Hyth, ZAmy, PAG, vegetativer Hirnstamm

Abb. 6.3 Das Vier-Ebenen-Modell der Persönlichkeit von Roth und Cierpka. Die untere limbische Ebene des vegetativ-affektiven Verhaltens und die mittlere limbische Ebene der emotionalen Konditionierung, Bewertung und Motivation bilden zusammen das „unbewusste Selbst". Auf bewusster Ebene bildet die obere limbische Ebene das „individuell-soziale Ich", dem das „kognitiv-kommunikative Ich" gegenübergestellt wird. ACC = anteriorer cingulärer Cortex; Basalgang. = Basalganglien; Bl Amy = basolaterale Amygdala; Hyth = Hypothalamus; IC = insulärer Cortex; NAcc = Nucleus accumbens; PAG = zentrales Höhlengrau; OFC = orbitofrontaler Cortex; VMC = ventro medialer präfrontaler Cortex; VTA = ventrales tegmentales Areal; ZAmy = zentrale Amygdala. (Aus Roth und Strüber 2018)

Geschehnisse werden von den Instanzen der oberen limbischen Ebene hinzugefügt. Die kognitiv-sprachliche Ebene kann zwar von den limbischen Ebenen stark beeinflusst werden, hat aber selbst nur dadurch einen Einfluss auf unsere Verhaltensentscheidungen, dass sie emotionale Inhalte der limbischen Ebenen „anspricht".

6.3.4.2 Die sechs psychoneuralen Grundsysteme als Determinanten der Persönlichkeit

Auf den drei genannten limbischen Ebenen und unter Beteiligung der kognitiven Ebene entwickeln sich Persönlichkeit und Psyche. Dies geschieht im Rahmen der Funktionen von sechs „psycho-neuralen Grundsystemen", nämlich Stressverarbeitung, emotionale Kontrolle und Selbstberuhigung, Belohnung und Belohnungserwartung/Motivation, Bindungsverhalten/Empathie, Impulskontrolle und Realitätssinn-Risikowahrnehmung (s. ▶ Kap. 5). Die Systeme beeinflussen sich untereinander in positiver wie negativer Weise (vgl. Roth und Strüber 2018) und bilden ein enges Netz von Interaktionen. Ihre jeweilige Aktivität wird mit verschiedenen Eigenschaften der Persönlichkeit in Zusammenhang gebracht.

▪ Stressverarbeitung

Die Art, wie ein Mensch mit körperlichen Belastungen wie Krankheit und Schmerz sowie mit psychischen Belastungen wie Bedrohung, Herausforderungen, Enttäuschungen und Niederlagen, Beschämung und Ausgrenzung umgeht, bildet ein Grundmerkmal seiner Persönlichkeit. Dieses Merkmal bildet sich sehr früh heraus und hängt wesentlich mit der vorgeburtlichen und nachgeburtlichen Entwicklung des Cortisolsystems zusammen. Hierbei wirken sich frühe aversive Erfahrungen deutlich negativ aus (Fletcher und Schurer 2017). Dies zeigt sich bereits am ganz normalen Tagesgang der „basalen" Cortisolausschüttung. So reagieren Personen, denen ein hoher Grad an emotionaler Instabilität im Sinne des „Neurotizismus" der Big Five zugeschrieben wird, auf das morgendliche Aufwachen häufig mit einer hohen Cortisolfreisetzung. In einer aktuellen Studie zeigte sich weniger ein Zusammenhang der individuellen Cortisolparameter mit Neurotizismus und negativem

Affekt, sondern stattdessen eine enge Verbindung mit Extraversion und positivem Effekt. Letztere Eigenschaften sind nämlich mit einer nur geringen morgendlichen Cortisolfreisetzung assoziiert (Miller et al. 2016).

Die eigentlichen stressbedingten Ausschüttungen von Cortisol sitzen als „Pulse" auf dem normalen Cortisoltagesgang auf. Anscheinend stört die hohe Ruhe-Cortisolfreisetzung eine angemessene stressbezogene Cortisolantwort, denn neurotizistische Personen reagieren auf eine Stresssituation mit einer abgeschwächten Cortisolantwort (Oswald et al. 2006).

▪ Emotionale Kontrolle und Selbstberuhigung

Das psychoneurale Selbstberuhigungssystem ist eng mit dem Serotoninsystem verbunden. Es entwickelt sich ähnlich wie das Stressverarbeitungssystem teilweise bereits vorgeburtlich. Ein ausreichender Serotoninspiegel ist wichtig für die Wahrnehmung emotionaler Zustände, d. h. er fördert die Emotionskontrolle, zielgerichtetes Verhalten und hemmt voreilige Reaktionen auf mögliche Gefahren (s. unten). Ein *Mangel* an Serotonin wird in einem Zusammenhang mit einer fortwährenden Beschäftigung mit Stressreizen beobachtet. Dies kann sich in innerer Unruhe sowie hauptsächlich bei Männern in Impulsivität und reaktiver Aggression äußern (Cleare und Bond 1995).

Das Serotoninsystem ist an fast allen Big-Five-Merkmalen sowie negativ am Merkmal Impulsivität beteiligt. Eine geringe Aktivität des Selbstberuhigungssystems führt zum Überwiegen neurotizistischer Merkmale wie einem erhöhtem Bedrohtheitsgefühl, niedriger Frustrations- und Verlusttoleranz, Grübeln, Angstzuständen und Depression bis hin zu völliger Apathie.

▪ Belohnung und Belohnungserwartung (Motivation)

Das System der Belohnung und der Belohnungserwartung als Grundlage von Motivation hängt eng mit dem in ▶ Abschn. 6.2 beschriebenen Dopaminsystem zusammen. Dieses System entwickelt sich nachgeburtlich von den ersten Lebensjahren an bis weit ins Erwachsenenalter. Es wird üblicherweise mit dem Merkmal Extraversion und mit dem bereits erwähnten Gray'schen *behavioral activation system* in Verbindung gebracht – Letzteres beschreibt nämlich die individuelle „Belohnungsempfänglichkeit" *(reward sensitivity)*.

Depue und Collins (1999) unterscheiden eine „bindungsorientierte" Extraversion *(affiliative extraversion)*, also eine erhöhte Geselligkeit, im Gegensatz zur „handlungsbezogenen" Extraversion *(agentic extraversion)*, die mit den Merkmalen „energisch" und „erfolgs- und belohnungsorientiert" einhergeht.

Eine Steigerung der bindungsorientierten Extraversion führt zu einem starken Bedürfnis nach Geselligkeit sowie nach sozialer Einbindung. Eine stärkere Ausprägung der handlungsbezogenen Extraversion führt hingegen zu Ehrgeiz, Dominanz, Machtstreben sowie Abenteuer- und Sensationslust. Die handlungsbezogene Extraversion wird neben dem Dopamin durch weitere Stoffsysteme beeinflusst. Eine hohe Ausprägung geht in einigen Studien mit einem niedrigen Serotonin- sowie mit einem hohen Noradrenalinspiegel einher (Cloninger 1987, 2000). Neben der Extraversion sind nach einer Reihe von Studien auch Persönlichkeitseigenschaften wie Neugier, Sensationslust und Kreativität mit einer erhöhten Ausschüttung von Dopamin verbunden. Hochkreative Menschen weisen beispielsweise eine geringe Dichte an hemmend wirkenden D2-Rezeptoren in thalamischen Kernen auf, die zum präfrontalen Cortex projizieren (De Manzano et al. 2010), und können deshalb unter Umständen ihren Einfallsreichtum ungezügelt ausleben.

▪ Bindungsverhalten und Empathie

Das Bindungsverhalten eines Menschen ist ebenfalls ein zentrales Persönlichkeitsmerkmal, das „quer" zu den Big Five steht, da es die Ausprägung mehrerer Big-Five-Merkmale beeinflusst. Es korreliert positiv mit Anteilen von Extraversion, Verträglichkeit und Offenheit und negativ mit Anteilen von Neurotizismus, nämlich Ängstlichkeit und Rückzug. Bindungsorientierung ist aus neurobiologischer Sicht gleichermaßen von Oxytocin, endogenen Opioiden und Dopamin als Grundlage *bindungsorientierter* Extraversion bestimmt. Personen mit einem hochaktiven Oxytocinsystem zeichnen sich oft durch eine ausgeprägte Sensitivität gegenüber anderen Menschen aus (Meyer-Lindenberg et al. 2011; Carter 2014). In verschiedenen Studien zeigte sich, dass eine einmalige Verabreichung von Oxytocin per Nasenspray zahlreiche Eigenschaften vorübergehend beeinflussen kann. Hierzu gehören beispielsweise Vertrauen und Großzügigkeit, aber auch negative Eigenschaften wie Schadenfreude. Die Wirkung des Oxytocins ist zudem abhängig von der Ausprägung des Persönlichkeitsmerkmals *Extraversion*. Bei Individuen mit einer geringen Ausprägung dieses Merkmals geht die Verabreichung von Oxytocin mit einem verstärkten prosozialen Verhalten und einem erhöhten Vertrauen in einen Interaktionspartner einher. Bei Personen mit einer hohen Ausprägung dieses Merkmals konnte keine vergleichbare Wirkung der Oxytocinverabreichung nachgewiesen werden (Human et al. 2016).

6

▪ Impulskontrolle

Impulskontrolle steht ebenso wie das Bindungsverhalten und Sensationslust „quer" zu den Big Five und hängt mit Komponenten von Neurotizismus und Gewissenhaftigkeit zusammen (Mann et al. 2017). Serotonin spielt hierbei eine wichtige Rolle, indem es zur emotionalen Kontrolle und damit auch zur Verhaltenshemmung beiträgt (Daw et al. 2002). Bei Impulsivität muss nach DeYoung und Gray (2009) unterschieden werden zwischen einer aktiven und einer reaktiven Impulsivität. Die *aktive* (oder „agentische") Impulsivität ist mit hohen Werten des Merkmals Extraversion und mit einer Suche nach unmittelbarer Belohnung, Dominanz, Machtstreben, Sensationsgier und mangelnder Risikowahrnehmung verbunden. Zugleich steht die aktive Impulsivität in einem Zusammenhang mit einem hohen Dopamin- und Testosteronspiegel. Ebenso weisen aktiv impulsive Personen geringe Werte von Neurotizismus, Verträglichkeit und Gewissenhaftigkeit auf.

Davon verschieden ist die *reaktive* Impulsivität, die mit niedrigen Serotoninwerten und hohen Cortisol- und Noradrenalinwerten einhergeht und u. a. auf einer verminderten Fähigkeit beruht, bedrohliche Reize von nicht bedrohlichen Reizen zu unterscheiden. Ebenso tritt ein vermindertes Vermögen auf, die eigenen Emotionen zu regulieren. Dies bringt wiederum eine hohe Verunsicherung und eine allgemeine negative Emotionalität mit sich (s. Depue 1995). Reaktiv impulsive Personen sind nicht durchgehend impulsiv, sondern nur in bedrohlich erscheinenden Situationen, in denen sie sich zur Wehr setzen, weil sie keine anderen Handlungsmöglichkeiten sehen.

▪ Realitätssinn und Risikowahrnehmung

Zu einer ausgeglichenen Persönlichkeit gehört die Fähigkeit, die Situation, in der man sich befindet, angemessen wahrzunehmen und in ihrer Relevanz für das eigene Verhalten realistisch einzuschätzen. Hinzu kommt die Fähigkeit, die kurz- und langfristigen Konsequenzen des eigenen Tuns zu bewerten, die eigenen Kräfte nicht zu über- und nicht zu unterschätzen, Absichten der anderen richtig zu erfassen, Chancen und Risiken zu erkennen und sie im eigenen Handeln zu berücksichtigen.

Dieses wichtige Persönlichkeitsmerkmal ist ebenfalls nicht zentral in den Big Five enthalten, sondern findet sich verteilt auf nahezu alle fünf Grundmerkmale. Zu einer guten Realitäts- und Risikowahrnehmung gehören einerseits ein ausgeglichenes Verhältnis zwischen Extraversion, also positivem Denken und Risikofreudigkeit, und Neurotizismus, d. h. kritischem Denken und Risikoscheu, andererseits ein Gleichgewicht zwischen

Gewissenhaftigkeit und Offenheit/Intellekt. Aus neurobiologischer Sicht beinhaltet dies ein Gleichgewicht zwischen dem serotonergen und dem dopaminergen System, zugleich aber auch eine hohe Aktivität des cholinergen Systems, das die Grundlage von Aufmerksamkeit, Lernbereitschaft, dem schnellem Erfassen und Einordnen von Belohnungs- und Bestrafungsreizen sowie von geringer Ablenkbarkeit und Zielfokussierung bildet (Hasselmo und Sarter 2011).

Wir sehen also, dass es keinerlei „Eins-zu-Eins"-Beziehung zwischen grundlegenden Persönlichkeitsmerkmalen, wie sie in den Big Five oder abgewandelten Varianten behandelt werden, und den aufgeführten sechs psycho-neuralen Systemen gibt, und erst recht nicht – wie ursprünglich angenommen – zwischen den dargestellten Big-Five-Persönlichkeitsmerkmalen und der Menge ausgeschütteter Neurotransmitter, -peptide und -hormone. Vielmehr sind die psychoneuralen Systeme und ihre Wirksubstanzen in komplexer, aber durchaus empirisch feststellbarer Weise an den verschiedenen Merkmalen beteiligt.

Zwischen den genannten sechs Grundsystemen besteht ein komplexer positiver *(agonistischer)* und/oder negativer *(antagonistischer)* Wirkzusammenhang (Details in Roth und Strüber 2018). So müssen das Stressverarbeitungs- und das Selbstberuhigungssystem eng zusammenarbeiten, um einerseits eine dem Problem angemessene Höhe der Aktivierung zu erreichen und andererseits den Organismus nach Ende der Belastung wieder zur Ruhe zu bringen. Starker Stress hingegen unterdrückt das serotonerge System in seiner Beruhigungsfunktion. Eine starke Verbindung besteht zwischen dem Selbstberuhigungssystem und dem Bindungssystem, indem die Ausschüttung von Oxytocin eine Erhöhung des Serotoninspiegels sowie eine Ausschüttung hirneigener Opioide bewirkt. Oxytocin kann zudem ebenso wie Serotonin die Stressbelastung senken.

Impulssteuerung und Realitätssinn/Risikowahrnehmung sind miteinander gekoppelt. Eine gering ausgeprägte Impulskontrolle kann den Realitätssinn und die Risikowahrnehmung außer Kraft setzen, eine starke Ausprägung von Realitätssinn und Risikowahrnehmung trägt wesentlich zur Impulskontrolle bei. Schließlich kann sich das Motivationssystem in fast beliebiger Weise mit den übrigen Grundsystemen verbinden, indem deren jeweilige Zustände je nach Persönlichkeit als angenehm bzw. erstrebenswert oder als schmerzhaft und zu vermeiden bewertet werden. Die eine Person liebt die Aufregung und den Kick, die andere die Ruhe; die eine Person ist nur in Gesellschaft glücklich, die andere will für sich sein usw.

Die vier Ebenen und sechs psycho-neuralen Grundsysteme legen in ihrer jeweiligen Ausprägung Temperament und Persönlichkeit und damit die Psyche eines Menschen fest, und zwar im Rahmen des Zusammenwirkens der Faktoren Gene, epigenetische Faktoren, vorgeburtliche und nachgeburtliche Einwirkungen und Erfahrungen.

6.3.4.3 Eine neurowissenschaftlich fundierte Persönlichkeitstypologie

Wie lassen sich nun die eben beschriebenen Persönlichkeitssysteme mit den Erkenntnissen der psychologischen und neurowissenschaftlichen Persönlichkeitsforschung vereinbaren? Wir wollen im Folgenden zeigen, dass dies insbesondere dann gut gelingen kann, wenn man von den in ▶ Abschn. 6.3.2 dargestellten neueren Ansätze die zwei Grundmerkmale Plastizität/Dynamik und Stabilität betrachtet. Wie in ◘ Abb. 6.4 schematisch dargestellt, bilden diese beiden Merkmale die Basis für zwei verschiedene Persönlichkeitstypen, wobei wir dem Merkmal Plastizität eine besonders veränderungsbereite *dynamische* Persönlichkeit, dem Merkmal der Stabilität hingegen eine *stabile* Persönlichkeit zuordnen wollen. Verantwortlich für diese Dichotomie dürfte vornehmlich eine unterschiedliche Dominanz des dopaminergen Belohnungserwartungssystems auf der einen Seite und der Systeme für

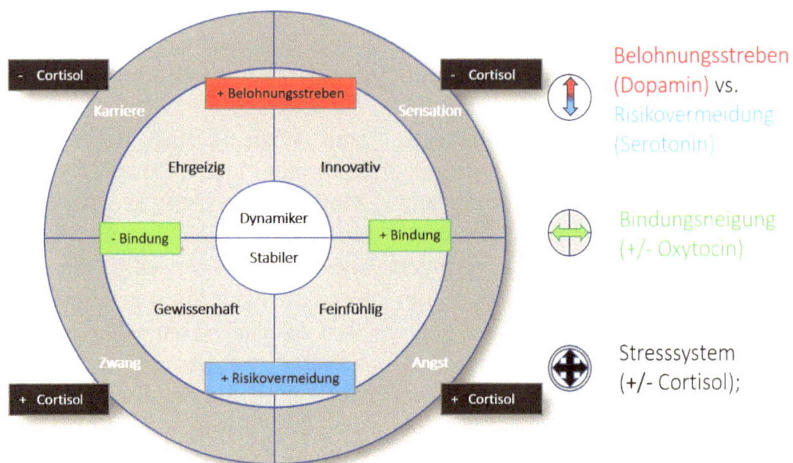

6

Abb. 6.4 Persönlichkeit und Neuromodulatoren

Risikovermeidung und Impulshemmung auf der anderen Seite sein. Die so beschreibbaren zwei Grundtypen können wiederum in zwei Subtypen unterteilt werden – möglicherweise aufgrund einer jeweils charakteristischen Aktivität des Oxytocin-Bindungssystems. Unter bestimmten Bedingungen, und zwar vor allem dann, wenn die individuelle genetische Veranlagung und/oder erhebliche frühe oder auch spätere Stresserfahrungen eine Über- oder Unterfunktion des Stresssystems hervorbringen, können die vier Subtypen eine jeweils charakteristische Psychopathologie entwickeln. Manches davon ist noch etwas spekulativ, aber durchaus vereinbar mit den gegenwärtigen Erkenntnissen.

Der erste der beiden Grundtypen, der *Dynamiker,* zeigt ein hohes Maß an Unternehmungsgeist, Wagemut, Offenheit für andere Menschen und eine höhere Bereitschaft zur Veränderung. Der Gegentyp des Dynamikers ist der *Stabile*. Er liebt die Ordnung, sorgt für einen reibungslosen Ablauf der privaten Dinge und beruflichen Geschäfte, wägt Möglichkeiten und Risiken sorgfältig ab, lässt Chancen ungenutzt, wenn sie mit höherer Unsicherheit verbunden sind, schätzt Aufrichtigkeit, Pünktlichkeit und Zuverlässigkeit.

Diesen beiden Grundpersönlichkeitstypen „Dynamiker" und „Stabiler" zugrunde liegend scheint eine jeweils charakteristische Ausprägung der Belohnungsempfindlichkeit, Risikobewertung und Impulshemmung zu sein. Der Dynamiker weist eine hohe Belohnungsorientierung auf, verbunden mit einer geringeren Risikovermeidung und Impulshemmung. Beim Stabilen hingegen tritt die Belohnungsorientierung zugunsten einer ausgeprägten Risikovermeidung und einer hohen Impulshemmung in den Hintergrund. Beim Dynamiker können mit dem *Ehrgeizigen* und dem *Innovativen* zwei Subtypen unterschieden werden, die jeweils die Grundlage für eine charakteristische Psychopathologie bilden. Die individuelle Entwicklung des Bindungssystems bestimmt dann darüber, welcher der beiden Untertypen ausgebildet wird – wenngleich es hier noch Einiges zu forschen gibt. Der Ehrgeizige besitzt einen ausgeprägten Erfolgswillen. Er betrachtet sich selbst als stark und unabhängig und schreibt materiellem Besitz und Anerkennung eine große Bedeutung zu. Diese Eigenschaften sind auch charakteristisch für Personen mit einem unsicher-distanzierten inneren Modell von Bindungen, d. h. für Personen, die ihre eigenen emotionalen und bindungsrelevanten Bedürfnisse heruntergefahren haben. Unter bestimmten Bedingungen, etwa dann, wenn sich nach frühkindlichen traumatischen Erfahrungen oder späterem Stress eine Unterfunktion des Stresssystems ergibt, kann sich der Subtyp des Ehrgeizigen zum *Karrieristen* entwickeln. Dieser ist stark belohnungsorientiert, verkündigt gerne große Ziele und zeigt eine hohe Rücksichtslosigkeit bei der Durchsetzung seiner Ziele. Er geht dabei oft hohe Risiken ein und hat deutliche Empathiedefizite. Gleichzeitig erleben diese Personen eine ständige innere Unruhe und „Leere", die durch Erfolgs- und Glückserlebnisse, die den „Kick" vermitteln, nur kurz beseitigt wird. Dieser Typ findet sich bei Personen mit einer antisozialen Persönlichkeitsstörung („Psychopathie") bzw. mit einem bösartigen Narzissmus.

Der andere Untertyp des Dynamikers, der *Innovative,* kann sich für kreative Neuerungen begeistern. Er ist meist gern mit Menschen zusammen und offen für Veränderungen. Bei ihm ist das Bindungssystem vermutlich aktiver als beim Ehrgeizigen – schließlich gehört es zu den Eigenschaften des für dieses System zentralen Oxytocins, Kreativität und Offenheit zu fördern. Auch der Innovative kann unter bestimmten Bedingungen, etwa bei starkem Erfolgserleben, problematische Eigenschaften ausbilden. So kann der Innovative zum *Veränderungssüchtigen* (*sensation seeker;* Sensationsgieriger) werden. Dieser liebt Veränderungen um der Veränderung willen, mag die mit den Veränderungen einher gehenden Aufregungen, hat immer neue Pläne, bevor er bisherige Projekte zu Ende geführt hat, zeigt eine erhöhte Sorglosigkeit und Unzuverlässigkeit. Er ist bereit, zielorientiertes Handeln zugunsten des mit den Veränderungen einhergehenden „Kicks" zu opfern. Ebenso wie beim ehrgeizigen Dynamiker dürfte eine charakteristische Unterfunktion des Stresssystems an dieser Steigerung des extravertierten, kreativen und veränderungsbereiten Verhaltens ins Pathologische beteiligt sein.

Beim *Stabilen,* dessen charakteristische Eigenschaft die Risikovermeidung ist, entscheidet offenbar das individuelle Ausmaß der Aktivität des Bindungssystems darüber, ob er eher gewissenhaft oder feinfühlig ist. Der *Gewissenhafte* ist durch ein Streben nach Ordnung und korrekten Abläufen angetrieben, und seine Motive und Ziele sind oft gegensätzlich zu denen des innovativen Dynamikers; bei ihm ist augenscheinlich das Bedürfnis nach Bindungsbeziehungen eher heruntergefahren. Der *Gewissenhafte* kann sich zu einem *zwanghaft-dogmatischen Menschen* entwickeln. Dieser ist ausschließlich auf Korrektheit („Weiterhandeln wie bisher") bedacht, hält starr an seinen Ansichten und den gewohnten Abläufen fest, auch wenn dies Nachteile bringt, und pocht auf Prinzipien. Er zeigt in Steigerung dieser Tendenzen eine deutliche Veränderungsaversion und einen tief verwurzelten Konservativismus; Neues wird grundsätzlich abgelehnt, weil es als bedrohlich empfunden wird. Dieser Typ ist anfällig für Zwangserkrankungen. Bei ihm ist davon auszugehen, dass genetische Anlagen, frühe Stresserfahrungen und/oder das Erleben späteren chronischen Stresses zu einer Überfunktion des Stresssystems geführt haben.

Anders ist dies beim *Feinfühligen,* der trotz seiner ausgeprägten Risikovermeidung sozial und empathisch reagiert. Im Gegensatz zum gewissenhaften Stabilen ist bei ihm offenbar das Bindungssystem stark aktiv. In seiner negativen Ausprägung kann der Feinfühlige leicht zum *Ängstlich-Unsicheren* werden, der sofort an all das denkt, was in seiner Umgebung und auch mit ihm Schlimmes passieren könnte. Er ist schnell aus dem seelischen Gleichgewicht zu bringen. Er nimmt die Welt negativer wahr als der Durchschnitt, ist deshalb oft besorgt, beschämt, unsicher, verlegen, nervös oder traurig. Bei ihm dürften, ebenso wie beim gewissenhaften Stabilen, die genetische Veranlagung und/oder vorgeburtliche, frühkindliche oder spätere chronische Stresserfahrungen dazu geführt haben, dass sein Stresssystem tendenziell überaktiv und seine Fähigkeit zur Selbstberuhigung defizitär sind. Er reagiert zu stark auf hohe Anforderungen und hat Schwierigkeiten, seinen inneren Alarmzustand zu beenden – er kommt nicht zur Ruhe und grübelt auch im Anschluss an die hohen Anforderungen noch lange über seine Schwierigkeiten nach. Ein Mangel an endogenen Opioiden könnte zudem seine Fähigkeit mindern, Lust und Freude zu empfinden. Psychopathologisch gesehen kann er sich in Richtung auf Angststörungen bzw. Depression entwickeln.

Wir sehen also, dass sich relativ leicht aus den vier „Normaltypen" der Persönlichkeit, nämlich im Bereich des Dynamikers der Ehrgeizige und der Innovative und im Bereich des Stabilen der Feinfühlige und der Gewissenhafte, vier „Abweichungstypen" ableiten lassen, nämlich der Karrierist, der Veränderungssüchtige, der Zwanghaft-Dogmatische und der Ängstlich-Unsichere. Bei diesen Abweichungstypen ist ein Übergang zu ausgeprägten psychischen Störungen in Form von antisozialer Persönlichkeitsstörung, Sensationsgier, Zwangsstörungen, Depression und Angstzuständen möglich.

6.4 Zusammenfassung: Gehirn und Persönlichkeit

Die gegenwärtige Persönlichkeitspsychologie geht davon aus, dass die Persönlichkeit eines Menschen eine höchst individuelle Kombination von Merkmalen ist. Sie versucht, in Hinblick auf die Entwicklung von Persönlichkeits- und Eignungstests die große Zahl solcher Merkmale auf wenige und mehr oder weniger trennscharfe Grundmerkmale oder Grundfaktoren zu reduzieren, die dann wieder bestimmte Unterfaktoren besitzen. Zu den Grundfaktoren gehören die „Großen Fünf" („Big Five"), nämlich Extraversion, Neurotizismus, Verträglichkeit, Gewissenhaftigkeit und Offenheit/Intellekt. Es ist aber umstritten, ob diese Grundfaktoren tatsächlich alle trennscharf sind – so wird von einigen Autoren eine Gruppierung der Big Five in *Stabilität* (Neurotizismus, Verträglichkeit, Gewissenhaftigkeit) und *Plastizität* (Extraversion, Offenheit) vorgeschlagen. Andere Autoren gehen von einer Grundpolarität zwischen *Extraversion-Annäherung* und *Neurotizismus-Vermeidung* aus. Schließlich gibt es eine Reihe von Persönlichkeitsmerkmalen wie *Impulsivität, Bindungsfähigkeit, Flexibilität* und *Belastungstoleranz,* die nach Meinung von Experten „quer" zu den Big Five stehen.

Eine neurobiologische Fundierung der wichtigsten Persönlichkeitsmerkmale gelingt, wenn wir von vier Ebenen der Persönlichkeit und den darauf angesiedelten sechs psychoneuralen Grundsystemen ausgehen. Wir verstehen dann genauer, in welcher Weise das Stressverarbeitungssystem, das Selbstberuhigungssystem bzw. das System der emotionalen Kontrolle, das Belohnungs- und Belohnungserwartungssystem, das Bindungssystem, das Impulskontrollsystem und das Realitätswahrnehmungssystem aufeinander aufbauen und positiv wie negativ miteinander wechselwirken. Das Stressverarbeitungssystem und das System der emotionalen Kontrolle und der Selbstberuhigung spielen hierbei die wichtigste Rolle, da sie sich zuerst entwickeln und die Ausbildung der anderen Systeme beeinflussen. Eine günstige Entwicklung dieser beiden Systeme, die teilweise bereits vor der Geburt stattfindet, ist die wichtigste Voraussetzung für die Entwicklung einer ausgeglichenen, in sich ruhenden Persönlichkeit mit mittleren bis hohen Werten in den Merkmalen Extraversion, Verträglichkeit, Gewissen und Offenheit und geringen Werten im Merkmal Neurotizismus. Sie bildet auch eine robuste Widerstandsfähigkeit, **Resilienz,** gegenüber nachfolgenden negativen Entwicklungen.

Resilienz

bezeichnet im Zusammenhang mit der Persönlichkeitsentwicklung die Widerstandsfähigkeit gegenüber psychischen Belastungen wie Stress, Misshandlung, Missbrauch usw., **Vulnerabilität** hingegen die Anfälligkeit gegenüber solchen negativen Erfahrungen.

Treten hingegen vorgeburtliche Störungen in der Ausbildung dieser Systeme auf, so kann dies zu einer Anfälligkeit, **Vulnerabilität,** gegenüber der Wirkung negativer Erfahrungen kommen. Dies geht einher mit niedrigen Werten in den Merkmalen Extraversion, Verträglichkeit und Offenheit, oft hohen Werten im Merkmal Gewissenhaftigkeit und ebenso hohen Werten im Merkmal Neurotizismus. Es bildet sich eine ängstliche, unsichere, zurückgezogene und empfindliche Persönlichkeit aus.

Zusammenfassung

In diesem Kapitel haben wir uns mit der Entwicklung und dem Aufbau der Persönlichkeit, dem Wirken von Emotionen und dem Entstehen von Motiven und Zielen aus psychologischer Sicht beschäftigt. Dabei geht es um die Antwort auf die bis heute zentrale Frage, warum Menschen so sind, wie sie sind, und warum sie das tun, was sie tun. Keine einzelne Wissenschaft kann eine befriedigende Antwort darauf geben, auch nicht die Psychologie oder die Neurobiologie. Es ist wichtig, die Erscheinungsformen von Persönlichkeit, Emotion und Motivation aus psychologischer Sicht genau zu erkennen, aber solche Erkenntnisse „hängen in der Luft", wenn man nicht nach ihren neurobiologischen Grundlagen fragt.

Alles, was wir wahrnehmen, fühlen, denken und tun steht in engstem Zusammenhang mit Gehirnprozessen, die ihrerseits von genetischen und epigenetischen Faktoren sowie vorgeburtlichen und nachgeburtlichen Einflüssen bedingt sind. Das Erkennen dieser Zusammenhänge versetzt uns in die Lage, Phänomene des menschlichen Handelns besser zu verstehen, zum Beispiel die Tatsache, dass rationale Argumente und bloße Einsicht oft keine Wirkung auf unser Verhalten haben, dass starke Emotionen (Affekte) uns zu völlig „irrationalem" Handeln hinreißen können. Oder warum ein guter Vorsatz oft nicht in die Tat umgesetzt wird. Psychologische Erklärungen, die immer auch Gegenargumente haben, können in all diesen Fällen durch die Erkenntnisse der Hirnforschung erst plausibel gemacht werden. Das ist ein großer Fortschritt. Kein seriöser Hirnforscher wird daraus aber ableiten, dass die Hirnforschung jemals die Psychologie ersetzen kann, denn auf die genaue Kenntnis psychologischer Vorgänge kann sie nicht verzichten.

Literatur

Allport GW, Odbert HS (1936) Trait-names: a psycholexical study. Psychol Monogr 47(1)

Asendorpf JB, Wilpers S (1998) Personality effects on social relationships. J Pers Soc Psychol 74:1531–1544

Ashby FG, Turner BO, Horvitz C (2010) Cortical and basal ganglia contributions to habit learning and automaticity. Trends Cogn Sci 14:208–215

Atkinson JW (1964) An introduction to motivation. Van Nostrand, Princeton

Baker PM, Mizumori JY (2017) Control of behavioral flexibility by the lateral habenula. Pharmacol Biochem Behav 162:62–68. ▶ https://doi.org/10.1016/j.pbb.2017.07.012

Bandura A (1997) Self-efficacy: the exercise of control. Freeman, New York

Berridge JC, Kringelbach ML (2015) Pleasure systems in the brain. Neuron 86:646–664. ▶ https://doi.org/10.1016/j.neuron.2015.02.018

Blatný M, Millová K, Jelínek M, Osecká T (2015) Personality predictors of successful development: toddler temperament and adolescent personality traits predict well-being and career stability in middle adulthood. PLoS One 1:1–21. ▶ https://doi.org/10.1371/journal.pone.0126032

Bocchio M, Nabavi S, Capogna M (2017) Synaptic Plasticity, engrams, and network oscillations in amygdala circuits for storage and retrieval of emotional memories. Neuron 94:731–743

Bouchard TJ Jr, McGue M (2003) Genetic and environmeltal influences on human psychological differences. J Neurobiol 54:4–45

Buss AH, Plomin R (1984) Temperament: early developing personality traits. Erlbaum, London

Carter CS (2014) Oxytocin pathways and the evolution of human behavior. Annu Rev Psychol 65:1–23

Chowdhury N, Kevorkian S, Hawn SE, Amstadter AB, Dick D, Kendler KE, Berenz EC (2018) Associations between personality and distress tolerance among trauma-exposed young adults. Pers Individ Dif 120:166–170. ▶ https://doi.org/10.1016/j.paid.2017.08.041

Cleare AJ, Bond AJ (1995) The effect of tryptophan depletion and enhancement on subjective and behavioural aggression in normal male subjects. Psychopharmacology 118:72–81

6

Cloninger CR (1987) A systematic method for clinical description and classification of personality variants. Arch Gen Psychiatry 44:573–588

Cloninger CR (2000) Biology of personality dimensions. Curr Opin Psychiatry 13:611–616

Clore CL, Ortony A (2000) Cognitive neuroscience of emotion. In: Lane DR, Nadel L, Ahern GL, Allen J, Kaszniak AW (Hrsg) Cognitive neuroscience of emotion. Oxford University Press, Oxford, S 24–61

Corr PT, DeYoung CG, McNaughton N (2013) Motivation and personality: a neuropsychological perspective. Soc Personal Psychol Compass 7:158–175

Costa PT, McCrae RR (1989) The NEO-PI/NEO-FFI manual supplement. Psychological Assessment Resources, Odessa

Costa PT Jr, McCrae RR (1992) Normal personality assessment in clinical practice: the NEO personality inventory. Psychol Assess 4:5–13

Damasio AR (1994) Descartes' Irrtum. Fühlen, Denken und das menschliche Gehirn. List, München

Daw ND, Kakade S, Dayan P (2002) Opponent interactions between serotonin and dopamine. Neural Netw 15:603–616

Decety J, Michalska DJ (2010) Neurodevelopmental changes in the circuits underlying empathy and sympathy from childhood to adulthood. Dev Sci 13:886–899. ► https://doi.org/10.1111/j.1467-7687.2009.00940.x

Deci EL, Ryan RM (1985) Intrinsic motivation and self-determinationin human behavior. Plenum, New York

Dehaene S (2014) Denken: Wie das Gehirn Bewusstsein schafft. Knaus, München

De Jong JW, Afjei SA, Pollak Dorocic I, Peck JR, Liu C, Kim CK, Tian L, Deisseroth K, Lammel S (2019) A neural circuit mechanism for encoding aversive stimuli in the mesolimbic dopamine system. Neuron 101:133–151.e7. ► https://doi.org/10.1016/j.neuron.2018.11.005

De Manzano O, Cervenka S, Karabanov A, Farde L, Ullén F (2010) Thinking outside a less intact box: thalamic dopamine D2 receptor densities are negatively related to psychometric creativity in healthy individuals. PLoS One 5:e10670

Depue RA (1995) Neurobiological factors in personality and depression. Eur J Pers 9:413–439

Depue RA, Collins PF (1999) Neurobiology of the structure of personality: dopamine, facilitation of incentive motivation, and extraversion. Behav Brain Sci 22:491–517

DeYoung CG (2006) Higher-order factors of the Big Five in a multi-informant sample. J Pers Soc Psychol 91:1138–1151

DeYoung CG, Gray JR (2009) Personality neuroscience: explaining individual differences in affect, behavior, and cognition. In: Corr PJ, Matthews G (Hrsg) Cambridge handbook of personality psychology. Cambridge University Press, New York, S 323–346

DeYoung CG, Weisberg YJ, Quilty LC, Peterson JB (2013) Unifying the aspects of the Big Five, the interpersonal circumplex, and trait affiliation. J Pers 81:465–475

DeYoung CG, Carey BE, Krueger RF, Ross SR (2016) 10 aspects of the Big Five in the personality inventory for DSM-5. Pers Disord 7:113–123

Di Domenico SI, Ryan RM (2017) Commentary: primary emotional systems and personality: an evolutionary perspective. Front Psychol. ► https://doi.org/10.3389/fpsyg2017.01414

Eisenberger N (2012) The pain of social disconnection: examining the shared neural underpinnings of physical and social pain. Nat Rev Neurosci 13:421–434

Eisenberger NI, Lieberman MD, Kipling D, Williams KD (2003) Does rejection hurt? An fMRI study of social exclusion. Science 302:290–292

Ekman P (1999) Facial expressions. In: Dagleish T, Power MJ (Hrsg) Handbook of cognition and emotion. Wiley, Chichester, S 301–320

Ekman P (2007) Gefühle lesen. Wie Sie Emotionen erkennen and richtig interpretieren. Spektrum-Elsevier, München

Fiorillo CD, Tobler PN, Schultz W (2003) Discrete coding of reward probability and uncertainty by dopamine neurons. Science 299:1898–1902

Fischer AG, Ullsperger M (2017) An update of the role of serotonin and its interplay with domapine in the role of reward. Front Neurosci 11:1–10

Fletcher JM, Schurer S (2017) Origins of adulthood personality: the role of adverse childhood experiences. BEJ Econom Anal Policy 17:1–29

Gershon ES, Rieder RO (1992) Major disorders of mind and brain. Sci Am 267:126–133

Grawe K (2004) Neuropsychotherapie. Hogrefe, Göttingen

Gray JA (1990) Brain systems that mediate both emotion and cognition. Cogn Emot 4:269–288

Hasselmo ME, Sarter M (2011) Modes and models of forebrain cholinergic neuromodulation of cognition. Neuropsychopharmacol 36:52–73

Heckhausen H, Gollwitzer PM (1987) Thought contents and cognitive functioning in motivational versus volitional states of mind. Motiv Emot 11(2):101–120. ► https://doi.org/10.1007/bf00992338

Heckhausen J, Heckhausen H (2010) Motivation und Handeln. Springer, Berlin

Heinz A, Rothenberg J (1998) Meddling with monkey metaphors – capitalism and the threat of impulsive desires. Soc Justice 25:44–64

Heinz AJ, Beck A, Meyer-Lindenberg A, Heinz A (2011) Cognitive and neurobiological mechanisms of alcohol-related aggression. Nat Rev Neurosci 12:400–413

Holly EN, Miczek KA (2016) Ventral tegmental area dopamine revisited: effects of acute and repeated stress. Psychopharmacology 233:163–186. ▶ https://doi.org/10.1007/s00213-015-4151-3

Human LJ, Thorson KR, Mendes WB (2016) Interactive effects between extraversion and oxytocin administration: implications for positive social processes. Soc Psychol Person Sci 7:735–744

Ikeda S, Takeuchi H et al (2017) A comprehensive analysis of the correlations between resting state oscillations in multiple-frequency bands and big five traits. Front Hum Neurosci 11:321. ▶ https://doi.org/10.3389/fnhum.2017.00321

Kuhl J (2001) Motivation und Persönlichkeit. Hogrefe, Göttingen

Lavin C, Melis C, Mikulan E, Gelormini C, Huepe D, Ibañez A (2013) The anterior cingulate cortex: an integrative hub for human socially-driven interactions. Front Neurosci 7:64

LeDoux J (1998) Das Netz der Gefühle. Wie Emotionen entstehen. Hauser, München

LeDoux JE (2017) Semantics, surplus meaning, and the science of fear. Trends Cogn Sci 21:303–306

Li Y, Vanni-Mercier G, Isnard J, Mauguière F, Dreher J-C (2016) The neural dynamics of reward value and risk coding in the human orbitofrontal cortex. Brain 139:1295–1309. ▶ https://doi.org/10.1093/brain/awv409

Luo AH, Tahsili-Fahadan P, Wise RA, Lupica SR, Aston-Jones G (2011) Linking context with reward. Science 333:353–357

Mann FD, Briley DA, Tucker-Drob EM, Harden KP (2017) A behavioral genetic analysis of callous-unemotional traits in big five personality in adolescence. J Abnorm Psychol 124:982–993

Meyer-Lindenberg A, Domes G, Kirsch P, Heinrichs M (2011) Oxytocin and vasopressin in the human brain: social neuropeptides for translational medicine. Nat Rev Neurosci 12:524–538

Miller KG, Wright AG, Peterson LM, Kamarck TW, Anderson BA, Kirschbaum C et al (2016) Trait positive and negative emotionality differentially associatewith diurnal cortisol activity. Psychoneuroendocinology 68:177–185

Mischel W, Shoda Y, Rodriguez ML (1989) Delay of gratification in children. Science 244:933–938

Misra G, Coombes S (2014) Neuroimaging of motor control and pain processing in the human midcingulate cortex. Cereb Cortex 25:1906–1919

Moffit TE, Caspi A (2001) Childhood predictors differentiate life-course persistent and adolescence-limited antisocial pathways among males and females. Dev Psychopathol 13:355–375

Myers D (2014) Neuropsychologie. Springer, Berlin

Neyer FJ, Asendorpf J (2018) Psychologie der Persönlichkeit. Springer, Berlin

Öhman A (1999) Distinguishing unconscious from conscious emotional processes: methodological considerations and theoretical implications. In: Dagleish T, Power MJ (Hrsg) Handbook of cognition and emotion. Wiley, Chichester, S 321–352

Ostendorf F, Angleitner A (2004) NEO-PI-R – NEO Persönlichkeitsinventar nach Costa & McCrae – Revidierte Fassung (PSYNDEX Tests Review). Hogrefe, Göttingen

Oswald LM, Zandi P, Nestadt G, Potash JB, Kalaydjian AE, Wan GS (2006) Relationship between cortisol responses to stress and Personality. Neuropsychopharmacol 31:583–1591

Panksepp J (1998) Affective neuroscience. The foundations of human and animal emotions. Oxford University Press, New York

Panksepp J, Lane RD, Solms M (2017) Reconciling cognitive and affective neuroscience perspectives on the brain basis of emotional experience. Neurosci Biobehav Rev 76:187–215

Pastoll H, Solanka L, van Rossum MC, Nolan MF (2013) Feedback inhibition enables θ-nested γ oscillations and grid firing fields. Neuron 77:141–154

Pastor-Berniera A, Plott CR, Schultz W (2017) Monkeys choose as if maximizing utility compatible with basic principles of revealed preference theory. Proc Natl Acad Sci USA. doi/10.1073/pnas.16120101141766–E1775

Pessoa L (2017) A network model of the emotional brain. Trends Cogn Sci 21:357–371

Pessoa L, Adolphs R (2010) Emotion processing and the amygdala: from a ›low road‹ to ›many roads‹ of evaluating biological significance. Nat Rev Neurosci 11:773–782

Power RA, Pluess M (2015) Heritability estimates of the Big Five personality traits based on common genetic variants. Transl Psychiatry 5:e604. ▶ https://doi.org/10.1038/tp.2015.96

Puca RM, Langens TA (2005) Motivation. In: Müsseler J, Prinz W (Hrsg) Allgemeine Psychologie. Spektrum Akademischer, Heidelberg, S 225–269

Ray RD, Zald DH (2012) Anatomical insights into the interaction of emotion and cognition in the prefrontal cortex. Neurosci Biobehav Rev 36:479–501

Roth G, Strüber N (2018) Wie das Gehirn die Seele macht. Klett-Cotta, Stuttgart

Russell JA (2009) Emotion, core affect, and psychological construction. Cogn Emot 23:1259–1283

Scherer KR (1999) Appraisal theory. In: Dagleish T, Power MJ (Hrsg) Handbook of cognition and emotion. Wiley, Chichester, S 637–663

Schultz W (2007) Behavioral dopamine signals. Trends Neurosci 30:203–210

Schultz W (2016) Reward functions of the basal ganglia. J Neural Transm 123:679–693. ▶ https://doi.org/10.1007/s00702-016-1510-0

Singer T, Seymour B, O'Doherty J, Kaube H, Dolan RJ, Frith CD (2004) Empathy for pain involves the affective but not sensory components of pain. Science 303:1157–1162

Singer T, Critchley HD, Preuschoff K (2009) A common role of insula in feelings, empathy and uncertainty. Trends Cogn Sci 13:334–340

Stauffer WR, Lak A, Kobayashi S, Schultz W (2016) Components and characteristics of the dopamine reward utility signal. J Comp Neurol 524:1699–1711. ▶ https://doi.org/10.1002/cne.23880

Steenhaut P, Rossi G, Demeyer I, De Raedt R (2018) How is personality related to well-being in older and younger adults? The role of psychological flexibility. Int Psychogeriatr, 1–11 ▶ https://doi.org/10.1017/s1041610218001904

Stemmler G, Hagemann D, Amelang M, Spinath F (2016) Differentielle Psychologie und Persönlichkeitsforschung. Kohlhammer, Berlin

Thomas A, Chess S (1980) Temperament und Entwicklung. Enke, Stuttgart

Toschi N, Riccelli R, Indovina I, Terracciano A, Passamonti L (2018) Functional connectome of the five-factor model of personality. Personal Neurosci. ▶ https://doi.org/10.1017/pen.2017.2

Tucker-Drob EM, Briley DA, Engelhardt LE, Mann FD, Harden KP (2016) Genetically-mediated associations between measures of childhood character and academic achievement. J Pers Soc Psychol 111:790–815. ▶ https://doi.org/10.1037/pspp0000098

Valentino RJ, van Bockstaele E (2008) Convergent regulation of locus coeruleusactivity as an adaptive response to stress. Eur J Pharmacol 583:194–203

Wang S, Zhou M, Chen T, Yang X, Chen G, Wang M, Gong Q (2017) Grit and the brain: spontaneous activity of the dorsomedial prefrontal cortex mediates the relationship between the trait grit and academic performance. Soc Cogn Affect Neurosci, 452–460. ▶ https://doi.org/10.1093/scan/nsw145

Weiner B (1994) Motivationspsychologie. Beltz, Weinheim

Wenzel JM, Cheer JF (2018) Endocannabinoid regulation of reward and reinforcement through interaction with dopamine and endogenous opioid signaling. Neuropsychopharmacol Rev 43:103–115

Neurobiologische Folgen früher Stresserfahrungen

Andrea Knop, Stephanie Spengler und Christine Heim

G. Roth et al. (Hrsg.), *Psychoneurowissenschaften*, https://doi.org/10.1007/978-3-662-59038-6_7

Die Grundlage für die Entstehung verschiedenster stressbedingter Störungen wird bereits früh in der Entwicklung gelegt. Frühe stressreiche oder traumatische Erlebnisse, ebenso wie pränatale Stressoren, können die individuelle Anfälligkeit für das Auftreten psychischer und körperlicher Erkrankungen über die gesamte Lebensspanne erhöhen. Auf welche Weise aber können frühtraumatische Erfahrungen Einfluss auf unsere Sensibilität gegenüber einem breiten Spektrum von Erkrankungen nehmen? Diese frühe Programmierung erfolgt durch dauerhafte Veränderungen im Gehirn sowie in hormonellen, immunologischen und Stoffwechselsystemen. So hinterlassen traumatische Erfahrungen in frühen Entwicklungsphasen neurobiologische Spuren – vorzustellen wie „Narben" im Nervensystem, die die Betroffenen über die gesamte Lebensspanne hinweg anfälliger für die Entwicklung spezifischer Krankheiten machen. Dieses Risiko kann sogar an die nachfolgenden Generationen weitergegeben werden. Je nach genetischer Ausstattung können sich diese „Narben" in ihrer Ausprägung unterscheiden. Manche Menschen sind besonders sensibel („vulnerabel") für traumatische Erfahrungen, andere hingegen weisen eine hohe Widerstandskraft („Resilienz") auf. In Hinblick auf die Krankheitsentwicklung ist es zudem wichtig, in welcher Entwicklungsphase ein Trauma erlebt wurde. So können nicht nur verschiedene Traumaformen, sondern auch der Zeitraum des traumatischen Geschehens Einfluss auf den individuellen Krankheitsverlauf nehmen. Das Verständnis der zugrunde liegenden Mechanismen der Krankheitsentstehung im Zusammenhang frühtraumatischer Erfahrungen erlaubt die Identifikation messbarer Parameter, sog. diagnostischer Marker, die der Einschätzung des individuellen Erkrankungsrisikos sowie einer Weiterentwicklung neuer Ansatzpunkte für gezielte psychotherapeutische und pharmakologische Interventionen dienlich sein können.

Lernziele

Sie lernen in diesem Kapitel anhand aktueller Befunde aus der neurowissenschaftlichen sowie klinischer Studien, wie sich traumatische Erfahrungen in frühen Lebensphasen auf (neuro-)biologische Systeme auswirken und damit Einfluss auf die psychische Entwicklung und körperliche Krankheitsanfälligkeit nehmen können. Ihnen werden das Konzept der frühen Programmierung von Krankheitsvulnerabilität sowie verschiedene neurobiologische Veränderungen infolge früher Stresserfahrungen nähergebracht.

7.1 Frühe Stresserfahrungen

Frühe Stresserfahrungen und traumatische Erlebnisse in der Kindheit gelten als einflussreiche Risikofaktoren für die Entwicklung vielfacher körperlicher und psychischer Erkrankungen im Erwachsenenalter (im Überblick s. Heim und Binder 2012). Hierzu zählen nach den US-amerikanischen *Centers for Disease Control and Prevention* (CDC) dysfunktionale Bedingungen im Haushalt, der Verlust von Bezugspersonen sowie verschiedene Formen der **Misshandlung** wie unterlassene Fürsorge oder Beaufsichtigung (emotionale und körperliche *Vernachlässigung*) oder emotionaler, körperlicher und sexueller *Missbrauch in der Kindheit* (Häuser et al. 2011).

Misshandlung in Kindheit und Jugend

Dies beinhaltet jede Handlung bzw. Unterlassung einer Handlung durch Eltern, andere Bezugspersonen oder außenstehende Personen, die zu einem tatsächlichen oder potenziell bedrohlichen Schaden des Kindes führen. Kindesmisshandlung wird in Vernachlässigung und Missbrauch unterteilt. Bei der Unterlassung fürsorgender Handlungen werden körperliche, emotionale, medizinische und erzieherische Vernachlässigung sowie fehlende Beaufsichtigung voneinander unterschieden. Bei Ausführen einer für das Kind schädlichen Handlung wird zwischen emotionalem, körperlichem und sexuellem Missbrauch differenziert. Misshandlungserfahrungen werden zudem nach ihrer Häufigkeit (einmalig bis langjährig) und ihrem Schweregrad (leicht bis schwer) unterteilt (CDC, zitiert nach Häuser et al. 2011).

Misshandlung im Kindesalter stellt eine erhebliche Beeinträchtigung der kindlichen Persönlichkeitsentfaltung dar und kann zu folgenschweren Schäden der Gehirnentwicklung und damit interagierenden körperlichen Systemen führen. Diese Auswirkungen können die Betroffenen lebenslang beeinflussen. So kann das sich entwickelnde Gehirn der Kinder durch solche frühtraumatischen Erfahrungen Schädigungen erfahren, die sich dauerhaft auf die Gesundheit auswirken können. Neuere Forschung belegt eindrucksvoll, dass frühe Stresserfahrungen ausgeprägte Effekte auf neuronale, neuroendokrine und -immunologische sowie metabolische Systeme ausüben, welche grundlegend für die Anpassung des Organismus an Stress sind und darüber ein erhöhtes Risiko für stressassoziierte Erkrankungen vermitteln können (◘ Abb. 7.1).

Betroffene früher Stresserfahrungen zeigen eine erhöhte Stresssensibilität und Anfälligkeit **(Vulnerabilität)** für die Entwicklung vielfältiger Erkrankungen über die Lebensspanne hinweg, welche sich bereits im frühen Kindesalter während verschiedener sensibler Entwicklungszeitfenster ausbilden und manifestieren können.

Während der kindlichen Entwicklung können sowohl förderliche als auch ungünstige bzw. schädliche („aversive") Lebenserfahrungen prägende Auswirkungen auf die gesundheitliche Entwicklung haben, da die *Plastizität* unseres Gehirns (d. h. die

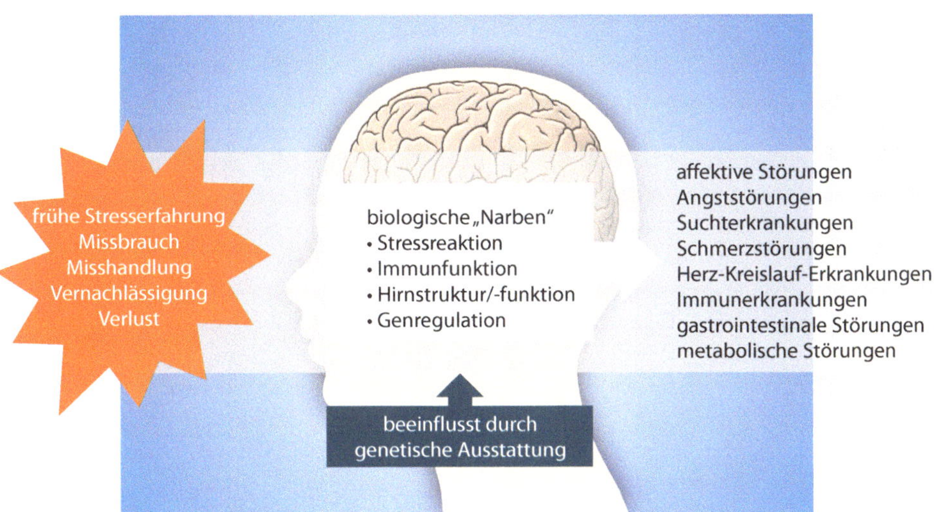

◘ **Abb. 7.1** Frühe Stressereignisse, (neuro-)biologische Effekte und späteres Erkrankungsrisiko. (Nach Overfeld et al. 2016)

Anpassung von Gehirnarealen und ihrer Struktur/Funktion aufgrund von Erfahrungen) und anderer physiologischer Systeme in frühen Lebensabschnitten besonders ausgeprägt ist **(Konzept der frühen Programmierung).** Somit wird bereits früh in der Entwicklung die Basis für die Entstehung verschiedenartiger stressbedingter Erkrankungen gelegt. Dementsprechend können traumatische Erfahrungen in der Kindheit dauerhafte „Narben" verursachen, die in einer Manifestation spezifischer Erkrankungen resultieren (im Überblick s. Overfeld et al. 2016).

Frühe Programmierung

Die individuelle *Vulnerabilität* für die Entstehung verschiedener Erkrankungen über die Lebensspanne hinweg wird bereits während der frühen Entwicklung beeinflusst. Das Konzept der frühen Programmierung beruht darauf, dass die *Plastizität* des Gehirns (s. Definition in ▶ Abschn. 7.2.2 – *erfahrungsabhängige neuronale Plastizität*) und anderer physiologischer Systeme in frühen Lebensphasen besonders ausgeprägt ist (im Überblick s. Heim und Binder 2012).

Krankheitsvulnerabilität

Die individuelle Anfälligkeit einer Person, eine Krankheit zu entwickeln. Entsprechend der *Vulnerabilitätshypothese* können traumatische Erfahrungen - insbesondere solche in frühen Lebensphasen - im Zusammenspiel mit der individuellen genetischen Ausstattung zu einer dauerhaft beeinträchtigten Anpassungsfähigkeit an Stress führen und somit ein gesteigertes Erkrankungsrisiko reflektieren. Dies lässt eine Differenzierung sog. *neurobiologischer Subtypen* – d. h. Menschen mit spezifischen neurobiologischen Veränderungen infolge frühtraumatischer Erfahrungen – mit einem unterschiedlichen Erkrankungsrisiko zu (im Überblick s. Heim und Binder 2012).

Der Zusammenhang zwischen frühtraumatischen Erfahrungen und einem gesteigerten Erkrankungsrisiko über die Lebensspanne hinweg wirft mehrere Fragen auf: Wie gelangen belastende Ereignisse aus der Kindheit regelrecht „unter die Haut"? Welche Mechanismen vermitteln eine langfristig gesteigerte Vulnerabilität für verschiedene Erkrankungen? Erkrankt jeder in der Kindheit traumatisierte Mensch im Laufe seines Lebens, oder unterscheiden sich Menschen in ihrer Vulnerabilität für die langfristigen Folgen früher Stresserfahrungen?

Dank beträchtlicher Fortschritte neurowissenschaftlicher Methoden liefern aktuelle Befunde aus der Grundlagenforschung und klinischen Studien heute Antworten auf diese Fragen und tragen somit zur Weiterentwicklung neuer Interventionsmöglichkeiten bei, die dem Ziel einer individualisierten, mechanismengesteuerten Therapie näherkommen.

7.1.1 Häufigkeit früher Stresserfahrungen

Die Prävalenz, d. h. die Auftretenshäufigkeit, früher Stresserfahrungen hinsichtlich der erfassten Fälle ist in unserer Gesellschaft erschreckend hoch, wobei die Dunkelziffer mutmaßlich noch weitaus höher ist. Von den befragten Erwachsenen in einer repräsentativen Stichprobe der deutschen Bevölkerung (Witt et al. 2017) gaben etwa ein Drittel an, mindestens eine Form von Misshandlung in der Kindheit erlebt zu haben. Vielfach lagen jedoch multiple Formen von Kindesmisshandlung vor, wobei sich emotionale und körperliche Vernachlässigung insgesamt am häufigsten vorfinden ließen. Frauen gaben häufiger an als Männer, von emotionalem und sexuellem Missbrauch betroffen zu sein. Zudem berichteten ältere Befragte deutlich häufiger über körperliche Vernachlässigung als jüngere Menschen.

7.1.2 Psychische und somatische Folgen früher Stresserfahrungen

Umfassende klinische und epidemiologische Forschungsergebnisse weisen eindrücklich den engen Zusammenhang zwischen frühen Stresserfahrungen und dem Auftreten verschiedenartiger Erkrankungen im Erwachsenenalter nach (im Überblick s. Entringer et al. 2016 sowie Heim und Binder 2012). Ein besonders starker Zusammenhang lässt sich für affektive Erkrankungen und Angststörungen sowie die posttraumatische Belastungsstörung (PTBS) finden. Es zeigt sich, dass frühe Stresserfahrungen hierbei nicht nur mit einer gesteigerten Häufigkeit dieser Erkrankungen einhergehen, sondern auch Auswirkungen auf einen früheren Krankheitsbeginn, eine dauerhafte („chronische") Symptomatik sowie einen ungünstigeren Krankheitsverlauf und schlechteren Therapieerfolg haben (im Überblick s. Heim und Nemeroff 2001 sowie Nanni et al. 2012). Zudem zeigt sich ein erhöhtes Risiko für weitere psychische Folgen, wie Persönlichkeits- und Essstörungen, Dissoziation, Substanzmissbrauch, Aufmerksamkeitsstörungen sowie aggresive Verhaltensweisen. Aus einer entwicklungspsychologischen Perspektive betrachtet, gehen frühe Stresserfahrungen häufig mit Störungen der Bindungsfähigkeit einher, wobei die Betroffenen häufig einen unsicheren Bindungstypen zeigen. Zudem manifestieren sich mangelnde Fähigkeiten im Umgang mit Emotionen oftmals sich in Störungen der Emotions- und Impulskontrolle (im Überblick s. McCrory et al. 2011 sowie Teicher und Samson 2013). Frühe Stresserfahrungen stellen darüber hinaus störungsübergreifend einen bedeutsamen Risikofaktor für suizidales Verhalten dar (im Überblick s. Heim und Binder 2012).

Neben ihrem Einfluss auf psychiatrische Erkrankungen und Suizidalität sind frühtraumatische Erfahrungen auch mit einem erhöhten Risiko für zahlreiche somatische Erkrankungen, u. a. Herz-Kreislauferkrankungen, Autoimmunerkrankungen, Atemwegserkrankungen, Diabetes, Übergewicht, Schmerzstörungen und dem chronischen Erschöpfungssyndrom assoziiert. Im Allgemeinen geht eine Vielzahl dieser Erkrankungen mit einer reduzierten Lebenserwartung einher (im Überblick s. Teicher und Samson 2013). Die Effekte früher Traumata auf die psychische und körperliche Gesundheit (statistisch gemessen durch die „Effektgröße") sind sehr ausgeprägt. Beispielsweise ist das Risiko, im Erwachsenenalter an einer koronaren Herzerkrankung zu erkranken, nach multiplen Stresserfahrungen im Kindesalter um mehr als das Dreifache erhöht (Dong et al. 2004). Betroffene früher Stresserfahrungen weisen oftmals Mehrfachdiagnosen (Komorbidität) der hier aufgezeigten psychischen und somatischen Erkrankungen auf, d. h. neben einer Grunderkrankung können sich verschiedene psychische und körperliche Symptome im Rahmen einer oder mehrerer auftretender Begleiterkrankungen zeigen. Zudem treten diese Erkrankungen häufig in Zusammenhang mit verschiedenen Stressoren auf, für die aufgrund einer frühen Traumatisierung eine besondere Sensibilisierung, begründet vermutlich durch biologische Veränderungen, zu bestehen scheint.

7.2 Frühe Stresserfahrungen und neurobiologische Veränderungen

7.2.1 Stresssystem und Neuroendokrinologie

Neurobiologische Studien zeigen eindrucksvoll, dass frühtraumatische Erfahrungen spezifische Veränderungen in Stressreaktivitätssystemen bewirken, welche in der **Pathophysiologie** diverser Erkrankungen eine wichtige Rolle einnehmen.

Pathophysiologie

Lehre von krankhaften Veränderungen der Körperfunktionen sowie Funktionsstörungen im Organismus (sowohl physiologisch als auch biochemisch).

Die Stressreaktivität scheint infolge früher Traumaerfahrungen erhöht zu sein, wobei diese Sensibilisierung gegenüber späteren Stressoren durch körperlich-adaptive („physiologische") Stressreaktionssysteme, insbesondere durch die *Hypothalamus-Hypophysen-Nebennierenrinden-Achse (HHNA)* und den *zentralen CRH-(Corticotropin-Releasing-Hormon-)Schaltkreis,* vermittelt wird (▶ Kap. 3, 5). Als Endhormon der HHNA ausgeschüttetes Cortisol bindet im Sinne eines negativen Rückkopplungsmechanismus im gesamten Organismus an Glucocorticoidrezeptoren (GRs) und wirkt so maßgeblich an einer adaptiven Stressantwort sowie an der Regulation grundlegender Körperfunktionen mit.

7

Glucocorticoidrezeptor (kurz GR)

Intrazellulärer Steroidhormonrezeptor, der Glucocorticoide, wie aus der Nebennierenrinde freigesetztes Cortisol, bindet und im Inneren des Zellkerns durch Interaktion mit der DNA seine Wirkung entfaltet. Glucocorticoidrezeptoren befinden sich nahezu in allen Körperzellen (u. a. neuronale Zellen, Immunzellen, Leberzellen).

Erste tierexperimentelle Studien, vor allem an Nagetieren und Primaten, erbrachten anfänglich den kausalen Nachweis, dass eine mütterliche Trennung als ein früher psychosozialer Stressor zu Veränderungen in neuronalen Netzwerken führt, die der neuroendokrinen und autonomen Regulation durch die HHNA und das sympathische und parasympathische Nervensystem sowie Verhaltensreaktionen bei Stress unterliegen (im Überblick s. Heim und Binder 2012). Hier zeigte sich, dass diese Tiere im Erwachsenenalter eine stark gesteigerte HHNA-Aktivität aufweisen sowie Verhaltensreaktionen zeigen, welche mit Merkmalen von Depression und Angst beim Menschen vergleichbar sind. In Humanstudien konnten diese langfristigen Effekte früher Stresserfahrungen auf die HHNA später ebenfalls gezeigt werden. Bei Frauen mit frühtraumatischen Erfahrungen konnte in einer psychosozialen Belastungssituation, induziert durch den sog. **Trier Sozialen Stress-Test (TSST),** eine deutliche Sensibilisierung der neuroendokrinen und autonomen Stressantwort nachgewiesen werden, welche bei einer gleichzeitig bestehenden Depression besonders markant war (Heim et al. 2000). In späteren Studien konnte gezeigt werden, dass eine erhöhte physiologische Stressantwort im Sinne einer gesteigerten Cortisol-Ausschüttung von einer zentralen CRH-Hyperaktivität (gemessen in der „Cerebrospinalflüssigkeit") begleitet ist, welche positiv mit dem Schweregrad der Traumaerfahrung assoziiert zu sein scheint. Angenommen wird hierbei, dass diese Veränderungen durch eine auf einer GR-Dysfunktion basierenden verringerten negativen Rückkopplung bedingt sind (im Überblick s. Heim et al. 2008). Bei Betroffenen früher Stresserfahrungen wurden zudem erhöhte Entzündungsmarker gefunden (im Überblick s. Nemeroff 2016), deren Ausschüttung mit einer stressassoziierten GR-Dysfunktion als ein entscheidender Regulator der Immunantwort in Verbindung gebracht wird.

Befunde legen außerdem nahe, dass Betroffene frühtraumatischer Erfahrungen verringerte Konzentrationen des Botenstoffes (Neurotransmitters) *Oxytocin* aufweisen, welcher sowohl soziale Bindungs- als auch stressprotektive Funktionen vermittelt. Hier scheint ein inverser Zusammenhang mit dem Schweregrad des Traumas zu bestehen (Heim et al. 2009). Dies stützt die Annahme, dass der Mechanismus, welcher einer erhöhten Krankheitsvulnerabilität infolge früher Stresserfahrungen unterliegt, auf einem gestörten Gleichgewicht zwischen der stressmediierenden HHNA und dem stresspuffernden oxytocinergen System beruht.

Trier Sozialer Stress-Test (kurz TSST)

Ein etablierter standardisierter, psychosozialer Stresstest im Laborsetting, der sowohl eine psychische als auch physiologische Stressreaktion provoziert. Hierbei müssen Versuchsteilnehmer ein fiktives Bewerbungsgespräch führen sowie eine arithmetische Aufgabe vor einem zweiköpfigen unbekannten Gremium lösen, das während des Testverlaufs weder verbal noch nonverbal Bestätigung vermittelt. Aufgrund der antizipierten sozialen Bewertung in einer unbekannten Situation kommt es zu einer starken subjektiven und physiologischen Stressantwort des Organismus.

7.2.2 Erfahrungsabhängige Modifikation von neuronalen Schaltkreisen nach frühen Stresserfahrungen

Frühe Stresserfahrungen können u. a. über neuroendokrine Veränderungen sowie über erfahrungsgesteuerte Plastizität – während sensibler Phasen (▶ Abschn. 7.2.3) – zu anhaltenden anatomischen (strukturellen) und funktionellen Gehirnveränderungen führen (im Überblick s. McCrory et al. 2011 sowie Teicher et al. 2016). Hier sind überwiegend Gehirnregionen betroffen, die bei der Stress- und Emotionsverarbeitung bedeutsam sind und eine hohe Dichte an GRs aufweisen (▶ Kap. 5).

Der *Hippocampus* repräsentiert eine der wichtigsten Gedächtnisstrukturen in unserem Gehirn, indem er der Konsolidierung, d. h. der Einspeicherung von Informationen im Langzeitgedächtnis dient. Untersuchungen an Erwachsenen zeigen, dass frühtraumatische Erfahrungen mit einer Volumenreduktion des Hippocampus in Zusammenhang stehen, wobei vermutet wird, dass diese „Schrumpfung“ des Hippocampus durch neurotoxische Effekte von Glucocorticoiden bedingt ist. Diese strukturelle Veränderung bietet einen Erklärungsansatz für das Vorliegen kognitiver Defizite bei affektiven Störungen infolge frühtraumatischer Erfahrungen.

Die *Amygdala* – ein Teil des limbischen Systems – ist eine Hauptstruktur für die Furchtkonditionierung, Emotionsverarbeitung und insbesondere für die Bewertung potenziell bedrohlicher Reize (▶ Kap. 2). Sie ist daran beteiligt, Reize unbewusst emotional zu bewerten und bei Bedrohung die entsprechenden Körper- bzw. Stressreaktionen hervorzurufen. In neurowissenschaftlichen Bildgebungsstudien mittels Magnetresonanztomographie (MRT) wurden nach frühen Stresserfahrungen eine Veränderung des Volumens sowie eine Hyperresponsivität (d. h. erhöhte Erregbarkeit) der Amygdala bei negativen und bedrohlichen Gesichtsausdrücken nachgewiesen. Zudem scheint auch die Belohnungsverarbeitung nach frühem Stress verändert zu sein: So zeigen Erwachsene mit frühen Stresserfahrungen bei der Erwartung einer Belohnung eine geringere Aktivierung des *ventralen Striatums*. Sie weisen außerdem eine höhere Anzahl depressiver Merkmale auf und stufen Belohnungsstimuli im Vergleich zu Erwachsenen ohne frühtraumatische Erfahrungen als weniger positiv ein. Dies könnte ein Hinweis auf den möglichen Zusammenhang zwischen frühen Stresserfahrungen und einer später auftretenden depressiven Symptomatik sein (Dillon et al. 2009).

Weiterhin zeigen Erwachsene nach frühen Stresserfahrungen eine Volumenreduktion in cortikalen Regionen wie dem *lateralen und medialen präfrontalen Cortex* (PFC) und dem *anterioren cingulären Cortex* (ACC), welche eine wichtige Rolle bei kognitiven und emotionalen Kontrollfunktionen, der Selbstregulationsfähigkeit sowie bei sozial-emotionalen Prozessen spielen. Zudem wird angenommen, dass der mediale PFC (mPFC) die kontrollierte Hemmung der Stressreaktionen und der emotionalen Aktivierung der Amygdala beeinflussen kann. Man vermutet hierbei, dass bei Betroffenen frühtraumatischer Erfahrungen der laterale und mediale PFC seiner eigentlich hemmenden Funktion auf die Amygdala nicht mehr ausreichend nachkommen kann und die Amygdala gleichzeitig überaktiv ist, was zu einer verstärkten Stressreaktion führt und Reize somit vermehrt als bedrohlich wahrgenommen werden. Eine prospektive Längsschnittuntersuchung wies nach, dass bei Jugendlichen mit frühen Stresserfahrungen im Vorschulalter erhöhte Cortisolspiegel zusammen mit einer reduzierten *funktionellen Konnektivität* (Verbindung) zwischen dem PFC und der Amygdala auftreten. Dies scheint wiederum mit erhöhten Angstsymptomen assoziiert zu sein (Burghy et al. 2012). Unter Berücksichtigung der Zusammenhänge zwischen limbischen Schaltkreisen und neuroendokrinen Funktionen bieten diese Ergebnisse einen wichtigen Erklärungsansatz für eine erhöhte Krankheitsvulnerabilität bei Menschen mit traumatischen Erfahrungen in der Kindheit (im Überblick s. Knop und Heim 2019 sowie Spengler und Heim im Druck).

7

Gehirnveränderungen nach frühen Stresserfahrungen

(Befunde zusammengefasst in Overfeld et al. 2016)

Strukturelle Veränderungen:

- verkleinerter Hippocampus
- verändertes Amygdala-Volumen
- verkleinerter präfrontale Cortex sowie anteriorer cingulärer Cortex
- verkleinertes Cerebellum
- veränderte cortikale Dicke in sensorischen Arealen (visueller Cortex, auditorischer Cortex, somatosensorischer Cortex)
- verringerte strukturelle Konnektivität (Corpus callosum, Cingulum, Fornix, Fasciculus arcuatus, Fasciculus uncinatus, Fasciculus longitudinalis superior)

Funktionelle Veränderungen:

- gesteigerte Reaktivität der Amygdala bei emotionalen Reizen (v. a. Bedrohung)
- verringerte Aktivierung im Striatum bei der Erwartung von Belohnungen
- geringere funktionelle fronto-limbische Konnektivität

Erfahrungen prägen unser neuronales System auf vielfältige Weise. Neben der Veränderung neuronaler Strukturen, die der Stress- und Emotionsregulation dienen, legen weitere Befunde nahe, dass frühe Stresserfahrungen zu hochspezifischen, **erfahrungsabhängigen Gehirnveränderungen** führen (▶ Kap. 5).

Erfahrungsabhängige neuronale Plastizität

Die Eigenschaft einzelner Synapsen, Neuronen sowie neuronaler Netzwerke, sich in Abhängigkeit ihrer „Anregung" (Stimulation) und Nutzung zu verändern. Darunter wird also auch die Anpassung von Hirnstrukturen und ihrer Funktionen aufgrund von Erfahrung verstanden.

Wie in ▶ Abschn. 7.2.3 beschrieben, zeigt sich eine besonders hohe neuronale Plastizität während Entwicklungsphasen in der Kindheit und Jugend. Hierbei sind positive, entwicklungsförderliche Erfahrungen mit einer Stärkung neuronaler Netzwerke und Verdickung cortikaler Areale assoziiert, während aversive Erfahrungen zu einer Verdünnung spezifischer cortikaler Repräsentationsfelder führen können. Befunde lassen allerdings vermuten, dass das Gehirn über diese frühen sensiblen Zeitfenster hinweg auch im späteren Leben in Grenzen plastisch (formbar) bleibt (May 2011). Hierbei wird angenommen, dass sich spezifische neuronale Netzwerke bei häufiger Stimulation und Nutzung stärken und verzweigen und zu einer Verdickung cortikaler Regionen führen können (*„What fires together, wires together“*), wohingegen wenig genutzte Verbindungen abgebaut werden und eine cortikale Verdünnung bedingen können (*„Neurons out of sync delink“* oder auch *„Use it or lose it“*). Diese Prozesse folgen den „Hebbian“- und „Anti-Hebbian“-Regeln (Hebb 1949; vgl. ► Kap. 5).

Je nachdem, welche Art von Trauma ein Kind erfährt, kann sich dies spezifisch auf jene Regionen auswirken, die an der Wahrnehmung und Verarbeitung dieser traumatischen Erfahrung beteiligt sind (im Überblick s. Teicher und Samson 2016). So zeigt sich, dass Erwachsene mit verbalen Missbrauchserfahrungen durch die Eltern, wie ständigem „Heruntermachen“ oder Beleidigen im Kindesalter, eine cortikale Vergrößerung in der Hirnregion zeigen, die dem akustischen Hören unterliegt und gleichzeitig eine Verkleinerung in jenen Verarbeitungsstrukturen aufweisen, die in der Sprachverarbeitung involviert sind. Zudem scheint die Beobachtung häuslicher Gewalt zwischen den Eltern mit einer cortikalen Verringerung in visuellen Regionen zur Wahrnehmung und Verarbeitung visueller Reize assoziiert zu sein.

Sensorisches Gating

Bezeichnet einen Prozess der sensorischen Reizverarbeitung, bei dem einkommende irrelevante oder redundante Informationen gefiltert werden, um zu verhindern, dass höhere cortikale Zentren des Gehirns von diesen „überflutet“ werden.

In Einklang mit diesen hochspezifischen Veränderungen weisen erste Befunde bei erwachsenen Frauen auch auf einen Zusammenhang zwischen sexuellen Missbrauchserfahrungen in der Kindheit und einer verringerten cortikalen Dicke in dem Bereich des somatosensorischen Cortex hin, der den Genitalbereich repräsentiert (Heim et al. 2013; ◘ Abb. 7.2). Referenzregionen für den genitalen somatosensorischen Cortex sind aus funktionellen Stimulationsstudien an Frauen und Männern bekannt (Kell et al. 2005; Michels et al. 2012). Des Weiteren zeigen erwachsene Frauen infolge emotionaler Misshandlungserfahrungen in der Kindheit eine Verdünnung des anterioren cingulären Cortex’ (ACC) sowie des *Precuneus* – cortikalen Regionen, welche eine bedeutende Rolle in der Selbstwahrnehmung einnehmen (Heim et al. 2013, ◘ Abb. 7.2).

Angenommen wird hierbei, dass ein Abbau von neuronalem Gewebe mit einer verringerten Verarbeitung lokalisationsspezifischer sensorischer Erfahrungen assoziiert ist. Diese erfahrungsabhängige Gehirnplastizität könnte somit nicht nur als eine negative Folge des Traumas, sondern auch als ein wichtiger adaptiver Mechanismus zum Schutz des Kindes verstanden werden, indem die Wahrnehmung und Verarbeitung bestimmter sensorischer Informationen herabgesenkt werden. So wird diesem Prozess aus psychobiologischer Sicht unter dem Begriff ***sensorisches Gating*** eine potenziell protektive Funktion zugeschrieben, um sich vor der Auseinandersetzung mit weiteren traumatischen Erfahrungen zu schützen. Gleichzeitig könnten diese Veränderungen ein wichtiges neurobiologisches Korrelat für die Entwicklung spezifischer Störungen – z. B. sexueller Funktionsstörungen infolge sexuellen Missbrauchs in der Kindheit – repräsentieren (Heim et al. 2013).

Die hier dargelegten Befunde legen nahe, dass frühe stressreiche und traumatische Erfahrungen die Gehirnentwicklung deutlich beeinflussen und somit an einem erhöhten Risiko für eine Vielzahl von somatischen und psychischen Erkrankungen beteiligt sein könnten.

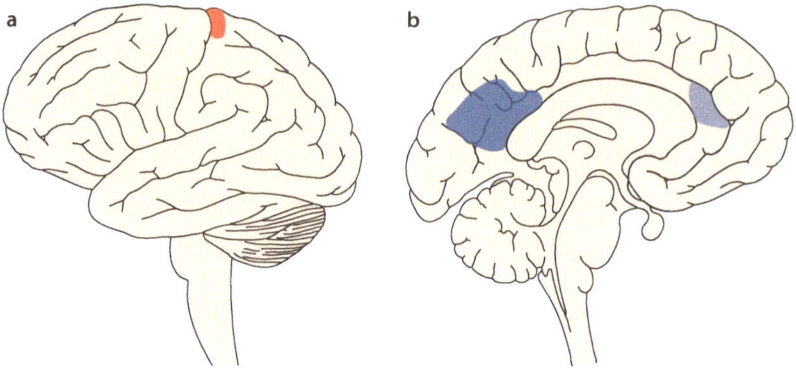

Abb. 7.2 Assoziation zwischen spezifischen Misshandlungsformen und einer cortikalen Verdünnung von Hirnarealen, welche der Wahrnehmung und Verarbeitung dieser Erfahrungen dienen (siehe Heim et al. 2013). **a** So ist das Erleben von sexuellem Missbrauch linkshemisphärisch mit einer verringerten cortikalen Dicke im genitalen Repräsentationsfeld des primären somatosensorischen Cortex assoziiert. **b** Erfahrungen emotionalen Missbrauchs stehen hingegen mit einer bilateralen cortikalen Verdünnung im Bereich des Precuneus sowie linkshemisphärisch mit einer cortikalen Verdünnung des anterioren cingulären Cortex (ACC) in Zusammenhang

7.2.3 Sensible Zeitfenster der Gehirnentwicklung

Wie in ► Abschn. 7.1.2 aufgeführt, können Misshandlungserfahrungen in der Kindheit zu einer Vielzahl unterschiedlicher psychischer und somatischer Symptome führen. In diesem Zusammenhang ist nicht nur die Form der traumatischen Erfahrung für die Entwicklung eines spezifischen Erkrankungsbildes von Relevanz, sondern auch, zu welchem Zeitpunkt diese stattgefunden hat. So spielen Erfahrungen innerhalb verschiedener Entwicklungszeitfenster eine zentrale Rolle für die neuronale Entwicklung, die in Veränderungen der Hirnstruktur sowie -funktion resultieren kann (im Überblick s. Knop und Heim 2019).

Eine breite Basis an Forschungsbefunden zeigt eine besonders hohe neuronale Plastizität im frühen Kindesalter, welche für die schnelle Entwicklung diverser kognitiver Prozesse unabdingbar ist. Damit ist das kindliche Gehirn in diesen Entwicklungsphasen aber auch besonders anfällig für traumatische Einflüsse. Die in ► Abschn. 7.2.1 und 7.2.2 dargelegten Befunde bieten eine Diskussionsgrundlage für die Frage, inwiefern eine erhöhte Ausschüttung von Stresshormonen während sensibler Phasen der Hirnentwicklung einen grundlegenden neurobiologischen Erklärungsmechanismus für den Zusammenhang zwischen frühtraumatischen Erfahrungen und der Entwicklung psychischer Störungen im Erwachsenenalter darstellt. Infolge einer peripheren Freisetzung kann Cortisol die Blut-Hirn-Schranke durchqueren und an GRs binden (im Überblick s. Gunnar und Quevedo 2007). Auf diesem Wege können Stresserfahrungen während sensibler Entwicklungsperioden mit kritischen Prozessen der Neuro- und Synaptogenese sowie der Reifung von Synapsen und Rezeptoren interferieren und folglich zu Veränderungen der Hirnstruktur sowie -funktion sich entwickelnder Hirnareale führen (im Überblick s. Teicher und Samson 2016). Die Amygdala, der Hippocampus sowie der präfrontale Cortex, die einer langen postnatalen Entwicklung – teilweise bis ins Jugendalter – unterliegen, sind in diesem Zusammenhang besonders vulnerabel für frühtraumatische Erfahrungen (im Überblick s. Heim und Binder 2012) siehe ► Abschn. 7.2.2.

Neben sensiblen Phasen in der frühen Kindheit scheint unter Berücksichtigung der langen Entwicklungszeiträume verschiedener neuronaler Strukturen auch die Pubertät eine sensitive Periode der Hirnentwicklung darzustellen. In diesem Zusammenhang wird die Rolle von Sexualhormonen, wie den männlichen Androgenen und den weiblichen Östrogenen, in der Regulation der neuronalen Plastizität stressregulatorischer Hirnregionen sowie der hippocampalen Synaptogenese hervorgehoben. Diese Erkenntnisse können zum einen Aufschluss über zahlreiche geschlechtsspezifische Effekte in der Vulnerabilität gegenüber Stresserkrankungen geben und zum anderen einen Erklärungsansatz für die Manifestation vieler stressassoziierter Störungen im Jugendalter aufzeigen (im Überblick s. Heim und Binder 2012).

Sensible Phasen der Hirnentwicklung tragen folglich zu dem Verständnis bei, weshalb frühtraumatische Erfahrungen in der Kindheit und Jugend solch vielfältige Auswirkungen auf den Organismus haben und demzufolge verschiedene Veränderungen auf der neurobiologischen Ebene und infolgedessen auch im Verhalten bedingen können. Da die Häufigkeit sowie der Schweregrad früher Stresserfahrungen das Krankheitsausmaß im Erwachsenenalter vorhersagen können, bieten diese Ergebnisse zudem einen Erklärungsmechanismus für die potenzierenden Auswirkungen wiederholter Traumaerfahrungen in Kindheit und Jugend auf die Entwicklung stressassoziierter Erkrankungen.

Zur perspektivischen Entwicklung therapeutischer Interventionen mit dem Ziel der „Reprogrammierung" (neuro-)biologischer Veränderungen infolge frühtraumatischer Erfahrungen, gewinnt die Erforschung der neurobiologischen Grundlagen sensibler Entwicklungszeitfenster zunehmend an Bedeutung. Es wird derzeit angenommen, dass die Initiierung und Beendigung dieser plastischen Phasen über die Aktivierung GABAerger Strukturen reguliert wird, die eine hemmende („inhibitorische") Funktion in der Signalübertragung einnehmen (▶ Kap. 5) (im Überblick s. Knop und Heim 2019).

Definition

GABA - Neurotransmitter γ-Aminobuttersäure, der einen hemmenden Einfluss auf die Signalübertragung ausübt.

GABA-Rezeptoren - Rezeptoren, die GABA nach dem „Schlüssel-Schloss-Prinzip" (jeder Rezeptor ist komplementär zu einem spezifischen Hormon) binden und damit die hemmende Aktivität dieses Neurotransmitters initiieren.

So kann während sensibler Zeitfenster der Hirnentwicklung eine erhöhte Aktivität hemmender GABAerger Signalwege nachgewiesen werden, welche über eine gesteigerte Bildung von Wachstumshormonen zu einer verstärkten Verzweigung neuronaler Netzwerke führt.

Neurobiologische Regulation sensibler Phasen

Die Erforschung der mechanistischen Grundlagen sensibler Phasen im Tiermodell zeigt, dass das Eintreten sensitiver Perioden über die Parvalbumin- (PV-)Zellreifung gesteuert wird. PV ist ein calciumgesteuertes Protein, welches in hohen Maßen in GABAergen Interneuronen des zentralen Nervensystems (ZNS) exprimiert wird. Dieses Protein ist maßgeblich an der Aktivierung hemmender Signalwege beteiligt. So kommt es nach einer Überaktivität erregender („exzitatorischer") Signale zu einem Gleichgewicht zwischen erregenden und hemmenden („inhibitorischen") Signalen während eines plastischen Zeitfensters. Dies löst eine Reihe molekularer Signalkaskaden aus, welche zu strukturellen Veränderungen des neuronalen Nervensystems führen. Diese Veränderungen basieren auf dem gezielten Auf- und Abbau dendritischer Fortsätze sowie der Bildung axonaler Vernetzungen und bewirken damit eine verbesserte Signalweiterleitung. Im Rahmen dieser molekularen Prozesse ist die Bildung des Wachstumsfaktors *Brain-Derived Neurotrophic Factor* (BDNF) wichtig, welcher am axonalen Wachstum und der Ausbildung dendritischer Verzweigungen beteiligt ist (im Überblick s. Hensch 2005). Das Schließen sensitiver Perioden erfolgt über sog. „molekulare Bremsen", welche zu einer Hemmung der neuralen Netzwerkbildung und folglich zu einer verringerten Plastizität führen. Hierbei scheint die Bildung sog. *perineuronaler Netze* (PNNs) – die

Zellen umgebende gitterartige Strukturen – die Aktivität GABAerger Strukturen durch Ummantelung von PV-bildenden Zellen zu hemmen (im Überblick s. Hensch 2005 sowie Takesian und Hensch 2013).

7.2.4 Fetale Programmierung von Gesundheit und Krankheit

Nicht nur Lebensumstände und Stressoren während der kindlichen Entwicklung, sondern auch Bedingungen im Mutterleib können prägende und zum Teil lebenslang anhaltende Effekte hervorrufen (Box: Fetale Programmierung; im Überblick s. Entringer et al. 2016).

7

Fetale Programmierung

Das Forschungsgebiet der *fetalen Programmierung* geht davon aus, dass die Weichen für Krankheit und Gesundheit bereits im Mutterleib gestellt werden (im Überblick s. Entringer et al. 2017 sowie Gluckman und Hanson 2004). Initiiert wurde die Forschung zur fetalen Programmierung durch eine Reihe epidemiologischer Studien, die nachweisen konnten, dass das Geburtsgewicht einer Person mit dem Risiko für eine Vielzahl von Erkrankungen, wie Depression, Übergewicht und Diabetes sowie kardiovaskulären Erkrankungen, im späteren Leben zusammenhängt (im Überblick s. Gluckman et al. 2008). Hierbei geht man allerdings nicht davon aus, dass das Geburtsgewicht per se ursächlich für ein erhöhtes Krankheitsrisiko über die Lebensspanne hinweg ist. Vielmehr nimmt man an, dass das Geburtsgewicht das Entwicklungsmilieu im Mutterleib abbildet, welches wiederum nachhaltig die Physiologie des heranwachsenden Organismus beeinträchtigen können und somit Einfluss auf das Krankheitsrisiko im späteren Leben nehmen.

In den vergangenen Jahren hat eine beeindruckende Anzahl an Forschungsbefunden dargelegt, dass das Stresserleben der Mutter während der Schwangerschaft einen Einfluss auf die Krankheitsdisposition der Nachkommen haben kann (Box: Der Einfluss von Stressoren während der Schwangerschaft). In Tierstudien konnten kausale Zusammenhänge zwischen der mütterlichen Stressbelastung während der Schwangerschaft und neuroendokrinen, immunologischen sowie Verhaltensänderungen in der nächsten Generation gezeigt werden. In Humanstudien wurden Zusammenhänge zwischen dem Stresserleben, Depression und Ängstlichkeit der Mutter während der Schwangerschaft und einem gesteigerten Risiko der Nachkommen für die Entwicklung depressiver Erkrankungen, Angst- und Aufmerksamkeitsstörungen sowie für eine eingeschränkte kognitive Entwicklung nachgewiesen (im Überblick s. Entringer et al. 2016).

Der Einfluss von Stressoren während der Schwangerschaft

In unseren eigenen Studien haben wir den Zusammenhang zwischen kritischen Lebensereignissen während der Schwangerschaft und endokrinen, immunologischen, metabolischen sowie kognitiven Funktionen bei den Nachkommen im Erwachsenenalter untersucht. Es zeigte sich ein signifikanter Zusammenhang zwischen pränataler Stressbelastung und negativen Veränderungen in allen untersuchten Bereichen. Die jungen Erwachsenen, deren Mütter während der Schwangerschaft einer starken psychischen Stressbelastung ausgesetzt waren, weisen in diesem Zusammenhang nach Cortisolgabe eine Dysregulation der HHNA, Veränderungen in der Immunfunktion, eine erhöhte Insulinresistenz und gesteigerte Körperfettwerte, sowie Beeinträchtigungen in einem Arbeitsgedächtnistest auf. Die hier aufgezeigten intergenerationalen Effekte pränataler Stressbelastung waren unabhängig vom Geburtsgewicht und anderen potenziellen Risikofaktoren. Jüngste Befunde aus diesem Forschungsbereich belegen außerdem einen inversen Zusammenhang zwischen Stressbelastung der Mutter während der Schwangerschaft und der Telomerlänge in der DNA in Blut- oder Speichelzellen der Kinder, einem wichtigen Biomarker der Zellalterung (Entringer et al. 2011). Dieser Befund konnte mittlerweile in zwei unabhängigen Kohorten repliziert werden (Entringer et al. 2013; Marchetto et al. 2016). Das Telomersystem ist genauer in ▶ Abschn. 7.2.7 beschrieben.

Wie lassen sich die Auswirkungen des mütterlichen Stresserlebens während der Schwangerschaft auf den heranwachsenden Fetus erklären?

Jedwede Kommunikation zwischen Mutter und Fetus erfolgt über die Plazenta, ein Organ hauptsächlich fetalen Ursprungs, das während der Schwangerschaft heranreift und sowohl mit dem mütterlichen als auch mit dem fetalen System verbunden ist.

Eine psychische Stressbelastung der Mutter führt zur Ausschüttung von Cortisol in den mütterlichen Blutkreislauf. Die Plazenta bildet in diesem Zusammenhang eine physiologische Barriere für das mütterliche Cortisol. Hierfür sorgt ein spezifisches plazentales Enzym (11 β-Hydroxysteroid-Dehydrogenase; 11 β-HSD), welches Cortisol inaktiviert und damit für den heranwachsenden Fetus unschädlich macht. Es wird angenommen, dass insgesamt nur ca. 10–20 % des mütterlichen Cortisols in den fetalen Blutkreislauf aufgenommen werden. Zudem scheint die Aktivität dieses Enzyms bei akuter Stressbelastung zuzunehmen, sodass die Barriere umso besser funktioniert, je mehr Cortisol die Mutter in einer akuten Stresssituation ausschüttet. Bei chronischer mütterlicher Stressbelastung hingegen scheint die Aktivität des Enzyms verringert zu sein, wodurch die plazentale Schutzfunktion beeinträchtigt wird und Cortisol verstärkt in den fetalen Blutkreislauf gelangt. Sowohl mütterliches als auch fetales Cortisol kann die Ausschüttung von CRH aus der Plazenta anregen, welches sowohl im mütterlichen als auch im fetalen System die HHNA stimuliert. Im Gegensatz zur hypothalamischen CRH-Ausschüttung wird die plazentale CRH-Ausschüttung durch Cortisol nicht gehemmt, sondern fortführend aktiviert, was in einem sog. Feed-Forward-Mechanismus der Stresshormonfreisetzung zwischen dem mütterlichen, fetalen und plazentalen System resultiert. Zwar sind das fetale Gehirn und viele andere physiologische Systeme des heranwachsenden Fetus' auf physiologische Konzentrationen mütterlichen Cortisols angewiesen, um zu reifen und sich angemessen zu entwickeln. Jedoch können zu hohe Cortisolspiegel schädigend wirken und langfristig negative Konsequenzen mit sich bringen, wodurch sich die Effekte einer chronischen Stressbelastung der Mutter während der Schwangerschaft auf eine veränderte fetale Entwicklung erklären lassen, die mit einer erhöhten Stressreaktivität und Vulnerabilität für psychische und körperliche Störungen im späteren Leben in Verbindung gebracht werden können. So wurden beispielsweise bei präpubertären Mädchen, deren Mütter erhöhte Cortisolkonzentrationen während der Schwangerschaft aufwiesen, ein vergrößertes Amygdalavolumen sowie eine erhöhte Prävalenz affektiver Probleme beobachtet (im Überblick s. Entringer et al. 2016).

Zu den hier aufgeführten Befunden bleibt anzumerken, dass auch die genetische Disposition für Depressivität, Ängstlichkeit sowie eine erhöhte Stresssensitivität eine Rolle bei der Übertragung von Stresserfahrungen der Mutter auf das Kind spielt, denn solche genetischen Dispositionen können von der Mutter an die Nachkommen weitervererbet werden. So wird die moderierende Bedeutung genetischer Faktoren im Zusammenhang von Gen-Umwelt-Interaktionen diskutiert.

7.2.5 Transgenerationale Übertragung der Effekte früher Stresserfahrungen

Eine stetig wachsende Anzahl an Studien zeigt, dass frühtraumatische Erlebnisse nicht nur die lebenslange Gesundheit des betroffenen Individuums beeinflussen, sondern auch über Generationen hinweg negative Effekte ausüben können (im Überblick s. Entringer et al. 2016 sowie Overfeld et al. 2016). Die neurobiologischen Effekte früher Traumaerfahrungen sowie die damit verbundene gesteigerte Krankheitsdisposition können also regelrecht an die Nachkommen weitergegeben werden. Derzeit arbeiten Wissenschaftler daran, die genauen Mechanismen des Kreislaufes der **transgenerationalen Weitergabe** tiefergehend zu verstehen.

Kinder frühtraumatisierter Mütter zeigen ein gesteigertes Risiko, bereits im frühen Kindesalter psychopathologische Auffälligkeiten ‚wie Störungen des Sozialverhaltens' sowie internalisierende und externalisierende Störungen zu entwickeln. Auch sind die Prävalenzen metabolischer Syndrome, die mit starkem Übergewicht (Adipositas) einhergehen, bei diesen Kindern erhöht. Zwar tragen Kinder von Müttern mit früher Traumatisierung auch ein erhöhtes Risiko für das Erleben aversiver Ereignisse, jedoch sind die oben beschriebenen Effekte auch dann zu beobachten, wenn das Kind selbst keiner traumatischen Erfahrung ausgesetzt war. Dies weist darauf hin, dass eigene frühe Stresserfahrungen keine notwendige Voraussetzung für die **transgenerationale Transmission** mütterlicher kindlicher Stresserfahrungen sind (im Überblick s. Entringer et al. 2016).

Transgenerationale Transmission

Weitergabe der Folgen einer mütterlichen (kindlichen) Traumaerfahrung an das Kind und die weitere Nachkommenschaft.

7

Welches jedoch die genauen Mechanismen dieser transgenerationalen Übertragung sind, ist noch nicht ausreichend erforscht. Bisher wurden neben der fetalen Programmierung siehe ▶ Abschn. 7.2.4 durch chronisch erhöhte Cortisol-Spiegel der Mutter vor allem ungünstige postnatale Entwicklungsbedingungen, denen Kinder von Müttern mit früher Traumatisierung häufig ausgesetzt sind, als potenzieller Transmissionsweg untersucht. So gelten eine erhöhte Auftretenswahrscheinlichkeit von mütterlicher Depressivität, eine verringerte mütterliche Sensitivität und potenziell beeinträchtigte Mutter-Kind-Bindung sowie eine erhöhte Prävalenz von Substanzmissbrauch bei Müttern mit früher Traumatisierung als bedeutende Risikofaktoren, die einer gesunden Entwicklung des Kindes entgegenwirken können (▶ Abschn. 7.2.2; im Überblick s. Entringer et al. 2016).

7.2.6 Gen-Umwelt-Interaktion und Epigenetik

Viele Erkrankungen sind durch eine Interaktion der individuellen genetischen Disposition und auf den Organismus einwirkender Umwelteinflüsse bestimmt (Gen-Umwelt-Interaktion). Frühe Stresserfahrungen werden in diesem Zusammenhang als ein wichtiger Risikofaktor aus der Umwelt verstanden (▶ Kap. 5).

Seit einigen Jahren ist bekannt, dass die genetische Veranlagung eines Menschen entscheidend dazu beiträgt, ob frühe Stresserfahrungen zu der Entwicklung von Erkrankungen über die Lebensspanne hinweg führen (Box: Zusammenwirken von frühen Stresserfahrungen und Genetik). In zahlreichen Studien konnten verschiedene *Gen-Polymorphismen* identifiziert werden, welche das Risiko für depressive Störungen und PTBS infolge früher Stresserfahrungen modulieren (im Überblick s. Nemeroff 2016). Im Fokus stehen insbesondere Polymorphismen innerhalb von Genen, die in stressassoziierten Systemen wie der Regulation der HHNA sowie in Prozessen wie der Neurogenese involviert sind: beispielhaft ist hier das Oxytocin-Rezeptor-Gen *(OXTR)*, das Glucocorticoidrezeptor-Gen *(NR3C1)* und das FK-506-Bindeprotein (*FKBP5*-Gen) sowie das in ▶ Abschn. 7.2.3 bereits genannte Wachstumshormon *BDNF* zu nennen.

Interessanterweise machen verschiedene Forschungsbefunde zu der Untersuchung von Gen-Umwelt-Interaktionen deutlich, dass dieselben Genpolymorphismen, die mit einer erhöhten Vulnerabilität infolge früher Traumata assoziiert sind, auch zu einer gesteigerten Resilienz in einer förderlichen und unterstützenden Umwelt führen können. Dies führt zur Annahme einer polymorphismusassoziierten Plastizität von Genen, die sich in einer Anfälligkeit für negative, gleichzeitig aber auch in einer Sensibilität für positive Umwelteinflüsse äußerst. Diese Erkenntnisse lassen eine Betrachtung der positiven Kehrseite sensibler Entwicklungszeitfenster in der Kindheit zu, indem sie Potenzial für die Wirksamkeit früher psychotherapeutischer Interventionen infolge kindlicher Traumaerfahrungen bergen (im Überblick s. Pluess 2017).

Zusammenwirken von frühen Stresserfahrungen und Genetik

In ihrer ersten bahnbrechenden Studie konnte die Forschergruppe um Caspi (2003) eine Interaktion zwischen der genetischen Disposition und frühen Umweltfaktoren nachweisen. So wurde erstmals gezeigt, dass Menschen mit einem spezifischen Polymorphismus des Serotonin-Transporter-Gens *(5HTTLPR)* und frühtraumatischen Erfahrungen eine erhöhte Wahrscheinlichkeit für die Entwicklung depressiver Erkrankungen aufweisen. Beim Vorliegen einer anderen Genvariante konnte hingegen kein Gen-Umwelt-Effekt auf das Depressionsrisiko aufgezeigt werden.

In den vergangenen Jahren haben sich Gen-Umwelt-Untersuchungen zunehmend auf das *FKBP5*-Gen konzentriert. Dieses Gen dient der Bildung eines Proteins (FK-506-Bindeprotein), welches die GR-Sensitivität reguliert und über diesen Mechanismus Einfluss auf die Stressantwort nimmt. Hier zeigt sich, dass das gemeinsame Vorliegen früher Traumatisierung und einer bestimmten *FKBP5*-Genvariante mit einem erhöhten Risiko für eine PTBS-Symptomatik assoziiert zu sein scheint (im Überblick s. Binder et al. 2008).

Neueste Forschung in diesem Bereich untersucht, inwieweit das Zusammenwirken verschiedener genetischer Loki zu einem erhöhten Krankheitsrisiko beiträgt („polygenes Risiko"), und stellt somit Gen-Umwelt-Befunde, die den Fokus auf die Untersuchung eines **Kandidatengens** gelegt haben, in Frage (im Überblick s. Duncan et al. 2019).

Kandidatengen

Ein Gen, welches einen potentiellen Zusammenhang mit dem Auftreten genetisch beeinflusster Erkrankungen aufweist.

Oben wurde anschaulich dargelegt, dass die genetische Ausstattung den Zusammenhang zwischen frühtraumatischen Erfahrungen und dem späteren Krankheitsrisiko beeinflussen kann.

Neben diesen Erkenntnissen konnte außerdem gezeigt werden, dass epigenetische Veränderungen einen vermittelnden Mechanismus zwischen dem Erleben früher Stresserfahrungen und einem erhöhten Erkrankungsrisiko einnehmen. Bei epigenetischen Veränderungen wird auf die *Expression* verschiedener Gene (d. h. auf die Umsetzung der genetischen Information in die jeweilig festgelegten Proteine) Einfluss genommen (▶ Kap. 5), ohne dass dabei die DNA-Sequenz per se verändert wird. Basierend auf diesem molekularen Prozess können frühtraumatische Erfahrungen über eine veränderte Produktion stressassoziierter Hormone und Neurotransmitter dauerhaft die Regulation des Stresssystems verändern und damit zu einer (neuro-)biologischen Einbettung früher Stresserfahrungen beitragen. Dies kann – wie oben dargelegt – Auswirkungen auf das spätere Erkrankungsrisiko haben. In der Stressforschung ist der am häufigsten untersuchte epigenetische Prozess die *DNA-Methylierung*. Hierbei bestimmt das Anheften von Methylgruppen an spezifischen Stellen der Gensequenz (DNA-Methylierung) bzw. das Ablösen dieser (DNA-Demethylierung), wie dicht gepackt einzelne Sequenzbereiche innerhalb des Genoms vorliegen (Chromatinkonfiguration) und wie gut einzelne Gene damit für Transkriptionsfaktoren zugänglich sind. So können stark methylierte DNA-Bereiche weniger gut abgelesen und in ein Protein umgesetzt werden, wohingegen gering methylierte DNA-Sequenzen besser durch Transkriptionsfaktoren gebunden werden können und damit eine erhöhte Aktivierbarkeit des Gens zufolge haben (im Überblick s. Moore et al. 2013).

Experimentelle Untersuchungen im Tier- und Humanbereich konnten zeigen, dass frühe Stresserfahrungen eine dauerhafte epigenetische Prägung hinterlassen können. So werden frühtraumatische Erfahrungen beispielsweise mit einer verstärkten Methylierung des GR-Gens in Verbindung gebracht (McGowan et al. 2009; Weaver et al. 2004). Eine folglich verringerte Expression des GR-Gens kann eine Dysregulation der HHNA bedingen, da die negative Rückkopplung zur Hemmung der Stressachse nicht mehr adäquat funktioniert. Somit stellen epigenetische Veränderungen einen wichtigen molekularbiologischen Marker bereit, welcher der mechanistischen Klärung einer erhöhten Vulnerabilität gegenüber stressassoziierten Erkrankungen infolge frühtraumatischer Erfahrungen dient (Box: Zusammenwirken von frühen Stresserfahrungen, Genvarianten und epigenetischen Veränderungen).

In neuester Zeit wird untersucht, inwiefern ein Zusammenspiel zwischen frühen Stresserfahrungen und der genetischen Ausstattung Veränderungen auf der epigenetischen Ebene bedingt, welche wiederum ein erhöhtes Krankheitsrisiko zu beeinflussen scheinen. So wird genetischen Dispositionen eine moderierende, d. h. „lenkende" Funktion zugeschrieben, wohingegen epigenetischen Veränderungen – in Abhängigkeit der genetischen Ausstattung – eine mediierende, d. h. „vermittelnde" Rolle zuzukommen scheint (im Überblick s. Klengel und Binder 2015).

Zusammenwirken von frühen Stresserfahrungen, Genvarianten und epigenetischen Veränderungen

Pionierstudien konnten zeigen, dass bei Betroffenen früher Traumatisierung in einer spezifischen Genvariante des *FKBP5*-Gens bestimmte Genabschnitte demethyliert sind (Klengel et al. 2013; im Überblick s. Klengel und Binder 2015). Diese DNA-Demethylierung führt zu einer stärkeren Genexpression von FKBP5 und damit zu einer gesteigerten GR-Resistenz mit folgender Dysregulation der HHNA. Diese epigenetischen Modifikationen zeigen sich hingegen nicht bei Trägern der anderen Genvariante.

7.2.7 Telomerbiologie und frühe Stresserfahrungen

Telomere – die Enden unserer Chromosomen, die deren Schutz dienen – verkürzen sich durch kumulative Belastungsfaktoren verschiedener Art. Hierbei sind Stresserfahrungen über die Lebensspanne, der Lebensstil sowie toxische Einflüsse auf den Organismus hervorzuheben (im Überblick s. Blackburn und Epel 2017). Aus evolutionärer Sicht ist die Telomerbiologie vermutlich eng gekoppelt an die Entwicklung adaptiver Strategien zur Sicherung des Überlebens eines Organismus. Beim Menschen, der ein relativ hohes Alter im Vergleich zu anderen Spezies erreichen kann, ist dies von besonderer Wichtigkeit. So sind stabile Telomere über einen Zeitraum von 80–100 Jahren notwendig, um Gesundheit bis ins hohe Alter zu gewährleisten. Dies stellt das Enzym *Telomerase* sicher. Es dient dazu, eine zunehmende Erosion bei jedem DNA-Replikationsprozess abzudämpfen (Shore und Bianchi 2009). Im Allgemeinen ist die Telomeraseaktivität in den meisten Körperzellen im Erwachsenenalter sehr gering. Dies dient auf der einen Seite dem Schutz vor zellatypischen Veränderungen (Tumoren), führt jedoch aufgrund sich verkürzender Telomere gleichzeitig zu Zellalterung *(Zellseneszenz)*. Eine Ausnahme stellen hier Stammzellen und Zellen des Immunsystems (aktive Lymphozyten) dar, die aufgrund ihrer Funktionen ein hohes Zellteilungspotenzial aufweisen. Neben der Regulation der Telomerlänge sichert die Telomerase auch wichtige Zellfunktionen. Eine reduzierte Telomerase-Aktivität beeinflusst, in welcher Struktur einzelne DNA-Sequenzbereiche innerhalb des Genoms vorliegen (Chromatinkonfiguration) und erschwert zudem DNA-Reparaturprozesse. Außerhalb des Zellkerns dient die Telomerase dem Schutz der mitochondrialen DNA, verringert oxidativen Stress und erhöht den zellulären Energiestoffwechsel (Sahin und Depinho 2010; im Überblick s. Entringer et al. 2017).

Telomerbiologie

Ein System, das eine zentrale Rolle in der Aufrechterhaltung der Integrität des Genoms und der Zelle spielt (Blackburn et al. 2015). Die Telomerbiologie bezieht sich auf die Struktur und Funktion zweier zusammenhängender Entitäten: **Telomere,** ein Komplex aus nichtcodierenden doppelsträngigen Wiederholungen guaninreicher DNA-Sequenzen und Shelterin-Proteinstrukturen, die die Enden linearer Chromosomen schützen, sowie **Telomerase,** ein Enzym, das in einer festgelegten Sequenz an die Enden der Telomere anfügt (im Überblick s. Entringer et al. 2017).

Zahlreiche Befunde aus Human- und Tierstudien belegen, dass verkürzte Telomere und/oder eine reduzierte Telomeraseexpression mit einem erhöhten Risiko für altersbedingte Erkrankungen und einer kürzeren Lebensdauer assoziiert sind. Eine Vielzahl soziodemografischer, klinischer, biologischer, verhaltensbezogener und psychosozialer Faktoren (einschließlich Alter, Geschlecht, sozioökonomischem Status, Ethnizität, Body-Mass-Index, Infektionen, Ernährung, körperlicher Aktivität, Schlaf, Stress und sozialer Beziehungen) werden mit der Telomerlänge sowie mit der Expression und Aktivität der Telomerase in Verbindung gebracht. Zudem scheint das Telomersystem eine Rolle in der Entstehung von Depressionen und anderen psychiatrischen Erkrankungen zu spielen. Es wird angenommen, dass die Interaktion zwischen Stress, Telomerbiologie und Depression triadischer Natur ist (Box: Auswirkungen von Belastungen und traumatischen Erfahrungen in der Kindheit auf das Telomersystem; im Überblick s. Entringer et al. 2017).

Auswirkungen von Belastungen und frühtraumatischen Erfahrungen auf das Telomersystem

Eine erste prospektive Studie konnte zeigen, dass traumatische Gewalterfahrungen in der Kindheit (Mobbing, Viktimisierung, Miterleben häuslicher Gewalt und körperlicher Missbrauch) mit einer stärkeren Telomerverkürzung über einen Messzeitraum von fünf Jahren assoziiert sind (Shalev et al. 2013). Seither belegen Metaanalysen konsistent einen signifikanten Zusammenhang zwischen frühtraumatischen Erfahrungen und verkürzten Telomeren. Es zeigt sich ein positiver Dosis-Wirkungszusammenhang zwischen dem Ausmaß der Traumatisierung in der Kindheit und der Telomerverkürzung bei den Betroffenen. In diese Metaanalysen sind verschiedene Studien einbezogen worden, die Aspekte sozioökonomischer Benachteiligung als Prädiktoren der Telomerlänge untersucht haben (im Überblick s. Entringer et al. 2017). Bei Ridout et al. (2018) zeigte sich, dass die Telomerverkürzung umso stärker ausgeprägt war, je früher die Traumatisierung im Kindesalter stattgefunden hatte. So stehen diese Erkenntnisse mit den in den ► Abschn. 7.2.1 und 7.2.3 dargelegten neurobiologischen Befunden im Einklang, indem sie darauf hindeuten, dass die frühe Kindheit eine besonders sensible Phase darstellt, in welcher Stresserfahrungen langanhaltende Effekte auf verschiedene Systeme unseres Körpers (neuronales System, Hormonsystem, Immunsystem, metabolisches System, Telomersystem) ausüben können.

Bereits die Schwangerschaft stellt ein sensibles Zeitfenster für die Auswirkungen belastender Lebensbedingungen auf die Telomerbiologie dar. Die Telomerlänge bei der Geburt wird durch mehrere Mechanismen bestimmt. Zum einen ist sie durch genetische und epigenetische Einflüsse beider Elternteile bedingt (Aubert et al. 2012), zum anderen scheinen pränatale Bedingungen, z. B. mütterliche Stresserfahrungen während der Schwangerschaft, einen Effekt auf die Telomerlänge des Kindes zu haben. So ist das Vorliegen belastender Lebensereignisse während der Schwangerschaft mit verkürzten Telomeren in der gesunden nachfolgenden Generation im jungen Erwachsenenalter im Vergleich zu einer Kontrollgruppe mit Müttern ohne pränatalen Stress assoziiert (► Abschn. 7.2.4; Entringer et al. 2011). Diese anfängliche Telomerlänge hat möglicherweise lebenslange Auswirkungen auf die Telomerbiologie und die Gesundheit, deren genaue Zusammenhänge es weiterhin zu erforschen gilt. Der Effekt von Stress über die Lebensspanne auf die Telomerbiologie scheint folglich – ebenso wie die Auswirkungen auf die anderen hier dargestellten Systeme – besonders stark in sensiblen Phasen wie der Schwangerschaft und der frühen Kindheit zu sein (im Überblick s. Entringer et al. 2017).

7.3 Früher Stress: Ansatzpunkte für psychotherapeutische und pharmakologische Behandlungen

Die hier aufgeführten Forschungsarbeiten erlauben Einblicke in die (neuro-)biologischen Mechanismen, welche den Zusammenhang zwischen Stress- und frühtraumatischen Erfahrungen und der Entstehung von psychischen und körperlichen Störungen über die Lebensspanne hinweg vermitteln. Solche Mechanismen und deren Moderation durch genetische Faktoren werden derzeit – wie oben dargelegt – bis hin zur molekularbiologischen und epigenetischen Ebene erforscht. Dennoch mangelt es erheblich an der Umsetzbarkeit **(Translation)** dieser Forschungserkenntnisse auf die Anwendung/Implementation in der klinischen Versorgung.

Translation oder translationale Medizin

Bezeichnet die Übertragung von Grundlagen- und präklinischer Forschung in die klinische Weiterentwicklung. Dazu liefert die Grundlagenforschung potenzielle Ansatzpunkte für neue Wirkstoffe oder Therapien und es werden neue Wege entwickelt, um informierte Entscheidungen in der Behandlung von Patienten zu treffen und aktuelle therapeutische Optionen anzupassen.

Wenn beispielsweise die genauen Mechanismen bekannt sind, die den Zusammenhang zwischen frühem Trauma und späterer Störungsmanifestation vermitteln, dann können pathophysiologieorientierte Interventionen entwickelt werden, welche genau an diesen Mechanismen ansetzen und die zugrundeliegenden Prozesse möglicherweise umkehren oder kompensieren.

Bis heute liegen allerdings keine mechanismenbasierten Interventionen vor, die betroffenen Kindern angeboten werden können. Wenn die Entwicklungsverläufe der biologischen Einbettung des Traumas aufgeklärt sind, können möglicherweise Zeitfenster identifiziert werden, während derer ein erhöhtes Krankheitsrisiko so früh wie möglich (eventuell sogar schon vorgeburtlich) identifiziert werden kann und die Implementierung personalisierter Therapieansätze damit maximal wirksam sein könnte. Durch Kenntnis des Einflusses genetischer Variationen bei der Störungsgenese könnten neue diagnostische Marker entwickelt werden, um Gruppen mit einem erhöhten Krankheitsrisiko bzw. Fälle mit einer potentiell hohen Ansprechbarkeit auf eine spezifische Intervention identifizieren zu können (im Überblick s. Heim und Binder 2012). So könnten zukünftig auch Menschen frühzeitig erkannt werden, die beispielsweise aufgrund genetischer Dispositionen vulnerabler für die negativen Folgen früher Traumatisierung sind.

Frühtraumatische Erlebnisse können sich auch auf die Behandelbarkeit nachfolgender psychischer Störungen auswirken (im Überblick s. Spengler und Heim im Druck). Das Erleben früher Traumata geht häufig mit einem schlechteren Therapieergebnis einher. Betroffene berichten in etwa zweimal so häufig von wiederkehrenden und chronischen depressiven Phasen (im Überblick s. Nanni et al. 2012). Depressive Patienten mit frühen Stresserfahrungen haben folglich ein erhöhtes Risiko, auch nach einer Intervention ausgeprägte und langanhaltende depressive Beschwerden zu erfahren. Aufgrund traumatischer oder negativer Beziehungserfahrungen im Kindesalter fällt es Betroffenen oft schwer, angemessene und enge Beziehungen zu unterhalten. Es gibt erste Hinweise darauf, dass eine spezifische interpersonelle Psychotherapie, mit einem Schwerpunkt auf Interaktionsfähigkeiten und sozialen Problemlösekompetenzen (*Cognitive Behavioral Analysis System of Psychotherapy, CBASP;* McCullough 2000), insbesondere bei Personen mit chronischer Depression und frühtraumatischen Erfahrungen hilfreich ist (Nemeroff et al. 2003; im Überblick s. Klein et al. 2018). Diese Ergebnisse legen nahe, dass eine depressive Erkrankung assoziiert mit frühen Stresserfahrungen möglicherweise eine von Depressionen ohne vorliegendes frühes Trauma unterscheidbaren neurobiologischen und klinischen Subtyp der Erkrankung darstellt, welcher neuer mechanismenorientierter Behandlungsansätze bedarf.

Derzeit wird weiterhin diskutiert, ob eine Kombination aus therapeutischen Interventionen und epigenetisch wirkenden pharmakologischen Ansätzen zur Behandlung von Psychopathologien wirksam sein könnte (Box: Pharmakotherapie und Genexpression).

Pharmakotherapie und Genexpression
Pharmakologische Tierstudien verdeutlichen, dass eine Infusion einer aktiven Form von *Methionin* (Methylgruppendonator) in hippocampales Gewebe erwachsener Ratten zu einer erhöhten DNA-Methylierung in der GR-**Promotorsequenz** führt, was folglich eine verringerte hippocampale GR-Genexpression bewirkt. Des Weiteren bedingt eine pharmakologische Injektion (Histondeacetylaseinhibitor; Trichostatin A) in hippocampalen Zellen erwachsener Ratten, die mit einer „Aufwindung" der DNA und demnach mit einer verbesserten Zugänglichkeit für Transkriptionsfaktoren verbunden ist, eine verstärkte hippocampale GR Genexpression im Überblick s. Weaver 2007 sowie Zhang et al. 2013.
Im Humanbereich konnte gezeigt werden, dass eine erfolgreiche psychotherapeutische Intervention (Angstexposition im Rahmen einer kognitiven Verhaltenstherapie) bei Patienten mit Panikstörung mit einer Plastizität epigenetischer Prozesse im Monoaminoxidase- (MAOA-) Gen assoziiert ist (Ziegler et al. 2016). Diesem Gen wird eine wichtige Rolle im Abbau verschiedener monoaminerger Neurotransmitter, wie Noradrenalin, Dopamin und Serotonin, zugeschrieben. Dieser Befund verdeutlicht neben dem Potential epigenetisch wirksamer pharmakologischer Ansätze auch die Relevanz mechanismengesteuerter psychotherapeutischer Interventionen.

DNA-Promotorsequenz

DNA-Sequenz, welche der strengen Kontrolle der Genexpression dient (▶ Kap. 5).

Befunde aus der Tierforschung verdeutlichen das Potenzial pharmakologischer Therapien, die eine modulierende Funktion in der Expression stressassoziierter Gene einnehmen. Eine Implementierung des Ansatzes im Humankontext wirft jedoch die Fragen auf, inwieweit eine medikamentöse Behandlung von spezifischen Körperzellen beim Menschen über das Passieren der Blut-Hirn-Schranke auch neuronale Auswirkungen zeigen kann.

Im Hinblick auf die Prävention früher Traumata und Risikominderung einer psychopathologischen Entwicklung bleibt, basierend auf der transgenerationalen Transmission frühtraumatischer Erfahrungen (Plant et al. 2013; im Überblick s. Entringer et al. 2015), hervorzuheben, dass eine Intervention bei Risikopatientinnen bereits während der Schwangerschaft von großer Relevanz sein kann, um die Weitergabe der Folgen früher Stresserfahrungen zu verhindern. Hier zeigt sich, wie wichtig die Erforschung des Zeitpunktes der Transmission und der zugrundeliegenden biologischen Mechanismen für die langfristige Umsetzung zeitsensibler und mechanismenbasierter Interventionen ist (Buss et al. 2012).

So bieten pränatale und postnatale plastische Entwicklungsphasen nicht nur eine Basis für langanhaltende schädliche Folgen frühtraumatischer Erfahrungen, sondern möglicherweise auch Zeitfenster, in welchen Interventionen langfristige positive Effekte erzielen können. So sollte eine effektive Behandlung infolge frühtraumatischer Erfahrungen folglich nicht erst im Erwachsenenalter beginnen, wenn neuronale Strukturen bereits gefestigt sind und eine Therapiebedürftigkeit vorliegt, sondern in Entwicklungsfenstern des frühen Lebens, in denen das Gehirn noch plastisch ist und stressassoziierte neurobiologische Veränderungen potentiell kompensiert werden können (s. a. Box: Genvariationen und Therapiesensitivität). In Hinblick auf das langfristige Ziel der Prävention von Psychopathologie scheint es dabei plausibel, sich auf die Aktivierung kompensatorischer molekularer Mechanismen zu konzentrieren, die einen „Ausgleich" der neurobiologischen Veränderungen infolge frühtraumatischer Erfahrungen ermöglichen. Ziel der translationalen Medizin sind folglich die Etablierung früher Interventionsstudien nach kindlichen Traumaerfahrungen und die Untersuchung der positiven Auswirkungen einer möglichst zeitnahen Therapie auf die körperliche und mentale Entwicklung.

Genvariationen und Therapiesensitivität
Aktuelle molekularbiologische Befunde heben beispielsweise hervor, dass Genpolymorphismen in verschiedenen stressassoziierten Kandidatengenen sowohl im Kindes- als auch im Erwachsenenalter zu einer erhöhten Sensibilität gegenüber therapeutischen Interventionen infolge frühtraumatischen Erlebens führen können (im Überblick s. Pluess 2017).

Wie anhand der in diesem Kapitel dargelegten Beispiele deutlich wird, ergeben sich aus der Erforschung frühtraumatischer Erfahrungen und der Krankheitsentwicklung sowie -vulnerabilität neuartige Ansätze, welche zukünftig helfen könnten, Personen mit einem erhöhten Erkrankungsrisiko infolge einer Traumaerfahrung im Kindesalter in möglichst frühen Entwicklungsstadien zu identifizieren und diese individuell zu behandeln.

Zusammenfassung und Ausblick

Die Basis für Gesundheit und Krankheit wird bereits früh in der Entwicklung gelegt. Hierbei beeinflusst die Wechselwirkung zwischen der Form frühtraumatischer Erfahrungen und der individuellen genetischen Ausstattung, ob und in welcher Weise belastende Ereignisse in frühen Entwicklungsphasen neurobiologische Spuren hinterlassen, die die Betroffenen über die gesamte Lebensspanne hinweg anfällig für die Entwicklung stressassoziierter Erkrankungen machen und sogar an die nächste Generation weitergebenen werden können. Aktuelle Ergebnisse aus der Grundlagenforschung und klinischen Studien liefern erste wichtige Antworten auf die Frage nach den zugrundeliegenden Mechanismen, die dem Kreislauf frühtraumatischer Erfahrungen, deren genetisch beeinflusster (neuro-)biologischer Einbettung sowie einer daraus resultierenden erhöhten Krankheitsvulnerabilität und transgenerationalen Weitergabe zugrunde liegen. Dieses Wissen schafft einen Ausgangspunkt für die Entwicklung neuer diagnostischer Verfahren und Interventionsansätze, deren Ziel eine Unterbrechung dieses Kreislaufs ist.

Literatur

Aubert G, Baerlocher GM, Vulto I, Poon SS, Lansdorp PM et al (2012) Collaspe of telomere homeostasis in hematopoietic cells caused by heterozygous mutations in telomerase genes. PLoS Genet 8(5):e1002696

Binder EB et al (2008) Association of FKBP5 polymorphisms and childhood abuse with risk of posttraumatic stress disorder symptoms in adults. J Am Med Assoc 299(11):1291–1305

Blackburn EK, Epel ES (2017) The telomere effect: a revolutionary approach to living younger, healthier, longer. Grand Central Publishing, New York

Blackburn EK, Epel ES, Lin J (2015) Human telomere biology: a contributory and interactive factor in aging, disease risks, and protection. Science 4(350):1193–1198

Burghy CA et al (2012) Developmental pathways to amygdala-prefrontal function and internalizing symptoms in adolescence. Nat Neurosci 15(12):1736–1741

Buss C, Davis EP, Shahbaba B, Pruessner JC, Head K, Sandman CA (2012) Maternal cortisol over the course of pregnancy and subsequent child amygdala and hippocampus volumes and affective problems. Proc Natl Acad Sci USA 109(20):E1312–E1319

Caspi A et al (2003) Influence of life stress on depression: moderation by a polymorphism in the 5-HTT gene. Science 301(5631):386–389

Dillon DG, Holmes AJ, Birk JL, Brooks N, Lyons-Ruth K, Pizzagalli DA (2009) Childhood adversity is associated with left basal ganglia dysfunction during reward anticipation in adulthood. Biol Psychiatry 66(3):206–213

Dong M et al (2004) Insights into causal pathways for ischemic heart disease: adverse childhood experiences study. Circulation 110(13):1761–1766

Duncan LE, Ostacher M, Ballon J (2019) How genome-wide association studies (GWAS) made traditional candidate gene studies obsolete. Neuropsychopharmacology 44(8):1–6

Entringer S et al (2011) Stress exposure in intrauterine life is associated with shorter telomere length in young adulthood. Proc Natl Acad Sci USA 108(33):E513–E518

Entringer S et al (2013) Maternal psychosocial stress during pregnancy is associated with newborn leukocyte telomere length. Am J Obstet Gynecol 208(2):134 e1–134 e7

Entringer S, Buss C, Wadhwa PD (2015) Prenatal stress, development, health and disease risk: a psychobiological perspective – 2015 Curt Richter award paper. Psychoneuroendocrinology 62:366–375

Entringer S, Buss C, Heim C (2016) Frühe Stresserfahrungen und Krankheitsvulnerabilität. Bundesgesundheitsblatt, Gesundheitsforschung, Gesundheitsschutz 59(10):1255–1261

Entringer S, Lazarides C, Epel E (2017) Stress, Depression, und Telomerbiologie. In: Egle UT, Heim C, Strauß B, van Känel R (Hrsg) Psychosomatische Medizin 3.0. Kohlhammer, Stuttgart

Gluckman PD, Hanson MA (2004) Living with the past: evolution, development, and patterns of disease. Science 305(5691):1733–1736

Gluckman PD, Hanson MA, Cooper C, Thornburg KL (2008) Effect of in utero and early-life conditions on adult health and disease. N Engl J Med 359(1):61–73

Gunnar M, Quevedo K (2007) The neurobiology of stress and development. Annu Rev Psychol 58(1):145–173

Häuser W, Schmutzer G, Brähler E, Glaesmer H (2011) Maltreatment in childhood and adolescence—results from a survey of a representative sample of the German population. Dtsch Arztebl Int 108(17):287–294.

Hebb DO (1949) The organization of behavior. A neuropsychological theory. Wiley, New York

Heim C, Binder EB (2012) Current research trends in early life stress and depression: review of human studies on sensitive periods, gene-environment interactions, and epigenetics. Exp Neurol 233(1):102–111

Heim C, Nemeroff CB (2001) The role of childhood trauma in the neurobiology of mood and anxiety disorders: preclinical and clinical studies. Biol Psychiatry 49(12):1023–1039

Heim C, Newport DJ, Heit S, Graham YP, Wilcox M, Bonsall R, Miller AH, Nemeroff CB (2000) Pituitary-adrenal and autonomic responses to stress in women after sexual and physical abuse in childhood. J Am Med Assoc 284(5):592–597

Heim C, Newport DJ, Mletzko T, Miller AH, Nemeroff CB (2008) The link between childhood trauma and depression: insights from HPA axis studies in humans. Psychoneuroendocrinology 33(6):693–710

Heim C, Young LJ, Newport DJ, Mletzko T, Miller AH, Nemeroff CB (2009) Lower CSF oxytocin concentrations in women with a history of childhood abuse. Mol Psychiatry 14(10):954–958

Heim CM, Mayberg HS, Mletzko T, Nemeroff CB, Pruessner JC (2013) Decreased cortical representation of genital somatosensory field after childhood sexual abuse. Am J Psychiatry 170(6):616–623

Hensch TK (2005) Critical period plasticity in local cortical circuits. Nat Rev Neurosci 6(11):877–888

Kell CA, von Kriegstein K, Rösler A, Kleinschmidt A, Laufs H (2005) The sensory cortical representation of the human penis: revisiting somatotopy in the male homunculus. J Neurosci 25(25):5984–5987

Klein JP et al (2018) Does childhood maltreatment moderate the effect of the cognitive behavioral analysis system of psychotherapy versus supportive psychotherapy in persistent depressive disorder? Psychother Psychosom 87(1):46–48

Klengel T, Binder EB (2015) FKBP5 allele-specific epigenetic modification in gene by environment interaction. Neuropsychopharmacology 40(1):244–246

Klengel T et al (2013) Allele-specific FKBP5 DNA demethylation mediates gene-childhood trauma interactions. Nat Neurosci 16(1):33–41

Knop A, Heim C (2019) Belastende Kindheitserfahrungen. In: Seidler GH, Freyberger HJ, Glaesmer H, Gahleitner SB (Hrsg) Handbuch der Psychotraumatologie. Klett-Cotta, Regensburg

Marchetto NM, Glynn RA, Ferry ML et al (2016) Prenatal stress and newborn telomere length. Am J Obstet Gynecol 215(1):94 e1–94 e8

May A (2011) Experience-dependent structural plasticity in the adult human brain. Trends Cogn Sci 15(10):475–482

McCrory E, De Brito SA, Viding E (2011) The impact of childhood maltreatment: a review of neurobiological and genetic factors. Front Psychiatry 2(48):1–14

McCullough JP (2000) Treatment for chronic depression. Cognitive behavioral analysis system of psychotherapy. Guilford Press, New York

McGowan PO, Sasaki A, D'Alessio AC et al (2009) Epigenetic regulation of the glucocorticoid receptor in human brain associates with childhood abuse. Nat Neurosci 12(3):342–348

Michels L, Mehnert U, Boy S, Schurch B, Kollias S (2012) The somatosensory representation of the human clitoris: an fMRI study. Neuroimage 49:177–184

Moore LD, Le T, Fan G (2013) DNA methylation and its basic function. Neuropsychopharmacology 38(1):23–38

Nanni V, Uher R, Danese A (2012) Childhood maltreatment predicts unfavorable course of illness and treatment outcome in depression: a meta-analysis. Am J Psychiatry 169(2):141–151

Nemeroff CB (2016) Paradise lost: the neurobiological and clinical consequences of child abuse and neglect. Neuron 89(5):892–909

Nemeroff CB et al (2003) Differential responses to psychotherapy versus pharmacotherapy in patients with chronic forms of major depression and childhood trauma. Proc Natl Acad Sci USA 100(24):14293–14296

Overfeld J, Buss C, Heim C (2016) Die Bedeutung früher traumatischer Lebenserfahrungen für die psychische und körperliche Krankheitsanfälligkeit. InFo Neurol Psychiatr 9:30–38

Plant DT, Barker ED, Waters CS, Pawlby S, Pariante CM (2013) Intergenerational transmission of maltreatment and psychopathology: the role of antenatal depression. Psychol Med 43(3):519–528

Pluess M (2017) Vantage sensitivity: environmental sensitivity to positive experiences as a function of genetic differences. J Pers 85(1):38–50

Ridout KK et al (2018) Early life adversity and telomere length: a meta-analysis. Mol Psychiatry 23(4):858–871

Sahin E, Depinho RA (2010) Linking functional decline of telomere, mitochondria and stem cells during ageing. Nature 464(7288):520–528

Shalev I et al (2013) Exposure to violence during childhood is associated with telomere erosion from 5 to 10 years of age: a longitudinal study. Mol Psychiatry 18(5):576–581

Shore D, Bianchi A (2009) Telomere length regulation: coupling DNA end processing to feedback regulation of telomerase. EMBO J 28(16):2309–2322

Spengler S, Heim C (im Druck) Frühkindlicher Stress und Neurobiologie. In: Senf W, Broda M (Hrsg) Praxis der Psychotherapie. Thieme, Stuttgart

Takesian AE, Hensch TK (2013) Balancing plasticity/stability across brain development. Prog Brain Res 207:3–34

Teicher MH, Samson JA (2013) Childhood maltreatment and psychopathology: a case for ecophenotypic variants as clinically and neurobiologically distinct subtypes. Am J Psychiatry 170(10):1114–1133

Teicher MH, Samson JA (2016) Annual research review: enduring neurobiological effects of childhood abuse and neglect. J Child Psychol Psychiatry 57(3):241–266

Weaver IC (2007) Epigenetic programming by maternal behavior and pharmacological intervention. Nature versus nurture: let's call the whole thing off. Epigenetics 2(1):22–28

Weaver IC, Diorio J, Seckl JR, Szyf M, Meaney MJ (2004) Early environmental regulation of hippocampal glucocorticoid receptor gene expression: characterization of intracellular mediators and potential genomic target sites. Ann N Y Acad Sci 1024:182–212

Witt A, Brown RC, Plener PL, Brähler E, Fegert JM (2017) Child maltreatment in Germany: prevalence rates in the general population. Child Adolesc Psychiatry Ment Health 11(47):1–9

Zhang TY, Labonté B, Wen XL, Turecki G, Meaney MJ (2013) Epigenetic mechanisms for the early environmental regulation of hippocampal glucocorticoid receptor gene expression in rodents and human. Neuropsychopharmacology 38:111–123

Ziegler C et al (2016) *MAOA* gene hypomethylation in panic disorder – reversibility of an epigenetic risk pattern by psychotherapy. Transl Psychiatry 6:e773

Psychologische und neurobiologische Grundlagen des Bewusstseins

John-Dylan Haynes

G. Roth et al. (Hrsg.), *Psychoneurowissenschaften*, https://doi.org/10.1007/978-3-662-59038-6_8

In diesem Kapitel geht es um ein höchst populäres und zugleich heftig umstrittenes psycho-neurobiologisches Thema, nämlich Bewusstsein und seine möglichen neurobiologischen Grundlagen. Im Folgenden wollen wir die kaum mehr zu überschauenden philosophischen Aussagen zu diesem Thema außer Acht lassen, auch wenn wir zumindest einige von ihnen zu schätzen wissen, und uns auf diejenigen Ansätze konzentrieren, die mit empirischen psychologischen und neurobiologischen Untersuchungen verbunden sind. Die Erforschung der neuronalen Korrelate des Bewusstseins versucht zu ermitteln, was im Gehirn anders läuft, wenn ein Reiz bewusst erkannt wird. Welche Unterschiede charakterisieren die neuronale Verarbeitung von bewusst wahrgenommenen Reizen im Vergleich zu Reizen, die nicht das Bewusstsein erreichen? Gibt es Hinweise darauf, dass Reize zwar nicht in das Bewusstsein dringen, aber trotzdem vom Gehirn verarbeitet werden? Kann das Gehirn entscheiden, was es bewusst wahrnehmen möchte und was nicht? Um diese und ähnliche Fragen wird es in diesem Kapitel gehen.

8

Lernziele

Nach der Lektüre dieses Kapitels sollten Sie eine vertiefte Einsicht in die Erkenntnisse der empirischen Bewusstseinsforschung gewonnen haben. Hierzu gehören Kenntnisse über die angewandten psychologischen und neurobiologischen Methoden, insbesondere in Hinblick auf eine experimentelle Unterscheidung zwischen unbewussten und bewussten perzeptiven und kognitiven Leistungen und auf die unterschiedlichen Aktivitätszustände im Gehirn bei diesen Leistungen. Ebenso werden Sie mit den derzeit am meisten diskutierten philosophischen, psychologischen und neurobiologischen Bewusstseinsmodellen vertraut gemacht.

8.1 Methodisches Vorgehen der Bewusstseinsforschung

Wenn man sich dem Phänomen des Bewusstseins nähern möchte, liegt es nahe, die Reaktion des Gehirns auf bewusste und unbewusste Reize zu vergleichen. Dazu benötigt man erstens einen schwachen oder maskierten Reiz, der nicht die Schwelle zum Bewusstsein überschreitet, also einen **unterschwelligen oder subliminalen Reiz** (von *limes*, lat. die Grenze); zweitens benötigt man einen Reiz, der unmaskiert oder genügend stark ist, um die Bewusstseinsschwelle zu überwinden, also einen **überschwelligen oder supraliminalen Reiz**. Der Vergleich dieser beiden Fälle sollte es erlauben, festzustellen, welche Hirnregionen an einer bewussten Reizverarbeitung stärker involviert sind als an einer unterschwelligen Reizverarbeitung (z. B. Dehaene et al. 2001; Haynes und Rees 2005a).

Die Definition der **Wahrnehmungsschwelle** sollte auf den ersten Blick einfach sein. Man muss nur die Präsentationsdauer oder die Intensität ermitteln, ab der ein Proband gerade beginnt, einen Reiz wahrzunehmen. Allerdings gibt es über die Definition der Wahrnehmungsschwelle keine Einigkeit. An der Wahrnehmungsschwelle gibt es keinen abrupten, diskontinuierlichen Übergang von Intensitäten, bei denen der Reiz nie gesehen wird, zu Intensitäten, bei denen der Reiz immer gesehen wird (s. Gescheider 1997). Um die Schwelle herum gibt es Intensitäten, bei denen die Wahrnehmung des Reizes unbestimmt ist und der Reiz nur mit einer gewissen Wahrscheinlichkeit gesehen wird. Man findet in der Regel eine S-förmige Schwellenfunktion.

Als Schwelle wird dann die Intensität definiert, bei der ein bestimmter Prozentsatz der Antworten korrekt ist (z. B. 66 % oder 75 %). Wenn man unbewusste Verarbeitungsprozesse untersuchen und sicherstellen möchte, dass ein Proband einen Reiz nicht gesehen hat, dann muss das Erkennen des Reizes auf dem Zufallsniveau liegen (z. B. 50 % bei zwei gleich wahrscheinlichen Reizen).

8.1.1 Kriterien für bewusste Wahrnehmung I: Subjektive Schwelle

Ein Problem mit der Bestimmung der Wahrnehmungsschwelle ist, dass es verschiedene Kriterien dafür gibt, ob ein Reiz wahrgenommen worden ist. Auf den ersten Blick könnte man den Probanden einfach fragen und die Schwelle auf seinem Urteil basieren lassen. Es gibt zahlreiche Beispiele für die Verwendung *subjektiver Urteile* in der Erforschung **unbewusster Reizverarbeitung.** Ein Beispiel ist eine Studie von Berti und Rizzolatti (1992) an Neglekt-Patienten. Patienten mit rechtsparietalen Läsionen weisen häufig ein Aufmerksamkeitsdefizit für Reize im linken visuellen Feld auf, vor allem, wenn diese Reize im Wettbewerb um Aufmerksamkeit mit Reizen im rechten visuellen Feld stehen. Dieser visuelle Hemineglekt ist nicht auf Wahrnehmungsdefizite zurückzuführen, da einzelne isolierte Reize im linken visuellen Feld gut erkannt werden können. Berti und Rizzolatti (1992) präsentierten Prime-Reize auf das vernachlässigte und Target-Reize auf das intakte Gesichtsfeld und untersuchten, ob die unsichtbaren Primes einen Einfluss auf Target-Wahrnehmung hatten. Die Unsichtbarkeit der Primes schlossen sie aus den subjektiven Berichten der Patienten, die angaben, nur den Reiz im rechten visuellen Feld gesehen zu haben. Daraus war es möglich, zu schließen, dass unbewusste Primes auf die Verarbeitung bewusster Targets einen Einfluss haben (s. Box: Konfidenzurteile).

Auch eine Studie von Moutoussis und Zeki (2002) zur Verarbeitung unbewusster Objektreize basierte auf subjektiven Urteilen darüber, ob die Probanden Reize bewusst wahrgenommen haben. Gesichts- und Hausstimuli wurden in zwei verschiedenen Sichtbarkeitsbedingungen präsentiert. Die Stimuli waren in beiden Augen entweder gleichfarbig oder gegenfarbig codiert (grün auf rotem Hintergrund auf einem Auge und rot auf grünem Hintergrund auf dem anderen Auge). Als Maß für die Sichtbarkeit wurden Probanden gebeten, eine von drei möglichen Antworten abzugeben, je nachdem, ob sie „Haus", „Gesicht" oder „keins von beiden" gesehen zu haben glaubten. In der gegenfarbigen Bedingung ist die Wahrnehmbarkeit der Objekte stark reduziert. Probanden gaben in den meisten Durchgängen an, kein Bild gesehen zu haben, also waren sie sich nach ihrem subjektiven Urteil der Reize nicht bewusst. Allerdings zeigte sich bei einem objektiven Diskriminationstest, dass einige Probanden überzufällig gut dazu in der Lage waren, zu raten, welches Bild gezeigt worden war. Diese typische Dissoziation zwischen subjektiven Berichten und objektiven Diskriminationsmassen wird weiter unten genauerunter 8.2 genauer diskutiert.

Bereits in den Frühtagen der experimentellen Psychologie wurden Experimente zur unbewussten Reizverarbeitung durchgeführt, sogar mit weitaus detaillierteren Unterscheidungen zwischen „bewusst" und „unbewusst" (Peirce und Jastrow 1998). Bereits 1884 präsentierten Peirce und Jastrow bei der Erforschung *taktiler* Wahrnehmung Gewichtsreize und baten Probanden, zwischen positiven und negativen Veränderungen von Gewichten zu diskriminieren. Um die Rolle von Bewusstsein dabei zu untersuchen, wurden *Konfidenzurteile* erhoben, und zwar zwischen 0 („Keine Präferenz für ein Urteil über das andere, die Frage erschien sinnlos") und 3 („Hohe Konfidenz, richtig geantwortet zu haben"). Probanden waren selbst bei der niedrigsten Konfidenzstufe überzufällig korrekt. Auch spätere Experimente zeigten, dass selbst bei minimaler Konfidenz die Diskriminationsleistung überzufällig gut sein kann (für einen frühen Überblick s. Adams 1957). Auch in den Experimenten zur Signalentdeckungstheorie werden gelegentlich Konfidenzurteile erhoben (Green und Swets 1966). In der Regel sind Probanden auch bei niedrigsten Konfidenzurteilen überzufällig gut (d. h. oberhalb der Identität im Hits-versus-False-Alarms-Diagramm).

8.1.2 Kriterien für bewusste Wahrnehmung II: Objektive Schwelle

Allerdings wurde bereits in den 1960er-Jahren kritisiert, dass subjektiven Methoden durch mögliche konservative Antworttendenzen beeinflusst werden könnten (Eriksen 1954,

1960; Kunimoto et al. 2001). Darunter ist zu verstehen, dass ein Proband sich vielleicht bei einer schwachen, undeutlichen Wahrnehmung nicht ganz sicher ist, ob er den Reiz gesehen hat, aber lieber einmal zu oft „nein" als zu oft „ja" antwortet, also eine Tendenz in Richtung falsch negativer anstatt falsch positiver Urteile hat. Besonders eklatant ist dieses Problem im Bereich der Forschung zur *Perceptual Defense* (z. B. McGinnies 1949), bei der die Wahrnehmungsschwelle für Tabuworte (*dirty words;* Eriksen 1954) erhöht ist. Anstatt einer höheren Wahrnehmungsschwelle für Tabuworte könnte es sein, dass die Probanden nur eine Abneigung haben, diese Worte zu berichten (Eriksen 1954).

Auch das Problem der **partiellen Information** spielt hier eine große Rolle. Selbst wenn ein Proband einen Reiz nicht vollständig erkannt hat, könnte es sein, dass eine partielle, bruchstückhafte Wahrnehmung für die geforderte Diskrimination ausreicht (Kunimoto et al. 2001; Kouider und Dupoux 2004). In einem Experiment von Sidis z. B. sollten Probanden Zahlen und Buchstaben auf Karten erkennen (Sidis 1898). Die Karten wurden in so großer Entfernung präsentiert, dass die Probanden berichteten, nur einen verschwommenen Punkt wahrzunehmen. Dies wurde als Beleg dafür genommen, dass die Reize nicht bewusst wahrgenommen wurden. Trotzdem waren Probanden dazu in der Lage, überzufällig gut zwischen Buchstaben und Zahlen zu unterscheiden. Da die Probanden aber eine schwache, wenn auch undifferenzierte Wahrnehmung hatten, kann es sein, dass auch eine bruchstückhafte bewusste Wahrnehmung ihnen erlaubte, zwischen Zahlen und Buchstaben zu unterscheiden (z. B. weisen Zahlen in der Regel mehr Kurven auf als Buchstaben). Das Problem der partiellen Information wird dadurch verstärkt, dass eine dichotome Beurteilung der Wahrnehmung als „bewusst" oder „unbewusst" die Probanden zwingt, eine mögliche kontinuierliche Graduierung der Bewusstheit auf zwei Kategorien aufzuteilen (Kunimoto et al. 2001). Dabei treten möglicherweise Frame- und Ankereffekte auf, sodass die Trennung zwischen „Bewusst"- und „Unbewusst"-Antworten sich möglicherweise einfach an einem Median der Sichtbarkeit orientiert, mit der Konsequenz, dass auch partiell bewusste Reize als „unbewusst" klassifiziert werden.

8

8.1.3 Experimentelle Umsetzung

Selbst wenn man eine Entscheidung für subjektive oder objektive Schwellenmessungen getroffen hat, ist die Bestimmung einer Wahrnehmungsschwelle mit zahlreichen weiteren Schwierigkeiten behaftet. So hängt das Ergebnis, wie bereits von Fechner (1860) ausgeführt, von der verwendeten zeitlichen Reihenfolge ab, in der Reize verschiedener Intensität dargeboten werden. Bei der *Herstellungsmethode* lässt man den Probanden selber die Intensität einstellen, ab der ein Reiz gerade wahrgenommen wird. Bei der *Grenzwertmethode* zeigt man Reize zunehmender Intensität und notiert, ab wann der Reiz gerade wahrgenommen wird. Um Hystereseeffekte zu vermeiden, wechselt man dann von aufsteigender zu absteigender Intensität und notiert, ab wann der Reiz gerade nicht mehr wahrgenommen wird. Dies wird ein paarmal wiederholt, und die Schwelle ergibt sich als Mittelwert der Messwerte von aufsteigenden und absteigenden Messreihen. Die zuverlässigste Methode ist die *Konstanzmethode,* bei der verschiedene Intensitäten im Schwellenbereich randomisiert dargeboten werden, was es erlaubt, Sequenzeffekte und Erwartungen auszuschließen. Ebenso ist zu berücksichtigen, dass häufig während eines längeren Experimentes Reize, die zuerst nicht erkannt werden können, später nach einiger Erfahrung doch gesehen werden, ein Effekt, der sich auf perzeptuelles Lernen zurückführen lässt (Kahnt et al. 2011; Watanabe et al. 2001).

Hintergrundinformation

Perzeptuelle Kontexteffekte beziehen sich z. B darauf, dass ein Reiz unterschiedlich beurteilt wird, wenn er in Versuchsreihen mit unterschiedlichen anderen Reizen alterniert wird (Ankereffekte, s. z. B. Cannon 1984; Gescheider 1988). Ebenso kann man bei der Schwellenbestimmung in der Regel keine einzelnen Variablen isolieren, sondern muss den gesamten physikalischen Stimulationskontext berücksichtigen. So hängt z. B. die Flackerfusionsfrequenz, ab der ein Flackern einer gleichmäßig leuchtenden Fläche nicht mehr wahrgenommen wird und die Fläche kontinuierlich gleich hell zu leuchten scheint, von der Reizintensität ab. Es ist also nicht möglich, eine allgemeine Flackerfusionsfrequenz anzugeben, sondern bei verschiedenen Helligkeiten wird diese jeweils unterschiedlich ausfallen (Watson 1986). Nicht nur perzeptuelle, auch kognitive Kontexteffekte müssen berücksichtigt werden. Nehmen wir als Beispiel ein Primingexperiment, bei dem die Auswirkung eines unterschwelligen Primereizes auf die Beurteilung eines überschwelligen Zielreizes untersucht werden soll. Man könnte z. B. mit einer Mustermaskierung arbeiten und folgende Reizfolge darbieten: Maske (100 ms) – Prime (16 ms) – Maske (100 ms) – Zielreiz (200 ms). Nun muss natürlich gewährleistet werden, dass der Primereiz wirklich unterhalb der Wahrnehmungsschwelle präsentiert wird, wenn man den Primeeffekt als unterschwellig interpretieren möchte. Man kann sich leider nicht auf Erfahrungswerte verlassen, wie dies in der frühen Forschung zu subliminaler Verarbeitung gerne der Fall war. Es ist also wichtig, dass die Messung einer Schwelle in jedem einzelnen Experiment durchgeführt wird.

Eine häufige Praxis ist, dass man dazu vor oder nach der Messreihe dieselbe Sequenz nochmal wiederholt darbietet, nun aber den Probanden die Aufgabe stellt, die Primereize zu erkennen. Dies erscheint auf den ersten Blick sinnvoll, ist allerdings problematisch, da die zeitliche und räumliche Richtung der Aufmerksamkeit auf den Primereiz dessen Wahrnehmungsschwelle verändern kann. Man würde vermutlich dessen Sichtbarkeit eher über- als unterschätzen. Eine Alternative ist die Hinzunahme einer Zweitaufgabe während des Hauptexperimentes, sodass die Probanden zum einen den Zielreiz beurteilen sollen und dann noch die Sichtbarkeit des Primereizes beurteilen.

8.1.4 Kriterien für unterschwellige Verarbeitung

Zur Untersuchung von unterschwelligen Verarbeitungsprozessen ist zum einen, wie in ▶ Abschn. 8.1.3 ausgeführt, die Messung der Bewusstseinsschwelle erforderlich. Zum anderen ist aber auch ein Kriterium erforderlich, ob der unterschwellige Reiz trotzdem vom Gehirn verarbeitet wird (◘ Abb. 8.1). Die Messung der bewussten Wahrnehmbarkeit eines Reizes bezeichnet man als ein *direktes Maß* der Verarbeitung (Reingold und Merikle 1988) – *direkt*, weil sich die Aufgabe unmittelbar und explizit auf die Repräsentation des Reizes bezieht. Die Messung der hypothethischen unterschwelligen Verarbeitung des Reizes bezeichnet man als *indirekt*, weil sie nicht direkt auf den Reiz Bezug nimmt, sondern die indirekten Auswirkungen eines Reizes auf eine Aufgabe zu messen erlaubt.

Eine Möglichkeit besteht darin, nach **qualitativen Unterschieden** zwischen bewusster und unbewusster Verarbeitung zu suchen (z. B. Merikle et al. 1995), sodass ein etwaiger impliziter Effekt nicht als Fortsetzung der Wahrnehmung mit schwächeren Mitteln aufgefasst werden kann. Eine weitere Methode ist die **Dissoziation zwischen Konfidenzurteilen und Diskriminationsleistung** (Kunimoto et al. 2001), bei der die Diskriminationsleistung eines Probanden als unbewusst angenommen wird, wenn er nicht dazu in der Lage ist zu sagen, in welchen Trials seine Leistung gut oder schlecht ist. Die Methode der Prozessdissoziation wird ebenfalls auf subliminale Wahrnehmung angewendet (Debner und Jacoby 1994). Die Logik dieses Verfahrens ist, dass es unmöglich sein sollte, die Wirkung eines unbewusst präsentierten Reizes auszuschließen, sodass er doch einen nicht bewussten und deshalb nicht kontrollierbaren Einfluss auf eine Wortstammergänzung hat. Auf diesen Zusammenhang zwischen Bewusstsein und intentionaler Steuerbarkeit haben schon verschiedene andere Forscher hingewiesen (Marcel 1983; Holender 1986). Aber auch diese neueren Ansätze sind nicht unumstritten, sodass vermutlich erst die Entwicklung von expliziten mathematischen Modellen eine Klärung der Messprobleme herbeiführen wird (Schmidt und Vorberg 2006).

Es ist auch möglich, einen ganz anderen Ansatz zu verfolgen und anstelle von impliziten Verhaltensmaßen die durch unbewusste Reize ausgelösten Hirnprozesse als Belege für implizite Verarbeitung zu verwenden (z. B. Haynes und Rees 2005a). Dies soll im Folgenden dargestellt werden.

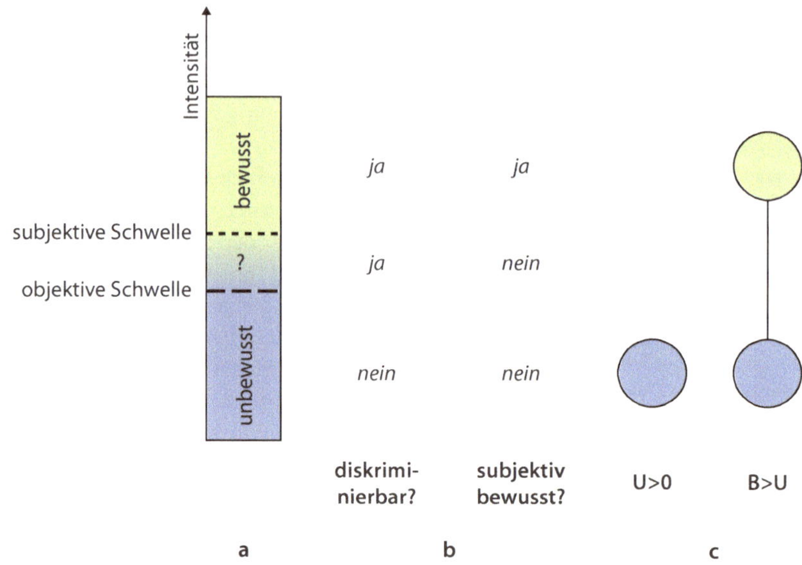

8

Abb. 8.1 Schwellen und experimentelle Kontraste. **a**, **b** Unterschiedliche Bewusstheit von Reizen, die mit zunehmender Intensität dargeboten werden. Unterhalb der objektiven Schwelle ist ein Reiz nicht mehr diskriminierbar und mögliche residuelle Verarbeitung ist unbewusst. Oberhalb der subjektiven Schwelle wird der Reiz bewusst erkannt und kann diskriminiert werden. Es gibt verschiedene Interpretationen, wie der Bereich zwischen subjektiver und objektiver Schwelle zu interpretieren ist, in dem ein Reiz vom Probanden nicht für bewusst gehalten wurde, er aber trotzdem dazu in der Lage war, ihn korrekt zu diskriminieren. Nach der einen Sichtweise ist der Reiz unbewusst und die residuelle Diskriminierbarkeit beruht auf unbewussten Verarbeitungsprozessen. Nach einer anderen Interpretation ist der Reiz in diesem Bereich bewusst, nur dass Probanden sehr konservativ in ihrem Antwortverhalten sind. **c** Zwei wichtige statistische Kontraste (Vergleiche), die unterschiedliche Aspekte bewusster und unbewusster Informationsverarbeitung untersuchen und die in Neuroimaging-Experimenten häufig verwendet werden. Der Kontrast U > 0 testet, ob es bei unbewussten Reizen zu einer signifikanten Aktivierung (größer null) kommt. Damit können Regionen identifiziert werden, in denen unbewusste Reize verarbeitet werden. Der Kontrast B > U testet für Regionen, bei denen bewusste Reize eine stärkere Aktivität auslösen als unbewusste. Damit lässt sich ermitteln, was bei der bewussten Verarbeitung an cortikaler Aktivität „hinzukommt"

8.2 Neuronale Korrelate bewusster und unbewusster Reizverarbeitung

Angenommen, man habe es geschafft, die ganzen Klippen zu umschiffen und man habe experimentell eine saubere Unterscheidung zwischen unterschwelligen und überschwelligen Reizen erzeugt. Dann kann man sich an die Aufgabe machen, die neuronale Verarbeitung von bewussten wahrgenommenen und unterschwelligen Reizen zu vergleichen, um so etwas über die neuronalen Korrelate des Bewusstseins zu ermitteln. Zum einen kann man untersuchen, welche zusätzlichen neuronalen Verarbeitungsprozesse bei bewusster im Vergleich zu unbewusster Reizverarbeitung auftreten (Abb. 8.1c). Zum anderen kann man untersuchen, bis zu welcher Tiefe unbewusste Reize verarbeitet werden (Abb. 8.1b).

8.2.1 Bewusste neuronale Verarbeitung

Eine Reihe von Studien hat die Auswirkungen der Bewusstwerdung visueller Information auf die Hirnaktivität an Menschen und an nichtmenschlichen Primaten untersucht. Dabei stellte sich vor allem heraus, dass bewusste Reize im Vergleich zu unbewussten Reizen einer weitergehenden cortikalen Verarbeitung unterliegen. In einer Studie untersuchten Dehaene et al. (2001) mithilfe der funktionellen Magnetresonanztomografie (fMRT) die cortikale Verarbeitung von maskierten Worten, die entweder sichtbar oder unsichtbar waren. Die unterschwelligen, unsichtbaren Wortreize aktivierten zwar das Gehirn, aber die Aktivierung blieb auf visuelle Hirnregionen beschränkt. Hingegen waren die überschwelligen Reize durch eine weitläufige Aktivierung auch in parietalen und präfrontalen Hirnregionen charakterisiert. Dies wurde von Dehaene et al. als ein Anzeichen für eine *Verteilung* der sensorischen Information im Gehirn bei der bewussten Wahrnehmung interpretiert und im Sinne der Theorie der globalen Arbeitsfläche interpretiert (▶ Abschn. 8.5).

Bei über- und unterschwelligen Stimuli handelt es sich um physikalisch unterschiedliche Reize. In der Regel muss man die Reizintensität erhöhen oder eine Maskierung abschwächen, um die Bewusstseinsschwelle zu überschreiten. Damit wird aber die Interpretation der gemessenen Unterschiede erschwert: Eine Hirnregion, die auf einen bewusst wahrgenommenen Reiz stärker reagiert als auf einen subliminalen, könnte möglicherweise nur auf die Tatsache reagieren, dass dieser eine höhere Reizintensität hat, dass er eine stärkere exogene Aufmerksamkeitszuwendung nach sich zieht oder dass der Proband eine Antwort auf den Reiz vorbereitet und ausführt (Dehaene et al. 2001).

Einige dieser Probleme lassen sich durch eine feinkörnigere Untersuchung der Wahrnehmungsschwelle vermeiden. Wie in ▶ Abschn. 8.1 ausgeführt, springt die Wahrnehmungsschwelle bei zunehmender Intensität nicht abrupt von unter- zu überschwellig, sondern es gibt einen Bereich, in dem die Wahrnehmung nur partiell bestimmt ist und der Proband selbst einen gleichbleibenden Reiz nur in einem Teil der Durchgänge bewusst erkennt. Der S-förmige Übergang an der Schwelle lässt sich mathematisch als kumulative Gauß'sche Normalverteilung annähern (Gescheider 1997). Damit wird es möglich, den individuellen Verlauf einer Schwelle bei einem bestimmten Reiz und einer bestimmten Person mit den neuronalen fMRT-Antworten in verschiedenen Hirnregionen zu korrelieren, um nach Arealen zu suchen, in denen das Aktivitätslevel den Schwellenverlauf widerspiegelt.

Es zeigte sich, dass bei der Wahrnehmung maskierter Objekte das Profil der Wahrnehmungsschwelle mit dem Aktivitätslevel im lateralen okzipitalen Cortex (LOC), aber nicht im primären visuellen Cortex (V1) korreliert (Grill-Spector et al. 2000). Ebenso zeigte sich bei der Maskierung von einfachen Helligkeitsreizen, dass die Form der Maskierungsfunktion sich in der Konnektivität zwischen frühen (V1) und späteren visuellen Arealen (im Gyrus fusiformis) widerspiegelt (Haynes et al. 2005a, b). Dieser direkte Vergleich zwischen *psychometrischen* Schwellenfunktionen und neuronalen oder *neurometrischen* Antwortkurven lässt sich auch auf das Antwortverhalten von einzelnen Zellen und Zellpopulationen in sensorischen Hirnregionen übertragen (Parker und Newsome 1998).

Es hat sich gezeigt, dass Fluktuationen in der Wahrnehmungsbeurteilung desselben physikalischen Reizes mit Fluktuationen in der neuronalen Aktivität bereits im frühen visuellen Cortex einhergehen. So ist z. B. in Durchgängen, in denen der Reiz gesehen wird, die Aktivität im primären visuellen Cortex V1 höher als in Durchgängen, in denen der Reiz nicht gesehen wird (Ress und Heeger 2003).

Fluktuationen in den Wahrnehmungsurteilen finden nicht nur zwischen einzelnen Reizdarbietungen statt, sondern es gibt auch andere, langsamere stochastischen Fluktuationen der Wahrnehmung. Tononi et al. (1998) untersuchten mithilfe von MEG Fluktuationen in der Bewusstwerdung rivalisierender Reize. Es zeigte sich, dass bewusste Reize eine weitergehende Aktivierung und Kohärenz auch in Regionen jenseits des visuellen Systems erzeugen. Bei einer Studie zur **Veränderungsblindheit** (engl. *change blindness*) zeigten Beck et al. (2001), dass die bewusste Wahrnehmung einer Veränderung in einem Reizdisplay zu erhöhter Aktivität in frontoparietalen Netzwerken führt. Ähnliches fanden auch Vuilleumier et al. (2001) in einer Studie zur Wahrnehmung bei einem Neglektpatienten. In Durchgängen, bei denen der Patient einen Reiz im vernachlässigten visuellen Feld bewusst erkannte, war die Hirnaktivität auch in parietalen Regionen erhöht.

Darüber hinaus zeigte sich eine weitreichende Erhöhung der effektiven Konnektivität zwischen visuellen, parietalen und präfrontalen Regionen bei bewusster Wahrnehmung. Ähnliche Auswirkungen der bewussten Reizwahrnehmung auf funktionelle Konnektivitätsmaße fanden sich auch in anderen Studien (z. B. Lumer und Rees 1999; Dehaene et al. 2001; Haynes et al. 2005a, b).

8.2.2 Unbewusste neuronale Verarbeitung

Die Erforschung der neuronalen Verarbeitung von unbewussten Reizen zeigt, dass sie sehr tiefgehend verarbeitet werden. Zum einen sind bereits auf der Ebene des primären visuellen Cortex Reizeigenschaften, die nicht bewusst erkannt werden, in den Aktivitätsleveln einzelner Nervenzellen sowie in fMRT-Messungen neuronaler Populationen repräsentiert (Gur und Snodderly 1997; Haynes und Rees 2005a), worauf sich bereits zuvor in Verhaltensstudien Hinweise ergeben hatten (He et al. 1996). Allerdings ist die Verarbeitung unbewusster Reize nicht auf frühe Stufen des visuellen Systems beschränkt, sondern erreicht auch höhere, inhaltsspezifische Verarbeitungsstufen (Moutoussis und Zeki 2002).

Moutoussis und Zeki (2002) konnten zeigen, dass unsichtbare Bilder von Häusern und Gesichtern in den korrespondieren Regionen parahippocampales Ortsareal (PPA) bzw. fusiformes Gesichtsareal (FFA, Kanwisher et al. 1997) verarbeitet werden. Die Aktivierung bei unsichtbaren Reizen war signifikant, war jedoch deutlich schwächer ausgeprägt als für sichtbare Reize. Studien an neurologischen Patienten haben gezeigt, dass auch bei Neglektpatienten Reize, die zwar isoliert erkannt werden, aber aufgrund einer Konkurrenz mit Reizen in anderen Regionen des visuellen Feldes nicht das Bewusstsein erreichen, trotzdem inhaltsspezifische Hirnregionen selektiv aktivieren (Rees et al. 2002). Fang und He (2005) zeigten mithilfe interokularer Suppressionsreize, dass auch der *dorsale* visuelle Pfad durch unsichtbare Objekte aktiviert wird. Interessant war, dass für unsichtbar präsentierte Bilder von Werkzeugen die Aktivierung fast so hoch war wie für sichtbare Bilder, was zu der Theorie passt, nach der der dorsale Pfad relevant für Handlungssteuerung ist (Goodale und Milner 1992). Darüber hinaus können emotionale Aspekte unsichtbarer Bilder Emotionsnetzwerke in Amygdala und orbitofrontalem Cortex aktivieren (Vuilleumier et al. 2002). Die unbewusste neuronale Verarbeitung von Reizen kann sogar zu Konditionierungsvorgängen in den Basalganglien führen (Pessiglione et al. 2008), die direkte Auswirkungen auf das Auswahlverhalten haben können.

8.2.3 Das Phänomen Blindsehen

Ein interessantes Phänomen ist die sog. Blindsicht (engl. *blindsight;* Weiskrantz et al. 1974; Weiskrantz 2004). Nach V1-Läsionen haben Patienten Ausfälle der Wahrnehmung (sog. Skotome) in Subregionen im visuellen Feld, die der ausgefallenen V1-Region entsprechen. Sie geben an, Reize, die an diesen Stellen im visuellen Feld präsentiert werden, nicht zu bemerken und nicht identifizieren zu können. Wenn man sie aber den Stimulus erraten lässt, kann ihre Erkennensleistung über Zufall liegen, auch wenn sie subjektiv den Eindruck haben, nur zu raten. Eine Erklärung für diese Wahrnehmungsleistung ist, dass die visuelle Information vom visuellen Thalamus nicht nur über V1 den restlichen Cortex erreichen kann, sondern auch über direkte Projektion in extrastriäre Cortexbereiche (s. z. B. Bullier und Kennedy 1983). In Einklang damit können Reize in blinden Regionen des visuellen Feldes bei Blindsichtpatienten eine weitgehende Aktivierung des extrastriären visuellen Cortex (MT+, V4/V8, LOC) herbeiführen (Goebel et al. 2001).

8.3 Bewusstseinsinhalte

Bewusste Wahrnehmung kann nicht nur auf der Ebene einer dichotomen Unterscheidung in bewusst-unbewusst charakterisiert werden, sondern beinhaltet auch die Repräsentation von **Bewusstseinsinhalten.** Dies erfordert die Untersuchung der Repräsentation von Bewusstseinsinhalten im Gehirn, erst recht, weil verschiedene Theorien zu den neuronalen Korrelaten spezifische Vorhersagen über den Effekt von Bewusstsein auf Repräsentation von Inhalten machen (Crick und Koch 1998; Tononi und Edelman 1998; Dehaene und Naccache 2001).

Bei der Repräsentation von Bewusstseinsinhalten müssen drei verschiedene „Codierungsstufen" unterschieden werden.

8.3.1 Codierungsstufen

Auf der obersten Stufe der Codierung stehen Inhalte verschiedener **Sinnesmodalitäten.** In PET und fMRT ist die cortikale Verarbeitung der verschiedenen Modalitäten klar trennbar (Binder et al. 1994; Tootell et al. 1996). Auf der mittleren Ebene erfolgt die **Repräsentation der Submodalitäten.** Beim Sehsystem wären dies z. B. die Farb-, Helligkeits-, Bewegungs-, oder die Objektwahrnehmung. Sie lassen sich in der Regel auf separate Regionen innerhalb der einzelnen Verarbeitungspfade zurückführen.

Hintergrundinformation

Ein frühes Beispiel für die Zuordnung von visuellen Submodalitäten zu spezifischen Hirnregionen findet sich in einer PET-Studie von Zeki et al. (1991). Mithilfe der Positronen-Emissionstomografie wurde die Hirnaktivität bei gesunden Probanden gemessen, während diese sich visuelle Präsentationen mit verschiedenen Inhalten ansahen. Die verschiedenen Präsentationen zeigten

1. bewegte und
2. unbewegte schwarz-weiße Quadratmuster, sowie
3. graue und
4. farbige Muster aus verschiedenen Rechtecken.

Darüber hinaus wurde noch eine Bedingung mit geschlossenen Augen gemessen, die als „Baseline" diente, mit der die Aktivitäten in den anderen Bedingungen verglichen wurden. Eine Hirnregion, die für das Erkennen von *Bewegung* verantwortlich ist sollte eine stärkere Aktivität für die bewegten Reize zeigen als für die statischen Reize. Eine Region, die für das Erkennen von *Farbe* verantwortlich ist, sollte eine stärkere Aktivität bei der Betrachtung von farbigen Reizen als für graue Reize zeigen. Damit gelang es den Forschern, ein Bewegungsareal zu identifizieren, das sie V5 nannten (heute weithin als MT+ bekannt). Ebenso fanden sie an der ventralen Grenze von okzipitalem und temporalem Cortex eine Region, die stärker auf Farbreize reagierte, die sie V4 nannten. Obwohl die Bezeichnung dieser Region als „V4" umstritten ist (Hadjikhani et al. 1998), wird nicht bezweifelt, dass sich im ventralen Temporalcortex eine farbselektive Region befindet. Damit war zum ersten Mal bei Menschen der Beweis einer Spezialisierung des visuellen Cortex' für verschiedene Submodalitäten erbracht.

Unterhalb der Submodalitäten gibt es noch die **Auflösungsstufe der spezifischen Inhalte.** So müssen bei der Farbwahrnehmung die spezifischen Farbqualitäten (Farbton, Sättigung, Helligkeit) unterschieden werden, die an einer bestimmten Stelle des Gesichtsfeldes vorliegen. Bei der Bewegungswahrnehmung müssen die verschiedenen Bewegungsrichtungen und Geschwindigkeiten und bei der Objektwahrnehmung verschiedene Formen sowie Exemplare und Kategorien von Objekten codiert werden.

Eine weitere und flexiblere Möglichkeit zur Erforschung der Inhalte des Bewusstseins bietet die Klasse der „multistabilen Reize", die in der Wahrnehmung verschiedene Interpretationen zulassen. Am berühmtesten sind der „Necker-Würfel" (Necker 1832) und „Meine Frau und meine Schwiegermutter" (Boring 1930). Wenn man längere Zeit auf den Stimulus schaut, kippt die Wahrnehmung plötzlich um und man sieht eine andere Interpretationsmöglichkeit. Da die beiden Interpretationen auf demselben physikalischen Reiz basieren, lassen sich damit Änderungen in der bewussten Wahrnehmung ohne Änderungen der physikalischen Stimulation untersuchen. Eine Variante dieser multistabilen Wahrnehmung ist die binokulare Rivalität (Leopold und Logothetis 1996, 1999), bei der konfligierende Bilder in beide Augen präsentiert werden, und zwar mit dem Effekt, dass die Wahrnehmung diese Bilder nicht fusioniert, sondern spontan zwischen den beiden Bildern hin und her wechselt. Einzellableitungsstudien an wachen Affen (Leopold und Logothetis 1996) und fMRT-Studien am Menschen haben gezeigt, dass höhere, inhaltsspezifische cortikale Regionen des visuellen Systems ihre Aktivität in Einklang mit der bewussten Wahrnehmung ändern. Später kamen noch weitere Belege hinzu, dass selbst frühe Stufen der visuellen Verarbeitung (V1, LGN) bei der binokularen Rivalität involviert sind (Tong und Engel 2001; Haynes et al. 2005a, b; Wunderlich et al. 2005), vermutlich aufgrund der veränderten Repräsentation einfacher Merkmale der bewussten Wahrnehmung wie Kanten und Helligkeiten. Allerdings ist die Rolle von Aufmerksamkeit bei diesen frühen Korrelaten nicht endgültig geklärt (Watanabe et al. 2011).

Binokulare Rivalität

Eine Art multistabiler Wahrnehmung, bei der beiden Augen Bilder präsentiert werden, die nicht zu einem einheitlichen Bild fusionieren, sondern bei denen die Wahrnehmung spontan zwischen den beiden Bildern hin und her wechselt.

8.3.2 Codierung von Bewusstseinsinhalten

Der neuere Ansatz der multivariaten Decodierung (▶ Abschn. 8.3.3) erlaubt es, direkt zu untersuchen, wie bestimmte Bewusstseinsinhalte (Farben, Helligkeiten, Kanten, Bewegung, Objekte) im Gehirn realisiert sind und wie sich diese Repräsentationen bei Bewusstwerdung verändern (Haynes 2009). Dazu kann man sich das Nervensystem als eine Art Träger (engl. *carrier*) vorstellen, in den die Bewusstseinsinhalte encodiert sind. Encodierung bedeutet hier nicht etwa, dass es einen Homunculus gibt, der einen verschlüsselten Code auslesen muss, sondern dass es eine stabile Abbildungsbeziehung zwischen Bewusstseinszuständen (wie etwa verschiedenen Helligkeitsempfindungen) und den Zuständen des neuronalen Trägers gibt. Man muss also im Gehirn nach einem neuronalen Träger suchen, der einen stabilen Zusammenhang mit einem Inhalt aufweist, sodass jedes Mal, wenn der Inhalt im Bewusstsein ist, derselbe Zustand der Trägers damit einhergeht (Haynes 2009).

Beispiel

Nehmen wir als Beispiel eine Zeichnung von Ernst Mach (1886). ◻ Abb. 8.2a zeigt Machs visuellen Wahrnehmungsraum, während er auf einem Sofa sitzt und aus dem linken Auge in sein Arbeitszimmer blickt. In der Schwarz-Weiss-Zeichnung sind vor allem Kanten und Helligkeiten zu erkennen. Die Helligkeitsempfindung in einer Region im rechten oberen Quadranten seines visuellen Feldes war vermutlich in irgendeinem Parameter der neuronalen Aktivität eines bestimmten Hirnareals codiert. Eine Möglichkeit wäre, dass jede Helligkeit in der *Aktivitätsrate* einzelner Zellen einer Region (etwa V1 oder V4) codiert wäre (s. z. B. Haynes et al. 2004), sodass größere Helligkeiten mit höheren Feuerraten einhergehen. Dieser „univariate" Code könnte durch eine einfache Korrelation zwischen Hirnaktivitätsniveau und Wahrnehmungsintensität gefunden werden (Haynes et al. 2004). Allerdings sind auch andere Codierungsformate denkbar (◻ Abb. 8.2b). Bei einer „multivariaten" Repräsentation sind an der Codierung mehrere Zellen oder Zellpopulationen beteiligt, sodass der Inhalt sich nicht mehr durch die Aktivität einzelner Zellen erklären lässt. Bei einem „spärlichen" (engl. *sparse*) Code ist jedem Wahrnehmungsinhalt eine dedizierte Zelle zugeordnet, sodass diese Zelle (und nur diese) immer aktiv ist, wenn eine Person ein bestimmtes Helligkeitserlebnis hat. Dieses Repräsentationsformat ist auch als „Grossmutterzellen"- oder „Kardinalzellen"-Code bekannt. Hingegen ist bei einer *verteilt* multivariaten Repräsentation die Zuordnung von Erlebnissen zu einzelnen Zellen gar nicht mehr möglich, sondern ein dedizierter Gesamtaktivitätszustand der

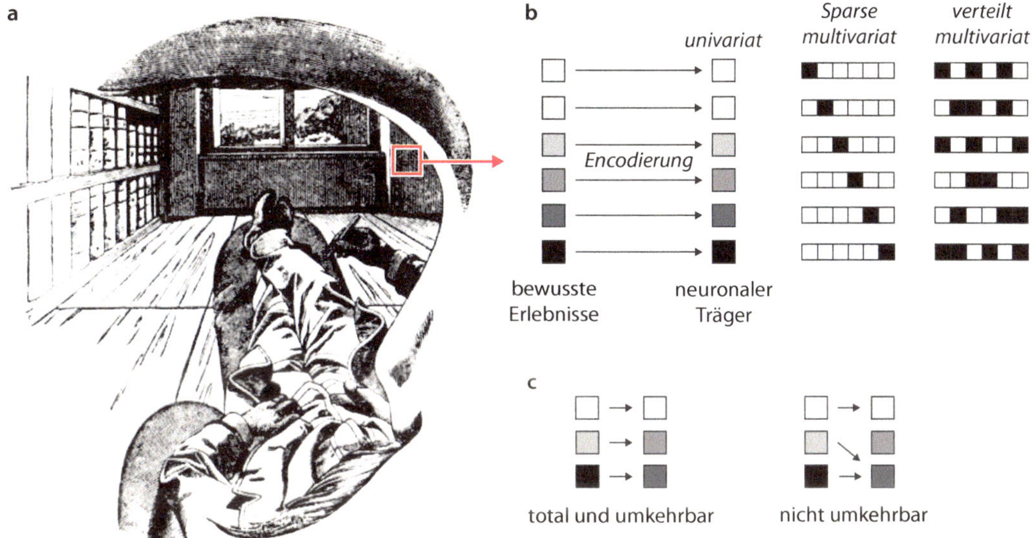

Abb. 8.2 Codierungsprinzipien für Wahrnehmungsinhalte. **a** Eine Zeichnung von Ernst Mach (1886), in der er seine visuellen Erlebnisse bildlich darzustellen versucht. **b** links: Bei einem univariaten Code werden ordinalskalierbare Bewusstseinsinhalte (etwa Helligkeiten) in einem kontinuierlichen neuronalen Parameter repräsentiert (z. B. die Feuerrate). Mitte: Bei einem spärlichen *(sparse)* multivariaten Code wird für jeden Inhalt eine separate, spezialisierte Nervenzelle aktiv (sog. Großmutter- oder Kardinalzellencode). Rechts: Bei einem verteilten multivariaten Code sind alle Neuronen an der Codierung aller Inhalte beteiligt. **c** Der Zusammenhang zwischen Bewusstseinsinhalten und neuronalen Repräsentationen muss bestimmte Abbildungskriterien erfüllen. Totalität bedeutet, dass für jeden Bewusstseinsinhalt ein neuronales Korrelat identifiziert werden kann. Wichtiger ist Umkehrbarkeit, die besagt, dass keine Information verloren geht, weil jedem Bewusstseinsinhalt ein eigenes neuronales Korrelat zugeordnet ist und somit aus der neuronalen Repräsentation jederzeit wieder der Inhalt decodiert werden kann. (Abbildung aus Haynes 2009)

Population codiert jeden einzelnen Bewusstseinsinhalt. Dieser Code wird als verteilter (engl. *distributed*) Code bezeichnet. Wichtig ist, dass spärliche und distribuierte Codes nicht mehr durch eine einfach Korrelation zwischen der Aktivität in einer Region und dem Wahrnehmungsinhalt erklärt werden können.

Viele Studien haben a priori das **univariate Encodierungsmodell** angenommen und nach den neuronalen „Korrelaten" bestimmter Wahrnehmungsinhalte gesucht (z. B. Tong et al. 1998; Ress und Heeger 2003; Haynes et al. 2004). Um jedoch etwaige spärlich oder verteilt codierte neuronale Träger zu identifizieren, muss man dedizierte Analyseverfahren verwenden, wie etwa die multivariate Korrelation, Regression und Klassifikation. Letzteres wird auch als multivariate Decodierung bezeichnet und ist in ► Abschn. 8.3.3 dargestellt.

8.3.3 Multivariate Decodierung

Ein allgemeines Verfahren zur Identifikation von neuronalen Populationen, die bestimmte Wahrnehmungsinhalte codieren, ist die multivariate Decodierung (Abb. 8.3). Dabei wird ermittelt, wie gut sich ein Wahrnehmungsinhalt aus einer neuronalen Populationsantwort rekonstruieren lässt. Wenn dies gut funktioniert, dann hat die Population viel Information über den Inhalt und es gibt eine stabile Abbildungsbeziehung zwischen Hirnzuständen und einer bestimmten Kategorie von Bewusstseinsinhalten. Multivariate Decodierung kann mit verschiedenen Arten von Populationssignalen betrieben werden, also mit multiplen Ableitungen einzelner Zellen (Quiroga et al. 2005), fMRT-Voxelsets (Haynes und Rees 2006) oder multiplen EEG-Elektroden (Blankertz et al. 2003).

Multivariate Decodierung

Ein Verfahren zur Feststellung, wie gut sich ein Wahrnehmungsinhalt aus einer neuronalen Populationsantwort rekonstruieren lässt.

Voxel

Datenpunkt in einem dreidimensionalen Darstellungsraum, entspricht einem Pixel in einem zweidimensionalen Darstellungsraum.

Beispiel

◘ Abb. 8.3 zeigt das Vorgehen am Beispiel einer fMRT-Messung. Ziel sei es zu bestimmen, in welchen cortikalen Regionen der Bewusstseinsinhalt beim Betrachten eines der beiden rechts oben abgebildeten Fahrzeuge codiert ist (◘ Abb. 8.3a; Cichy et al. 2011a, b). Zunächst kann man die Analyse an einer Stelle im visuellen System beginnen. Man extrahiert dort – gemittelt über einen kurzen Messdurchgang – das Aktivitätsniveau in der räumlichen Nachbarschaft dieses Startpunktes, während der Proband das erste Auto betrachtet. Dann wiederholt man diese Messung ein paarmal, während der Proband manchmal das erste und manchmal das zweite Auto sieht. Man misst also mehrere „Proben" der lokalen Hirnaktivitätsmuster für beide Bilder.

Die einzelnen Messungen kann man sich als Punkte in einem hochdimensionalen Koordinatensystem mit so vielen Dimensionen wie Voxeln (also in diesem Beispiel neun) vorstellen. Da Menschen sich bei der Vorstellung eines 9-dimensionalen Raumes schwertun, kann man die Analyse für zwei Dimensionen visualisieren. Die Messwerte im Voxel 1 können dabei als *x*-Werte und die Messwerte in Voxel 2 als *y*-Werte in einem Koordinatensystem aufgetragen werden. Das wäre für jede Messung ein Punkt (*x*,*y*), der sich aus den beiden ersten Dimensionen ergibt. In der Abbildung sind verschiedene mögliche Codierungsbeispiele gezeigt. ◘ Abb. 8.3b zeigt einen spärlichen Code. Hohe Werte in Voxel 1 (*x*) treten nur bei Wahrnehmung von Bild 2 auf und hohe Werte in Voxel 2 (*y*) treten nur bei Bild 1 auf. Die Wahrnehmung eines Inhaltes kann stets auf einen dediziertes Voxel zurückgeführt werden, und die Klassifikation, ob der Proband während einer gegebenen Messung Auto 1 oder Auto 2 betrachtete, wäre sogar auf der Basis eines Voxels alleine möglich (bei mehr als zwei Objekten wäre ein spärlicher Code in zwei Dimensionen nicht mehr möglich). Schwieriger wird die Klassifikation im Fall ◘ Abb. 8.3c. Hier ist die Zuordnung von Bewusstseinsinhalten zu einzelnen Voxeln nicht mehr möglich. In diesem Fall kann die Klassifikation zwar auch vorgenommen werden, aber nur, wenn gleichzeitig die Werte beider Voxel bekannt sind. In diesem Beispiel kann die Entscheidung auf der Basis einer linearen Trennung zwischen beiden Gruppen gefällt werden, aber es können auch Situationen vorliegen, die nichtlineare Entscheidungsgrenzen haben und den Einsatz spezialisierter nichtlinearer Klassifikationsalgorithmen erfordern (◘ Abb. 8.3d).

Um zu prüfen, ob die Klassifikation von Bewusstseinsinhalten aus einer Voxelpopulation möglich ist, verwendet man ein zweistufiges Verfahren (◘ Abb. 8.3e). In einem ersten Schritt verwendet man nur einen Teil der Daten, den **Trainingsdatensatz,** um einen Klassifikationsalgorithmus zu trainieren, der die Inhalte optimal trennen soll. Die Entscheidungsgrenze kann über verschiedene Algorithmen gelernt werden, etwa über eine lineare Diskriminanzanalyse oder über eine sog. Support-Vector-Klassifikation (Haynes und Rees 2006). In einem zweiten

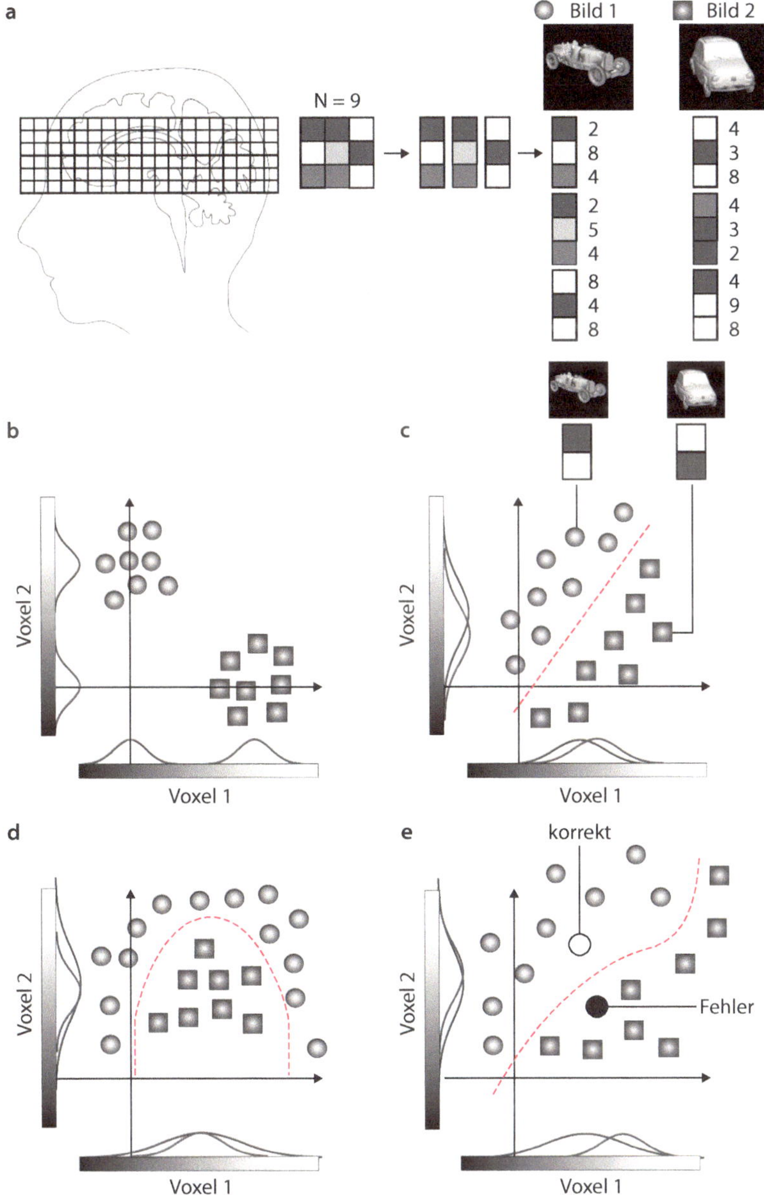

Abb. 8.3 Decodierung von Bewusstseinsinhalten mithilfe der multivariaten Mustererkennung (s. Text) (Modifiziert nach Haynes und Rees 2006)

Schritt nimmt man dann einen statistisch unabhängigen, neuen Teil der Daten *(Test-Datensatz)* und klassifiziert diesen mit dem vorher trainierten Decoder. Wenn die Messpunkte der Testdaten auf die korrekte Seite der Entscheidungsgrenze fallen (Abb. 8.3e, „korrekt“) und somit korrekt zugeordnet werden, handelt es sich um einen Treffer. Wenn sie auf die falsche Seite der Entscheidungsgrenze fallen (Abb. 8.3e, „Fehler“), handelt es sich um einen Fehler. Die Güte, mit der die Testdaten überzufällig gut klassifiziert werden können, gibt Aufschluss darüber, wie viel Information über die Wahrnehmungsinhalte in der Voxelpopulation enthalten war.

Es gibt verschiedene Möglichkeiten, um die Region zu definieren, die für eine Klassifikation verwendet wird. Bei der **Regionsmethode** (engl. *region of interest,* ROI) wird eine a priori definierte Region verwendet, wie etwa der primäre visuelle Cortex, der sich auf der Basis unabhängiger retinotoper Kartierung definieren lässt (Tootell et al. 1996). Alternativ kommen auch separate Lokalisationsdurchgänge (engl. *localiser*) in Betracht, bei denen eine Region funktionell definiert wird (wie etwa das fusiforme Gesichtsareal, das als diejenige Region definiert wird, die auf Gesichter stärkere Antworten als auf Objekte zeigt). Bei der **Suchscheinwerfermethode** (engl. *searchlight*) wird mit einem Punkt begonnen und der Informationsgehalt im lokalen Umfeld um den Startpunkt herum notiert. Danach wird die Prozedur an vielen Stellen im Gehirn wiederholt, sodass eine dreidimensionale Karte entsteht, die den lokalen Informationsgehalt an allen Stellen im Gehirn anzeigt (Haynes und Rees 2006). Bei der **Ganzhirnmethode** (engl. *whole brain*) werden die Voxel des gesamten Gehirns für die Klassifikation verwendet. Diese letzte Methode kommt eher bei Gehirn-Computer-Schnittstellen zum Einsatz, die zur technischen Optimierung maximale Information aus Hirnsignalen extrahieren müssen. Da die Ganzhirnmethode jedoch nur begrenzt zur Klärung regionaler Hypothesen geeignet ist, wird sie in der kognitiven Neurowissenschaft seltener eingesetzt.

Multivariate Decodierung wurde in zahlreichen Studien verwendet, um die Codierung von Bewusstseinsinhalten zu untersuchen (s. Haynes 2009 für einen Überblick). In einer Studie (Haynes und Rees 2005a) konnte gezeigt werden, dass unterschwellig präsentierte, maskierte Orientierungsreize trotzdem merkmalsspezifisch in V1 encodiert sind, was frühere Ergebnisse aus der Psychophysik bestätigte (He et al. 1996). Darüber hinaus kann die Codierung bestimmter Bewusstseinsinhalte klar einzelnen Hirnregionen zugeordnet werden. So ergab sich, dass unterschiedliche bildliche visuelle Vorstellungen in räumlichen Hirnaktivitätsmustern in spezialisierten Hirnregionen encodiert sind (Cichy et al. 2011b). Es zeigte sich jedoch auch, dass andere, anscheinend anderweitig spezialisierte visuelle Regionen die betreffenden Inhalte ebenfalls zu einem gewissen Grad repräsentieren (Abb. 8.4).

Eine wichtige Eigenschaft der höherstufigen bewussten Wahrnehmung konnte ebenfalls untersucht werden, nämlich die Invarianz gegenüber Präsentationsbedingungen (Cichy et al. 2011b). Probanden mussten sich die Objekte entweder im linken oder im rechten visuellen Feld vorstellen. Damit war es möglich, die Mustererkennung auf Bildern in einem Hemifeld zu trainieren und auf einem anderen Hemifeld zu testen. Die Logik dabei ist, dass Objektidentität als höherstufiges Merkmal invariant sein müsste gegenüber Veränderungen in den Details der Darbietung. Trotz des Wechsels in der Position war es möglich, aus Mustern im ventralen Pfad die Objektkategorie zu decodieren, was für eine räumlich invariante Repräsentation spricht. Im ventralen Pfad sind auch Invarianzen gegenüber anderen Reizeigenschaften, wie etwa Farben oder Texturen, demonstriert worden (Sáry et al. 1993).

8.4 Bewusstseinsstruktur

Eine weitere wichtige Frage ist, wie Ähnlichkeiten zwischen Bewusstseinsinhalten neuronal codiert werden. Nehmen wir als Beispiel zwei Helligkeitsabstufungen H_1 und H_2 einer grauen Fläche und ihre neuronalen Korrelate N_1 und N_2. Vereinfacht gesagt bedeutet die erwähnte strikte Korrelation zwischen Bewusstseinsinhalt und Gehirnaktivität, dass immer dann, wenn eine Person eine bestimmte Helligkeit sieht, dieselbe neuronale Aktivität im Gehirn zu beobachten

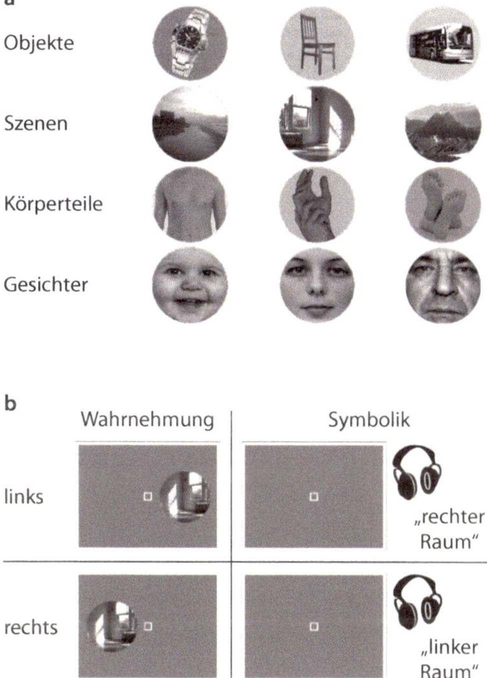

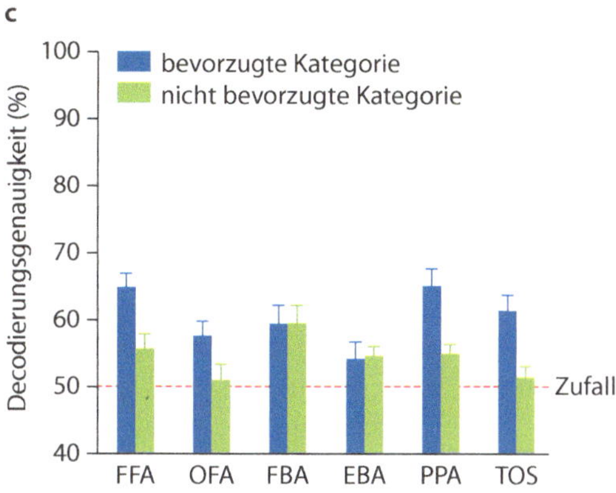

Abb. 8.4 Decodierung von visuellen Vorstellungen aus temporo-okzipitalen Hirnregionen (Cichy et al. 2011b). **a** Probanden wurden Bilder verschiedener Kategorien gezeigt. **b** Während einer fMRT-Messung mussten sie sich diese bildlich vorstellen. **c** Obwohl spezialisierte Regionen am meisten Information über ihre optimale Kategorie hatten (z. B. Gesichter im fusiformen Gesichtsareal FFA), konnte auch zu einem gewissen Grad ausgelesen werden, welches von verschiedenen nicht präferierten Objekten vorgestellt worden war (z. B. Stuhl versus Uhr im Gesichtsareal). Weitere Abkürzungen: EBA: extrastriatales Körperareal, FBA: fusiformes Körperareal, OFA occipitales Gesichtsareal, PPA: parahippocampales Ortsareal, TOS: transversaler occipitaler Sulcus

ist. Anders gesagt würde bei H_1 immer N_1 gemessen, bei H_2 immer N_2 und so weiter. Eine weitergehende Frage ist, ob die *Relationen* und Ähnlichkeitsverhältnisse zwischen Bewusstseinsinhalten sich auch in dieselben Relationen und Ähnlichkeitsverhältnisse der Aktivitätsmuster im Gehirn übertragen lassen.

Im einfachsten Fall könnte dies z. B. folgendes bedeuten: Wenn Fläche 2 heller ist als Fläche 1 (also $H_2 > H_1$), dann ist auch die neuronale Aktivität N_2 größer N_1. Der Vorteil einer solchen Codierung wäre, dass sich nicht nur die einzelnen Inhalte durch bestimmte Gehirnaktivitäten erklären lassen würden, sondern die empfundenen **Ähnlichkeitsbeziehungen** damit automatisch mit erklärt würden. Belege für eine solche Codierung gibt es in gewissen Ansätzen, allerdings scheint nach Bildgebungsexperimenten gerade die Helligkeitscodierung im visuellen System eher bipolar organisiert zu sein, und zwar in Form von Abweichungen von einem

a

b

Abb. 8.5 Psychophysikalische und neuronale Wahrnehmungsräume. Ein Vergleich der wahrgenommen Ähnlichkeiten von Objekten **a** mit ihrer neuronalen Ähnlichkeit im lateralen Okzipitalkomplex (**b** siehe Text). (Nach Edelman et al. 1998)

mittleren Grauwert. Wenn also eine Fläche besonders dunkel oder besonders hell ist, dann reagieren jeweils spezialisierte Neuronen darauf stärker, als wenn die Fläche grau ist (Haynes et al. 2004).

In anderen Fällen, vor allem in der Objektwahrnehmung, gibt es jedoch deutliche Hinweise darauf, dass die erlebten Ähnlichkeiten zwischen Wahrnehmungszuständen sich in Ähnlichkeiten der neuronalen Repräsentationen übersetzen lassen. So zeigten in einer frühen Studie Edelman et al. (1998) ihren Probanden eine Reihe von Bildern verschiedener Kategorien. Danach bat man die Probanden zu beurteilen, wie ähnlich sie die Bilder fanden. Auf der Basis der Ähnlichkeitsurteile wurden dann die Bilder mithilfe einer multidimensionalen Skalierung derart auf einer zweidimensionalen Fläche arrangiert, dass die relativen Positionen der Objekte in diesem Raum ihre *subjektiv empfundene Ähnlichkeit* zueinander widerspiegelte (Abb. 8.5a). In einem zweiten Schritt wurden mit fMRT Hirnaktivitätsmuster im Objektwahrnehmungscortex LOC für die einzelnen Objekte gemessen. Dann wurden diese Aktivitätsmuster verschiedener Objekte miteinander verglichen, und es wurde die Ähnlichkeit ermittelt. Nun wurden die Objekte mit einer multidimensionalen Skalierung so angeordnet, dass die räumliche Nähe die *Ähnlichkeit ihrer neuronalen Repräsentation* anzeigt (Abb. 8.5b). Es zeigte sich, dass der Raum der subjektiv empfundenen Ähnlichkeiten und der Raum der neuronalen Ähnlichkeiten einander gut widerspiegeln. Dies bedeutet, dass die subjektiv empfundene Ähnlichkeit zwischen Objekten mit neuronalen Repräsentationen in dieser Region, dem LOC, erklärt werden kann.

8.5 Bewusstseinsmodelle

Eine zentrale Frage bei der Erforschung der neuronalen Korrelate des Bewusstseins lautet, welcher spezifischer Unterschied in der neuronalen Verarbeitung eines Reizes darüber entscheidet, ob er ins Bewusstsein dringt oder nicht. Es gibt eine Reihe von Kandidaten, und für alle finden sich gewisse Belege. Einige repräsentative Theorien sind im Folgenden kurz dargelegt:

- **Aktivitätsniveau**

Die Kernidee dieser Theorie lautet, dass die Bewusstwerdung eines Reizes daran gebunden ist, wie stark die Aktivität im Gehirn ist, die der Reiz auslöst. Eine schwache Aktivierung in einer Hirnregion mag demnach unbewusst bleiben, aber ab einem bestimmten Erregungsniveau werden die darin enthaltenen neuronalen Repräsentationen bewusst.

Es finden sich zahlreiche Belege für diese Theorie. Die Wahrnehmungsschwelle bei maskierten Reizen ist direkt korreliert mit dem Aktivitätsniveau im Objektverarbeitungscortex, und zwar bei Affen (Kovács et al. 1995) und bei Menschen (Grill-Spector et al. 2000). Bereits im primären visuellen Cortex finden sich Anzeichen dafür, dass das Aktivitätslevel die Wahrnehmung bestimmt, und zwar selbst für kleine Fluktuationen in der Wahrnehmung um die Schwelle herum (Ress und Heeger 2003). Allerdings zeigen Arbeiten von Leopold und Logothetis (1996), dass der Zusammenhang zwischen Aktivität und Bewusstsein zumindest bei der binokularen Rivalität komplexer sein kann. Sie fanden Zellen, deren Aktivität bei Bewusstwerdung der korrespondierenden Repräsentation anstieg, aber es gab auch Zellen, deren Aktivität abfiel.

Die Aktivitätstheorie kann eine wichtige Eigenschaft bewusster Wahrnehmung gut erklären, nämlich ihre Verfügbarkeit für Zugriff. Wir können auf bewusste Reize intentional reagieren, wir können uns an sie erinnern, wir können sie verbal beschreiben. Dies bedeutet, dass bewusste Reize eine weitergehende Verarbeitung im Gehirn erfahren. Wenn die zugehörigen neuronalen Repräsentationen gemäß der Aktivitätstheorie „stärker" sind, könnte sich auch erklären, dass sie spätere Regionen stärker beeinflussen.

- **Kommunikation und Synchronisation**

Ein weiteres und sehr populäres Modell besagt, dass neuronale Reizrepräsentationen das Bewusstsein erreichen, wenn die verteilten Teilrepräsentationen ihr Feuerraten synchronisieren (Engel und Singer 2001). Die hiermit verbundene cortikale Aktivität wird vornehmlich im hochfrequenten Bereich (Gamma-Band, 30–80 Hz) angesiedelt. Demgemäß wäre Bewusstsein nicht auf einzelne Hirnregionen reduzierbar, sondern wäre ein Netzwerkphänomen. Dieses Modell kann besonders gut erklären, warum trotz der verteilten, quasi-modularen Verarbeitung einzelner Merkmalsdimensionen (Farbe, Form, Bewegung) ein Objekt trotzdem als integriert wahrgenommen wird. Die Erklärung wäre, dass die Einheitlichkeit der Wahrnehmung auf die Synchronisation der neuronalen Teilrepräsentationen zurückgeführt werden kann. Diese Synchronisationstheorie könnte ebenfalls die „Zugriffseigenschaft" des Bewusstseins gut erklären, weil Nervenzellen, die synchron aktiv werden, eine höhere Wahrscheinlichkeit haben, nachgeschaltete Regionen überschwellig zu erregen (König et al. 1996). Allerdings sind die neurophysiologischen Prozesse, durch die die langreichweitige und hochfrequente Synchronisation erfolgen soll, bisher unklar. Zwar finden sich in eng umgrenzten Nervenzellpopulationen, etwa im visuellen Cortex (V1, V4), Neurone, die im Gamma-Band feuern, aber dabei handelt es sich um inhibitorische Interneurone, die auf die Pyramidenzellen als die jeweiligen Ausgangsneurone der Population einwirken. Letztere feuern jedoch, von spezialisierten Pyramidenzellen abgesehen, niederfrequent im 1–10-Hz-Bereich und können somit auch keine Gamma-Akivität langreichweitig übertragen (vgl. Buszáki und Schomburg 2015; Ray und Maunsell 2015). Sie können jedoch durch den hochfrequenten Input der Interneurone dazu „gezwungen" werden, in bestimmten Zeitfenstern mit niederfrequenten Impulsen zu feuern. Eine Kopplung eng benachbarter Populationen über Interneurone könnte dazu führen, dass in benachbarten Populationen die Pyramidenzellen synchron feuern und hierdurch bestimmte Aktivitäten, etwa im Bereich der Aufmerksamkeit, innerhalb umgrenzter Cortexareale verstärken (vgl. Taylor et al. 2005; Fries 2015; Ni et al. 2016). Längerreichweitige Synchronisationsphänomene im Gammaband-Bereich können jedoch hiermit bisher nicht erklärt werden.

▪ Rekurrente Verarbeitung und Feedback

Eine weitere Theorie bezieht sich auch auf die **Dynamik weiträumiger neuronaler Prozesse** (Lamme et al. 2000; Pascual-Leone und Walsh 2001) und war davor bereits zur Erklärung von Maskierungsphänomenen herangezogen worden. Super et al. beobachteten, dass das bewusste Erkennen von texturdefinierten Formen sich durch eine verstärkte Aktivität in späten Phasen der Verarbeitung im primären visuellen Cortex ausdrückt (Super et al. 2001). Diese späte Aktivität interpretierten sie als eine „rekurrente" Phase der Verarbeitung, auf der sich vorwärtsgerichtete, rückwärtsgerichtete und laterale Verarbeitung überlagern. Einen weiteren Beleg für die Bedeutung von Feedback-Signalen nach V1 lieferte eine Arbeit von Pascual-Leone und Walsh (2001). Sie zeigten, dass durch eine Störung der Rückprojektion nach V1 zu einer späten Phase der Reizverarbeitung die bewusste Wahrnehmung von Bewegungsreizen verhindert werden kann. Ein verwandtes perzeptuelles Modell ist die Reverse-Hierarchie-Theorie (Hochstein und Ahissar 2002). Wenn auch Rekurrenz eine notwendige Bedingung für bewusste Wahrnehmung sein sollte, könnte Feedback nach V1 nicht dafür erforderlich sein, da es in bestimmten Fällen auch ohne V1 zu bewussten Erlebnissen von Bewegung kommen kann (Zeki und Ffytche 1998).

8

▪ Spezifische Regionen und Mikrobewusstsein(e)

Semir Zeki (2001) formulierte eine Theorie, nach der verschiedene Module im visuellen Cortex unabhängige **„Mikro-Bewusstseinsinhalte"** (engl. *micro-consciousness*) erzeugen können. Dies wird u. a. darauf zurückgeführt, dass Läsionen so selektiv sein können, dass nur eine bestimmte Kategorie von Bewusstseinsinhalten ausfällt (z. B. Farb- oder Gesichtserkennung). Ein weiterer Beleg ist, dass verschiedene sensorische Merkmalsdimensionen (z. B. Bewegung und Farbe) zu unterschiedlichen Zeiten das Bewusstsein erreichen (Moutoussis und Zeki 1997). Am deutlichsten sind die seltenen Fälle von Patienten mit Riddoch-Syndrom (Zeki und Ffytche 1998). Diese Patienten haben eine Läsion im primären visuellen Cortex und sind aufgrund dessen blind. Jedoch ist bei ihnen das Bewegungsareal MT+/V5 intakt, und sie geben an, schemenhaft schnelle Bewegung sehen zu können und können Bewegungsreize korrekt diskriminieren. Die Bewegung beschreiben sie wie einen „schwarzen Schatten vor einem dunklen Hintergrund" (Zeki und Ffytche 1998). Dies bedeutet vermutlich, dass selbst bei weitgehend ausgefallener visueller Wahrnehmung eine isolierte Dimension intakt bleiben kann und mit Aktivität in dem korrespondierenden Cortexareal einhergeht. Außerdem bedeutet ein Bewusstseinsinhalt ohne V1, dass Feedback nach V1 keine notwendige Bedingung für visuelles Bewusstsein sein kann, was den genannten V1-Feedback-Theorien des Bewusstseins (Pascual-Leone und Walsh 2001; Lamme et al. 2000) widerspricht.

▪ Dynamischer Kern

Tononi und Edelman (1998) formulierten eine Theorie, nach der das Bewusstsein mit einem „dynamischen Kern" (engl. *dynamic core*) der Hirnaktivität gleichzusetzen ist. Dies basierte auf zwei Beobachtungen: Zum einen erleben wir unser Bewusstsein als integriert bzw. „gebunden". So erleben wir eine visuelle Szene als eine Einheit und nicht als eine unverbundene Ansammlung von Farben, Helligkeiten und Kanten, obwohl diese Merkmale im Gehirn an unterschiedlichen Stellen verarbeitet werden. Ebenso fällt es uns schwer, mehr als eine einzelne Aufgabe auf einmal auszuführen, es sei denn, die Verarbeitung ist stark automatisiert. Die zweite

Beobachtung ist, dass das Bewusstsein trotz der Integration differenziert ist. Wir können eine Vielzahl von Erlebnissen haben, mithin enthält unser Bewusstsein viel „Information".

Diese beiden Aspekte bringen sie in ihrer Theorie des dynamischen Kerns zusammen. Demnach gibt es in der Hirnaktivität einen informationstheoretisch irreduziblen Kern, der eine hochgradige Integration und Rekurrenz zwischen posterioren und anterioren thalamocortikalen Schleifen aufweist und damit sensorische Kategorisierung mit Handlungsplanung, Bewertung und Gedächtnis verbindet. Ein Beleg dafür ist ein Experiment zur binokularen Rivalität, bei dem zwei auf verschiedenen Frequenzen flackernde Bilder getrennt auf das linke und rechte Auge präsentiert werden (Tononi et al. 1998). Es zeigte sich bei Bewusstwerdung eines Bildes eine Antwortstärke und eine Erhöhung der Kohärenz zwischen parietalen und frontalen MEG-Sensoren in der dem Bild korrespondierenden Frequenz. Eine Reihe von Belegen sprechen nach Meinung von Tononi und Edelman (1998) dafür, dass der Kernprozess dynamisch ist, d. h. er kann abwechselnd verschiedene Hirnregionen zu einer funktionellen Einheit integrieren. Dazu zählt vor allem die Abkapselung von automatisierten, unbewussten Verarbeitungsprozessen, wie sie sich etwa in der Aktivierung weitreichender sensorischer Cortexregionen durch unbewusste Reize ausdrückt.

Die Theorie wurde mehrfach weiterentwickelt hin zu einer Theorie der Informationsintegration, die explizite mathematische Definitionen der Integration angibt (Tononi 2004). Darin wird versucht, auch die Unterschiedlichkeit der qualitativen Erlebnisdimensionen (Qualia) im selben theoretischen Rahmen dadurch zu erklären, dass jede dynamische Einheit einen eigenen Codierungsraum aufspannt. Die Theorie des dynamischen Kerns erklärt die Dynamik, Integriertheit und Metastabilität des Bewusstseins sehr gut. Ein Problem allerdings ist, dass die mathematischen Integrationsmaße faktisch unmöglich zu messen sind, weshalb sie vor allem an Modellen gewonnen wurden.

▪ Globale Arbeitsfläche

Eine wichtige Eigenschaft bewusster Wahrnehmung ist, dass wir auf bewusste Repräsentationen anders kognitiv zugreifen können als auf unbewusste Repräsentationen. Wenn wir einen visuellen Reiz bewusst erkennen, dann wissen wir, dass wir ihn gesehen haben und können uns auch später daran erinnern, wir können ihn verbal beschreiben oder auch anderweitig zur Verhaltenssteuerung verwenden, z. B. indem wir einen Antwortknopf drücken. Um diese Eigenschaft zu erklären hat Baars die Theorie der globalen Arbeitsfläche formuliert (Baars 2002), die dann von Dehaene und Naccache (2001) weiterentwickelt wurde. Die Idee ist, dass eine visuelle Stimulation, die das Bewusstsein nicht erreicht, in sensorischen Cortexregionen informationell abgekapselt ist. Information über Stimuli, die das Bewusstsein erreichen, wird hingegen im Cortex breit „distribuiert", wie auf einer globalen Arbeitsfläche, auf der die sensorische Information vielfältigen Hirnregionen (wie etwa für Gedächtnis und Handlungssteuerung) zum Auslesen zur Verfügung steht. Die Theorie der Globalen Arbeitsfläche (engl. *global workspace theory*, GWS; Baars 2002) wird durch zahlreiche Belege gestützt. So gibt es von Dehaene et al. (2001) direkte Evidenzen dafür, dass visuell maskierte, unsichtbare Worte nur den sensorischen Cortex aktivieren. Hingegen erregen bewusst erkannte Worte weite Regionen des Gehirns, inklusive des präfrontalen Cortex' (Dehaene et al. 2001). Baars (2002) listet eine Reihe von Beispielen auf, bei denen gezeigt wurde, dass bewusste Reize eine weitergehende Verarbeitung erfahren. Dazu zählt die weitgehende cortikale Verteilung von Information über binokulare Rivalitätsreize, wenn diese ins Bewusstsein dringen (Tononi et al. 1998), oder die stärkere frontoparietale Aktivierung wenn kleine Veränderungen in dynamischen visuellen Displays erkannt werden im Vergleich zur Situation, in denen sie nicht erkannt werden (Beck et al. 2001).

- **Spezifische Regionen**

Eine Reihe von Autoren hat die Bedeutung spezifischer Regionen für visuelles Bewusstsein diskutiert. Crick und Koch (1995) argumentierten dafür, dass V1 nicht direkt in Bewusstseinsprozesse involviert ist. Zu den wichtigsten Argumenten hierfür zählt, dass V1 keine direkten Projektionen in den präfrontalen Cortex hat, was mit der Verfügbarkeit bewusster Information für komplexe Verhaltenssteuerung inkompatibel ist. Darüber hinaus wird V1 auch durch unbewusste Reize aktiviert (He et al. 1996; Haynes und Rees 2005a, b). Es wäre schwer zu erklären, wieso V1 an Bewusstsein beteiligt sein soll und trotzdem diese Reizrepräsentationen nicht das Bewusstsein erreichen. Goodale und Milner (1992) argumentierten gegen eine Beteiligung des parietal-dorsalen visuellen Verarbeitungspfades an visuellem Bewusstsein. Grundlage hierfür war eine doppelte Dissoziation im Verhaltensprofil zweier Patienten, die eine Läsion im dorsalen bzw. ventralen Pfad hatten. Ein Patient mit einer dorsalen visuellen Läsion konnte einen visuellen Reiz beschreiben, war aber nicht in der Lage, ihn zur Verhaltenssteuerung einzusetzen. Ein Patient mit einer Läsion im ventralen visuellen Pfad war hingegen in der Lage, den Reiz in Verhaltensprogramme einzubinden, konnte ihn aber nicht beschreiben. Die Autoren interpretierten dies als Beleg dafür, dass nur der ventrale visuelle Pfad bewusstseinsbegleitet ist.

Übersicht

Eine Beurteilung der verschiedenen Bewusstseinstheorien wird dadurch erschwert, dass sie unterschiedliche Aspekte des Bewusstseins gut erklären können. Einige Theorien fokussieren auf die Verfügbarkeit von Bewusstseinsinhalten für vielfältige komplexe Verhaltensleistungen. Aktivierungstheorie und Synchronisationstheorie sagen vorher, dass nachfolgende Regionen besser überschwellig erregt werden können, und erklären dies anhand einer stärkeren Aktivität bzw. Synchronisation bewusster neuronaler Repräsentationen. Beide Aspekte sind prinzipiell kompatibel mit der Theorie einer globalen Arbeitsfläche, auch wenn von den Autoren andere physiologische Realisierungen vorgeschlagen wurden. Darüber hinaus sind in empirischen Daten in den meisten Fällen Aktivierung und Synchronisation (und vermutlich auch Rekurrenz) miteinander stark korreliert (z. B. Siegel und König 2003), sodass eine Unterscheidung zwischen den Theorien erschwert wird.

Die in diesem Abschnitt genannten Theorien machen sehr unterschiedliche Vorhersagen darüber, was mit inhaltsspezifischen neuronalen Repräsentationen bei bewusster versus unbewusster Verarbeitung passiert (▫ Abb. 8.6). So ist es nach der Mikrobewusstseinstheorie für die Bewusstwerdung ausreichend, wenn eine neuronale Repräsentation in einem dedizierten Wahrnehmungsareal entsteht. So würde z. B. eine inhaltsspezifische Aktivierung im fusiformen Gesichtsareal bereits automatisch zu einer Gesichtswahrnehmung, ohne dass zusätzliche Bedingungen wie etwa Aufmerksamkeit erforderlich wären. Hingegen muss für Theorien, die auf den *Zugriff* auf visuelle Repräsentationen fokussieren, zusätzlich zu einer Repräsentation noch ein Auslesemechanismus oder Verteilungsmechanismus wirksam werden. Demnach könnte es passieren, dass ein Inhalt zwar

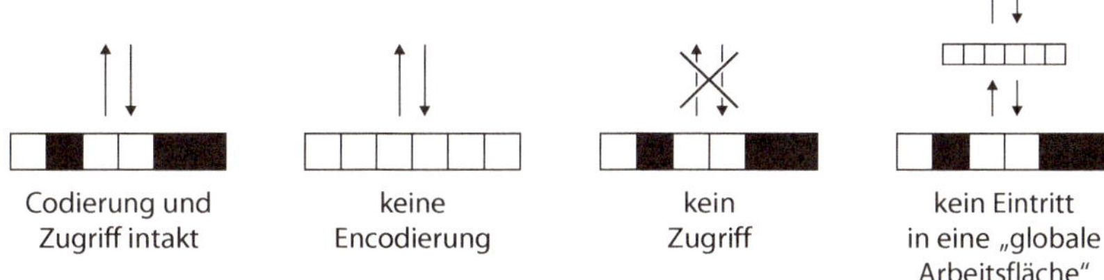

Abb. 8.6 Bewusstseinsinhalte in verschiedenen Bewusstseinsmodellen. (Nach Haynes 2009). Von links: Im Zustand einer normalen Wahrnehmung sind sowohl die Reizrepräsentation als auch der Zugriff auf die Reizrepräsentation intakt. Wenn ein Reiz nicht bewusst wahrgenommen wird, könnte es verschiedene Ursachen dafür geben: Eine fehlende Codierung des Inhalts in inhaltsspezifischen Hirnregionen, ein fehlender attentionaler oder exekutiver Zugriff auf die Information trotz intakter Repräsentation, keine weiträumige Verteilung der Information im Sinne einer „globalen Arbeitsfläche"

in sensorischen Regionen codiert ist, aber nicht das Bewusstsein erreicht.
Um zwischen diesen beiden Theorien unterscheiden zu können, wäre es wichtig zu untersuchen, ob die Codierung in sensorischen Regionen tatsächlich zwangsläufig zur Bewusstwerdung des Reizes führt. Einige Experimente haben gezeigt, dass auch unbewusste Reize zu einer inhaltsspezifischen Aktivierung im visuellen System führen können (Rees et al. 2002; Moutoussis und Zeki 2002; Haynes und Rees 2005a). Darüber hinaus führt die Bewusstwerdung zu weiträumigeren Aktivierungen auch außerhalb sensorischer Hirnregionen. Dies spricht dafür, dass zusätzliche Prozesse erforderlich sind, um eine Repräsentation ins Bewusstsein zu bringen. Ob diese zusätzlichen Prozesse im Sinne einer globalen Arbeitsfläche operieren, ist aber derzeit noch nicht klar. Diese Theorie besagt, dass Inhalte weiträumig im Gehirn verteilt werden müssen, um bewusst zu werden.
Demnach müsste man also bei Bewusstheit eines Reizes nicht nur weitläufige Aktivität im Gehirn finden, sondern es müsste gezeigt werden, dass diese Prozesse inhaltsspezifisch sind und in der Tat *Information* über den sensorischen Prozess codieren.

8.6 Bewusstsein, Selektion und Aufmerksamkeit

Nach einer weit verbreiteten Auffassung reguliert selektive Aufmerksamkeit den Zugang zum Bewusstsein und ist quasi der selektive Torwächter des Bewusstseins. Dies würde bedeuten, dass wir Reize nur bewusst erkennen können, wenn wir sie attendieren.

Unaufmerksamkeitsblindheit

Mangelnde Erkennung peripherer visueller Reize bei fehlender Aufmerksamkeit

Veränderungsblindheit

Mangelnde Erkennung der Veränderung visueller Reize bei fehlender Aufmerksamkeit

Für einen engen Zusammenhang zwischen Bewusstsein und Aufmerksamkeit spricht in der Tat einiges. Den deutlichsten Beleg bieten sog. Cueing-Experimente (Sperling 1960; Posner et al. 1980; Hawkins et al. 1990). So zeigten Experimente von Hawkins et al. (1990), dass die Genauigkeit, mit der Zielreize, die an verschiedenen Positionen dargeboten wurden, erkannt werden konnten, zunimmt, wenn den Probanden vorher ein Hinweisreiz auf die wahrscheinlichste Zielposition gegeben wird. Bereits vorher hatte George Sperling (1960) in einem ähnlichen Experiment Probanden zufällige Buchstabenreihen gezeigt und sie gebeten, hinterher so viele Buchstaben wie möglich wiederzugeben. Es zeigte sich, dass ihre Trefferquote erheblich besser war, wenn den Probanden ein Hinweisreiz dafür gegeben wurde, welche Reihen sie berichten sollten, und zwar selbst dann, wenn dieser Hinweisreiz erst *nach* dem Entfernen der Buchstabenreihe gegeben wurde. Demnach kann Aufmerksamkeit sogar auf Repräsentationen im ikonischen Gedächtnis operieren und dessen Inhalte für die bewusste Wahrnehmung selektieren.

Ein anderes Beispiel für den engen Zusammenhang zwischen Bewusstsein und Aufmerksamkeit bieten Experimente zur Unaufmerksamkeitsblindheit (*Inattentional Blindness*; Mack und Rock 1998) und zur Veränderungsblindheit (*Change Blindness;* McConkie und Currie 1996; Rensinck et al. 1997; Niedeggen et al. 2001; Beck et al. 2001). Bei der Unaufmerksamkeitsblindheit absolvieren Probanden wenige Durchgänge einer schwierigen Fixationsaufgabe, und in einem abschließenden, entscheidenden einzelnen Durchgang wird während der Fixationsaufgabe ein Stimulus in der Peripherie des visuellen Feldes dargeboten. Nur wenige Probanden geben an, überhaupt den unerwarteten peripheren Reiz gesehen zu haben (Mack und Rock 1998). Die mangelnde bewusste Erkennung des peripheren Reizes wird auf fehlende Aufmerksamkeit zurückgeführt. Bei dem sehr ähnlichen Phänomen der Veränderungsblindheit werden selbst auffällige Veränderungen in visuellen Bildern nicht erkannt, solange sie nicht mit Aufmerksamkeit verarbeitet werden.

Es gibt aber in diesen Experimenten auch Belege dafür, dass Aufmerksamkeit nicht automatisch zu Bewusstsein führt. So kann eine ähnliche „Blindheit" auch bei vollständig attendierten Reizen auftreten.

Beispiel

In einem Experiment wurden Probanden in fingierte Konversationen mit einem Fremden verwickelt (Simons und Levin 1998). Die Unterhaltung wurde kurzzeitig dadurch unterbrochen, dass zwei Bauarbeiter eine Tür zwischen ihnen hindurch trugen, sodass der Blick kurz verstellt war. Ohne Wissen des Probanden wurde der Gesprächspartner ausgetauscht, was von zahlreichen Probanden nicht bemerkt wurde. Da der Proband den Gesprächspartner (mit nur einer kleinen Unterbrechung) mit voller Aufmerksamkeit betrachtet hatte, spricht dies dafür, dass die fehlerhafte Erkennung nicht so sehr auf mangelnde Aufmerksamkeit sondern auf die fehlende *Erwartung* zurückzuführen ist, dass sich die Identität eines Gesprächspartners ändern könnte. Andere Experimente zeigen, dass Aufmerksamkeit auch die Verarbeitung unbewusster Reize beeinflussen kann (z. B. Martens et al. 2011). Zusammen mit den anderen oben ausgeführten Experimenten würde dies bedeuten, dass Aufmerksamkeit zwar eine notwendige, aber keine hinreichende Bedingung für Bewusstsein darstellt.

Allerdings sind in den letzten Jahren einige Dissoziationen herausgearbeitet worden, die nahelegen, dass Aufmerksamkeit auch nicht notwendig für Bewusstsein ist, weil Bewusstsein auch ohne Aufmerksamkeit auftreten kann (Lamme 2003; Koch und Tsuchiya 2007; Srinivasan 2008). Zu dieser Erkenntnis führt eine Reihe von experimentellen Befunden:

1. *Manche Reizeigenschaften können auch ohne Aufmerksamkeit erkannt werden.* Auch ohne Aufmerksamkeitslenkung *(Full Report)* war bei Sperlings Experimenten die Erkennensrate deutlich über Zufall (Sperling 1960), was für eine residuelle Verarbeitung sprechen könnte, vermutlich durch die spontane Aufmerksamkeit des Probanden.

Andererseits könnte es auch bedeuten, dass eine geringfügige Verarbeitung auch ohne Aufmerksamkeit möglich ist. Dies wird durch Studien mit Doppelaufgaben bestätigt (Braun und Julesz 1998). Dabei wird die Aufmerksamkeit von Probanden durch eine schwierige primäre Diskriminationsaufgabe am Fixationspunkt gebunden. Dann wird untersucht, inwiefern zusätzliche periphere Reize erkannt werden können, ohne dass Aufmerksamkeit von der zentralen Aufgabe abgezogen wird. Es zeigt sich zunächst, dass einfache Reizeigenschaften (z. B. Farbe) ohne Aufmerksamkeitskosten erkannt werden können, während dies bei komplexen Reizeigenschaften (wie Form) nicht möglich ist. Dies spricht dafür, dass das bewusste Erkennen von einfachen Merkmalen nicht von Aufmerksamkeit abhängig ist. Später zeigte sich, dass selbst die Kerninhalte ausgedehnter und komplexer visueller Szenen ohne Aufmerksamkeit wiedergegeben werden können (Li et al. 2002).

2. *Aufmerksamkeit kann für Bewusstsein hinderlich sein.* Die Wahrnehmung kann in manchen Fällen verbessert werden, wenn dem Zielreiz weniger Aufmerksamkeit zugewendet wird (Yeshurun und Carrasco 1998; Olivers und Nieuwenhuis 2005). So haben Yeshurun und Carrasco (1998) gezeigt, dass eine foveale Texturdetektion durch Aufmerksamkeit verschlechtert werden kann, vermutlich weil die Verarbeitung von grob aufgelöster Forminformation unter der durch die Aufmerksamkeit herbeigeführten erhöhten räumlichen Auflösung leidet.
3. *Aufmerksamkeit und Bewusstsein können entgegengesetzte Effekte auf visuelle Verarbeitung haben.* Manche Experimente legen eine doppelte Dissoziation zwischen den Auswirkungen nahe, die Aufmerksamkeit und bewusste Reizerkennung auf die visuelle Informationsverarbeitung haben. So zeigte eine Reihe von Studien zu Nachbildern, dass Aufmerksamkeit deren Dauer verkürzt, während Bewusstsein deren Dauer verlängern kann (s. Koch und Tsuchiya 2007 für einen Überblick), obwohl es auch gegenteilige Befunde gibt (Kaunitz et al. 2011).
4. *Aufmerksamkeit kann auch durch unbewusste Reize gesteuert werden.* So verglich McCormick (1997) in einer Studie direkt die Aufmerksamkeitssteuerung durch überschwellig und unterschwellig dargebotene Reize. Es zeigte sich, dass selbst unsichtbare Reize eine exogene Orientierung der Aufmerksamkeit auslösen können (s. Mulckhuyse und Theeuwes 2010 für einen detaillierten Überblick). Dabei kann die Aufmerksamkeit sogar durch komplexe Eigenschaften unsichtbarer Reize gesteuert werden, was für eine tiefgehende Verarbeitung unterschwelliger Aufmerksamkeitscues spricht (Jiang et al. 2006). Interessanterweise kann der Effekt davon abhängig sein, dass der unbewusste Reiz, der die Aufmerksamkeit auf sich zieht, relevant für die Aufgabe des Probanden ist (Ansorge et al. 2010). Zusammengenommen zeigen die genannten Punkte also eine klare Dissoziierbarkeit zwischen Aufmerksamkeit und Bewusstsein, auch wenn beide Prozesse in der Regel eng miteinander verzahnt sind.

Zusammenfassung

In diesem Kapitel haben wir uns zuerst mit den psychologischen Bedingungen des Auftretens bewusster Wahrnehmung befasst und festgestellt, dass es sich nicht um ein Alles-oder-Nichts-Phänomen handelt, sondern dass es zwischen völlig unbewussten und deutlich bewussten Reizen einen fast beliebigen Übergang gibt: So kann es sein, dass einige Merkmale eines Reizes erkannt werden, andere aber nicht, oder dass scheinbar völlig unbewusste „maskierte" Reize einen deutlichen Einfluss auf Wahlentscheidungen zwischen alternativen bewusst dargebotenen Reizen haben (Priming). Es gibt viele Hinweise darauf, dass bestimmte Reize überhaupt nicht bewusst wahrgenommen werden, aber dennoch unser Verhalten beeinflussen, etwa bei unbewusst ablaufenden Lern- und Konditionierungsaufgaben.

Die entscheidende psycho-neurobiologische Frage lautet, ob es in den durch unbewusste oder bewusste Reize hervorgerufenen Hirnaktivitäten stabile Unterschiede gibt. Es konnte festgestellt werden, dass unbewusste Reize nicht nur tiefstufige, sondern auch hochstufige Verarbeitungsareale des Gehirns aktivieren können, z. B. das temporale Gesichtserkennungsareal (Gyrus fusiformis), dass aber die Aktivierung durch bewusste Reize stets umfangreicher ist und eine größere Anzahl cortikaler Areale umfasst. Dies betrifft vor allem das sog. fronto-parietale Netzwerk, das sich zwischen dem oberen Stirnhirn (PFC) und dem hinteren parietalen Cortex (PPC) erstreckt. Jedoch fallen auch in primären sensorischen Arealen, z. B. dem primären visuellen Cortex, die Antworten auf bewusst werdende Reize stärker aus als auf unbewusst bleibende.

Über viele Jahrzehnte hat sich die neurobiologische Bewusstseinsforschung mit der Frage beschäftigt, ob es nicht nur für sehr einfache Reize, sondern auch für bestimmte komplexe Inhalte wie Gesichter, Personen und Situationen diskrete Repräsentationen, „Kardinalzellen" genannt, gibt, oder ob solche Inhalte stets in ausgedehnten Aktivitätsmustern unterschiedlicher cortikaler Populationen von Nervenzellen „distributiv codiert" sind. Die neuere Forschung hat letztere Anschauung mithilfe des Verfahrens der multivariaten Decodierung als Regelfall bestätigt. Es zeigt sich, dass auch im Fall einer distributiven Codierung dieselben Wahrnehmungsinhalte dieselben neuronale Repräsentationen hervorrufen.

Eine weitere zentrale Frage der psycho-neuronalen Bewusstseinsforschung lautet, wie stark Unterschiede und Ähnlichkeiten zwischen Bewusstseinsinhalten sich auch in Unterschieden und Ähnlichkeiten neuronaler Codierung ausdrücken. Es zeigt sich, dass kategorial unterschiedliche Inhalte auch durch unterschiedliche neuronale Antworten repräsentiert werden und dass sich subjektiv empfundene Ähnlichkeiten ebenfalls in ähnlichen neuronalen Antworten ausdrücken. Man kann also zwischen mehr oder weniger festen, wenngleich komplexen Korrelationen zwischen Bewusstseinsinhalten und neuronalen Prozessen ausgehen.

Bewusstsein und Aufmerksamkeit sind in der Regel eng miteinander verbunden: Je mehr wir unsere Aufmerksamkeit auf irgendetwas richten, desto stärker „feuern" bestimmte Populationen von Nervenzellen. Wenn etwas unserer Aufmerksamkeit entgeht, weil es nicht in deren „Fokus" ist, so ist die damit verbundene periphere neuronale Aktivität auch schwach. Man nennt dies Unaufmerksamkeitsblindheit. Aufmerksamkeit und Bewusstsein sind aber nicht identisch, denn wir können z. B. Veränderungen in einer Szene übersehen, obwohl wir uns voll darauf konzentrieren – Veränderungsblindheit genannt. Das geschieht etwa, wenn diese Veränderungen nicht erwartet wurden.

Neurotheoretiker und Neurophilosophen haben zahlreiche Modelle für das Entstehen von Bewusstsein und dessen Beziehung zu Hirnprozessen entwickelt. Die einen Autoren gehen davon aus, dass alles, was an Reizen stark und lang genug auf das Gehirn einwirkt, auch ins Bewusstsein dringt. Andere Autoren nehmen an, dass hierzu „rückläufige" Bahnen zwischen primären sensorischen Arealen und assoziativen Arealen im Cortex notwendig sind. Eine sehr populäre Modellvorstellung lautet, dass sich solche Areale in spezifischer Weise mithilfe einer hochfrequenten Synchronisation im sog. Gamma-Bereich (30–80 Hz) „zusammenbinden", um einen bedeutungshaften Bewusstseinsinhalt zu erzeugen. Dies lässt sich auch mit der Vorstellung vereinigen, dass es ein allen Bewusstseinsinhalten zugrundeliegenden „Kernmechanismus" gibt, der zwischen Cortex und Thalamus aktiv ist und sich ständig auf neue aktuelle Inhalte ausrichtet. Allerdings sind die zugrunde liegenden neurophysiologischen Mechanismen der Gamma-Synchronisation noch weitgehend unklar. Die verschiedenen Modelle können

viele Aspekte des Bewusstseins gut erklären, aber keineswegs alle. Insgesamt lässt sich aber Bewusstsein als eine „globale Arbeitsfläche" verstehen, die besondere Mechanismen der Informationsverarbeitung beinhaltet und die aktuelle detaillierte Wahrnehmung ermöglicht, deren Erinnerbarkeit und sprachliche Berichtbarkeit und einen stärkeren Zugriff auf Verhaltensreaktionen einschließlich komplexer Handlungsplanung ermöglicht.
Die Grundbotschaft lautet also, dass Inhalte des Bewusstseins präzise mit bestimmten neuronalen Vorgängen im Gehirn zusammenhängen – es gibt kein Bewusstsein im psychologischen Sinn ohne Gehirnprozesse! Wie aber „rein geistige" Bewusstseinszustände konkret aus dem „Feuern von Neuronen" entstehen, ist eine zwar altehrwürdige, aber bisher unbeantwortete philosophische Frage. Die einen Autoren halten sie für unlösbar, die anderen für eine Pseudofrage, und wiederum andere Autoren meinen, dass sie durch das, was inzwischen herausgefunden wurde, hinreichend gelöst wurde.

Literatur

Adams JK (1957) Laboratory studies of behavior without awareness. Psychol Bull 54:383–405
Ansorge U, Horstmann G, Worschech F (2010) Attentional capture by masked colour singletons. Vision Res 50(19):2015–2027 (Epub 2010 Jul 24)
Baars BJ (2002) The conscious access hypothesis: origin and recent evidence. Trends Cogn Sci 8:47–52
Beck DM, Rees G, Frith CD, Lavie N (2001) Neural correlates of change detection and change blindness. Nat Neurosci 4(6):645–650
Berti A, Rizzolatti G (1992) Visual processing without awareness: evidence from unilateral neglect. J Cogn Neurosci 4:345–351
Binder JR, Rao SM, Hammeke TA, Yetkin FZ, Jesmanowicz A, Bandettini PA, Wong EC, Estkowski LD, Goldstein MD, Haughton VM et al (1994) Functional magnetic resonance imaging of human auditory cortex. Ann Neurol 35(6):662–672
Blankertz B, Dornhege G, Schäfer C, Krepki R, Kohlmorgen J, Müller KR, Kunzmann V, Losch F, Curio G (2003) Boosting bit rates and error detection for the classification of fast-paced motor commands based on single-trial EEG analysis. IEEE Trans Neural Syst Rehabil Eng 11(2):127–131
Boring EG (1930) A new ambiguous figure. Am J Psychol 42:444
Braun J, Julesz B (1998) Withdrawing attention at little or no cost: detection and discrimination tasks. Percept Psychophys 60(1):1–23
Bullier J, Kennedy H (1983) Projection of the lateral geniculate nucleus onto cortical area V2 in the macaque monkey. Exp Brain Res 53(1):168–172
Buszáki G, Schomburg EW (2015) What does gamma coherence tell us about interregional neural communication? Nat Neurosci 18:484–489
Cannon MW (1984) A study of stimulus range effects in free modulus magnitude estimation of contrast. Vision Res 24(9):1049–1055
Cichy RM, Chen Y, Haynes JD (2011a) Encoding the identity and location of objects in human LOC. Neuroimage 54(3):2297–2307
Cichy RM, Heinzle J, Haynes JD (2011b) Imagery and perception share cortical representations of content and location. Cereb Cortex 22:372–380
Crick F, Koch C (1995) Are we aware of neural activity in primary visual cortex? Nature 375(6527):121–123
Crick F, Koch C (1998) Consciousness and neuroscience. Cereb Cortex 8(2):97–107
Debner JA, Jacoby LL (1994) Unconscious perception: attention, awareness, and control. J Exp Psychol Learn Mem Cogn 20(2):304–317
Dehaene S, Naccache L (2001) Towards a cognitive neuroscience of consciousness: basic evidence and a workspace framework. Cognition 79(1–2):1–37
Dehaene S, Naccache L, Cohen L, Bihan DL, Mangin JF, Poline JB, Rivière D (2001) Cerebral mechanisms of word masking and unconscious repetition priming. Nat Neurosci 4(7):752–758
Edelman S, Grill-Spector K, Kushnir T, Malach R (1998) Towards direct visualization of the internal shape space by fMRI. Psychobiology 26:309–321
Engel AK, Singer W (2001) Temporal binding and the neural correlates of sensory awareness. Trends Cogn Sci 5(1):16–25
Eriksen CW (1954) The case for perceptual defense. Psychol Rev 61:175–182
Eriksen CW (1960) Discrimination and learning without awareness: a methodological survey and evaluation. Psych Rev 67:279–300
Fang F, He S (2005) Cortical responses to invisible objects in the human dorsal and ventral pathways. Nat Neurosci 8(10):1380–1385 (Epub 2005 Sep 4)
Fechner GT (1860) Elemente der Psychophysik. Breitkopf & Härtel, Leipzig
Fries P (2015) Rhythmus for cognition: communication for coherence. Neuron 88:220–235

Gescheider GA (1988) Psychophysics: The Fundamentals. Annu Rev Psychol 39:169–200

Gescheider G (1997) Psychophysics: the fundamentals. Erlbaum, New Jersey

Goebel R, Muckli L, Zanella FE, Singer W, Stoerig P (2001) Sustained extrastriate cortical activation without visual awareness revealed by fMRI studies of hemianopic patients. Vision Res 41(10–11):1459–1474

Goodale MA, Milner AD (1992) Separate visual pathways for perception and action. Trends Neurosci 15(1):20–25

Green DM, Swets JA (1966) Signal detection theory and psychophysics. Wiley, New York

Grill-Spector K, Kushnir T, Hendler T, Malach R (2000) The dynamics of object-selective activation correlate with recognition performance in humans. Nat Neurosci 3(8):837–843

Gur M, Snodderly DM (1997) A dissociation between brain activity and perception: chromatically opponent cortical neurons signal chromatic flicker that is not perceived. Vision Res 37(4):37782

Hadjikhani N, Liu AK, Dale AM, Cavanagh P, Tootell RB (1998) Retinotopy and color sensitivity in human visual cortical area V8. Nat Neurosci 1(3):235–241

Hawkins HL, Hillyard SA, Luck SJ, Mouloua M, Downing CJ, Woodward DP (1990) Visual attention modulates signal detectability. J Exp Psychol Hum Percept Perform 16:802–811

Haynes JD (2009) Decoding visual consciousness from human brain signals. Trends Cogn Sci 13(5):194–202

Haynes JD, Rees G (2005a) Predicting the orientation of invisible stimuli from activity in human primary visual cortex. Nat Neurosci 8(5):686–691

Haynes JD, Rees G (2005b) Predicting the stream of consciousness from activity in human visual cortex. Curr Biol 15(14):1301–1307

Haynes JD, Rees G (2006) Decoding mental states from brain activity in humans. Nat Rev Neurosci 7(7):523–534

Haynes JD, Lotto RB, Rees G (2004) Responses of human visual cortex to uniform surfaces. Proc Natl Acad Sci USA 101(12):4286–4291

Haynes JD, Deichmann R, Rees G (2005a) Eye-specific effects of binocular rivalry in the human lateral geniculate nucleus. Nature 438(7067):496–499

Haynes JD, Driver J, Rees G (2005b) Visibility reflects dynamic changes of effective connectivity between V1 and fusiform cortex. Neuron 46(5):811–821

He S, Cavanagh P, Intriligator J (1996) Attentional resolution and the locus of visual awareness. Nature 383(6598):334–337

Hochstein S, Ahissar M (2002) View from the top: hierarchies and reverse hierarchies in the visual system. Neuron 36(5):791–804

Holender D (1986) Semantic activation without conscious identification in dichotic listening, parafoveal vision, and visual masking: a survey and appraisal. Behav Brain Sci 9:1–23

Houweling AR, Brecht M (2008) Behavioural report of single neuron stimulation in somatosensory cortex. Nature 451(7174):65–68

James W (1890) The principles of psychology. Holt, New York

Jiang Y, Costello P, Fang F, Huang M, He S (2006) A gender- and sexual orientation-dependent spatial attentional effect of invisible images. Proc Natl Acad Sci USA 103(45):17048–17052 (Epub 2006 Oct 30)

Kahnt T, Grueschow M, Speck O, Haynes JD (2011) Perceptual learning and decision-making in human medial frontal cortex. Neuron 70(3):549–559

Kanai R, Tsuchiya N, Verstraten FA (2006) The scope and limits of top-down attention in unconscious visual processing. Curr Biol 16(23):2332–2336

Kanwisher N, McDermott J, Chun MM (1997) The fusiform face area: a module in human extrastriate cortex specialized for face perception. J Neurosci 17(11):4302–4311

Kaunitz L, Fracasso A, Melcher D (2011) Unseen complex motion is modulated by attention and generates a visible aftereffect. J Vis 11(13). pii: 10. ► https://doi.org/10.1167/11.13.10 (Print 2011)

Klotz W, Neumann O (1999) Motor activation without conscious discrimination in metacontrast masking. J Exp Psychol Hum Percept Perform 25:976992

Koch C, Tsuchiya N (2007) Attention and consciousness: two distinct brain processes. Trends Cogn Sci 11(1):16–22

König P, Engel AK, Singer W (1996) Integrator or coincidence detector? The role of the cortical neuron revisited. Trends Neurosci 19(4):130–137

Kouider S, Dupoux E (2004) Partial awareness creates the "illusion" of subliminal semantic priming. Psychol Sci 15:75–81

Kovács G, Vogels R, Orban GA (1995) Cortical correlate of pattern backward masking. Proc Natl Acad Sci USA 92(12):5587–5591

Kunimoto C, Miller J, Pashler H (2001) Confidence and accuracy of near-threshold discrimination responses. Conscious Cogn 10:294–340

Lamme VA (2003) Why visual attention and awareness are different. Trends Cogn Sci 7(1):12–18

Lamme VA, Supèr H, Landman R, Roelfsema PR, Spekreijse H (2000) The role of primary visual cortex (V1) in visual awareness. Vision Res 40(10–12):1507–1521

Leopold DA, Logothetis NK (1996) Activity changes in early visual cortex reflect monkeys' percepts during binocular rivalry. Nature 379(6565):549–553

Leopold DA, Logothetis NK (1999) Multistable phenomena: changing views in perception. Trends Cogn Sci 3(7):254–264

Li FF, VanRullen R, Koch C, Perona P (2002) Rapid natural scene categorization in the near absence of attention. Proc Natl Acad Sci USA 99(14):9596–9601

Lumer ED, Rees G (1999) Covariation of activity in visual and prefrontal cortex associated with subjective visual perception. Proc Natl Acad Sci USA 96(4):1669–1673

Mach E (1886) Beiträge zur Analyse der Empfindungen. Fischer, Berlin

Mack A, Rock I (1998) Inattentional Blindness. MIT Press, Cambridge

Marcel AJ (1983) Conscious and unconscious perception: experiments on visual masking and word recognition. Cogn Psychol 15(2):197–237

Martens U, Ansorge U, Kiefer M (2011) Controlling the unconscious: attentional task sets modulate subliminal semantic and visuomotor processes differentially. Psychol Sci 22(2):28291

McConkie GW, Currie CB (1996) Visual stability across saccades while viewing complex pictures. J Exp Psychol Hum Percept Perform 22(3):563–581

McCormick PA (1997) Orienting attention without awareness. J Exp Psychol Hum Percept Perform 23(1):168–180

McGinnies E (1949) Emotionality and perceptual defense. Psychol Rev 56:244–251

Merikle PM, Joordens S, Stolz JA (1995) Measuring the relative magnitude of unconscious influences. Conscious Cogn 4(4):422–439

Moutoussis K, Zeki S (1997) A direct demonstration of perceptual asynchrony in vision. Proc Biol Sci 264(1380):393–399

Moutoussis K, Zeki S (2002) The relationship between cortical activation and perception investigated with invisible stimuli. Proc Natl Acad Sci USA 99(14):9527–9532

Mulckhuyse M, Theeuwes J (2010) Unconscious attentional orienting to exogenous cues: a review of the literature. Acta Psychol (Amst) 134(3):299–309

Necker LA (1832) Observations on some remarkable optical phaenomena seen in Switzerland; and on an optical phaenomenon which occurs on viewing a figure of a crystal or geometrical solid. London and Edinburgh Philosophical Magazine and J Sci 1(5):329–337

Ni J, Wunderle T, Lewis CM, Desimone R, Diester I, Fries R (2016) Gamma-rhythmic gain modulation. Neuron 92:240–251

Niedeggen M, Wichmann P, Stoerig P (2001) Change blindness and time to consciousness. Eur J Neurosci 14(10):1719–1726

Olivers CN, Nieuwenhuis S (2005) The beneficial effect of concurrent task-irrelevant mental activity on temporal attention. Psychol Sci 16(4):265–269

Parker AJ, Newsome WT (1998) Sense and the single neuron: probing the physiology of perception. Ann Rev Neurosci 21:227–277

Pascual-Leone A, Walsh V (2001) Fast backprojections from the motion to the primary visual area necessary for visual awareness. Science 292(5516):510–512

Peirce CS, Jastrow J (1998) On small differences in sensation. Mem Natl Acad Sci 3:73–83

Pessiglione M, Petrovic P, Daunizeau J, Palminteri S, Dolan RJ, Frith CD (2008) Subliminal instrumental conditioning demonstrated in the human brain. Neuron 59(4):561–567

Posner MI, Snyder CR, Davidson BJ (1980) Attention and the detection of signals. J Exp Psychol Gen 109:160–174

Quiroga RQ, Reddy L, Kreiman G, Koch C, Fried I (2005) Invariant visual representation by single neurons in the human brain. Nature 435(7045):1102–1107

Ray RD, Maunsell JH (2015) Do gamma oscillations play a role in cerebral cortex? Trends Cogn Sci 19:78–85

Rees G, Wojciulik E, Clarke K, Husain M, Frith C, Driver J (2002) Neural correlates of conscious and unconscious vision in parietal extinction. Neurocase 8(5):387–393

Reingold EM, Merikle PM (1988) Using direct and indirect measures to study perception without awareness. Percept Psychophys 44:563–575

Rensink RA, O'Regan JK, Clark JJ (1997) To see or not to see: the need for attention to perceive changes in scenes. Psychol Sci 8:368–373

Ress D, Heeger DJ (2003) Neuronal correlates of perception in early visual cortex. Nat Neurosci 6(4):414–420

Sáry G, Vogels R, Orban GA (1993) Cue-invariant shape selectivity of macaque inferior temporal neurons. Science 260(5110):995–997

Schmidt T, Vorberg D (2006) Criteria for unconscious cognition: three types of dissociation. Percept Psychophys 68(3):489–504

Sidis B (1898) The psychology of suggestion. Appleton, New York

Siegel M, König P (2003) A functional gamma-band defined by stimulus-dependent synchronization in area 18 of awake behaving cats. J Neurosci 23(10):4251–4260

Simons DJ, Levin DT (1998) Failure to detect changes to people in a real-world interaction. Psychon Bull Rev 5:644–649

Sperling G (1960) The information available in brief visual presentations. Psychol Monogr 74:1–29

Srinivasan N (2008) Interdependence of attention and consciousness. Prog Brain Res 168:65–75

Supèr H, Spekreijse H, Lamme VA (2001) Two distinct modes of sensory processing observed in monkey primary visual cortex (V1). Nat Neurosci 4(3):304–310

8

Taylor K, Mandon S, Freiwald WA, Kreiter AK (2005) Coherent oscillatory activity in monkey area v4 predicts successful allocation of attention. Cereb Cortex 15:1424–1437

Tong F, Engel SA (2001) Interocular rivalry revealed in the human cortical blind-spot representation. Nature 411(6834):195–199

Tong F, Nakayama K, Vaughan JT, Kanwisher N (1998) Binocular rivalry and visual awareness in human extrastriate cortex. Neuron 21(4):753–759

Tononi G (2004) An information integration theory of consciousness. BMC Neurosci 2(5):42

Tononi G, Edelman GM (1998) Consciousness and complexity. Science 282(5395):1846–1851

Tononi G, Srinivasan R, Russell DP, Edelman GM (1998) Investigating neural correlates of conscious perception by frequency-tagged neuromagnetic responses. Proc Natl Acad Sci USA 95(6):3198–3203

Tootell RB, Dale AM, Sereno MI, Malach R (1996) New images from human visual cortex. Trends Neurosci 19(11):481–489

Vuilleumier P, Sagiv N, Hazeltine E, Poldrack RA, Swick D, Rafal RD, Gabrieli JD (2001) Neural fate of seen and unseen faces in visuospatial neglect: a combined event-related functional MRI and eventrelated potential study. Proc Natl Acad Sci USA 98(6):3495–3500

Vuilleumier P, Armony JL, Clarke K, Husain M, Driver J, Dolan RJ (2002) Neural response to emotional faces with and without awareness: event-related fMRI in a parietal patient with visual extinction and spatial neglect. Neuropsychologia 40(12):2156–2166

Watanabe T, Náñez JE, Sasaki Y (2001) Perceptual learning without perception. Nature 413(6858):844–848

Watanabe M, Cheng K, Murayama Y, Ueno K, Asamizuya T, Tanaka K, Logothetis N (2011) Attention but not awareness modulates the BOLD signal in the human V1 during binocular suppression. Science 334(6057):829–831

Watson AB (1986) Temporal sensitivity. In: Boff K, Kaufman L, Thomas J (Hrsg) Handbook of perception and human performance. Wiley, New York

Weiskrantz L (2004) Roots of blindsight. Prog Brain Res 144:229–241

Weiskrantz L, Warrington EK, Sanders MD, Marshall J (1974) Visual capacity in the hemianopic field following a restricted occipital ablation. Brain 97(4):709–728

Wunderlich K, Schneider KA, Kastner S (2005) Neural correlates of binocular rivalry in the human lateral geniculate nucleus. Nat Neurosci 8(11):1595–1602

Yeshurun Y, Carrasco M (1998) Attention improves or impairs visual performance by enhancing spatial resolution. Nature 396(6706):72–75

Zeki S (2001) Localization and globalization in conscious vision. Annu Rev Neurosci 24:57–86

Zeki S, Ffytche DH (1998) The Riddoch syndrome: insights into the neurobiology of conscious vision. Brain 121(Pt 1):25–45

Zeki S, Watson JD, Lueck CJ, Friston KJ, Kennard C, Frackowiak RS (1991) A direct demonstration of functional specialization in human visual cortex. J Neurosci 11(3):641–649

Natur, Diagnose und Klassifikation psychischer Erkrankungen

Henrik Walter

G. Roth et al. (Hrsg.), *Psychoneurowissenschaften*, https://doi.org/10.1007/978-3-662-59038-6_9

Was ist eine psychische Erkrankung? Mit dieser Frage muss sich jedes diagnostische und klassifikatorische System der Psychiatrie auseinandersetzen. In diesem Kapitel wird ein kurzer systematischer Überblick über Theorien mentaler Erkrankungen und Störungen gegeben sowie eine integrative Arbeitsdefinition vorgeschlagen. Weiterhin wird eine Übersicht über die Häufigkeit psychischer Erkrankungen in Europa gegeben und die aktuelle Versorgungssituation in Deutschland dargestellt. Anschließend werden einige Probleme der aktuellen Klassifikationssysteme (ICD und DSM), die bisher alleine auf klinischen Kriterien beruhen, diskutiert. Abschließend werden drei neuere Ansätze zum Verständnis psychischer Erkrankungen vorgestellt, die einen integrativen Ansatz verfolgen, d. h. klinische, neurowissenschaftliche und psychosoziale Aspekte berücksichtigen.

Lernziele

Nach der Lektüre dieses Kapitels, soll der Leser in der Lage sein zu erläutern, wie sich psychische Krankheiten definieren lassen, wie sie diagnostiziert und klassifiziert werden, wie häufig sie sind und welche neuen integrativen Ansätze zur Theorie psychischer Erkrankungen gegenwärtig diskutiert werden.

9.1 Was ist eine psychische Krankheit?

9.1.1 Hintergrund und geschichtlicher Kontext

Die Psychiatrie hat psychische Krankheiten zum Gegenstand wie etwa Schizophrenie, Depression, Angststörungen, Zwangsstörungen oder posttraumatische Belastungsstörungen. Im Gegensatz dazu beschäftigt sich die Neurologie mit Erkrankungen wie z. B. dem Schlaganfall, Hirntumoren, der Multiplen Sklerose, peripheren Nervenschädigungen und Muskelerkrankungen. Doch gibt es zwischen diesen beiden medizinischen Fächern auch Überschneidungen wie etwa die Demenz, der sich beide Fächer widmen. Während es relativ einfach ist, Beispiele psychischer Erkrankungen und Störungen zu nennen, ist es schon wesentlich schwieriger, zu sagen, was eine psychische Krankheit eigentlich ist. Dabei entstehen Abgrenzungsprobleme nach zwei Seiten. Erstens, wo hört das Normalpsychologische auf und fängt das Krankhafte an? Wo etwa liegt die Grenze zwischen Schüchternheit und sozialer Phobie, zwischen Trauer und Depression oder zwischen außergewöhnlichen Erfahrungen (Stimmenhören) und Schizophrenie? Zweitens, wo liegt die Grenze zwischen Neurologie und Psychiatrie, wenn doch beide offenbar auf gestörten Hirnfunktionen beruhen? Zu diesen Abgrenzungsproblemen kommt die Besonderheit, dass der Psychiatrie im Laufe ihrer Geschichte wiederholt vorgeworfen wurde – und in bestimmten Fällen durchaus zu recht –, dass die Bezeichnung „Krankheit“ lediglich zur Pathologisierung der Abweichung von gesellschaftlichen Standards und damit der gesellschaftlichen Disziplinierung diene. So strich die Weltgesundheitsorganisation WHO die Homosexualität erst im Jahre 1990 von der Liste psychischer Erkrankungen. In Deutschland waren homosexuelle Handlungen noch bis zum Jahr 1969 generell eine Straftat und der entsprechende Paragraph § 175 wurde erst 1994 endgültig aus dem Strafgesetzbuch gestrichen. Politische Dissidenten in der Sowjetunion wurden teilweise als psychisch gestört bezeichnet und in Krankenhäusern zur „Behandlung“ interniert, wenn sie nicht den Einsichten in die Wahrheiten der marxistischen-leninistischen Lehre folgen wollten. Und im Dritten Reich wurde basierend auf rassenhygienischen Lehren die Verfolgung und Ermordung psychisch kranker Patienten in der T3-Aktion systematisch organisiert.

Vor diesem Hintergrund ist es nicht verwunderlich, dass in den 1960er-Jahren eine starke Opposition gegen die klinische Psychiatrie entstand, die man auch vor dem Hintergrund sehen muss, dass damals viele psychisch kranke Patienten in großen, isolierten Landeskrankenhäusern unter aus heutiger Sicht untragbaren Bedingungen untergebracht und nur unzureichend, wenn überhaupt, behandelt wurden. Es entstand die antipsychiatrische Bewegung, die postulierte, dass es psychische Krankheiten gar nicht gebe, sondern abweichendes Verhalten nur sozial konstruiert und letztlich Ausdruck gesellschaftlicher Probleme sei. In der BRD legte die Psychiatrie-Enquete 1975 einen Bericht über die Lage der Psychiatrie vor. In deren Folge wurden viele der Landeskrankenhäuser aufgelöst, es entstanden die sogenannten Abteilungspsychiatrien, d. h. es erfolgte eine Integration des Faches Psychiatrie in normale Krankenhäuser, und Vieles verbesserte sich.

Diese psychiatriespezifischen Entwicklungen erfolgten vor dem Hintergrund eines Aufschwungs der Neurobiologie, einem besseren Verständnis des Nervensystems, der Einführung wirksamer Psychopharmaka in den 1960er- und 1970er-Jahren und einer Professionalisierung der Psychotherapie mit der Entwicklung neuer, wirksamer Behandlungsmethoden. Das Wissen um psychische Erkrankungen hat seitdem immens zugenommen, wenn auch nicht in einem Maße wie etwa in der Neurologie.

Auch heute hat die Psychiatrie neben ihrem therapeutischen Auftrag, Krankheiten zu behandeln und Leid zu mindern, eine öffentlich-rechtliche Funktion, indem Patienten, die aufgrund ihrer Erkrankung in ihrer Einsichts- und Steuerungsfähigkeit gestört sind und sich selbst oder andere massiv gefährden, geschlossen untergebracht werden können und unter strikten rechtlichen Auflagen, falls notwendig auch gegen ihren Willen, behandelt werden können, etwa im Alkoholentzugsdelir, in einer wahnhaften Verkennung bei Schizophrenie, oder bei akuter Suizidalität in einer schweren Depression. Nachdem die ersten wirksamen Medikamente in der Psychiatrie in den Markt eingeführt wurden, erlangte die Pharmaindustrie einen großen Einfluss und es wurden, wie wir heute wissen, Wirkungen übertrieben, Ergebnisse zu positiv dargestellt, Nebenwirkungen verharmlost, und dies in z. T. krimineller Art und Weise (vgl. dazu etwa Hasler 2013). Vor diesem Hintergrund ist es nicht verwunderlich, dass es Misstrauen gegen Medikamente und Vorbehalte gegen die Möglichkeit einer gesetzlichen Unterbringung in geschlossenen Abteilungen gibt. Dabei hat sich die Versorgung psychischer Erkrankungen in Deutschland in den letzten Jahrzehnten dramatisch verbessert. Es gibt eine gute stationäre Versorgung, ein dichtes ambulantes Versorgungsnetz, eine im Vergleich zu vielen anderen Staaten gute Finanzierung, komplementäre Einrichtungen und Versorgungsstrukturen, einen vernünftigeren Umgang mit Medikamenten und eine Fülle evidenzbasierter Psychotherapien für fast alle psychischen Störungen. Dennoch muss man sich bei der Darstellung der Klassifikation und Diagnostik dieses historischen Gesamtkontextes bewusst sein, um manche Kontroversen richtig einordnen zu können.

9.1.2 Eine wissenschaftstheoretische Konstruktion des allgemeinen Krankheitsbegriffs

Die Frage, was Krankheit und Gesundheit ist, stellt sich nicht nur in der Psychiatrie, sondern in der Medizin insgesamt. Der Münsteraner Medizinethiker Peter Hucklenbroich liefert eine sehr fundierte wissenschaftstheoretische Konstruktion des allgemeinen Krankheitsbegriffs in der Biomedizin (Hucklenbroich 2012). Zunächst unterscheidet er vier Stufen des Krankheitsbegriffs. Die erste ist lebensweltlich und personal (Person X ist krank). Auf der zweiten Stufe lässt sich zwischen gesunden und krankhaften Lebensvorgängen unterscheiden (X ist krankhaft). Auf der dritten Stufe wird Bezug auf ein Normalmodell des menschlichen Organismus genommen (X ist krankhaft verändert), worauf die Pathodisziplinen fußen (Pathophysiologie, -biochemie und

Psychopathologie). Erst auf der vierten Stufe werden Krankheitsentitäten und -kategorien postuliert (X ist eine Krankheit). Diese bezeichnen entweder einzelne Krankheiten (Grippe, Myokardinfarkt, Oberschenkelhalsfraktur, Alkoholentzugsdelir) oder Kategorien (z. B. zystische Nierenerkrankungen, tachykarde Rhythmusstörungen). Diese Stufenunterscheidung ist hilfreich, um manche Diskussionen besser zu verstehen. So ist es etwa populär zu behaupten, dass es gar keine Krankheiten gebe, sondern nur kranke Personen. Dies klingt zwar gut, vermischt aber die erste und vierte Stufe und ändert nichts an der Notwendigkeit, auf den Stufen zwei und drei nach Zusammenhängen, Mechanismen und Ursachen zu suchen.

Als krank werden Lebensvorgänge bezeichnet, auf die vier Kriterien zutreffen: Es handelt sich um Zustände, Prozesse oder Abläufe an

1. Individuen,
2. die dem Organismus zugerechnet werden, nicht der Umgebung,
3. die unabhängig vom Willen und Wissen der Betroffenen bestehen und ablaufen und
4. zu denen es mindestens einen nicht pathologischen Alternativerlauf gibt.

Was genau aber ist nun krankhaft und was nicht? Hier ist es wichtig, positive und negative Krankheitskriterien zu unterscheiden (◘ Tab. 9.1).

Man sieht, dass dieser Kriterienkatalog sehr allgemein ist und einige kritische Punkte umfasst, die immer wieder in der Geschichte der Psychiatrie diskutiert werden, insbesondere das vierte und fünfte positive Krankheitskriterium. Auch das erste negative Kriterium wird angesichts der Möglichkeiten der modernen Medizin immer wieder diskutiert. Doch zumindest bietet dieser Kriterienkatalog eine Blaupause, um die Relevanz des biomedizinischen Krankheitsmodells in der Psychiatrie zu beurteilen.

Eine weitere hilfreiche Unterscheidung ist es, sekundär und tertiär krankhafte Merkmale von primär krankhaften zu unterscheiden. Sekundär krankhafte Merkmale treten als Folge krankhafter Prozesse auf und kommen sonst nicht im Organismus vor, z. B. Fieber, Rötung oder Schwellung, Narbenbildung. Entsprechend können in der Psychiatrie manche Symptome nur sekundär krankhaft sein. Tertiär krankhafte Merkmale sind primär nicht pathologisch, treten in einem Teil der Fälle aber sekundär pathologisch auf. Ein Beispiel wäre der pathologische Kleinwuchs im Vergleich zu Menschen, die einfach klein innerhalb der normalen Varianz sind. Dies kann z. B. auf bestimmte Formen des Sozialverhaltens zutreffen, für das sich „Normalvarianten" (Schüchternheit) und sozialer Rückzug (bei ausgeprägter Sozialphobie oder im Rahmen einer Schizophrenie) sehr gleichen können, aber unterschiedliche Ursachen haben.

Das Konzept der Krankheitsentität schließlich postuliert, dass es einzelne, voneinander abgrenzbare Krankheiten gibt, deren Systematik man als Nosologie bezeichnet (Lehre der Krankheitsentitäten), wobei die Lehre der Krankheitsursachen unter das

◘ Tab. 9.1 Positive und negative Krankheitskriterien. (Nach Hucklenbroich 2012 mit Veränderungen)

Fünf positive Krankheitskriterien	Zwei negative Krankheitskriterien (=nicht krank)
1. Letalität 2. Schmerz, Beschwerden, Leiden 3. Disposition für 1 oder 2 4. Unfähigkeit zur Reproduktion 5. Unfähigkeit zum Zusammenleben	1. universelles Vorkommen und Unvermeidlichkeit, z. B. Geschlechtszugehörigkeit, intrauterine und ontogenetische Phasen, Schwangerschaft, Menopause, Alter, natürlicher Tod 2. wissentliches und willentlich selbstverursachtes Verhalten (sofern Selbstbestimmung nicht eingeschränkt), wie z. B. Werturteile, riskantes Verhalten, Enthaltsamkeit, absichtliches Lügen, reflektierte Selbsttötung („Freitod")

Stichwort „Ätiologie“ fällt. In der Medizin werden typischerweise fünf Krankheitsdimensionen unterschieden: die Art der Erstursache, die Art der möglicherweise Betroffenen, die Art der Einwirkung der Ursache auf die Betroffenen, eine spezifische Pathogenese und Pathophysiologie und eine Zeitcharakteristik des Verlaufs und der Krankheitszeichen. Dies lässt sich gut an den Beispielen des grippalen Infekts oder der Radiusfraktur *loco classico* durchbuchstabieren (vgl. dazu im Detail Hucklenbroich 2012). Als letzter Aspekt sei darauf hingewiesen, dass, einmal etabliert, Behandlungsmethoden natürlich auch eingesetzt werden können, um nicht krankhafte Zustände im obigen Sinne zu behandeln, wie etwa altersbedingte Beschwerden, unvermeidbare Schmerzustände (Geburt, Zahnwechsel), zur Prophylaxe oder zum Schutz vor sozialen Benachteiligungen durch körperliche Stigmata, auf Wunsch (kosmetische Chirurgie) oder zur Lebens- und Familienplanung (Kontrazeption, Geburtseinleitung, Sterilisation). Auf die Psychiatrie übertragen bedeutet dies, dass man selbstverständlich auch „Lebensprobleme“, die keine Krankheiten sind, mit psychotherapeutischen Techniken „behandeln“ kann.

9.1.3 Aktuelle Definitionen psychischer Krankheiten

Vom biomedizinischen zum biopsychosozialen Krankheitsmodell

In den Anfangszeiten der Psychiatrie orientierte man sich stark am biomedizinischen Modell. Psychische Krankheiten, so formulierte es schon 1845 der damals 28-jährige Wilhelm Griesinger in seinem Lehrbuch „Die Pathologie und Therapie der psychischen Krankheiten, für Aerzte und Studirende“, sind Gehirnkrankheiten. Dies stand im Übrigen nicht im Gegensatz zu seinem sehr progressiven sozialpsychiatrischen Ansatz. Entsprechend dem jeweiligen Wissensstand und der verfügbaren Methoden suchte man nach infektiösen Ursachen (Paradebeispiel: Treponema pallidum als Verursacher der progressiven Paralyse), histologischen Veränderungen des Gehirns (Hoch-Zeit der Neuroanatomie Anfang des 20 Jahrhunderts), genetischen Faktoren (Erblehre), zentralen Neurotransmitterstörungen (Entdeckung der Psychopharmaka) oder in anatomischen und funktionellen Konnektivitätsänderungen des Gehirns (Aufkommen der funktionellen Bildgebung vor 20 Jahren). Interessanterweise folgt auch einer der Hauptvertreter der Antipsychiatrie, Thomas Szasz, dem biomedizinischen Krankheitsmodell. Er argumentiert nämlich, dass psychische Erkrankungen dann „echte“ Krankheiten wären, wenn man eine klare Neuropathologie identifizieren könnte, so wie in der Neurologie. Da dies aber nicht der Fall ist, seien psychische Krankheiten ein „Mythos“ (Szasz 1961), der allgemeine Lebensprobleme fälschlicherweise als Krankheiten identifiziere. In seinem Buch von 1961 nimmt er sich allerdings nicht etwa die Schizophrenie oder Depression vor, sondern diskutiert die Hysterie, wie sie Charcot um das Jahr 1900 populär machte (unter anderem besuchte Freud dessen klinische Demonstrationen), als Paradebeispiel. Heute findet sich das Krankheitsbild der Hysterie als „dissoziative Störung“ in den modernen Klassifikationssystemen wieder, wird als eine hauptsächlich psychogene Störung konzeptualisiert und spielt in der Psychiatrie nur eine sehr marginale Rolle. Aber auch zu dissoziativen Störungen gibt es inzwischen Untersuchungen, welche die neurobiologischen Mechanismen versuchen zu identifizierten, die in der Ätiopathogenese der „Hysterie“ eine Rolle spielen (Böckle et al. 2016; Schönfeldt-Lecuona et al. 2004). Heutzutage erscheint es uns selbstverständlich, dass auch psychogene Erkrankungen sich in irgendeiner Weise im Gehirn manifestieren müssen (vgl. das Vorwort in Walter 2005).

Weiterhin gehen wir heute wie selbstverständlich davon aus, dass für die Entstehung psychischer Erkrankungen und Störungen neben genetischen Veranlagungen und neurobiologischen Einflüssen auch Lebenserfahrungen, psychische Verarbeitungsprozesse und soziale Faktoren eine Rolle spielen. Das war nicht immer so klar, denn das enge biomedizinische Modell hatte für soziale, psychologische und Verhaltensmechanismen keinen Platz. Deren Relevanz postulierte wirksam erst der Psychiatriehistoriker George L. Engel in seinem heute in praktisch allen Psychiatrielehrbüchern zitierten biopsychosozialen Modell (Engel 1977). Es ist eng verwandt mit dem Vulnerabilitäts-Stress- oder Stress-Diathese-Modell. Diese Modelle besagen, dass wir alle mit einer mehr oder weniger großen Verletzlichkeit ausgestattet sind, die, unter dem Einfluss von „Stressoren" auf unser Erleben und Verhalten, dazu führen können, dass wir (als Person) erkranken. Oder noch einfacher ausgedrückt. Eine psychische Erkrankung ist immer eine Kombination aus Veranlagung und Umwelteinwirkungen. Diese Aussage ist nun allerdings so allgemein, dass sie schon trivialerweise wahr ist. Zudem sagt sie nichts darüber aus, was eine psychische Erkrankung ist, sondern eher etwas über die Ätiologie, also wie sie zustande kommt.

▪ Krankheitsdefinitionen

Wie sieht es mit einer Krankheitsdefinition für psychische Erkrankungen innerhalb der zwei großen Klassifikationssysteme der Psychiatrie aus, dem ICD (International Classfication of Diseases) der WHO (Dilling et al. 2015) und dem DSM (Diagnostic and Statistical Manual of Mental Disorders) der amerikanischen Psychiatervereinigung (APA 2013)? Die ICD-Klassifikation von Krankheiten entwickelte sich aus der Notwendigkeit, bei Todesstatistiken die zugrunde liegenden Krankheiten zu kategorisieren. Sie ist im Abrechnungswesen mit den Krankenkassen sowohl in Deutschland (ICD-10) als auch in den USA (ICD 9) inzwischen von zentraler verwaltungstechnischer und damit finanzieller und statistischer Bedeutung. Das fünfte Kapitel der ICD-10 umfasst „Psychische und Verhaltensstörungen". Schon der Titel deutet an, dass offenbar nicht immer klar ist, was genau nun das Psychische ist, und es manchmal einfacher ist, schlicht Verhalten zu klassifizieren. Das DSM, auch als „Bibel" der Psychiatrie bezeichnet, ist ein Handbuch, das wesentlich umfangreicher ist als das ICD-10 und ausführliche wissenschaftliche Erläuterungen zu den einzelnen Krankheitsbildern enthält. Eine weitreichende Bedeutung erlangte es erst in seiner dritten Version von 1980 (DSM-I: 1952, DSM-II: 1968) Auf Seite 20 findet sich folgende Definition einer mentalen Störung:

> „Eine mentale Störung ist ein Syndrom, das durch eine klinisch relevante Störung in der Kognition, Emotionsregulation oder dem Verhalten eines Individuums charakterisiert ist, welche eine Dysfunktion in den psychologischen, biologischen, oder Entwicklungsprozessen anzeigt, die mentalen Funktionen unterliegen. Mentale Störungen sind normalerweise mit signifikantem Leid oder Behinderung in sozialen, beruflichen oder anderen wichtigen Aktivitäten assoziiert. Eine erwartbare oder kulturell anerkannte Reaktion auf einen verbreiteten Stressor oder Verlust, etwa auf den Tod eines geliebten anderen, ist keine mentale Störung. Sozial abweichendes Verhalten (z. B. politisch, religiös oder sexuell) oder Konflikte, die primär zwischen dem Individuum und der Gesellschaft bestehen, sind keine mentalen Störungen, es sei denn, die Abweichung oder der Konflikt ergibt sich aus einer Dysfunktion im Individuum wie oben beschrieben." DSM-III, 1980

Diese Definition ist nicht so schlecht wie ihr Ruf. Ähnlich wie bei Hucklenbroich beinhaltet sie sowohl positive als auch negative Kriterien. Allerdings ist sie sehr weit gefasst, sodass es nicht verwundert, dass die Abgrenzung nicht pathologischer psychischer Probleme von Krankheiten nicht immer ganz einfach ist.

Eine eher enge Definition des Begriffs einer *klinisch relevanten* psychischen Erkrankung findet sich bei Heinz (2015). Er unterscheidet drei Aspekte, die mit unterschiedlichen Krankheitsbegriffen assoziiert sind:

- den medizinischen Aspekt, also im weitesten Sinne pathophysiologische, objektivierbare Funktionsstörungen *(disease)*,
- das subjektive Sich-krank-Fühlen *(illness)*, also den Leidensaspekt
- schließlich Beeinträchtigungen in der Lebensführung bzw. der sozialen Teilhabe *(sickness)*.

Nur wenn alle drei Aspekte vorhanden sind, so der Vorschlag, kann eine relevante psychische Erkrankung vorliegen. Diese Definition ist kompatibel mit der klassischen Krankheitstheorie von Wakefield (1992), die das Konzept der „schädlichen Dysfunktion" in den Mittelpunkt stellt, wobei Wakefield einen eher evolutionsorientierten Ansatz verfolgt. Für Heinz sind lediglich Funktionsstörungen, die lebensrelevante psychische Funktionen betreffen, als Krankheiten einzuordnen, wie Störungen der Wachheit, Orientierung, Denkfähigkeit, des Gedächtnis, Wahn oder der Verlust der affektiven Schwingungsfähigkeit. Der Vorteil einer solch engen Definition ist, dass hiermit alle schweren psychischen Störungen erfasst werden wie etwa Demenz, Delir, paranoid-halluzinatorische Schizophrenie oder schwere Depression; viele andere Störungsbilder, insbesondere Persönlichkeitsstörungen, aber nicht mehr ohne Weiteres als Krankheiten aufgefasst werden können.

Die Bedeutung der Funktionsstörung ebenso wie die Berücksichtigung der klinischen Relevanz oder Schwere einer Erkrankung macht deutlich, dass in der Einordung einer Funktionsstörung als Krankheit normative Aspekte eine Rolle spielen. An dieser Stelle ist anzumerken, dass der Begriff der „Normalität" in mindestens drei Bedeutungen auftreten kann. Diskutiert wird er häufig in einem vorschreibenden Sinne, also als Setzung oder gesellschaftliche Norm. Es gibt aber auch Normen und Normalität im statistischen Sinne (vgl. die biostatistische Krankheitstheorie von Boorse 2011) sowie drittens in einem biologischen Sinne (Funktion für den Organismus, sogenannte Cumminsfunktionen) oder als evolutionäre Normalität, d. h. unter Bezug auf die Geschichte der Entstehung einer Funktion, auch *proper function* oder Eigenfunktion genannt).

Eine sehr brauchbare Definition der psychischen Erkrankung hat der Philosoph Georg Graham vorgelegt. Ihm zufolge ist eine mentale Störung „eine Behinderung, Funktionsstörung oder Beeinträchtigung in einer oder mehreren grundlegenden mentalen oder psychologischen Fähigkeiten (im Original: *„mental faculties or psychological capacities"*) einer Person, die schädliche oder möglicherweise schädliche Konsequenzen für die betroffene Person hat." (Graham 2010, S. 28). Wichtig in seiner Theorie ist, dass die betroffene Person die schädlichen Konsequenzen nicht notwendigerweise selbst erkennt oder anerkennt, sie die Erkrankung nicht einfach kontrollieren kann und diese durch den Einsatz zusätzlicher psychologischer Ressourcen nicht einfach zum Verschwinden gebracht werden kann, z. B. indem man sich einfach „mal zusammenreißt". Graham nimmt auch eine Abgrenzung zu typisch neurologischen Erkrankungen wie z. B. Morbus Huntington (Gendefekt), M. Alzheimer (neurodegenerative Erkrankung), oder Enzephalitis (Hirnentzündung) vor. Während in diesen Fällen die Erkrankung, die durchaus auch psychische Symptome aufweisen kann, durch die direkte Störung der „rohen Kräften des Neurologischen" verursacht ist, ist Graham zufolge bei psychischen Störungen das Mentale über intentionale oder bewusste Prozesse an der Genese der Erkrankung immer mitbeteiligt.

Natürlich stellt sich hier die Frage, was die Natur intentionaler oder bewusster Prozesse ist – aber wir können diese Frage hier zurückstellen, solange wir davon ausgehen, dass damit nicht eine ominöse, naturwissenschaftlich nicht erfassbare Substanz gemeint ist, sondern eine besondere Art von natürlichen Prozessen, die das Mentale ausmachen und für die das Gehirn eine zentrale und unverzichtbare Rolle spielt.

In der Box: Arbeitsdefinition psychische Erkrankung wird eine Arbeitsdefinition für den Begriff der psychischen Erkrankung vorgeschlagen, die die Einsichten der oben genannten Theorien versucht zu bewahren und sich eng an der allgemeinen Krankheitstheorie von Hucklenbroich orientiert.

Arbeitsdefinition psychische Erkrankung

Eine psychische Erkrankung ist eine (P1) mentale Dysfunktion, d. h. eine Behinderung, Störung oder Beeinträchtigung einer oder mehrerer grundlegender psychischer Fähigkeiten einer Person, die (P2) zu klinisch relevantem subjektivem Leiden oder Beschwerden führt und damit (P3) Alltagsfähigkeiten in klinisch relevanter Weise beeinträchtigt. Sie ist (N1) nicht durch einfachen Willensentschluss oder zumutbare Anstrengung kontrollierbar, (N2) kein unvermeidbar universell vorkommender Prozess (wie z. B. Erschöpfung, Trennungsstress oder Angst vor Schmerzen), keine (N3) erwartbare und kulturell anerkannte Reaktion auf Stressoren oder Verluste (wie Trauer), und keine (N4) soziale Werte-, Präferenz- oder Verhaltensabweichung (z. B. politisch, religiös, oder sexuell), sofern sie nicht durch eine oder mehrere davon unabhängige mentale Dysfunktionen sekundär zustande kommt.

Diese Arbeitsdefinition enthält drei positive (P) und vier negative Kriterien (N). Letztere dienen vor allem dazu, vielfach diskutierte „einfache" Problemfälle abzugrenzen wie etwa „angemessene Ängste" normale Trauer, Homosexualität oder politische und religiöse Überzeugungen. Die Definition enthält keine klare Abgrenzung zwischen Krankheit und Störung. Die einfachste Abgrenzung kann vermutlich über den Schweregrad erfolgen. Sie enthält auch keine eindeutige Grenzziehung zwischen einer leichten psychischen Störung und schwerwiegenden Lebensproblemen. Der Grund dafür ist einfach: Es gibt schlicht und einfach keine klare Grenze, auch wenn es klare Beispiele an den Enden des Spektrums, d. h. von schwerer Krankheit einerseits und klarer psychischer Gesundheit andererseits, gibt. Bei der Grenzziehung spielen normative und gesellschaftliche Faktoren eine schwer bestimmbare Rolle, wie unten an der Diskussion der pathologischen Trauer noch deutlich werden wird. Die genaue Grenzziehung ist von zu vielen theoretischen und sozialen Faktoren bestimmt, die es unmöglich machen, in einer Definition klare Grenzen anzugeben.

9.2 Wie diagnostiziert man eine psychische Erkrankung?

Die klinische Diagnose einer psychischen Erkrankung erfolgt ähnlich wie bei anderen Erkrankungen durch die Krankheitsanamnese, objektive Zusatzuntersuchungen (Laborwerte, cerebrale Bildgebung – in der Psychiatrie allerdings nur zum Ausschluss organischer Ursachen der Beschwerden, wie etwa neurologischer oder internistischer Erkrankungen), die systematische Erhebung des psychopathologischen Befundes, die Berücksichtigung der Familienanamnese und die Beobachtung des klinischen Verlaufs. Mit Ausnahme der Alzheimer-Demenz gibt es kein einziges psychiatrisches Erkrankungsbild, für das objektive diagnostische Zusatzbefunde aus Labor oder Bildgebung existieren, welche die Diagnose einer psychischen Erkrankung sichern. Viele Patienten sind der Ansicht, man könne einen Neurotransmittermangel im Labor nachweisen, dies ist aber nicht der Fall. Das diagnostische Handwerkszeug des Psychiaters ist also vor allem der psychopathologische Befund im Quer- und Längsschnitt.

Inzwischen gibt es standarisierte Verfahren zur Erhebung des psychopathologischen Befundes (also zu Wachheit, Orientierung, Gedächtnis, formalen und inhaltlichen Denkstörungen, affektiven Symptomen etc.), die hier nicht im Einzelnen dargestellt werden sollen, hier sei auf die Spezialkapitel verwiesen. Stattdessen sollen zwei zentrale Begriffe der Krankheitslehre und ihre Bedeutung in der Psychiatrie kurz diskutiert werden: Validität und Reliablität. Die Validität einer Diagnose bedeutet, dass das, was diagnostiziert wird, tatsächlich vorliegt. Das Problem ist hier natürlich, woher wir denn die *ground truth* nehmen, d. h. woher wir wissen, dass eine Krankheit vorliegt. In der normalen Medizin wurde die Validität einer Diagnose oft erst durch eine Autopsie bestätigt, also den (histo-)pathologischen Befund. Heutzutage verfügt die moderne Medizin außerhalb der Psychiatrie über eine Vielfalt objektiver Parameter oder Biomarker, wie Labor, Biopsieentnahmen oder bildgebende Verfahren. Wie schon gesagt, existieren diese in der Psychiatrie nicht derart, dass sie in der klinischen Routine eingesetzt werden könnten (oder noch nicht, siehe unten).

Daher wurde stattdessen seit der Publikation des DSM-III großer Wert auf die Reliabilität gelegt, d. h. auf die Verlässlichkeit einer Diagnose (unabhängig von ihrer Gültigkeit) – mit anderen Worten, ob zwei unabhängige Untersucher beim gleichen Patienten zur gleichen Diagnose kommen. Während vor der Verbreitung des DSM-III das triadische System die Psychiatrie beherrschte (exogene („organische") Erkrankungen mit bekannter körperlicher Ursache, endogene („von innen kommende") Erkrankungen mit noch nicht bekannten körperlichen Ursachen, und psychisch bedingte Erkrankungen), das auf einer theoretischen Nosologie (Krankheitslehre) beruhte, erfolgte mit dem DSM-III ein klarer Schwenk zu einer deskriptiven Herangehensweise. Fachleute saßen zusammen und formulierten diagnostische Kriterien (siehe die einzelnen Krankheitskapitel), sodass sich eine Diagnose reliabel stellen ließ, indem man festlegte, wie viele Symptome eines Syndroms über welche Zeit vorliege müssen, damit eine Diagnose gestellt werden kann. Diese Vorgehensweise ist deskriptiv, da sie sich neutral gegenüber der Frage verhält, wodurch ein solch definiertes Syndrom entsteht bzw. was seine Ursachen sind (Ausnahme: neurologische und internistische Ursachen einer „organischen" psychischen Störung). So unterschied man früher endogene Depressionen (kommen von innen, ohne Anlass, müssen mit Medikamenten behandelt werden), von neurotischen Depressionen (haben ihre Ursache in frühen Konflikten, benötigen Psychotherapie) und reaktiven Depressionen (werden durch eine äußere Ursache wie Tod, Scheidung, Arbeitsplatzverlust, Partnerprobleme) verursacht. Heutzutage wird eine Depression nur anhand von Anzahl von Symptomen und Verlauf diagnostiziert, wobei für die Art der Behandlung eher die Schwere als die (angenommene) Ursache relevant ist. Auf damit einhergehende Probleme werden wir weiter unten eingehen.

Diese Herangehensweise erlaubte überhaupt erst eine verlässliche, reliable Diagnostik, epidemiologische Studien und Vergleiche zwischen Regionen und Ländern, wie wir im nächsten Abschnitt erörtern werden. Dabei ist anzumerken, dass es spätestens seit Publikation des DSM-III zu einer engen Koevolution von DSM und ICD gekommen ist.

9.3 Welche psychischen Erkrankungen gibt es und wie häufig sind sie?

Aufgrund der auf Reliabilität getrimmten Diagnosekritierien des ICD-10 gibt es inzwischen sehr zuverlässige Untersuchungen zur Häufigkeit psychischer Erkrankungen. Die derzeit wohl umfassendste und qualitativ hochwertigste Untersuchung für ganz Europa stammt von 2011 (Wittchen et al. 2011). In dieser Studie wurde aufgrund von systematischen Übersichtsarbeiten, der Reanalyse existierender Datensätze, nationalen Erhebungen und Konsultationen mit Experten die Diagnosehäufigkeit anhand des ICD-10 innerhalb eines Jahres in 27 EU-Mitgliedstaaten (EU-27) sowie der Schweiz, Norwegen und Island, zusammen gut 500 Millionen Menschen, ermittelt. Demzufolge erfüllten im Jahr 2010 über ein Drittel der europäischen Bevölkerung die Diagnosekritierien für mindestens eine von 27 psychischen Störungen, genauer gesagt 38,2 % oder ca. 165 Mio. Personen. Die absoluten und prozentualen Häufigkeiten für die wichtigsten einzelnen Erkrankungen nach ICD-10 zeigt ◻ Tab. 9.2.

Von großem Interesse ist dabei die Frage, ob psychische Störungen zugenommen haben, wie immer wieder behauptet wird. Im Jahr 2005 veröffentlichten Wittchen und Jacobi (2005) eine Vorgängerstudie, die mit der gleichen Methodik arbeitete. Damals wurden zwar nur 13 Krankheiten untersucht. Für diese Krankheiten zeigte sich fünf Jahre später keine Zunahme der Diagnosehäufigkeit (2005: 27,4 %. 2010 27,1 %). Die in den Medien oft berichtete Zunahme psychischer Erkrankungen bezieht sich in der Regel auf andere Quellen etwa die Zahl an Krankschreibungen bei Krankenkassen wegen psychischer Erkrankungen. Diese ist in der Tat angestiegen (Wittchen und Jacobi 2005). Doch in der Praxis werden die diagnostischen Kriterien in der Regel nicht so streng überprüft wie in den Erhebungen, die der Wittchen-Studie zugrundlegen. Es lässt sich also allenfalls feststellen, dass sich die Zahl an Krankschreibungen, nicht aber die Zahl der wissenschaftlich festgestellten Diagnosen erhöht hat. Das hat vermutlich sowohl mit der erhöhten Bereitschaft zu tun, psychische Krankheit überhaupt zu erkennen und zu diagnostizieren, als möglicherweise auch mit der zu schnellen Zuschreibung von Diagnosen.

Doch die Zahl der Diagnosen alleine sagt noch nichts über deren klinische Relevanz, da hier ja alle Schwergrade in einer Kategorie zusammengefasst werden. Gallinat et al. (2017) haben die klinische Realität in Deutschland in Bezug auf den Schwergrad viel realitätsnäher dargestellt. Demnach sind 90 % aller psychischen Störungen leicht bis mittelgradig und nur 10 % aller psychischen Störungen schwer, davon überraschender- und bedrückenderweise die Hälfte bei Jugendlichen zwischen 13 und 17 Jahren. Die Versorgungsrealität dieser Gruppen stellt sich folgendermaßen dar. Bei den leicht- und mittelgradigen Störungen dominieren v. a. ältere Menschen mit Depressionen, Angst-, Belastungs- und somatoformen Störungen. Ungefähr 95 % davon befinden sich in ambulanter Psychotherapie. Die Behandlung ist wenig gesteuert, es gibt Wartezeiten für Psychotherapie von 3–9 Monaten und damit einen Rückstau, auch für eventuell notwendige stationäre Behandlungen. Die Patienten dieser Gruppe bedingen 90 % aller Arbeitsunfähigkeitstage mit direkten Kosten (2014) von 8,3 Mrd. € bzw. 13,1 Mrd. € Kosten für die Bruttowertschöpfung.

Bei den schweren Störungen dominieren dagegen das Schizophrenie-Spektrum, bipolare Störungen, die Borderline-Persönlichkeitsstörung und psychotische Depressionen. Der Risikofaktor Migration spielt dort eine große Rolle. Nur 3–5 % dieser Patienten befinden sich in ambulanter Psychotherapie, und sie verursachen lediglich 5–10 % aller Arbeitsunfähigkeitstage, da die meisten Betroffenen gar nicht berufstätig sind bzw. sein können. Viele der Patienten sind stationäre Drehtürpatienten, d. h. sie kommen immer wieder oder sie wohnen in therapeutischen und Langzeiteinrichtungen oder sind in der Forensik untergebracht. Diese Gruppe bedingt 60 % aller Notfälle und 80 % aller Zwangseinweisungen. Sie zeigt eine hohe Morbidität und Mortalität mit einer durchschnittlichen Lebenserwartung von nur 55 Jahren. Die verursachten direkten Krankheitskosten pro Fall sind hoch und liegen im Schnitt bei etwa 45.000 € pro Jahr. Diese Versorgungsrealität macht unter anderem klar, warum so unterschiedliche Ansichten, auch innerhalb der professionell Tätigen, zur Realität der Psychiatrie und der Häufigkeit psychischer Krankheiten existieren, bei denen sich jeder durch seine alltägliche Erfahrung in seinem eigenen Tätigkeitsfeld bestätigt fühlt.

Tab. 9.2 Häufigkeit psychischer Erkrankungen in Europa 2010 (EU-27 plus Schweiz, Island, Notwergen) aus Wittchen et al. 2011. Die drei fett gedruckten Erkrankungen sind Kernerkrankungen der klinischen Psychiatrie (Schizophrenie, bipolare Störung, Depression). Kursiv sind diejenigen Erkrankungen gedruckt, die erst in der Erhebung 2010, aber nicht schon 2005 (Wittchen und Jacobi 2005) einbezogen wurden

ICD-10	Kategorie	Diagnose, Häufigkeit, absolute Zahl		
F00-09	Organische, einschließlich symptomatischer psychischer Storungen	*Demenz:*	1,2 % (5,4)	6,3 Mio.
F10-19	Psychische und Verhaltensstörungen durch psychotrope Substanzen	Alkohol	**3,4 %**	**14,6** Mio.
		Opioide	0,1–0,4 %	1,0 Mio.
		Cannabis	0,3–1,8 %	1,4 Mio.
F20-29	**Schizophrenie,** schizotype und wahnhafte Störungen	**Psychotische Störungen**	**1,2 %**	**5,0 Mio.**
F30-39	Affektive Störungen	**Depression**	**6.9 %**	**30,3 Mio.**
		Bipolare Störung	**0,9 %**	**3,0 Mio.**
F4Q-48	Neurotische, Belastungs- und somatoforme Störungen	Panikstörung	1,8 %	7,9 Mio.
		Agoraphobie	2,0 %	8,8 Mio.
		Soziale Phobie	2.3 %	10,1 Mio.
		Gen. Angststör.	1,7–3,4 %	8,9 Mio.
		Zwangsstdrung	0,7 %	2,9 Mio.
		Somatoforme St.	4,9 %	20.4 Mio.
		PTBS	1,1–2,9 %	7.7 Mio.
F50-59	Verhaltensauffälligkeiten mit körperlichen Störungen und Faktoren	Anorexie	0,2–0,5 %	0,8 Mio.
		Bulimie	0,1–0,9 %	0,7 Mio.
		Insomnie	3,5 % (7 %)	14,6 (29,1) Mio.
		Hypersomnie	0,8 %	3,1 Mio.
		Narkolepsie	0,02 %	0,1 Mio.
		Schlafapnoe	3,0 %	12.5 Mio.
F60-69	Persönlichkeits- und Verhaltensstörungen	*Borderline-St.*	0,7 %	2.3 Mio.
		Dissoziale PS	0,6 %	2.0 Mio.
F70-79	Intelligenzstörung	*Geistige Behind.*	1,0 %	4.2 Mio.
F80-89	Entwicklungsstörungen	*Autismus*	0,6 %	0.6 Mio.
F90-F98	Verhaltens- und emotionale Störungen mit Beginn in der Kindheit und der Jugend	*ADHS*	5,0 (0,6) %	3.3 Mio.
		Verhaltensstörung	3,0 (0,4) %	2.1 Mio.
F99-F99	Nicht näher bezeichnete psychische Störungen	Restekategorie		

9.4 Probleme mit der Klassifikationen psychischer Erkrankungen

Im Folgenden sollen schlagwortartig die Probleme mit der Klassifikation psychischer Erkrankungen erläutert werden. Dabei werde ich mich primär auf das DSM beziehen, da die meiste Literatur sich darauf bezieht, die geschilderten Probleme gelten aber in gleicher Weise für das ICD-10.

9.4.1 Heterogenität

Wie erläutert sind die aktuellen Klassifikationen deskriptiv, d. h. eine Diagnose beruht auf charakteristischen Syndromen und wird dann gestellt, wenn eine Anzahl bestimmter Symptome für eine gewisse Zeit vorliegt. So wird die Diagnose einer Depression nach DSM-5 dann gestellt, wenn von neun Symptomen mindestens fünf für einen Zeitraum von mindestens zwei Wochen an den meisten Tagen für die meiste Zeit des Tages vorliegen, wobei eines der Symptome (1) oder (2) sein muss. Dies klingt zunächst für jeden Kliniker sehr plausibel. Es stellt sich jedoch die Frage, ob die Diagnose einer Depression wirklich ein einheitliches Krankheitsbild ist. So ist es möglich, dass bei zwei Personen die gleiche Diagnose (Depression) gestellt wird, ohne dass sie ein einziges Symptom gemeinsam haben. (◘ Tab. 9.3).

Rein theoretisch gibt es 227 einzigartige Symptomkombinationen, die alle zur gleichen Diagnose führen; wenn man noch berücksichtigt, dass es für Schlaf, Appetit und Psychomotorik ein Zuviel oder Weniger geben kann, sogar 945, und unter Berücksichtigung der Subsymptome gar 16.400. Nun könnte man vermuten, dass das reine Zahlenspielerei ist, die meisten Depressionen sich aber sehr ähnlich sind. Dies wurde von Fried und Nesse (2015) anhand einer der größten Therapiestudien zur Depression ($n = 3703$), der sogenannten Star*D-Studie, untersucht. Unter Verwendung einer Symptomliste (QIDS 16) zeigten sich empirisch 1030 einzigartige Symptomprofile mit durchschnittlich lediglich 3,6 Individuen pro Profil. 501 Symptomprofile (48,6 %) gab es bei nur einem Patienten und 864 Profile (83,9 %) umfassten lediglich 2–5 Individuen. Es zeigt sich also empirisch, dass es eine große Heterogenität bei der depressiven Störung gibt. Immer wieder wurde untersucht, ob es vielleicht charakteristische Subtypen gibt, die sich anhand gemeinsamer Symptomprofile charakterisieren lassen, aber all diese Versuche sind bis jetzt nicht von überzeugender Evidenz gestützt.

9.4.2 Abgrenzungsprobleme

Für psychische Erkrankungen bestehen Abgrenzungsprobleme in mindestens zwei

◘ **Tab. 9.3** Möglichkeiten zur Stellung der Diagnose einer Depression nach DSM-5 ohne ein einziges überlappendes Symptom. (Nach Pawelzik, unveröffentlicht, mit freundl. Erlaubnis)

Herr Müller	Frau Schmidt
(1) depressive Verstimmung	(2) verringertes Interesse oder Freude
(3) Appetitlosigkeit/Gewichtsverlust	(3) Appetitssteigerung/Gewichtszunahme
(4) Insomnie	(4) Hypersomnie
(5) psychomotorische Unruhe	(5) psychomotorische Verlangsamung
(7) Gefühle von Wertlosigkeit oder unangemessene Schuldgefühle	(6) Erschöpfung oder Energieverlust
(9) Lebensüberdruss, Selbstmordgedanken	(8) Denk-, Konzentrationsstörungen, Entscheidungsschwierigkeiten

Richtungen. Zum einen muss man die „normale“ Depression von sogenannten „organischen“ Depressionen unterscheiden, also z. B. Depression nach Schlaganfall, bei Morbus Parkinson oder bei internistischen Erkrankungen, z. B. Schilddrüsenerkrankungen oder als Nebenwirkungen von Medikamenten (z. B. Cortison) oder Drogen (z. B. nach Esctasykonsum). Diese sogenannte Ausschlussdiagnostik von anderen primären Erkrankungen, die sekundär zu einem psychiatrischen Syndrom führen, ist verpflichtender Teil jedes Diagnoseprozesses. Sie beinhaltet auch die Abgrenzung von Neurologie und Psychiatrie, die für manche Erkrankungen obsolet ist (Demenz), für andere aber durchaus sinnvoll (► Abschn. 9.1). Ein zweites, weitaus größeres Problem ist die Abgrenzung von normalpsychologischen Prozessen bzw. Lebensproblemen. Ein viel diskutiertes Beispiel ist die Trauer nach dem Tod einer engen Bezugsperson (Wakefield 2015). So ist es nicht überraschend, nach dem Tod eines Lebenspartners oder gar eines Kindes verzweifelt zu sein, zu weinen, am Sinn des Lebens zu zweifeln, keine Freude mehr zu empfinden und antriebslos zu sein, kurz, zu trauern. Beim reinen Betrachten der Symptome ließe sich formal wohl häufig die Diagnose einer Depression stellen. Doch natürlich ist es normal und natürlich, bei einem solchen Todesfall zu trauern; ja, nicht zu trauern würden wir eher als unnatürlich oder sogar krankhaft bezeichnen. Die Verfasser des DSM waren sich dieser lebensweltlichen Tatsache durchaus bewusst. Deshalb gab es im DSM-IV (1994) die sogenannte Trauerausnahme *(bereavement exclusion).* Nach einem Trauerfall war es erst nach frühestens zwei Monaten erlaubt, die Diagnose einer Depression zu stellen. Mit der Einführung des DSM-5 fiel diese *bereavement exclusion* weg. Warum? Das Argument dafür war, dass es durch diese Ausnahme für Menschen, die trauern und dabei eine Depression entwickeln, nicht möglich ist, die Diagnose zu stellen und damit auch nicht möglich, ihnen eine Therapie zukommen zu lassen, da eine Therapie durch die Krankenkassen nur dann bezahlt wird, wenn eine Diagnose gestellt wurde. Ein weiteres Argument war, dass, wenn man die *bereavement exclusion* belasse, es nicht plausibel erscheint, nur den Todesfall als Ausnahme zu definieren. Denn sei es nicht normal, depressive Symptome zu zeigen, wenn der Partner einen verlässt, man seinen Arbeitsplatz verliert oder das Eigenheim durch ein Feuer zerstört wird? Also müsse man entweder die Ausnahme um solche Fälle erweitern oder sie konsequent wegfallen lassen. Die Gegner des Wegfalls argumentierten dagegen, dass durch die Möglichkeit, schon zwei Wochen nach einem Todesfall die Diagnose einer Depression zu stellen, normalpsychologische Prozesse pathologisiert würden und es zu einer ungerechtfertigten Inflation von Diagnosen käme.

Diese Diskussion hat auch einen wissenschaftlichen Vorlauf. Zum einen gab es schon lange Versuche, eine sogenannte prolongierte oder komplizierte Trauer als eigenständiges Krankheitsbild zu etablieren (Wagner 2014). Zum anderen existieren empirische Untersuchungen, z. B. von Wakefield, dem Theoretiker der psychischen Erkrankung als *harmful dysfunction,* dass es sogenannte unkomplizierte Depressionen gibt, d. h. Zustände, die die diagnostischen Kriterien einer Depression im Querschnitt erfüllen, aber im Langzeitverlauf keine erhöhte weitere Anfälligkeit für Depressionen zeigen, und damit als gutartige Depression betrachtet werden sollten (Wakefield und Schmitz 2014). Dabei handelt es sich um einzelne Episoden, die innerhalb von sechs Monaten verschwinden, keine schweren Beeinträchtigungen hervorrufen und nicht mit psychotischen Symptomen, Suizidgedanken, psychomotorischer Verlangsamung oder Gefühlen der Wertlosigkeit einhergehen. Ist das nun eine „gutartige“ Depression oder ein „normaler“ psychologischer Prozess? Diese Frage lässt sich schwer beantworten bzw. nur aufgrund von definitorischen Wertungen entscheiden. Erfreulicherweise lässt sich diese Diskussion aber inzwischen zumindest auf der Grundlage von empirischen Erhebungen führen.

Ein drittes Abgrenzungsproblem ergibt sich zwischen verschiedenen psychischen Erkrankungen. Nach DSM-5 sind sie kategorisch definiert, d. h. es liegt eine Erkrankung vor oder nicht. Doch dabei entsteht das Problem der Komorbidität. Oft liegen mehrere Erkrankungen gleichzeitig vor. So gibt es etwa eine enge Komorbidität von Depressionen und Angststörungen oder von Suchterkrankungen und Depressionen. Handelt es sich hier wirklich um das Vorliegen zweier verschiedener Erkrankungen? Oder gibt es nicht vielmehr einen inneren Zusammenhang und eine kausale Beziehung? Wer unter einer Suchterkrankung leidet, könnte etwa sekundär an einer Depression erkranken, weil er unter den Folgen seiner Suchterkrankung leidet. Auch eine umgekehrte Beziehung ist denkbar. Deswegen wurde auch im DSM, insbesondere für die Persönlichkeitsstörungen, überlegt, statt einer kategorischen Krankheitsklassifikation eine dimensionale Krankheitsdefinition einzuführen. Das bedeutet, dass eine erkrankte Person Symptome in verschiedenen Dimensionen haben kann, die mehr oder weniger ausgeprägt sind, anstatt kategorisch verschiedene Krankheiten zu diagnostizieren. Ein solcher Ansatz ist im Bereich der Persönlichkeitsstörungen weit fortgeschritten, hat sich aber noch nicht durchgesetzt.

9.4.3 Das Problem biologischer Marker

Die Heterogenität rein symptomatisch definierter psychischer Erkrankungen war immer ein Argument dafür, neurobiologische Erkenntnisse in die Definition bzw. Diagnostik aufzunehmen, wie es inzwischen mit der Liquordiagnostik für die Diagnose des Morbus Alzheimer gelungen ist, die eine hohe Sensitivität und Spezifität zeigt. Das ist das Versprechen der biologischen Psychiatrie. Und tatsächlich war es auch die Idee beim Übergang vom DSM-IV ins DSM-5. Doch fanden neurobiologische Kriterien praktisch keinen Eingang in die DSM-5-Diagnosen. Warum? Die Antwort lautet schlicht: Trotz der Fülle neurobiologischer Forschung und Erkenntnisse gibt es praktisch (bis auf wenige Ausnahmen wie beim M. Alzheimer) keine klinisch brauchbaren Biomarker. Beispiel Schizophrenie: Bei einem solch schweren und weltweit relativ einheitlichen Krankheitsbild sollte man denken, dass die Chance, einen oder mehrere zuverlässige Biomarker zu finden, recht gut sein müsste. Dies untersuchten Prata et al. (2014) empirisch, indem sie alle Arbeiten zu Biomarkern bei Psychosen ($n = 3200$) einer genauen Analyse unterzogen. Ungefähr die Hälfte der Studien bezog sich auf Diagnostik, ein Viertel waren Übersichtsarbeiten und ca. 200 Arbeiten waren Längsschnittstudien. Bei den Letzteren untersuchten sie, ob genetische, metabolische oder Imagingmarker prädiktiv für den Behandlungserfolg waren. Die Qualität der Biomarker bewerteten sie nach der Qualität (positives Ergebnis, kontrollierte Studie, A-priori-Definition des Biomarkers, ausreichende statistische Power, unabhängige Replikation) und der Effektstärke mit einem maximalen Score von 8. Das Ergebnis?

> „Der einzige Biomarker mit einem Gesamtscore über 6 aus einer Gesamtheit von 362 prädiktiven und Verlaufsmarkern aus 114 Studien war ein pharmakogenetischer Marker, der einen Score von 7 erreichte: Das C-Allel des 6672 G > C Einzelnucleotid-Polymorphismus (SNP) in der HLA-DQB1-Region (Athanasiou et al. 2011) prädizierte das Risiko für eine Clozapin-induzierte Agranulozytose mit einer O.R. von 16.8, war a priori definiert, und der Effekt wurde in einer unabhängigen Studie repliziert." (Prata et al. 2014, Übersetzung des Autors).

Mit anderen Worten: Die Ergebnisse jahrzehntelanger Biomarkerforschung sind sehr enttäuschend. Kritiker der biologischen

Psychiatrie sehen das als Argument, mit dieser Art von Forschung aufzuhören. Biologisch orientierte Psychiater dagegen argumentieren, dass dies lediglich zeige, dass es unwahrscheinlich sei, konsistente Biomarker für rein klinisch definierte, heterogene Syndrome zu suchen (vgl. dazu ► Abschn. 9.5.1).

9.4.4 Außermedizinische Interessen

Ein weiteres Problem in der Diagnostik psychischer Erkrankungen sind außermedizinische Interessen. Dies bezieht sich zum einen auf finanzielle Interessenkonflikte (vgl. dazu Hasler 2013) und dadurch bedingte Verzerrungen der Nosologie. Viele Mitverfasser des DSM hatten Beraterverträge mit der pharmazeutischen Industrie. Die Industrie hat Interesse daran, neuartige Krankheiten zu definieren, manche sagen zu erfinden, um neue Absatzmärkte für Medikamente zu schaffen. Und schließlich gibt es individuelle, nicht pekuniäre Interessen. So wurde beschrieben, dass in den Komitees, die das DSM formulieren, manche Forscher versuchen, ihrer Lieblingskrankheit, mit der sie sich seit Jahren oder Jahrzehnten beschäftigen, einen Platz im offiziellen Diagnosesystem zu verschaffen. Was beim Fehlen objektiver Biomarker natürlich leichter ist als im Rest der Medizin. Aber es gibt auch Betroffeneninteressen, die außermedizinischen Einfluss nehmen, z. B. weil sie befürchten, finanzielle Vorteile zu verlieren (etwa durch den Wegfalls des Asperger-Syndroms im DSM-5), weil sie darauf beharren, dass eine Erkrankung medizinische Ursachen habe und nicht psychologische (z. B. das Chronic-Fatigue-Syndrom) oder schlicht, weil aus Sicht der Betroffenen das jeweilige Krankheitsbild natürlicherweise einen sehr hohen Stellenwert hat und bei immer begrenzten Ressourcen dafür eine Lobbyarbeit betrieben werden muss.

9.4.5 Das „Lock-in-Syndrom"

Wie schon erwähnt, bildet das ICD die Grundlage für das medizinische Versorgungssystem. Nur mit einer offiziellen Diagnose bezahlen Krankenkassen Therapien, kann man arbeitsunfähig geschrieben werden, hat man Chancen, eine Berufserkrankung anerkannt zu bekommen oder eine Rente zu erhalten. Deswegen, so die Philosophin Rachel Cooper, sei es fast unmöglich, das DSM bzw. das ICD grundlegend zu reformieren (Cooper 2015). Denn jede Änderung hat existenzielle Konsequenzen für die im Versorgungssystem Betroffenen und würde ein komplexes, ständig genutztes und tief verankertes Systems destabilisieren. Dies sei ähnlich wie die QWERTZ-Tastatur beim Computer. Ursprünglich ist die Anordnung der Tasten dadurch bedingt, dass sich die Hebel einer Schreibmaschine beim Schreiben nicht verhaken sollen. Eine andere, tipp-technisch bessere Anordnung auf dem Computer zu etablieren, der ja keine mechanischen Hebel mehr hat, ist heute aber praktisch unmöglich, da eine Umstellung des gesamten Systems ein so großer Aufwand wäre, dass dies nie geschehen wird: Das System ist in einem „Lock-in-Zustand". Die einzige Möglichkeit wäre ein radikaler Systemwechsel. Im Bereich des Computers könnte dieser z. B. dadurch erfolgen, dass die Spracheingabe die manuelle Eingabe ablösen wird. Einen ähnlichen radikalen Wechsel schlägt das RDOC-System vor (► Abschn. 5.1).

9.4.6 Das Mentalismusproblem

Ein weiteres grundlegendes Problem, das hier nur umrissen werden kann, ist das Mentalismusproblem (vgl. dazu Walter und Pawelzik 2018). Es kann als Nachfolgeproblem des Leib-Seele-Problems angesehen werden. Wie wir in ► Kap. 1 gesehen haben, hat sich der Dualismus im Laufe der (westlichen) Geschichte als zunehmend entbehrlich erwiesen. Dabei ist mit der Ablehnung eines Dualismus noch lange nicht geklärt, was das Mentale (Psychische), etwa im biopsychosozialen Modell, eigentlich ist. Kaum eine der Krankheitstheorien thematisiert diese Frage, sondern geht ohne weitere Erläuterung einfach davon aus, dass das Mentale oder Psychische oder phänomenale Erleben eine weitere Ebene oder ein Aspekt der Wirklichkeit sei. Doch was genau ist es? Ist es einfach identisch mit dem Neuronalen, also mit Gehirnprozessen, wie es naheliegt anzunehmen? Dagegen argumentieren eine ganze Reihe von nicht reduktionistischen Theorien, z. B. indem sie darauf verweisen, dass man Gehirnzuständen nicht personale Eigenschaften zuschreiben dürfe, dass ein „beseelter" Organismus auch einen Körper habe, dass sich mentale Zustände immer auch in sozialer Interaktion entwickeln, in einen sozialen und kulturellen Kontext eingebunden sind, zumindest beim Menschen eng an Sprache gebunden sind, und daher mentale Prozesse als komplexe, emergente Phänomene betrachtet werden müssen. Im Rahmen psychiatrischer Kontroversen werden allerdings häufig drei Aspekte des Mentalismusproblems vermischt und nicht unterschieden. Der erste Aspekt ist die Frage, was mentale Prozesse denn nun genau sind. Dies ist eine *ontologische* Frage über die Natur mentaler Zustände. Zweitens stellt sich die Frage, wie wir Wissen über die Art und Weise unseres Erlebens sowie den Inhalt normaler (und pathologischer) mentaler Prozesse erlangen. Dies ist eine *epistemiologische,* also erkenntnistheoretische, Frage. So ist es kein Widerspruch, anzunehmen, dass mentale Zustände nicht anderes sind als Hirnzustände plus *x* (z. B. körperliche Zustände oder andere externe Faktoren; zum Externalismus des Mentalen vgl. Walter 1997, 2018), wir zum Inhalt dieser mentalen Zustände aber hauptsächlich und unvermeidlich über subjektives Erleben und eine soziale fundierte Sprache Zugang haben. Eine solche Annahme würde erklären, warum sich sowohl diejenigen im Recht fühlen, die reduktionistische Intuitionen haben, als auch jene, die auf die „Unhintergehbarkeit" personalen Erlebens verweisen. Der dritte und letztlich wichtigste Aspekt für die Psychiatrie als Wissenschaft lautet, wie es zum Fehlfunktionieren psychischer Funktionen kommt. Diese Frage nach der Entstehung psychischer Erkrankung und den dabei relevanten kausalen Faktoren ist nicht identisch mit der ontologischen und erkenntnistheoretischen Frage. Obwohl alle drei Probleme zusammenhängen, sind sie konzeptuell voneinander unabhängig. So wird heutzutage allgemein davon ausgegangen, dass für die meisten häufigen psychischen Erkrankungen ein Ursachenmix aus genetischer Veranlagung, neurobiologischen Einflüssen während der Entwicklung des Organismus, Erfahrungen, Stressoren und deren Verarbeitung maßgeblich ist. Wir sollten also bei der Diskussion über psychische Erkrankungen und Störungen immer darauf achten, ontologische, erkenntnistheoretische und kausale Fragen zu unterscheiden, d. h. ob wir über die Natur („das Wesen") psychischer Phänomene sprechen, darüber, wie wir sie erkennen können oder darüber, wie es zu Entstehung psychischer Erkrankungen und Störungen kommt.

9.5 Neuere Ansätze

Die Schwierigkeiten mit den heutigen Klassifikationssystemen und die mangelnden Erfolge biologischer Ansätze in der Psychiatrie haben zu neuen Vorschlägen geführt, wie man die Natur, Erforschung und Klassifikation psychischer Erkrankungen langfristig ändern und/oder theoretisch fassen kann. Hier sollen drei solcher Ansätze vorgestellt werden.

9.5.1 Research Domain Criteria (RDoc)

Die RDoC-Initiative wurde 2009 gestartet und zwar im weltweit größten psychiatrischen Forschungsinstitut, dem NIMH (National

Institut of Mental Health) in Bethesda (Insel 2013; Kozak und Cuthbert 2016). Kurz gesagt ging es dabei um Folgendes (nach Walter 2017): Thomas Insel, der damalige Direktor des NIMH, selbst ein Forscher auf dem Gebiet der sozialen Neurobiologie (Funktionen von Oxytocin und Vasopressin), hatte schon immer die neurowissenschaftliche Erforschung psychischer Erkrankungen, von der Molekularbiologie bis zur Bildgebung, gefördert. Mit der Einführung des DSM-5 (2013) war geplant, auch neurobiologische Erkenntnisse in die Klassifikation und Diagnostik einfließen zu lassen und von einem kategorischen zu einem dimensionalen System überzugehen. Beide Absichten ließen sich aber nicht realisieren. Dies hatte eine Vielzahl von Gründen, nicht zuletzt jenen, dass die neurobiologischen Erkenntnisse nicht robust genug waren, um in eine klinisch brauchbare Klassifikation einzugehen. Dies war für viele Wissenschaftler unbefriedigend, da seit der Veröffentlichung des DSM-IV (1994) viel mehr über neuronale Schaltkreise, auch beim Menschen, bekannt war, nicht zuletzt durch die nichtinvasive neuronale Bildgebung (Neuroimaging). Schon lange waren wissenschaftlich orientierte Ärzte unzufrieden damit, psychische Krankheiten nur auf der Symptomebene zu diagnostizieren. Doch es sei kein Wunder, so Thomas Insel, wenn die Biomarkerforschung zu keinem Erfolg führe:

> „Es ist entscheidend, sich darüber klar zu werden, dass wir [in der Forschung] nicht erfolgreich sein können, wenn wir die DSM-Kategorien als ‚Goldstandard' benutzen. Das diagnostische System muss auf aktuellen Forschungsdaten basieren und nicht, wie gegenwärtig, auf symptombasierten Kategorien. Stellen wir uns vor, wir würden beschließen, dass das EKG [Elektrokardiogramm] nutzlos wäre, weil viele Patienten mit Brustschmerzen keine EKG-Veränderungen haben. Genau das haben wir aber seit Jahrzehnten getan, wenn wir Biomarker als nutzlos zurückweisen, weil sie nicht zuverlässig DSM-basierte Kategorien anzeigen. Wir müssen damit beginnen, genetische, bildgebende, physiologische und kognitive Daten zu sammeln, um zu sehen, wie diese Daten Cluster bilden und wie diese Cluster auf Behandlungsversuche reagieren." (Insel 2013, übersetzt vom Autor)

Das im April 2013 öffentlich gemachte RDoC-System schlägt daher vor, die Erforschung psychiatrischer Erkrankungen nicht an (oberflächlichen) Symptomen und Syndromen zu orientieren, sondern von Domänen neurokognitiver Funktionen auszugehen, die auf der Funktion bestimmter Schaltkreise beruhen, und diese auf verschiedenen Ebenen (vom Gen bis zum Verhalten) zu kartieren, um dann auf Grundlage dieser Datenbasis die heterogenen Erkrankungen in spezifischere Erkrankungen zu gliedern, unabhängig von DSM-Kriterien. Es wurden nur solche Konstrukte als Kandidaten für RDoC akzeptiert, für deren Validität es unabhängige Evidenz gab und für die bekannt war, dass sie mit neuronalen Schaltkreisen verbunden sind. Die herausdestillierten Konstrukte (zurzeit 25) werden in sechs übergeordnete Domänen sortiert (▣ Abb. 9.1) und haben auch noch Subkonstrukte. Domänen und Konstrukte sind dabei nicht als fix und unveränderbar gesetzt, sondern wurden vorläufig auf der Basis des heutigen Wissens ausgewählt. Sie können und sollen durch neue empirische Erkenntnisse verfeinert, verändert und erweitert werden. So wurde die sechste, sensomotorische Domäne erst kürzlich hinzugefügt, und es wird eine weitere Domäne „Impulsivität" diskutiert.

Alle Konstrukte können und sollen auf verschiedenen Ebenen (die RDoC-Autoren bevorzugen den Ausdruck: Analyseeinheiten) systematisch untersucht werden: von Genen über Moleküle und Zellen hin zu Schaltkreisen, der physiologischen Ebene (z. B. Herzrate, Cortisollevel), dem beobachtbarem Verhalten und Selbstberichten. Dazu benutzt man verschiedene Paradigmen. Man

Abb. 9.1 Die funktionalen Domänen und neurokognitiven Konstrukte des RDoC (Stand 30.06.2019, abgerufen unter ► https://www.nimh.nih.gov/research/research-funded-by-nimh/rdoc/constructs/rdoc-matrix.shtml). Zurzeit gibt es sechs Domänen mit insgesamt 25 Konstrukten (s. Tabelle) und 28 Subkonstrukten (hier nicht aufgeführt)

kann sich daher die RDoC-Matrix als eine zweidimensionale Tabelle vorstellen, in der Wissen gesammelt wird. Auf der ständig aktualisierten RDoC-Homepage kann man in jedem Feld dieser Tabelle nachschauen, was wir gegenwärtig darüber wissen. Zwei weitere Dimensionen, die in RDoC, wenn auch nicht in der Matrix enthalten sind und für alle Domänen relevant sind, sind Entwicklungs- und Umweltaspekte. Denn die genannten Funktionen bilden sich alle erst im Verlauf der Entwicklung eines Individuums heraus und werden dabei durch Umwelteinflüsse geformt und verändert (paradigmatisch: epigenetische und Lerneffekte).

Die RDoC-Matrix bietet ein Raster für die systematische Erforschung psychischer Störungen, das nicht auf vorher definierte Krankheitskategorien festgelegt ist. Langfristig soll die RDoC-Systematik zu einer differenzierten, in Teilen auch neuartigen Klassifikation psychischer Erkrankungen beitragen. Vor allem aber soll sie die Grundlage für eine bessere, maßgeschneiderte, im Idealfall individualisierte Therapie im Sinne der *precision psychiatry* schaffen. Natürlich blieb die RDoC-Initiative nicht ohne Kritik (vgl. Walter 2017). Festzuhalten bleibt, dass sie in den letzten Jahren die psychiatrische Erforschung erheblich beeinflusst hat, da es inzwischen eine erhebliche Anzahl von Arbeiten gibt, die Klassen von psychischen Störungen mithilfe dieses Modells erforschen und neuartig konzipieren. Man kann den RDOC-Ansatz kurz und bündig unter dem Titel „Psychiatrische Forschung als angewandte kognitive Neurowissenschaft" zusammenfassen (Walter 2017). Eine wesentliche Erweiterung der kognitiven Neurowissenschaft ist die computationale Neurowissenschaft, die sich innerhalb der Psychiatrie zu einer computationalen Psychiatrie erweitert hat (Friston et al. 2014; Heinz 2017, vgl. dazu z. B. ► Kap. 11 zur Schizophrenie im vorliegenden Buch).

9.5.2 Netzwerktheorien psychischer Erkrankungen

Eine weitere, in den letzten Jahren nicht zufällig diskutierte Theorie ist die Netzwerktheorie psychischer Erkrankungen (Borsboom 2017; Borsboom et al. 2019). Sie wendet sich gegen die essenzialistische Vorstellung, dass es sich bei psychischen Symptomen um „Oberflächeneigenschaften" eines zugrunde liegenden pathologischen Prozesses handelt, so wie bei anderen Erkrankungen. Masern etwa zeigen sich klinisch durch bestimmte Symptome (Ausschlag, Koplik'sche Flecken, Fieber), die alle durch eine gemeinsame Ursache, die Infektion mit dem Masern-Virus, verursacht werden und dadurch erklärbar sind. Die Annahme, dass es sich etwa bei der

Depression genauso verhalte, also dass den klinischen Symptomen der Depression eine gemeinsame Ursache zugrunde liegt (etwa ein Mangel an Serotonin oder ein Verlusterlebnis in der Kindheit) sei eine irreführende Vorstellung. Vielmehr bestehe die Krankheit Depression darin (eine ontologische Aussage), dass es sich um ein Netzwerk von Symptomen handelt, die kausal miteinander verbunden sind. So hängen die Symptome Schlafstörungen, Konzentrationsstörungen, Grübeln und Selbstwertproblematik kausal miteinander zusammen. Wer wenig schläft, ist am nächsten Morgen nicht ausgeruht, kann sich nicht konzentrieren und hat mehr Zeit zum Grübeln, was dazu führen kann, dass man über seine Wertlosigkeit nachdenkt. Umgekehrt kann viel Grübeln zu Schlaflosigkeit führen. Die krankhafte Natur der Depression zeige sich darin, dass die kausalen Verbindungen zwischen den Symptomen so stark ausgeprägt sind, dass sich ein voll ausgeprägtes Krankheitsbild durch ein äußeres Ereignis und kausale Interaktionen zwischen den Symptomen schnell ausbildet, stabil bleibt und nur schwer zurückbildet. Ein resilientes Netzwerk ist dadurch gekennzeichnet, dass zwar Symptome entstehen können, diese sich aber – aufgrund der nur schwach ausgeprägten kausalen Vernetzungen zwischen den Symptomen – schnell wieder zurückbilden und nicht zu einem Vollbild der Depression führen. Ein vulnerables Netzwerk braucht dagegen nur an irgendeiner Stelle einen Anstoß, und dann breiten sich die Symptome sozusagen von selbst aus und bleiben auch dann bestehen, wenn der äußere Anlass wegfällt (◘ Abb. 9.2). In Netzwerk-Terminologie ausgedrückt, ist also jemand psychisch gesund mit hoher Resilienz, wenn das Symptomnetzwerk nur schwach miteinander verbunden ist und es wenig externe Stressoren gibt. Bei schwach verbundenem Netzwerk und starken externen Stressoren gibt es zwar vermehrt Symptome, aber die Person ist noch gesund. Ein stark verbundenes Netzwerk bei wenigen Stressoren zeigt eine hohe Vulnerabilität an und bei einem stark verbundenen Netzwerk mit starken Stressoren kommt es zu einer psychischen Erkrankung.

Ein solcher Netzwerkansatz unterscheidet sich von herkömmlichen Krankheitstheorien durch mehrere Aspekte: So wird keine gemeinsame Ursache einer psychischen Erkrankung angenommen, den Symptomen kommt eine entscheidende Rolle zu. Symptome werden nicht lediglich unterschiedslos gezählt, sondern es wird ein kausaler Nexus zwischen ihnen postuliert, eine psychische Krankheit wird in Begriffen von Netzwerken definiert und beschrieben. Weiterhin können, so wird es zumindest von Vertretern der Theorie behauptet (Borsboom et al. 2019), weder Krankheiten noch einzelne Symptome oder ihr Kausalzusammenhang auf kausale Prozesse in Hirnschaltkreisen zurückgeführt werden, da die Zusammenhänge zu komplex sind, da mentale Prozesse multipel realisiert werden können und da der Fokus auf solche Details den Blick auf das Definierende einer psychischen Erkrankung, nämlich die Netzwerkeigenschaften der Symptome, dabei verloren geht. Damit sei ein neurobiologischer Reduktionismus blockiert. Dabei bleibt es allerdings ein Rätsel, wie die verschiedenen Ebenen, etwa die der Neurobiologie und der mentalen Symptome und des Verhaltens, miteinander verbunden sind. Es ist vermutlich hilfreich, zu wissen, dass die Begründer der Netzwerktheorie weder neurobiologisch ausgebildete Forscher noch klinische Praktiker sind. Vielmehr haben sie ihre Wurzeln in der psychiatrischen Epidemiologie und Statistik, also in einem Feld, das sich mit großen, vorwiegend klinischen Datenmengen (Symptomfragebögen) in großen Studien beschäftigt. Eingangs wurde erwähnt, dass Netzwerktheorien nicht zufällig gerade jetzt populär sind. Solche Theorien erfreuen sich derzeit in verschiedenen Gebieten (soziale Netzwerke, neuronale Netzwerke, Netzwerke in der Physik) eines regen Interesses. Bis jetzt gibt es allerdings noch kaum Berührungspunkte oder eine Zusammenarbeit zwischen epidemiologischen Statistikern und neuronalen Netzwerktheorien (Braun et al. 2018; Waller et al.

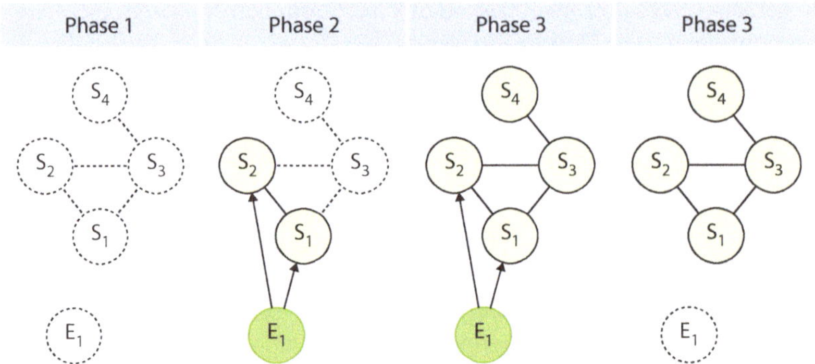

Abb. 9.2 Entwicklung einer psychischen Störung nach der Netzwerktheorie: In der ersten Phase liegen keine Symptome (S) vor, das Network „schläft" (Phase 1). Unter Einfluss eines (E1) oder auch mehrerer äußerer Ereignisse (Stressoren) werden sodann einzelne Symptome aktiviert (Phase 2), was weitere Symptome (kausal) bedingt (Phase 3). Wenn das Symptomnetzwerk stark ausgeprägte Verbindungen hat, dann kommt es durch das Wegfallen des äußeren Ereignisses nicht zur Erholung. Das äußere Ereignis hat als Trigger oder Auslöser gewirkt und das Netzwerk an Symptomen hält sich selbst aktiv und steckt in seinem aktiven Zustand fest. Ähnlich vorstellbar ist, dass durch die Therapie an einzelnen Symptomen die Aktivität des Netzwerks insgesamt abnimmt (nach Borsboom 2017)

9

2018). Dabei könnte der Versuch, mithilfe einer gemeinsamen Terminologie und mathematischen Werkzeugen neurobiologische und klinische Ebene zusammenzubringen, von hohem Interesse sein.

9.5.3 Der neue Mechanismus

Wir haben nun zwei Ansätze kennengelernt, die im Prinzip komplementär zu einander sind: Während RDoC von grundlegenden neurokognitiven Prozessen und deren Hirnschaltkreisen ausgeht und die Ebene der Symptome vernachlässigt, fokussieren Netzwerktheorien auf die Symptomebene und erklären die darunter liegenden Prozesse für vernachlässigbar. Gemeinsam ist beiden Ansätzen, dass sie von einem rein beschreibenden Ansatz wegkommen wollen und – in unterschiedlicher Weise – Kausalbedingungen ins Spiel bringen. Denn kausale Faktoren zu identifizieren scheint das grundlegende Kennzeichen von Wissenschaftlichkeit zu sein, und darauf legen beide Ansätze Wert. In den letzten Jahren hat sich im Bereich der Wissenschaftstheorie der Biologie und der Neurowissenschaften ein neuer Ansatz zum Verständnis des Gehirns entwickelt, der auch für die Psychiatrie von Interesse ist. Dabei handelt es sich um den „neuen Mechanismus". Die Wissenschaftstheorie hat sich für lange Zeit vor allem mit physikalischen Theorien beschäftigt, die in Form von quantifizierbaren Gesetzen vorliegen. Dabei war ein Ziel, möglichst wenig, aber grundlegende allgemeine Naturgesetze zu finden, auf die sich andere Gesetze reduzieren lassen. Ein weiteres Anwendungsbiet für Wissenschaftstheoretiker war die Evolutionstheorie, da auch hier eine allgemeine Theorie vorliegt, die den Anspruch hat, mit wenigen, allgemeinen Gesetzmäßigkeiten (Mutation, Selektion, Populationsdynamik) die Entstehung des Lebens erklären zu können. In den Neurowissenschaften gibt es dagegen (noch) keine allgemein anerkannte „Theorie des Gehirns". Daher widmet sich der neue Mechanismus der Frage, wie konkrete Erklärungen in den Neurowissenschaften funktionieren. Dabei ergibt sich eher ein vielfältiges Mosaik von Einzelerklärungen als eine allgemeine, generalisierte Theorie. Als zentral wurde dabei das Konzept des Mechanismus identifiziert (Craver 2007; Glennan 2017; Machamer et al. 2000). Phänomene werden erklärt, indem man die das Phänomen hervorbringenden und unterhaltenden Mechanismen im Detail identifiziert, dabei mehrere Ebenen einbezieht und verschiedene Wissenschaftsfelder integriert.

Wissenschaftsphilosophisch ist dieser Ansatz deshalb, weil er den Begriff des Mechanismus abstrakt und allgemein definiert und dann im Detail auf bestimmte Phänomene im Bereich der Neurowissenschaften anwendet. Mechanismen finden sich aber auch für mentale (Bechtel 2008) und soziale Phänomene (Hedström und Ylikoski 2000). Ein Mechanismus ist definiert als „ein Satz von Entitäten und Aktivitäten, die so organisiert sind, dass sie das Phänomen hervorbringen, das erklärt werden soll" (Craver 2007, S. 5). Entitäten sind Teile oder Komponenten des Mechanismus, die Aktivitäten zeigen, die kausale Effekte hervorbringen. Entscheidend ist die Organisation dieser aktiven Komponenten in Raum und Zeit und in einer Hierarchie, denn sie sorgt dafür, dass der Mechanismus das Phänomen hervorbringt. Craver (2007) geht dies ausgiebig am Beispiel der Erklärung der Neurotransmitterfreisetzung und der Langezeitpotenzierung durch. Sein allgemeines Schema für einen Mechanismus ist inzwischen zu einer kanonischen Darstellung geworden (◻ Abb. 9.3).

Schon die Abkürzung „Psi" in diesem Schema, das in der Philosophie oft für Psychisches steht, deutet an, dass das Mechanismusschema auch dafür gedacht ist, auf mentale Prozesse angewendet zu werden. Allerdings findet sich in den Schriften von Craver viel mehr über das Gehirn als über Mentales, und es wird nirgends genau gesagt, was das Mentale eigentlich ist (vgl. ▸ Abschn. 9.4.6 über das Mentalismusproblem). Eine detaillierte Darstellung des neuen Mechanismus als Erklärungsansatz in der kognitiven Neurowissenschaft findet sich in Kästner (2017). Dort werden verschiedene Probleme des Ansatzes diskutiert, etwa die Frage des Unterschiedes zwischen der Konstitution eines mentalen Prozesses und seiner kausalen Wirkung, die Frage, wie kausale Wirkungen über verschiedene Ebenen hinweg konzipiert werden müssen und welcher Kausalitätsbegriff experimentell und konzeptuell für die Neurowissenschaft von Bedeutung ist. Entscheidend für uns an dieser Stelle ist, dass der neue Mechanismus von vorneherein darauf angelegt ist, von dem physikalisch geprägten wissenschaftstheoretischen Ansatz wegzukommen, sich mit realen Erklärungen relevanter Phänomen in der Neurowissenschaft beschäftigt und von Anfang an als Multilevel- und integrativer Ansatz konzipiert worden ist. Zudem nimmt er von dem weit verbreiteten Korrelationismus Abstand, der allzu leicht zu einem Dualismus zurückführt, sondern beansprucht, kausale Prozesse bei der Hervorbringung von Phänomenen zu beschreiben.

In einem Aufsatz von 2011 hat der Psychiater und Genetiker Kenneth Kendler gemeinsam mit dem Wissenschaftsphilosophen Carl Craver und dem Philosoph der Psychiatrie Peter Zachar einen Versuch unternommen, den neuen Mechanismus für eine zeitgemäße Krankheitstheorie zu nutzen (Kendler et al. 2011; für einen anderen, rezenten Versuch vgl. Kästner 2019). Dabei orientieren sich die Autoren an evolutionsbiologischen Ansätzen zur Erklärung dessen, was eine Art ist, und übertragen sie auf Krankheitsarten. Sie nennen ihren Ansatz etwas umständlich *mechanistic property cluster theory*, kurz MPC. Der MPC zufolge sind Krankheiten wie biologische Arten, d. h. unscharf begrenzte „Populationen" mit paradigmatischen zentralen und eher randständigen Exemplaren. Man könnte auch sagen, Krankheiten sind Anhäufungen (kausal relevanter) Eigenschaften. Dabei teilen verschiedene Exemplare einer Art (Krankheit) nicht alle Eigenschaften miteinander, sondern weisen eher eine Familienähnlichkeit auf. In dem hochdimensionalen Eigenschaftsraum aller (kausal relevanten) Eigenschaften, die zu ihrer Entstehung beitragen, sind sie nah beieinander zu finden, sie „clustern". Diese Eigenschaften sind aber nicht

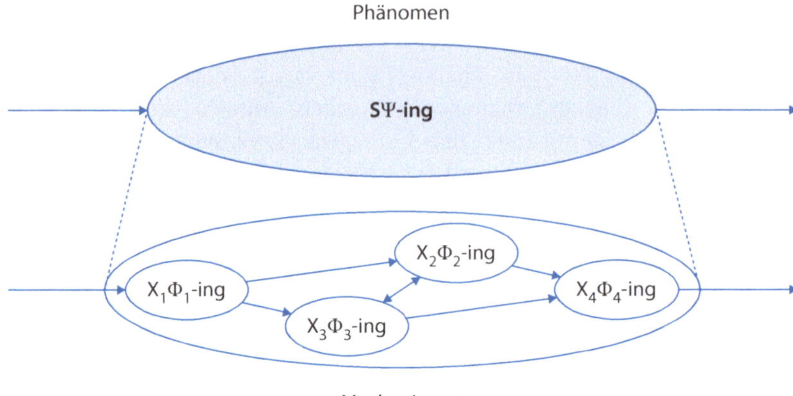

Abb. 9.3 Die Abbildung zeigt ein Phänomen Ψ (ausgesprochen: Psi), das durch einen Mechanismus (*S*) erklärt wird (oberer Teil der Abbildung). Im unteren Teil sind (abstrakte) Details des Mechanismus gezeigt, nämlich Entitäten (Kreise) und Aktivitäten (Pfeile), die eine spezifische räumlich-zeitliche Organisation aufweisen (nach Craver 2007, S. 7); *t*, *S* = Mechanismus als Ganzer, Ψ (Psi) = Phänomen, *X* = Entität oder Komponente, Φ (Phi) = Aktivität

9

Oberflächeneigenschaften (etwa nur Symptome), sondern das „gemeinsame Vorkommen dieser Eigenschaften zwischen Individuen wird durch kausale Mechanismen erklärt, die regelhaft sichern, dass diese Eigenschaften zusammen realisiert werden." (Kendler et al. 2011, S. 1147). Dabei können verschiedene Ebenen miteinander interagieren und so erst Exemplare einer Art kausal hervorbringen. Beispiele sind epigenetische Effekte durch Stress, Effekte von Substanzmissbrauch auf das Gehirn, oder der Effekt von Schlaflosigkeit auf depressive Stimmung. Hier verbinden die Autoren also Elemente des neuen Mechanismus (Mechanismen, also räumlich und zeitlich organisierte aktive Komponenten bringen ein Phänomen, eine Krankheit, kausal hervor) und Elemente der Netzwerktheorien (Symptome können sich gegenseitig kausal beeinflussen und dieses Wechselspiel kann Teil des Mechanismus sein). Zudem ist die MPC eine Multilevel-Theorie und in der Lage, verschiedene theoretische Ansätze (biologische, soziologische, phänomenologische) zu integrieren, ohne dabei den Anspruch auf kausale Erklärungen aufzugeben.

In der Einleitung ihres Artikels kategorisieren Kendler et al. (2011) die Arten von Krankheiten, die theoretisch erklärt wurden, in essenzialistische (eine Krankheit hat eine unterliegende Essenz so wie Gold, d. h. eine einzige biologische Ursache), sozial konstruierte (aus außermedizinischen Gründen erfundene) und pragmatische (nützlich für die Praxis der Medizin, wie das DMS-5). Der MPC-Ansatz erlaubt alle Arten von Mechanismen (biologische, psychologische, soziale Faktoren, gesellschaftliche) als Teile einer mechanistischen Erklärung. Manche Krankheiten könnten dabei mehr essenzialistisch sein (Schizophrenie), andere eher sozial konstruiert (Hysterie) oder durch gesellschaftliche Umstände mitbedingt (Anorexia nervosa). Ob sich die noch nicht sehr detailliert ausgearbeitete MPC-Theorie durchsetzen wird, wird die Zeit zeigen, mit Sicherheit wird sie es nicht unter dem komplizierten Namen. Der neue mechanistische Ansatz wird in Zukunft jedoch vermutlich in jeder wissenschaftlich fundierten Psychiatrie eine wichtige Rolle spielen.

Zusammenfassung und Ausblick

In dem vorliegenden Kapitel haben wir gesehen, wie schwierig es ist, psychische Erkrankungen und Störungen zu definieren, zu diagnostizieren und von neurologischen Erkrankungen, Lebensproblemen und untereinander abzugrenzen. Jede Krankheitstheorie in der Psychiatrie wird unweigerlich Grenzen ziehen müssen und damit leben müssen, dass diese unscharf sind. Vor dem historischen Hintergrund der Psychiatrie ist es verständlich, warum darüber so viel gestritten wird. Jede Krankheitsdefinition muss sowohl positive als auch negative Kriterien enthalten und das Individuum mit seiner Funktionsfähigkeit und dem subjektiven Leiden an Funktionsstörungen mit einbeziehen. Gegenwärtig beherrscht ein auf Reliabilität getrimmtes System (DSM-5 und ICD-10 bzw. -11) die Praxis der Psychiatrie mit allen Vorteilen (keine Festlegung auf möglicherweise falsche Theorien) wie auch Nachteilen (Inflation der Diagnosen, Abgrenzungsprobleme verschärft, erstarrtes System – „Lock-in-Syndrom"). Auf wissenschaftlicher und wissenschaftsphilosophischer Ebene gibt es neue Ansätze, die alle mehr oder weniger pluralistisch sind und verschiedene Ebenen einbeziehen, dabei aber – im Gegensatz zum DSM und ICD-10 – großen Wert darauf legen, kausale Entstehungsmechanismen in die Definition und Erklärung von Krankheiten mit einzubeziehen. Keine davon hat sich bis jetzt allgemein durchgesetzt, und es ist möglich, dass für verschiedene Krankheiten der eine oder der andere besser geeignet ist. In der Praxis werden sich die etablierten Diagnosesysteme allerdings noch auf lange Zeit halten. Dabei wird die Einbeziehung biologischer Erkenntnisse immer normaler werden, auch wenn es kaum vorstellbar ist, dass sich die zentrale Stellung subjektiven Erlebens in der Diagnostik der meisten psychischen Störungen ändern wird.

Literatur

APA – American Psychiatric Association (2013) Diagnostic and statistic manual of mental disorders, 5. Aufl. Amercian Psychiatric Association Publishing, Arlington, VA

Athanasiou MC, Dettling M, Cascorbi I, Mosyagin I, Salisbury BA, Pierz KA, Zou W, Whalen H, Malhotra AK, Lencz T, Gerson SL, Kane JM, Reed CR (2011) Candidate gene analysis identifies a polymorphism in HLA-DQB1 associated with clozapine-induced agranulocytosis. J Clin Psychiatry 72(4):458–463

Bechtel W (2008) Mental mechanisms. Philosophical perspectives on cognitive neuroscience. Routledge, London

Boeckle M, Liegl G, Jank R, Pieh C (2016) Neural correlates of conversion disorder: overview and metaanalysis of neuroimaging studies on motor conversion. BMC Psychiatry 16:195

Boorse C (2011) Concepts of health and disease. In: Gifford F (Hrsg) Philosophy of medicine. North Holland, Oxford, S 13–64

Borsboom D (2017) A network theory of mental disorders. World Psychiatry 16:5–13

Borsboom D, Cramer AOJ, Kalis A (2019) Brain disorders? Not really. Why network structures block reductionism in psychopathology research. Behav Brain Sci 42(e2):1–63

Braun U, Schaefer A, Betzel RF, Tost H, Meyer-Lindenberg A, Bassett DS (2018) From maps to multi-dimensional network mechanisms of mental disorders. Neuron 97:14–31

Cooper R (2015) Why is the diagnostic and statistical manual of mental disorders so hard to revise? Path-dependence and "lock-in" in classification. Stud Hist Philos Sci Part C: Stud Hist Philos Biol Biomed Sci 51:1–10

Craver CF (2007) Explaining the brain. Mechanisms and the mosaic unity of neuroscience. Oxford University Press, Oxford

Dilling H, Mombour W, Schmidt MH (2015) Internationale Klassifikation psychischer Störungen: ICD–10 Kapitel V (F) – Klinisch–diagnostische Leitlinien. Hogrefe, Göttingen

Engel GL (1977) The need for a new medical model: a challenge for biomedicine. Science 196:129–136

Fried EI, Nesse RM (2015) Depression is not a consistent syndrome: an investigation of unique symptom patterns in the STAR*D study. J Aff Disord 172:96–102

Friston KJ, Stephan KE, Montague R, Dolan RJ (2014) Computational psychiatry: the brain as a phantastic organ. Lancet Psychiatry 1(2):148–158

Gallinat J, Karow A, & Lambert M (2017) Psychiatrie der Zukunft. Vortrag in Greifswald. ▶ http://www2.medizin.uni-greifswald.de/psych/fileadmin/user_upload/veranstaltungen/2017/15.-17.02.2017__Die_Subjektive_Seite_der_Schizophrenie_/Vortraege/Vortrage_17.02.2017/Gallinat_Psychiatrie_der_Zukunft.pdf. Zugegriffen: 19. Juli 2019

Glennan S (2017) The new mechanical philosophy. Oxford University Press, Oxford

9

Graham G (2010) The disordered mind. An introduction to philosophy of mind and mental illness, 2. Aufl. Routledge, London

Hasler F (2013) Neuromythologie: Eine Streitschrift gegen die Deutungsmacht der Hirnforschung. Transcript, Bielefeld

Hedström P, Ylikoski P (2000) Causal mechanisms in the social sciences. Ann Rev Sociol 36:49–67

Heinz A (2015) Krankheit vs. Störung. Medizinische und lebensweltliche Aspekte psychischen Leidens. Nervenarzt 86:36–41

Heinz A (2017) A new understanding of mental disorders: computational models for dimensional psychiatry. MIT Press, Cambridge

Hucklenbroich P (2012) Der Krankheitsbegriff der Medizin in der Perspektive einer rekonstruktiven Wissenschaftstheorie. In: Rothhaar M, Frewer A (Hrsg) Das Gesunde, das Kranke und die Medizinethik. Moralische Implikationen des Krankheitsbegriffs. Steiner, Stuttgart, S 33–63

Insel T (2013) Transforming diagnosis. Directors Blog an April 29, 2013. ▶ http://www.nimh.nih.gov/about/director/2013/transforming-diagnosis.shtml

Kästner L (2017) Philosophy of cognitive neuroscience: causal explanations. Mechanisms and Experimental Manipulations. De Gruyter, Berlin

Kästner L (2019) Identifying causes in psychiatry. Paper submitted to Philosophy of Science Association

Kendler KS, Zachar P, Craver C (2011) What kind of things are psychiatric disorders? Psychol Med 41:1143–1150

Kozak MJ, Cuthbert BN (2016) The NIMH research domain criteria initiative: background, issues, and pragmatics. Psychophysiology 53(3):286–297

Machamer D, Darden L, Craver CF (2000) Thinking about mechanisms. Philos Sci 67:1–25

Prata D, Mechelli A, Kapur S (2014) Clinically meaningfulbiomarkers for psychosis: a systematic and quantitativereview. Neurosci Biobehav Rev 45:134–141

Schönfeldt-Lecuona C, Connemann BJ, Höse A, Spitzer M, Walter H (2004) Konversionsstörungen. Von der Neurobiologie zur Behandlung. Nervenarzt 75:619–627

Szasz T (1961) The myth of mental illness. Hoeber-Harper, New York

Wagner B (2014) Komplizierte Trauer: Grundlagen, Diagnostik und Therapie. Springer, Berlin

Wakefield JC (1992) Disorder as harmful dysfunction: a conceptual critique of DSM-III-R's definition of mental disorder. Psychol Rev 99(2):232–247

Wakefield JC (2015) The loss of grief: sciene and pseudoscience in the debate over DSM-5's elimination of the bereavement exclusion. In: Singy P, Demazeux S (Hrsg) The DSM-5 in Perspective. Philosophical reflections on the psychiatric bible. Springer, Heidelberg, S 157–178

Wakefield JC, Schmitz MF (2014) Predictive validation of single-episode uncomplicated depression as a benign subtype of unipolar major depression. Acta Scand Acta Psychiatr Scand 129:445–457

Waller L, Brovkin A, Dortschmidt L, Bzdok D, Walter H, Kruschwitz J (2018) GraphVar 2.0: a user-friendly toolbox for machine learning on functional connectivity measures. J Neurosci Meth 308:21–33

Walter H (1997) Neurophilosophie der Willensfreiheit. Von libertarischen Illusionen zum Konzept natürlicher Autonomie. Mentis, Paderborn

Walter H (2017) Research Domain Criteria (RDoC). Psychiatrische Forschung als angewandte kognitive Neurowissenschaft. Nervenarzt 88(5):538–548

Walter H (2018) Über das Gehirn hinaus. Aktiver Externalimus und die Natur des Mentalen. Nervenheilkunde 37(07/08):479–488

Walter H (Hrsg) (2005) Funktionelle Bildgebung in Psychiatrie und Psychotherapie: Methodische Grundlagen und klinische Anwendungen. Schattauer, Stuttgart

Walter H, Pawelzik M (2018) Die Mentalismus-Frage in der Nervenheilkunde. Nervenheilkunde 37(07/08):466

Wittchen H-U, Jacobi F (2005) Size and burden of mental disorders in Europe – a critical review and appraisal of 27 studies. Eur Neuropsychopharmacol 15(4):357–376

Wittchen H-U, Jacobi F, Rehm J et al (2011) The size and burden of mental disorders and other disorders of the brain in Europe 2010. Eur Neuropsychopharmacol 21:655–679

Psyche und Psychische Erkrankung – Sucht

Stefan Gutwinski und Andreas Heinz

G. Roth et al. (Hrsg.), *Psychoneurowissenschaften*, https://doi.org/10.1007/978-3-662-59038-6_10

In diesem Kapitel wollen wir uns mit dem Thema Sucht beschäftigen: zunächst mit der Frage des Vorkommens der Sucht, der diagnostischen Einteilung und der Häufigkeit von Abhängigkeitserkrankungen. Wir wollen darstellen, welche klinischen Symptome bei Menschen mit Suchterkrankungen vorliegen und wie diese in Bezug stehen zu neuronalen Veränderungen. Hierbei wollen wir sowohl funktionelle als auch strukturelle Veränderungen des Gehirns und die Vorgänge auf Ebene der neuronalen Botenstoffe besprechen. Diese Punkte wollen wir in Bezug setzen zu dem daraus abgeleiteten therapeutischen Verständnis und möglichen zukünftigen Therapien.

Lernziele

Nach der Lektüre dieses Kapitels sollte der Leser mit der klinischen Einteilung und den neurobiologischen Modellen von Suchterkrankungen vertraut sein.

Beispiel

Herr J. (44 Jahre) berichtet, dass er das erste Mal mit acht Jahren Alkohol getrunken habe. Sein Vater sei „alkoholkrank" gewesen und habe eigentlich immer getrunken, wenn er nicht gearbeitet habe. Sein Vater war Lehrer und Herr J. erinnert, dass sein Vater in betrunkenem Zustand besonders fröhlich und herzlich zu ihm und seinen Geschwistern gewesen sei. Herr J. berichtet, er habe dann oft Bier und Wein für seinen Vater geholt und einmal mit acht Jahren habe er dann davon probiert.

Mit 12 Jahren habe er dann gelegentlich mit seinem drei Jahre älteren Bruder nachmittags gemeinsam von dem offenen Wein des Vaters getrunken. Er mochte das „gemütliche" Gefühl. Mit 14 Jahren habe er dann auch an Wochenenden größere Mengen getrunken, wenn er zu Fußballspielen ging und man später noch gemeinsam im Vereinshaus trank. Dies habe er dann eigentlich immer so fortgesetzt, während der Oberstufenzeit und zu Beginn des Jurastudiums. Rückblickend könne er sich an kaum ein Wochenende in seiner Zeit als junger Erwachsener erinnern, an dem er nicht getrunken habe.

Im späteren Verlauf des Studiums habe er gerne auch unter der Woche alleine zwei oder drei Bier getrunken und an den Wochenenden sich meist „richtig" betrunken. Diesen Rhythmus habe er dann über viele Jahre fortgeführt, wobei er dann auch unter der Woche irgendwann bei einer Flasche Wein am Abend „gelandet" sei. Das seien aber gute Jahre gewesen, in denen er wechselnde Beziehungen hatte und auch beruflich, als Jurist in einer Behörde, anerkannt war.

Eigentlich gab es seit der Geburt seiner zwei Kinder permanent Streit mit der damaligen Partnerin und die Geburten waren eigentlich nur Versuche, die Beziehung zu retten. Er habe dann irgendwie eine Schwelle überschritten und erinnert, dass er in dieser Zeit auch zum ersten Mal unter der Woche regelmäßig betrunken war. Mit der Scheidung habe er die Kontrolle verloren und auch tagsüber unter der Woche Alkohol getrunken. Er hatte das Gefühl, er sei irgendwie auf eine schiefe Bahn geraten, die er langsam „hinabrutschte", und der Konsum fand immer häufiger ohne wirkliche Freude daran statt. In den letzten zwei Jahren hatte er dann morgens oft eine leichte Unruhe, die er mit einer kleinen Flasche Weinbrand beruhigen konnte.

Die Entgiftungsbehandlung erfolgte aufgrund zunehmender Schwierigkeiten am Arbeitsplatz. Herr J. berichtet, dass er den Entzug gut überstanden habe, aber seitdem täglich mehrfach einen starken Drang verspüre, Alkohol zu trinken. Dies erlebe er gar nicht als Lust auf Alkohol, sondern eher wie das Gefühl, das man hat, wenn man einen „kratzigen Pullover anhat, den man ausziehen möchte". Mehrfach habe er schon im Supermarkt an der Kasse gestanden und mehrere Flaschen Wein bezahlen wollen, bisher habe er sie immer noch zurück bringen können. In den Kiosk bei seiner Wohnung gehe er nicht mehr, da könne er sich dann selbst nicht mehr vertrauen. Die Gespräche in der Selbsthilfegruppe würden ihm sehr helfen – trotzdem sei er oft unzufrieden und habe eigentlich nicht das Gefühl, dass er zu diesen Menschen in der Selbsthilfegruppe passe. Es gäbe aber niemanden sonst, der ihn so gut verstehen würde.

10.1 Das Wichtigste in Kürze

Der Konsum von Substanzen, welche körperliche und seelische Zustände des Menschen verändern, ist Teil aller menschlichen Kulturen. Hierbei wird der Konsum durch historische, regionale und religiöse Hintergründe, aber auch eine Vielzahl weiterer Faktoren wie Geschlecht, Alter und sozioökonomischer Status, geprägt (von Heyden et al. 2018).

Wird der Konsum von Substanzen aus dem Blickwinkel einer Störung betrachtet, taucht meist der Begriff der „Sucht" auf, unter dem meist ein ausgeprägtes Verlangen nach einem Erlebniszustand verstanden wird, der häufig trotz negativer Konsequenzen für den Einzelnen, wie körperlichen, seelischen und sozialen Folgen, weiterverfolgt wird. Im Verständnis der Allgemeinbevölkerung kann dieser Zustand durch den Konsum von Substanzen (Drogen, Alkohol usw.) oder das Nachgehen bestimmter Verhaltensweisen (etwa exzessives Spielen usw.) verursacht werden. Wissenschaftlich und klinisch wurde der Begriff lange anders benutzt und in der Regel auf die Wirkung von psychoaktiven Substanzen (u. a. Alkohol, Opiate, Nicotin, usw.) begrenzt. Dagegen wurden „Verhaltenssüchte" in der Fachwelt lange als Störung der Impulskontrolle verstanden und somit auch, zum Beispiel in dem International Classification of Disease (Dilling und Freyberger 2013), an anderer Stelle im Klassifikationssystem eingeordnet. Da aber bei bestimmten Verhaltenssüchten, wie den pathologisches Glücksspielen – auch als Störung durch Glücksspielen bezeichnet –, mittlerweile von einer teilweise ähnlichen Entstehung und neurobiologischen Hintergründen ausgegangen wird, sind einige der beschriebenen Modelle, beispielsweise der Lerntheorie, zum Teil auch auf nicht stoffgebundene Süchte zu übertragen (Penka et al. 2018).

10.2 Diagnostik und Einteilung von Substanzgebrauchsstörungen

Ein ausgeprägter Konsum einer Substanz ist nicht automatisch mit dem Vorliegen einer Abhängigkeitserkrankung gleichzusetzen. Um die Diagnose einer Abhängigkeitserkrankung zu stellen, müssen weitere Kriterien erfüllt sein. Die diagnostischen Leitlinien für Abhängigkeitserkrankungen sind sowohl in dem Klassifikationssystem ICD-10 (Dilling und Freyberger 2013) als auch dem DSM-5 (DSM-5 2013) festgelegt. In der Einteilung des ICD-10 spielt die Unterscheidung zwischen „Abhängigkeit" und „schädlichem Gebrauch" eine entscheidende Rolle. Der schädliche Gebrauch bezieht sich hier auf nachweisbare körperliche oder seelische Schädigungen, welche durch anhaltenden Konsum über mindestens einen Monat oder wiederholt innerhalb von 12 Monaten verursacht werden. Die Abhängigkeit bezieht sich auf Störungen des andauernden Gebrauchs von mindestens 12 Monaten, welche sechs Kriterien umfassen, von denen mindestens drei zur Diagnosestellung erfüllt sein müssen (◘ Tab. 10.1).

> **Klassifikationssystem ICD-10:**
> Die Diagnose von Abhängigkeitserkrankungen erfolgt nach klar vorgegeben Kriterien und wird international nach dem Klassifikationssystem ICD-10 durchgeführt.

Während auch im amerikanischen Einteilungssystem, dem DSM-IV, zwischen „schädlichem Gebrauch" und „Abhängigkeit unterschieden wurde, wird in der seit 2013 novellierten Version, dem DSM-5, auf die Unterscheidung verzichtet und vielmehr der Schweregrad der „Substanzgebrauchsstörung"

Tab. 10.1 Klassifikation der Suchtstörungen, Vergleich der Kriterien nach DSM-5 und ICD-10 (Penka et al. 2018)

DSM-5	ICD-10
DSM-5-Kriterien Substanzgebrauchsstörung *Mindestens zwei der folgenden Kriterien müssen innerhalb eines Zeitraums von zwölf Monaten vorliegen:* 1. Substanz wird häufig in größeren Mengen oder länger als beabsichtigt konsumiert 2. Anhaltender Wunsch oder erfolglose Versuche, den Substanzkonsum zu verringern oder zu kontrollieren 3. Hoher Zeitaufwand, um Substanz zu beschaffen, zu konsumieren oder sich von seiner Wirkung zu erholen 4. Craving oder starkes Verlangen, die Substanz zu konsumieren 5. Wiederholter Substanzkonsum, der zu einem Versagen bei der Erfüllung wichtiger Verpflichtungen bei der Arbeit, in der Schule oder zu Hause führt 6. Fortgesetzter Substanzkonsum trotz ständiger oder wiederholter sozialer oder zwischenmenschlicher Probleme, die durch die Auswirkungen der Substanz verursacht oder verstärkt werden 7. Wichtige soziale, berufliche oder Freizeitaktivitäten werden aufgrund des Substanzkonsums aufgegeben oder eingeschränkt 8. Wiederholter Substanzkonsum in Situationen, in denen der Konsum zu einer körperlichen Gefährdung führt 9. Fortgesetzter Substanzkonsum trotz Kenntnis eines anhaltenden oder wiederkehrenden körperlichen oder psychischen Problems, das wahrscheinlich durch die Substanz verursacht wurde oder verstärkt wird 10. Toleranzentwicklung, definiert durch eines der folgenden Kriterien: – Dosissteigerung, um Intoxikationszustand oder einen erwünschten Effekt herbeizuführen – deutlich verminderte Wirkung bei fortgesetztem Konsum derselben Substanzmenge 11. Entzugssymptome, die sich durch eines der charakteristischen Entzugssymptome äußern (definiert für jede Substanz) *Aktueller Schweregrad:* Leicht: 2–3 Symptomkriterien Mittel: 4–5 Symptomkriterien Schwer: 6 od. mehr Symptomkriterien	Abhängigkeit *Mindestens drei der folgenden Kriterien in den letzten 12 Monaten:* 12. Konsum trotz Nachweis schädlicher Folgen 13. Toleranzentwicklung 14. Entzugssyndrom 15. verminderte Kontrollfähigkeit bzgl. Beginn, Beendigung oder Menge 16. starker Wunsch oder Zwang (Craving), die Substanz zu konsumieren 17. Vernachlässigung anderer Interessen zugunsten des Substanzkonsums, erhöhter Zeitaufwand für Beschaffung oder Konsum Schädlicher Gebrauch: Substanzinduzierte psychische oder körperliche Probleme

(substance use disorder) in leicht, mittel und schwer unterschieden (DSM-5 2013; ◘ Tab. 10.1).

10.3 Symptome

Die Symptome von Abhängigkeitserkrankungen umfassen bei schädlichem Gebrauch in erster Linie körperliche Störungen, wie beispielsweise erhöhte Leberwerte bei Alkoholkonsum, und psychische Störungen, wie beispielsweise depressive Zustände und Angststörungen bei Konsum von Amphetaminen. Daneben treten bei einer Abhängigkeitsentwicklung weitere Symptome auf, wie beispielsweise Toleranzentwicklung und damit verbundene Dosissteigerung, Entzugssymptomatik, Kontrollminderung oder Suchtverlangen (Craving).

Wichtige klinische Symptome und Begriffe werden in der Box: Wichtige klinische Begriffe bei Substanzgebrauchsstörungen und in ◘ Tab. 10.1 genannt.

Wichtige klinische Begriffe bei Substanzgebrauchsstörungen

Toleranz: Ein anderes Wort für **Toleranz** ist **Gewöhnung** und bedeutet die Abnahme der Substanzwirkung bei wiederholter Einnahme derselben Dosis. Ein klassisches Beispiel ist die Abnahme der Morphinwirkung nach wiederholter Gabe. Die Toleranz entsteht sowohl zentral im Gehirn durch die Desensitivierung verschiedener Zielregionen und peripher durch einen beschleunigten Abbau von Substanzen, zum Beispiel über eine Enzyminduktion in der Leber.

Entzugssymptome: Eine Entzugssymptomatik entsteht aus der Reduktion oder dem plötzlichen Weglassen der regelmäßig eingenommenen Substanz. Entzugssymptome sind häufig die gegenteiligen Symptome der ursprünglichen Substanzwirkung, sodass der Entzug euphorisierender Substanzen, wie Kokain, eher depressive Symptomkomplexe verursacht und der dämpfender Substanzen, wie Opioiden, eher mit körperlicher Unruhe und verstärkter Vigilanz (Wachheit) einhergeht. Diese können sich nur bei einer vorbestehenden Toleranzentwicklung ausbilden und sind damit Ausdruck der Störung der im Gehirn während des Substanzkonsums ausgebildeten Homöostase (Gleichgewichtszustandes). Entzugssymptome können sich bei Opioiden schon nach wenigen Wochen, bei anderen Substanzen in der Regel erst nach mehrmonatigem bis mehrjährigem Hochkonsum entwickeln. Bei Jugendlichen können sie deutlich schneller auftreten.

Automatismen und Kontrollminderung: Der Begriff „Automatismen" steht für wenig oder nicht bewusste, motorisch automatisierte Abläufe, welche zum Beispiel in einen Rückfall münden können (Tiffany und Carter 1998). Ein Beispiel dafür ist der gewohnheitsmäßige, automatisierte Konsum von Alkoholvorräten, die trotz Abstinenzwunsch in der Wohnung gefunden und konsumiert werden. Wird ein solch gewohnter Ablauf unterbrochen, wenn zum Beispiel alle Restbestände verbraucht sind, kann der Konsum nicht in der gewohnten Form weiter betrieben werden und wird dann häufig unterbrochen. Nun bemerkt der Betroffene in der Regel erst sein Verlangen nach der Substanz. Bewusstes Verlangen – aber auch nicht bewusste motorische Automatismen – werden von vielen Autoren als zentrale Variable in der Entwicklung von Abhängigkeitserkrankungen und von Rückfällen betrachtet (Everitt und Robbins 2016). Die Kontrollminderung beschreibt dabei die fehlende Kontrolle über diese gewohnheitsmäßigen, motorischen Abläufe und damit die Konsummenge. Ein

Beispiel ist das „Feierabendbier", bei dem es nicht bleibt, sondern das in massivem Alkoholkonsum endet.

Verlangen/Suchtdruck (Craving): Der Begriff des **Craving** beschreibt das zwanghaft anmutende, bewusste Verlangen nach einer Substanz, das auch bestehen kann, wenn der Konsum der Substanz selbst nicht mehr genossen wird (Everitt und Robbins 2016; Tiffany und Carter 1998; Wetterling et al. 1996). Der Stellenwert von **Verlangen** bei Menschen mit Substanzabhängigkeit ist jedoch weitgehend ungeklärt. Zwar berichten Kasuistiken von zum Teil quälendem Verlangen bei Menschen mit Abhängigkeitserkrankungen, zum Teil verbunden mit ausgeprägten körperlichen Reaktionen, die bei Menschen mit Substanzabhängigkeit auch nach jahrelanger Abstinenz auftreten und zum Konsumrückfall führen können. Allerdings kann das Auftreten von Verlangen auch Rückfälle verhindern in Situationen, in denen die Betroffenen dieses Verlangen wahrnehmen und dadurch automatisierte Abläufe unterbrechen können.

Substanzreagibilität (Cue-Reactivity): Situationen, die in der Vergangenheit mit der Einnahme von Substanzen verknüpft waren, wie beispielsweise Orte des Konsums, Personen, in deren Gegenwart konsumiert wurde, bestimmte Tageszeiten, Erinnerungen oder Stimmungen, können bei Substanzabhängigen das Auftreten eines Rückfalls wahrscheinlicher machen. Hintergrund sind klassische (Verknüpfung von Stimulus und Reaktion) und operante (Verknüpfung von Handlung und Effekt) Konditionierungsprozesse, die dazu führen können, dass die Konfrontation mit diesen Situationen eine neuronale Kaskade im verhaltensverstärkenden System des Gehirns aktiviert. Daraus kann eine Aktivierung von automatischen Verhaltensmustern resultieren, welche in einen erneuten Konsum mündet.

10.4 Vorkommen von Suchterkrankungen

Die Erfassung des Vorkommens und der Häufigkeiten von Suchterkrankungen in der Bevölkerung ist nicht einfach, denn neben Schwierigkeiten in Diagnosestellung und Definitionen von problematischen Konsummengen ist die Datenlage auch durch Tabuisierung der Abhängigkeitserkrankung oftmals nur eingeschränkt aussagekräftig. In Repräsentativbefragungen kommt es häufig zu einem Selektionsproblem, da unter denen, die nicht an den Befragungen teilnehmen, mehr Personen mit Abhängigkeitserkrankungen oder problematischem Substanzkonsum sind als bei den an den Befragungen teilnehmenden Personen. Trotz dieses systematischen Problems werden regelmäßig Befragungen in der Bevölkerung durchgeführt, wie beispielsweise der Epidemiologische Suchtsurvey (ESA 2012) oder die Drogenaffinitätsstudie der Bundeszentrale für gesundheitliche Aufklärung (BZgA), welche anhand einer repräsentativen Stichprobe die Entwicklung des Konsums junger Menschen ermittelt (Orth 2016). Auch Nationale Gesundheitssurveys wie der DEGS (Studie zur Gesundheit Erwachsener in Deutschland) und der jährliche Drogenbericht für die EU geben Aufschluss über die Entwicklung des Substanzkonsum der Bevölkerung (Burger und Mensink 2003; EMCDDA 2016; Jacobi et al. 2014). Darüber hinaus wird für legale Substanzen indirekt anhand von Verkaufszahlen der Konsum in der Gesamtbevölkerung geschätzt und bei illegalen Drogen, wie zum Beispiel Methamphetamin, Heroin und Kokain, Konsumentwicklungen anhand polizeilicher Informationen wie Beschlagnahmungen geschätzt.

10.4.1 Prävalenzen des Alkoholkonsums

Der durchschnittliche Pro-Kopf-Verbrauch von reinem Alkohol betrug in Deutschland laut WHO im Jahr 2014 11,8 L (WHO 2016). Damit lag Deutschland im europäischen Vergleich an sechzehnter Stelle nach Ländern wie Polen, Litauen, Kroatien, Tschechien und Irland. Die Grenzwerte für einen gesundheitlich bedenklichen Alkoholkonsums werden derzeit von der WHO mit <40 g reinem Alkohol pro Tag für Männer und <20 g pro Tag für Frauen beziffert. Bühringer et al. (2000) unterscheiden zudem die Alkoholkonsummenge in einen risikoarmen (Männer <30 g/Frauen <20 g), einen riskanten (>30 g/>20 g), einen gefährlichen (>60 g/>40 g) und einen Hochkonsum (>120 g/>80 g). Laut dem 2012 veröffentlichten Epidemiologischen Suchtsurvey (ESA 2012) lebten 28,5 % der befragten Personen in Deutschland im letzten Monat alkoholabstinent. Für das letzte Jahr gaben 9,8 % der Befragten eine Alkoholabstinenz an. Einen riskanten Konsum wiesen etwa 12,0 % der Befragten auf, 1,8 % einen gefährlichen und 0,4 % einen Hochkonsum. Die Kriterien einer Alkoholabhängigkeit erfüllten 3,4 % der Befragten zwischen 18 und 64 Jahren, wobei Männer häufiger als Frauen betroffen waren (Kraus et al. 2013).

Die Diagnose einer Alkoholabhängigkeitserkrankung betrifft etwa 3,4 % der deutschen Bevölkerung zwischen 18 und 64 Jahren.

Der Alkoholkonsum in verschiedenen Ländern variiert international sehr stark. In der Türkei beispielsweise beträgt die Jahresprävalenz für Alkoholkonsum nur 25,8 % und ist damit sehr viel geringer als in allen anderen europäischen Ländern (WHO 2016). Der Anteil von Menschen mit einer Alkoholabhängigkeit wird sogar nur auf 0,8 % geschätzt (WHO 2016), was sich unter anderem durch die religiöse Ächtung von Alkoholkonsum erklären lässt. Der Alkoholkonsum in der Bevölkerung in anderen muslimischen Ländern variiert allerdings sehr stark zwischen 6,5 % in Ägypten bis 20,1 % im Libanon und Prävalenzraten der Alkoholabhängigkeit von 0,1 % in Ägypten bis 0,3 % im Libanon (WHO 2016). In Deutschland liegen diese Raten laut WHO bei 80,3 % und 2,9 % was ungefähr den oben genannten ESA-Zahlen entspricht (WHO 2016). In Russland beträgt die Jahresprävalenz für Alkoholkonsum zwar nur 67,8 % und ist damit deutlich niedriger als in anderen europäischen Ländern, der Anteil von Personen mit einer Alkoholabhängigkeit liegt mit 9,3 % allerdings deutlich über dem der meisten europäischen Länder (WHO 2016).

10.4.2 Prävalenzen des Konsums nicht legaler Substanzen

Unter den nicht legalisierten Drogen in Deutschland ist der Konsum von Cannabis am weitesten verbreitet. Während bei Erwachsenen die Lebenszeitprävalenz des Konsums von Cannabis derzeit bei etwa 25 % liegt, haben nur etwa 5–6 % der Erwachsenen jemals in ihrem Leben eine andere illegale Substanz konsumiert (BMG 2016; EMCDDA 2016). Demnach unterscheiden sich auch die Jahresprävalenz mit 4,5 % für Cannabis und 1,5 % für andere Drogen und die Monatsprävalenz mit 2,3 % für Cannabis und 0,8 % für andere Drogen. Für einzelne andere Drogen wurden weit niedrigere Monatsprävalenzen bestimmt, beispielsweise für Heroin 0,1 %, andere Opiate 0,2 % und für Kokainkonsum 0,3 % (ESA 2012).

Der Konsum illegaler Drogen weltweit variiert sehr stark und unterliegt neben regionalen Unterschieden teilweise auch starken zeitlichen Schwankungen. Beispielsweise sind die Zahlen der geschätzten Konsumenten von Heroin international mit 17 Mio. Konsumenten seit etwa 15 Jahren relativ konstant, mit Phasen von vermehrten Konsum in bestimmten Regionen, wie beispielsweise der USA, welche bereits in den 1980er-Jahren und derzeit erneut eine hohe Zahl von Konsumenten von Heroin aufwiesen bzw. aufweisen (UNODC 2017). Die Zahl der Konsumenten von Cannabis ist allerdings international seit Jahren ansteigend, mit mittlerweile geschätzten 183 Mio. Konsumenten weltweit und geschätzten 30 Mio. Personen mit einem schädlichen Gebrauch, wobei auch hier wiederum der Anstieg sich auf Nord- und Südamerika und nicht Europa bezieht, welche seit einigen Jahren relativ gleichbleibende Konsumraten aufweisen (GDS 2018). Besorgniserregend sind aber zunehmende Produktionsraten für die meisten illegalen Drogen, die beispielsweise für Opium im Jahr 2016 um 30 % gestiegen sind und möglicherweise zunehmendem internationalen Konsum vorausgehen (UNODC 2017).

Der Konsum von Medikamenten, welche zu einer Abhängigkeit führen können, wie beispielsweise Benzodiazepinen und Opiaten, ist mittlerweile kaum zu trennen vom Konsum nicht legaler Substanzen, da die Medikamente häufig nicht ärztlich verschrieben, sondern auf dem Schwarzmarkt gehandelt werden. Hierbei ist es insbesondere bei opioidhaltigen Schmerzmitteln zu einer Zunahme des nichtmedizinischen Gebrauchs gekommen (UNODC 2017). Verlässliche Zahlen über Abhängigkeitsraten bei Menschen mit einem regelmäßigen nichtmedizinischen Gebrauch von Medikament sind in Deutschland bisher nicht verfügbar, werden derzeit aber auf ca. 2,3 Mio. Personen geschätzt (BMG 2016) und wären damit im Vorkommen der Abhängigkeit vergleichbar mit der Alkoholabhängigkeit.

Die größte gesellschaftliche Relevanz bei den Substanzgebrauchsstörungen hat aber weiterhin die Nicotinabhängigkeit, die sowohl mit einer hohe Morbidität als auch Mortalität einhergeht. In Deutschland gaben im Jahr 2016 31 % der Männern und 24 % der Frauen an, aktuell Raucher zu sein (BMG 2016), wobei der Anteil der erwachsenen Raucher zwischen 1995 (14,7 %) und 2006 (9,6 %) deutlich gefallen ist (Baumeister et al. 2008). Dies trifft auch für Jugendliche zu, bei denen der Anteil von Rauchern in der Bevölkerung von 27,5 % im Jahr 2001 auf 7,8 % im Jahr 2015 gesunken ist (BMG 2016).

Die Raten von Menschen, die in abhängiger Form rauchen, variieren international sehr stark mit zum Teil ausgeprägten Geschlechtsunterschieden, wie in der Türkei mit einem Anteil männlicher Raucher von 50 %, und 10 % bei Frauen, oder Russland mit 63 % männlichen und 16 % weiblichen Rauchern (Bobak et al. 2006).

10.5 Risikofaktoren und Entstehungsmodelle

Risikofaktoren für die Entstehung von Abhängigkeitserkrankungen werden in verschiedenen Disziplinen (Medizin, Psychologie, Neurowissenschaften, Sozialwissenschaften) unterschiedlich bewertet. Den Modellen gemeinsam ist aber die Betrachtung der Abhängigkeitsstörungen als Erkrankung, welche sich nicht allein durch individuelles Fehlverhalten oder Willensschwäche erklären lässt. Bisher konnten keine isolierte Ursache nachgewiesen werden, wie besonders abhängigkeitserzeugende soziale Situationen oder der Nachweis eines „Alkoholismusgens". Angesichts der Komplexität scheint derzeit ein multifaktorielles Modell am ehesten geeignet, um Entstehung und Aufrechterhaltung von Abhängigkeitserkrankungen zu beschreiben. Die neurobiologischen Grundlagen von Abhängigkeitserkrankungen sind im Kontext von psychologischen und sozialen Einflussgrößen zu sehen, was zur Konkordanz der Entstehungsmodelle führt.

10.5.1 Biografische und individuelle Faktoren

In der klinischen Betrachtung imponieren bei Personen mit Abhängigkeitserkrankungen häufiger als bei Personen ohne Abhängigkeitserfahrungen traumatisierende Ereignisse, wie Missbrauchserfahrungen oder Belastungen im familiären Elternhaus. Weiterhin sind Abhängigkeitserkrankungen häufig begleitet von komorbiden psychischen Erkrankungen, wie Depressionen oder Persönlichkeitsstörungen (z. B. emotional-instabile und narzisstische Persönlichkeitsstörungen; von Heyden et al. 2018).

Genetische Faktoren sind von besonderer Bedeutung bei der Entstehung von Abhängigkeitserkrankungen: Schätzungsweise sind etwa 50 % des Risikos, eine Substanzabhängigkeit zu entwickeln, durch genetische Faktoren zu erklären. Ein wichtiger Prädiktor für die spätere Entwicklung einer Alkoholabhängigkeit ist eine vermutlich genetisch determinierte verminderte akute Reaktion auf den Konsum von Alkohol (Heinz et al. 2013).

Lerntheoretische Ansätze erklären anhand von klassischen lernpsychologischen Modellen die Entstehung von Abhängigkeitserkrankungen. Besondere Bedeutung haben hier Modelle des Imitationslernen und der klassischen und instrumentellen Konditionierung. In Tiermodellen und Humanstudien mit neurobiologischen, zum Teil bildgebenden Verfahren wird anhand dieser Modelle versucht, die neuronalen Korrelate der Erlernens abhängigen Verhaltens besser zu verstehen (▶ Abschn. 10.7 und 10.8, unten).

Neurobiologische Ansätze fokussieren in erster Linie durch Tierexperimente und humane Modelle auf die biochemischen Korrelate der Leitsymptome von Abhängigkeitserkrankungen, wie z. B. die Toleranzentwicklung, Entzugssymptome und das Suchtverlangen. Entsprechende Anpassung der neuronalen Transmission und Bedeutung wichtiger neuronaler Zentren, zum Beispiel des ventralen Striatums einschließlich des Nucleus accumbens, werden in Abschn. 10.8.1 thematisiert.

Soziologische Faktoren können wichtige weitere Einflussgrößen auf die Entstehung von Abhängigkeitserkrankungen sein. Soziologische Theorien (z. B. Schmidt et al. 1999) sind hierbei eher ergänzend und nicht im Widerspruch zu neurobiologischen Erklärungsmodellen zu verstehen. So konnte beispielsweise im Tiermodell gezeigt werden, dass soziale Ausgrenzungsprozesse mit Stressreaktionen verbunden sein können, welche wiederum mit einer veränderten serotonergen Neurotransmission einhergehen und sekundär beispielsweise bei akutem und chronisch erhöhtem Alkoholkonsum in vermehrten aggressiven Handlungen resultieren können (Heinz et al. 2013).

Daneben gibt es eine Vielzahl weiterer Modelle, wie *sozialgesellschaftliche Theorien*, welche Prozesse der soziale Ausschließungs- und Individualisierungsprozesse und sich auflösende traditionelle Familienformen, -strukturen und Beziehungen diskutieren (Hurrelmann und Bründel 1997), oder *psychodynamische Modelle*, welche individuelle auslösende Ereignisse wie Kränkungssituationen und familiäre Konstellationen thematisieren (Rost 2009).

10.6 Therapie von Substanzgebrauchsstörungen

Die Therapie von Substanzabhängigkeiten zielt bei den meisten Substanzen, wie beispielsweise der Alkoholabhängigkeit, in erster Linie auf die Abstinenz von den jeweiligen Substanzen. Bei einigen Substanzen wie dem Heroin ist die Abstinenz ein nachrangiges Ziel und im Vordergrund steht das Sichern des Überlebens, zum Beispiel durch die Gabe von langwirksamen Opioiden, welches die Beschaffung des Heroins ersetzen soll (Gutwinski et al. 2014).

10.6.1 Die Therapie von Substanzgebrauchsstörungen unterscheidet verschiedene Phasen

▪ Kontakt und Motivationsphase

Sie findet meist in Hausarztpraxen und Suchtberatungsstellen statt mit dem Ziel, eine Beziehung zum Betroffen aufzubauen, die Entscheidung für eine Änderung zu festigen (zum Beispiel durch Motivational Interviewing/Motivierende Gesprächsführung) und Therapien einzuleiten.

▪ Entgiftungsbehandlung

Hierbei handelt es sich um die akute Behandlung, bei der die betroffenen Personen die Substanz weglassen und es meist zu vegetativen Symptomen kommt, die typischerweise gegensätzlich zur Substanzwirkung sind. So kommt es beispielsweise beim Alkohol, der eine dämpfende Wirkung hat, im Entzug zu einem unruhigen, agitierten Syndrom.

In dieser Phase werden in der Regel zwei Handlungsstrategien verfolgt:

- Die Behandlung mit Agonisten, also Substanzen, welche die Wirkung der Substanz ersetzen. Im einfachsten Fall handelt es sich um dieselbe Substanz, aber in anderer Applikationsform, beispielsweise Nicotinpflaster zum Nicotinentzug. Weiterhin finden typgleiche Substanzen mit anderen Halbwertszeiten Verwendung, wie beispielsweise das langwirksame Opioid Methadon zum Entzug des kürzer wirksamen Heroins. Bei Alkoholabhängigkeit werden ebenfalls Agonisten am GABA-Rezeptor, zum Beispiel Benzodiazepine, eingesetzt. Ziel der Behandlung mit Agonisten ist zunächst die Verminderung der Entzugssymptome und dann eine schrittweise Reduktion der Agonisten mit dem Ziel, das Risiko für gefährliche Nebenwirkungen, wie beispielsweise epileptische Anfälle, zu reduzieren und die Abbruchraten aufgrund starker Nebenwirkungen zu vermindern (Muller et al. 2014).
- b) Symptomatische Therapie: Einsatz von Substanzen, welche die Nebenwirkungen des Entzugs lindern, beispielsweise schlaffördernde Substanzen, blutdrucksenke Medikamente, Medikamente gegen Übelkeit und Erbrechen, usw.

10

▪ Entwöhnungsbehandlung

Therapeutische Langzeitbehandlung in psychotherapeutischen Spezialkliniken, um Kompetenzen des Abstinenzerhalts zu erwerben und individuelle Risikofaktoren (z. B. Probleme am Arbeitsplatz) zu identifizieren.

▪ Nachsorgephase

Erhalt der Abstinenz durch therapeutische Begleitung in Suchtberatungsstellen, durch Hausärzte und Selbsthilfegruppen. Im Fokus steht der Aufbau eines lebenswerten Lebens, bei dem der Substanzkonsum durch andere, positive Aktivitäten ersetzt wird. In dieser Phase sind ambulante Psychotherapien sinnvoll, da viele Betroffene den Substanzkonsum als „Selbsttherapie" bei seelischen Störungen einsetzen, zum Beispiel bei Vorliegen von Traumata oder einer emotional instabilen Persönlichkeitsstörung. Leider gibt es von Seiten vieler Psychotherapeutinnen und -therapeuten auch heute noch Vorbehalte, ehemals „süchtige" Patientinnen und Patienten zu behandeln.

▪ Längerfristige pharmakologische Behandlung nach Ende der Entgiftung

Sie erfolgt in erster Linie bei der Heroinabhängigkeit durch eine Substitutionsbehandlung mit langwirksamen Opioiden, wie Methadon oder Buprenorphin. Bei der Alkoholabhängigkeit können Substanzen eingesetzt werden, welche das Rückfallrisiko mindern, zum Beispiel Naltrexon (Opioid-Antagonist) und Acamprosat (Wirkung auf Glutamatrezeptoren; Muller et al. 2014).

10.7 Verlauf von Abhängigkeitserkrankungen

Abhängigkeitserkrankungen gehen häufig mit Konsumrückfällen einher. Bei Alkoholabhängigkeit betragen diese im Fünfjahresverlauf 50–80 %, und bei Heroinabhängigkeit 80–90 %. Konsumrückfälle werden in den heute gängigen Therapien als Teil des therapeutischen Prozesses gewertet, aus denen die Betroffenen wichtige Rückschlüsse über eigene Anfälligkeitsfaktoren für zukünftige Abstinenzphasen ziehen können.

Substanzspezifisch finden sich nach jahrelangem Konsum auch häufig körperliche Folgeschäden. Ein häufiger Befund bei jahrelangem deutlich erhöhtem Konsum von Alkohol ist etwa die Hirnatrophie, welche wiederum eine Beeinträchtigung der kognitiven Leistungsfähigkeit bedingen kann (z. B. Czapla et al. 2016; Loeber et al. 2009). Allerdings weisen Studien auch darauf hin, dass neben dem chronischen Konsum von Alkohol auch dessen Entzug zu einer Schädigung des Gehirns führen kann (Duka und Stephens 2014).

Vermutlich spielt dabei der im Entzug erhöhte Glutamatspiegel eine Rolle, der neurotoxische Wirkung haben kann (Tsai und Coyle 1998). So zeigen Patienten mit häufigen Entgiftungsbehandlungen in der Vorgeschichte signifikant schlechtere kognitive Leistungen als Patienten, die keine oder nur eine Entgiftungsbehandlung hatten (Loeber et al. 2009).

Langanhaltender übermäßiger Alkoholkonsum kann darüber hinaus zu einer Vielzahl weiterer Folgeschäden führen, welche fast alle Organsysteme betreffen, wie zum Beispiel Leberzirrhose, Polyneuropathie und Bauchspeicheldrüsenentzündung (s. Charlet und Heinz 2016), und daher mit einer deutlich erhöhten Sterblichkeit einhergehen.

Die Folgeschäden durch andere Substanzen sind ebenfalls wiederum substanzspezifisch und können durch die Substanz selbst, zum Beispiel durch Intoxikationen, verursacht werden, oder durch den mit dem Substanzgebrauch einhergehend Lebensstil, zum Beispiel durch Mangelernährung bei Alkoholkonsum oder mangelnde Hygiene bei intravenösen Konsum von Heroin (Häbel und Gutwinski 2018).

10.7.1 Neurobiologische Grundlagen von Substanzabhängigkeiten

Bisher gibt es keine abschließend ausgearbeitete neurobiologische theoretische Konzeption von Substanzabhängigkeiten. Eine Vielzahl von Forschungsarbeiten weist allerdings darauf hin, dass vorbestehende und/oder substanzinduzierte Unterschiede in der neurobiologischen Struktur des verhaltensverstärkenden Systems im Gehirn (des sogenannten Belohnungssystems) für die Entwicklung von Substanzabhängigkeiten von Bedeutung sein könnten. Hierbei ergeben sich aus Tierexperimenten und nicht zuletzt Befunden aus der neurobiologischen Bildgebung beim Menschen wichtige wissenschaftliche Ergebnisse, aus denen sich die wesentlichen im Folgenden dargestellten Modelle ableiten. Die einzelnen Modellannahmen sind allerdings zum Teil sehr komplex, sodass bei der folgenden Darstellung eine Vereinfachung notwendig ist.

10.7.1.1 Lernmechanismen

Bei der Entstehung von Abhängigkeitserkrankungen spielen Lernmechanismen eine wesentliche Rolle. Diese Mechanismen können im Sinne von Prozessen der klassischen Konditionierung (Assoziation von Hinweisreiz und Verhaltensreaktion) interpretiert werden. Beschrieben wurden diese zunächst in Tierexperimenten (Heinz et al. 2013; Wikler 1948), bei denen Entzugssymptome von Opioiden bei Ratten mit dem Platzieren in der Box assoziiert wurden und die Entzugserscheinungen auch beim erneuten Platzieren in der Box auftraten, ohne dass diese in Zusammenhang mit Opioidgaben standen. Hierbei würde man von einer konditionierten Reaktion ausgehen, bei der bereits der Ort lerntheoretisch mit Auftreten von Entzugssymptome verknüpft ist. Diese Reaktion hat vermutlich auch eine Schutzfunktion, da die Entzugssymptome auch eine zur Substanzeinnahme gegensätzliche Reaktion darstellen und die Toleranz gegenüber dem Suchtmittel erhöhen. Diese gegensätzliche Reaktion würde man als konditionierte Entzugssymptomatik beschreiben und kann bei Substanzabhängigen den erneuten Konsum oder Rückfall bahnen, da er das Verlangen nach der Substanz erhöhen kann (Heinz et al. 2013; Verheul et al. 1999). Ein weiterer Lernmechanismus bei Abhängigkeitserkrankungen ist die sogenannte positive Verstärkung. Hierbei scheint in erste Linie die durch die Substanzeinnahme verursachte Dopaminausschüttung im ventralen Striatum für die Abhängigkeitsentwicklung von Bedeutung zu sein (Wise 1998). Die positive Konditionierung resultiert aus dieser Dopaminausschüttung und der angenehmen Wirkung nach dem Reiz in Form der Drogeneinnahme (Wise 1998). Allerdings diskutieren einige Autoren, ob dabei weniger das Erleben von Lust- oder Glückgefühlen (Liking) die wichtige Rolle spielt, sondern vielmehr das entstehende Verlangen (Wanting) nach der Substanz. Dadurch ließe sich auch erklären, dass die Substanzeinnahme bei Abhängigkeitserkrankung auch dann fortgesetzt wird, wenn mit der Substanzeinnahme längst nicht mehr eine euphorisierende Wirkung verbunden ist (Everitt und Robbins 2005, 2016).

10.7.2 Toleranzentwicklung

Abhängigkeitserkrankungen zeichnen sich unter anderem durch Anpassungsprozesse mit einer Toleranzentwicklung aus: Zunehmende Mengen der Substanzen werden benötigt, um den gewünschten Effekt zu erzielen (Dilling und Freyberger 2013; Gutwinski et al. 2016). Die abnehmende analgetische Wirksamkeit von Morphin nach wiederholter Gabe ist ein klinisches Beispiel für einen Anpassungsprozess und kann pharmakologisch als Rechtsverschiebung der Dosis-Wirkungs-Kurve beschrieben werden (Battegay 1966; Reidenberg 2011). Die Toleranzentwicklung ist dabei Ausdruck gegenregulatorischer Veränderungen des Körpers auf den anhaltenden Substanzkonsum durch pharmakodynamische, pharmakokinetische und behaviorale Mechanismen (Battegay 1966; Bespalov et al. 2016; Reidenberg 2011). Ein pharmakodynamisches Beispiel ist die veränderte Zusammensetzung der Untereinheiten des GABA-A-Rezeptors nach chronischem Alkoholkonsum (Clapp et al. 2008) (GABA oder γ-Aminobuttersäure ist der wichtigste hemmende Neurotransmitter im zentralen Nervensystem.) Nach chronischem Alkoholkonsum kann es zu einer Abnahme der Produktion der α1-Untereinheit des GABA-A-Rezeptors kommen (Clapp et al. 2008), welche wahrscheinlich zur Alkoholtoleranz beiträgt (Blednov et al. 2003; Clapp et al. 2008). Interessanterweise konnte gezeigt werden, dass bei Menschen mit Alkoholabhängigkeit, anders als bei Gesunden, im Sinne der Toleranzbildung eine Abnahme der Anzahl der GABA-A-Rezeptoren nachgewiesen werden konnte, die sich auch mehrere Wochen nach Beenden des Alkohols noch nicht normalisiert hatte (Abi-Dargham et al. 1998). Dieser Befund ist auch von wesentlicher Bedeutung für die psychotherapeutische und medizinische Weiterbehandlung der Patienten in den ersten Wochen nach der Entgiftung, denn es ist davon auszugehen, dass genau diese Veränderungen im Gehirn zunächst weiter bestehen und sich erst im Laufe der Zeit zurückbilden. Länger anhaltende, nicht unmittelbare sichtbare Symptome wie passagere kognitive Leistungseinbußen oder eine emotionale Dysbalance mit Verhaltensstörungen sind vermutlich Ausdruck von damit verbundenen Einschränkungen der Leistungsfähigkeit des Gehirns, die sich erst nach einiger Zeit der Abstinenz und auch nur schrittweise zurückbildet. Dieser Prozess der Regeneration muss bei der psychotherapeutischen Behandlung immer mit in Betracht gezogen werden, um Überforderungen zu vermeiden, und findet bisher wenig Anerkennung, zum Beispiel durch Krankenkassen, welche in erster Linie die offensichtlichen Entzugssymptome wie Muskelzittern, Ataxie, Reizbarkeit oder epileptische Entzugsanfälle und andere vegetative Symptome als akute Marker eines Substanzentzuges betrachten.

Eine weitere Wirkung von vielen abhängigkeitserzeugenden Substanzen ist die Blockade eines Untertyps der erregenden Glutamatrezeptoren (NMDA-Rezeptoren), die zu einer Hemmung des glutamatergen Systems führt. Dieser Mechanismus ist besonders ausführlich bei chronischem Konsum von Alkohol untersucht und scheint dabei im Rahmen der Toleranzbildung mit einer Zunahme dieser Rezeptoren verbunden zu sein. Durch diesen gegenregulatorischen Prozess scheint das Gehirn einen Teil seiner Leistungsfähigkeit, die es im nüchternen Zustand besitzt, trotz der andauernden Wirkung des Alkohols zurückzuerlangen, und er erklärt teilweise die zum Teil auf den ersten Blick gute Funktionstüchtigkeit einiger Menschen trotz ausgeprägter Blutalkoholspiegel.

Problematisch wird dieses entstandene Gleichgewicht jedoch während eines akuten Entzugs: Fehlt auf einmal die Alkoholzufuhr, wird der NMDA-Rezeptor für Glutamat frei und der erregende Transmitter Glutamat trifft auf die noch erhöhte Anzahl von Rezeptoren. Da gleichzeitig zu wenige GABA-A-Rezeptoren vorhanden sind, welche sonst für eine gegenregulatorische Hemmung der Aktivität der Nervenzellen sorgen, kann es nun zur Enthemmung bzw. Überstimulation des sogenannten Locus coeruleus im Hirnstamm kommen, der für die Entstehung von vegetativen Entzugssymptomen (erhöhter Puls, Blutdruck, Schwitzen, etc.) verantwortlich ist. Weiterhin können durch diese Veränderungen der neuronalen Homöostase epileptische Entzugsanfälle verursacht werden (Gutwinski et al. 2016).

Problematisch für Konsumenten ist die Erfahrung, dass die Entzugssymptome häufig als sehr belastend empfunden werden, und durch den erneuten Konsum von Substanzen rasch überwunden werden können. Dieser Prozess der negativen Verstärkung führt dann wiederum zu einer Fortsetzung des Substanzkonsums.

10.8 NMDA-Rezeptoren und Lernmechanismen

NMDA-Rezeptoren spielen vermutlich eine wichtige Rolle bei der Vermittlung und Abspeicherung von Lerninhalten. Eine derzeit gängige Hypothese nimmt an, dass Erinnerungen im Gehirn als spezifische raumzeitliche Erregungsmuster innerhalb neuronaler Netzwerke „abgelegt" sind. Diese Netzwerke bestehen aus Gruppen von Nervenzellen, die synaptisch miteinander verbunden sind. Damit solche überdauernden synaptischen Verschaltungen entstehen können, müssen die neu eintreffenden Informationen fähig sein, die bereits bestehenden synaptischen Verbindungen zu beeinflussen. Hebb (1949) und Konorski (1948) haben dazu wesentliche Mechanismen untersucht und beschreiben den Prozess der Koinzidenz: Synaptische Verbindungen zwischen zwei Nervenzellen werden verstärkt, wenn sie zeitgleich aktiviert werden *(„Neurons that fire together, wire together.")*. Solche Prozesse finden sich in verschiedenen Hirnregionen und wurden unter anderem auch im Hippocampus beschrieben, der für die Gedächtnisbildung eine zentrale Bedeutung hat. Interessant ist nun, dass eine hochfrequente Aktivierung von Nervenzellen mit erregender Funktion in diesen Hirnregionen zu einer langfristig anhaltenden Verdichtung synaptischer Verknüpfungen führen kann und damit die Wahrscheinlichkeit einer Aktivierung erhöht (Bliss und Collingridge 1993). Dieser Mechanismus wird als Long Term Potentiation (LTP) bezeichnet. An der Entstehung von LTP sind vermutlich sowohl die glutamatergen NMDA-Rezeptoren als auch andere präsynaptische Prozesse entscheidend beteiligt. Angenommen wird, dass die Nervenzellen über synaptische Verbindungen ein Engramm eines zeitgleich auftretenden Aktivierungsmusters bilden können. Da Alkohol die Funktion der NMDA-Rezeptoren beeinträchtigen kann, zum Beispiel über Einfluss auf die Glycinbindung, welches wiederum die Magnesiumblockade erleichtern soll, kommt es dann vermutlich auch zu einer verminderten Ausbildung von LTP und damit verbundenen Störungen in der Gedächtnisfunktion (Tsai et al. 1995). Da das glutamaterge System in der Zeit nach dem Absetzen von Substanzen noch beeinträchtigt zu sein scheint, kann dies dazu führen, dass in den ersten Wochen nach der Entgiftung die Fähigkeit zu lernen reduziert ist und zum Beispiel bei psychotherapeutischen Lernprozessen beeinträchtigt sind.

Der oben beschriebene Mechanismus und der assoziierte überschießende Calciumeinstrom sind vermutlich bei exzessivem Substanzkonsum wiederum mit neurotoxischen Zellschädigungen verbunden, welche die Lernfähigkeit weiter beeinträchtigen. Weiterhin können die hochregulierten NMDA-Rezeptoren eine Aktivierung der glutamatergen Neurotransmission bedingen und dadurch zur Sensitivierung des motivational wichtigen dopaminergen Systems führen. Dieser Vorgang ist vermutlich elementar mit der Entstehung eines Suchtgedächtnisses verbunden, welches wiederum mit Veränderungen auf Verhaltensebene, wie Kontrollminderung, Störung der Motivation, übermäßiges Verlangen oder automatische Verhaltensweisen verbunden sein kann, die zum wiederholten Konsum einer abhängigkeitserzeugenden Substanz führen. Der Suchtgedächtnis-Begriff beschreibt die Annahme, dass dieses Verhalten auch nach langen Abstinenzphasen schnell reaktivierbar zu sein scheint und auch während der Abstinenz von den Betroffenen teilweise aktiv unterdrückt werden muss. Die biologische Grundlage hierfür ist aber noch nicht geklärt und nicht allein auf oben beschriebenen Prozess zurückzuführen. Untersuchungen weisen unter anderem darauf hin, dass eine Störung im dopaminergen Systems, vor allem im Ncl. accumbens, (Heinz et al. 2013), sowie Einflüsse des dopaminergen

Systems auf den Hippocampus eine wesentliche Rolle zu spielen scheinen (Lisman und Grace 2005).

10.9 Der Nucleus accumbens und die Bedeutung des dopaminergen Verstärkungssystems

Eine zentrale Struktur des verhaltensverstärkenden Systems ist das Kerngebiet des Nucleus accumbens und die dortige dopaminerge Neurotransmission. Die Zufuhr praktisch aller gängigen abhängigkeitserzeugenden Substanzen führt zu einer erhöhten Verfügbarkeit von Dopamin in dieser Region und somit zu einer Veränderung der neuronalen Prozesse. Dies ist vermutlich einer der zentralen Mechanismen, über den abhängigkeitserzeugende Substanzen einen ausgeprägteren verhaltensverstärkenden Effekt produzieren als normale belohnende Reize („natürliche" Verstärker wie Essen, Spielen oder Sex), was wiederum dazu führt, dass das Gehirn den Konsum der Substanz gegenüber dem Alltagsbelohnungen bevorzugt (für eine Übersicht siehe z. B. Charlet et al. 2013).

In Untersuchungen des dopaminergen Systems mit radioaktiven Markern (Positronen-Emissionstomografie; z. B. Kienast und Heinz 2005) konnte weiterhin beobachtet werden, dass Menschen mit Alkoholabhängigkeit im Vergleich zu Gesunden eine geringere Anzahl von Dopamin-D2-Rezeptoren im Striatum aufweisen (siehe auch Heinz et al. 1998; Koob und Volkow 2016). Es gibt Hinweise darauf, dass beim Menschen eine niedrige Dopamin-D2-Rezeptorverfügbarkeit im Corpus striatum, der Region, in der auch der Ncl. accumbens liegt, mit Störungen der emotionalen Reaktions- und Erlebnisfähigkeit verbunden ist und daher dieser Rezeptortyp bei der Vermittlung emotionaler Reaktionen eine Rolle spielt (Heinz et al. 2013). Auch scheint sich die Anzahl der verfügbaren Dopamin-D2-Rezeptoren auf die Wirkungen von abhängigkeitserzeugenden Substanzen auszuwirken und im Sinne einer Disposition zu Abhängigkeitserkrankungen beizutragen (Volkow et al. 1999). Hinweise auf eine genetische Disposition finden sich bisher allerdings nur im Tierexperiment (Koob und Volkow 2016).

Da die Verfügbarkeit von Dopamin-D2-Rezeptoren im Corpus striatum bei ausgeprägtem Umgebungsstress bei einigen Personen vermindert zu sein scheint, könnte dies einer der molekularen Mechanismen sein, welcher dem Zusammenhang von Umgebungsstress auf die Entwicklung von Abhängigkeitserkrankung zugrunde liegt (Heinz et al. 2013).

Neben dem dopaminergen System spielen weitere Neurotransmitter eine wesentliche Rollen bei der Entwicklung von Abhängigkeitserkrankungen, unter anderem GABAerge und serotonerge Botenstoffe (Heinz et al. 2013). Beispielsweise gibt es Hinweise darauf, dass Störungen der serotonergen Neurotransmission die Reagibilität des zentral dämpfenden GABAergen Systems beeinflussen und so Einfluss auf die Verträglichkeit von Substanzen, beispielsweise Alkohol, nehmen könnten (Heinz et al. 1998).

10.10 Sensitivierung

Ein weiterer wichtiger Mechanismus bei der Entwicklung von Abhängigkeitserkrankungen ist die Sensitivierung, welche mit weitreichenden Konsequenzen auf verhaltensbiologischer Ebene verbunden ist. Das neurobiologische Modell der Sensitivierung als Grundlage für abhängiges Verhalten ersetzt die Begriffe der „psychischen Abhängigkeit" und die Annahme einer „Willensschwäche der Patienten", welche leider weit verbreitet sind. Anhand des Modells der Sensitivierung kann man zu großen Teilen deutlich machen, warum Menschen nach wiederholtem Konsum von abhängigkeitserzeugenden Substanz gegen ihren eigenen Wunsch wiederholt und in abhängiger Form den Konsum fortführen.

Das Modell der Sensitivierung leitet sich aus tierexperimentellen Untersuchungen ab, in denen gezeigt wurde, dass Tiere nach wiederholter Gabe von Stimulanzien verstärkte psychomotorische Reaktionen aufwiesen. Die Ursache ist vermutlich einer veränderten neuronalen Transmission im Ncl. accumbens zuzuorden, ist aber auch als prinzipieller Mechanismus zu verstehen. Die Sensitivierung ist hohem Maße substanzspezifisch, sodass beispielsweise eine Sensitivierung auf Nicotin nicht automatisch zu einer Sensitivierung auf Alkohol oder Kokain führt.

Sehr vereinfach formuliert kann der Vorgang der Sensitivierung als der der Toleranzbildung entgegengerichtete Prozess bezeichnet werden. Verbunden damit kommt es offenbar zu einer ausgeprägten Aktivität im Ncl. accumbens, sodass bestimmte Neurone bereits bei kleinsten Substanzmengen oder durch einzelne Reize, die ein betroffener Mensch mit der Substanz in Verbindung bringt (Cues), aktiviert werden. Dadurch wird ein verstärkter Drang (Wanting) nach erneutem Konsum der Substanz hervorgerufen. Dieser Mechanismus wird als Incentive-Sensitization bezeichnet und ist eine mögliche Erklärung für das häufige Vorgehen von Menschen mit Substanzabhängigkeit, den Konsum fortzusetzen, auch ohne dass die Wirkung positiv erlebt und sogar gegen den erklärten eigenen Vorsatz konsumiert wird (Robinson und Berridge 2008). Im Extremfall laufen diese Prozesse völlig automatisch ab und müssen kein bewusstes Handeln zur Ursache haben.

10.11 Automatismen

Ein weiterer Mechanismus, welcher bereits mehrfach angesprochen wurde und bei Abhängigkeitserkrankung eine Rolle zu spielen scheint, sind sogenannte Automatismen. Es gibt Hinweise darauf, dass diese Prozesse über das Corpus striatum ablaufen, in dem dieses als Speicher für routinierte Handlungsabläufe (Gewohnheiten oder *habits*) dient, und durch konditionierte Reize (Cues) Schablonen für Handlungsabläufe aktiviert werden. Übertragen auf das Lernen von Tanzschritten, bei dem nach mehrfachen Wiederholungen kein bewusstes Überlegen über die Schrittfolge mehr notwendig ist, würden ähnliche Automatismen bei Substanzabhängigkeit stattfinden: Zum Beispiel würde das Vorhandensein einer bekannten Zigarettenmarke (Cue 1) auf dem Hinterhof (Cue 2) mit den Kollegen (Cue 3) während der Frühstückspause (Cue 4) usw., zu einem Konsum von Nicotin führen, ohne dass die Person die Abfolge bewusst planen würde. Man kann hier von einem Übergang von zielgerichtetem zu automatisiertem Verhalten sprechen (Tiffany und Carter 1998). In dem Moment, in dem kein Nicotin mehr vorhanden ist und der Ablauf der automatisierten Handlung unterbrochen ist, entsteht ein bewusstes Verlangen (Craving) nach der Substanz. Erst in diesem Moment der Handlungsunterbrechung realisieren und bewerten die meisten Menschen mit Abhängigkeitserkrankungen ihr Verhalten (orbitofrontaler Cortex), um sich dann bewusst für den weiteren Verlauf des Verhaltens bewusst zu entscheiden (u. a. frontaler Cortex und anteriores Cingulum; Tiffany und Carter 1998) In diesem Moment ist es für die betroffenen Menschen leichter möglich, die Automatismen zu unterbrechen, und ist daher Fokus therapeutischer Maßnahmen (Entwicklung von alternativen Handlungsstrategien). Allerdings ist die Tatsache, dass Personen diese Automatismen erkennen und diesen widerstehen möchten, keine Garantie für eine erfolgreiche Verhaltensänderung, denn einige Patienten berichten, zum Beispiel bei starkem Heroinkonsum, dass sie diese ungewollten Handlungsabläufe bei sich zwar wahrnehmen, aber dabei praktisch nicht beeinflussen können. Eine mögliche Erklärung dafür wäre, dass die einmal angestoßene Aktivierung des Verstärkungssystem des Ncl. accumbens so ausgeprägt ist, dass diese nicht ausreichend von anderen Hirnregionen (z. B. frontaler Cortex und anteriorem Cingulum) moduliert werden kann (Kienast und Heinz 2006).

Bedeutung der Neurobiologie für die Psychotherapie

Neurobiologische Kenntnisse sind dann von Relevanz für Therapien im Bereich von Suchterkrankungen, wenn durch psychotherapeutische Verfahren spezifischer Einfluss auf bestimmte Hirnregionen der betroffenen Personen angestrebt wird, beispielsweise auf das Verstärkungssystem mit dem Ziel einer Verminderung der pathologischen Aktivität oder auf präfrontale Kontrollfunktionen mit dem Ziel einer Aktivitätserhöhung. In den vergangenen Jahren wurden einzelnen interessante Techniken entwickelt, wie beispielsweise computergestützte Trainingselemente, welche darauf zielen, Automatismen der Aufmerksamkeitsfunktion auf alkoholische Reize und dadurch resultierende automatisierte Verhaltensweisen zu reduzieren. Die Wirksamkeit solcher Alkohol-Vermeidungstrainings haben sich in mehreren Untersuchungen als wirksam erwiesen (z. B. Eberl et al. 2013; Wiers et al. 2015). Solche Vermeidungstrainings könnten daher eine effektive Ergänzung zu bisherigen psychotherapeutischen Verfahren mit Menschen mit Abhängigkeitserkrankungen sein. Die gegenwärtige Studienlage verdeutlicht zudem, dass diese Verfahren auch auf neurobiologischer Ebene zu der angestrebten Reduktion neuronaler Reaktionen auf alkoholischer Reize führen (Vollstädt-Klein et al. 2011).

Das neurobiologische Modell von Störungen im dopaminergen System und die Annahme eines verminderten Ansprechens auf natürliche Belohnungsreize ist auch für die klinische Haltung von Psychotherapeuten in der Suchtbehandlung in den ersten Wochen nach der Entgiftung von Bedeutung, da für die Betroffenen die Etablierung von natürlichen Verstärkern häufig erschwert ist. In gleicher Weise ist die Hinwendungsreaktion zu den neuen Stimuli vermindert ausgeprägt (Schultz 2006; Schultz et al. 1997), häufig trotz des Wunsches der Betroffenen, die Abstinenz aufrechtzuerhalten. In diesem Spannungsfeld zwischen der Absicht zur Abstinenz und noch bestehenden Beeinträchtigungen der Leistungsfähigkeit des Gehirns kann es zu unerwarteten Konsumvorfällen kommen, die für die Betroffenen häufig mit Gefühlen der Entmutigung und Schamreaktionen verbunden sein können. Diese Kenntnis kann der Therapeut mit den Betroffenen im Rahmen des Therapieprozess vorbereiten, um das Risiko eines erneuten Konsums zu vermindern. Ergänzend kann in dieser neurobiologisch sensiblen Phase auch eine begleitende pharmakologische Behandlung (z. B. mit Rückfallrisiko reduzierenden Substanzen wie Acamprosat, Naltrexon, u. a.) neben einer psychotherapeutischen Behandlung sinnvoll sein. Bei zusätzlichen Belastungsfaktoren, wie eingeschränkter

Verfügbarkeit von sozialen Ressourcen (z. B. Schulden, belastendendes soziales Umfeld, Arbeitslosigkeit) oder bei anhaltender einseitiger beruflicher Beanspruchung (z. B. Polizisten, Führungskräfte) kann sich die Indikation für eine Entwöhnungsbehandlung ergeben.
Weitere Informationen finden sich in ► Kap. 5, Psychotherapieverfahren und ihre Wirkung.

Schlussbemerkung im Sinne des Versuchs eines neurobiologisch-integrativen Ansatzes – Argumente gegen die Stigmatisierung abhängig kranker Menschen

Die dargestellten neurobiologischen und behavioriellen Befunde der letzten Jahre verdeutlichen, dass Abhängigkeitserkrankungen bei den verschiedensten Menschen auftreten können und nicht lediglich Ausdruck von „Willensschwäche" oder eines „Suchtcharakters" sind. Der Nachweis neurobiologischer Korrelate unterstreicht die mittlerweile gängige Annahme, dass es sich um Erkrankungen handelt, welche sich zudem durch einen häufig hohen Leidensdruck auszeichnen. Dies trifft auch für die Personen zu, die gelegentlich als „Typ-2-Abhängige" bezeichnet werden, wobei es sich nicht um eine klar abgrenzbare oder klinisch eindeutig beschreibbare Gruppe von Menschen mit Abhängigkeitserkrankungen handelt, sondern um Personen, die oft früh Gewalt erfahren haben und selbst auf Bedrohungserleben mit Aggressivität und unüberlegten (impulsiven) Handlungen neigen können (Cloninger 1981; Gutwinski et al. 2018). Gerade bei diesen Menschen scheinen die neurobiologischen Funktionsstörungen, zum Beispiel in der serotonergen Neurotransmission, in besonderem Maße durch Umweltfaktoren moduliert zu werden (Gutwinski et al. 2018; Heinz et al. 2013). Die Aggressivität ist dabei häufig Resultat von Gefühlen von Isolation oder Bedrohung, welche durch Erfahrungen von sozialer Isolation bedingt sein können.
Die neurobiologische Forschung, wenn sie nicht biologisch pessimistisch gedeutet wird, könnte demnach helfen, andere Perspektiven zu verbinden, wie zum Beispiel zu Merkmalen wie Stress koder Traumatsierung, welche mit der Entstehung von Abhängigkeitserkrankung verbunden sind, und könnte dadurch den Mythen von Schuld und Charakterschwäche entgegenwirken, im Sinne eines Modells von an „Abhängigkeit erkrankten Menschen", welchen durch spezifische Therapien erreicht werden können.

Literatur

Abi-Dargham A, Krystal JH, Anjilvel S, Scanley BE, Zoghbi S, Baldwin RM et al. (1998). Alterations of benzodiazepine receptors in type II alcoholic subjects measured with SPECT and [123I]iomazenil [Research Support, U.S. Gov't, Non-P.H.S. Research Support, U.S. Gov't, P.H.S.]. Am J Psychiatry 155(11):1550–1555. ► https://doi.org/10.1176/ajp.155.11.1550

Battegay R (1966) Drug dependence as a criterion for differentiation of psychotropic drugs [Clinical Trial Comparative Study Controlled Clinical Trial]. Compr Psychiatry 7(6):501–509

Baumeister S, Kraus L, Stonner T, Metz K (2008) Tabakkonsum, Nikotinabhängigkeit und Trends. Ergebnisse des Epidemiologischen Suchtsurveys 2006. Sucht 54 (Sonderheft 1) S26–S35

Bespalov A, Muller R, Relo AL, Hudzik T (2016) Drug tolerance: a known unknown in translational neuroscience [Review]. Trends Pharmacol Sci 37(5):364–378. ► https://doi.org/10.1016/j.tips.2016.01.008

Blednov YA, Jung S, Alva H, Wallace D, Rosahl T, Whiting PJ, Harris RA (2003) Deletion of the alpha1 or beta2 subunit of GABAA receptors reduces actions of alcohol and other drugs [Research Support, Non-U.S. Gov't Research Support, U.S. Gov't, P.H.S.]. J Pharmacol Exp Ther 304(1):30–36. ► https://doi.org/10.1124/jpet.102.042960

Bliss T, Collingridge G (1993) A synaptic model of memory: long-term potentiation in the hippocampus. Nature 361:31–39

BMG (2016) Bundesministerium für Gesundheit. Sucht und Drogen. ► http://www.bmg.bund.de/themen/praevention/gesundheitsgefahren/sucht-und-drogen.html

10

Bobak M, Gilmore A, McKee M, Rose R, Marmot M (2006) Changes in smoking prevalence in Russia, 1996–2004 [Research Support, Non-U.S. Gov't]. Tob Control 15(2):131–135. ▶ https://doi.org/10.1136/tc.2005.014274

Bühringer G, Augustin R, Bergmann E, Bloomfield K, Funk W, Junge B, Töppich J (2000) Alkoholkonsum und alkoholbezogene Störungen in Deutschland. Nomos, Baden-Baden

BurgerM, Mensink G (2003) Bundes-Gesundheitssurvey: Alkohol. Konsumverhalten in Deutschland Robert-Koch-Institut, Beiträge zur Gesundheitsberichterstattung des Bundes. Berlin

Charlet K, Heinz A (2016) Harm reduction-a systematic review on effects of alcohol reduction on physical and mental symptoms. Addict Biol. ▶ https://doi.org/10.1111/adb.12414

Charlet K, Beck A, Heinz A (2013) The dopamine system in mediating alcohol effects in humans. Curr Top Behav Neurosci 13:461–488

Clapp P, Bhave SV, Hoffman PL (2008) How adaptation of the brain to alcohol leads to dependence: a pharmacological perspective [Research Support, N.I.H., Extramural Research Support, Non-U.S. Gov't Review]. Alcohol Res Health 31(4):310–339

Cloninger C (1981) A systematic method for clinical description and classification of personality variants: a proposal. Arch Gen Psych 38:861–868

Czapla M, Simon JJ, Richter B, Kluge M, Friederich HC, Herpertz S et al. (2016) The impact of cognitive impairment and impulsivity on relapse of alcohol-dependent patients: implications for psychotherapeutic treatment [Research Support, Non-U.S. Gov't]. Addict Biol 21(4):873–884. ▶ https://doi.org/10.1111/adb.12229

Dilling H, Freyberger H (2013) Taschenführer zur ICD-10-Klassifikation psychischer Störungen. Hogrefe, vorm. Verlag Hans Huber, Göttingen

DSM-5 (2013) American Psychiatric Association Publishing; 5 Revised edition

Duka T, Stephens D (2014) Repeated detoxification of alcohol-dependent patients impairs brain mechanisms of behavioural control important in resisting relapse. Curr Addict Rep 1:1–9

Eberl C, Wiers R, Pawelczack S, Rinck M, Becker ES, Lindenmeyer J (2013) Approach bias modification in alcohol dependence: do clinical effects replicate and for whom does it work best? Dev Cogn Neurosci 4:38–51

EMCDDA (2016) European monitoring centre on drugs and drug addiction. European drug report 2016. ▶ http://www.emcdda.europa.eu/edr2016

ESA (2012) Epidemiologischer Suchtsurvey. ▶ http://esa-survey.de/fileadmin/user_upload/Literatur/Berichte/ESA_2012_Drogen-Kurzbericht.pdf

Everitt BJ, Robbins TW (2005) Neural systems of reinforcement for drug addiction: from actions to habits to compulsion [Research Support, Non-U.S. Gov't Review]. Nat Neurosci 8(11):1481–1489. ▶ https://doi.org/10.1038/nn1579

Everitt BJ, Robbins TW (2016) Drug addiction: updating actions to habits to compulsions ten years on [Research Support, Non-U.S. Gov't Review]. Annu Rev Psychol 67:23–50. ▶ https://doi.org/10.1146/annurev-psych-122414-033457

GDS (2018) Global Drug Survey 2018. ▶ https://www.globaldrugsurvey.com/

Gutwinski S, Bald LK, Gallinat J, Heinz A, Bermpohl F (2014) Why do patients stay in opioid maintenance treatment? Subst Use Misuse 49(6):694–699. ▶ https://doi.org/10.3109/10826084.2013.863344

Gutwinski S, Kienast T, Lindenmeyer J, Löb M, Löber S, Heinz A (2016) Alkoholabhängigkeit – Ein Leitfaden zur Gruppentherapie. Kohlhammer, Stuttgart

Gutwinski S, Heinz A, Heinz A (2018) Alcohol-related Agression and Violence. In: Beech A, Carter A, Mann R, Rotshtein P (Hrsg) The Wiley Blackwell Handbook of Forensic Neuroscience. Wiley Blackwell, New Jersey

Häbel T, Gutwinski S (2018) Opioide. In: Von Heyden M, Jungaberle H, Majic T (Hrsg) Handbuch Psychoaktive Substanzen. Springer, Heidelberg

Hebb D (1949) The organisation of behaviour. Wiley, New York

Heinz A, Higley JD, Gorey JG, Saunders RC, Jones DW, Hommer D et al. (1998) In vivo association between alcohol intoxication, aggression, and serotonin transporter availability in nonhuman primates. Am J Psychiatry 155:1023–1028

Heinz A, Batra A, Scherbaum N, Gouzoulis-Mayfrank E (2013) Neurobiologie der Abhängigkeit. Grundlagen und Konsequenzen für Diagnose und Therapie von Suchterkrankungen. Kohlhammer, Stuttgart

Hurrelmann K, Bründel H (1997) Drogengebrauch–Drogenmißbrauch. Eine Gratwanderung zwischen Genuß und Abhängigkeit. Primus, Darmstadt

Jacobi F, Hofler M, Strehle J, Mack S, Gerschler A, Scholl L, Wittchen HU (2014) Mental disorders in the general population: study on the health of adults in Germany and the additional module mental health (DEGS1-MH). Nervenarzt 85(1):77–87. ▶ https://doi.org/10.1007/s00115-013-3961-y

Kienast T, Heinz A (2005) Suchterkrankungen. In: Walter H (Hrsg) Funktionelle Bildgebung in Psychiatrie und Psychotherapie. Schattauer, Stuttgart

Kienast T, Heinz A (2006) Dopamine and the diseased Brain. Curr Drug Targets-CNS and Neurol Disord 5:109–131

Konorski J (1948) Conditioned reflexes and neuron organisation. Cambridge University Press, Cambridge

Koob G, Volkow N (2016) Neurobiology of addiction: a neurocircuitry analysis. Lancet Psych 3:760–773
Kraus L, Pabst A, Piontek D, Gomes de Matos E (2013) Substanzkonsum und substanzbezogene Störungen in Deutschland im Jahr 2012. SUCHT 59(6):333–345
Lisman J, Grace A (2005) The hippocampal-VTA loop: controlling the entry of information into long-term memory. Neuron 45(5):703–713
Loeber S, Duka T, Welzel H, Nakovics H, Heinz A, Flor H, Mann K (2009) Impairment of cognitive abilities and decision making after chronic use of alcohol: the impact of multiple detoxifications [Research Support, Non-U.S. Gov't]. Alcohol Alcohol 44(4):372–381. ▶ https://doi.org/10.1093/alcalc/agp030
Muller CA, Geisel O, Banas R, Heinz A (2014) Current pharmacological treatment approaches for alcohol dependence [Review]. Expert Opin Pharmacother 15(4), 471–481. ▶ https://doi.org/10.1517/14656566.2014.876008
Orth B (2016) Die Drogenaffinität Jugendlicher in der Bundesrepublik Deutschland 2015. Rauchen, Alkoholkonsum und Konsum illegaler Drogen: aktuelle Verbreitung und Trends. BZgA-Forschungsbericht. Köln: Bundeszentrale für gesundheitliche Aufklärung
Penka S, Gutwinski S, Heinz A (2018) Abhängigkeit und Sucht. In: Machleidt W, Kluge S, Sieberer M, Heinz A (Hrsg) Praxis der Interkulturellen Psychiatrie und Psychotherapie. Urban & Fischer Verlag & Elsevier, München
Reidenberg MM (2011) Drug discontinuation effects are part of the pharmacology of a drug [Lectures Research Support, N.I.H., Extramural Research Support, U.S. Gov't, P.H.S.]. J Pharmacol Exp Ther 339(2):324–328. ▶ https://doi.org/10.1124/jpet.111.183285
Robinson T, Berridge K (2008) The incentive sensitization theory of addiction: some current issues. Philos Trans R Soc Lond B Biol Sci 363:3137–3146
Rost D (2009) Psychoanalyse des Alkoholismus: Theorie Diagnostik, Behandlung. Psychosozial-Verlag, Gießen
Schmidt B, Alte-Teigeler A, Hurrelmann K (1999) Soziale Bedingungsfaktoren von Drogenkonsum und Drogenmissbrauch. In: Gastpar M, Mann K, Rommelspacher H (Hrsg) Lehrbuch der Suchterkrankungen. Thieme, Stuttgart, S 50–69
Schultz W (2006) Behavioral theories and the neurophysiology of reward. Annu Rev Psychol 57:87–115
Schultz W, Dayan P, Montague P (1997) A neural substrate of prediction and reward. Science 275:1593–1599
Tiffany ST, Carter BL (1998) Is craving the source of compulsive drug use? J Psychopharmacol 12(1):23–30. ▶ https://doi.org/10.1177/026988119801200104
Tsai G, Coyle J (1998) The role of glutamatergic neurotransmission in the pathophysiology of alcoholism. Annu Rev Med 49:173–184
Tsai G, Gastfriend D, Coyle J (1995) The glutamatergic basis of human alcoholism. Am J Psychiatry 152:332–340
UNODC (2017) World Drug Report 2017. ▶ https://www.unodc.org/wdr2017/index.html
Verheul R, van den Brink W, Geerlings P (1999) A three-pathway psychobiological model of craving for alcohol. Alcohol Alcohol 34:197–222
Volkow N, Fowler J, Wang G (1999) Imaging studies on the role of dopamine in cocaine reinforcement and addiction in humans. J Psychopharmacol 13:337–345
Vollstädt-Klein S, Loeber S, Kirsch M, Bach P, Richter A, Bühler M, von der Goltz C et al. (2011) Effects of cue-exposure treatment on neural cue reactivity in alcohol dependence: a randomized trial. Biol Psychiatry 69:1060–1066
von Heyden M, Jungaberle H, Majic T (2018) Handbuch Psychoaktive Substanzen. Springer, Berlin
Wetterling T, Veltrup C, Junghanns K (1996) [Craving–an adequately defined concept?] [Review]. Fortschr Neurol Psychiatr 64(4):142–152. ▶ https://doi.org/10.1055/s-2007-996380
WHO (2016) Global status report on alcohol and health. file:///C:/Users/Gutwinski/Downloads/msbgsruprofiles.pdf and ▶ http://www.who.int/substance_abuse/publications/global_alcohol_report/profiles/en/
Wiers C, Ludwig V, Gladwin T, Park S, Heinz A, Wiers R, Bermpohl F (2015) Effects of cognitive bias modification training on neural signatures of alcohol approach tendencies in male alcohol-dependent patients. Addict Biol 20:990–999
Wikler A (1948) Recent progress in research of the neurophysiological basis of morphin addiction. Am J Psychiatry 105:329–338
Wise R (1998) The neurobiology of craving: implication for the understanding of addiction. J Abnorm Psychol 97:118–132

Psychotische Erkrankungen („Schizophrenie“)

Florian Schlagenhauf und Philipp Sterzer

G. Roth et al. (Hrsg.), *Psychoneurowissenschaften*, https://doi.org/10.1007/978-3-662-59038-6_11

In diesem Kapitel wird das psychotische Erleben am Bespiel der paranoiden Schizophrenie dargestellt.

Lernziele

Der Leser soll nach Lektüre des Kapitels die Symptome einer Schizophrenie sowie deren Behandlungsmöglichkeiten benennen und verschiedene neurobiologische Erklärungsansätze einordnen können.

Beispiel

Ein 22-jähriger Maschinenbaustudent stellt sich in Begleitung seiner WG-Mitbewohner in der Rettungsstelle vor. Sie hätten ihn dazu überredet, da sie sich zunehmend Sorgen um ihn machten wegen seines veränderten Verhaltens. Vor etwa eineinhalb Jahren, nachdem er die erste Prüfungsphase hinter sich gebracht hatte, habe er die Uni schleifen lassen. Er sei in den letzten beiden Semestern gar nicht mehr hingegangen und habe sich zunehmend zurückgezogen. Als Grund dafür gibt er Konzentrationsstörungen und Desinteresse an. Die Mitbewohner berichten, dass es vor sechs Wochen zu einer deutlichen Veränderung gekommen sei. Er sei kaum mehr aus seinem Zimmer herausgekommen, habe Essen und Körperpflege vernachlässigt. Außerdem habe er immer wieder seltsame und teilweise unverständliche Dinge gesagt. So habe er berichtet, dass er in seinem Zimmer manchmal deutlich hören könne, dass die Nachbarn gehässige Kommentare über ihn machten und ihn dabei direkt ansprächen. Er habe verdächtige schwarze Autos vor dem Haus bemerkt, die auf die Machenschaften der Nachbarn hinwiesen, und sei überzeugt, dass diese auf sein Smartphone zugegriffen hätten, um darüber seine Gedanken zu manipulieren. Schließlich habe er heute wutentbrannt den Fernseher ausgeschaltet, da die Sprecherin der Tagesschau ständig Anspielungen auf ihn gemacht habe.

In letzter Zeit habe er kaum Alkohol getrunken, habe keine Drogen konsumiert. Nur am Ende seiner Schulzeit habe er gelegentlich mal einen Joint geraucht. Dabei habe er einmal „komische" Erfahrungen gemacht (alles um ihn herum habe sich seltsam verändert und bedrohlich angefühlt), woraufhin er beschlossen habe „die Finger von dem Zeug" zu lassen. Seine Mutter habe immer wieder Depressionen und ein Onkel väterlicherseits leide an einer Schizophrenie.

Dem Patienten wird die stationäre Aufnahme zur psychiatrischen Diagnostik und Behandlung angeboten. Er ist zunächst ambivalent, lässt sich aber mit dem Angebot einer gründlichen medizinischen Abklärung überzeugen. Laboruntersuchungen von Blut und Nervenwasser (Liquor cerebrospinalis) sowie eine Kernspintomografie des Gehirns bleiben ohne pathologische Befunde.

Der Patient willigt nach anfänglichem Misstrauen in eine medikamentöse Behandlung mit einem Antipsychotikum (Aripiprazol) ein und erhält Gruppenpsychotherapie mit psychoedukativem Schwerpunkt sowie metakognitives Training und Ergotherapie. Die bei Aufnahme geschilderten Befürchtungen treten zunehmend in den Hintergrund und die Wahrnehmungsstörungen hören innerhalb einer Woche auf. Nach drei Wochen kann der Patient nach Hause entlassen werden. Zu diesem Zeitpunkt gibt er noch Misstrauen gegenüber den Nachbarn an, sei jetzt aber diesbezüglich wieder entspannter. Er wolle zunächst ein paar Wochen bei seinen Eltern in Niederbayern verbringen und dann im nächsten Semester sein Studium wieder aufnehmen.

11.1 Psychotische Störungen: Überblick und Vorkommen

Die Diagnose einer „Schizophrenie" folgt heutzutage operationalisierten Kriterien, die das Auftreten bestimmter Symptome des Denkens, des Selbstbezugs und des emotionalen Erlebens und Verhaltens über einen definierten Zeitraum bei Ausschluss organisch fassbarer Ursachen beschreiben. Im

Zentrum steht dabei eine Störung des Denkens mit falschen Wahrnehmungen (Halluzinationen), fixen Überzeugungen (Wahn) und oft desorganisiertem Gedankengang. Solches psychotisches, d. h. mit Verlust der bisher selbstverständlichen „Realität" einhergehendes, Erleben wurde bereits vor Einführung unserer heutigen psychiatrischen Klassifikationssysteme in verschiedenen Überlieferungen beschrieben.

Der den heutigen Klassifikationssystemen (ICD und DSM) zugrunde liegende **Schizophreniebegriff** stellt eine Mischung verschiedener historischer Konzepte dar und speist sich aus unterschiedlichen Theorien. Wichtige Einflüsse gehen zurück auf Hecker (1871) und seine Konzeption eines „Jugendirreseins" (Hebephrenie) sowie auf Kahlbaum (1874) mit der Beschreibung motorischer Phänomene in Form des „Spannungsirresein" (Katatonie). Emil Kraeplin (1856–1926) begründete die bis heute fortbestehende Dichotomie, die er allerdings fälschlich zwischen dem zyklisch und eher günstig verlaufenden „manisch-depressivem Irresein" (den heutigen affektiven Störungen) und der progredient und ungünstiger verlaufenden „Dementia praecox" als vorzeitigem Verlust kognitiver Fähigkeiten im frühen Erwachsenenalter formulierte (die Verläufe sind wie in ▶ Abschn. 11.3 angesprochen und anders als von Kraepelin postuliert sehr heterogen). Dementsprechend grenzte sich bereits Eugen Bleuler (1857–1939) in seiner Schrift „Dementia praecox oder die Gruppe der Schizophrenien" von der Kraeplin'schen Einteilung hinsichtlich der ungünstigen Prognose ab. Bleuler postulierte stattdessen eine Störung der Assoziation der Gedanken als zentrale Eigenschaft der Schizophrenie und stellte die sogenannten Grundsymptome wie Assoziationslockerung, Affektstörungen, Autismus und Ambivalenz („die vier As") den seines Erachtens eher randständigen (akzessorischen) Symptomen wie Wahrnehmungsstörungen, Wahn und katatonen Symptomen gegenüber. Wichtig für das heutige Schizophreniekonzept waren Kurt Schneider (1887–1967) und seine Betonung von Symptomen, die auf dem phänomenalen Erleben der Patienten beruhen, wie kommentierende Stimmen oder Gedankeneingebung. Die Vielfalt der unter dem Begriff „Schizophrenie" zusammengefassten Erscheinungen ist somit zum einen historisch bedingt und zum anderen der im Verlauf der Erkrankung sehr variablen Symptomatik geschuldet – vom Prodromalstadium zur floriden psychotischen Episode bis zum möglichen Residuum. Im Folgenden werden wir uns auf die paranoide Schizophrenie konzentrieren.

Info-Box Schizophrenie

Jährliche Inzidenz[a]	15/100.000
Lebenszeitprävalenz[a]	1 %
Geschlechterverhältnis	w = m
Erkrankungsalter	Mittleres Ersterkrankungsalter bei Männern 21 Jahre, bei Frauen 26 Jahre 90 % vor dem 30. Lebensjahr Erstmanifestation nach dem 40. Lebensjahr selten
Wichtige psychiatrische Komorbiditäten	Abhängigkeit von Nicotin, Alkohol oder illegalen Drogen (Lebenszeitprävalenz 50 %) Depression Zwangsstörungen
Erblicher Faktor	Konkordanz bei monozygoten Zwillingen 40–60 %

[a]durchschnittliche Angaben

11.2 Epidemiologie, Symptome und Diagnostik

11.2.1 Epidemiologie

Erkrankungen aus dem schizophrenen Formenkreis kommen weltweit vor. Die Lebenszeitprävalenz, also der Anteil der an einer Schizophrenie erkrankten Personen in der bis zum Erhebungszeitpunkt verstrichenen Lebenszeit, wird durchschnittlich mit 1 % angegeben und liegt in der Altersgruppe der 15- bis 60-Jährigen weltweit – je nach Weite der Diagnosekriterien – zwischen 0,7 % und 1,4 %. Pro Jahr werden in Deutschland ca. 19 Neuerkrankungen pro 100.000 Einwohner diagnostiziert, sodass bei einer Einwohnerzahl Deutschlands von 82,3 Mio. im Jahr mit etwa 15.600 neu diagnostizierten Schizophrenieerkrankungen zu rechnen ist (Gaebel 2010). Neuere epidemiologische Untersuchungen legen nahe, dass es bedeutsame Variationen in der Inzidenz gibt (McGrath et al. 2008). Demnach liegt die weltweite mediane Jahresinzidenz bei 15,2 pro 100.000 Personen mit einer Spannweite zwischen 7,7 bis zu 43,0 pro 100.000 Personen. Erhöhte Inzidenzraten sind beschrieben worden für Menschen mit Migrationshintergrund und niedrigem sozioökonomischen Status sowie in urbanen Lebensräumen (Heinz et al. 2013). Interessanterweise finden sich in epidemiologischen Untersuchungen einzelne psychotische Symptome deutlich häufiger als die Erkrankungen aus dem schizophrenen Formenkreis selbst. Die Prävalenz einzelner psychotischer Symptome wie Wahn oder Halluzinationen wird auf 7,2 % in der Allgemeinbevölkerung und die jährliche Inzidenzrate auf 2,5 % geschätzt (Linscott und van Os 2013). Bei der großen Mehrheit der Personen sind solche psychotischen Symptome flüchtig und haben keine Krankheitswert, bei ca. 20 % der Personen können die Symptome persistieren und mit einer psychiatrischen Erkrankung verbunden sein.

11.2.2 Symptome

Die Symptomatik der Erkrankungen aus dem schizophrenen Formenkreis betrifft Bereiche des Denkens, des Selbstbezugs und des emotionalen Erlebens und Verhaltens. Eine gängige Einteilung ist die in positive Symptome, die zum normalen Erleben hinzukommen, und negative Symptome, die einen krankhaften Wegfall von psychischen Funktionen beschreiben. Zu den positiven Symptomen, die florides psychotisches Erleben beschreiben, gehören inhaltliche und formale Denkstörungen, Wahrnehmungsstörungen und Ich-Störungen.

Wahn ist definiert als falsche, subjektive gewisse und nicht korrigierbare Überzeugung und gehört zu den inhaltlichen Denkstörungen. Eine wahnhafte Überzeugung stellt eine starre Fehlbeurteilung der Wirklichkeit dar, an der mit subjektiver Gewissheit festgehalten wird, auch wenn die Überzeugungen im Widerspruch zu Beobachtungen stehen, die die Überzeugung widerlegen. Das wahnhaft interpretierte Geschehen wird auf die betroffene Person hin „zentriert" erlebt, die sich im Mittelpunkt der gewähnten Vorgänge sieht. Typische Wahninhalte sind der Beziehungswahn, beispielsweise dass Fernsehnachrichten sich auf die eigene Person beziehen, oder der Beeinträchtigungs- und Verfolgungswahn, wobei der Patient sich als Ziel von Feindseligkeiten oder Überwachung erlebt.

Es können verschiedene mit wahnhaftem Erleben verbundene Symptome unterschieden werden. Noch vor der inhaltlichen Festlegung wird häufig eine so genannte Wahnstimmung beobachtet, die sich durch ein unspezifisches Gefühl des Alarmiert-Seins und das Erleben, etwas Ungewöhnliches und Bedrohliches gehe vor sich, auszeichnet. Wahnhafte Überzeugungen können plötzlich auftreten (Wahneinfall) oder Wahrnehmungen von Umweltereignissen können wahnhaft falsch interpretiert werden (Wahnwahrnehmung).

Wahngedanken können das Erleben des Patienten sehr bestimmen und sich bis hin zu einem systematisierten Wahn entwickeln, bei dem unterschiedliche Bereiche des Erlebens in einem strukturierten „Wahngebäude" verknüpft werden. Die mit dem wahnhaften Erleben verbundene emotionale Beteiligung wird als Wahndynamik bezeichnet und kann im Krankheitsverlauf sowie durch antipsychotische Therapie stark variieren.

Ichstörungen betreffen die Meinhaftigkeit der Gedanken und damit den Selbstbezug der Betroffenen. Die Patienten erleben die eigenen Gedanken als von außen kommend und manipuliert (Gedankeneingebung) oder beschreiben, dass andere Personen Zugriff auf ihre Gedanken hätten und diese beispielsweise lesen könnten (Gedankenausbreitung) oder diese wegnehmen würden (Gedankenentzug). Die Ichstörungen werden in der angloamerikanischen Tradition als spezifische Wahninhalte *(Delusions of Control)* und nicht als eigenständige Symptomkomplexe aufgefasst, wobei der grundsätzliche Unterschied zwischen Ichstörungen und Wahnsymptomen nicht beachtet wird: Ichstörungen beziehen sich auf das Erleben der eigenen Gedanken, Wahnwahrnehmungen auf die Außenwelt. Wahnsysteme können dann alle diese Phänomene durch komplexe Erklärungen verbinden und sekundär „rationalisieren", zum Beispiel durch die Erklärung, es handele sich um technisch komplizierte Eingriffe und Manipulationen eines Geheimdienstes.

Die **formalen Denkstörungen** beschreiben dagegen den Ablauf und nicht den Inhalt des Denkens und zeigen sich u. a. als desorganisierte Sprechweise. Als Zerfahrenheit des Denkens bezeichnet man einen Zustand, in dem der logische Zusammenhang und die Kohärenz des Denkens bzw. der verbalen Äußerungen nicht mehr bestehen und andere Personen den Gedankengängen des Patienten nicht mehr folgen können. Andere formale Denkstörungen beinhalten die Unterbrechung oder Blockierung des Gedankenganges (Gedankenabreißen) oder die Verwendung von Begriffen in anderen Bedeutungen bis zur Wortneubildungen (Neologismen).

Halluzinationen sind Wahrnehmungen ohne entsprechende Reizquelle und werden deshalb auch als „objektiv falsche" Wahrnehmungen bezeichnet. Halluzinationen können alle Sinnesqualitäten betreffen. Bei Erkrankungen aus dem schizophrenen Formenkreis sind akustische Halluzinationen am häufigsten, gefolgt von taktilen. Visuelle Halluzinationen sind selten und sollten immer zum Ausschluss einer akuten hirnorganischen Erkrankung wie etwa eines Delirs Anlass geben.

Charakteristisch ist das Stimmenhören (Phoneme), wobei die gehörten Stimmen häufig die Handlungen des Patienten kommentieren oder sich dialogisierend über den Patienten unterhalten.

Negative Symptome bezeichnen eine Verminderung von Funktionsfähigkeit wie eine allgemeine Reduktion motivierten und zielgerichteten Verhaltens, sozialer Kontakte oder des emotionalen Erlebens und Ausdrucks. Unter Avolition versteht man eine Verminderung von zielgerichteten Aktivitäten und von Bestrebungen, einen Vorsatz umzusetzen, unter Anhedonie die Reduktion positiven emotionalen Erlebens und/oder vermindertes Interesse an Aktivitäten, die normalerweise Freude gemacht haben. Hinzu kommen Symptome, die auch den emotionalen Ausdruck betreffen, wie affektive Verflachung oder eine verminderte Sprachproduktion. Die Negativsymptomatik trägt stark zu Beeinträchtigungen sozialer und beruflicher Funktionen sowie der Lebensqualität bei.

Kognitive Symptome umfassen Störungen kognitiver Leistungsfähigkeit und sind ein wichtiges Charakteristikum der schizophrenen Psychosen, welches bereits von Bleuler und Kraeplin beschrieben wurde (Green und Harvey 2014). Neuropsychologische Testverfahren ermöglichen eine Messung verschiedener kognitiver Domänen, wobei viele der verwendeten Tests mehr als eine einzelne isolierte Domäne erfassen. Allerdings weist ein substantieller Teil der Patienten allenfalls geringe Einschränkungen auf. Zu den betroffenen Domänen zählen: Arbeitsgedächtnis, Verarbeitungsgeschwindigkeit, Aufmerksamkeit, verbales sowie visuelles Lernen und Gedächtnis, Problemlösen und soziale Kognition. Sowohl chronisch schizophrene Patienten als auch Patienten mit der ersten psychotischen Episode können kognitive Defizite aufweisen. Tatsächlich sind kognitive Defizite häufig bereits im Prodromalstadium (vor dem Auftreten einer voll ausgeprägten Erkrankung) nachweisbar, und deren Ausmaß kann prädiktiv für den Übergang in eine Psychose sein. Kognitive Defizite gehören zwar nicht zu den diagnostischen Kriterien, sind allerdings für die Prognose und das Funktionsniveau von großer Wichtigkeit (Kahn und Keefe 2013). Da chronische Neuroleptikagabe möglicherweise zu einer geringgradigen Reduktion des Hirnvolumens beiträgt, sind Medikamenteneffekte auszuschließen (Aderhold et al. 2015).

Weiterhin zählen zu den Symptomen der Schizophrenie das desorganisierte Verhalten und psychomotorische Bewegungsstörungen, die als Katatonie bezeichnet werden. Die katatone Symptomatik ist sehr vielgestaltig. Es werden hier sowohl hyper- als auch hypokinetische Zustände erfasst. Zu den charakteristischen katatonen Zuständen gehört das völlige Nichtsprechen (Mutismus) bei intaktem Sprechvermögen und das Einnehmen von bizarr anmutenden Körperhaltungen teilweise über Stunden.

11.2.3 Diagnostik

Die **Diagnose einer Schizophrenie** wird anhand operationalisierter Kriterien entsprechend ICD-10 oder DSM-5 gestellt. Dabei wird, wie in Tab. 11.1 dargestellt, eine Mindestanzahl bestimmter Symptome für einen festgelegten Zeitraum gefordert. Beide Systeme stimmen weitgehend überein. Zu den Unterschieden zwischen den Klassifikationssystemen gehören die geforderte Symptomdauer, die im ICD-10 nur vier Wochen, im DSM-5 dagegen sechs Monate beträgt, sowie die Betonung bestimmter Symptome. Im ICD-10 werden acht Symptomgruppen unterschieden, wobei die ersten vier als besonders charakteristisch eingestuft werden. So ist nur eines dieser Symptome für die Diagnosestellung ausreichend, wie etwa die Ichstörungen (die nach Kurt Schneider zu den sogenannten Erstrangsymptomen gehören). Im DSM-5 werden hingegen lediglich fünf psychopathologische Domänen unterschieden: Wahn, Halluzinationen,

Tab. 11.1 Diagnosestellung der Schizophrenie nach ICD-10 und DSM 5

ICD-10 (F20)	DSM 5 (295.90)
1. Gedankenlautwerden, -eingebung, -entzug, -ausbreitung	1. Wahn
2. Kontroll- und Beeinflussungswahn, Gefühl d. Gemachten, Wahnwahrnehmung	2. Halluzinationen
3. Kommentierende oder dialogisierende Stimmen	
4. Anhaltender deutlicher Wahn	
5. Anhaltende andere Halluzinationen	3. Desorganisierte Sprache
6. Formale Denkstörungen	4. Stark desorg./katatones Verhalten
7. Katatone Symptome	5. Negative Symptome (z. B. red. Emotionaler ausdruck, Avolition)
8. Negative Symptome	
Symptome: 1 von 1–4 2 von 5–8	Symptome: 2 von 5 (inkl. 1, 2, oder 3)
Zeitkriterium: >1 Monat	Zeitkriterium: >1 bzw. 6 Monate

desorganisiertes Denken und Sprache, abnormes psychomotorisches Verhalten und negative Symptome. Mindestens zwei Symptomdomänen sind für die Diagnosestellung gefordert (davon muss eine die Domänen 1–3 betreffen).

Psychotische Symptome wie Wahn und Halluzinationen können auch bei anderen psychiatrischen und neurologischen Erkrankungen vorkommen, beispielsweise bei Autoimmunerkrankungen und bei affektiven Störungen mit psychotischen Symptomen sowie der schizoaffektiven Störung (▶ Kap. 12). Eine schizophrene Erkrankung muss abgegrenzt werden von kurzen psychotischen Störungen, die nicht die geforderten Zeitkriterien erfüllen, von der wahnhaften Störung, bei der weitere psychotische Symptome fehlen, und von der schizotypen Persönlichkeitsstörung, bei der die Symptomatik weniger stark ausgeprägt ist und es sich um überdauernde Persönlichkeitsmerkmale handelt. Bei schweren Formen der Zwangsstörung kann eine Abgrenzung schwierig sein. Psychotisches Erleben kann auch im Rahmen einer Posttraumatischen Belastungsstörung auftreten. Störungen aus dem Autismusspektrum zeichnen sich durch einen frühen Beginn aus und sind nicht durch ausgeprägten Wahn oder Halluzinationen gekennzeichnet. Psychotisches Erleben kann auch durch akute Drogenwirkung bedingt sein. Eine drogeninduzierte Psychose klingt nach Abstinenz ab, eine klare Abgrenzung kann allerdings aufgrund der hohen Komorbidität zwischen der Schizophrenie und Abhängigkeitserkrankungen teilweise schwierig sein.

Die aktuell gültigen Diagnosesysteme folgen einem kategorialen Ansatz. Allerdings ist – wie aus der kurzen Darstellung der Symptomatik oben ersichtlich – das klinische Erscheinungsbild der Erkrankungen aus dem schizophrenen Formenkreis sehr heterogen. Dies gilt zwischen einzelnen Patienten im Querschnitt als auch im Hinblick auf den klinischen Verlauf. Ein besseres Verständnis der zugrunde liegenden neurobiologischen Mechanismen könnte durch einen dimensionalen Ansatz befördert werden. So wurde vorgeschlagen, die Symptomatik entlang von acht Dimensionen zu beschreiben, um die individuelle Symptomkonstellation abzubilden (Heckers et al. 2013). Zu diesen Dimensionen zählen neben den fünf psychopathologische Domänen des DSM-5 noch die beeinträchtigte Kognition sowie depressive und manische Symptome.

11.2.4 Ausschlussdiagnostik

Die Diagnose einer schizophrenen Erkrankung erfordert eine Ausschlussdiagnostik hinsichtlich hirnorganischer Erkrankungen wie entzündlicher Prozesse (z. B. Enzephalitis, Lues, Multiple Sklerose, Morbus Huntington, u. a.), Epilepsie, Delir oder Drogenintoxikationen. Hierzu ist neben einer körperlichen Untersuchung apparative Zusatzdiagnostik einschließlich einer strukturellen Hirnbildgebung mittels Magnetresonanztomografie, einer Elektroenzephalographie sowie einer Liquoruntersuchung nötig.

Bei Patienten mit Schizophrenie kommen häufig auch andere psychischen Erkrankungen (Komorbidität) wie Suchterkrankungen, Depression oder Zwangsstörungen vor. Etwa die Hälfte der an einer Schizophrenie Erkrankten weist irgendwann in ihrem Leben (Lebenszeitprävalenz) auch noch eine Abhängigkeit von Alkohol oder illegalen Drogen wie Cannabis auf, ungefähr 80 % der Erkrankten rauchen.

11.3 Therapie und Prognose der „Schizophrenie"

Die Behandlung schizophrener Störungen basiert auf dem Zusammenwirken unterschiedlicher therapeutischer Ansätze und erfolgt multimodal und multiprofessionell. Grundsätzlich sollte die Behandlung beziehungsorientiert und an die Bedürfnisse des Patienten angepasst sein. Die Einbeziehung von Angehörigen und partizipative

Entscheidungsfindung spielen eine wichtige Rolle. Einen hohen Stellenwert sollten die Stabilität und Konsistenz der therapeutischen Beziehungen mit guter Vernetzung ambulanter und stationärer Settings unter Bevorzugung ambulanter Behandlungsansätze haben. Die Therapie basiert im Wesentlichen auf drei Säulen: Pharmakotherapie, Psychotherapie und Soziotherapie.

Ein Grundbestandteil jeder Therapie und ein wichtiges Bindeglied zwischen der ärztlichen-psychotherapeutischen Behandlung und dem sozialen Umfeld stellt die Soziotherapie dar. Soziotherapeutische Therapieansätze umfassen Maßnahmen der Milieugestaltung, Ergo- und Arbeitstherapie, sowie beruflicher und sozialer Rehabilitation. Eine wichtige Rolle spielen dabei integrierte Behandlungskonzepte, die die Herstellung einer langfristigen Behandlungskontinuität und die Vermeidung bzw. Verkürzung von Krankenhausaufenthalten zum Ziel haben.

Der Stellenwert der **Psychotherapie** schizophrener Störungen wurde lange Zeit vernachlässigt, hat aber in den letzten Jahren deutlich zugenommen. Insbesondere die Wirksamkeit der kognitiven Verhaltenstherapie und psychoedukativ ausgerichteter Familieninterventionen ist sehr gut belegt und hat mittlerweile Eingang in die meisten Leitlinienempfehlungen gefunden (National Collaborating Centre for Mental Health 2014).

Die **Pharmakotherapie** stützt sich hauptsächlich auf Antipsychotika, deren Wirksamkeit insbesondere auf die Positivsymptome in allen Phasen der Erkrankung durch randomisierte kontrollierte Studien gut belegt ist. Daneben können, abhängig von individueller Symptomatik und Komorbiditäten, auch andere Psychopharmaka indiziert sein, wie etwa angstlösende Substanzen oder Antidepressiva. Die Antipsychotika stellen eine chemisch heterogene Gruppe von Substanzen mit unterschiedlichen Nebenwirkungsprofilen dar. Sie beeinflussen unterschiedliche Neurotransmittersysteme, sodass davon ausgegangen wird, dass die klinische Wirksamkeit aus einem Zusammenspiel unterschiedlicher Wirkmechanismen zustande kommt. Ganz wesentlich hängt der antipsychotische Wirkmechanismus mit der Blockade postsynaptischer Dopaminrezeptoren vom Typ D2 zusammen. Alle bisher zugelassenen Neuroleptika blockieren mehr oder weniger stark diese D2-Rezeptoren. Die Rezeptorbesetzung soll therapeutisch bei 60–80 % liegen. Dieser Grad der Rezeptorbesetzung wird bereits mit relativ niedrigen Dosierungen erreicht (z. B. 3 mg Haloperidol pro Tag; Farde et al. 1992; Heinz et al. 1996). Übereinstimmend mit diesen Befunden ist eine höhere Dosierung zur Behandlung der Positivsymptomatik nicht effektiver, sondern erhöht nur das Risiko von Nebenwirkungen (Donnelly et al. 2013). Tagesdosen von 10 mg Haloperidol oder mehr, die lange Jahre alltägliche Praxis in der psychiatrischen Notfallbehandlung waren, sind vor diesem Hintergrund nicht mehr vertretbar. Die D2-Rezeptorblockade führt insbesondere häufig zu unerwünschten extrapyramidalmotorischen Nebenwirkungen wie Parkinson-Syndrom, Dyskinesien und Bewegungsunruhe (Akathisie). Diese Nebenwirkungen sind bei den Antipsychotika der 1. Generation besonders stark ausgeprägt, da deren Wirkung hauptsächlich auf der D2-Blockade beruht. Viele Antipsychotika der 2. Generation (auch „atypische Antipsychotika“ genannt) wirken stärker über die Blockade der Rezeptoren anderer Neurotransmittersysteme, wie etwa serotonerger, noradrenerger, histaminerger und muscarinischen Acetylcholinrezeptoren. Antipsychotika der 2. Generation haben insgesamt weniger extrapyramidalmotorische Nebenwirkungen als Antipsychotika der 1. Generation. Ihnen wurde auch eine überlegene antipsychotische Wirksamkeit sowie eine bessere Wirksamkeit auf die Negativsymptomatik zugeschrieben, wobei diese Überlegenheit umstritten ist und nicht überzeugend belegt werden konnte (Lieberman et al. 2005). Insbesondere die metabolischen Nebenwirkungen einiger Antipsychotika der 2. Generation, wie Adipositas und ein erhöhtes Risiko für Diabetes mellitus, dürfen nicht unterschätzt werden und sollten bei der Wahl des Antipsychotikums Beachtung finden.

Eine große Herausforderung in der Behandlung von Menschen mit Schizophrenie liegt darin, dass psychotische Symptome von den Betroffenen oft nicht als Krankheitssymptome gewertet werden und ärztliche Konzepte ohne eingehende Erklärung und Etablierung eines Vertrauensverhältnisses nicht als hilfreich empfunden werden. Auch wenn Betroffene als nicht einwilligungsfähig eingeschätzt werden, d. h. die Art, Bedeutung und Tragweite einer ärztlichen Maßnahme (oder deren Unterlassung) aufgrund der psychischen Erkrankung nicht richtig erfasst werden können, ist selbst eine medizinisch begründete Behandlung gegen den Willen in den meisten Fällen nicht rechtmäßig. Eine solche Zwangsbehandlung würde einen schwerwiegenden Eingriff in das Grundrecht auf körperliche Unversehrtheit darstellen. Sie ist nach deutschem Recht nur in Ausnahmesituationen möglich, und zwar dann, wenn eine akute oder chronische Gefahr für Leben oder Gesundheit besteht.

Der Verlauf schizophrener Störungen ist sehr heterogen. Etwa 20 % der Patienten erleben nur eine Episode und 30 % mehrere Episoden mit kompletter Remission (Rückgang der Symptome) im Intervall. Bei etwa der Hälfte der Patienten ist der Verlauf ungünstig mit inkompletter Remission zwischen den Episoden und zunehmenden sozialen und beruflichen Einschränkungen (Watts 1985). An Schizophrenie erkrankte Menschen sterben im Mittel etwa 15 Jahre früher als gesunde Vergleichspersonen, was auch verglichen mit anderen psychischen Störungen eine besonders hohe Mortalität darstellt. Ca. 5–10 % der Patienten nehmen sich das Leben. Weitere Gründe für die erhöhte Mortalität sind somatische Komorbiditäten wie metabolische und kardiovaskuläre Erkrankungen, welche zum Teil mit ungünstigem Nebenwirkungsprofil der antipsychotischen Medikamente zusammenhängen.

Es wurden eine Reihe von prognostisch relevanten Faktoren identifiziert, wobei einzelne Parameter im Einzelfall jedoch kaum eine verlässliche Prognose über den Verlauf erlauben (Moller 2004). Mit einem eher ungünstigen Verlauf sind männliches Geschlecht, positive Familienanamnese, frühe Erstmanifestation und komorbider Substanzgebrauch bzw. -abhängigkeit assoziiert. Psychopathologische Prädiktoren eines ungünstigen Verlaufs sind eine ausgeprägte Negativsymptomatik, kognitive Defizite, residueller Wahn nach Behandlung und das Vorhandensein von akustischen Halluzinationen oder Zwangssymptomen. Bezüglich des Verlaufs deuten eine lange Prodromalphase, lange unbehandelte Episoden, ein schleichender Beginn und ein langsames Ansprechen auf eine ungünstige Prognose hin. Als prognostisch ungünstige soziale Faktoren sind vor allem ein niedriges Bildungs- und Funktionsniveau und Fehlen einer Partnerschaft zu nennen.

11.4 Entstehung der „Schizophrenie": Ein Spektrum an Theorien

Heute wird davon ausgegangen, dass es sich bei der Schizophrenie um eine Hirnentwicklungsstörung mit multifaktorieller Ätiopathogenese handelt, bei der es entsprechend einem **Vulnerabilitäts-Stress-Modell** auf der Grundlage genetischer Faktoren zu einer erhöhten Vulnerabilität gegenüber Umwelteinflüssen kommt. Aufgrund der in zahlreichen Studien belegten familiären Häufung der Schizophrenie mit Konkordanzraten von 40–60 % bei eineiigen Zwillingen gilt die genetische Grundlage für die Entstehung der Schizophrenie als gesichert (Häfner 1995). Genomweite Assoziationsstudien (GWAS), in denen mittlerweile über hundert genetische Risikovarianten für die Schizophrenie identifiziert wurden, legen eine polygenetische Ätiologie nahe (Ripke et al. 2013). Die so genannte

„Three-Hit"-Hypothese spezifiziert das Vulnerabilitäts-Stress-Modell dahingehend, dass es durch die genetische Prädisposition zu einer erhöhten Vulnerabilität in besonders kritischen Phasen der Hirnentwicklung kommt (Keshavan 1999). Schädigende Einflüsse während der frühen Hirnentwicklung, wie virale Infektionen während der Schwangerschaft und perinatale Hypoxie, führen zu Veränderungen der Hirnentwicklung, die zu einem erhöhten Krankheitsrisiko beitragen *(First Hit)*. Allerdings sind – soweit überhaupt nachweisbar – solche neuropathologische Befunde sehr heterogen und ergeben kein diagnostisch verwertbares Bild. Auch Umweltfaktoren, die während der Kindheit bestehen, erhöhen das Risiko, an einer Schizophrenie zu erkranken *(Second Hit)*. Dazu gehören eine frühe Trennung von den Eltern, kindlicher Missbrauch oder Vernachlässigung sowie wahrscheinlich auch ein familiärer Kommunikationsstil mit *High-Expressed Emotions*, der durch starke Kritik, Feindseligkeit und Überfürsorglichkeit geprägt ist (Cechnicki et al. 2013). Unter dem Einfluss weiterer Einflussfaktoren wie Drogenkonsum (v. a. Cannabis) oder psychosozialem Stress (z. B. durch Migration) in der Adoleszenz oder im frühen Erwachsenenalter *(Third Hit)* kommt es dann zur Manifestation der Erkrankung. Während der Einfluss der genannten psychosozialen Risikofaktoren im Einzelnen relativ gering ist, wird heute davon ausgegangen, dass diese Faktoren zusammen genommen eine bedeutende Rolle spielen (Kirkbride et al. 2010).

Einige einflussreiche frühere Theorien zur Ätiopathogenese der Schizophrenie sind heute nicht mehr haltbar. Nicht zuletzt unter dem Einfluss Emil Kraepelins, der den Begriff der „Dementia praecox" prägte, wurde als Grundlage schizophrener Störungen lange eine progrediente Hirnerkrankung angenommen, die vergleichbar mit demenziellen Erkrankungen durch fortschreitende neurodegenerative Prozesse gekennzeichnet ist. Allerdings ergaben weder bildgebende oder neurokognitive Längsschnittstudien noch Untersuchungen zum klinischen Verlauf eindeutige Evidenz für die Hypothese einer progredienten Hirnerkrankung (Zipursky et al. 2013).

Eine zentrale Frage der heutigen **Schizophrenieforschung** besteht darin, wie sich die inzwischen gut belegten genetischen und psychosozialen Faktoren in neurobiologischen Veränderungen niederschlagen, die schizophrenen Störungen zugrunde liegen. Einen wichtigen Anhaltspunkt liefern Befunde, die auf eine hirnentwicklungsbedingte Fehlregulation des Gleichgewichts zwischen exzitatorischen und inhibitorischen Neurotransmittersystemen (Erregungs-Hemmungs-Balance oder „E/I-Balance") bereits in der Adoleszenz hinweisen (Rapoport et al. 2012). Es wird davon ausgegangen, dass es durch genetische und epigenetische Faktoren schon früh in der Hirnentwicklung zu Veränderungen der glutamatergen Neurotransmission kommt, die wiederum zusammen mit anderen, zum Beispiel immunologischen Mechanismen, die weitere Hirnentwicklung beeinflussen. Solche Veränderungen könnten zu homeostatischen Anpassungen im fein abgestimmten Zusammenspiel neuronaler Systeme führen. So wurde vorgeschlagen, dass eine Unterfunktion der (exzitatorischen) glutamatergen Neurotransmission gegenregulatorisch eine Reduktion der (inhibitorischen) GABAergen Aktivität nach sich zieht (Krystal und Anticevic 2015). Die somit wieder hergestellte Balance zwischen Exzitation und Inhibition könnte der Grund dafür sein, dass sich schizophrene Erkrankungen trotz der vermutlich bereits früh einsetzenden Hirnentwicklungsstörung erst verzögert manifestieren. Allerdings wird die reduzierte Aktivität GABAerger Interneurone langfristig zu einer Disinhibition sowohl cortikaler glutamaterger Neuronen als auch subcortikaler dopaminerger Neuronen im mesolimbischen System führen. Unter dem Einfluss von Stress könnte eine solche Disinhibition zu der gesteigerten dopaminergen Neurotransmisison im Striatum beitragen, die direkt mit der Entstehung von psychotischen Symptomen in Zusammenhang steht. Diese kurze Zusammenfassung verdeutlicht, dass die verschiedenen Neurotransmitterhypothesen der Schizophrenie – Glutamat, GABA und Dopamin – nicht unvereinbar nebeneinander stehen, sondern zusammen in eine übergreifende Theorie über die Störung von Mechanismen auf der Ebene neuronaler Regelkreise eingebettet werden können (◘ Abb. 11.1; Heinz und Schlagenhauf 2010).

Aus den Theorien über die Rolle neuronaler Regelkreise ergibt sich die Frage, wie deren Störungen mit dem subjektiv veränderten Erleben und den beobachtbaren Symptomen schizophrener Psychosen zusammenhängen. Eine vielversprechende Möglichkeit, Veränderungen auf der Ebende es Verhaltens und Erlebens nicht nur qualitativ-beschreibend, sondern auch quantitativ mit spezifischen neuronalen Prozessen in Beziehung zu setzen, bieten die Methoden der **Computational Neuroscience.** Diese noch junge Wissenschaftsrichtung beschäftigt sich mit den informationsverarbeitenden Eigenschaften des Nervensystems und bedient sich der mathematischen Modellierung zur Beschreibung und Simulation neuronaler Prozesse. Diese Modellierung kann Prozesse auf unterschiedlichen Ebenen beschreiben. So können einzelne Teilprozesse auf der Ebene lokaler neuronaler Regelkreise (z. B. E/I-Balance im präfrontalen Cortex) oder auf der Ebene kognitiver Funktionen (z. B. Belohnungslernen) in mathematische Modelle gefasst werden. Die individuelle Schätzung von Modellparametern bietet die Möglichkeit, krankheitsrelevante Verhaltens- oder Symptomdimensionen in quantitativer Weise neuronalen Funktionsstörungen zuzuordnen und damit eine Brücke zwischen neurobiologischer und Symptomebene zu schlagen (Friston et al. 2014).

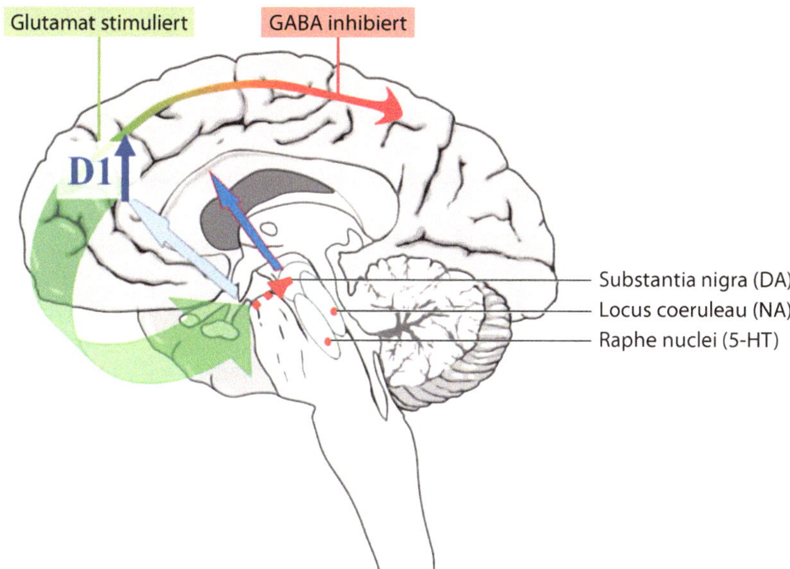

◘ **Abb. 11.1** Möglicher Zusammenhang zwischen Veränderungen der glutamatergen, GABAergen und dopaminergen Neurotransmission nach Heinz und Schlagenhauf (2010). Eine Unterfunktion glutamaterger präfrontaler-subkortikaler Projektionen (grüner Pfeil) führt zu einer verminderten Aktivierung GABAerger Interneurone und dadurch zu einer Disinhibtion dopaminerter Neurone im Mittelhirn. Demgegenüber steht eine verminderte Dopaminfreisetzung im präfrontalen Cortex mit Hochregulierung von Dopamin-D1-Rezeptoren, woraus wiederum eine Störung der Funktion präfrontaler glutamaterger Neuronen resultiert (DA Dopamin; NA Noradrenalin; 5-HT 5-Hydroxytryptamin). (Nach Heinz und Schlagenhauf 2010, mit freundlicher Genehmigung)

11.5 Neurobiologische Grundlagen

Die neurobiologischen Grundlagen der schizophrenen Erkrankung sind bislang unzureichend verstanden. Es wurde bisher keine umschriebene anatomische oder funktionelle Abweichung als spezifisch für diese Erkrankung identifiziert. Gravierende Hirnveränderungen, wie sie bei neurologischen Erkrankungen (z. B. Demenzen, Entzündungen) beschrieben sind, scheinen nicht mit der Erkrankung assoziiert zu sein (Kahn et al. 2015).

Wie in ▶ Abschn. 11.4 beschrieben, gehen die meisten der heutigen Erklärungsmodelle der schizophrenen Erkrankung von einem komplexen Zusammenspiel genetischer Faktoren und Umweltbedingungen aus, welches sich auf die Hirnentwicklung auswirkt und den Verlauf neurobiologischer Adaptationsprozesse auf weitere (belastende) Lebensereignisse beeinflusst, was als **neurodevelopmentales Modell** bezeichnet wird. Dazu passt, dass die Erkrankung im frühen Erwachsenenalter ausbricht, sich wichtige Risikofaktoren aber auf pränatale (z. B. Infektionen) oder perinatale Ereignisse (z. B. Hypoxie unter der Geburt) beziehen. Frühe Umweltbelastungen können also das Risiko erhöhen, auf spätere soziale Stressfaktoren hin psychotische Symptome auszubilden. Die genauen molekularen Mechanismen sind aber nicht geklärt.

Es werden subtile Veränderungen bestimmter Zellpopulationen wie zum Beispiel GABAerger Interneuronenpopulationen postuliert. Vor allem gehen aktuelle Theorien von einer krankhaften Veränderung von funktionellen Netzwerken aus. Verschiedene der im RDoC-Ansatz vorgeschlagenen Domänen (▶ Abschn. 9.5.1) und die diesen zugrunde liegenden neuronalen Schaltkreise scheinen bei den schizophrenen Erkrankungen beteiligt zu sein. Veränderungen der Wahrnehmung und Kognition im Rahmen der Schizophrenie werden mit Dysfunktionen fronto-parietaler Netzwerke sowie fronto-striatal-hippocampaler Regelkreise unter dem Einfluss neuromodulatorischer Systeme in Verbindung gebracht.

11.6 Genetik

In genomweiten Assoziationsstudien wurde die Schizophrenie mit Genen in Verbindung gebracht, die vorwiegend im Gehirn und Immunsystem exprimiert werden (Ripke et al. 2013). Die Mehrzahl der identifizierten Einzelnucleotid-Polymorphismen (SNPs) sind nicht proteincodierend und scheinen an der Genregulation beteiligt zu sein. Einzeln haben solche SNPs einen vernachlässigbaren Effekt auf das Schizophrenierisiko, und auch zusammengenommen erklären sie nur einen moderaten Anteil. Diese Befunde sind aber entscheidend für ein pathophysiologisches Verständnis der an der Erkrankung beteiligten Mechanismen. So wurden Assoziationen mit Genen gefunden, die für den Dopamin-Rezeptor DRD2 codieren und die mit glutamaterger Neurotransmission sowie synaptischer Plastizität und Interneuronenfunktion in Verbindung gebracht werden.

Neben der Beteiligung häufig in der Bevölkerung vorkommender Genvariationen mit geringem Einfluss sind selten vorkommende Genvarianten mit höherem Risiko von Bedeutung. Dazu gehören **Kopienzahlvariationen** (*Copy Number Variants*, CNVs), die strukturelle Varianten der DNA sind, wobei sich die Anzahl der Kopien größerer DNA-Abschnitte zwischen Individuen stark unterscheidet. Dabei kann ein Gen mehrfach vorkommen (Duplikation) oder ganz fehlen (Deletion). Als Beispiel sei das Mikrodeletionssyndrom 22q11 genannt, bei dem Veränderungen auf dem langen Arm des Chromosoms 22 an Position 11 bestehen, was mit einem stark erhöhten Psychoserisiko einhergeht. Zudem wurden einige De-Novo-Mutationen identifiziert, hier sind die Befunde allerdings noch uneinheitlich.

Zusammenfassend lässt sich sagen, dass es nicht einige wenige Gene gibt, die mit der schizophrenen Erkrankung in Verbindung gebracht werden können. Vielmehr ist die Erkrankung polygenetisch, d. h. sie ist durch das Zusammenspiel zahlreicher Gene mitverursacht. Viele der identifizierten Gene sind auch am Auftreten anderer psychiatrischer Erkrankungen beteiligt und demnach nicht spezifisch für die Schizophrenie (pleiotropisch). Viele genetische Marker für schizophrene Psychosen überlappen mit Risikofaktoren für bipolare Erkrankungen. Zudem sind Gen-Gen-Interaktionen und Gen-Umwelt-Interaktionen wahrscheinlich von entscheidender Bedeutung für ein genaueres Verständnis der Ätiopathogenese.

Als weiterführende Quellen sei auf die Publikationen Psychiatric Genomic Consortium: ► https://www.med.unc.edu/pgc/ sowie Avramopoulos (2018) hingewiesen.

11.7 Neurotransmitter

Verschiedene Neurotransmittersysteme sind bei der Schizophrenie beteiligt. Allerdings kommt dem neuromodulatorischen dopaminergen System in den Theorien der Schizophrenie ein besonderer Stellenwert zu. Die sogenannte **Dopaminhypothese** der Schizophrenie beruht dabei v. a. auf pharmakologischer Evidenz. Initial wurde von einer globalen Überaktivität des dopaminergen Systems ausgegangen. In einer modifizierten Version der Dopaminhypothese wird eine Hyperaktivität subcortikal und eine Hypoaktivität im mesocortikalen System postuliert. Die wichtigste Evidenz für eine Beteiligung der dopaminergen Neurotransmission kommt daher, dass alle aktuell verfügbaren Medikamente eine antagonistische Wirkung an Dopaminrezeptoren v. a. vom D2-Typ haben. D2-antagonistische Pharmaka wie das erste, zufällig entdeckte Antipsychotikum Chlorpromazin wirken auf die Positivsymptomatik, nicht aber auf die Negativsymptomatik oder kognitive Defizite, wobei hochdosierte Medikation beispielsweise Avolition und Apathie sogar verstärken kann. Ein weiteres Argument für eine Beteiligung des dopaminergen Systems ist die Beobachtung, dass dopaminagonistische Substanzen wie Amphetamin psychotisches Erleben auslösen können, d. h. psychotomimetisch wirken. Entscheidend sind direkte Untersuchungen des dopaminergen Systems bei Personen mit Psychosen: Beim Menschen sind In-Vivo-Messungen des dopaminergen Systems durch nuklearmedizinische Verfahren möglich. Wird eine schwach radioaktiv markierte Vorstufe des Transmitters wie ^{18}F-Fluoro-3,4-dihydroxyphenyl-L-alanin (F-DOPA) appliziert, reichern sich dessen Metabolite in den präsynaptischen Vesikeln dopaminerger Neurone an (◘ Abb. 11.2). Die emittierte Alphastrahlung kann mittels Positronen-Emissionstomografie gemessen werden, um ein Maß für die präsynaptische Dopaminsynthese zu erhalten. Ein gut replizierter Befund ist, dass schizophrene Patienten im Vergleich zu Gesunden eine gesteigerte subcortikale Dopaminsynthesekapazität v. a. im assoziativen Anteil des Striatums zeigen (Howes et al. 2012). Auch wurde eine erhöhte striatale Dopaminfreisetzung nach Amphetamingabe gezeigt (◘ Abb. 11.2a), wobei das Ausmaß der gesteigerten Freisetzung mit der Zunahme der Positivsymptomatik zusammenhing (◘ Abb. 11.2b; Laruelle et al. 1996).

Pharmaka mit antagonistischer Wirkung am glutamatergen N-Methyl-D-aspartat- (NMDA-)Rezeptor wie das Anästetikum Ketamin oder die Designerdroge Phencyclidin können psychotisches Erleben, negative Symptome und kognitive Defizite auslösen. Daher wird Ketamin als ein pharmakologisches Modell für die schizophrene Erkrankung verwendet, und es wird ein Defizit der NMDA-Rezeptorfunktion postuliert. NMDA-Rezeptoren sind wichtig für synaptische Plastizität und Lernvorgänge durch Prozesse wie die Langzeitpotenzierung (LTP). Zusammen mit dem inhibitorischen Neurotransmitter GABA ist Glutamat zentral für die E/I-Balance cortikaler Netzwerke, die bei

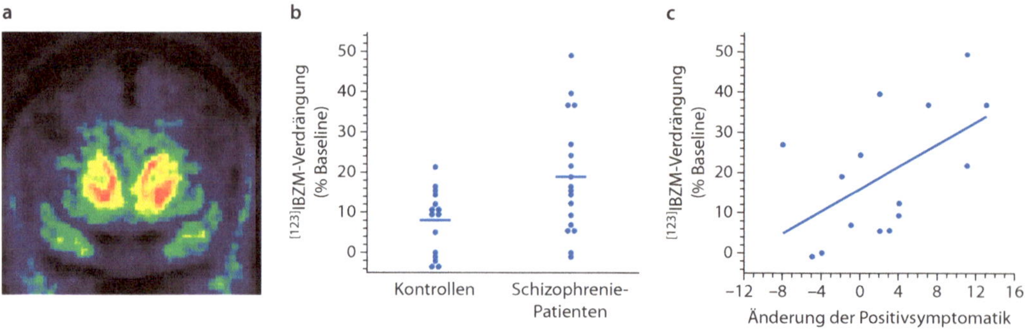

Abb. 11.2 Nuklearmedizinische Verfahren zur In-Vivo-Messung der dopaminergen Neurotransmission bei Patienten mit Schizophrenie. **a** Darstellung der Dopaminsynthese im Striatum mittels Positronen-Emissions-tomografie (PET) mit ^{18}F-DOPA als der schwach radioaktiv markierten Vorstufe von Dopamin. **b** Erhöhte striatale Dopaminfreisetzung nach Amphetamingabe bei schizophrenen Patienten im Vergleich zu gesunden Kontrollen nach Laruelle et al. (1996; © National Academy of Sciences); **c** Korrelation zwischen dem Ausmaß der Amphetamin-induzierten Dopaminfreisetzung und der Zunahme der Positivsymptomatik unter Amphetamingabe nach Laruelle et al. (1996; © National Academy of Sciences)

schizophrenen Erkrankungen Veränderungen zeigen.

Es gibt **keine eigenständige Serotoninhypothese** der Schizophrenie. Allerdings können Serotoninagonisten wie die Halluzinogene Lysergsäurediethylamid (LSD) oder Mescalin psychotische Symptome, v. a. Wahrnehmungsstörungen, auslösen. Eine alleinige Blockade von Serotoninrezeptoren ist aber nicht antipsychotisch wirksam. Viele Antipsychotika der 2. Generation haben jedoch auch eine antagonistische Wirkung am 5-HT2-Rezeptor, was mit ihrer besseren Verträglichkeit hinsichtlich extrapyramidalmoptorischer Nebenwirkung in Zusammenhang gebracht wird.

11.7.1 Erregungs-Hemmungs-Balance

Die neuronale Informationsverarbeitung beruht auf einer funktionellen Balance exzitatorischer und inhibitorischer Netzwerke, der E/I-Balance. Auf Ebene eines einzelnen Neurons besteht eine solche Balance in einem angemessenen Verhältnis von exzitatorisch glutamatergen und inhibitorisch GABAergen synaptischen Inputs. Glutamaterge und GABAerge Neurone bilden die meisten cortikalen Synapsen und sind Ziel cortikaler und subcortikaler modulatorischer Verbindungen. Wird eine exzitatorische Synapse durch Glutamat aktiviert, führt dies zu einer Depolarisation des Neurons und erhöht damit die Wahrscheinlichkeit, dass ein Aktionspotenzial ausgelöst wird, wohingegen inhibitorische GABAerge Synapsen einen gegenteiligen Effekt haben (Gao und Penzes 2015). GABAerge Interneuronen machen ca. 10 % der cortikalen Neurone aus und können in verschiedene Subtypen unterteilt werden. Ein Typ GABAerger Neurone exprimiert das calciumbindende Protein Parvalbumin (PV+). Zu dieser Klasse gehören die Korbzellen, welche Pyramidenzellen perisomatisch hemmen, und die Chandelierzellen, welche ihre inhibitorischen Synapsen am Axoninitialsegment der Pyramidenzellen bilden. Daher haben diese PV+ Interneurone einen zentralen Einfluss auf die Ausbildung von Aktionspotenzialen der Pyramidenzellen und sind entscheidend für die synchronisierte Aktivität von Neuronenverbänden. Eine Dysfunktion dieser PV+ -Interneurone wird im Cortex sowie im Hippocampus von Patienten mit Schizophrenie postuliert. Eine E/I-Inbalance könnte durch eine Hypofunktion von Glutamat-Rezeptoren vom N-Methyl-D-aspartat- (NMDA-)Typ auf den Dendriten der inihibitorischen PV+ -Interneurone zustande kommen. Dadurch würden die inhibitorischen PV+ -Interneurone weniger aktiviert, was eine verminderte Inhibition der exzitatorischen Pyramidenzellen zur Folge hätte (Gonzalez-Burgos et al. 2015). Durch den verminderten GABAergen Einfluss sind die hemmenden Einflüsse an den Pyramidenzellen reduziert, was zu deren Disinhibition und damit erhöhter Erregbarkeit führt.

Die verzweigten Verbindungen der Korbzellen führen zu einer gleichzeitigen, koordinierten Inhibition zahlreicher Pyramidenzellen und ermöglichen dadurch eine synchronisierte Aktivität der Pyramidenzellen. Durch synchronisierte Aktivität verbinden sich cortikale Neurone dynamisch zu funktionellen Netzwerken. Diese rhythmische Aktivität tritt in verschiedenen Frequenzbereichen auf und kann elektrophysiologisch beispielsweise als zeitliche Kohärenz zwischen anatomisch verteilten Arealen gemessen werden. Bei schizophrenen Patienten wurden wiederholt Beeinträchtigungen der Gammaoszillationen (Frequenzbereich zwischen 30 und 80 Hz) gefunden und mit kognitiven Defiziten wie einer Störung des Arbeitsgedächtnisses in Verbindung gebracht. PV+ -GABAerge Interneurone sind für die Entstehung von Gammaoszillationen und damit verbundene synchronisierte cortikale Netzwerkzustände entscheidend. Eine NMDA-R-Unterfunktion könnte zu einer verminderten Inhibition durch PV+ -Interneurone und einer Überstimulation exzitatorischer Neurone mit einer bei schizophrenen Patienten beobachteten Reduktion der Gammaoszillationen sowie einer Dyskonnektivität führen (Uhlhaas und Singer 2015, s. dort auch für weitergehende Information).

11.7.2 Aberrante Salienz

Die **Theorie der aberranten Salienz** bringt psychotische Symptomatik mit einer stressbedingten oder chaotischen Überfunktion des subcortikalen dopaminergen Systems in Zusammenhang, um dadurch das subjektive Erleben der Patienten zu erklären (Heinz 2002; Kapur 2003). Aus klinischer Perspektive erlangen eigentlich neutrale und unbedeutende Umweltreize für Menschen mit psychotischem Erleben häufig eine außergewöhnliche Wichtigkeit und Bedeutsamkeit. In dem Fallbeispiel vom Anfang bemerkt der Patient beispielsweise schwarze Autos vor seinem Haus, die ihm besonders bedeutsam und verdächtig erscheinen. Die Theorie besagt nun, dass der Patient versucht, dieses aberrante Salienzerleben durch wahnhafte Überzeugen zu erklären, beispielsweise die besonders wichtig erscheinenden Autos durch den Gedanken, dass der Patient verfolgt wird, als Ausgangspunkt für die Entstehung eines Verfolgungswahns.

Salienz bezeichnet die Eigenschaft eines Reizes oder Ereignisses, Aufmerksamkeit und Erregung *(Arousal)* auf sich zu ziehen, was dessen neuronale Verarbeitung sowie eine behaviorale Reaktion auf einen solchen salienten Reiz begünstigt. Es können verschiedene Eigenschaften von Salienz unterschieden werden: die physikalischen Eigenschaften, die Neuheit oder Unerwartetheit eines Reizes sowie die motivationale Salienz. Letztere wird als *Incentive Salience* bezeichnet und beschreibt die motivationale Komponente in der Reaktion auf einen Reiz, was mit der Aktivität des dopaminergen Systems in Verbindung gebracht wurde (Berridge 2012; Robinson und Berridge 1993). Im gesunden Zustand vermittelt eine kontext- oder stimulusbezogene Dopaminfreisetzung, dass diesem bestimmten Kontext oder Stimulus motivationale Salienz und damit Bedeutsamkeit zugeschrieben wird. Im Rahmen des psychotischen Erlebens führt eine dysregulierte Dopaminfreisetzung, die stimulus- und kontextunabhängig aufgrund einer biologischen Fehlregulierung auftritt, zu einer fehlerhaften Salienzattribuierung auf eigentlich neutrale und unbedeutende Umweltreize oder interne Repräsentationen (Heinz 2002;

Kapur 2003). Eine dysregulierte, chaotische Dopaminausschüttung könnte demnach zu einer subtilen Veränderung der Erfahrung führen. Deren Persistenz kann dann zur Ausbildung wahnhafter Überzeugungen führen, durch welche die ständige Erfahrung aberranter Salienz erklärt werden kann. Die Gabe von Antipsychotika führt dann zu einer Verringerung des mit psychotischem Erleben einhergehenden Salienzerlebens, sodass eine zunehmende Distanzierung beispielsweise vom Verfolgungserleben eintreten kann (◘ Abb. 11.3). Bei Überdosierung können allerdings auch allgemeine motivationale Aspekte von Umweltreizen blockiert werden, und es kann zu Avolition und Apathie kommen.

Neben der Codierung von Salienz ist Dopamin auch an anderen Funktionen beteiligt. Tierexperimentelle Studien zeigen, dass dopaminerge Neurone auch beim Eintreffen einer unerwarteten Belohnung aktiviert werden. Wird die Belohnung aber im Rahmen eines Lernprozesses vorhergesagt, so bleibt das dopaminerge Signal aus und nimmt sogar ab, falls die eingetroffene Belohnung geringer ist als erwartet. Das dopaminerge Signal folgt demnach einem Vorhersagefehler, der den Unterschied zwischen der Erwartung und dem tatsächlichen Ereignis codiert und dazu genutzt werden kann, die zukünftige Erwartung anzupassen (Schultz 2017). Dementsprechend führt nur ein unerwarteter Reiz, der Belohnung anzeigt, zu einer kurzzeitigen (phasischen) Dopaminfreisetzung und damit zur Zuschreibung von Salienz, auch hier ist also der – in diesem Fall zeitliche – Überraschungseffekt und damit ein Vorhersagefehler entscheidend. Dementsprechend wurde postuliert, dass eine Verminderung adaptiver (dopaminerger) Prädiktionsfehlersignale durch eine gestörte Codierung relevanter Reize und Ereignisse zur Entstehung der motivationalen Negativsymptome beiträgt, wohingegen eine Vermehrung aberranter, chaotischer Fehlersignale an der Entstehung der psychotischen Positivsymptome beteiligt ist (Maia und Frank 2017).

11

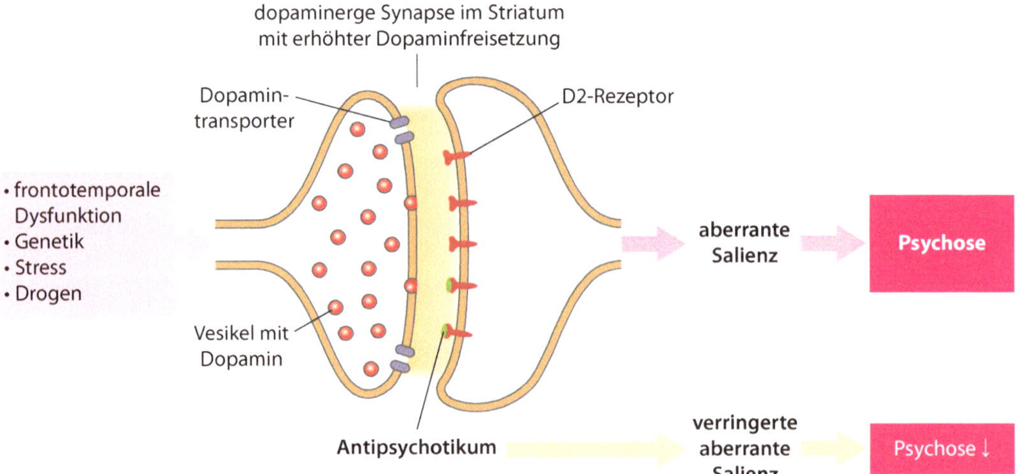

◘ **Abb. 11.3** Unter dem Einfluss multiper Faktoren (z. B. Genetik, Stress, Drogen) kommt es zu einer erhöhten striatalen Dopaminfreisetzung, die zur „aberranten Salienz" als Grundlage für die Entstehung von psychotischen Symptomen führt. Die meisten aktuell verfügbaren Antipsychotika greifen in diesen Prozess über die Blockade postsynaptischer Dopaminrezeptoren ein. (Nach Howes und Kapur 2009)

11.8 Das Bayesianische Gehirn und vorausschauende Verarbeitung (Predicitive Processing)

Eine einflussreiche allgemeine Theorie über die Funktionsweise des menschlichen Gehirns ist die **„Bayesian Brain Hypothesis"**. Dieser Begriff steht für die erstmals von Helmholtz formulierte Idee der Inferenz (Schlussfolgerung; Helmholtz 1867), die besagt, dass das Gehirn gelernte Vorannahmen nutzt, um aus den sensorischen Eingangsdaten deren Ursachen abzuleiten. Dieser Prozess kann als Bayesianischer Inferenzprozess formuliert werden, bei dem probabilistische Vorhersagen *(Priors)* mit der Wahrscheinlichkeit des Vorliegens sensorischer Daten, der sensorischen Evidenz *(Likelihood)*, kombiniert werden, um eine A-Posteriori-Wahrscheinlichkeit *(Posterior)* für die Ursache eines sonsorischen Ereignisses zu berechnen (Friston 2005). Der Posterior entspricht also der Wahrnehmung, die aufgrund der Kombination von Prior und Likelihood am wahrscheinlichsten ist (Hohwy 2012). Diese Bayesianische Inferenz könnte im Gehirn in Form eines hierarchischen Vorhersagemodells implementiert sein *(Hierarchical Predictive Coding)*, in dem zunehmend abstraktere Vorhersagen auf höheren Ebenen der cortikalen Hierarchie encodiert sind (Friston 2005; Lee und Mumford 2003). Stimmen die Vorhersagen nicht mit den sensorischen Daten überein, werden Vorhersagefehlersignale generiert, die das Vorhersagemodell korrigieren. Eine wichtige Rolle kommt dabei der Präzision zu, mit der Vorhersagen und sensorische Daten encodiert sind. In der Bayesianischen Formulierung entspricht die Präzision der inversen Varianz der Wahrscheinlichkeitsverteilungen, welche Vorhersagen und sensorische Daten repräsentieren. Ist die Präzision der sensorischen Daten hoch, so resultiert dies auch in einem stärkeren Vorhersagefehler. Wie stark dieser Vorhersagefehler wiederum die Vorhersagen korrigiert, hängt auch von der Präzision der Vorhersagen ab. Unpräzise Vorhersagen werden stärker durch den Vorhersagefehler korrigiert als präzise Vorhersagen.

Eine führende Hypothese zur Schizophrenie im Rahmen dieser Theorie besagt, dass Veränderungen dieses Zusammenspiels von Vorannahmen und sensorischen Daten zu falschen Schlussfolgerungen (Inferenzen) führen, die die Grundlage für die Entstehung psychotischer Symptome bilden (◘ Abb. 11.4).

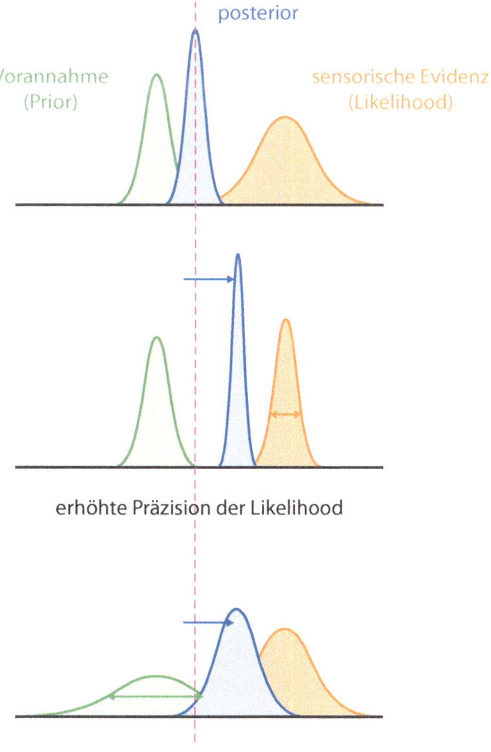

◘ **Abb. 11.4** Schematische Darstellung der Veränderung Bayesianischer Inferenz nach. Prior, Likelihood und Posterior sind als Wahrscheinlichkeitsverteilungen dargestellt. Je größer die Varianz einer Verteilung ist (je breiter sie ist), desto geringer ist ihre Präzision. Die Berechnung des Posteriors hängt von der jeweiligen Präzision des Priors und der Likelihood ab. Sowohl eine erhöhte Präzision der Liklihood (Mitte) als auch eine verminderte Präzision des Priors (unten) kann zu einer Verschiebung des Posteriors in Richtung der Likelihood führen. Daraus resultiert eine stärkere Gewichtung der sensorischen Evidenz gegenüber Vorannahmen. (Nach Adams et al. 2013)

So wurde beispielsweise vorgeschlagen, dass eine verminderte Präzision von Vorannahmen dazu führen könnte, dass sensorische Daten stärker gewichtet werden und somit zu stärkeren Vorhersagefehlern führen (Adams et al. 2013; Sterzer et al. 2018). Diese Überlegung beruht auf zahlreichen empirischen Befunden, wie etwa der geringeren Anfälligkeit von Menschen mit Schizophrenie für optische Täuschungen (Notredame et al. 2014). Ein Beispiel, das diese mutmaßliche Veränderung Bayesianischer Inferenz gut illustriert, ist die sogenannte Hohlgesichtsillusion. Zeigt man gesunden Probanden die Maske eines Gesichts von innen, so wird diese nicht als konkav, sondern fälschlicherweise als ein konvexes, also nach außen gewölbtes Gesicht wahrgenommen. Nach der Bayesianischen Theorie führen die umfangreichen Erfahrungen mit Gesichtern bei Gesunden zu einem sehr präzisen Prior über die Konfiguration von Gesichtern, nämlich dass diese konvex sind. Bei der Integration des Priors mit der sensorischen Evidenz (Likelihood) wird der Prior aufgrund seiner hohen Präzision so stark gewichtet, dass das perzeptuelle Resultat trotz Stimuluseigenschaften, die auf eine konkave Konfiguration des Gesichts hinweisen, einem konvexen Gesicht entspricht. Bei Menschen mit Schizophrenie hingegen ist die Wahrscheinlichkeit höher, dass das konkave Gesicht tatsächlich als konkav wahrgenommen wird (Schneider et al. 2002), was auf eine geringere Präzision des Priors und eine stärkere Gewichtung der Likelihood hinweist. Diese Thesen könnten auch erklären, warum Psychosen gehäuft bei Menschen mit Migrationshintergrund und Erfahrungen sozialer Ausschließung auftreten: Die Priors können gegenüber der genauen Beobachtung der bedrohlich erlebten Umwelt weniger präzise sein, sodass gehäuft dopaminerg encodierte Vorhersagefehler auftreten (Heinz et al. 2018).

Die neuronalen Grundlagen der in dieser Weise veränderten Bayesianischen Inferenz sind aktuell Gegenstand der Forschung. Ein zentraler Mechanismus könnte in der oben diskutierten NMDA-R-Unterfunktion liegen. Dem NMDA-Rezeptor wird eine wichtige Rolle bei der Übermittlung von exzitatorischen Feedbacksignalen zugeschrieben (Bastos et al. 2012), sodass eine NMDA-R-Unterfunktion als Mechanismus der reduzierten Präzision von Feedback-Vorhersagesignalen infrage kommt (Corlett et al. 2009). Zusätzlich könnte eine verstärkte dopaminerge Neurotransmission zu einer erhöhten Präzision (nicht im Sinne von Richtigkeit, sondern im Sinne von Relevanz) von Vorhersagefehlersignalen beitragen (Galea et al. 2012). Durch diese Veränderungen kommt es bei Menschen mit Schizophrenie zu einer stärkeren Gewichtung sensorischer Informationen im Rahmen Bayesianischer Inferenz, was ähnlich dem oben diskutierten Mechanismus zu aberranter Salienz und in der Folge zur Entstehung von Wahnstimmung und Wahngedanken führt. Die Theorie der aberranten Salienz, die in ihrer ursprünglichen Form auf motivationale Salienz beschränkt war, kann also in die allgemeinere Theorie der Bayesianischen Inferenz eingebettet werden (Heinz et al. 2018; Maia und Frank 2017; Sterzer et al. 2018).

11.9 Ausblick: Ein neurobiologisch-integrativer Ansatz

Die neurobiologische Forschung zur Pathophysiologie der Schizophrenie hat eine Vielzahl von Befunden auf unterschiedlichen Beobachtungsebenen zutage gefördert. Diese Befunde in ein kohärentes Bild zu integrieren, das über den theoretischen Erkenntnisgewinn hinaus auch klinische Relevanz besitzt, ist eine große Herausforderung für die aktuelle Schizophrenieforschung. Wie auch bei anderen psychischen Störungen (▶ Kap. 12), ist das oben beschriebene Vulnerabilitäts-Stress-Modell nach wie vor das Standardmodell für die Entstehung psychotischer Störungen wie der Schizophrenie. Dieses Modell hat den Vorteil, dass es einen Zusammenhang herstellt zwischen der heute als unzweifelhaft geltenden genetischen Prädisposition für Psychosen und der Erkenntnis, dass auch Umweltfaktoren einen erheblichen Einfluss auf die Entstehung der Erkrankung haben. Das Vulnerabilitäts-Stress-Modell bietet somit einerseits einen hilfreichen Rahmen, muss aber andererseits mit spezifischen Mechanismen gefüllt werden, um den Anspruch eines neurobiologisch-integrativen Ansatzes zu erfüllen. Dabei ergeben sich mindestens zwei wesentliche Herausforderungen: zum einen die Integration unterschiedlicher psychosozialer und neurobiologischer Befunde zu einem umfassenden neurodevelopmentalen Störungsmodell, zum anderen die nach wie vor bestehende Erklärungslücke zwischen neurobiologischen Mechanismen und subjektivem Erleben der Betroffenen.

Aktuell verstehen wir nur ansatzweise, welche neurobiologischen Prozesse und Mechanismen der Krankheitsprädisposition und deren Interaktion mit Umweltfaktoren zugrunde liegen und wie dadurch unterschiedliche neurobiologische Befunde in einem umfassenden neurodevelopmentalen Störungsmodell integriert werden könnten. So ist noch wenig darüber bekannt, wie genetische Faktoren im Detail mit Neurotransmitterveränderungen (wie etwa der glutamatergen NMDA-R-Unterfunktion oder der dopaminergen Überfunktion) zusammenhängen und welche Rolle diese Zusammenhänge bei der Hirnentwicklung und der Vulnerablität gegenüber später im Leben auftretenden Stressoren spielen. Um diese Fragen zu klären, wird weitere neurobiologische Forschung mit unterschiedlichen methodischen Ansätzen, vom Tiermodell bis hin zur Hirnbildgebung beim Menschen, erforderlich sein. Ein wichtiger Schritt hin zu einem verbesserten Verständnis wird aber auch in der mathematischen („computationalen") Modellierung neuronaler Prozesse bzw. der als Proxy gemessenen Daten (fMRT, EEG, etc.) in Hinblick auf ihre Funktion oder Dysfunktion liegen. Grundsätzlich können zwei Kategorien solcher computationaler Modelle unterschieden werden (Valton et al. 2017): Top-Down-Modelle bieten Algorithmen für die Beschreibung von Verhaltensphänomenen, um dann Modellparameter mit neuronalen Signalen in Verbindung zu bringen. Bottom-Up-Modelle hingegen beschreiben, wie computationale Prozesse neuronal implementiert sind und wie dadurch Verhalten zustande kommt. Auch wenn diese beiden Kategorien unterschiedliche Herangehensweisen beinhalten, schließen sie sich nicht gegenseitig aus und können miteinander verbunden werden. So handelt es sich bei der oben beschriebenen Theorie des Bayesianischen Gehirns um einen Top-Down-Ansatz, der aber auch mit Modellen über die Implementierung auf der Ebene neuronaler Regelkreise kombiniert werden kann (z. B. Bastos et al. 2012). Solche „Predictive-Processing"-Modelle haben daher das Potenzial, verschiedene Beobachtungsebenen, von der Dysfunktion bestimmter Transmittersysteme bis hin zur Psychopathologie, zu verknüpfen und dadurch die Grundlage für ein umfassendes neurodevelopmentales Störungsmodell zu liefern.

Im Hinblick auf die Erklärungslücke zwischen Neurobiologie und subjektivem Erleben liefern bisherige Theorien bereits einige vielversprechende Ansatzpunkte. So hatte die Theorie der aberranten Salienz (Heinz 2002; Kapur 2003) das Ziel, über die funktionelle Relevanz dopaminerger Signale und deren stressbedingter Veränderung (die auch in Hinblick auf neurodevelopmentale Risikofaktoren differieren kann) eine Verbindung zwischen der subcortikalen Dopaminüberfunktion und psychpathologischen Phänomenen wie Bedeutungserleben und Wahnstimmung herzustellen. Dieser Ansatz bietet Betroffenen die Möglichkeit einer plausiblen Erklärung ihres subjektiven Erlebens, die durchaus zu einer Entpathologisierung und dadurch auch zu einer Entstigmatisierung von Psychosen beitragen kann, gerade wenn der Einfluss von Stresserfahrungen auf die dopaminerge Transmission berücksichtigt wird (Heinz et al. 2018). Allerdings bleibt die Theorie der aberranten Salienz wie auch andere frühere Modelle zur Erklärung psychotischer Phänomene (siehe z. B. auch das Komparator-Modell; Frith und Done 1989) auf einen einzelnen Mechanismus für die Erklärung eines bestimmten Symptoms beschränkt. Es ist daher eine wichtige Aufgabe für die Zukunft, umfassendere Störungsmodelle zu entwickeln, welche es erlauben, die Gesamtheit und die Variablität schizophrener Störungsbilder aus neurobiologischen Modellen plausibel herzuleiten und damit pychotisches Erleben für die Betroffenen selbst und deren Umfeld besser verstehbar zu machen.

Das Ziel der Integration von Neurobiologie in ein klinisches Konzept besteht daher keineswegs nur darin, bessere neurobiologische Methoden (z. B. psychosozialer Interventionen oder Medikamente) zu entwickeln, die spezifischer auf bestimmte Symptome und deren neurobiologische Korrelate wirken. Vielmehr kann ein transparent und kritisch kommunizierter, neurobiologisch-integrativer Ansatz auch zu einem besseren Verständnis der Erkrankung und ihrer psychosozialen Risikofaktoren führen. Dies kann einerseits die Entwicklung neuer therapeutischer Ansätze ermöglichen, andererseits aber auch zu einer offenen „trialogischen" Diskussion (zwischen Betroffenen, ihren Angehörigen und Professionellen) führen und damit zur Reduktion der Stigmatisierung beitragen, der psychisch kranke Menschen nach wie vor ausgesetzt sind.

Literatur

Adams RA, Stephan KE, Brown HR, Frith CD, Friston KJ (2013) The computational anatomy of psychosis. Front Psychiatry 4:47. ▶ https://doi.org/10.3389/fpsyt.2013.00047

Aderhold V, Weinmann S, Hagele C, Heinz A (2015) Frontal brain volume reduction due to antipsychotic drugs? Nervenarzt 86(3):302–323. ▶ https://doi.org/10.1007/s00115-014-4027-5

Avramopoulos D (2018) Recent advances in the genetics of schizophrenia. Mol Neuropsychiatry 4(1):35–51. ▶ https://doi.org/10.1159/000488679

Bastos AM, Usrey WM, Adams RA, Mangun GR, Fries P, Friston KJ (2012) Canonical microcircuits for predictive coding. Neuron 76(4):695–711. ▶ https://doi.org/10.1016/j.neuron.2012.10.038

Berridge KC (2012) From prediction error to incentive salience: mesolimbic computation of reward motivation. Eur J Neurosci 35(7):1124–1143. ▶ https://doi.org/10.1111/j.1460-9568.2012.07990.x

Cechnicki A, Bielanska A, Hanuszkiewicz I, Daren A (2013) The predictive validity of expressed emotions (EE) in schizophrenia. A 20-year prospective study. J Psychiatr Res 47(2):208–214. ▶ https://doi.org/10.1016/j.jpsychires.2012.10.004

Corlett PR, Frith CD, Fletcher PC (2009) From drugs to deprivation: a Bayesian framework for understanding models of psychosis. Psychopharmacology 206(4):515–530. ▶ https://doi.org/10.1007/s00213-009-1561-0

Donnelly L, Rathbone J, Adams CE (2013) Haloperidol dose for the acute phase of schizophrenia. Cochrane Database Syst Rev 8:Cd001951. ▶ https://doi.org/10.1002/14651858.cd001951.pub2

Farde L, Nordstrom AL, Wiesel FA, Pauli S, Halldin C, Sedvall G (1992) Positron emission tomographic analysis of central D1 and D2 dopamine receptor occupancy in patients treated with classical neuroleptics and clozapine. Relation to extrapyramidal side effects. Arch Gen Psychiatry 49(7):538–544

Friston K (2005) A theory of cortical responses. Philos Trans R Soc Lond B Biol Sci 360(1456):815–836. ▶ https://doi.org/10.1098/rstb.2005.1622

Friston KJ, Stephan KE, Montague R, Dolan RJ (2014) Computational psychiatry: the brain as a phantastic organ. Lancet Psychiatry 1(2):148–158. ▶ https://doi.org/10.1016/S2215-0366(14)70275-5

Frith CD, Done DJ (1989) Experiences of alien control in schizophrenia reflect a disorder in the central monitoring of action. Psychol Med 19(2):359–363

Gaebel WW (2010) Schizophrenie, vol 50. Robert Koch-Institut in Zusammenarbeit mit dem Statistischen Bundesamt, Berlin

Galea JM, Bestmann S, Beigi M, Jahanshahi M, Rothwell JC (2012) Action reprogramming in parkinson's disease: response to prediction error is modulated by levels of dopamine. The Journal of Neuroscience 32(2):542–550. ▶ https://doi.org/10.1523/jneurosci.3621-11.2012

Gao R, Penzes P (2015) Common mechanisms of excitatory and inhibitory imbalance in schizophrenia and autism spectrum disorders. Curr Mol Med 15(2):146–167

Gonzalez-Burgos G, Cho RY, Lewis DA (2015) Alterations in cortical network oscillations and parvalbumin neurons in schizophrenia. Biol Psychiatry 77(12):1031–1040. ▶ https://doi.org/10.1016/j.biopsych.2015.03.010

Green MF, Harvey PD (2014) Cognition in schizophrenia: past, present, and future. Schizophr Res Cogn 1(1):e1–e9. ▶ https://doi.org/10.1016/j.scog.2014.02.001

National Collaborating Centre for Mental, H. (2014). National Institute for Health and Clinical Excellence: Guidance. In Psychosis and Schizophrenia in Adults: Treatment and Management: Updated Edition 2014. London: National Institute for Health and Care Excellence (UK)

Häfner H (1995) Was ist Schizophrenie? In: Häfner H (Hrsg) Was ist Schizophrenie?. Fischer, Stuttgart, S 1–56

Hecker (1871) Die Hebephrenie. Ein Beitrag zur klinischen Psychiatrie. Arch Pathol Anat Physiol Klin Med 52:394–429

Heckers S, Barch DM, Bustillo J, Gaebel W, Gur R, Malaspina D, Carpenter W (2013) Structure of the psychotic disorders classification in DSM-5. Schizophr Res 150(1):11–14. ▶ https://doi.org/10.1016/j.schres.2013.04.039

Heinz A (2002) Dopaminergic dysfunction in alcoholism and schizophrenia–psychopathological and behavioral correlates. Eur Psychiatry 17(1):9–16

Heinz A, Schlagenhauf F (2010) Dopaminergic dysfunction in schizophrenia: salience attribution revisited. Schizophr Bull 36(3):472–485. ▶ https://doi.org/10.1093/schbul/sbq031

Heinz A, Knable MB, Weinberger DR (1996) Dopamine D2 receptor imaging and neuroleptic drug response. J Clin Psychiatry 57(11):84–88; discussion 89–93

Heinz A, Deserno L, Reininghaus U (2013) Urbanicity, social adversity and psychosis. World Psychiatry 12(3):187–197. ▶ https://doi.org/10.1002/wps.20056

Heinz A, Murray GK, Schlagenhauf F, Sterzer P, Grace AA, Waltz JA (2018) Towards a Unifying Cognitive, Neurophysiological, and Computational Neuroscience Account of Schizophrenia. Schizophr Bull. ▶ https://doi.org/10.1093/schbul/sby154

Helmholtz Hv (1867) Handbuch der physiologischen Optik. Voss, Leipzig

Hohwy J (2012) Attention and conscious perception in the hypothesis testing brain. Front Psychol 3:96. ▶ https://doi.org/10.3389/fpsyg.2012.00096

Howes OD, Kapur S (2009) The dopamine hypothesis of schizophrenia: version III–the final common pathway. Schizophr Bull 35(3):549–562. ▶ https://doi.org/10.1093/schbul/sbp006

Howes OD, Kambeitz J, Kim E, Stahl D, Slifstein M, Abi-Dargham A, Kapur S (2012) The nature of dopamine dysfunction in schizophrenia and what this means for treatment. Arch Gen Psychiatry 69(8):776–786. ▶ https://doi.org/10.1001/archgenpsychiatry.2012.169

Kahlbaum K (1874) Die Katatonie oder das Spannungsirresein. Eine klinische Form psychischer Krankheit. Berlin: A. Hirschwald

Kahn RS, Keefe RS (2013) Schizophrenia is a cognitive illness: time for a change in focus. JAMA Psychiatry 70(10):1107–1112. ▶ https://doi.org/10.1001/jamapsychiatry.2013.155

Kahn RS, Sommer IE, Murray RM, Meyer-Lindenberg A, Weinberger DR, Cannon TD, Insel TR (2015) Schizophrenia. Nat Rev Dis Primers 1:15067. ▶ https://doi.org/10.1038/nrdp.2015.67

Kapur S (2003) Psychosis as a state of aberrant salience: a framework linking biology, phenomenology, and pharmacology in schizophrenia. Am J Psychiatry 160(1):13–23

Keshavan MS (1999) Development, disease and degeneration in schizophrenia: a unitary pathophysiological model. J Psychiatr Res 33(6):513–521

Kirkbride J, Coid JW, Morgan C, Fearon P, Dazzan P, Yang M, Jones PB (2010) Translating the epidemiology of psychosis into public mental health: evidence, challenges and future prospects. J Public Ment Health 9(2):4–14. ▶ https://doi.org/10.5042/jpmh.2010.0324

Krystal JH, Anticevic A (2015) Toward illness phase-specific pharmacotherapy for schizophrenia. Biol Psychiatry 78(11):738–740. ▶ https://doi.org/10.1016/j.biopsych.2015.08.017

Laruelle M, Abi-Dargham A, van Dyck CH, Gil R, D'Souza CD, Erdos J, Innis RB (1996) Single photon emission computerized tomography imaging of amphetamine-induced dopamine release in drug-free schizophrenic subjects. Proc Natl Acad Sci 93(17):9235–9240. ▶ https://doi.org/10.1073/pnas.93.17.9235

Lee TS, Mumford D (2003) Hierarchical Bayesian inference in the visual cortex. J Opt Soc Am A Opt Image Sci Vis 20(7):1434–1448

Lieberman JA, Stroup TS, McEvoy JP, Swartz MS, Rosenheck RA, Perkins DO, Hsiao JK (2005) Effectiveness of antipsychotic drugs in patients with chronic schizophrenia. N Engl J Med 353(12):1209–1223. ▶ https://doi.org/10.1056/NEJMoa051688

Linscott RJ, van Os J (2013) An updated and conservative systematic review and meta-analysis of epidemiological evidence on psychotic experiences in children and adults: on the pathway from proneness to persistence to dimensional expression across mental disorders. Psychol Med 43(6):1133–1149. ▶ https://doi.org/10.1017/s0033291712001626

Maia TV, Frank MJ (2017) An integrative perspective on the role of dopamine in schizophrenia. Biol Psychiatry 81(1):52–66. ▶ https://doi.org/10.1016/j.biopsych.2016.05.021

McGrath J, Saha S, Chant D, Welham J (2008) Schizophrenia: a concise overview of incidence, prevalence, and mortality. Epidemiol Rev 30:67–76. ▶ https://doi.org/10.1093/epirev/mxn001

Moller HJ (2004) Course and long-term treatment of schizophrenic psychoses. Pharmacopsychiatry 37(Suppl 2):126–135. ▶ https://doi.org/10.1055/s-2004-832666

Notredame CE, Pins D, Deneve S, Jardri R (2014) What visual illusions teach us about schizophrenia. Front Integr Neurosci 8:63. ► https://doi.org/10.3389/fnint.2014.00063

Rapoport JL, Giedd JN, Gogtay N (2012) Neurodevelopmental model of schizophrenia: update 2012. Mol Psychiatry 17(12):1228–1238. ► https://doi.org/10.1038/mp.2012.23

Ripke S, O'Dushlaine C, Chambert K, Moran JL, Kahler AK, Akterin S, Sullivan PF (2013) Genome-wide association analysis identifies 13 new risk loci for schizophrenia. Nat Genet 45(10):1150–1159. ► https://doi.org/10.1038/ng.2742

Robinson TE, Berridge KC (1993) The neural basis of drug craving: an incentive-sensitization theory of addiction. Brain Res Brain Res Rev 18(3):247–291

Schneider U, Borsutzky M, Seifert J, Leweke FM, Huber TJ, Rollnik JD, Emrich HM (2002) Reduced binocular depth inversion in schizophrenic patients. Schizophr Res 53(1–2):101–108

Schultz W (2017) Reward prediction error. Curr Biol 27(10):R369–r371. ► https://doi.org/10.1016/j.cub.2017.02.064

Sterzer P, Adams RA, Fletcher P, Frith C, Lawrie SM, Muckli L, Corlett PR (2018) The predictive coding account of psychosis. Biol Psychiatry. ► https://doi.org/10.1016/j.biopsych.2018.05.015

Uhlhaas PJ, Singer W (2015) Oscillations and neuronal dynamics in schizophrenia: the search for basic symptoms and translational opportunities. Biol Psychiatry 77(12):1001–1009. ► https://doi.org/10.1016/j.biopsych.2014.11.019

Valton V, Romaniuk L, Steele D, Lawrie S, Series P (2017) Comprehensive review: computational modelling of schizophrenia. Neurosci Biobehav Rev. ► https://doi.org/10.1016/j.neubiorev.2017.08.022

Watts CA (1985) A long-term follow-up of schizophrenic patients: 1946–1983. J Clin Psychiatry 46(6):210–216

Zipursky RB, Reilly TJ, Murray RM (2013) The myth of schizophrenia as a progressive brain disease. Schizophr Bull 39(6):1363–1372. ► https://doi.org/10.1093/schbul/sbs135

Affektive Störungen am Beispiel der unipolaren Depression

Stephan Köhler und Henrik Walter

G. Roth et al. (Hrsg.), *Psychoneurowissenschaften,* https://doi.org/10.1007/978-3-662-59038-6_12

Das folgende Kapitel beschäftigt sich mit dem Thema affektive Störungen am Bespiel der unipolaren Depression, einer der häufigsten psychischen Erkrankungen, die mit am stärksten zur Beeinträchtigung aufgrund psychischer Erkrankungen weltweit beiträgt.

Lernziele

Leser und Leserin sollen nach Lektüre des Kapitels die Symptome einer Depression sowie verschiedene Behandlungsmöglichkeiten benennen und die verschiedenen neurobiologischen Erklärungsansätze für die Entstehung einer Depression einordnen können.

Fallbericht

Der 49-jährige Herr S. wird zur Diagnostik und Therapie eines schweren ängstlich-depressiven Syndroms stationär-psychiatrisch aufgenommen. Bei Aufnahme berichtet der Patient über seit ca. zwei Monaten bestehende Leistungsminderung. Seine Stimmung sei zunehmend gedrückt und hoffnungslos-verzweifelt, er sorge sich ständig um die Zukunft seiner Familie. Zudem grübele er zunehmend und habe konkrete Suizidgedanken. Herr S. schildert einen ausgeprägten Verlust von Freude und Interesse, derzeit gebe es nichts, was ihm Freude bereite. Eine Tagesstruktur habe zuletzt nicht mehr bestanden, obwohl er eigentlich stets „gut organisiert" gewesen sei und Ordnung und Leistung für ihn sehr wichtig seien. Er habe 8 kg an Gewicht verloren und verspüre keinerlei Appetit mehr. Es falle ihm sehr schwer, sich auf bestimmte Dinge zu konzentrieren, und er habe deswegen schwere Schuldgefühle und Selbstzweifel, da er Vieles nicht mehr organisieren könne. Insbesondere am Morgen sei die Symptomatik sehr stark ausgeprägt. Er wache häufig bereits um 4 Uhr morgens auf und habe dann das Gefühl, völlig erschöpft zu sein. Herr S. berichtet von einer ersten depressiven Episode im Alter von 33 Jahren, die sich nach einigen Wochen auch ohne Behandlung wieder vollständig gebessert habe.

Zunächst erfolgt eine ausführliche psychiatrische und organische Diagnostik, welche die Verdachtsdiagnose einer schweren depressiven Episode bestätigt, ohne dass eine andere Grunderkrankung als Ursache der aktuellen Symptomatik festgestellt werden kann. Therapeutisch wird aufgrund der Schwere der Symptomatik und der Therapieresistenz ein gestuftes Vorgehen mit dem Patienten besprochen. Zunächst erfolgt eine antidepressive Behandlung mit dem Antidepressivum Venlafaxin, welches bis zu einer Dosis von 300 mg/Tag aufdosiert wird. Nach zwei Wochen zeigt sich eine langsame Verbesserung des Antriebs und der Stimmung. Bei ausgeprägten Schlafstörungen wird vorrübergehend auch ein Schlafmittel eingesetzt. Parallel wird bereits frühzeitig psychotherapeutisch über die kognitive Verhaltenstherapie mit dem Patienten ein Krankheitsmodell erarbeitet und darüber hinaus eine psychotherapeutische Behandlung mit der Bearbeitung depressionstypischer Kognitionen (z. B. „nie klappt etwas", „ich bin ein Versager") und dem Aufbau positiver Aktivitäten begonnen. Nach acht Wochen stationärer Behandlung erfolgt die Entlassung in die ambulante Weiterbehandlung, nachdem es zu einer deutlichen Stabilisierung gekommen ist.

12.1 Affektive Störungen: Überblick und Vorkommen

Unipolare Depressionen (engl. *major depressive disorder*, MDD) gehören mit einer Lebenszeitprävalenz von bis zu 20 % zu den häufigsten psychischen Erkrankungen (H. U. Wittchen et al. 2011). Typischerweise verlaufen diese Erkrankungen in Episoden. „Unipolar" grenzt die Erkrankung von den viel selteneren „bipolaren" Depressionen bei bipolarer Störung ab (Lebenszeitprävalenz 2–3 %), bei der es zusätzlich auch zu manischen Phasen mit Antriebsteigerung und pathologischer Hochstimmung kommt. Depressionen führen zu einem hohen

Leidensdruck bei den Betroffenen und deren Angehörigen. Entsprechend zählen sie nach Angaben der Weltgesundheitsorganisation (WHO) zu den Erkrankungen, die weltweit zu den stärksten gesundheitlichen Beeinträchtigungen und meisten Disability Adjusted Life Years (DALYs) führen (Murray et al. 2013). Bei der Charakterisierung depressiver Erkrankungen ist die Abgrenzung von üblichen, „normalen" Gefühlen eines Menschen wie Traurigkeit, Enttäuschung und Hoffnungslosigkeit von Bedeutung, die jeder Mensch in seinem Leben erlebt. Von einer (unipolaren) Depression wird gesprochen, wenn diese Grunderfahrungen in einer bestimmten Ausprägung über eine bestimmte Zeit andauern (◘ Tab. 12.2), wobei die Abgrenzung leichter Depressionen von „normalen" Verstimmungen naturgemäß unscharf bleibt. Von der klinischen Depression sollte auch der Begriff des „Burn-out" strikt getrennt werden, das nicht als eigenständige Erkrankung gilt, sondern gegenwärtig eher als Risikozustand für die Entwicklung einer Depression angesehen, aber wegen seiner höheren Akzeptanz gesellschaftlich besser akzeptiert wird. Dies ist nicht nur aus diagnostischen Gründen wichtig, sondern auch, um der Stigmatisierung der Diagnose der Depression entgegenzuwirken. Depressionen können sich in vielfältiger und auch unterschiedlicher Weise manifestieren. In der Geschichte depressiver Erkrankungen gab und gibt es wiederholt Bemühungen, Subtypen depressiver Erkrankungen herauszuarbeiten, z. B. reaktive versus endogene, ängstliche, larvierte, melancholische, atypische Depressionen und einige mehr. In den heute gängigen Diagnosemanualen werden allerdings nur sehr wenige Subtypen der Depression beschrieben (z. B. die persistierende depressive Störung im DSM-5), da sich die verschiedenen Subtypen weder diagnostisch noch therapeutisch hinreichend haben abgrenzen lassen (vgl. dazu auch die *Specifier* in ► Abschn. 2.2, Diagnostik). Ein wesentlicher Faktor, der hierzu beitragen mag, ist die multifaktorielle Ätiopathogenese (ursächliche Entstehung) depressiver Erkrankungen. In diesem Zusammenhang ist das Problem der Schwelle zur Diagnosestellung und die Über- als auch Unterdiagnostik einer Depression zu erwähnen: Einerseits werden depressive Erkrankungen immer noch nicht hinreichend erkannt, diagnostiziert und behandelt (Trautmann und Beesdo-Baum 2017). Dieses trifft insbesondere auf bestimmte Patientengruppen zu, wie z. B. Patienten mit einer Altersdepression. Andererseits wird heutzutage oft leichtfertig die Diagnose einer Depression gestellt und direkt medikamentös behandelt, ohne sie etwa von Verstimmungen im Rahmen von Anpassungsstörungen abzugrenzen. Auch bei korrekter Diagnosestellung hängt die Therapie vom Schwergrad ab. Dies gilt insbesondere in Hinsicht auf die Empfehlung einer medikamentösen Therapie, die sorgfältig abgewogen werden muss. So wird durch die S3-Leitlinie Unipolare Depression bereits seit Jahren ein abwartendes Vorgehen bei leichten depressiven Episoden und explizit keine Pharmakotherapie empfohlen (DGPPN 2015). Dieses steht im Widerspruch zur Verschreibungspraxis der Antidepressiva im klinischen Alltag. Dass hier eine kritische und indikationsgestützte Perspektive geboten ist, ergibt sich auch durch diverse Untersuchungen zur Wirksamkeit von Antidepressiva, welche die Effekte zum Teil für gesamte Antidepressivaklassen infrage stellen (Jakobsen et al. 2017) oder aber einen Effekt erst ab einer schweren depressiven Episode im Unterschied zu Placebo konstatieren konnten (Fournier et al. 2010). Zudem gibt es bei der Behandlung mit Pharmaka wie in jedem Bereich der Medizin auch mögliche Nebenwirkungen, sodass jede Behandlungsentscheidung Resultat einer Abwägung von Nutzen und Risiko darstellen muss.

In der ICD-10 wird der episodische Charakter der Depression betont und bei wiederkehrenden Episoden von einer rezidivierenden depressiven Störung gesprochen. Da 30 % aller depressiven Episoden einen chronischen Verlauf nehmen (Dauer der Episode länger

Tab. 12.1 Information: unipolare Depression. (Nach Hasin et al. 2005, 2018; Wittchen et al. 2011)

12-Monatsprävalenz	5–10 %
Lebenszeitprävalenz	13–20 %
Geschlechterverhältnis	W > m, ca. 2:1
Erkrankungsalter	Jedes Lebensalter 50 % vor dem 30. Lebensjahr Erstmanifestationen auch nach dem 60. Lebensjahr möglich
Wichtige psychiatrische Komorbiditäten	Angststörungen (ca. 30 %) Suchterkrankungen (30–60 %) Persönlichkeitsstörungen Essstörungen, Zwangsstörungen, somatoforme Störungen
Erblicher Faktor	2–3-fach erhöhtes Risiko bei Verwandten von Patienten

als zwei Jahre; (Murphy und Byrne 2012), ist hier erneut die Diagnose einer persistierenden depressiven Störung, wie sie im DSM-5 beschrieben wird, zu erwähnen. Darüber hinaus muss von der unipolaren Depression auch noch die Dysthymie abgegrenzt werden. Sie beginnt meist früh und ist lang anhaltend (auch länger als zwei Jahre) und ähnelt einer Depression, jedoch sind die diagnostischen Kriterien für eine depressive Episode (Tab. 12.1) nicht erfüllt. Als ein klinisch relevanter und schwer zu behandelnder Subtyp chronischer Depressionen hat sich die sog. Double Depression erwiesen, die als Kombination einer überdauernden Dysthymie mit zusätzlichen depressiven Episoden definiert ist (Köhler et al. 2015).

12.2 Epidemiologie, Symptome und Diagnostik

Der Häufigkeitsgipfel bei unipolarer Depression liegt bei ca. 30 Jahren, wobei die Hälfte der Patienten schon vorher erkrankt. Mit dem Alter nimmt die Erkrankungswahrscheinlichkeit ab: Nur 10 % der Patienten erkranken nach dem 60. Lebensjahr. Die Erkrankung verläuft typischerweise episodisch, insbesondere schwere depressive Episoden rezidivieren häufig (50–85 %). Es besteht eine Tendenz zu einer Verschiebung hin zu einem jüngeren Erkrankungsalter und einem zunehmend chronischen Verlauf (ca. 30 % aller Erkrankungen; Angst et al. 2009). In den USA wird die unipolare Depression in den letzten zehn Jahren häufiger diagnostiziert mit Verdopplung der 12-Monatsprävalenz von 5,28 % in 2001/2002 (Hasin et al. 2005) auf 10,4 % in 2012/2013 (Hasin et al. 2018), in Europa ist die Prävalenz von 2005–2010 mit 6,9 % unverändert, wobei allerdings die Anzahl der Krankschreibungen aufgrund einer Depression in Deutschland deutlich zunimmt. Vor der Medikamentenära betrug die durchschnittliche Episodendauer ungefähr sechs Monate, heute sind 50 bzw. 75 % aller Patienten nach 8 bzw. 16 Wochen nicht mehr depressiv, wobei die erste Episode meist länger dauert. Die jährlichen volkswirtschaftlichen Gesamtkosten und Folgekosten werden auf 16 Mrd. EUR geschätzt (Krauth et al. 2014) und werden, neben den Herz- und Kreislauferkrankungen, die höchsten Gesundheitskosten verursachen (Lopez et al. 2006). Risikofaktoren sind das weibliche Geschlecht, erstgradige Familienangehörige mit Depression, belastende Lebensereignisse *(stressful life events)* wie Verlust des Partners, des Arbeitsplatzes, aber auch Heirat oder Geburt eines Kindes, chronische Belastungen und Überforderungen, ein fehlendes soziales Netz, oder alleinlebend zu sein.

Tab. 12.2 Diagnosestellung unipolare Depression nach ICD-10 und DSM 5

DSM-5	ICD-10
A Mindestens fünf der folgenden Symptome bestehen während derselben 2-Wochen-Periode und stellen eine Änderung gegenüber dem vorher bestehenden Funktionsniveau dar; mindestens eines der Symptome ist entweder (1) depressive Verstimmung oder (2) Verlust an Interesse oder Freude. Beachte: Auszuschließen sind Symptome, die eindeutig durch einen medizinischen Krankheitsfaktor bedingt sind. 1. Depressive Verstimmung für die meiste Zeit des Tages an fast allen Tagen, von der betroffenen Person selbst berichtet (z. B. fühlt sich traurig, leer oder hoffnungslos) oder von anderen beobachtet (z. B. erscheint den Tränen nahe). (Beachte: Kann bei Kindern und Jugendlichen auch reizbare Stimmung sein.). 2. Deutlich vermindertes Interesse oder Freude an allen oder fast allen Aktivitäten, an fast allen Tagen, für die meiste Zeit des Tages (entweder nach subjektivem Bericht oder von anderen beobachtet). 3. Deutlicher Gewichtsverlust ohne Diät oder Gewichtszunahme (z. B. mehr als 5 % des Körpergewichts in einem Monat) oder verminderter oder gesteigerter Appetit an fast allen Tagen. (Beachte: Bei Kindern ist das Ausbleiben der zu erwartenden Gewichtszunahme zu berücksichtigen). 4. Insomnie oder Hypersomnie an fast allen Tagen. 5. Psychomotorische Unruhe oder Verlangsamung an fast allen Tagen (durch andere beobachtbar, nicht nur das subjektive Gefühl von Rastlosigkeit oder Verlangsamung). 6. Müdigkeit oder Energieverlust an fast allen Tagen. 7. Gefühle von Wertlosigkeit oder übermäßige oder unangemessene Schuldgefühle (die auch ein wahnhaftes Ausmaß annehmen können) an fast allen Tagen (nicht nur Selbstvorwürfe oder Schuldgefühle wegen des Krankseins). 8. Verminderte Fähigkeit zu denken oder sich zu konzentrieren oder verringerte Entscheidungsfähigkeit an fast allen Tagen (enweder nach dem subjektivem Bericht oder von anderen beobachtet). 9. Wiederkehrende Gedanken an den Tod (nicht nur Angst vor dem Sterben), wiederkehrende Suizidvorstellungen ohne genauen Plan, tatsächlicher Suizidversuch oder genaue Planung eines Suizids. B. Die Symptome verursachen in klinisch bedeutsamer Weise Leiden oder Beeinträchtigungen in sozialen, beruflichen oder anderen wichtigen Funktionsbereichen. C. Die Symptome sind nicht Folge der physiologischen Wirkung einer Substanz oder eines medizinischen Krankheitsfaktors. Beachte: Die Kriterien A bis C definieren die depressive Episode einer Major Depression. **Specifier-Kriterien:** – mit Angst – mit gemischten Merkmalen – mit melancholischen Merkmalen – mit atypischen Merkmalen – mit stimmungskongruenten psychotischen Merkmalen – mit stimmungsinkongruenten psychotischen Merkmalen – mit Katatonie – mit peripartalem Beginn – mit saisonalem Muster	Gleichzeitiges Vorliegen von mindestens zwei der folgenden 3 Kernsymptome über mindestens zwei Wochen 1. depressive Stimmung in einem für die Betroffenen deutlich ungewöhnlichen Ausmaß über die meiste Zeit des Tages 2. Verlust des Interesses oder der Freude an normalerweise angenehmen Aktivitäten 3. verminderte Energie und erhöhte Ermüdbarkeit Zusätzlich mindestens zwei Symptome bis zu einer Gesamtzahl von 4 (leichte Episode) bis 8 (schwere Episode) aus der folgenden Gruppe 1. Konzentrations- und Aufmerksamkeitsprobleme 2. Verlust des Selbstvertrauens oder des Selbstwertgefühls 3. Schuld- und Wertlosigkeitsgefühle 4. negatives Zukunftsdenken und Pessimismus 5. Selbstverletzung, suizidale Handlungen oder Gedanken an Suizid 6. Schlafstörungen jeder Art 7. Appetitverlust Eventuell somatisches Syndrom, das durch folgende typische Merkmale ausgezeichnet ist: Verlust von Freude oder Interesse, mangelnde Reaktionsfähigkeit auf positive Ereignisse, mindestens zwei Stunden zu frühes Erwachen, Morgentief, psychomotorische Hemmung oder Agitiertheit, Appetitverlust, Gewichtsverlust, Libidoverlust F32.0 Leichte depressive Episode **Info:** Es liegen zwei Kern- und zwei Zusatzsymptome vor. Der betroffene Patient ist im Allgemeinen davon beeinträchtigt, aber oft in der Lage, die meisten alltäglichen Aktivitäten fortzusetzen F32.1 Mittelgradige depressive Episode ***Info:*** Es liegen zwei Kern- und drei bis vier Zusatzsymptome vor, und der betroffene Patient hat meist große Schwierigkeiten, alltägliche Aktivitäten fortzusetzen F32.2 Schwere depressive Episode ohne psychotische Symptome **Info:** Eine depressive Episode mit drei Kernsymptomen und mindestens vier zusätzlichen Symptomen vor, die insgesamt als quälend erlebt werden. Typischerweise bestehen ein Verlust des Selbstwertgefühls und Gefühle von Wertlosigkeit und Schuld. Suizidgedanken und -handlungen sind häufig, und meist liegen einige somatische Symptome vor

12.2.1 Symptome

Die drei Kernsymptome der Depression sind eine deutlich ausgeprägte depressive Stimmung, eine Antriebsminderung sowie die Anhedonie (Interessensverlust und Freudlosigkeit), welche die meiste Zeit des Tages andauert und über mindestens zwei Wochen vorherrscht. Häufig sind Schlafstörungen, Verlust des Selbstwertgefühls mit Insuffizienzgefühlen, Schuldgefühle, unspezifische Schmerzen, Suizidgedanken oder suizidales Verhalten, Konzentrationsschwierigkeiten, verminderte kognitive Leistungsfähigkeit, Appetitverlust oder gesteigerter Appetit mit Gewichtsveränderungen. Außerdem liegt oft eine starke Angstsymptomatik vor, die ungerichtet sein kann oder sich in häufig nicht angemessenen Ängsten vor beispielsweise dem Verlust des Arbeitsplatzes, Verarmung oder vor Erkrankungen äußert. Weiterhin zeigen sich formale Denkstörungen wie Grübeln, Denkhemmung und -verlangsamung sowie zum Affekt passende inhaltliche Denkstörungen wie Krankheits-, Verarmungs-, Versündigungsgedanken oder Versündigungswahn. Häufig zeigen sich Tagesschwankungen mit einer verstärkten Symptomatik am Morgen und Besserung zum Abend. Außerdem werden oft psychomotorische Veränderungen im Sinne einer Verlangsamung oder aber auch Zeichen einer starken Unruhe bemerkt. Obwohl die Depression in verschiedenen Schweregraden auftritt, kann man generell sagen, dass sie eine Erkrankung mit tödlichem Ausgang sein kann. Patienten mit einer Depression haben ein 1,8-fach erhöhtes Risiko zu sterben und im Schnitt eine um 10,6 (Männer) bzw. 7,2 Jahre (Frauen) verkürzte Lebenserwartung (Otte et al. 2016). Neben dem erhöhten Risiko anderer Erkrankungen trägt dazu in einem erheblichen Maße die Suizidalität bei. Weltweit versterben jährlich etwa 800.000 Menschen durch Suizid, ungefähr die Hälfte davon wird im Rahmen einer depressiven Episode vollzogen. In Deutschland versterben jährlich ca. 10.000 Menschen durch einen Suizid, aber nur 3500 durch Verkehrsunfälle und 400 durch AIDS (Bundesamt 2015). Das Erkennen von Suizidalität und das aktive Ansprechen sind deshalb essenzielle Aspekte bei der Diagnostik von Depressionen. In der Behandlung der Suizidalität im Rahmen depressiver Erkrankungen scheinen langfristig vor allem Lithiumsalze einen positiven Effekt aufzuweisen (Smith und Cipriani 2017), während sich für Antidepressiva keine signifikanten Effekte auf die Verringerung der Suizidrate nachweisen ließen (Braun et al. 2016).

12.2.2 Diagnostik

Bei der Diagnosestellung nach ICD-10 unterscheidet man drei Haupt- und verschiedene Nebensymptome und damit verschiedene Schweregrade. Nach DSM-5 unterscheidet man neun Symptomkomplexe und verschiedene Specifier (▫ Tab. 12.2). Diese beschreiben zum einen den Schwergrad (leicht, mittel, schwer) und den Verlauf (einzelne oder wiederkehrende Episode, in Remission, mit oder ohne psychotische Feature). Die anderen Specifier kann man sich als Nachfolger von Subtypen vorstellen, für deren Diagnose man wiederum bestimmte Kriterien erfüllen muss. Ein Beispiel: der Specifier *anxious distress* (übersetzbar mit „ängstliche Not") bedeutet, dass mindestens zwei von fünf Symptomen (Anspannung, Unruhe, Konzentrationsstörungen durch Sorgen, Angst vor Katastrophen, Angst vor Kontrollverlust) in der depressiven Episode vorliegen (für weitere Specifier vgl. DSM-5).

Die Diagnostik sollte idealerweise durch Fragebögen ergänzt werden, die es erlauben, das Ausmaß der Depression in Zahlen zu fassen. Dazu gehören etwa Kurzfragebögen wie der PHQ-9 (oft in epidemiologischen Studien verwendet), Selbstbeurteilungsbögen wie das Beck'sche Depressionsinventar (BDI) oder Fremdbeurteilungsbögen, die durch den Arzt oder Psychologen ausgefüllt werden, wie die Hamilton-Depressionsskala (HAMD).

12.2.3 Ausschlussdiagnostik

Wie bei jedem psychischen Syndrom gilt, dass auch ein depressives Syndrom Folge einer anderen Grunderkrankung sein kann. Deswegen müssen häufige somatische Grunderkrankungen als Ursache ausgeschlossen werden. Die Behandlung einer depressionsauslösenden Grunderkrankung an sich ist notwendig und führt häufig zu einem Verschwinden depressiver Symptome. Hinsichtlich wichtiger somatischer Differenzialdiagnosen ist insbesondere die Schilddrüsenunterfunktion zu nennen, aber auch Nierenerkrankungen, Anämien oder Krebserkrankungen sind häufige Ursachen. Gleichzeitig stellen sich Patienten mit einer Depression aber auch vielfach primär wegen körperlicher Beschwerden beim Hausarzt vor (Simon et al. 1999). Daher ist in der Basisdiagnostik depressiver Erkrankungen neben einer internistischen und neurologischen körperlichen Untersuchung immer auch eine Blutuntersuchung obligat. Darüber hinaus ist insbesondere bei einer Ersterkrankung eine Bildgebung des Gehirns zum Ausschluss von direkten Affektionen des Gehirns (Tumor, Blutung, Schlaganfall, Entzündung) erforderlich (Überblick: DGPPN 2015). Aber natürlich können Depressionen auch gemeinsam und unabhängig von körperlichen Erkrankungen auftreten. Tatsächlich sind zusätzliche Erkrankungen (Komorbidität) bei Patienten mit Depression häufig. Schwere körperliche Erkrankungen wie Herzinfarkt, Schlaganfall oder Schädel-Hirn-Trauma sind mit gehäuften Auftreten depressiver Erkrankungen assoziiert (z. B. Gan et al. 2014; Pan et al. 2011), ebenso wie andere neuropsychiatrische Erkrankungen wie z. B. Morbus Parkinson oder Morbus Alzheimer. Differenzialdiagnostisch müssen episodische unipolare Depressionen einerseits vor allem von normalen Trauerphasen und Verstimmung abgegrenzt werden sowie andererseits von eher chronischen Verlaufsformen (persistierende depressive Störung, Dysthymie (▶ Abschn. 12.2) sowie von Depressionen bei bipolaren Störungen, Schizophrenie und der schizoaffektiven Störung. Auch die Abgrenzung zu Angststörungen (▶ Kap. 13) ist nicht immer einfach. Zudem haben Patienten mit Depression oft weitere psychische Erkrankungen („psychiatrische Komorbidität"), die vor allem für die Therapieplanung berücksichtigt werden müssen. Am häufigsten und wichtigsten sind komorbide Angststörungen (30–50 %), Suchterkrankungen (30–60 %), sowie somatoforme und Persönlichkeitsstörungen (DGPPN 2015).

12.3 Therapie und Prognose der unipolaren Depression

Zur Behandlung der unipolaren Depression stehen vielfältige Therapiestrategien zur Verfügung. Das therapeutische „Portfolio" umfasst dabei pharmakologische, psychotherapeutische, physikalische, und psychosoziale Behandlungsmöglichkeiten. Ergänzend können bei gegebener Indikation weitere Behandlungsverfahren wie Schlafentzug oder Lichttherapie eingesetzt werden. Die Wirklatenz aller Therapieverfahren, mit Ausnahme der Ketaminbehandlung und der Schlafentzugstherapie, beträgt in der Regel einige Wochen. Die Therapie gliedert sich in die Abschnitte Akuttherapie, Erhaltungstherapie und Rückfallverhütung. Hinsichtlich der Pharmakotherapie ist wichtig, dass Antidepressiva nicht wie Schmerzmittel oder Beruhigungsmittel sofort nach Einnahme wirken, sondern ein antidepressiver Effekt erst nach 1–3 Wochen eintritt, sodass generell für zwei bis vier Wochen Medikamente in einer Standarddosierung verabreicht werden müssen, bis die Wirksamkeit beurteilt werden kann. Die Effekte der Pharmakotherapie sind besonders bei schweren depressiven Episoden belegt (Fournier et al. 2010). Daher leiten sich auch die unterschiedlichen Therapieempfehlungen je nach Schweregrad der depressiven Episode ab (DGPPN 2015). Wie bereits erwähnt, stellt zudem die Psychotherapie eine wesentliche Säule in der Behandlung depressiver Erkrankungen dar mit der besten Evidenz für die kognitive Verhaltenstherapie und die interpersonelle Psychotherapie (DGPPN 2015).

Darüber hinaus gibt es weitere Therapieverfahren wie die Elektrokonvulsionsbehandlung (► Abschn. 12.5.6, Stimulationsverfahren), die weniger nebenwirkungsreiche transkranielle Magnetstimulation (rTMS), die (experimentelle) tiefe Hirnstimulation, die (noch experimentelle) Behandlung mit Ketamin (einem Glutamatantagonisten) sowie Verfahren wie Licht- und Schlafentzugstherapie sowie Sporttherapie, welche alle eine unterschiedliche Indikation sowie Effektivität haben. Was festgehalten werden kann, ist, dass depressive Störungen durch die zur Verfügung stehenden Behandlungsverfahren zwar grundsätzlich eine gute Prognose besitzen, die Initialbehandlung jedoch häufig zu einer nicht ausreichenden Therapieresponse führt. Der Anteil des Therapieversagens (fehlende Remission) auf den ersten Behandlungsversuch beträgt 30–50 % sowohl in der Pharmakotherapie (Rush 2007) als auch in der Psychotherapie. Insgesamt 20–30 % aller depressiven Erkrankungen nehmen einen therapieresistenten und/oder chronischen Verlauf.

12.4 Theorien zur Entstehung von Depressionen

12

Wie bei der Entstehung psychischer Störungen generell, so ist auch bei der Depression von einem multifaktoriellen Geschehen auszugehen. Biologische (z. B. genetische Veranlagung), psychische (z. B. negative Gedanken) und soziale (z. B. Arbeitslosigkeit) Faktoren wirken dabei immer zusammen. Ein integratives Modell ist das sog. Vulnerabilitäts-Stress-Modell (H.-U. Wittchen 2011), auch als Diathese-Stress-Modell bekannt (Diathese bedeutet grob „Bereitschaft oder Disposition, eine Erkrankung zu entwickeln"). Es konzipiert die Genese (Entstehung) depressiver Störungen durch das Zusammenwirken aktueller oder chronischer Belastungen mit neurobiologischen und psychischen Veränderungen sowie anderen modifizierenden Variablen (vorherige psychische Störungen etc.) vor dem Hintergrund einer Veranlagung (Vulnerabilität; ◘ Abb. 12.1).

Die Theorien zur Entstehung der Depression sind so zahlreich und vielfältig, dass eine Gesamtdarstellung hier nicht möglich ist. Von historischen Theorien abgesehen (Besessenheit, die schwarze Galle der Melancholie), dominierten lange Zeit psychologische Konstrukte. Dazu zählen zum einen psychoanalytische Theorien, die, stark verkürzt, einen realen oder nur in der inneren Vorstellung erlebten Objektverlust auf der Grundlage einer bestimmten Persönlichkeitsstruktur als ursächlichen Faktor ansehen. Verhaltenstheoretische Erklärungen stellen entweder das reduzierte Erleben positiver Verstärkungen in den Vordergrund (Peter M. Lewinsohn) oder das Vorhandensein negativer Kognitionen mit einer Bevorzugung („Bias") für negative Informationen, Grübeln und Denkschemata, die mit Selbstabwertung und negativen Zukunftserwartungen einhergehen (Aaron Beck). Das auf Tierexperimenten basierende Modell der erlernten Hilflosigkeit besagt, dass Menschen, die früher negativen Erfahrungen ausgesetzt waren, deren Ursache sie nicht beeinflussen konnten, auch dann nichts an ihrer Situation ändern, wenn es ihnen möglich wäre (Martin Seligman). Soziologisch inspirierte Theorien stellen externe Faktoren in den Vordergrund, indem sie ein depressives Syndrom als „gesunde" Reaktion auf eine „kranke" Gesellschaft mit zu viel Leistungsdruck und Stress interpretieren (Alain Ehrenberg). Ähnlich breit sind evolutionär inspirierte Theorien angelegt. Die Theorie des sozialen Wettbewerbs etwa (John Price) sieht depressive Syndrome als evolutionär sinnvolle Rektionsmuster, das Individuen davor schützt, in einem aussichtslosen „Kampf" Ressourcen zu verschwenden bzw. Verluste und Verletzungen zu erleiden. Stattdessen sei es evolutionär sinnvoller, sich in einen Schonraum zurückzuziehen, um neue Verhaltensstrategien zu entwickeln.

Im Vordergrund der folgenden Darstellung werden jedoch neurobiologische Faktoren und Mechanismen stehen. Diese stehen nicht direkt in Konkurrenz zu lerntheoretischen,

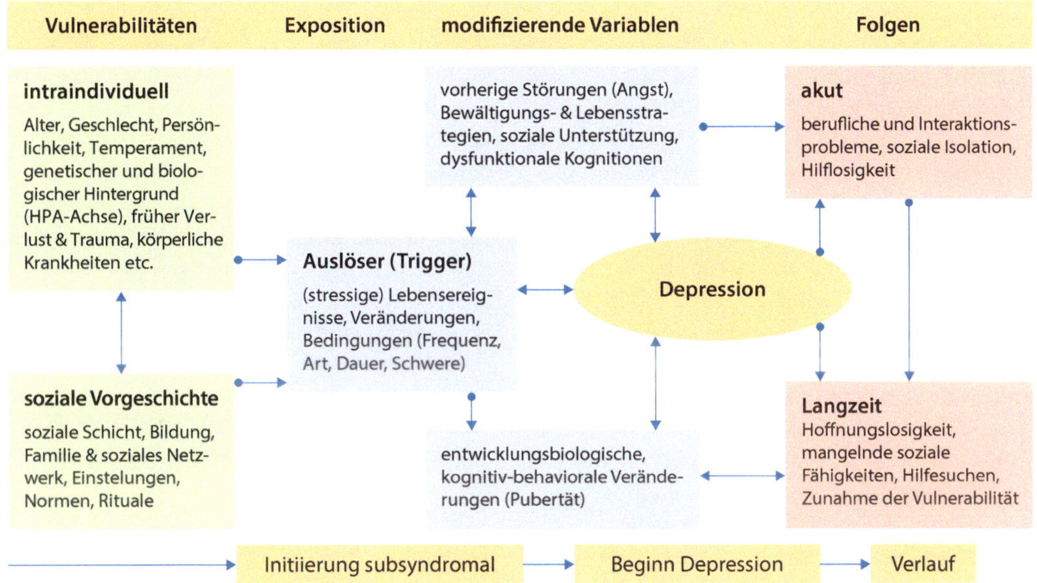

Abb. 12.1 Vulnerabilitäts-Stress-Modell der Depression. (Nach Wittchen 2011)

evolutionären oder soziologischen Erklärungen. Neurobiologische Mechanismen müssen nicht notwendigerweise als unabhängige Ursachen verstanden werden, sondern können z. B. einfach die kausalen Mechanismen darstellen, durch die psychologische Funktionen realisiert werden oder auf die sich andere z. B. gesellschaftliche, Einflussfaktoren auswirken. Aus Platzgründen können selbst hier nicht alle Theorien erörtern werden, wie etwa die chronobiologischen Faktoren von Depressionen (Zaki et al. 2018). Vielmehr werden wir uns auf besonders weitverbreitete und/oder gründlich erforschte und aktuelle neurobiologische Mechanismen beziehen wie die Genetik, Neurotransmitter, die HPA-Stress-Achse, inflammatorische Prozesse, neurokognitive Netzwerkmodelle, Modelle der Neuroplastizität und die Epigenetik. Erst am Ende werden wir wieder auf psychologische Funktionen zurückkommen.

12.5 Neurobiologische Mechanismen

12.5.1 Genetik der Depression

Wie bei allen psychischen Erkrankungen spielen auch für die Depression genetische Faktoren eine wichtige Rolle. Die familiäre Häufung von Depressionen ist gut belegt. So haben Kinder depressiver Erkrankter ein auf das Zweifache erhöhtes Risiko, an einer affektiven Störung zu erkranken (Mattejat und Remschmidt 2008). Die Erblichkeit wird aufgrund von Zwillings- und Adoptionsstudien auf 37 % geschätzt. Dies ist, verglichen mit Schizophrenie, bipolaren Störungen oder Autismus (81, 75 bzw. 80 %) nur ungefähr die Hälfte (Sullivan et al. 2012). Man geht, wie bei allen psychischen Erkrankungen, davon aus, das es sich um polygene Vererbung handelt, bei der viele einzelne kleine genetische Varianten mit kleinen Effekten eine Rolle spiele. Bis vor Kurzem gab es allerdings keine spezifischen Genvarianten, die mit ausreichender statistischer Wahrscheinlichkeit, d. h. für multiple Vergleiche korrigiert, in genomweiten Analysen mit Depression assoziiert waren. Dies hat sich geändert. In der derzeit größten Studie aus dem Jahre 2018 mit 135.438 Patienten (mehr als die Hälfte davon von der Firma 23andme) und knapp 344.910 Kontrollen wurden 44 genomweit signifikante SNPs *(single nucleotid polymorphisms)* gefunden (Wray et al. 2018a). Die sog. SNP-Heritabilität (Erblichkeit berechnet auf Grundlage aller bekannten SNPs) war mit 8,7 % (wie üblich) geringer als die über Zwillings- und Adoptionsstudien geschätzte. Von Interesse ist weiterhin, dass es Genvarianten gibt, die mit Persönlichkeitsmalen wie Neurotizismus assoziiert sind, die für die Genese der Depression eine Rolle spielen (Nagel et al. 2018).

12

Neben der Genetik ist es schon lange bekannt, dass auch die Umwelt, v. a. negative Erlebnisse, eine Rolle bei der Entstehung der Depression spielen. Während sich die Forschung früher auf Ereignisse fokussierte, die im Jahr vor der Entstehung einer Depression auftraten (Trennung, Arbeitslosigkeit, finanzielle Probleme, Trauer, Gesundheitsprobleme, Gewalterfahrung, etc.) und die Betroffene üblicherweise als Erstes mit dem Auftreten depressiver Episoden in Verbindung bringen, hat sich die neuere Forschung eher auf traumatische Ereignisse in der Kindheit (mangelnde Bezugspersonen, Missbrauch, Vernachlässigung) fokussiert. Nicht zuletzt aufgrund der **Monoamin-Mangel-Hypothese** (▶ Abschn. 12.5.2) wurde lange Zeit als ein Paradebeispiel für die Interaktion von Genetik und Umwelt ein Befund aus der sog. Dunedin-Langzeitstudie in Neuseeland zitiert. So beschrieben Caspi et al. im Jahre 2003, dass die Wahrscheinlichkeit der Entwicklung einer Depression nach Missbrauchserfahrung in der Kindheit v. a. bei Trägern der sog. kurzen Variante des Serotonintransporter-Gens erhöht sei (Caspi et al. 2003). Nachfolgende Metaanalysen zweifelten jedoch die Existenz, zumindest aber die Stärke des Effekts an. Sicher ist heute, dass die Stärke im Caspi-Paper überschätzt wurde und der Effekt, wenn vorhanden, eher klein ist (zum aktuellen Stand der Diskussion vgl. (Bleys et al. 2018; Culverhouse et al. 2018). Heutzutage stehen eher die Einflüsse früher negativer Erfahrungen auf die Regulation von Genexpression im Fokus der Forschung, wie sie in ▶ Abschn. 12.5.8 über Epigenetik beschrieben werden.

12.5.2 Neurotransmitter und die Welt der Antidepressiva

Neben den monoaminergen Neurotransmittern (Serotonin, Noradrenalin und Dopamin) ist vermutlich auch Glutamat, als der wichtigste Neurotransmitter im ZNS, in die Entstehung der Depression involviert (vgl. ▶ Abschn. 12.5.6 über Ketamin). Daraus abgeleitet ergeben sich die Monoamin-(Mangel-)Hypothese und die Glutamat-(Toxizitäts-)Hypothese.

Die **Monoamin-Mangel-Hypothese** der Depression ist vor allem von der klinischen Erkenntnis abgeleitet worden, dass die ersten Substanzen, welche zu einer Verbesserung der Stimmung führten, einen im Tierexperiment klar nachweisbaren Einfluss auf den Stoffwechsel der monoaminergen Neurotransmitter Serotonin, Noradrenalin und Dopamin haben. Ihre unmittelbare pharmakologische Wirkung ist eine Erhöhung der Neurotransmitterkonzentration im synaptischen Spalt. Im Umkehrschluss wurde daraus gefolgert, dass bei depressiven Erkrankungen die Aktivität der monoaminergen Neurotransmission vermindert sein müsste und den neurobiologischen Kernmechanismus von Depression ausmachen (Nutt 2008; Prins et al. 2011; Schildkraut und Kety 1967). Im Humanexperiment konnte dazu passend festgestellt werden, dass eine akute Verringerung der Verfügbarkeit von Tryptophan (einer Vorstufe von Serotonin) durch eine tryptophanlose Diät zu einer Stimmungsverschlechterung bei Patienten mit einer früheren und gegenwärtig schweren depressiven Episode führte. Die Reduktion von Serotonin, Noradrenalin und Dopamin verschlechtert die Stimmung auch bei gesunden Probanden bei gleichzeitig bestehender positiver Familienanamnese für eine MDD (Ruhe et al. 2007). In Übereinstimmung mit präklinischen Studien sowie Post-Mortem-Untersuchungen konnte in Studien mit einem Positronen-Emissions-Tomografen (PET) gezeigt werden, dass die Serotonin-Rezeptoren 1A, 2A, 1B wie auch die Serotonintransporter im Rahmen einer serotonergen Fehlfunktion bei der MDD eine wichtige Rolle spielen (Savitz und Drevets 2013). Ein weiterer Hinweis auf die zentrale Rolle von Serotonin sind die Wirkungen von Ecstasy: Dieses führt direkt nach Einnahme zu einer generellen Ausschüttung von Serotonin und einem friedlichen Glücksgefühl (sog. entaktogene Effekte). Einige Tage nach der Einnahme kommt es dann aber zu häufig zu einer depressiven Verstimmung, da die Serotoninspeicher in den Neuronen entleert sind und erst langsam wieder aufgefüllt werden.

Heutzutage gilt die Monoamin-Hypothese im Sinne einer simplen Mangel-Hypothese („Depressiven fehlt das Serotonin wie Diabetikern das Insulin und muss deshalb ersetzt werden") allerdings als überholt. Auch wenn die genannten Wirkungen experimentell nachweisbar sind, sind sie nur ein Aspekt der unterliegenden neurobiologischen Prozesse. Ein Hauptargument gegen die simple Mangelhypothese besteht darin, dass die Erhöhung der Neurotransmitterkonzentrationen im synaptischen Spalt unmittelbar nach Gabe von AD messbar sind, die klinische Wirkung von AD aber mit einer Latenz von 1–3 Wochen auftritt. Eine Erklärung dafür ist, dass nachgeschaltete molekulare Anpassungsprozesse (Hochregulation von Rezeptoren, Einfluss auf intrazelluläre Signalkaskaden) für die antidepressive Wirkung verantwortlich sind. Möglicherweise sind aber auch ganz andere Pathomechanismen in der Entstehung depressiver Erkrankungen involviert. So konnte beispielsweise in neueren Forschungsansätzen die Bedeutung von Ceramiden (Fettsäuren aus der Gruppe der Sphingolipide) bei der Entstehung depressiver Erkrankungen festgestellt werden. Im Rahmen von Stress und Inflammation kann es zu einer gesteigerten Freisetzung von Sphingolipiden kommen, welche im direkten Zusammenhang mit depressiver Symptomatik steht (Kornhuber et al. 2014).

12.5.3 Pharmakologische Klassifikation und Bedeutung von Antidepressiva

Zur Behandlung der Depression stehen eine Vielzahl an Substanzen aus der Gruppe der **Antidepressiva** sowie andere Substanzen – z. B. Lithium, Johanniskraut, Quetiapin – zur Verfügung. Antidepressiva bewirken pharmakologisch primär eine Verstärkung der serotonergen, noradrenergen und/oder dopaminergen Neurotransmission durch verschiedene Mechanismen wie etwa durch Hemmung der Wiederaufnahme, eine Hemmung der Abbauenzyme oder durch indirekte Wirkungen auf verschiedene prä- und postsynaptische Rezeptoren. Antidepressiva werden nach chemischer Struktur und Funktion in fünf große Wirkklassen zusammengefasst: Trizyklische Antidepressiva (TZA), Monoaminooxidase-Hemmer (MAO-Hemmer), selektive Serotonin-Wiederaufnahmehemmer (SSRI), selektive Serotonin-/Noradrenalin-Wiederaufnahmehemmer (SRNI) und Autorezeptorblocker. Bei MAO-Hemmern erfolgt die Wirkung durch die Hemmung des mitochondrialen Abbaus der Monoaminoxidase nach Wiederaufnahme in die präsynaptische Nervenendigung (Köhler et al. 2014). Dadurch wird die Neurotransmittermenge im synaptischen Spalt erhöht (◘ Abb. 12.2). Dies wiederum bewirkt Veränderungen auf der post- und präsynaptischen Rezeptorebene (Hochregulation) sowie in intrazellulären Second-Messenger-Signalkaskaden (Kraus et al. 2017). Dazu gehören Veränderungen in der Genexpression sowie weitere adaptive Vorgänge, wie etwa ein Anstieg des Brain-derived Neurotrophic Factor (BDNF; Polyakova et al. 2015). Neuere

12

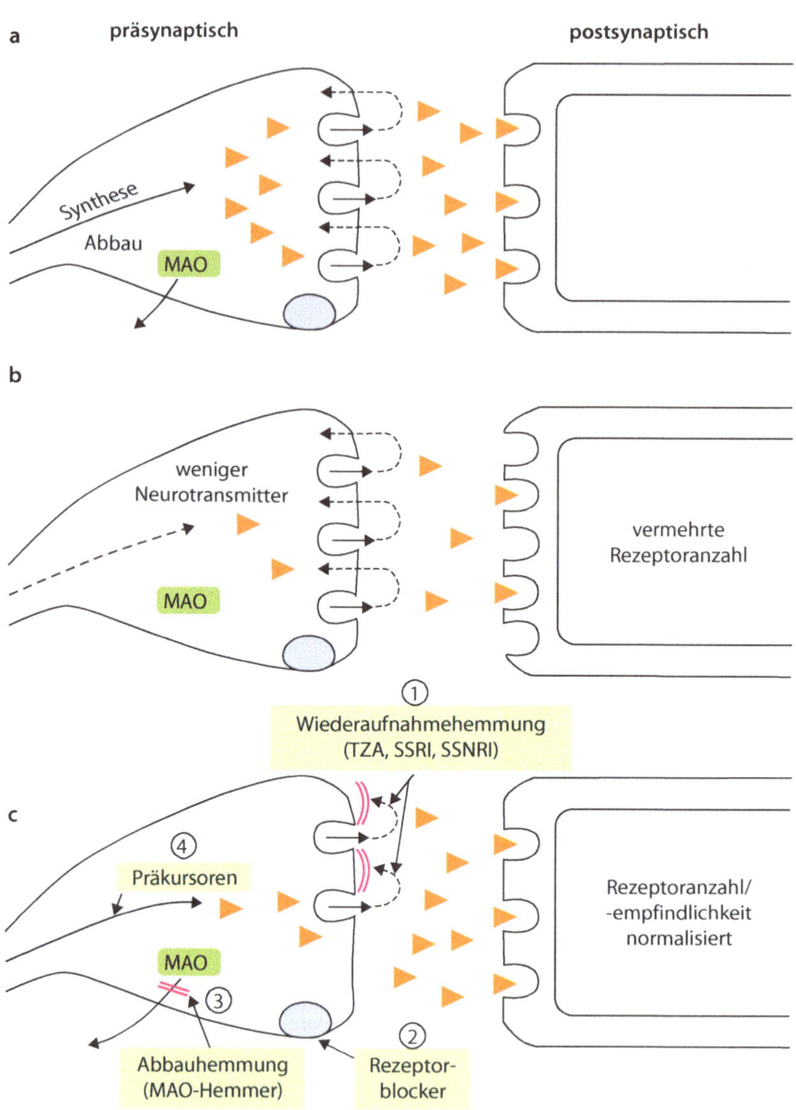

Abb. 12.2 Modell zur Wirkweise von Antidepressiva: **a** Normalzustand; **b** Depression; **c** Normalisierung durch verschiedene antidepressive Mechanismen. (Nach Laux und Dietmaier 2018)

Forschungsansätze versuchen, über Messung verschiedener Stoffwechselprodukte von Neurotransmittern eine Optimierung der Diagnostik der unipolaren Depression zu erreichen und ggf. darüber auch Verlaufsparameter für die Behandlung und das Ansprechen auf Antidepressiva zu entwickeln (Pan et al. 2018).

Die einzelnen Substanzen innerhalb der verschiedenen Klassen der Antidepressiva werden klinisch als eher homogen und ähnlich in der Wirkweise beschrieben. Generell fehlt es an Wirksamkeitsstudien, die klinisch relevante Unterschiede zwischen Antidepressiva belegen (Gartlehner et al. 2011). Jedoch wird im klinischen Alltag häufig deutlich, dass Antidepressiva und auch die einzelnen Vertreter der Wirkstoffklassen nicht gleich sind. So können sich bestimmte Wirkungen und insbesondere auch Nebenwirkungen (verstärkter Appetit und Müdigkeit) einzelner Substanzen positiv auf komorbide psychische Erkrankungen auswirken. In der aktuellsten Netzwerkmetaanalyse von Cipriani und Kollegen erwiesen sich vier Antidepressiva (Amitriptylin, Mirtazapin, Duloxetin und Venlafaxin) den anderen Substanzen als leicht überlegen (Cipriani et al. 2018). Zudem gibt es individuelle Unterschiede in Abbau und Transport von AD. So unterscheidet man je nach Ausprägung des auf Chromosom 22 liegenden CYP2D6-Gens (es codiert für ein Enzym aus der Cytochrom-P-450-Gruppe) (ultra)langsame bis (ultra)schnelle Metabolisierer. Ein weiterer Einflussfaktor sind genetisch bedingte Unterschiede in der Blut-Hirn-Schrankefunktion. Es gibt spezielle Transportmechanismen, die Moleküle aus dem Nervensystem wieder aktiv ins Blut zurücktransportieren. Das Glycoprotein P etwa transportiert bestimmte AD aus dem ZNS zurück ins Blut. Bei Patienten mit einem eher ungünstigen Genotyp des ABCD-Gens (es codiert für das Glycoprotein P) werden bestimmte AD schnell wieder zurück transportiert (z. B. Citalopram, Escitalopram, Venlafaxin, Paroxetin und Amitriptylin), sodass nur geringe Konzentrationen im ZNS erreicht werden, während dies andere AD nicht betrifft (z. B. Mirtazapin und Fluoxetin). Eine Kenntnis dieser Genvarianten ist im Prinzip hilfreich für die Optimierung der Therapie, wird aber in der Praxis (noch) kaum angewandt und unterliegt einer kritischen Diskussion (Bschor et al. 2017).

12.5.4 HPA-Achsen-Störung: Stress, Stress, Stress

Der Alltagserfahrung und dem gesunden Menschenverstand unmittelbar einleuchtend erscheint, dass extreme und chronische Belastungen im Alltag („Stress") zu depressiven Verstimmungen führen können. Auch wissenschaftlich steht außer Frage, dass psychosozialer Stress ein wesentlicher und validierter Faktor für das Entstehen, die Verschlechterung, für Rückfälle und die Chronifizierung depressiver Erkrankungen darstellt (Gilman et al. 2013; Harkness et al. 2014).

Patienten mit depressiven Erkrankungen weisen 2,5-fach häufiger sog. *stressful life events* im Vorfeld der Erkrankung auf als entsprechende Kontrollgruppen (Hammen 2005). Wie stellt sich dieser Zusammenhang biologisch dar? Eine zentrale Rolle nimmt dabei eine Dysfunktion der Hypothalamus-Hypophysen-Nebennierenrinden-Achse (HPA) ein (Stetler und Miller 2011).

Zusammengefasst dämpft das unter akutem Stress aus der Nebennierenrinde (NNR) freigesetzte „Stresshormon" Cortisol (ein Glucocorticoid) inflammatorische (entzündliche) Prozesse, was neurobiologisch sinnvoll ist. Die Freisetzung wird über eine hormonale Signalkaskade vom Hypothalamus zu Hypophyse zur NNR gesteuert. Diese HPA-Achse (von engl. *hypothalamus – pituitary – adrenal gland*) wird über eine negative Feedbackhemmung reguliert. Chronisch-inflammatorische Prozesse können dann jedoch eine Glucocorticoidresistenz in Immunzellen bewirken, indem es zu einer Induktion verschiedener Signalkaskaden kommt (z. B. MAP-Kinasen, c-jun N-terminale Kinase JNK, p38). Die Cytokin-Signaltransduktion (z. B. *nuclear factor-kB,* NF-B) stört die Glucocorticoid-Rezeptor- und Expressionsfunktion, was wiederum die inflammatorischen Prozesse aufrechterhält. Chronische Entzündungen können in der Folge selbst häufig zu depressiven Kernsymptomen wie Antriebslosigkeit, Anhedonie und gedrückter Stimmung führen (Kiecolt-Glaser et al. 2015).

Die cytokinabhängige Glucocorticoidrezeptor-Resistenz führt ihrerseits zu einer Enthemmung der HPA-Achse, d. h. das System „versucht", mehr Cortisol zu produzieren. Es kommt zu einer vermehrten Freisetzung des Corticotropin-releasing Hormons (CRH) aus dem Hypothalamus und einem Anstieg von Cytokinen, was zu einer weiteren Verstärkung der Stressantwort des Körpers führt (Dantzer et al. 2008).

Die durch chronischen Stress erhöhte Cortisolausschüttung hat vermutlich eine neurotoxische Wirkung auf die sehr empfindlichen Nervenzellen des Hippocampus: Diese besitzen ebenfalls Glucocorticoid-Rezeptoren, und ihre dauerhafte Aktivierung durch Cortisol führt zu einer Abnahme der Synaptogenese (Bildung von Zellverknüpfungen) sowie der Dendritenbildung (Verzweigungen der Neurone) und gleichzeitig erhöhter Apoptose (Zelluntergang). Die Folge ist eine Disinhibition (Enthemmung) der HPA-Achse, welche im Sinne eines *circulus vitiosus* (Teufelskreis) zur Verstärkung der genannten Effekte und zu nachweisbaren Veränderungen wie einer Volumenänderung im Hippocampus und Cortex führt, die vermutlich durch Zelluntergänge bedingt ist (Anacker et al. 2013). Parallel kommt es passend zu den genannten Veränderungen auch zu einer reduzierten Ausschüttung von BDNF, der als Marker für die Synaptogenese gilt. Darüber hinaus verursacht chronischer Stress Veränderungen in Neurotransmittersystemen, wie beispielsweise eine Erhöhung der Ausschüttung von Glutamat, dem wichtigsten erregenden Neurotransmitter im präfrontalen Cortex und Hippocampus, der mit neurotoxischen Effekten assoziiert ist (Sanacora et al. 2012). Weiterhin führt chronischer Stress zu einer reduzierten Ausschüttung von Serotonin und Dopamin in mesocorticalen monoaminergen Netzwerken (Dillon et al. 2014; Mahar et al. 2014).

Bei Patienten mit einer Depression konnte in Metaanalysen gezeigt werden, dass im Schnitt eine – allerdings moderate – Erhöhung von Cortisolspiegeln vorliegt (Stetler und Miller 2011). Weiterhin ist bekannt, dass die Behandlung mit Cortison das Risiko für die Entwicklung einer Depression um das 2-Fache, das für einen Suizid um das 7-Fache erhöht (Otte et al. 2016). Allerdings zeigen nur ungefähr 50 % erfolgreich behandelter Patienten eine Veränderung des Cortisolspiegels nach der Behandlung. Und der einige Zeit als diagnostischer Test für Depression propagierte Dexamethason-Hemmtest (sollte bei Depressiven nicht wie bei Gesunden zu einer Erniedrigung des Cortisolspiegels führen) hat sich in der Praxis nicht durchgesetzt. Die Hoffnung, dass CRH-Antagonisten (CRH wird aus dem Hypothalamus freigesetzt und stimuliert die ACTH-Ausschüttung, das wiederum die Cortisolproduktion in der NNR stimuliert) als Medikamente gegen Depressionen eingesetzt werden können, hat sich leider ebenso wenig erfüllt. Obwohl es also klare Hinweise für eine Störung der HPA-Achse aus Jahrzehnten der Forschung gibt, ist dies wahrscheinlich nur ein Faktor der multifaktoriellen Genese von Depressionen, der zudem nur in einer Subgruppe von Patienten eine wichtige Rolle spielen könnte.

12.5.5 Inflammation: Lifestyle und der Einfluss auf depressive Symptome

Das Immunsystem ist eng mit dem physiologischen Stresssystem und der HPA-Achse verbunden, wie man aus Tierexperimenten klar folgern kann. Der Zusammenhang depressiver Erkrankungen mit entzündlichen Prozessen ist ein seit vielen Jahren intensiv beforschtes Thema. Nicht von ungefähr ähnelt das Krankheitserleben bei Allgemeininfektionen wie etwa der Grippe einem depressiven Syndrom. Bei systemischen Erkrankungen wie der rheumatoiden Arthritis findet sich ein erhöhtes Auftreten von Depressionen. Als gemeinsamer Mechanismus werden vor allem Entzündungsmoleküle angesehen. In mehreren großen Metaanalysen wiesen Patienten mit einer Depression erhöhte Werte proinflammatorischer Cytokine (u. a. IL-6, TNF-a, CRP) auf im Vergleich zu gesunden Kontrollprobanden (Goldsmith et al. 2016; Haapakoski et al. 2015). Insgesamt scheint ein wechselseitiger Kausalzusammenhang zu bestehen: Depression und

Inflammation verstärken einander gegenseitig (Bauer und Teixeira 2018). Dennoch weist nur ungefähr ein Drittel aller depressiver Patienten tatsächlich erhöhte Entzündungswerte auf (Raison und Miller 2011). Das heißt, Inflammation ist weder notwendig noch ausreichend, um eine Depression auszulösen oder aufrechtzuerhalten, scheint aber bei einer bestimmten Gruppe depressiver Patienten eine wichtige Rolle zu spielen (Kiecolt-Glaser et al. 2015).

Wie stellt sich der pathophysiologische Zusammenhang von Inflammation und Depression im Detail dar? Peripher ausgeschüttete Cytokine können über Signalkaskaden im ZNS zu einer Veränderung der Produktion, Metabolisierung und des Transports von Neurotransmittern führen (Capuron und Miller 2011). So können Cytokine über eine Enzyminduktion den Tryptophanstoffwechsel im Sinne einer reduzierten Serotoninproduktion hemmen (Dantzer 2017). Darüber hinaus führen Cytokine zu oxidativem Stress und Gliaschäden, einer Reduktion der Produktion von Neurotrophinen (z. B. BDNF) und damit einer gestörten Neuroplastizität und Neurogenese (Eyre und Baune 2012; Zhang et al. 2016). Cytokine führen auch zu einer Veränderung der bereits oben vorgestellten HPA-Achsenfunktion und stellen hiermit ein wichtiges Bindeglied zur Theorie der gestörten HPA-Achsenfunktion dar (Stetler und Miller 2011). Eine erhöhte Inflammation kann zu Symptomen einer Depression führen, was u. a. auch durch die hohe Nebenwirkungsrate an Depressionen im Rahmen von Cytokintherapien deutlich wird, wie zum Beispiel bei der INF-alpha-Therapie (Udina et al. 2012).

Im Rahmen der **Inflammationshypothese der Depression** – für eine aktuelle Einführung vgl. (Bullmore 2018) – steht das Darmmikrobiom neuerdings im Zentrum wissenschaftlichen Interesses. Über neuroendokrine und endokrine Signalkaskaden existieren enge Rückkopplungen auf der sog. „Darm-Hirn-Achse". Körperliche und psychische Prozesse können das Darmmikrobiom verändern, dies führt zu einer veränderten endokrinen Reaktion des Darms, welche wiederum einen direkten Einfluss auf das Gehirn und neurophysiologische Prozesse ausüben kann (Mayer et al. 2014; Slyepchenko et al. 2017). Im Rahmen depressiver Erkrankungen und chronischem Stress wurde beispielsweise festgestellt, dass es zu einer Zunahme der Durchlässigkeit des Darms kommen kann *(leaky gut)* sowie zu einer Veränderung der ursprünglichen Mikrobiomzusammensetzung, was im Tiermodell mit einer reduzierten BDNF-Ausschüttung und Expression von 5HT1a-Rezeptoren assoziiert war (Bercik et al. 2011). Verschiedene Untersuchungen konnten eine unterschiedliche Besetzung von Darmbakterien bei Patienten mit Depression und gesunden Kontrollprobanden feststellen (Jiang et al. 2015; Naseribafrouei et al. 2014). Es bleibt gegenwärtig jedoch noch abzuwarten, inwiefern sich diese Befunde replizieren lassen und die daraus abgeleiteten Therapieansätze, wie z. B. spezifische diätische Ansätze, Gabe von bestimmten Probiotika oder gar die sog. *microbiota transfer therapy* (MTT; „Transplantation" von Mikrobiomen), einen tatsächlichen und anhaltenden Effekt auf depressive Symptome haben, wie es in analogen Tierversuchen gefunden wurde. Die Befundlage ist insgesamt sehr heterogen (Cepeda et al. 2017; Romijn et al. 2017).

Aus den geschilderten Zusammenhängen der Inflammationshypothese lassen sich weitere Therapieprinzipien ableiten: So werden bestimmte Diäten mit einer Prävention von depressiven Symptomen in Zusammenhang gebracht. Zum einen gibt es einen deutlichen Zusammenhang von Übergewicht, Inflammation (erhöhte Werte von IL-6, TNF-a und CRP) und erhöhtem Risiko für die Entstehung einer Depression (Luppino et al. 2010). Gleichzeitig kann eine mediterrane Diät bei depressiven Patienten zu einer Reduktion von inflammatorischen Prozessen (IL-6-Reduktion) sowie einer Abnahme an depressiver Symptomatik führen (Milaneschi et al. 2011). Dabei scheinen die proinflammatorischen Prozesse auch hier die entscheidende Rolle zu spielen, woraus sich möglicherweise auch die antidepressiven Effekte antiinflammatorischer Substanzen wie der Omega-3-Fettsäuren erklären (Scheﬀt et al. 2017).

In diesen Zusammenhang lassen sich auch die antiinflammatorischen und antidepressiven Effekte von Sportinterventionen (Gleeson et al. 2011) in der Prävention und Intervention depressiver Erkrankungen stellen (Azevedo Da Silva et al. 2012), deren Effekte vor allem in der Akutbehandlung nachweisbar sind (Kvam et al. 2016). Dennoch ist eine vorsichtige Interpretation der Befunde notwendig, da die Befunde sehr stark von der Qualität der Studien abhängig sind (Krogh et al. 2017). Insgesamt scheinen vor allem Patienten zu profitieren, welche bereits vor einer spezifischen Diät einen erhöhten Nachweis einer Inflammation aufwiesen (Rethorst et al. 2013), was für die Diagnostik inflammatorischer Prozesse zukünftig eine Bedeutung spielen könnte.

12.5.6 Neuroplastizität und Neurogenese: Von der Elektrokonvulsionsbehandlung zu Ketamin

Verfahren der Neurostimulation in der Behandlung depressiver Erkrankungen haben eine lange Geschichte. So wird die Elektrokonvulsionsbehandlung (EKT) bereits viele Jahrzehnte zur Behandlung psychiatrischer Erkrankungen eingesetzt, genauso lange gibt es aber auch eine kritische Diskussion dieses Verfahrens, das der Mehrheit der Bevölkerung lediglich durch den reißerischen und schockierenden Film „Einer flog übers Kuckucksnest" bekannt ist. (Eine realistischere Darstellung findet sich dagegen in der neunten Episode der siebten Staffel der bekannten Netflix-Serie „Homeland".) Dabei stellt die EKT heutzutage ein etabliertes, sicheres und hocheffektives Verfahren insbesondere in der Behandlung der therapieresistenten Depression mit bis zu 70 % Ansprechrate bei Patienten mit therapieresistenter Depression dar (UK ECT Review Group 2003). Das Ziel der EKT ist das Auslösen eines (zeitlich begrenzten) generalisierten Krampfanfalls. Über den genauen Wirkmechanismus der EKT besteht weiterhin Unklarheit, dennoch sind alle postulierten Wirkmechanismen gute Beispiele für die Neuroplastizität und Neurogenese und deren Beeinträchtigung im Rahmen depressiver Erkrankungen: Eine Theorie zur Wirkweise der EKT ist die sog. neurogene Theorie. Lange Zeit galt es als Dogma, dass im Laufe des Lebens keine neuen Nervenzellen mehr gebildet werden. Doch inzwischen weiß man, dass es zu einer Neurogenese im Hippocampus kommen kann, die u. a. durch Antidepressiva begünstigt wird (Olesen et al. 2017). In verschiedenen Untersuchungen konnte gezeigt werden, dass bei Patienten depressive Symptome mit eingeschränkter hippocampaler Neurogenese als auch einem reduzierten hippocampalen Volumen korreliert waren. Zugleich konnte in Tierstudien nachgewiesen werden, dass nach einer EKT-Behandlung im Hippocampus sowohl ein Anstieg des Brain-derived Neurotrophic Factor (BDNF) festgestellt werden kann als auch eine erhöhte Synaptogenese sowie ein insgesamt erhöhtes hippocampales Volumen. Auch beim Menschen konnten nach EKT-Serien erhöhte BDNF-Werte festgestellt werden (Rocha et al. 2016). Eine zweite Theorie zur Wirkweise der EKT ist die neuroendokrine Theorie, sie stellt die Verbindung zur Theorie der gestörten HPA-Achsen-Aktivität her (► Abschn. 12.5.4). Die Überfunktion der HPA-Achse, insbesondere mit der fehlenden negativen Feedback-Hemmung, scheint durch eine EKT-Behandlung korrigiert werden zu können. So konnte nachgewiesen werden, dass die EKT zur Stimulation des Diencephalons und zu einer exzessiven Freisetzung verschiedener Hormone und Neuropeptide führt, wie etwa von ACTH, Prolactin und Vasopressin (Bolwig 2011).

Weitere Evidenz für die Bedeutung der Neurogenese im Rahmen depressiver Erkrankungen wird durch die fast spektakuläre Wirkung von Ketamin bei Depressionen deutlich: Ketamin ist schon seit Langem als Betäubungsmittel bekannt. Pharmakologisch ist es ein Glutamat-Antagonist am NMDA-Rezeptor, blockiert also die Wirkung des exzitatorischen Neurotransmitters Glutamat. Im einfachen Umkehrschluss wurde deshalb u. a. postuliert, dass zu viel Glutamat mit Depressionen zusammenhängt. In niedrigen Dosen infundiert hat Ketamin in den letzten Jahren in kontrollierten klinischen Studien dramatische Ergebnisse bei Patienten mit depressiven Erkrankungen erzielt (Kishimoto et al. 2016). Insbesondere das schnelle Einsetzen der Wirkung innerhalb von 24 h stellt in der Behandlung der Depression ein Novum dar. Zur Erinnerung: Herkömmliche Medikamente gegen Depression wirken erst nach 1–3 Wochen. Mittlerweile geht man davon aus, dass viele der positiven Effekte von Ketamin wohl mit der Ausschüttung von BDNF und einer einsetzenden Synaptogensee und Neurogenese assoziiert sind. So konnte mikroskopisch nachgewiesen werden, dass es bereits 24 h nach Ketamingabe zu einer Zunahme der Dichte an Dendriten in der Schicht V der Pyramidenzellen im präfrontalen Cortex (PFC) kommt (Sattar et al. 2018).

Die molekularen Mechanismen, die diesen neurobiologischen Umbauprozessen zugrunde liegen, beruhen im Wesentlichen auf der Aktivierung der Proteinbiosynthese und der Aktivierung des Enzyms mTOR *(mammalian target of rapamycin)*. Ketamin führt über eine Blockade des NMDA-Rezeptors zu einer reduzierten Aktivität der eEF2- (eukaryoter Elongationsfaktor-2-)Kinase und damit auch des eigentlichen eEF2 (◘ Abb. 12.3). Durch Ketamin wird die BDNF-Ausschüttung erhöht, weiterhin werden über die Tyrosinkinase B (TrkB) in der Folge ERK und die Proteinkinase B (PKB/Akt) aktiviert und die Glycogensynthasekinase-3 (GSK-3) wird inhibiert, Prozesse, die zur Synaptogenese führen. Gleichzeitig wird neben der NMDA-Blockade durch Ketamin die Signaltransduktion über AMPA erhöht, was wiederum selbst eine Verstärkung der BDNF-Translation und der anschließenden Prozesse bedingt und möglicherweise sogar noch eine zentralere Rolle in der antidepressiven Wirkung von Ketamin darstellt (Sattar et al. 2018; Zanos et al. 2016).

Durch den Wirkmechanismus von Ketamin und seine antidepressiven Eigenschaften besteht die Möglichkeit, neue Erkenntnisse in der Pathophysiologie zu erlangen und spezifische neue Substanzen für die Behandlung zu entwickeln (Köhler und Betzler 2015; Wray et al. 2018b). Ketamin selbst wird derweil auch als nasale Applikation zur Behandlung depressiver Erkrankungen weiterentwickelt und zeigte in Studien ebenfalls sehr positive Ergebnisse (Canuso et al. 2018). Bei aller Euphorie bezüglich der Wirksamkeit sollten trotzdem die Nebenwirkungen einer Ketaminbehandlung (kurzfristige dissoziative oder psychotische Symptome) erwähnt werden (wenngleich in sehr geringer Frequenz und Ausprägung) und die bisher nicht hinreichend beantwortete Frage einer möglichen Abhängigkeit durch iatrogene Ketamingaben. In einer aktuellen Arbeit wurden die antidepressiven Effekte von Ketamin mit einem Opiat-Antagonisten aufgehoben, was die Befürchtung langfristig abhängig machender Effekte von Ketamin zumindest stützt (Williams et al. 2018).

12.5.7 Störung neuronaler Netzwerke

Eine wesentliche Erweiterung neurowissenschaftlicher Methoden zur Erforschung psychischer Prozesse und ihrer Störungen ist die strukturelle und funktionelle Bildgebung mit der MRT, ein Teilbereich der kognitiven Neurowissenschaft. Aktuelle Ansätze zur Erforschung psychischer Störungen wie die Research-Domain-Criteria- (RDoC-)-Initiative gehen davon aus, dass alle mentalen Prozesse auf der Aktivität spezifischer neuronaler Schaltkreise *(circuits)* beruhen, die bestimmte Klassen grundlegender kognitiver, emotionaler und sozialer Funktionen realisieren. Frühe Untersuchungen in der Psychiatrie fokussierten auf Volumenänderungen oder die veränderte Aktivierung einzelner

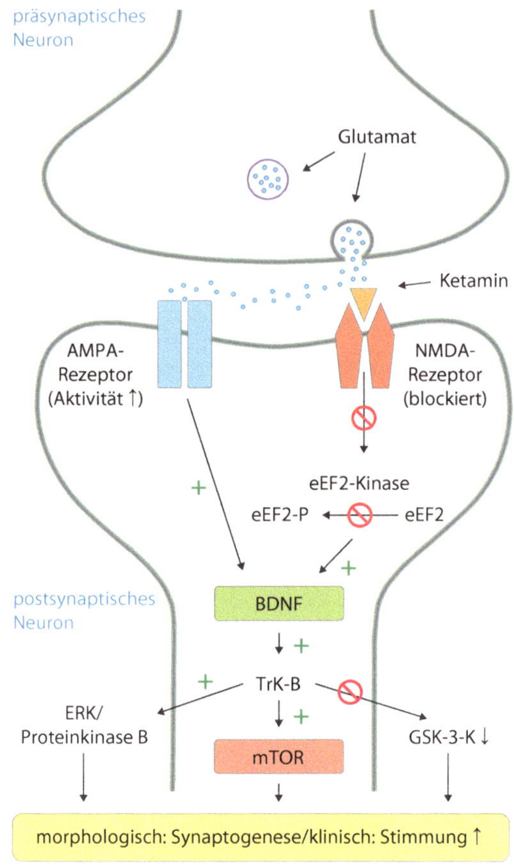

12

Abb. 12.3 Die Wirkweise von Ketamin. (Nach Köhler und Betzler 2015)

Hirnregionen während kognitiver Aufgaben oder emotionaler Stimulation in relativ kleinen Gruppen von in der Regel weniger als 20 Patienten (vgl. z. B. Vasic et al. 2007). Später wurde vermehrt die Konnektivität von Hirnregionen untersucht (z. B. Erk et al. 2010) und die Gruppengrößen erweitert. Heutzutage geht man davon aus, dass alle Hirnregionen Teile von größeren Netzwerken sind. Die mathematische Analyse von Netzwerken *(Connectomics)* spielt in vielen Feldern der Wissenschaft eine Rolle, z. B. beim Studium sozialer Netzwerke, und kann auch auf neuronale Netzwerke angewendet werden (Bassett et al. 2018; Zalesky et al. 2012). Auch der großflächige und relativ einfache Ansatz, das Gehirn im MRT zu untersuchen, während die Probanden und Patienten einfach gar nichts machen (sog. Resting-State-Untersuchungen) hat dazu geführt, dass inzwischen relativ große Datensätze zur Verfügung stehen mit Gruppengrößen von hundert (Walter et al. 2011), tausend (Quinlan et al. 2017) oder gar bis zu 10.000 Probanden (Thiebaut de Schotten et al. 2018). Und das ist auch gut so, denn aufgrund des relativ schlechten Signal-Rausch-Verhältnisses, kleiner Gruppengrößen und methodischer Mängel sind viele, v. a. frühe Befunde, im Bereich des Neuroimaging nicht replizierbar und vermutlich nicht valide. Durch Methoden der Connectomics kann man inzwischen auch im Resting State eine Reihe von abgrenzbaren Netzwerken identifizieren, von denen man weiß, dass sie in bestimmte kognitive Funktionen eingebunden sind. Deswegen werden diese Netzwerke auch oft funktionell charakterisiert, z. B. als „Cognitive Control Network“, „Salienz-Netzwerk“ oder „Reward-Netzwerk“. Streng genommen sind diese Bezeichnungen nicht ganz korrekt, da die Netzwerke in verschiedene Funktionen eingebunden sind.

Inzwischen liegt eine Reihe von integrativen Übersichtarbeiten vor, die versuchen, die wichtigsten Befunde zu gestörten neuronalen Netzwerken bei Depression zusammenfassend darzustellen und mit den Symptomen einer Depression zusammenzubringen (Li et al. 2018; L. M. Williams et al. 2016). Den wohl detailliertesten Überblick zur Depression hat die in Stanford arbeitende Neurowissenschaftlerin Lianne Williams zusammengestellt, der zudem die transdiagnostische Perspektive stark macht, die der häufigen Komorbidität von Angst und Depression Rechnung trägt. Sie postuliert eine Reihe von „Biotypen“ im Angst-Depressions-Spektrum und verbindet die Hauptbefunde zu „Über-“ und „Unteraktivierung“ in Netzwerkregionen sowie die Befunde zur Konnektivität innerhalb der Netzwerke mit den Hauptsymptomen des Angst-Depressions-Spektrums (◘ Abb. 12.4).

Diese Zuordnung ist natürlich nicht erschöpfend. Dies zeigt sich etwa darin, dass das Defaultmode-Netzwerk (◘ Abb. 12.4, links oben in blau) nur mit Rumination, also Grübeln, in Verbindung gebracht wird. Tatsächlich ist das Defaultmode-Netzwerk aber auch mit der Fähigkeit des Mentalisierens (sich in Gedanken und Gefühle anderer hineinversetzen zu können) verbunden. Was im Ansatz von Williams noch fehlt, sind neuere Befunde zur Interaktion von Netzwerken.

Im Folgenden sollen noch zwei aktuelle Forschungsbereiche kurz skizziert werden, die im weiteren Sinne zu Netzwerkansätzen gezählt werden können. Die **tiefe Hirnstimulation** (THS, engl. DBS, *deep brain stimulation*) bei schwerer, therapieresistenter Depression beruht auf frühen Neuroimagingbefunden. Im Bereich der Neurologie ist die THS eine etablierte Therapie bei M. Parkinson und bestimmten Tremorformen. Es wird neurochirurgisch eine Elektrode, meist in den N. subthalamicus, implementiert, und die Dauerstimulation mit 100 Hz (die man nicht direkt spürt, denn das Hirn ist paradoxerweise unempfindlich) führt zu einer oft dramatischen, klinisch relevanten Besserung der Bewegungsstörung. Man geht davon aus, dass diese Wirkung nicht eine rein lokale ist, sondern sich durch die Stimulation an der richtigen Stelle gestörte Netzwerke normalisieren bzw. ihre Funktion verbessert. Dadurch ermutigt, führte die Gruppe von Helen Mayberg die tiefe Hirnstimulation bei Patienten mit schweren Depressionen durch, deren Erkrankung sich weder durch Psychopharmaka noch durch Psychotherapie oder die Elektrokrampftherapie besserte (Crowell et al. 2015). Doch wo sollte sie stimulieren? Aus frühen Studien mit der Positronenemissionstomografie (PET) war bekannt, das Patienten mit Depressionen oft einen verstärkten Glucosemetabolismus im subgenualen ACC zeigen (Brodman-Areal 25), der sich nach erfolgreicher Therapie normalisiert. Daher wählte sie diesen Ort als Stimulationsort. Die ersten Befunde aus offenen Studien an wenigen Patienten waren spektakulär. Über 50 % der völlig therapierefraktären Patienten verbesserten sich deutlich und das, wie Nachbeobachtungen zeigen, über eine längere Zeit. Inzwischen existieren drei doppelblinde therapeutische Studien zur THS des subgenualen ACC, die leider enttäuschend waren, da sich keine signifikanten Unterschiede zwischen Verum- und Placebobedingung zeigten (Holtzheimer et al. 2017). Mayberg selbst führt das darauf zurück, dass es sehr stark darauf ankomme, an welcher Stelle man genau stimuliert. Sie erarbeitet zurzeit Protokolle, die unter Nutzung einer anderen Technik (DTI, *diffusion tensor imaging*) den Verlauf von Faserbahnen vor Implantation darstellen, um präziser stimulieren zu können. Eine Gruppe um den deutschen Psychiater Thomas Schläpfer und den Neurochirurgen Volker Coenen hat mit der

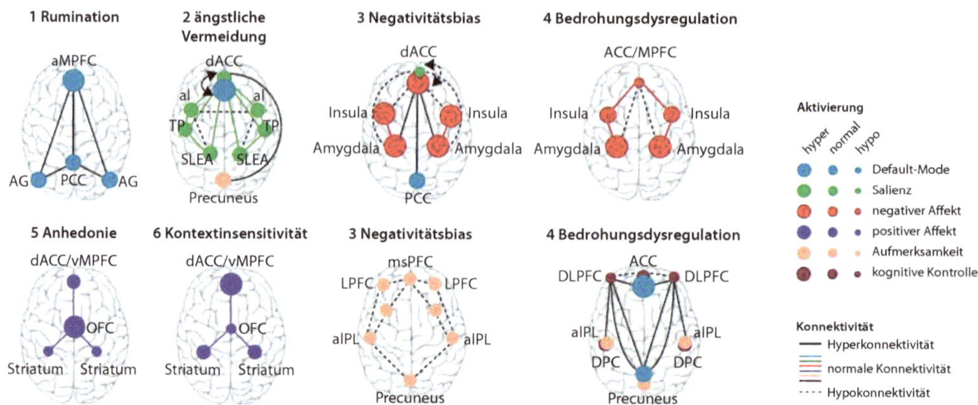

Abb. 12.4 Eine **Hypothese zu acht „Biotypen" des Angst-Depressions-Spektrums.** Hier ist, basierend auf einem Review der vorhandenen Evidenz aus Bildgebungsstudien, eine spekulative Hypothese gezeigt, wie sich sechs bekannte Hirnschaltkreise *(circuits)* zu acht postulierten klinischen Subtypen aus dem Angst-Depressions-Spektrum, die sich so im DSM-5 nicht finden, in Bezug auf ihre funktionelle Konnektivität verhalten. ACC anteriorer zingulärer Cortex, DLPFC dorsolateraler präfrontaler Cortex, DPC dorsal parietaler Cortex, MPFC medialer präfrontaler Cortex, OFC orbitofrontaler Cortex, PCC posteriorer zingulärer Cortex, PFC präfrontaler Cortex, SLEA *sublenticular extended amygdala*, TP temporaler Pole, aIPL anteriorer inferiorer parietaler Lobulus. (aus Walter 2017, nach Williams et al. 2016)

12

Stimulation einer anderen Struktur kürzlich ebenfalls beeindruckende Erfolge vorgelegt (Bewernick et al. 2017) die z. Zt. in verblindeten Studien überprüft werden. Sie stimulieren aufgrund von Bildgebungsstudien und theoretischen Überlegungen einen Trakt, der vom Hirnstamm zum „Belohnungszentrum", dem N. accumbens, zieht, das sog. mediale Vorderhirnbündel. Es bleibt abzuwarten, ob sich die sehr ermutigenden ersten Ergebnisse in den randomisierten, doppelblinden Studien bestätigen. Klar aber ist, dass diese Therapieformen ohne die moderne Neurobildgebung gar nicht hätten entwickelt werden können (aktueller Überblick in Kisely et al. 2018).

Eine weitere Forschungsrichtung ist die **computationale Neurowissenschaft** (Heinz 2017; Huys et al. 2016; Stephan et al. 2016). Anstatt alleine auf die Aktivierungsstärke oder Konnektivität in einfachen Aufgaben oder gar in Ruhe zu setzen, untersucht sie Netzwerke mithilfe computationaler Modelle kognitiver Prozesse. Zugrunde liegen in der Regel theoretische Modelle, die mathematisch formuliert beschreiben, wie bestimmte Informationsverarbeitungsschritte berechnet werden, etwa beim Belohnungslernen. Wenn man nun ein Verhalten im Scanner untersucht, kann man das Verhalten modellieren, Modellvergleiche anstellen und analysieren, inwieweit bestimmte Parameter des Modells (z. B. Lernrate, Belohnungssensitivität) mit der Hirnaktivität oder der Konnektivität korrelieren. Man könnte auch sagen: Statt mit einfachen Mitteln und wenig Theorie viele Patienten zu untersuchen (wie große Studien mit Resting State), studiert die computationale Neurowissenschaft komplexe Modelle bei eher wenigen Patienten sehr genau. Es bleibt abzuwarten, wie weit dieser Ansatz im Bereich der Depression trägt (vgl. dazu z. B. Huys et al. 2015).

12.5.8 Epigenetik und frühe Kindheit: Narben des Lebens

Schwere *stressful life events* sind bei Individuen mit einer familiären Belastung hinsichtlich depressiver Erkrankungen von besonderer Bedeutung. Die Heritabilität für die MDD liegt bei knapp 40 %. Andersherum betrachtet, bedeutet das, dass fast zwei Drittel der Varianz nicht durch genetische Faktoren erklärt werden können. Wenn bei Personen mit einer auch genetischen bedingten Bereitschaft zur Erkrankung stressvolle Ereignisse und Umstände auftreten, kann dies zum Auftreten der Erkrankungen führen (Gen-Umwelt-Interaktion).

Eine **frühkindliche Traumatisierung** ist ein bedeutender Risikofaktor für die Entwicklung einer Depression im Erwachsenenalter, insbesondere, wenn später zusätzlich belastende Lebensereignisse auftreten (Nanni et al. 2012; Nemeroff 2016). Traumatisierungen in der Kindheit können ebenfalls zu chronischen Entzündungsprozessen (Fagundes et al. 2013; Tursich et al. 2014) führen, welche somit die o. g. Prozesse unterhalten, insbesondere die erhöhten Cytokinlevel und den Hypercortisolismus. Insgesamt führen frühkindliche Vernachlässigung und Missbrauch zu einem deutlich erhöhten Risiko für verschiedene psychiatrische Erkrankungen (zusätzlich PTSD, Substanzmissbrauch, bipolare Störungen) und diversen anhaltenden neurobiologischen Veränderungen (Nemeroff 2016).

Sowohl frühkindliche Traumatisierung als auch weitere belastende Lebensereignisse (Jobverlust, Trennung etc.) können zu Veränderungen auf epigenetischer Ebene zu führen. Der Begriff „Epigenetik" bezieht sich auf alle strukturellen und molekularen Faktoren, welche die Genexpression ändern, ohne die Struktur der DNA zu verändern (Egger et al. 2004). Dazu zählen die Methylierung der DNA (führt in der Regel zu einer Stilllegung des entsprechenden Gens), die Modifikation von Histonen (Acetylierung und Methylierung der Proteine, um die sich die DNA wickelt), Chromatinremodellierung (Bewegung der Histone entlang der DNA), Einflüsse nicht codierender Mikro-RNA auf die Genexpression und schließlich, ein sehr neues Forschungsgebiet, die Änderung der Chromatinstruktur (Änderung der 3D-Anordnung z. B. in Form von Schleifen; Pena und Nestler 2018). Epigenetische Prozesse sind notwendig, damit Gene organspezifisch exprimiert werden und nicht organspezifische Gene stillgelegt werden. Sie sind v. a. in der Krebsforschung von Bedeutung, aber zunehmend auch in der psychiatrischen Forschung. Viele der Erkenntnisse sind im Tiermodell gewonnen worden, v. a. im Social-Defeat-Stress-Modell bei Mäusen. Beim lebenden Menschen besteht das Problem, dass es keinen direkten Zugang zum Hirngewebe gibt, epigenetische Veränderungen aber recht organspezifisch sind und meist nur peripher in Blut und Speichel bestimmt werden können.

Eine gute Übersicht über die inzwischen reichhaltigen Forschungen zu **Epigenetik und Depression** bieten die Übersichtsarbeiten des New Yorker Hirnforschers Eric Nestler (Nestler 2014; Pena und Nestler 2018). Im Folgenden sollen beispielhaft einige Ergebnisse zur DNA-Methylierung skizziert werden (Pena und Nestler 2018): So konnte im Nucleus accumbens von depressiven Menschen post mortem eine Erhöhung der De-novo-Methytransferase 3 (DMNT3a) festgestellt werden. Durch Tierexperimente konnte gezeigt werden, dass sie mit depressionsähnlichem Verhalten, das durch Social-Defeat-Stress erzeugt wurde, in Zusammenhang gebracht werden kann. In Patienten zeigt sich post mortem allerdings nicht eine globale, sondern eher eine regionale Hypermethylierung in Genen für die Entwicklung des Nervensystems, der Mitochondrien und der Immunregulation. Weiterhin gibt es eine Reihe von Untersuchungen von Kandidatengenen. So haben inzwischen mehr als 20 Studien die Methylierung des Neurotrophin BNDF im Blut oder Speichel untersucht. Die meisten fanden eine vermehrte Methylierung in dessen Promotorregion, die sich in einigen Studien nach antidepressiver Therapie reduzierte. Mehr als zehn Studien untersuchten das Gen für den Serotonintransporter (SCL6A4) und fanden in der Regel eine Hypermethylierung, die sich in einigen Studien nach Behandlung normalisierte. Und schließlich gibt es mehrere Studien, die eine Hypermethylierung von Genen fanden, die für die HPA-Achse von Relevanz sind, wie etwa des CRF-Promotors bei der Maus (reversibel durch Behandlung mit Antidepressiva) oder des Glucorticoidrezeptors im Hippocampus (NR3C1) sowohl bei der Maus als auch beim Menschen, v. a. mit frühkindlichen Stress.

Zu Mikro-RNAs gibt es eine Reihe von Untersuchungen auch beim Menschen, die ihre Beteiligung an der Genese von Depressionen nachlegen, v. a. aber auch als potenzielle Biomarker für Diagnose und das Ansprechen auf medikamentöse Behandlung fungieren könnten (v. a. MiR 1202, aber auch miR-146b-5p, miR-425-3p, miR-24-3p, miR-185, und miR-491-3p (Pena und Nestler 2018). Es bleibt abzuwarten, ob sich einige dieser Befunde auch als robust in großen epigenomweiten und Expressionsstudien bestätigen lassen. Die Epigenetik ist aber ein erneutes Beispiel, warum Forschung am Menschen, die oft nur korrelativ und mit Einschränkungen behaftet ist, mit Tierexperimenten zusammen gesehen werden muss, da nur hier Manipulationen möglich sind, die Kausalaussagen erlauben.

12.6 Ausblick: Integration oder Pluralismus?

Das bis heute bestehende Standardmodell ist – wie in ▶ Abschn. 12.4 geschildert – das Vulnerabilitäts-Stress-Modell. Dieses kann nun an vielen Stellen mit neurobiologischen Mechanismen unterlegt werden. Die grundlegendere Frage aber ist: Kann es überhaupt eine integrative Theorie geben, wenn es „die“ Depression in einem DSM-5-Sinne vielleicht gar nicht gibt? Wir erinnern uns, dass empirisch gezeigt werden konnte, dass es bei 3703 Patienten in der größten je durchgeführten Depressionsstudie (STAR*D-Studie) 1030 verschiedene Profile der Depression gab, die im Schnitt nur 3,6 Patienten miteinander teilten (Fried und Nesse 2015). Es gibt große Überschneidungen mit anderen Erkrankungen, insbesondere mit Angststörungen. Unkomplizierte depressive Episoden, die kürzer als zwei Monate waren und weder Suizidgedanken, psychotische Symptome, psychomotorische Auffälligkeiten oder Gefühle der Sinnlosigkeit beinhalteten, unterscheiden sich in ihrer Prognose nicht von normaler Trauer (Wakefield und Schmitz 2014). Eine Alternative zur Standardannahme, dass depressiven Symptomen eine gemeinsame Ursache, die Depression, zugrunde liegt, ist die Netzwerktheorie. Sie postuliert stattdessen, dass depressive Erkrankungen in den Symptomen selbst bestehen, die miteinander durch kausale Zusammenhänge verknüpft sind, die sich ganz individuell gestalten können (Borsboom et al. 2016). Ein anderer pluralistischer Ansatz, die sog. mechanistische Cluster-Eigenschaftstheorie (Kendler et al. 2011), versteht Depressionen als Syndrome mit einer Familienähnlichkeit, die durch kausale Faktoren auf verschiedenen Ebenen bedingt ist, ähnlich wie Arten in der Biologie definiert werden: Die verschiedenen Ausprägungen von Depressionen sind miteinander verwandt (sie „clustern“), d. h. ähneln sich mehr oder weniger, aber man findet immer auch „Verwandte“, die ganz unterschiedlich sind (Kendler et al. 2011). Die Familienähnlichkeit wird durch kausale Mechanismen erklärt, die bewirken, dass Exemplare mit (familien)ähnlichen Eigenschaften erzeugt werden. Diesen Kritikern des Modells „der“ Depression ist gemein, dass sie die Diagnose allein auf Grundlage des Zählens von Symptomen ohne Theorien ihrer Entstehung für den falschen Ansatz halten. Doch was sind die Alternativen? Eine davon wurde bereits vorgestellt, die diagnoseübergreifende Charakterisierung anhand grundlegender neurokognitiver Domänen auf verschiedenen Ebenen (RDoC).

Ein neuer interessanter Vorschlag stammt aus der evolutionären Psychologie, nämlich die evolutionär begründbare Genese („Trigger“) von depressiven Funktionsstörungen als Ausgangspunkt für eine Subtypsierung zu nehmen (Rantala et al. 2018). Diese Autoren gehen davon aus, dass ein depressives Reaktionsmuster eine evolutionär adaptive Antwort auf bestimmte, grundlegende Probleme sozialer Organismen ist. Einige dieser Subtypen sind klinisch schon bekannt (s. u.), und andere sind in älteren evolutionstheroretischen Ansätzen schon formuliert (die Theorie des sozialen Wettbewerbs, ▶ Abschn. 12.4). Rantala et al. (2018) wählen aber eine umfassende Systematik und identifizieren die folgenden zwölf Trigger: Infektionen, chronischer Stress („Melancholie"), Einsamkeit, traumatische Ereignisse, hierarchische Konflikte, Trauer, romantische Zurückweisung, postpartale Depressionen, jahreszeitliche Depressionen, chemische induzierte Depressionen, Depressionen durch somatische Erkrankungen, und durch Hungern induzierte Depressionen. Aus evolutionstheoretischer Sicht wird kein prinzipieller Unterschied zwischen körperlichen und „psychischen" Ursachen gemacht. Depressive Symptome sind zunächst als Adaptationen an die auslösenden Trigger gesehen, so ähnlich wie Fieber eine Reaktion auf einen Krankheitserreger sein kann oder ein hypomanischer Zustand eine adaptive Reaktion bei Verliebtheit. Sie sollten nur dann behandelt werden, wenn sie ein Ausmaß oder Dauer annehmen, die (zu stark) mal-adaptiv sind. Aus evolutionstheoretischer Sicht sind depressive Symptome ultimative Funktionen und neurobiologische Prozesse ihre proximaten Mechanismen.

Lässt sich aus all diesen Ansätzen ein Fazit ziehen? Vermutlich ja, und dieses könnte wie folgt lauten: Die DSM-5-Logik der Diagnose einer Depression erlaubt eine recht reliable Einordnung, die unabhängig von Ursachen ist. Darunter werden sich aber Subtypen herauskristallisieren, die durch ihre auslösenden Trigger, die beteiligten Mechanismen und die dadurch erfüllten Funktionen sich auch in Verlauf und Prognose unterscheiden werden lassen können. Eine RDoC-artige Charakterisierung wird möglicherweise zu mechanistisch basierten Subtypisierungen führen, die mit funktionalen Subtypen in Zusammenhang gebracht werden können. Es lässt sich spekulieren, dass sich dabei drei größere Subkategorien herausschälen könnten: Erstens funktionale Depressionen, die adaptative Funktionen erfüllen (z. B. Trauerreaktionen nach Verlusten, depressive Syndrome bei Infektionen und Erkrankungen, Kapitulationsdepressionen bei hierarchischen Konflikten), bei denen eine Therapie, wenn überhaupt nötig, die ursprünglich adaptativen Funktionen berücksichtigen muss. Zweitens Subtypen, die eher als Erkrankung anzusehen sind, bei denen bestimmte Mechanismen dominieren (z. B. Inflammation, Melancholie). Drittens eine Verlaufsform, die eine Art Endstrecke darstellt, d. h. chronische, häufig rezidivierende und schwere Depressionen, die sich stärker ähneln und bei denen physiologisch und psychologisch eingeschliffene Verhaltensroutinen oder physiologische Muster existieren, die von ihren Triggern entkoppelt sind. Natürlich sind die Grenzen dieser Subtypen nicht als starr anzusehen. Dennoch bleibt abschließend festzuhalten: Eine integrative Theorie der Depression wird nur gelingen, wenn sie pluralistisch genug ist, deskriptive Symptome, ihre triggerspezifischen Funktionen und proximate Mechanismen der Neurobiologie in einem kohärenten Ansatz zusammenzubringen und die Idee einer singulären Erkrankung, über die generalisiert wird, aufzugeben.

Literatur

Anacker C, Cattaneo A, Luoni A, Musaelyan K, Zunszain PA, Milanesi E, Pariante CM (2013) Glucocorticoid-related molecular signaling pathways regulating hippocampal neurogenesis. Neuropsychopharmacology 38(5):872–883. ▶ https://doi.org/10.1038/npp.2012.253

Angst J, Gamma A, Rossler W, Ajdacic V, Klein DN (2009) Long-term depression versus episodic major depression: results from the prospective Zurich study of a community sample. J Affect Disord 115(1–2):112–121. ▶ https://doi.org/10.1016/j.jad.2008.09.023

Azevedo Da Silva M, Singh-Manoux A, Brunner EJ, Kaffashian S, Shipley MJ, Kivimaki M, Nabi H (2012) Bidirectional association between physical activity and symptoms of anxiety and depression: the Whitehall II study. Eur J Epidemiol 27(7):537–546. ▶ https://doi.org/10.1007/s10654-012-9692-8

Bassett DS, Zurn P, Gold JI (2018) On the nature and use of models in network neuroscience. Nat Rev Neurosci. ▶ https://doi.org/10.1038/s41583-018-0038-8

Bauer ME, Teixeira AL (2018) Inflammation in psychiatric disorders: what comes first? Ann N Y Acad Sci. ▶ https://doi.org/10.1111/nyas.13712

Bercik P, Denou E, Collins J, Jackson W, Lu J, Jury J, et al. (2011) The intestinal microbiota affect central levels of brain-derived neurotropic factor and behavior in mice. Gastroenterology 141(2):599–609, e591–593. ▶ https://doi.org/10.1053/j.gastro.2011.04.052

Bewernick BH, Kayser S, Gippert SM, Switala C, Coenen VA, Schlaepfer TE (2017) Deep brain stimulation to the medial forebrain bundle for depression-long-term outcomes and a novel data analysis strategy. Brain Stimul 10(3):664–671. ▶ https://doi.org/10.1016/j.brs.2017.01.581

Bleys D, Luyten P, Soenens B, Claes S (2018) Gene-environment interactions between stress and 5-HTTLPR in depression: a meta-analytic update. J Affect Disord 226:339–345. ▶ https://doi.org/10.1016/j.jad.2017.09.050

Bolwig TG (2011) How does electroconvulsive therapy work? Theories on its mechanism. Can J Psychiatry 56(1):13–18. ▶ https://doi.org/10.1177/070674371105600104

Borsboom D, Rhemtulla M, Cramer AO, van der Maas HL, Scheffer M, Dolan CV (2016) Kinds versus continua: a review of psychometric approaches to uncover the structure of psychiatric constructs. Psychol Med 46(8):1567–1579. ▶ https://doi.org/10.1017/S0033291715001944

Braun C, Bschor T, Franklin J, Baethge C (2016) Suicides and suicide attempts during long-term treatment with antidepressants: a meta-analysis of 29 placebo-controlled studies including 6,934 patients with major depressive disorder. Psychother Psychosom 85(3):171–179. ▶ https://doi.org/10.1159/000442293

Bschor T, Baethge C, Hiemke C, Muller-Oerlinghausen B (2017) Genetic tests for controlling treatment with antidepressants. Nervenarzt 88(5):495–499. ▶ https://doi.org/10.1007/s00115-017-0310-6

Bullmore E (2018) The inflamed mind: a radical new approach to depression. Short Books, London

Bundesamt S (2015) Todesursachenstatistik. ▶ https://www.gbe-bund.de/oowa921-install/servlet/oowa/aw92/dboowasys921.xwdevkit/xwd_init?gbe.isgbetol/xs_start_neu/&p_aid=3&p_aid=10324223&nummer=670&p_sprache=D&p_indsp=-&p_aid=66408671

Canuso CM, Singh JB, Fedgchin M, Alphs L, Lane R, Lim P, Drevets WC (2018) Efficacy and safety of intranasal esketamine for the rapid reduction of symptoms of depression and suicidality in patients at imminent risk for suicide: results of a double-blind, randomized. Placebo-Controlled Study. Am J Psychiatry 175(7):620–630. ▶ https://doi.org/10.1176/appi.ajp.2018.17060720

Capuron L, Miller AH (2011) Immune system to brain signaling: neuropsychopharmacological implications. Pharmacol Ther 130(2):226–238. ▶ https://doi.org/10.1016/j.pharmthera.2011.01.014

Caspi A, Sugden K, Moffitt TE, Taylor A, Craig IW, Harrington H, Poulton R (2003) Influence of life stress on depression: moderation by a polymorphism in the 5-HTT gene. Science 301(5631):386–389. ▶ https://doi.org/10.1126/science.1083968

Cepeda MS, Katz EG, Blacketer C (2017) Microbiome-gut-brain axis: probiotics and their association with depression. J Neuropsychiatry Clin Neurosci 29(1):39–44. ▶ https://doi.org/10.1176/appi.neuropsych.15120410

Cipriani A, Furukawa TA, Salanti G, Chaimani A, Atkinson LZ, Ogawa Y, Geddes JR (2018) Comparative efficacy and acceptability of 21 antidepressant drugs for the acute treatment of adults with major depressive disorder: a systematic review and network meta-analysis. Lancet 391(10128):1357–1366. ▶ https://doi.org/10.1016/S0140-6736(17)32802-7

Crowell AL, Garlow SJ, Riva-Posse P, Mayberg HS (2015) Characterizing the therapeutic response to deep brain stimulation for treatment-resistant depression: a single center long-term perspective. Front Integr Neurosci 9:41. ▶ https://doi.org/10.3389/fnint.2015.00041

Culverhouse RC, Saccone NL, Bierut LJ (2018) The state of knowledge about the relationship between 5-HTTLPR, stress, and depression. J Affect Disord 228:205–206. ▶ https://doi.org/10.1016/j.jad.2017.12.002

Dantzer R (2017) Role of the kynurenine metabolism pathway in inflammation-induced depression: preclinical approaches. Curr Top Behav Neurosci 31:117–138. ▶ https://doi.org/10.1007/7854_2016_6

Dantzer R, O'Connor JC, Freund GG, Johnson RW, Kelley KW (2008) From inflammation to sickness and depression: when the immune system subjugates the brain. Nat Rev Neurosci 9(1):46–56. ▶ https://doi.org/10.1038/nrn2297

DGPPN, B., KBV, AWMF, AkdÄ, BPtK, BApK, DAGSHG, DEGAM, DGPM, DGPs, DGRW für die Leitliniengruppe Unipolare Depression (2015) S. 3-Leitlinie/Nationale VersorgungsLeitlinie Unipolare Depression – Langfassung, 1. Aufl. Version 5. 2009, zuletzt verändert: Juni 2015. ▶ www.depression.versorgungsleitlinien.de

Dillon DG, Rosso IM, Pechtel P, Killgore WD, Rauch SL, Pizzagalli DA (2014) Peril and pleasure: an rdoc-inspired examination of threat responses and reward processing in anxiety and depression. Depress Anxiety 31(3):233–249. ▶ https://doi.org/10.1002/da.22202

12

Egger G, Liang G, Aparicio A, Jones PA (2004) Epigenetics in human disease and prospects for epigenetic therapy. Nature 429(6990):457–463. ▶ https://doi.org/10.1038/nature02625

Erk S, Mikschl A, Stier S, Ciaramidaro A, Gapp V, Weber B, Walter H (2010) Acute and sustained effects of cognitive emotion regulation in major depression. J Neurosci 30(47):15726–15734. ▶ https://doi.org/10.1523/JNEUROSCI.1856-10.2010

Eyre H, Baune BT (2012) Neuroplastic changes in depression: a role for the immune system. Psychoneuroendocrinology 37(9):1397–1416. ▶ https://doi.org/10.1016/j.psyneuen.2012.03.019

Fagundes CP, Glaser R, Kiecolt-Glaser JK (2013) Stressful early life experiences and immune dysregulation across the lifespan. Brain Behav Immun 27(1):8–12. ▶ https://doi.org/10.1016/j.bbi.2012.06.014

Fournier JC, DeRubeis RJ, Hollon SD, Dimidjian S, Amsterdam JD, Shelton RC, Fawcett J (2010) Antidepressant drug effects and depression severity: a patient-level meta-analysis. JAMA 303(1):47–53. ▶ https://doi.org/10.1001/jama.2009.1943

Fried EI, Nesse RM (2015) Depression is not a consistent syndrome: an investigation of unique symptom patterns in the STAR*D study. J Affect Disord 172:96–102. ▶ https://doi.org/10.1016/j.jad.2014.10.010

Gan Y, Gong Y, Tong X, Sun H, Cong Y, Dong X, Lu Z (2014) Depression and the risk of coronary heart disease: a meta-analysis of prospective cohort studies. BMC Psychiatry 14:371. ▶ https://doi.org/10.1186/s12888-014-0371-z

Gartlehner G, Hansen RA, Morgan LC, Thaler K, Lux L, Van Noord M, Lohr KN (2011) Comparative benefits and harms of second-generation antidepressants for treating major depressive disorder: an updated meta-analysis. Ann Intern Med 155(11):772–785. ▶ https://doi.org/10.7326/0003-4819-155-11-201112060-00009

Gilman SE, Trinh NH, Smoller JW, Fava M, Murphy JM, Breslau J (2013) Psychosocial stressors and the prognosis of major depression: a test of Axis IV. Psychol Med 43(2):303–316. ▶ https://doi.org/10.1017/S0033291712001080

Gleeson M, Bishop NC, Stensel DJ, Lindley MR, Mastana SS, Nimmo MA (2011) The anti-inflammatory effects of exercise: mechanisms and implications for the prevention and treatment of disease. Nat Rev Immunol 11(9):607–615. ▶ https://doi.org/10.1038/nri3041

Goldsmith DR, Rapaport MH, Miller BJ (2016) A meta-analysis of blood cytokine network alterations in psychiatric patients: comparisons between schizophrenia, bipolar disorder and depression. Mol Psychiatry 21(12):1696–1709. ▶ https://doi.org/10.1038/mp.2016.3

Haapakoski R, Mathieu J, Ebmeier KP, Alenius H, Kivimaki M (2015) Cumulative meta-analysis of interleukins 6 and 1beta, tumour necrosis factor alpha and C-reactive protein in patients with major depressive disorder. Brain Behav Immun 49:206–215. ▶ https://doi.org/10.1016/j.bbi.2015.06.001

Hammen C (2005) Stress and depression. Annu Rev Clin Psychol 1:293–319. ▶ https://doi.org/10.1146/annurev.clinpsy.1.102803.143938

Harkness KL, Theriault JE, Stewart JG, Bagby RM (2014) Acute and chronic stress exposure predicts 1-year recurrence in adult outpatients with residual depression symptoms following response to treatment. Depress Anxiety 31(1):1–8. ▶ https://doi.org/10.1002/da.22177

Hasin DS, Goodwin RD, Stinson FS, Grant BF (2005) Epidemiology of major depressive disorder: results from the national epidemiologic survey on alcoholism and related conditions. Arch Gen Psychiatry 62(10):1097–1106. ▶ https://doi.org/10.1001/archpsyc.62.10.1097

Hasin DS, Sarvet AL, Meyers JL, Saha TD, Ruan WJ, Stohl M, Grant BF (2018) Epidemiology of adult DSM-5 major depressive disorder and its specifiers in the United States. JAMA Psychiatry 75(4):336–346. ▶ https://doi.org/10.1001/jamapsychiatry.2017.4602

Heinz A (2017) A new understanding of mental disorders. Computational models for dimensional psychiatry. The MIT Press, Cambridge

Holtzheimer PE, Husain MM, Lisanby SH, Taylor SF, Whitworth LA, McClintock S, Mayberg HS (2017) Subcallosal cingulate deep brain stimulation for treatment-resistant depression: a multisite, randomised, sham-controlled trial. Lancet Psychiatry 4(11):839–849. ▶ https://doi.org/10.1016/S2215-0366(17)30371-1

Huys QJ, Daw ND, Dayan P (2015) Depression: a decision-theoretic analysis. Annu Rev Neurosci 38:1–23. ▶ https://doi.org/10.1146/annurev-neuro-071714-033928

Huys QJ, Maia TV, Frank MJ (2016) Computational psychiatry as a bridge from neuroscience to clinical applications. Nat Neurosci 19(3):404–413. ▶ https://doi.org/10.1038/nn.4238

Jakobsen JC, Katakam KK, Schou A, Hellmuth SG, Stallknecht SE, Leth-Moller K et al. (2017) Selective serotonin reuptake inhibitors versus placebo in patients with major depressive disorder. A systematic review with meta-analysis and trial sequential analysis. BMC Psychiatry 17(1):58. ▶ https://doi.org/10.1186/s12888-016-1173-2

Jiang H, Ling Z, Zhang Y, Mao H, Ma Z, Yin Y, Ruan B (2015) Altered fecal microbiota composition in patients with major depressive disorder. Brain Behav Immun 48:186–194. ▶ https://doi.org/10.1016/j.bbi.2015.03.016

Kendler KS, Zachar P, Craver C (2011) What kinds of things are psychiatric disorders? Psychol Med 41(6):1143–1150. ▶ https://doi.org/10.1017/S0033291710001844

Kiecolt-Glaser JK, Derry HM, Fagundes CP (2015) Inflammation: depression fans the flames and feasts on the heat. Am J Psychiatry 172(11):1075–1091. ▶ https://doi.org/10.1176/appi.ajp.2015.15020152

Kisely S, Li A, Warren N, Siskind D (2018) A systematic review and meta-analysis of deep brain stimulation for depression. Depress Anxiety 35(5):468–480. ▶ https://doi.org/10.1002/da.22746

Kishimoto T, Chawla JM, Hagi K, Zarate CA, Kane JM, Bauer M, Correll CU (2016) Single-dose infusion ketamine and non-ketamine N-methyl-d-aspartate receptor antagonists for unipolar and bipolar depression: a meta-analysis of efficacy, safety and time trajectories. Psychol Med 46(7):1459–1472. ▶ https://doi.org/10.1017/S0033291716000064

Köhler S, Betzler F (2015) Ketamine–a new treatment option for therapy-resistant depression. Fortschr Neurol Psychiatr 83(2):91–97. ▶ https://doi.org/10.1055/s-0034-1398967

Köhler S, Stover LA, Bschor T (2014) [MAO-inhibitors–a treatment option for treatment resistant depression: application, efficacy and characteristics]. Fortschr Neurol Psychiatr 82(4), 228–236; quiz 237–228. ▶ https://doi.org/10.1055/s-0034-1365945

12 Köhler S, Fischer T, Brakemeier EL, Sterzer P (2015) Successful treatment of severe persistent depressive disorder with a sequential approach: electroconvulsive therapy followed by cognitive behavioural analysis system of psychotherapy. Psychother Psychosom 84(2):127–128. ▶ https://doi.org/10.1159/000369847

Kornhuber J, Muller CP, Becker KA, Reichel M, Gulbins E (2014) The ceramide system as a novel antidepressant target. Trends Pharmacol Sci 35(6):293–304. ▶ https://doi.org/10.1016/j.tips.2014.04.003

Kraus C, Castren E, Kasper S, Lanzenberger R (2017) Serotonin and neuroplasticity – links between molecular, functional and structural pathophysiology in depression. Neurosci Biobehav Rev 77:317–326. ▶ https://doi.org/10.1016/j.neubiorev.2017.03.007

Krauth C, Stahmeyer JT, Petersen JJ, Freytag A, Gerlach FM, Gensichen J (2014) Resource utilisation and costs of depressive patients in Germany: results from the primary care monitoring for depressive patients trial. Depress Res Treat 2014:730891. ▶ https://doi.org/10.1155/2014/730891

Krogh J, Hjorthoj C, Speyer H, Gluud C, Nordentoft M (2017) Exercise for patients with major depression: a systematic review with meta-analysis and trial sequential analysis. BMJ Open 7(9):e014820. ▶ https://doi.org/10.1136/bmjopen-2016-014820

Kvam S, Kleppe CL, Nordhus IH, Hovland A (2016) Exercise as a treatment for depression: a meta-analysis. J Affect Disord 202:67–86. ▶ https://doi.org/10.1016/j.jad.2016.03.063

Laux G, Dietmaier O (2018) Antidepressiva. In: Laux G, Dietmaier O (Hrsg) Psychopharmaka. Springer, Berlin, S 89

Li BJ, Friston K, Mody M, Wang HN, Lu HB, Hu DW (2018) A brain network model for depression: from symptom understanding to disease intervention. CNS Neurosci Ther. ▶ https://doi.org/10.1111/cns.12998

Lopez AD, Mathers CD, Ezzati M, Jamison DT, Murray CJ (2006) Global and regional burden of disease and risk factors, 2001: systematic analysis of population health data. Lancet 367(9524):1747–1757. doi:S. 0140-6736(06)68770-9 [pii] ▶ https://doi.org/10.1016/s0140-6736(06)68770-9

Luppino FS, de Wit LM, Bouvy PF, Stijnen T, Cuijpers P, Penninx BW, Zitman FG (2010) Overweight, obesity, and depression: a systematic review and meta-analysis of longitudinal studies. Arch Gen Psychiatry 67(3):220–229. ▶ https://doi.org/10.1001/archgenpsychiatry.2010.2

Mahar I, Bambico FR, Mechawar N, Nobrega JN (2014) Stress, serotonin, and hippocampal neurogenesis in relation to depression and antidepressant effects. Neurosci Biobehav Rev 38:173–192. ▶ https://doi.org/10.1016/j.neubiorev.2013.11.009

Mattejat F, Remschmidt H (2008) Kinder psychisch kranker Eltern. Dtsch Arztebl 105(23):413–418

Mayer EA, Knight R, Mazmanian SK, Cryan JF, Tillisch K (2014) Gut microbes and the brain: paradigm shift in neuroscience. J Neurosci 34(46):15490–15496. ▶ https://doi.org/10.1523/JNEUROSCI.3299-14.2014

Milaneschi Y, Bandinelli S, Penninx BW, Vogelzangs N, Corsi AM, Lauretani F, Ferrucci L (2011) Depressive symptoms and inflammation increase in a prospective study of older adults: a protective effect of a healthy (Mediterranean-style) diet. Mol Psychiatry 16(6):589–590. ▶ https://doi.org/10.1038/mp.2010.113

Murphy JA, Byrne GJ (2012) Prevalence and correlates of the proposed DSM-5 diagnosis of Chronic Depressive Disorder. J Affect Disord 139(2):172–180. ▶ https://doi.org/10.1016/j.jad.2012.01.033

Murray CJ, Richards MA, Newton JN, Fenton KA, Anderson HR, Atkinson C, Davis A (2013) UK health performance: findings of the global burden of disease study 2010. Lancet 381(9871):997–1020. ▶ https://doi.org/10.1016/S0140-6736(13)60355-4

Nagel M, Jansen PR, Stringer S, Watanabe K, de Leeuw CA, Bryois J, Posthuma D (2018) Meta-analysis of genome-wide association studies for neuroticism in 449,484 individuals identifies novel genetic loci and pathways. Nat Genet 50(7):920–927. ▶ https://doi.org/10.1038/s41588-018-0151-7

Nanni V, Uher R, Danese A (2012) Childhood maltreatment predicts unfavorable course of illness and treatment outcome in depression: a meta-analysis. Am J Psychiatry 169(2):141–151. ▶ https://doi.org/10.1176/appi.ajp.2011.11020335

Naseribafrouei A, Hestad K, Avershina E, Sekelja M, Linlokken A, Wilson R, Rudi K (2014) Correlation between the human fecal microbiota and depression. Neurogastroenterol Motil 26(8):1155–1162. ▶ https://doi.org/10.1111/nmo.12378

Nemeroff CB (2016) Paradise LOST: The Neurobiological and Clinical Consequences of Child Abuse and Neglect. Neuron 89(5):892–909. ▶ https://doi.org/10.1016/j.neuron.2016.01.019

Nestler EJ (2014) Epigenetic mechanisms of depression. JAMA Psychiatry 71(4):454–456. ▶ https://doi.org/10.1001/jamapsychiatry.2013.4291

Nutt DJ (2008) Relationship of neurotransmitters to the symptoms of major depressive disorder. J Clin Psychiatry 69(E1):4–7

Olesen MV, Wortwein G, Folke J, Pakkenberg B (2017) Electroconvulsive stimulation results in long-term survival of newly generated hippocampal neurons in rats. Hippocampus 27(1):52–60. ▶ https://doi.org/10.1002/hipo.22670

Otte C, Gold SM, Penninx BW, Pariante CM, Etkin A, Fava M, Schatzberg AF (2016) Major depressive disorder. Nat Rev Dis Primers 2:16065. ▶ https://doi.org/10.1038/nrdp.2016.65

Pan A, Sun Q, Okereke OI, Rexrode KM, Hu FB (2011) Depression and risk of stroke morbidity and mortality: a meta-analysis and systematic review. JAMA 306(11):1241–1249. ▶ https://doi.org/10.1001/jama.2011.1282

Pan JX, Xia JJ, Deng FL, Liang WW, Wu J, Yin BM, Xie P (2018) Diagnosis of major depressive disorder based on changes in multiple plasma neurotransmitters: a targeted metabolomics study. Transl Psychiatry 8(1):130. ▶ https://doi.org/10.1038/s41398-018-0183-x

Pena CJ, Nestler EJ (2018) Progress in epigenetics of Depression. Prog Mol Biol Transl Sci 157:41–66. ▶ https://doi.org/10.1016/bs.pmbts.2017.12.011

Polyakova M, Stuke K, Schuemberg K, Mueller K, Schoenknecht P, Schroeter ML (2015) BDNF as a biomarker for successful treatment of mood disorders: a systematic & quantitative meta-analysis. J Affect Disord 174:432–440. ▶ https://doi.org/10.1016/j.jad.2014.11.044

Prins J, Olivier B, Korte SM (2011) Triple reuptake inhibitors for treating subtypes of major depressive disorder: the monoamine hypothesis revisited. Expert Opin Investig Drugs 20(8):1107–1130. ▶ https://doi.org/10.1517/13543784.2011.594039

Quinlan EB, Cattrell A, Jia T, Artiges E, Banaschewski T, Barker G, Consortium I (2017) Psychosocial stress and brain function in adolescent psychopathology. Am J Psychiatry 174(8):785–794. ▶ https://doi.org/10.1176/appi.ajp.2017.16040464

Raison CL, Miller AH (2011) Is depression an inflammatory disorder? Curr Psychiatry Rep 13(6):467–475. ▶ https://doi.org/10.1007/s11920-011-0232-0

Rantala MJ, Luoto S, Krams I, Karlsson H (2018) Depression subtyping based on evolutionary psychiatry: proximate mechanisms and ultimate functions. Brain Behav Immun 69:603–617. ▶ https://doi.org/10.1016/j.bbi.2017.10.012

Rethorst CD, Toups MS, Greer TL, Nakonezny PA, Carmody TJ, Grannemann BD, Trivedi MH (2013) Pro-inflammatory cytokines as predictors of antidepressant effects of exercise in major depressive disorder. Mol Psychiatry 18(10):1119–1124. ▶ https://doi.org/10.1038/mp.2012.125

Rocha RB, Dondossola ER, Grande AJ, Colonetti T, Ceretta LB, Passos IC, da Rosa MI (2016) Increased BDNF levels after electroconvulsive therapy in patients with major depressive disorder: a meta-analysis study. J Psychiatr Res 83:47–53. ▶ https://doi.org/10.1016/j.jpsychires.2016.08.004

Romijn AR, Rucklidge JJ, Kuijer RG, Frampton C (2017) A double-blind, randomized, placebo-controlled trial of Lactobacillus helveticus and Bifidobacterium longum for the symptoms of depression. Aust NZ J Psychiatry 51(8):810–821. ▶ https://doi.org/10.1177/0004867416686694

Ruhe HG, Mason NS, Schene AH (2007) Mood is indirectly related to serotonin, norepinephrine and dopamine levels in humans: a meta-analysis of monoamine depletion studies. Mol Psychiatry 12(4):331–359. ▶ https://doi.org/10.1038/sj.mp.4001949

Rush AJ (2007) STAR*D: what have we learned? Am J Psychiatry 164(2):201–204. ▶ https://doi.org/10.1176/ajp.2007.164.2.201

Sanacora G, Treccani G, Popoli M (2012) Towards a glutamate hypothesis of depression: an emerging frontier of neuropsychopharmacology for mood disorders. Neuropharmacology 62(1):63–77. ▶ https://doi.org/10.1016/j.neuropharm.2011.07.036

Sattar Y, Wilson J, Khan AM, Adnan M, Azzopardi Larios D, Shrestha S, Rumesa F (2018) A review of the mechanism of antagonism of N-methyl-D-aspartate receptor by ketamine in treatment-resistant depression. Cureus 10(5):e2652. ► https://doi.org/10.7759/cureus.2652

Savitz JB, Drevets WC (2013) Neuroreceptor imaging in depression. Neurobiol Dis 52:49–65. ► https://doi.org/10.1016/j.nbd.2012.06.001

Schefft C, Kilarski LL, Bschor T, Kohler S (2017) Efficacy of adding nutritional supplements in unipolar depression: a systematic review and meta-analysis. Eur Neuropsychopharmacol 27(11):1090–1109. ► https://doi.org/10.1016/j.euroneuro.2017.07.004

Schildkraut JJ, Kety SS (1967) Biogenic amines and emotion. Science 156(3771):21–37

Simon GE, VonKorff M, Piccinelli M, Fullerton C, Ormel J (1999) An international study of the relation between somatic symptoms and depression. N Engl J Med 341(18):1329–1335. ► https://doi.org/10.1056/NEJM199910283411801

Slyepchenko A, Maes M, Jacka FN, Kohler CA, Barichello T, McIntyre RS, Carvalho AF (2017) Gut microbiota, bacterial translocation, and interactions with diet: pathophysiological links between major depressive disorder and non-communicable medical comorbidities. Psychother Psychosom 86(1):31–46. ► https://doi.org/10.1159/000448957

Smith KA, Cipriani A (2017) Lithium and suicide in mood disorders: updated meta-review of the scientific literature. Bipolar Disord 19(7):575–586. ► https://doi.org/10.1111/bdi.12543

Stephan KE, Bach DR, Fletcher PC, Flint J, Frank MJ, Friston KJ, Breakspear M (2016) Charting the landscape of priority problems in psychiatry, part 1: classification and diagnosis. Lancet Psychiatry 3(1):77–83. ► https://doi.org/10.1016/S2215-0366(15)00361-2

Stetler C, Miller GE (2011) Depression and hypothalamic-pituitary-adrenal activation: a quantitative summary of four decades of research. Psychosom Med 73(2):114–126. ► https://doi.org/10.1097/PSY.0b013e31820ad12b

Sullivan PF, Daly MJ, O'Donovan M (2012) Genetic architectures of psychiatric disorders: the emerging picture and its implications. Nat Rev Genet 13(8):537–551. ► https://doi.org/10.1038/nrg3240

Thiebaut de Schotten M, Walter H, Sabuncu MJ, Holmes AJ, Gramfort A, Varoquaux GP et al. (2018) Subspecialization within default mode nodes in 10,000 UK Biobank participants. PNAS, in revision

Trautmann S, Beesdo-Baum K (2017) The treatment of depression in primary care. Dtsch Arztebl Int 114(43):721–728. ► https://doi.org/10.3238/arztebl.2017.0721

Tursich M, Neufeld RW, Frewen PA, Harricharan S, Kibler JL, Rhind SG, Lanius RA (2014) Association of trauma exposure with proinflammatory activity: a transdiagnostic meta-analysis. Transl Psychiatry 4:e413. ► https://doi.org/10.1038/tp.2014.56

Udina M, Castellvi P, Moreno-Espana J, Navines R, Valdes M, Forns X, Martin-Santos R (2012) Interferon-induced depression in chronic hepatitis C: a systematic review and meta-analysis. J Clin Psychiatry 73(8):1128–1138. ► https://doi.org/10.4088/JCP.12r07694

Uk, ECT Review Group (2003) Efficacy and safety of electroconvulsive therapy in depressive disorders: a systematic review and meta-analysis. Lancet 361(9360):799–808. ► https://doi.org/10.1016/S0140-6736(03)12705-5

Vasic N, Wolf RC, Walter H (2007) [Executive functions in patients with depression. The role of prefrontal activation]. Nervenarzt 78(6):628, 630–622, 634–626 passim. ► https://doi.org/10.1007/s00115-006-2240-6

Wakefield JC, Schmitz MF (2014) Predictive validation of single-episode uncomplicated depression as a benign subtype of unipolar major depression. Acta Psychiatr Scand 129(6):445–457. ► https://doi.org/10.1111/acps.12184

Walter H (2017) Research domain criteria (RDoC): psychiatric research as applied cognitive neuroscience. Nervenarzt 88(5):538–548. ► https://doi.org/10.1007/s00115-017-0284-4

Walter H, Schnell K, Erk S, Arnold C, Kirsch P, Esslinger C, Meyer-Lindenberg A (2011) Effects of a genome-wide supported psychosis risk variant on neural activation during a theory-of-mind task. Mol Psychiatry 16(4):462–470. ► https://doi.org/10.1038/mp.2010.18

Williams LM, Goldstein-Piekarski AN, Chowdhry N, Grisanzio KA, Haug NA, Samara Z, Yesavage J (2016) Developing a clinical translational neuroscience taxonomy for anxiety and mood disorder: protocol for the baseline-follow up research domain criteria anxiety and depression („RAD") project. BMC Psychiatry 16:68. ► https://doi.org/10.1186/s12888-016-0771-3

Williams NR, Heifets BD, Blasey C, Sudheimer K, Pannu J, Pankow H et al. (2018) Attenuation of Antidepressant Effects of Ketamine by Opioid Receptor Antagonism. Am J Psychiatry, appi-ajp201818020138. ► https://doi.org/10.1176/appi.ajp.2018.18020138

Wittchen H-U (2011) Klinische Psychologie & Psychotherapie. Springer, Berlin, ISBN 978-3-642-13017-5, Kap. 2, S. 21–23, 833 f

Wittchen HU, Jacobi F, Rehm J, Gustavsson A, Svensson M, Jonsson B, Steinhausen HC (2011) The size and burden of mental disorders and other disorders of the brain in Europe 2010. Eur Neuropsychopharmacol 21(9):655–679. ► https://doi.org/10.1016/j.euroneuro.2011.07.018

Wray NR, Ripke S, Mattheisen M, Trzaskowski M, Byrne EM, Abdellaoui A, Major Depressive Disorder Working Group of the Psychiatric Genomics, C (2018a) Genome-wide association analyses identify 44 risk variants and refine the genetic architecture of major depression. Nat Genet 50(5):668–681. ▶ https://doi.org/10.1038/s41588-018-0090-3

Wray NH, Schappi JM, Singh H, Senese NB, Rasenick MM (2018b) NMDAR-independent, cAMP-dependent antidepressant actions of ketamine. Mol Psychiatry. ▶ https://doi.org/10.1038/s41380-018-0083-8

Zaki NFW, Spence DW, BaHammam AS, Pandi-Perumal SR, Cardinali DP, Brown GM (2018) Chronobiological theories of mood disorder. Eur Arch Psychiatry Clin Neurosci 268(2):107–118. ▶ https://doi.org/10.1007/s00406-017-0835-5

Zalesky A, Fornito A, Bullmore E (2012) On the use of correlation as a measure of network connectivity. Neuroimage 60(4):2096–2106. ▶ https://doi.org/10.1016/j.neuroimage.2012.02.001

Zanos P, Moaddel R, Morris PJ, Georgiou P, Fischell J, Elmer GI, Gould TD (2016) NMDAR inhibition-independent antidepressant actions of ketamine metabolites. Nature 533(7604):481–486. ▶ https://doi.org/10.1038/nature17998

Zhang JC, Yao W, Hashimoto K (2016) Brain-derived Neurotrophic Factor (BDNF)-TrkB signaling in inflammation-related depression and potential therapeutic targets. Curr Neuropharmacol 14(7):721–731

Angststörungen

Jens Plag und Andreas Ströhle

G. Roth et al. (Hrsg.), *Psychoneurowissenschaften*, https://doi.org/10.1007/978-3-662-59038-6_13

Das Kapitel beleuchtet „die Angst" als ein Kontinuum vom normalpsychologischen und funktionalen Phänomen bis hin zum pathologischen Zustand, der in Form kategorialer Angststörungen zu einer ausgeprägten psychosozialen Beeinträchtigung der Betroffenen führt. Neben der störungsspezifischen Symptomatik, wichtigen epidemiologischen Eckdaten und den gegenwärtigen Behandlungsoptionen der Angststörungen werden vor allem die psychologischen und biologischen Grundlagen bzw. Korrelate dieser Erkrankungsgruppe sowie die Rolle von Stress als wichtigem symptomauslösenden und -aufrechterhaltenden Faktor dargestellt. Hierdurch sollen ein Überblick über das multifaktorielle Bedingungsgefüge in der Entstehung krankheitswertiger Angst ermöglicht und insbesondere die wechselseitigen Beziehungen zwischen den einzelnen Aspekten verdeutlicht werden.

Lernziele

Der Leser soll durch dieses Kapitel mit der jeweiligen Symptomatik, den klinischen Charakteristika und den krankheitsbegünstigenden sowie symptomauslösenden und -aufrechterhaltenden Faktoren der Angststörungen vertraut gemacht werden und anschließend die Rationale der gegenwärtigen Therapieverfahren nachvollziehen können.

13

Beispiel

Die 34-jährige Luise T. stellt sich in Begleitung ihres Partners in der ambulanten Sprechstunde eines Psychiaters vor. Sie berichtet dem Arzt, dass vor ca. einem halben Jahr zum ersten Mal in einer Fußgängerzone „wie aus dem Nichts" eine Symptomatik aus Herzrasen, Schwitzen, Zittern, Schwindel, einem starken Harndrang, Übelkeit, einem Unwirklichkeitserleben („ich habe die Umwelt wie durch eine Milchglasscheibe wahrgenommen"), einem Gefühl des Kontrollverlustes über die Situation sowie Todesangst aufgetreten sei. Damals habe sie in Vorbereitung des Familienurlaubs gemeinsam mit ihrem Ehemann und ihrer Tochter Einkäufe erledigt. Aufgrund eines engen Zeitplans und der damit zusammenhängenden „Quengeleien" des Kindes sei die Patientin situativ „ziemlich gestresst" gewesen. Auch habe sie zu diesem Zeitpunkt vor allem durch eine berufliche Mehrbelastung bereits mittelfristig stark unter Druck gestanden. Obwohl die Symptomatik sich nach ca. einer Viertelstunde wieder zurückgebildet habe, sei sie von ihrem Mann unmittelbar in eine Notaufnahme eines nahegelegenen Krankenhauses gefahren worden, um sich „durchchecken" zu lassen („wir wussten ja nicht, was los war, und ich wollte was Schlimmes wie einen Herzinfarkt oder Schlaganfall ausschließen"). Dort haben ein EKG und eine Blutuntersuchung jedoch keine auffälligen Ergebnisse erbracht. Die Ärztin habe jedoch aufgrund der Symptomschilderung bereits hier den Verdacht auf eine Panikattacke gestellt und für den Fall, dass die Symptomatik erneut auftreten sollte, eine Vorstellung bei einem Psychiater oder einer Psychotherapeutin empfohlen. Nachdem die Patientin einige Tage „Ruhe gehabt habe", sei die Symptomatik schließlich erneut aufgetreten; diesmal habe sie gerade in der Küche gestanden und das Abendessen zubereitet. Es sei sehr heiß gewesen und sie habe bereits zuvor das Gefühl gehabt, nicht richtig Luft zu bekommen. Bei vergleichbarer Symptomkonstellation seien insbesondere das Herzrasen und der Schwindel jedoch diesmal viel ausgeprägter gewesen und Frau T. habe befürchtet, verrückt zu werden. Nachdem die Symptomatik erneut nach ca. 20 min abgeklungen sei, habe sie eine Schlaftablette eingenommen und sich ins Bett gelegt. Die nächsten Tage habe sie sich erst einmal krank gemeldet und sich körperlich geschont, um die Symptome nicht zu „provozieren". In den folgenden Tagen seien die Angstattacken zwar ausgeblieben; es habe sich jedoch eine überdauernde Angst vor deren Wiederauftreten eingestellt. Nach einer knappen Woche habe sich Frau T. dann mit einem „noch etwas mulmigen Gefühl" schließlich wieder auf den Weg zur Arbeit gemacht. Wie jeden Morgen habe sie hierfür die U-Bahn benutzt. Diese sei an diesem Morgen aufgrund eines überraschenden Kälteeinbruchs jedoch außergewöhnlich voll gewesen. Nachdem sie den Wagon betreten habe, sei sie diesmal jedoch unmittelbar sehr nervös geworden und es habe sich innerhalb von wenigen Minuten erneut das Vollbild einer Angstattacke entwickelt. Fluchtartig habe sie die Bahn an der nächsten Haltestelle verlassen und sei nach Hause zurückgekehrt. Seitdem sei es der Patientin nicht mehr möglich, öffentliche Verkehrsmittel zu benutzen, da sie dann Angst habe, im Fall einer Panik nicht rechtzeitig aussteigen zu können oder sich vor den anderen Passagieren zu blamieren. Im Verlauf sei auch die Bewältigung anderer Situationen, aus denen sie sich räumlich oder aus sozialen Gründen nicht unmittelbar entfernen bzw. in denen sie keine unmittelbare Hilfe erwarten könne, zunehmend schwierig bis unmöglich geworden. So könne sie gegenwärtig nicht mehr aktiv Auto im Stadtverkehr fahren oder Kinos besuchen, und lange Zugreisen, das Benutzen von Aufzügen oder berufliche Meetings seien nur noch möglich, wenn sie sich ablenke (z. B. durch Musikhören oder „Gedankenspiele") bzw. zuvor Medikamente einnehme, die die Herzfrequenz reduzieren würden. Für den Arbeits- oder Einkaufsweg benutze sie aktuell überwiegend das Fahrrad oder werde bei schlechtem Wetter durch ihren Ehemann per Auto gefahren. Zusammen mit den Einschränkungen in den anderen Bereichen des (sozialen) Lebens resultiere die Symptomatik nicht nur in einer massiven Belastung der Patientin, sondern auch der gesamten Familie. Entsprechend suche sie nun professionelle Hilfe, da sie nicht mehr weiter wisse.

Nach (nochmaliger) organischer Diagnostik (die insbesondere dem Ausschluss einer Schilddrüsendysfunktion und höhergradigen Herzrhythmusstörungen diente) wurde aufgrund der Anamnese und des psychopathologischen Befundes bei Frau T. eine Agoraphobie mit Panikstörung diagnostiziert. Nachdem eine Aufklärung über Art, Entstehung, Prognose und Behandlungsoptionen erfolgte, wurde entsprechend des Wunsches der Patientin nach einer möglichst zeitnahen Symptomverbesserung eine Pharmakotherapie mit dem selektiven Serotonin-Wiederaufnahmehemmer Escitalopram begonnen und dieser mittelfristig auf 15 mg Tagesdosis aufdosiert. Hierunter konnte bereits nach ca. zehn Wochen ein gradueller Symptomrückgang und damit eine Entlastung von Frau T. erreicht werden. Parallel zur medikamentösen Behandlung begann die Patientin eine ambulante kognitive Verhaltenstherapie, in deren Rahmen neben Psychoedukation, kognitiver Umstrukturierung und Entspannungsverfahren auch Expositionsübungen durchgeführt wurden. Mittelfristig kam es so zunächst zu einer weiteren progredienten Verbesserung und schließlich zu einem vollständigen Rückgang des Beschwerdebildes, welcher auch nach dem schrittweisen Absetzen des Medikamentes stabil aufrechterhalten werden konnte.

13.1 Angst – vom Schutzmechanismus zum pathologischen Phänomen

Genau wie Freude oder Wut ist Angst eine evolutionär determinierte Basisemotion, die zunächst als normalpsychologisches Phänomen eine wichtige Funktion im (Über-) Leben des Menschen besitzt. Angst hilft uns, Gefahren oder Risiken des täglichen Lebens besser einschätzen und in entsprechenden Situationen adäquat reagieren zu können. Sehen wir uns beispielsweise mit einem übermächtigen Gegner konfrontiert oder fühlen wir uns „in der Falle" bzw. schutzlos, weil bedrohliche oder schützende Umgebungsbedingungen plötzlich aufgetreten bzw. weggefallen sind, stellen sich daher Veränderungen auf verschiedenen Ebenen ein: Die *Wahrnehmung* „verengt" sich mit Fokus auf die (potenzielle) Gefahrenquelle und das *Denken* sowie das *Verhalten* werden beherrscht von dem Wunsch zur Flucht oder

Verteidigung. Zusätzlich treten auf *körperlicher Ebene* Symptome auf, die insbesondere durch eine Aktivierung des vegetativen Nervensystems hervorgerufen werden und den Organismus in die Lage versetzen, die Flucht einzuleiten oder den Kampf aufzunehmen. Um die Energie für die hierfür notwendige erhöhte Muskelarbeit gewährleisten zu können, „zentralisiert" sich der Blutfluss (d. h. er wird zugunsten der Muskulatur und zulasten des zentralen Nervensystems umverteilt), und es erhöhen sich Herzschlag und Blutdruck. Gleichzeitig kommt es zu einer Steigerung der Atemfrequenz und des Stoffwechsels, um eine ausreichende Sauerstoffaufladung des Blutes bzw. eine adäquate Energieversorgung im Rahmen der Mehraktivierung zu gewährleisten. Alternativ zu dieser aktivierenden Reaktion kann eine Angstreaktion jedoch durch eine plötzliche Erweiterung der Gefäße zu einem akuten Blutdruckabfall und konsekutiv zu einem Bewusstseinsverlust führen. Im Rahmen der phylogenetischen „Logik" kann sich der Organismus auch hierdurch der Bedrohung entziehen – er „stellt sich tot" und der Angreifer lässt von ihm ab. Nach erfolgreicher Flucht bzw. stattgefundenem Kampf kommt es jedoch kurz- bis mittelfristig zu einer Rückbildung der beschriebenen psychophysischen Veränderungen, und das biologische System kehrt wieder zu seiner ursprünglichen Funktionsfähigkeit zurück. Das Beschriebene macht deutlich, dass eine „normale" Angstreaktion situationsspezifisch sowie selbstlimitierend ist. Darüber hinaus korrelieren ihre Auftretenswahrscheinlichkeit und ihr Ausmaß regelmäßig mit der realen oder angenommenen Gefährlichkeit des Auslösers.

13

In diesem Zusammenhang markiert insbesondere der letztgenannte Aspekt die Abgrenzung der funktionalen zur krankheitswertigen (pathologischen) Angst. Die pathologische Angst zeichnet sich durch eine Angstreaktion aus, die ohne erkennbaren Grund bzw. in Bezug auf einen objektiv ungefährlichen Trigger auftritt oder in ihrer Ausprägung eine adäquate Reaktion auf die (potenzielle) Bedrohung deutlich übersteigt. Ein Beispiel hierfür ist die *Panikattacke,* die durch das Auftreten eines mit einer normalen Angstreaktion vergleichbaren psychovegetativen Symptomkomplexes, jedoch gleichzeitig durch die Abwesenheit eines objektivierbaren Auslösers gekennzeichnet ist. Das Vorhandensein eines solchen ist hingegen Kennzeichen der *phobischen Angst.* Bei dieser ist jedoch die Art der angstauslösenden Situation oder des Gegenstandes (z. B. der Fahrstuhl bzw. die Spinne) oder die Ausprägung der Angstreaktion in Bezug auf dem Stimulus nach objektiven Gesichtspunkten nicht nachvollziehbar. Pathologische Angst zeichnet sich jedoch nicht nur durch ein plötzliches Auftreten bei fehlenden oder inadäquaten Anlässen aus; sie kann sich auch in Form eine dauerhaft gesteigerten „Besorgnis" in Bezug auf unterschiedliche potenzielle Gefahren des täglichen Lebens manifestieren (z. B. Erkrankung, Verlust einer Bezugsperson oder der Arbeitsstelle, Unfälle oder Gewaltverbrechen). Pathologische Charakteristika dieser *generalisierten Angst* sind wiederum das Fehlen eines objektivierbaren Korrelates der Befürchtungen, das Ausmaß sowie das mehr oder wenig dauerhafte Vorhandsein der Befürchtungen. Auch der körperliche Aspekt der generalisierten Angst ist meist überdauernd vorhanden (wenn auch qualitativ weniger stark ausgeprägt wie bei einer Panikattacke oder einer phobischen Reaktion) und äußerst sich häufig in Form von Magen-Darm-Beschwerden oder muskulären Schmerzen oder Verspannungen (z. B. Plag und Hoyer 2019).

Unabhängig von ihrer Form spielt psychosozialer *Stress* in der Entstehung und Aufrechterhaltung von krankheitswertiger Angst eine zentrale Rolle. Die Beziehung zwischen individueller Empfindlichkeit (Vulnerabilität) und Stress kann anhand des transdiagnostisch gut belegten „Diathese-Stress-Modells" besonders plastisch für die Angsterkrankungen dargestellt werden (◘ Abb. 13.1). Bei Menschen, die aufgrund von biologischen und/oder entwicklungsassoziierten Besonderheiten (s. a. ► Abschn. 13.2 und 13.5) besonders empfind-

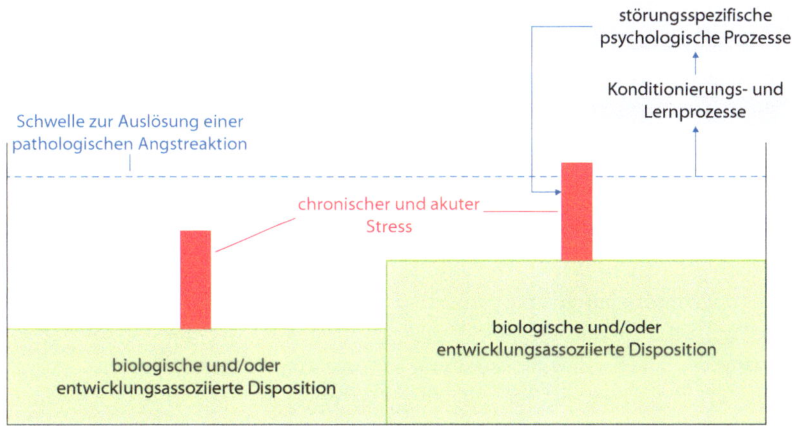

Abb. 13.1 Das „Diathese-Stress-Modell" der Angst

lich (dispositioniert) für die Entwicklung von pathologischer Angst sind, kommt es unter der Einwirkung von Stress schneller zur Symptombildung. In diesem Zusammenhang kommt sowohl chronischem als auch akutem Stress eine bedeutende Rolle zu; beide Formen können hierbei einen Synergismus entwickeln. Hat sich die Symptomatik erst einmal eingestellt, führen *Konditionierungs-* und weitere *Lernprozesse* zur Entstehung erkrankungsspezifischer psychologischer Prozesse (▶ Abschn. 13.4), die dann, u. a. über eine weitere Erhöhung von Stress, zur Symptomaufrechterhaltung und -verschlimmerung beitragen. Am Beispiel unserer Patientin Luise lässt sich dies gut nachvollziehen: Bei mutmaßlich erhöhter Empfindlichkeit kam es unter der Einwirkung von (sub)akutem Stress hier zur ersten Panikattacke. In der Folge entwickelte die Patientin eine starke Erwartungsangst hinsichtlich eines Wiederauftretens der Angstsymptomatik. Obwohl sie sich körperlich schonte, um eine „Aktivierung" panikassoziierter Körpersymptome zu verhindern, trat jedoch zeitnah eine erneute Panikattacke auf. Aufgrund des gefühlten Kontrollverlustes in Bezug auf die Symptomentwicklung kam es so zu einer weiteren Erhöhung ihres Stressniveaus. Hierdurch wurde wiederum die phobische Reaktion gegenüber Situationen begünstigt, aus denen im Falle einer Panikattacke eine Flucht schwierig bzw. nicht möglich ist oder in denen keine unmittelbare Hilfe erreichbar ist (z. B. öffentliche Verkehrsmittel oder Aufzüge). Charakteristisch für phobische Ängste stellt sich neben dem körperlichen Schonverhalten nun auch ein situatives Sicherheits- und Vermeidungsverhalten ein, was die Autonomie und den Aktionsradius der Patientin immer weiter reduziert und so in den „Teufelskreis" einer immer stärker werdenden Belastung und Beeinträchtigung führt. Bei der Entwicklung der generalisierten Ängste greifen ebenfalls vergleichbare kognitive Prozesse ineinander; auf Verhaltensebene stellt sich hier regelmäßig ein Rückversicherungsverhalten (z. B. regelmäßige Arztbesuche bei eigentlich harmlosen Körpersymptomen oder Erkrankungen im Bekanntenkreis) ein, durch welches die antizipierte Katastrophe (z. B. Erkrankung) ausgeschlossen werden soll.

13.2 Symptome, Diagnostik und Epidemiologie der Angststörungen

Die ICD-10 unterscheidet auf Grundlage der An- bzw. Abwesenheit eines identifizierbaren und unmittelbaren Auslösers die phobischen Störungen (spezifische Phobie, Agoraphobie und soziale Phobie) von der Panikstörung sowie der generalisierten Angststörung („sonstige Angststörungen"). Das DSM-5 nimmt diese Trennung nicht vor und fasst phobische und nichtphobische Angsterkrankungen in einer gemeinsamen Kategorie zusammen. Darüber hinaus führt das DSM-5 zusätzlich zu den in der ICD-10 aufgeführten Störungsbildern auch den „selektiven Mutismus" und die „Trennungsangst" als Angsterkrankungen (des Erwachsenalters) auf. Allen Angsterkrankungen ist sowohl das Vorhandensein körperlicher Korrelate einer Stress- bzw. Angstreaktion gemeinsam, die plötzlich (Panikstörung), in Reaktion auf den jeweiligen Trigger (phobische Störungen, selektiver Mutismus und Trennungsangst) oder in überdauernder, dann meist jedoch abgeschwächter Form (generalisierte Angststörung) auftritt, als auch ein Vermeidungs- oder Sicherheitsverhalten in Bezug auf die den jeweiligen symptomauslösenden Trigger. Im Folgenden werden die einzelnen Erkrankungsbilder näher dargestellt.

Die *Panikstörung* zeichnet sich gemäß der ICD-10 und des DSM-5 durch „unvorhersehbare" und wiederholt auftretende Angstattacken (Panik) aus, die wiederum jeweils durch eine ausgeprägte körperliche sowie psychische Symptomatik charakterisiert sind. Typischerweise befürchten viele Patienten während einer Panikattacke, „verrückt zu werden" oder zu sterben. Exemplarisch sind die ICD-10- und DSM-5-Kriterien der Panikstörung in ◘ Tab. 13.1 aufgeführt. Beide Klassifikationssysteme decken sich weitestgehend in ihrer syndromalen Beschreibung der Erkrankung. In der ICD-10 ist im Gegensatz zum DSM-5 jedoch eine Differenzierung des Schweregrades der Panikstörung möglich; das DSM-5 betont hingegen das Vorhandensein und die Bedeutung von Erwartungsangst („antizipatorischer Angst") und störungsspezifischem Vermeidungsverhalten (Unterpunkt B in ◘ Tab. 13.1) als wichtige Elemente aller Angststörungen (American Psychiatric Association 2013; Dilling et al. 2015).

Häufig entwickeln Patienten mit einer Panikstörung eine Agoraphobie oder letztere geht der Entwicklung einer Panikstörung voraus (Bienvenue et al. 2006); dieser hohen Komorbiditätsrate hat die ICD-10 Rechnung getragen, indem man die Agoraphobie jeweils mit oder ohne Panikstörung als getrennte Krankheitsentitäten diagnostizieren kann. Die *Agoraphobie* an sich zeichnet sich durch eine (panikartige) Angst vor oder in Situationen aus, die der Betroffene real oder aus sozialen Gründen nicht unmittelbar verlassen kann bzw. in denen keine unmittelbare Hilfe erreichbar ist. Typische situative Trigger stellen die Benutzung von öffentlichen Verkehrsmitteln oder Fahrstühlen, der Aufenthalt in Menschenmengen, der Besuch von Kinos und Theatern, das Stehen in einer Schlange oder die Teilnahme an einem Meeting dar. Die *soziale Phobie* (ICD-10) bzw. die *soziale Angststörung* (DSM-5) wiederum beinhaltet die Angst, durch Dritte im sozialen Kontext negativ bewertet zu werden. Entsprechend entwickeln Betroffene beispielweise während des Halten eines Referates, der Nahrungsaufnahme in der Öffentlichkeit oder dem Knüpfen neuer Kontakte eine Angstreaktion. Im Gegensatz zum ICD-10 definiert das DSM-5 zusätzlich noch eine Variante der sozialen Angststörung, die „nur in Leistungssituationen" auftritt *(performance only type)*. Diesem Subtyp würde beispielsweise die „Auftrittsangst" bei Musikern oder Schauspielern entsprechen. Eine Angst vor umschriebenen Situationen (die nicht sozial- oder agoraphobischen Triggern entsprechen) oder bestimmten Objekten ist das zentrale Element der *spezifischen Phobien.* Die spezifischen Phobien stellen die am häufigsten vorkommende Gruppe der Angsterkrankungen dar (s. a. ◘ Tab. 13.2), was sich dadurch erklärt, dass prinzipiell jedes Objekt oder jede Situation zu einem Auslöser einer spezifisch-phobischen Reaktion werden kann. Sowohl im ICD-10 als auch im DSM-5 werden mit dem Tier-, dem Umwelt, dem Blut-Injektions-Verletzungs- und dem situativen Typ sowie einer Restkategorie fünf

Tab. 13.1 Kriterien der Panikstörung nach ICD-10 und DSM-5

ICD-10 (Code: F41.0)	DSM-5 (Code: F41.0)
1. Wiederholte Panikattacken, die nicht auf eine spezifische Situation oder ein spezifisches Objekt bezogen sind und oft spontan auftreten (d. h. die Attacken sind nicht vorhersagbar). Die Panikattacken sind nicht verbunden mit besonderer Anstrengung, gefährlichen oder lebensbedrohlichen Situationen 2. Eine Panikattacke hat **alle** folgende Charakteristika: – Es ist eine einzelne Episode intensiver Angst – Sie beginnt abrupt – Sie erreicht innerhalb weniger Minuten ein Maximum und dauert mindestens einige Minuten – **Mindestens vier Symptome** der unten angegebenen Liste, davon *eins von den Symptomen 1 bis 4*, müssen vorliegen: 1. Palpitationen, Herzklopfen oder erhöhte Herzfrequenz 2. Schweißausbrüche 3. fein-/grobschlägiger Tremor 4. Mundtrockenheit 5. Atembeschwerden 6. Beklemmungsgefühl 7. Thoraxschmerzen oder Missempfindungen 8. Übelkeit oder abdominelle Missempfindungen 9. Gefühl von Schwindel, Unsicherheit, Schwäche oder Benommenheit 10. Gefühl, die Objekte sind unwirklich oder man selbst ist weit entfernt oder „nicht wirklich hier" (Depersonalisation)unwirklich (Derealisation) oder Angst vor Kontrollverlust, verrückt 11. Angst vor Kontrollverlust, verrückt zu werden oder „auszuflippen" 12. Angst zu sterben 13. Hitzewallungen oder Kälteschauer 14. Gefühllosigkeit oder Kribbelgefühle 3. Ausschlussvorbehalt: Die Panikattacken sind nicht Folge einer körperlichen Störung, einer organischen psychischen Störung oder eine anderen psychischen Störung wie Schizophrenie und verwandten Störungen, einer affektiven Störung oder einer somatoformen Störung	A. Wiederholte unerwartete Panikattacken. Eine Panikattacke ist eine plötzliche Anflutung intensiver Angst oder intensiven Unbehagens, die innerhalb von Minuten ihren Höhepunkt erreicht In dieser Zeit treten **mindestens vier** der folgenden Symptome auf: – Palpitationen, Herzklopfen – Schwitzen – Zittern/Beben – Kurzatmigkeit/Atemnot – Erstickungsgefühle – Schmerzen/Beklemmungen in der Brust – Übelkeit/Magen-Darm-Beschwerden – Schwindel, Unsicherheit, Benommenheit – Kälteschauer/Hitzegefühle – Parästhesien (Taubheit, Kribbelgefühle) – Derealisation/Depersonalisation – Angst, die Kontrolle zu verlieren oder „verrückt zu werden" – Angst zu sterben B. Bei mindestens einer der Attacken folgte ein Monat (oder länger) mit mindestens einem der nachfolgenden Symptome: – anhaltende Besorgnis/Sorgen über das Auftreten weiterer Panikattacken oder ihre Konsequenzen (z. B. die Kontrolle zu verlieren, einen Herzinfarkt zu erleiden oder „verrückt zu werden") – eine deutlich fehlangepasste Verhaltensänderung infolge der Attacken (z. B. Vermeidung körperlicher Betätigung oder unbekannter Situationen, um Panikattacken zu vermeiden) C. Das Störungsbild ist nicht die Folge einer physiologischen Wirkung einer Substanz oder eines medizinischen Krankheitsfaktors (z. B. Schilddrüsenüberfunktion, Herz-Kreislauf- oder Lungenerkrankungen) D. Das Störungsbild kann nicht besser durch eine andere psychische Störung erklärt werden

In der **ICD-10** können *zwei Schweregrade der Panikstörung* unterschieden werden:
Mittelgradig: Mindestens vier Panikattacken in vier Wochen (Code: F41.00)
Schwer: Mindestens vier Panikattacken pro Woche innerhalb von vier Wochen (Code: F41.01)

Untergruppen unterschieden, in die häufige (z. B. die Spinnen- oder Höhenphobie) und vergleichsweise selten auftretende Syndrome (z. B. Angst vor Gewittern) eingeordnet werden können. Die *generalisierte Angststörung (GAS)* schließlich zeichnet sich entsprechend beiden Klassifikationssystemen durch überdauernde sowie exzessive Sorgen

Tab. 13.2 Epidemiologie und Diagnostik der Angststörungen

Angsterkrankung	Erstmanifestation	Prävalenz[a]	Diagnosestellung möglich ab einer Symptomdauer von (ICD-10/DSM-5):	Diagnoseinstrument (Beispiele)
Panikstörung	3.–4. Lebensjahrzehnt	2 %	Jeweils nicht näher definiert	PAS[b]
Agoraphobie	3.–4. Lebensjahrzehnt	4 %	Dauer nicht definiert/ 6 Monate	PAS[b]
Soziale Phobie	1.–2. Lebensjahrzehnt	2,3 %	Dauer nicht definiert/ 6 Monate	LSAS[c]
Spezifische Phobie	1. Lebensjahrzehnt	10,3 %	Dauer nicht definiert/ 6 Monate	FSS-III[d]
Generalisierte Angststörung	1. und ab 5. Lebensjahrzehnt	2,2 %	6 Monaten/6 Monaten	PSWQ[e]
Selektiver Mutismus	1. Lebensjahrzehnt	<1 %	Störung nicht definiert/ 1 Monat	FEM[f]
Trennungsangst	1. Lebensjahrzehnt	1,4 %	Störung nicht definiert/ 6 Monate	ASA-27[g]

[a]12-Monats- bzw. Punkt-Prävalenz (Literatur: Jakobi et al. 2014; American Psychiatric Association 2013); [b]Panik- und Agoraphobie Skala (Bandelow 1995); [c]Deutsche Version der Liebowitz Social Anxiety Scale (Heimberg et al. 1999); [d]Deutsche Version des Fear Survey Schedule-III (Beck et al. 1998); [e]Deutsche Version des Penn State Worry Questionnaire (Meyer et al. 1990); [f]Fragebogen zur Erfassung des selektiven Mutismus (Steinhausen 2010); [g]Adult Separation Anxiety-27 (Cyranowski et al. 2002)

und Befürchtungen in Bezug auf einen Aspekt oder mehrere Themen des täglichen Lebens aus. Betroffen sein können beispielsweise die eigene gesundheitliche, soziale oder sicherheitsbezogene Situation oder Perspektive bzw. die naher Bezugspersonen. Regelmäßig leiden Patienten mit einer GAS unter somatischen Korrelaten eines erhöhten Anspannungsniveaus (Verspannung, muskuloskelettale Schmerzen, Magen-Darm-Beschwerden) sowie unter Schlafstörungen, wobei letztere vor allem auf ein sorgenassoziiertes Grübeln zurückzuführen sind. Im Rahmen der Konzeptualisierung des DSM-5 wurden mit dem *selektiven Mutismus* und der *Trennungsangst* zwei neue Angsterkrankungen des Erwachsenenalters definiert worden, die bereits langjährig im kinder- und jugendpsychiatrischen Bereich etabliert sind. Beide sind bisher nicht in der ICD aufgeführt; eine entsprechende Ergänzung ist jedoch für die ICD-11 vorgesehen (Kogan et al. 2016). Der selektive Mutismus ist charakterisiert durch die Unfähigkeit, in bestimmten Situationen, in denen eine Beteiligung sozial erwartet wird, zu sprechen. Hierbei besitzt er eine hohe Komorbiditätsrate mit der sozialen Phobie, und es wurde diskutiert, ob der selektive Mutismus eine Extremvariante eben dieser darstellt (z. B. Yeganeh et al. 2003). Eine unangemessene Angst vor der Trennung von nahen Bezugspersonen (z. B. Kinder, Partner) zeichnet die Trennungsangst des Erwachsenenalters aus. Die psychophysische Angstreaktion manifestiert sich hierbei regelhaft bei einer räumlichen Distanz, kann jedoch bereits bei deren Erwartung auftreten und steht in enger Verbindung mit Sorgen in Bezug auf eine vitale Gefährdung der Bezugspersonen. Gegenwärtig existieren jedoch nur wenige Befunde zur psychologischen und biologischen Genese dieser „neuen Angsterkrankungen". Entsprechend werden diese im Folgenden nur dann aufgeführt, wenn eine belastbare Evidenzlage vorhanden ist.

Hinsichtlich der Erstmanifestationszeitpunkte und Auftretenshäufigkeit der Angsterkrankungen gibt es teilweise große Unterschiede zwischen den einzelnen Störungen (wichtige *epidemiologische Aspekte* sind in ◘ Tab. 13.2 dargestellt); Frauen sind insgesamt jedoch bis zu zweimal häufiger von Angsterkrankungen betroffen als Männer. Als *entwicklungsassoziierte Risikofaktoren* für die Entwicklung von Angsterkrankungen konnten in den vergangenen Jahren studienbasiert neben einigen soziobiografischen Aspekten (z. B. Scheidung der Eltern, „überbehütendes" Elternhaus oder Immigration) insbesondere eine verstärkte Anfälligkeit für negative Emotionen („Neurotizismus"), eine erhöhte „Angstsensitivität" (Annahme, dass Angst schädlich ist) sowie eine „Verhaltenshemmung" (übermäßige Furcht vor Unbekanntem) identifiziert werden (American Psychiatric Association 2013; Lahat et al. 2011). Angststörungen treten auch häufig gemeinsam mit anderen psychischen und körperlichen Erkrankungen auf. In diesem Zusammenhang konnte gezeigt werden, dass insbesondere die Depression, die Dysthymie und die Alkoholabhängigkeit sowie Lungen-, Magen-Darm- und Herz-Kreislauf-Erkrankungen häufige *Komorbiditäten* darstellen (Merikangas und Swanson 2010). Insbesondere in Bezug auf die Depression ist das Vorliegen gemeinsamer biologischer und psychologischer Risikofaktoren naheliegend; häufig können Begleiterkrankungen jedoch auch eine Folge der Angst sein (z. B. Alkoholkonsum als angstlösende „Selbstmedikation") oder die Angsterkrankung entwickelt sich „reaktiv" im Rahmen der erhöhten Stressbelastung durch eine andere Erkrankung. Die *Diagnostik* von Angststörung sollte anhand standardisierter und validierter Diagnoseinstrumente erfolgen. Für die einzelnen Angststörungen stehen hierfür jeweils etablierte Fragebögen für die Fremd- bzw. Selbstbeurteilung zur Verfügung, durch deren Verwendung die Diagnosesicherheit deutlich erhöht und der Schweregrad der Symptomatik verlässlich erfasst wird (◘ Tab. 13.2).

Bevor die Diagnose einer Angsterkrankung jedoch gestellt werden kann, müssen in jedem Fall andere Ursachen eines pathologischen Angsterlebens ausgeschlossen werden. Hierzu zählen zunächst durch Substanzeinwirkung ausgelöste Angstzustände, wie sie beispielweise durch den Gebrauch von Coffein, Kokain und Amphetaminen, aber auch durch Schilddrüsenmedikamente oder Asthmamittel ausgelöst werden können. Darüber hinaus sind aber auch andere psychische Ursachen, beispielsweise eine psychotisch bedingte Angst, sowie organische Erkrankungen zu berücksichtigen (z. B. Herzrhythmusstörungen, eine Dysfunktion der Schilddrüse oder Nebennierenrinde), wobei letztere insbesondere über die Auslösung von angstassoziierten Körpersymptomen „in die Angst" führen können. Dieser sogenannten Differenzialdiagnostik kommt ein hoher Stellenwert zu; nicht nur um den Patienten einer ursachengerechten Behandlung zuzuführen, sondern auch, weil entsprechende Faktoren die Behandlung von Angststörung deutlich verkomplizieren können.

13.3 Therapie und Prognose der Angststörungen

Aus dem „Diathese-Stress-Modell" leiten sich die Pharmako- und Psychotherapie als erstrangige Behandlungsmethoden der Angststörungen ab. Durch diese soll eine Reduktion der biologischen und entwicklungsassoziierten Empfindlichkeit sowie eine Korrektur der lernassoziierten psychologischen Bedingungen erreicht werden, woraus ein Umlernen, eine verbesserte Stresstoleranz und schließlich ein Symptomrückgang resultieren.

Im Rahmen der Pharmakotherapie empfehlen die deutsche S3-Behandlungsleitlinie für Angststörungen (Bandelow et al. 2014) sowie zahlreiche weitere internationale Therapieleitlinien (z. B. Katzman et al. 2014). Antidepressiva aus den Gruppen der „selektiven Serotonin-(Noradrenalin-) Wiederaufnahmehemmer" (SS[N]RI) als medikamentöse Behandlungsoptionen der ersten Wahl. Für zahlreiche Substanzen dieser Stoffklassen konnte gezeigt werden, dass deren Einsatz zu einer Verbesserung der jeweils erkrankungsspezifischen Symptomatik der Panikstörung, der Agoraphobie, der generalisierten Angststörung oder der sozialen Phobie führt (z. B. Plag und Ströhle 2012; Perna et al. 2016), und es bestehen entsprechend umfangreiche Behandlungszulassungen durch das Bundesinstitut für Arzneimittel und Medizinprodukte (BfArM). In Bezug auf die medikamentöse Behandlung der spezifischen Phobie bestehen bisher keine (überzeugenden) Wirksamkeitsnachweise; hier wird bisher ausschließlich die Psychotherapie als Behandlungsverfahren empfohlen. Der anxiolytische Mechanismus der SS(N)RI erscheint komplex und ist (noch) weniger gut erforscht als deren antidepressiver Effekt. Die vor dem Hintergrund dieser Fragestellung bisher durchgeführte Studien lassen sich am ehesten dahingehend zusammenfassen, dass die durch SS(N)RI induzierten Veränderungen der serotonergen Neurotransmission eine pathologische Hyper- bzw. Hypoaktivität in verschiedenen angstassoziierten Hirnbereichen ausgleichen und dadurch eine Homöostase im sogenannten „Angstnetzwerk" (wieder)hergestellt wird (s. a. ▶ Abschn. 13.5). Neben den Antidepressiva stellen Benzodiazepine eine weitere relevante Substanzklasse im Kontext der Behandlung von Angststörungen dar. In zahlreichen klinischen Studien haben sie sich z. B. Lorazepam, Diazepam oder Clonazepam als schnell und zuverlässig wirksam bei Patienten mit Panikstörung, Agoraphobie, generalisierter Angststörung und sozialer Phobie gezeigt (Offidani et al. 2013). Trotz ihrer Effektivität sind Benzodiazepine jedoch aufgrund ihres ungünstigen Nebenwirkungsspektrums (v. a. ihres hohen Abhängigkeitspotenzials) in der mittel- und langfristigen Behandlung von Angststörungen obsolet (s. a. Bandelow et al. 2014), und auch ihr kurzfristiger Einsatz sollte ausschließlich besonderen Situationen vorbehalten bleiben (z. B. dem akuten „Durchbrechen" einer schweren Panikattacke). Einen weiteren potenziellen pharmakotherapeutischen Ansatz stellt die Modulation von Glutamat und damit die Verringerung der Wirkung des am stärksten erregenden Botenstoffsystems im zentralen Nervensystem auf das „Angstnetzwerk" dar. Obwohl diesbezüglich in den letzten Jahren eine relativ große Anzahl von Studien durchgeführt wurden, hat nahezu keiner der in diesem Zusammenhang entwickelten Wirkstoffe (z. B. Glutamatrezeptor-Modulatoren) bisher die klinische Anwendung erreicht (Plag et al. 2012). Einzig die ursprünglich zur Behandlung der Epilepsie entwickelte Substanz Pregabalin, die als Modulator spannungsabhängiger Calciumkanäle die Freisetzung von Glutamat und anderen erregenden Botenstoffen hemmt, hat sich in der Behandlung der generalisierten Angststörung als wirksam erwiesen und ist entsprechend zugelassen und empfohlen (Plag und Ströhle 2012; Bandelow et al. 2014).

Im Kontext der Psychotherapie stellt die kognitive Verhaltenstherapie (KVT) das Verfahren der ersten Wahl dar (Bandelow et al. 2014). Im Vergleich mit den anderen in Deutschland durch die Krankenkassen zugelassenen Psychotherapieverfahren (tiefenpsychologisch-fundierte Psychotherapie und psychoanalytische Therapie) bestehen für die KVT in Bezug auf die Panikstörung, die Agoraphobie, die generalisierte Angststörung, die soziale Phobie sowie die spezifische Phobie bisher die meisten Wirksamkeitsnachweise (Kaczkurkin und Foa 2015). In den vergangenen Jahren wurden für die einzelnen Angsterkrankungen Behandlungsmanuale oder -leitfäden entwickelt, die unter Berücksichtigung erkrankungsspezifischer Besonderheiten jeweils die „klassischen" Elemente einer KVT beinhalten, wie beispielsweise Psychoedukation, kognitive Umstrukturierung und Konfrontationsverfahren. Exemplarisch soll dieser Aufbau für die Behandlung der Panikstörung mit Agoraphobie kurz dargestellt werden: Im psychoedukativen Abschnitt wird der Patient zunächst über die Funktion von (normalpsychologischer) Angst sowie über die Abgrenzung zu und die Entstehung von pathologischer Angst informiert. Anschließend werden die einzelnen Komponenten einer Panikattacke oder der agoraphobisch getriggerten Angstreaktion (v. a. die Wahrnehmung von agoraphobischen Umgebungsbedingungen und/oder angstassoziierten Köpersymptomen sowie deren katastrophisierende Bewertung) als auch deren wechselseitiges Zusammenspiel im Sinne eines „Hochschaukelns" der Angstreaktion („Teufelskreislauf der Angst") erarbeitet. Im Rahmen der Erstellung eines individuellen Krankheitsmodels wird dies dann auf die individuelle Situation des Patienten übertragen und angstauslösende bzw. -aufrechterhaltende Wahrnehmungen, Gedanken und Verhaltensweisen (z. B. spezifisches Sicherheits- oder Vermeidungsverhalten) werden zunächst identifiziert und schließlich verändert. In diesem Zusammenhang spielt die störungsspezifische Exposition eine wesentliche Rolle (s. a. Lang et al. 2012). Hierbei wird durch Symptomprovokation (Aufsuchen von angstbesetzen Situationen bei der Agoraphobie bzw. experimentellem Auslösen von panikassoziierten Körpersymptomen wie Herzrasen oder Schwindel bei der Panikstörung) zunächst eine Angstreaktion bzw. Panikattacke ausgelöst. Die (ansteigende) Angst wird anschließend unter gezielter Ausschaltung jedwedes Sicherheits- und Vermeidungsverhaltens bewusst ausgehalten, bis diese schließlich spontan abnimmt. Durch diese Gewöhnung an die Angst („Habituation") wird dem Patienten die „korrigierende Erfahrung" vermittelt, dass die Angst ab einem gewissen Punkt von allein nachlässt und nicht, wie meist befürchtet, immer weiter ansteigt. Insbesondere bei Patienten mit Panikstörung mit oder ohne Agoraphobie sowie bei spezifischen Phobien konnte wiederholt gezeigt werden, dass die alleinige Durchführung von Expositionsübungen ähnlich wirksam war wie eine vollständige, erkrankungsspezifische KVT (z. B. Öst et al. 2004; Sanchez-Meca et al. 2010); diese Befunde unterstreichen deshalb deutlich die Bedeutung der realen Erfahrung der Angstreduktion für den Therapieerfolg und damit die promiente Rolle von Expositionsübungen im Rahmen des Gesamtbehandlungsplans.

Ähnlich wie bei der Psychopharmakotherapie gab es nach der Bestätigung der Wirksamkeit der KVT Bestrebungen, deren zugrunde liegende Mechanismen aufzuklären. Gerade in den letzten Jahren wurden deshalb relativ viele Studien durchgeführt, die die Objektivierung von neurobiologischen Effekten der KVT oder ihrer spezifischen Komponenten zum Ziel hatten. In diesem Zusammenhang konnte insbesondere bei phobischen Erkrankungen gezeigt werden, dass eine (expositionsbasierte) KVT zu einer Reduktion der Aktivität der Amygdala, der Insel, des Thalamus und Hippocampus sowie zu einer Aktivitätssteigerung des orbitofrontalen Cortex führt (Galvao-de Almeida et al. 2013) und dass sie damit ähnliche Effekte auf das „Angstnetzwerk" ausübt wie eine serotonerge Pharmakotherapie (▶ Abschn. 13.5). Auch verschiedene Psychotherapieverfahren der sogenannten „dritten Welle der Verhaltenstherapie", die seit Anfang der 2000er-Jahre auf Basis der KVT entwickelt wurden, sind in der Behandlung von Angsterkrankungen wirksam. Im Vergleich zu den „klassischen" störungsorientierten KVT-Programmen adressieren diese Verfahren eher nosologieübergreifend sogenannte „neuromentale Funktionsbereiche" (z. B. Metakognitionen, kognitive [De-]Fusion, Achtsamkeit), die in der Pathogenese sowohl von Angsterkrankungen als auch anderen psychischen Erkrankungen relevant sind (▶ Kap. 5). Vor diesem Hintergrund konnte bisher innerhalb randomisiert-kontrollierter bzw. offener Studien gezeigt werden, dass die „Akzeptanz- und Commitment-Therapie" (ACT), die „Metakognitive Therapie" (MKT) sowie die „achtsamkeitsbasierte kognitive

Therapie“ (MBCT) bei der generalisierten Angststörung, der sozialen Phobie bzw. der Panikstörung zu einer Verbesserung der jeweils erkrankungsspezifischen Symptomatik führte (z. B. Hayes-Skelton et al.; 2013; Lakshmi et al. 2016; Wells et al. 2010). Entsprechend können diese Verfahren als Behandlungsoptionen bei Patienten relevant werden, bei denen eine KVT nicht zu einer Besserung des Beschwerdebildes geführt hat. Für die tiefenpsychologisch-fundierte Psychotherapie (TFP; im internationalen Sprachgebrauch meist als „psychodynamische Therapie“ bezeichnet) bestehen im Bereich der Angsterkrankungen ebenfalls empirische Wirksamkeitsnachweise; Studien, die neurobiologische Grundlagen des klinischen Effektes adressierten, sind bisher jedoch nicht verfügbar. Wissenschaftliche Arbeiten, die die TFP bei Patienten mit Panikstörung, Agoraphobie, generalisierter Angststörung sowie sozialer und spezifischer Phobie untersuchten, konnten ihre Wirksamkeit gegenüber verschiedenen aktiven oder nichtaktiven Kontrollbedingungen zeigen (Keefe et al. 2014). Im Vergleich zur KVT sind die bisher diesbezüglich durchgeführten Studien jedoch numerisch (noch) deutlich in der Minderheit und zeichnen sich inhaltlich sowie strukturell (v. a. aufgrund einer bisher weitestgehend fehlenden Manualisierung der TFP) durch eine große Heterogenität aus. Darüber hinaus konnte der direkte Vergleich zwischen beiden Verfahren wiederholt zeigen, dass die TFP im Bereich der Angsterkrankungen in Bezug auf ihre Wirksamkeit der KVT nicht überlegen war bzw. die jeweils störungsspezifische Angstsymptomatik durch die KVT stärker reduziert werden konnte (z. B. Beutel et al. 2013; Leichsenring et al. 2009, 2013). Vor diesem Hintergrund wird die tiefenpsychologisch-fundierte Psychotherapie durch die aktuelle nationale Behandlungsleitlinie als nachrangig anzuwendendes Psychotherapieverfahren empfohlen und sollte dann zum Einsatz kommen „wenn sich eine KVT nicht als wirksam erwiesen hat, nicht verfügbar ist oder wenn eine diesbezügliche Präferenz des informierten Patienten besteht“ (Bandelow et al. 2014). Im Gegensatz zur TFP existieren für die psychoanalytische Therapie bisher keine Studien in Bezug auf deren klinischen Effekt bei Angsterkrankungen. Traditionell ist die verfahrensspezifische Literatur hier überwiegend durch narrativ verfasste Fallberichte einzelner Therapieverläufe und prozessorientierte Fragestellungen geprägt, weshalb die psychoanalytische Therapie einer wissenschaftlichen Bewertung ihrer klinischen Effekte bisher kaum zugänglich ist. Im Bereich der Angsterkrankungen wird deshalb ihr Einsatz gegenwärtig nicht empfohlen.

In Bezug auf die Auswahl des Behandlungsverfahrens (Psycho- vs. Pharmakotherapie) weisen Metaanalysen daraufhin, dass beide Verfahren einen Synergismus entwickeln und ihre Kombination einer jeweiligen Monotherapie überlegen ist (z. B. Cuijpers et al. 2014). Eine Ausnahme bildet die spezifische Phobie; hier stellt ausschließlich die KVT das Verfahren der Wahl dar. In der klinischen Praxis kann jedoch insbesondere bei leichter bis mittelschwerer Symptomausprägung zunächst eine Psychotherapie durchgeführt und erst ab einer mittelschweren bis schweren Belastung bzw. Beeinträchtigung des Patienten sollte bereits initial eine Kombinationsbehandlung erwogen werden. Die KVT hat hierbei gegenüber der medikamentösen Therapie den Vorteil, dass sie den Patienten „Eigenwirksamkeit“ erfahren lässt und Techniken vermittelt, die es ermöglichen, den Therapieerfolg auch nach Beendigung der Behandlung selbstständig aufrecht zu erhalten. Klinisch relevante prognostische Faktoren, die ein besonders gutes bzw. schlechtes Ansprechen auf das jeweilige Therapieverfahren vorhersagen, konnten bisher nur wenige identifiziert werden. Einzelne Studienergebnisse weisen jedoch darauf hin, dass beispielsweise die Ausprägung der „Angstsensitivität“, des „Neurotizismus“, die Herzfrequenzvariablität sowie die Aktivität bestimmter Bereiche des Frontalhirns Prädiktoren für die Wirksamkeit der Pharma- bzw. Psychotherapie sein könnten (z. B. Lueken et al. 2016).

Ausgehend von positiven Befunden im Rahmen der Depression wurde in den letzten Jahren auch der Effekt von körperlicher Aktivität bei verschiedenen Angsterkrankungen relativ intensiv untersucht. In diesem Zusammenhang konnte insbesondere für die Panikstörung, die GAS und die soziale Phobie gezeigt werden, dass jeweils ein mehrwöchiges aerobes Training (z. B. Laufen oder Zirkeltraining) von moderater Intensität, welches bis zu fünfmal wöchentlich und in einer jeweiligen Dauer von bis zu 30 min durchgeführt wurde, mittelstarke Effekte auf die jeweils störungsspezifische Symptomatik besaß (Stubbs et al. 2017). Als Moderatoren der angstreduzierenden Wirksamkeit werden bewegungsinduzierte Veränderungen in verschiedenen angstassoziierten psychologischen und biologischen Parametern diskutiert, wie beispielweise eine Reduktion der Angstsensitivität, eine Erhöhung der Selbstwirksamkeit oder eine Verbesserung der serotonergen Neurotransmission (z. B. Asmundson et al. 2013). Die bisherigen Studienergebnisse unterstreichen in jedem Fall die Relevanz körperlicher Bewegung als ergänzende Therapieoption zur etablierten pharmako- und psychotherapeutischen Behandlung und sollten zur weiteren Forschung auf diesem Gebiet anregen.

13.4 Krankheitsspezifische psychologische Theorien von Angststörungen

Bis in die 1950er-Jahre dominierten konfliktzentrierte psychoanalytische Erkrankungsmodelle die Hypothesen zur Entstehung von Angsterkrankungen. Die pathologische Angst wurde hier als Ergebnis einer „Abwehr“ angesehen, die im Rahmen eines Konfliktes innerhalb der intrapsychischen Instanzen des „Ich“, „Es“ und „Über-Ich“ symbolhaft zum Ausdruck kommt. Ab der zweiten Hälfte des vorigen Jahrhunderts wurde jedoch die Bedeutung von Konditionierungs- und Lernprozessen gezeigt, deren Relevanz im weiteren Verlauf für die einzelnen Angsterkrankungen gut empirisch belegt werden konnten. Diese bildeten schließlich die Grundlage für die Entwicklung jeweils störungsspezifischer Erkrankungsmodelle, welche im Folgenden übersichtsartig dargestellt werden. Im Gegensatz zur GAS, der Panikstörung und den phobischen Störungen existieren für den selektiven Mutismus und die Trennungsangst des Erwachsenenalters gegenwärtig noch keine wissenschaftlich elaborierten psychologischen Modelle. Entsprechend sind diese „neuen“ Angststörungen hier noch nicht aufgeführt.

13.4.1 Generalisierte Angststörung (GAS)

In Bezug auf die psychologischen Mechanismen der GAS existieren mittlerweile verschiedene Konzepte, von denen an dieser Stelle diejenigen mit der bisher höchsten Evidenzbasierung dargestellt werden sollen (eine ausführliche Übersicht bietet Behar et al. 2009). Das etablierteste Modell der GAS stellt das „Avoidance Modell of Worry and GAD“ (AMW) von Thomas B. Borkovec dar, welches ab den 1990er-Jahren entwickelt wurde. Das AMW postuliert, dass das „Sich-Sorgen“ eine Variante eines Vermeidungs- bzw. Sicherheitsverhaltens darstellt, durch welche angstassoziierte Imaginationen und Körperreaktionen unterdrückt werden. Dies führt jedoch dazu, dass die psychologische Verarbeitung angstinduzierender Stimuli erschwert oder blockiert wird, was wiederum die Progredienz und Chronifizierung der Erkrankung begünstigt. Vor allem aus dem AMW leitet sich der kognitiv-verhaltenstherapeutische Therapieansatz der GAS ab, in dem neben den kognitiven Elementen und Entspannungsübungen insbesondere die „Sorgen-Exposition“ eine wichtige Rolle spielt. Durch diese soll durch Konfrontation mit sorgenbesetzten Gedanken oder

Kontextbedingungen (z. B. Krankenhaus, Friedhof) eine Habituation der störungsspezifischen Angst und assoziierten Körpersymptome erreicht werden. Weitere gut untersuchte pathogenetische Konzepte stellen das Modell der Unsicherheitsintoleranz (IUM) sowie das Metakognitive Modell (MKM) dar, welche hauptsächlich durch Michel J. Dugas bzw. Adrian Wells formuliert wurden. Das IUM betont die Rolle der Unsicherheitsintoleranz *(intolerance of uncertainty)* im Erkrankungsprozess. Diesem folgend sind neue Situationen oder solche mit unklarer Perspektive für GAS-Patienten stark stressbesetzt, weshalb ein „Sich-Sorgen" zu einer Erhöhung der Kontrolle über zukünftige Abläufe führen soll („Wenn ich alles bedenke, kann mir nichts passieren"). Hierdurch etablieren sich die Sorgen als dysfunktionale Problemlösestrategie und führen schließlich, ähnlich wie beim AMW, zu kognitiver und situativer Vermeidung. Entsprechend wurde die Bearbeitung der Unsicherheitsintoleranz gerade in den letzten Jahren zu einem integralen Baustein der erkrankungsspezifischen kognitiven Verhaltenstherapie (Van der Heiden et al. 2012). Das MKM wiederum hebt die Bedeutung von metakognitiven Prozessen hervor, durch die die Patienten in einen „Teufelskreis" der Sorgen geraten. Hiernach entwickeln GAS-Patienten in einem mehrstufigem Prozess Sorgen *(type 2 worry)* in Bezug auf die schädlichen Effekte der eigentlichen themenbezogenen Sorgen *(type 1 worry)*. Dies resultiert nicht nur in einem mittelbarem kognitiven oder situativen Vermeidungsverhalten gegenüber sorgenassoziierten Themen bzw. Situationen (um unmittelbar das Auftreten von *type 1 worry* zu verhindern), sondern auch in der Überzeugung, dass die Sorgen sich zu einer unkontrollierbaren „Kettenreaktion" verbinden. Entsprechend versucht die Metakognitive Therapie (MKT) zunächst das *type 2 worry* zu reduzieren, um so den Patienten einen Ausstieg aus der sich hochschaukelnden Dynamik zwischen beiden Formen der Sorgen zu ermöglichen (Wells 2011).

13

13.4.2 Panikstörung

In einem psychophysiologischen Modell der Panikstörung wird eine positive Rückkoppelung zwischen körperlichen Symptomen, deren Assoziation mit Gefahr und der Entstehung von Panikattacken postuliert (Ehlers und Margraf 1989). Sowohl interne als auch externe Stressoren können zu körperlichen oder kognitiven Veränderungen führen und somit den „Teufelskreislauf" des Aufschaukelungsprozesses in Gang setzen. Empirisch findet sich bei Patienten mit Panikstörung eine erhöhte Angstsensitivität (Reiss und McNally 1985), sodass auch durch interozeptive Konditionierung und die Fehlinterpretation körperlicher Symptome Panikattacken ausgelöst werden können. Grundlage der Entstehungsmodelle phobischer Erkrankungen wie auch der Agoraphobie ist die Zwei-Faktoren-Theorie Mowrers (1960), welche klassische Konditionierung in der Entstehung und operante Konditionierung in der Aufrechterhaltung der Vermeidung annimmt. Seligman (1971) nahm an, dass bestimmte Reiz-Reaktions-Verbindungen leichter gelernt werden, weil es eine biologische bzw. evolutionsbiologisch bedeutsame Bereitschaft *(preparedness)* gibt.

13.4.3 Soziale Phobie

Nach Beck (1985) sind negative kognitive Schemata zentral für die Entstehung von psychischen Erkrankungen. Bei der sozialen Phobie sind dies insbesondere z. B. die Bewertung des Selbst als inkompetent oder versagend, die übermäßige Gewichtung der Bewertung durch andere, die Sichtweise, dass andere Menschen immer sehr kritisch in Ihrer Bewertung sind sowie perfektionistische Standards der Bewertung des eigenen Verhaltens. Die Aufrechterhaltung sozialer Ängste erfolgt nach Clark und Wells (1995) durch eine bestimmte Form der Informationsverarbeitung in sozialen Situationen mit

1. erhöhter Selbstaufmerksamkeit und verzerrter Selbstwahrnehmung,
2. Sicherheitsverhalten, sowie
3. problematischen antizipatorischen und retrospektiven Verarbeitungsprozessen sozialer Interaktionen.

Viele Betroffene berichten daneben von sozial „traumatisierenden" Erlebnissen. Soziale Kompetenzdefizite können sowohl in der Entstehung eine Rolle spielen, können aber Folge der Hemmung sozial adäquaten Verhaltens durch die Angst sein.

13.4.4 Spezifische Phobien

Aktuelle Forschungsergebnisse zeigen, dass In der Entstehung der spezifischen Phobien bei nahezu der Hälfte der Betroffenen unmittelbare aversive Lernerfahrungen in Bezug auf das phobische Objekt bzw. Situation eine Rolle spielen. Darüber sind jedoch auch Imitationslernen und Furchtakquisition durch Kommunikation mit Dritten („Ich habe gehört, dass…") wichtige pathogenetische Aspekte, durch die bei Patienten nahezu identische neuronale Aktivierungen wie im Rahmen der klassischen Konditionierung ausgelöst werden (Hamm 2017). Aus der Literatur ergeben sich jedoch Hinweise darauf, dass lerntheoretischen und genetischen Faktoren in der Entwicklung der verschiedenen spezifisch-phobischen Subtypen eine unterschiedliche Bedeutung zukommt. So weisen Zwillingsstudien darauf hin, dass Phobien vom situativen Typ eher auf individuellen Konditionierungs- bzw. Lernprozessen beruhen und tierbezogene Ängste sowie die Blut-Injektions-Verletzungsphobie eine erhöhte familiäre – und damit wohl auch genetische – Häufung aufweisen (▶ Abschn. 13.5, als Beitrag zur Diskussion s. a. Fanselow 2018). Unabhängig von die Art der Phobie und Genese wurde durch Michael S. Fanselow in den 1990er-Jahren das „Model der Bedrohungsnähe" *(threat-imminence model)* entwickelt, welches unterschiedliche psychophysische Reaktionsmuster in Abhängigkeit der räumlichen Annäherung des Patienten an den phobischen Stimulus definiert: Zunächst stellt sich in dem Kontext, in dem der phobische Stimulus früher einmal erlebt wurde oder in dem er aufgrund von Berichten durch andere vermutet bzw. erwartet wird, eine stark gesteigerte Wachsamkeit (Hypervigilanz) ein. Diese dient dazu, die potenzielle Bedrohung im Falle ihres Auftretens schnell sensorisch zu erfassen. Wird das gefürchtete Objekt (z. B. die Maus oder die Spritze) dann konkret wahrgenommen oder erfolgt eine unmittelbare Annäherung an die als gefährlich wahrgenommene Situation (z. B. Aussichtsplattform bei Höhenphobie), stellen sich eine „Bewegungsstarre" sowie eine Aufmerksamkeitsfokussierung auf den Stimulus ein. Bei weiterer Annäherung des bzw. an den phobischen Trigger kommt es schließlich in Abhängigkeit der spezifischen Situation zu einer Aktivierung des sympathischen Nervensystems bzw. einer vasovagalen Reaktion, die sich in einer panikartigen Reaktion (Phobie vom Tier- oder situativen Typ) bzw. einer Synkope (oft beim Blut-Injektions-Verletzungstyp oder bei der Zahnarztangst) äußern kann.

13.5 Neurobiologische Mechanismen der Angst

In den letzten Jahrzehnten nahm die Anzahl von Studien, die sich mit biologischen Grundlagen von pathologischer Angst bzw. Angsterkrankungen beschäftigten, stetig zu (Garcia 2017). Viele Befunde, wie z. B. das Ineinandergreifen verschiedener Konditionierungsprozesse bei der Angstakquisition (s. a. ▶ Abschn. 13.5.1) wurden zunächst in tierexperimentellen Arbeiten erhoben, anschließend beim Menschen verifiziert und bilden gegenwärtig oftmals die Basis für psycho- sowie pharmakotherapeutische Behandlungsansätze (Harro 2018). In der folgenden Darstellung der einzelnen mit Angststörungen assoziierten Systeme bzw. Veränderungen wird an vielen Stellen deutlich, dass es zwischen den einzelnen Erkrankungen ein relativ hohes Maß an Überschneidungen hinsichtlich der Befundlage gibt und die spezifischen Phänotypen bis zu einem gewissen Grad neurobiologisch ineinander „verschwimmen". Tatsächlich lässt sich diese Beobachtung gut mit den Bestrebungen der in ▶ Abschn. 9.5.1 dargestellten Research Domain Criteria (RDoC) des National Institute of Mental Health (NIMH) in Einklang bringen, die biologischen Grundlagen einzelner neurokognitiver Funktionseinheiten und -defizite nosologieunabhängig zu beschreiben und deren Bedeutung für einzelne psychiatrische Erkrankungen abzuschätzen. Im Bereich der verschiedenen Angststörungen decken sich zahlreiche Befunde (z. B. auf Ebene der funktionellen Hirnanatomie oder der Neurotransmittersysteme) gut mit den bereits definierten Analyseeinheiten innerhalb der RDoC-Konstrukte „Furcht" und „Angst", die den Reaktionsmustern auf eine aktive Bedrohung bzw. eine potenzielle Gefahr entsprechen. So erscheint es möglich, dass für die kategorial definierten Angststörungen eine relativ breite gemeinsame biologische Basis existiert, auf der sich die jeweils störungsspezifische Symptomatik der einzelnen Krankheitsbilder aufgrund von distinkten „Profilen" innerhalb der biologischen Veränderungen (▶ Abschn. 13.5.3) sowie individuellen psychologischen und umweltassoziierten Faktoren herausbildet.

13.5.1 Lernen

Basisemotionen sind angeborene Verhaltensmuster zur Kommunikation und Regulation bzw. Bewältigung einer Situation. Angst wird primär mit dem Verhaltenshemmsystem bzw. dem Kampf-Flucht-System in Verbindung gebracht. Die Assoziation von Reizen mit Angst wird durch ein evolutionär angelegtes, vorbereitendes Lernen (*preparedness* nach Seligman 1971) geprägt. Weitergehend unterscheiden Öhman und Mineka (2001) bei Tierphobien ein Abwehrsystem gegen Angreifer, hingegen bei sozialen Phobien ein biologisches Submissionssystem. Beide Systeme können eine Angstreaktion hervorrufen. Während spezifische Phobien eher durch Konditionierung eines konkreten bzw. umschriebenen Schlüsselreizes (z. B. die Spinne) entstehen, scheint für Angsterkrankungen mit länger anhaltender Angst der Kontext als lerntheoretische Bedingung wichtiger zu sein.

Es folgt eine Darstellung der Lernformen, die für unser Erleben und Verhalten und die Entstehung, Aufrechterhaltung und Behandlung von Angsterkrankungen bedeutsam sind. Die neurophysiologischen und molekularen Grundlagen von Lernen sind insbesondere in tierexperimentellen Untersuchungen beschrieben worden (z. B. Kandel und Hawkins 1992). Lernen ist die grundlegende Voraussetzung für die Anpassung des Organismus an sich ändernde Umweltbedingungen bzw. Anforderungen an das Individuum. Es werden assoziative von nichtassoziativen Lernprozessen unterschieden. Zu den nichtassoziativen Lernprozessen zählen die Orientierungsreaktion (Vorbereitung für die Aufnahme neuer Informationen), Habituation (Gewöhnung an bekannte Informationen) und Sensibilisierung (Erhöhung der Reaktionsbereitschaft). Durch die Paarung von Reizen und Reaktionen kommt es zu assoziativen Lernprozessen wie der klassischen und der operanten Konditionierung. Bei der klassischen Konditionierung löst ein biologisch relevanter unkonditionierter Stimulus/Reiz (UCS) eine unkonditionierte Reaktion (UCR) hervor. Die wiederholte Paarung eines neutralen (konditioniertem) Reizes (CS) mit dem UCS führt dazu, dass der CS eine konditionierte Reaktion (CR) hervorruft, die der UCR entspricht (z. B. Pavlov 1927). Ein oft angeführtes Beispiel für die klassische Konditionierung ist der Pawlow'sche Hund, der sozusagen das „Urmodell" dieser Konditionierungsform darstellt. Dieser bekam über einen längeren Zeitraum sein Fressen (UCS) ausschließlich im Zusammenhang mit dem Läuten (CS) einer Glocke gereicht. Als die Glocke schließlich ohne gleichzeitige Verabreichung einer Mahlzeit geläutet wurde, entwickelte der Hund unmittelbar einen verstärkten Speichelfluss (CR) – eine physiologische Reaktion, die zuvor ausschließlich mit der Nahrungsaufnahme (UCR) in Verbindung stand. Auch durch Beobachtungslernen (Modelllernen) kann eine klassische Konditionierung erfolgen (Askew und Field 2007). Bei der operanten Konditionierung (Skinner 1938; Thorndike 1911) wird die Auftretenswahrscheinlichkeit von Verhalten durch Verstärkung verändert. Dies kann positive Verstärkung sein, z. B. durch einen angenehmen Reiz, der auf ein Verhalten folgt, aber auch negative Verstärkung, d. h. das Beenden oder Ausbleiben eines aversiven Reizes. Negative Verstärkung ist besonders wirksam und löschungsresistent. Von Bestrafung spricht man, wenn die Konsequenzen des Verhaltens die Auftretenswahrscheinlichkeit reduzieren. Wird ein Reiz (CS) vor einer Konditionierung wiederholt ohne UCS präsentiert, so führt dies dazu, dass die klassische Konditionierung langsamer erlernt wird bzw. die ausgelöste Reaktion (CS) schwächer ausgeprägt ist – die latente Inhibition. Konditionierte Reaktionen können auch von Reizen ausgelöst werden, die den konditionierten Reizen ähnlich sind, man spricht von einer Reizgeneralisierung. Patienten mit Angsterkrankungen können schlechter zwischen konditionierten Furchtreizen und ähnlichen Reizen diskriminieren. Diese Tendenz zur Generalisierung könnte ein Risikofaktor für die Entstehung von Angsterkrankungen sein (Lissek et al. 2005). Extinktion findet statt, wenn der (konditionierte) Reiz (CS) widerholt ohne UCS dargeboten wird und in der Folge die konditionierte Reaktion immer weniger und dann gar nicht mehr auslöst. Konditionierte Reaktionen werden durch Extinktion nicht gelöscht, vielmehr führt das Lernen anderer Assoziationen dazu, dass andere Reaktionen gezeigt werden. Zum Wideraufttreten konditionierter Reaktionen kann es durch Spontanerholung (Präsentation von CS), Wiederinkraftsetzung (wiederholte Präsentation des UCS) oder Erneuerung (anderer Kontext) kommen.

13.5.2 Strukturelle und funktionelle Hirnanatomie

Das im Kontext von Angsterkrankungen gegenwärtig mit am häufigsten untersuchte biologische System stellt das sogenannte „Angstnetzwerk“ *(fear network)* dar. Das Angstnetzwerk ist ein funktioneller Verbund verschiedener Hirnareale, die an der Wahrnehmung und Verarbeitung von angstassoziierten Reizen sowie der Auslösung und Steuerung der entsprechenden psychologischen und physiologischen Reaktionen beteiligt sind (Bandelow et al. 2016). Eine schematische Darstellung des Angstnetzwerkes findet sich in ◘ Abb. 13.2).

Die „Kaskade“ der Abläufe innerhalb des Angstnetzwerkes lässt sich wie folgt beschreiben: Wird ein Sinneseindruck (visuell, akustisch, olfaktorisch, taktil, gustatorisch) durch den sensorischen Assoziationscortex als bekannt bzw. relevant (wieder)erkannt, wird dieser hinsichtlich seiner potenziellen Gefährlichkeit durch den Thalamus unmittelbar, jedoch eher „grob“ bewertet. Wird diese hierdurch bestätigt, erfolgt eine sehr schnelle Weiterleitung dieser Information an die Amygdala (auch „Mandelkern“ genannt), welche tief im Bereich der Temporallappen lokalisiert ist. Die Amygdala wiederum löst als zentrales „Angstzentrum“ über eine Aktivierung des Hypothalamus und des Hirnstamms mittelbar die psychophysiologischen Mechanismen der Fight-or-Flight-Reaktion aus, wodurch dem Individuum eine zeitnahe Reaktion auf die Bedrohung ermöglicht wird. Dieser sehr schnelle und über die sogenannte *low route* vermittelte Ablauf ist äußerst wichtig für die unmittelbare Reaktion auf Gefahr, gleichzeitig ist er jedoch aufgrund seiner „Reflexhaftigkeit“ sehr anfällig für eine Auslösung, und eigentlich harmlose Sinneseindrücke können biologisch als gefährlich verkannt werden. Um einen „Fehlalarm“ zu

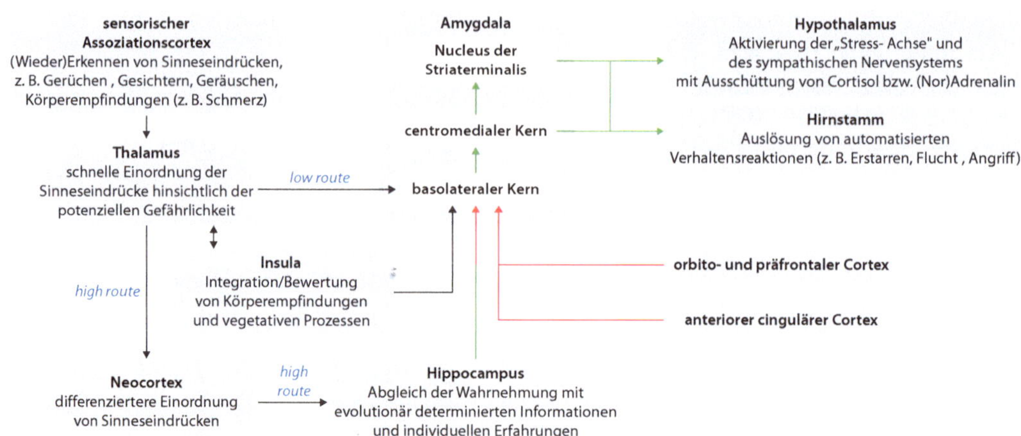

Abb. 13.2 Das Angstnetzwerk. Grüne Pfeile: aktivierender Effekt auf die nachfolgende Struktur; rote Pfeile: hemmender Effekt auf die nachfolgende Struktur. *High route, low route:* s. Text

13

vermeiden bzw. zu korrigieren gibt es einen alternativen Weg, der zwar nahezu doppelt so viel Zeit in Anspruch nimmt, jedoch deutlich präziser ist. Die *high route* führt zunächst vom Thalamus zu Teilen des Neocortex und schließlich zum Hippocampus, wo Wahrnehmungen einer genaueren Analyse unterzogen werden bzw. ein Abgleich mit evolutionär determinierten Informationen und persönlichen Erfahrungen erfolgt. Auf Basis der so gewonnenen Zusatzinformation kann der Hippocampus entweder „Entwarnung geben" und die Aktivierung der Amygdala hemmen oder die Gefahr bestätigen und die Angstreaktion aufrechterhalten. Die Amygdalaaktivität wird darüber hinaus über (prä-)frontale Strukturen reguliert, wobei insbesondere der präfrontale (PFC), der orbitofrontale (OFC) und der anteriore cinguläre cortex (ACC) eine hemmende Funktion auf die Amygdala ausüben. Entsprechend auch der in die RdoC-Matrix eingeflossenen bisherigen Erkenntnisse ergibt sich in Abhängigkeit der Art der Bedrohung ein unterschiedliches Muster für die Relevanz der einzelnen Komponenten des Angstnetzwerks. Die basolateralen und centromedialen Kerngebiete der Amygdala, der Hippocampus, die (prä)frontalen cortikalen Areale, der Hypothalamus sowie die Insula spielen insbesondere bei der Wahrnehmung von und der Reaktion auf akute(r) bzw. anhaltende(r) Bedrohung („Furcht") eine wichtige Rolle, der *bed nucleus* der Stria terminalis hingegen eher bei der „Angst" als Korrelat einer antizipierten Bedrohung.

In den 1990er-Jahren wurden erste Studien veröffentlicht, die mithilfe der Magnetresonanztomografie (MRT) die Morphologie unterschiedlicher Komponenten des Angstnetzwerks bei Angsterkrankungen untersuchten. Im Vergleich zu gesunden Probanden zeigten sich in diesem Zusammenhang bei der Panikstörung, der Agoraphobie, der GAS und diversen spezifischen Phobien wiederholt Volumenvergrößerungen oder -verminderungen in verschiedenen Strukturen (v. a. der Amygdala), deren Ausmaß teilweise mit der Symptomausprägung korrelierten (z. B. Irle et al. 2010; Lai 2011). Diese rein auf die strukturelle Anatomie bezogenen Arbeiten wurden in den folgenden Jahren jedoch zunehmend durch Untersuchungen ergänzt, die auf die Aktivität der einzelnen Einheiten des Angstnetzwerks fokussierten. Mithilfe der funktionellen MRT (fMRT) werden hierbei Unterschiede der Aktivierungen innerhalb des Angstnetzwerks zwischen Patienten und gesunden Probanden gemessen, die in Reaktion auf die Präsentation störungsspezifischer, meist visueller oder akustischer Stimuli (z. B. Bilder von Menschenmengen bei der Agoraphobie oder sorgenassoziierte Worte bei der GAS) entstehen. In inzwischen zahlreichen Studien wurden auch hier für unterschiedliche Angststörungen Aktivitätsunterschiede in verschiedenen Strukturen des Angstnetzwerks gefunden. Transdiagnostisch ergeben sich Hinweise insbesondere auf eine erhöhte Aktivität der (verschiedenen Kerngebiete der) Amygdala, des Hippocampus und der Insel sowie eine verminderte Aktivität frontaler Strukturen (v. a. des PFC oder ACC), und es konnten auch hier Zusammenhänge zwischen dem Grad der Aktivitätsabweichungen und der Ausprägung der klinischen Symptomatik beobachtet werden (Holzschneider und Muhlert 2012). Insbesondere in letzten Jahren wurde die Datenlage zusätzlich durch sogenannte Konnektivitätsanalysen bereichert. Durch diese kann festgestellt werden, inwieweit sich die neuronalen Verbindungen zwischen den einzelnen Teilen des Angstnetzwerks und damit auch deren aktivierender oder hemmender Einfluss zwischen Patienten mit Angststörungen und gesunden Probanden unterscheidet. Die Idee dabei ist, dass die Funktion eines Netzwerks nicht nur auf der Funktion seiner Einzeleinheiten, sondern auch, vielleicht sogar im Besonderen, auf deren „Kommunikation" untereinander beruht. Vor diesem Hintergrund konnte wiederholt gezeigt werden, dass Patienten mit Angststörungen eine von Gesunden abweichende Konnektivität innerhalb des Angstnetzwerks aufweisen. Entsprechende Untersuchungen fanden in Abhängigkeit der jeweils untersuchten Angststörung häufig unterschiedliche Konnektivitätsmuster und berichteten sowohl über eine verstärkte als auch verminderte „Koppelung" zwischen gleichen Strukturen des Angstnetzwerks. Insgesamt ergaben sich jeweils bei der Panikstörung, der GAS oder der sozialen Phobie jedoch insbesondere Hinweise auf eine abweichende Konnektivität sowohl zwischen der Amygdala als „Angstzentrum" und Strukturen des frontalen Cortex (ACC, PFC und OFC) sowie weiteren (para)limbischen Regionen wie dem Thalamus, dem Mittelhirn, der Insula oder dem Precuneus als auch innerhalb der verschiedenen Kerngebieten innerhalb der Amygdala (Peterson et al. 2014).

In der Gesamtschau deuten die bisherigen Befunde deutlich darauf hin, dass in der Pathogenese der Angststörungen sowohl die Aktivität als auch die Verbindungen innerhalb des Angstnetzwerks bzw. innerhalb der Binnenstruktur der Amygdala von Bedeutung sind. Diese Beobachtung wird nicht zuletzt durch weitere Studienergebnisse untermauert, die zeigen, dass eine störungsspezifische Pharmako- und Psychotherapie pathologische Aktivierungsmuster normalisiert. So konnte mithilfe bildgebender Verfahren bei Patienten mit verschiedenen Angststörung gezeigt werden, dass eine mehrwöchige Behandlung mit SS(N)RI oder eine jeweils inhaltlich adaptierte KVT die Aktivität der Amygdala, des Striatum, der Insula sowie des Thalamus reduziert, die des ventromedialen präfrontalen Cortex jedoch steigert, und dass diese Veränderungen oftmals positiv mit dem klinischen Behandlungserfolg korrelieren (z. B. Farb und Ratner 2014; Galvao-de Almeida et al. 2013; Phan et al. 2013).

13.5.3 Neurotransmitter, Neuropeptide und die Stress-Achse

Die Rolle monoaminerger Botenstoffsysteme in der Pathogenese von Angsterkrankungen leitet sich vor allem von den klinischen und biologischen Effekten der Antidepressiva ab, die die Verfügbarkeit von Serotonin (5-HT) im synaptischen Spalt erhöhen (▶ Abschn. 13.3 und 13.5.2). Für die Formulierung einer „Monoaminmangelhypothese" in Analogie zur Depression bietet die bestehende Datenlage jedoch keine ausreichende Basis (z. B. Maron et al. 2012). Der Mechanismus, über den die SS(N)RI-Wirkung auf die (para) limbische Aktivität vermittelt wird, ist noch weitestgehend unbekannt. Es wird jedoch u. a. angenommen, dass serotonerg wirksame Medikamente in Abhängigkeit des jeweiligen Hirnareals und des jeweiligen Rezeptorsubtyps (5-HT1A, 5-HT1B, 5-HT2C) die Verfügbarkeit von 5HT-Rezeptoren auf der Zelloberfläche verändern oder zu deren (De-)Sensibilisierung führen und dadurch mittelbar entsprechende Aktivitätsveränderungen innerhalb des Angstnetzwerks herbeiführen können (z. B. Spindelegger et al. 2009). Diese Annahme wird tatsächlich durch Studien gestützt, die mithilfe der Positronen-Emissionstomografie (PET) die Expression bzw. Bindungskapazität von 5-Hat-Rezeptoren untersuchten. Insbesondere bei Patienten mit Panikstörung und sozialer Phobie zeigte sich gegenüber gesunden Probanden wiederholt eine veränderte (erhöhte oder reduzierte) Rezeptorverfügbarkeit oder -bindungskapazität in verschiedenen Bereichen des Angstnetzwerks, wie z. B. der Amygdala, dem Thalamus oder dem Hippocampus, die sich teilweise nach erfolgreicher Pharmakotherapie wieder normalisierten (z. B. Maron et al. 2004; Nash et al. 2008; van der Wee et al. 2008). Vor diesem Hintergrund wird diskutiert, dass das jeweilige „Profil" der Funktionsveränderungen der 5-HT-Rezeptoren sich in Abhängigkeit der jeweiligen Angststörung unterscheidet und so zur diskriminativen Ausbildung des jeweiligen Phänotyps beitragen könnte (Graeff und Zangrossi 2010). Dieser Annahme folgend würde das jeweils eingesetzte Antidepressivum dann im Sinne eines „Serotoninmodulators" die jeweilige rezeptorvermittelte serotonerge Dysbalance ausgleichen und dadurch transdiagnostisch zur Verbesserung der jeweils störungsspezifischen Symptomatik führen. Ein zweiter Botenstoff, dessen Relevanz sich ebenfalls aus der anxiolytischen Pharmakotherapie (diesmal von den Benzodiazepinen) ableitet, ist γ-Aminobuttersäure (GABA). GABA ist der am stärksten hemmend wirkende (inhibitorische) Neurotransmitter im zentralen Nervensystem und entscheidend an der Eindämmung der Erregbarkeit von Nervenzellen beteiligt. Auch in Bezug auf die inhibitorische Neurotransmission wurden unter Einsatz unterschiedlicher bildgebender Verfahren Veränderungen bei verschiedenen Angststörungen (z. B. der Panikstörung und der GAS) beobachtet, die sowohl die Transmitterverfügbarkeit auch die Rezeptorfunktion betrafen. Insbesondere wurde wiederholt eine reduzierte Anzahl bzw. Bindungskapazität des GABAA-Rezeptors innerhalb des Angstnetzwerks gefunden, die in einigen Studien mit der Symptomschwere korrelierten (Bandelow et al. 2016). Im Kontext des GABAergen Systems standen in der Vergangenheit auch die Gruppe der sogenannten „neuroaktiven Steroide" (z. B. Allopregnanolon oder Allotetrahydrodesoxycorticosteron) im Fokus wissenschaftlichen Interesses. Es handelt sich hierbei um Steroidhormone, die als Agonisten am GABAA-Rezeptor binden und dadurch seine Bindungskapazität erhöhen. Während bereits vor einigen Jahren veränderte Konzentrationen von Allopreganolon bei Patienten mit Panikstörung beobachtet wurden (Ströhle et al. 2002), ergaben sich in jüngeren Studien wiederholt Hinweise darauf, dass auch die Trennungsangst des Erwachsenenalters mit einer verminderten Steroidsynthese assoziiert sein könnte (z. B. Chelli et al. 2008).

13

Neben den oben genannten Botenstoffsystemen wurden in den letzten Jahrzehnten im Kontext von Angststörungen auch verschiedene Stoffe untersucht, die unter die relativ große Gruppe der Neuropeptide subsummiert werden. Neuropeptide stellen eine heterogene Gruppe von zentralnervös aktiven Hormonen dar, die direkt oder über eine mittelbare Beeinflussung von anderen Neurotransmittern die Aktivität von Neuronen beeinflussen und dadurch einen angstverstärkenden (z. B. Cholecystokinin und Neurokinine [NK] wie z. B. die Substanz P) oder -reduzierenden Effekt (z. B. Neuropetid Y, das atriale natriuretische Peptid [ANP] oder Oxytocin) besitzen können. In mittlerweile zahlreichen Arbeiten fanden sich Zusammenhänge zwischen Veränderungen innerhalb dieser Systeme und dem Vorliegen verschiedener Angsterkrankungen (s. a. Bandelow et al. 2016; Plag et al. 2012). So zeigte sich beispielsweise bei Patienten mit Panikstörung und spezifischen Phobien eine veränderte NK-Rezeptorbindungskapazität. Umgekehrt konnten durch CCK ausgelöste Panikattacken durch die Verabreichung von ANP abgeschwächt und eine positive Korrelation zwischen der ANP-Konzentration und einer anxiolytischen Wirkung beobachtet werden (z. B. Ströhle et al. 2006). Aus den entsprechenden Befunden wurden unterschiedliche pharmakotherapeutische Ansätze abgeleitet (z. B. NK1- oder CCK-Antagonisten), deren anxiolytische Effekte in Studien jedoch sehr heterogen waren und bis heute nicht die klinische Anwendung erreichten. Basierend auf dem Vorwissen, dass das in den Kerngebieten des Hypothalamus synthetisierte Oxytocin unter anderem Systeme beeinflusst, die mit sozialer Kognition und emotionaler Bindung assoziiert sind, wurden dessen Effekte insbesondere bei der sozialen Phobie untersucht. Während nach einer (nasalen) Oxytocinapplikation tatsächlich eine Reduktion der Amygdalaaktivität, eine stärkere Konnektivität zwischen der Amygdala und dem ACC bzw. dem PFC und einer Reduktion der Aktivität der neurobiologischen Stressantwort beobachtet wurden, konnte die störungsspezifische Symptomatik bei entsprechend erkrankten Patienten hierdurch jedoch nicht oder nur unzureichend beeinflusst werden (De Cagna et al. 2019). Entsprechend erlangte auch dieser Ansatz nicht die „Marktreife".

Wie auch bei anderen „stressreaktiven Erkrankungen" beschäftigten sich in den letzten Jahrzehnten auch bei Angststörungen viele Arbeiten mit der Aktivität des Hypophysen-Hypothalamus-Nebennieren-(HPA-) Systems (der sogenannten „Stress-Achse") als potenziell krankheitsbegünstigendem und -aufrechterhaltendem Faktor. Im Gegensatz zur Depression oder posttraumatischen Belastungsstörungen, bei denen ein Hyper- bzw. Hypocortisolismus mittlerweile stabil reproduzierbare Befunde darstellen, ist die Datenlage bei Angststörungen deutlich uneinheitlicher (Plag et al. 2013). Vor dem Hintergrund einer heterogenen Studienlage ergaben sich in der Zusammenschau für die Panikstörung, die GAS sowie für phobische Störungen bisher keine sicheren Hinweise auf eine generelle Dysfunktion des HPA-Systems, und einzelne Befunde eines Hypercortisolismus ließen sich häufig durch das Vorliegen einer komorbiden Depression erklären. Auch in Bezug auf die Reagibilität der Stress-Achse auf verschiedene pharmakologische bzw. psychologische Provokationsverfahren unterschieden sich Patienten mit Angststörungen in den meisten Fällen nicht von gesunden Probanden.

Insgesamt bestehen bei Angststörung deutliche Hinweise auf Alterationen der serotonergen und GABAergen Neurotransmission, die hauptsächlich durch Veränderungen auf Ebene der transmitterspezifischen Rezeptoren bedingt zu sein scheinen und durch die bestehenden pharmakologischen Behandlungsoptionen adressiert werden. Auch bestehen Befunde im Bereich der Neuropeptide, aus denen jedoch (noch) keine Therapiemöglichkeiten abgeleitet werden konnten.

13.5.4 Genetik

Bereits seit dem letzten Drittel des vorherigen Jahrhunderts weisen epidemiologische Untersuchungen auf eine genetische Komponente in der Entstehung von Angsterkrankungen hin. Dieser zunächst in Familienstudien erhobene Befund konnte im Verlauf der letzten Jahrzehnte durch Zwillingsstudien mit jeweils mehreren tausend Probanden verifiziert werden, in denen für die Panikstörung, die generalisierte Angststörung, die soziale Phobie und für spezifische Phobien eine Heritabilität zwischen 27 % (soziale Phobie) und mehr als 40 % (spezifische Phobien) gefunden wurde. In der Gruppe der spezifischen Phobien ergaben sich diesbezüglich in Abhängigkeit des spezifisch-phobischen Subtyps jedoch große Unterschiede; während für unterschiedliche situative Phobien eine Erblichkeit von nahezu 0 % beobachtet wurde, betrug deren Anteil beim Blut-Injektions-Verletzungs-Typ bzw. bei tierbezogenen Ängsten 33 % und 45 % (Shimada-Sugimoto et al. 2015; van Houtem et al. 2013). Diese Befunde aus der Zwillingsforschung werden seit nunmehr einigen Jahren kontinuierlich durch Ergebnisse der molekulargenetischen Forschung ergänzt. Insbesondere für die Panikstörung wurden zunächst im Rahmen einer relativ großen Anzahl von Linkage-Studien zahlreiche chromosomale Loci als mögliche Träger krankheitsassoziierter Gene identifiziert. Die meisten dieser (in jeweils eher kleinen Patientengruppen erhobenen) Befunde konnten in Folgeuntersuchungen jedoch nicht bzw. nur inkonsistent repliziert werden, sodass sich metaanalytisch schwache Hinweise auf eine Beteiligung der Chromosomen 1, 5, 15 und 16 in der Krankheitsentstehung ergaben (Webb et al. 2012). Ähnlich verhält es sich in Bezug auf genetische Assoziationsstudien, die zunächst, hauptsächlich auf Basis von Vorkenntnissen über pathogenetisch relevante biologische Systeme, isoliert bestimmte Gene (Kandidatengene) in Bezug auf ihre Krankheitsrelevanz bei Angststörungen untersuchten. Erneut liegen diesbezüglich die meisten Arbeiten für die Panikstörung vor. Bestimmte genetische Varianten wurden hier in Genen gefunden, die für Strukturen der monoaminergen (z. B. 5HTTLPR, HTR1A, HTR2A, COMT, MAO) oder GABAergen (GABRB3, GABRA5) Neurotransmission, des HPA-Systems (z. B. CRHR1) oder der Neurogenese bzw. -protektion (z. B. NPSR1) codieren sowie mit der Aktivität von Strukturen des Angstnetzwerks (z. B. der Amygdala) in Verbindung gebracht wurden. Jedoch hielten auch diese (Einzel)Befunde metaanalytischen Überprüfungen bisher nicht stand (Bastiansen et al. 2014; Howe et al. 2016). Nummerisch deutlich weniger Untersuchungen wurden diesbezüglich für die GAS, die soziale Phobie oder die spezifischen Phobien durchgeführt. Auch hier wurden Assoziationen zwischen dem jeweiligen Phänotyp und Polymorphismen in Genen gefunden, die für den Serotonintransporter bzw. -rezeptor, den enzymatischen Abbau der Monoamine sowie für neurotrophe Faktoren codieren oder denen ein Einfluss auf die Funktion der Strukturen des Angstnetzwerks zugeschrieben wird. Die meisten dieser Befunde blieben jedoch singulär oder ließen sich durch weitere Studien ebenfalls nicht bestätigen (z. B. Gottschalk und Domschke 2017; Smoller 2016). Mittlerweile ist für viele Angsterkrankungen auch mindestens eine genomweite Assoziationsstudie (GWAS) verfügbar, bei der das gesamte menschliche Genom auf krankheitsassoziierte SNPs *(single nucleotide polymorphisms)* abgesucht wurde. Für die Panikstörung wurden mittlerweile mehr als fünf GWAS publiziert, die wiederum inkonsistente Ergebnisse erbrachten. Wiederholt konnten jedoch zwei SNPs innerhalb eines Gens identifiziert werden, welches mit der Expression eines Proteins (132 D) in der neuronalen Zellmembran assoziiert ist. Die genaue Funktion von 132 D ist noch nicht vollständig aufgeklärt; es gibt jedoch Hinweise darauf, dass es an der neuronalen Konnektivität innerhalb des Angstnetzwerks beteiligt sein könnte (Erhardt et al. 2012). Bei Patienten mit GAS und sozialer Phobie zeigten jeweils einzelne GWAS bisher SNPs in unterschiedlichsten Genen, welche z. B. für Strukturen codieren, die für die interzelluläre Kommunikation wichtig sind oder indirekt mit dem Metabolismus von Serotonin in Verbindung gebracht werden (z. B. Stein et al. 2017). In Analogie zur Depression (► Kap. 12) und anderen psychischen Erkrankungen wurde auch in einigen wenigen Studien untersucht, inwieweit Polymorphismen in bestimmten Kandidatengenen die Empfindlichkeit für bestimmte entwicklungs- bzw. umweltassoziierte Faktoren modulieren (sog. „Gen-Umwelt-Interaktionen“) und mittelbar die Krankheitsentwicklung begünstigen können. Einzelne Ergebnisse weisen in diesem Zusammenhang darauf hin, dass

Polymorphismen des Neuropeptid-Y- bzw. des Serotonintransporter-Gens Risikofaktoren für die invalidisierenden Einflüsse von biografischen oder entwicklungsbedingten Stressoren (z. B. Naturkatastrophen, Kindheitstraumata, geringe soziale Unterstützung) in der Entwicklung der Panikstörung, der GAS oder der sozialen Phobie darstellen könnten. Wie auch in den anderen Bereichen der genetischen Forschung in Bezug auf Angststörung stehen diesen Befunden jedoch auch negative Ergebnisse gegenüber (z. B. Blaya et al. 2010) oder sie wurden (noch) nicht durch Folgestudien verifiziert.

Zusammenfassend muss festgestellt werden, dass es bei deutlichen epidemiologischen Hinweisen auf die Relevanz erblicher Faktoren in der Entstehung von Angststörungen der molekulargenetischen Forschung bisher noch nicht gelungen ist, eindeutig krankheitsassoziierte Polymorphismen für diese Erkrankungsgruppe zu identifizieren. Dies liegt sicher auch daran, dass, vergleichbar zu anderen Erkrankungen, auch bei Angststörungen ein polygenetisches Vererbungsmuster angenommen werden kann, bei dem nicht ein einzelnes Gen, sondern das Zusammenspiel vieler Gene risikoerhöhend wirkt. Entsprechende Konstellationen lassen sich jedoch nur schwer mit der Betrachtung einzelner Kandidatengene identifizieren. GWAS, die prinzipiell ein probates Instrument für die Untersuchung einer polygenetischen Vererbung darstellen, müssen wiederum eine große Anzahl an Betroffenen einschließen, um zu belastbaren Ergebnissen zu kommen. Eine entsprechende Größe ist unserer Einschätzung nach durch die bisherigen GWAS im Bereich der Angststörungen möglicherweise noch nicht erreicht worden; während beispielweise für die Depression Studien mit mehr als hunderttausend Teilnehmern vorliegen, beschränken sich hier entsprechende Arbeiten bisher auf jeweils einige tausend Personen.

Es erscheint jedoch interessant, dass Genvarianten, die nur inkonsistent im Zusammenhang mit kategorialen Angststörungen gefunden wurden, teilweise deutlich stärker mit deren entwicklungsassoziierten Risikofaktoren wie Verhaltenshemmung oder Neurotizismus assoziiert waren (Nagel et al. 2018; Smoller 2016). In Analogie zu Befunden bei der Depression (▶ Kap. 12) und in Übereinstimmung mit dem Rational der RDoC deutet dies daraufhin, dass im Kontext stressreaktiver psychischer Erkrankungen insbesondere Genvarianten eine Bedeutung zukommt, die statt mit einem bestimmten Phänotyp mit einer entitätsübergreifenden Erhöhung der Stressempfindlichkeit in Verbindung stehen.

13.5.5 Epigenetik

Als „Epigenetik" wird vor allem die (passagere) Beeinflussung der Aktivität eines Gens durch Methylierung bzw. Acetylierung der DNA/mRNA und die dadurch hervorgerufene Beeinflussung eines Phänotyps bezeichnet. Man geht davon aus, dass der Methylierungs- oder Acetylierungszustand mittelbar durch verschiedene Umwelteinflüsse (z. B. Stress) beeinflusst wird und so die Genexpression innerhalb eines Individuums als auch transgenerational beeinflusst werden kann. Eine vermehrte Methylierung entspricht jeweils einer verminderten Transkription des betroffenen genetischen Abschnitts und damit einer verminderten Bildung oder Aktivität des jeweiligen Genprodukts. Für den Bereich der Angststörungen liegen epigenetische Befunde gegenwärtig für die Panikstörung sowie für die soziale Phobie vor (für einen Überblick: Schiele und Domschke 2018). Bei der Panikstörung wurde eine geringere Methylierung von Genen gefunden, welche für die Expression der *Monoamino-Oxidase* (MAO) und der *Glutamat-Decarboxylase-1* (GAD-1) verantwortlich sind (Domschke et al. 2012, 2013). Diese Veränderungen führen zu einem beschleunigten Abbau von Monoaminen bzw. zu einer reduzierten Verfügbarkeit von GABA im zentralen Nervensystem und können dadurch die Entstehung von pathologischer

Angst begünstigen. Patienten mit einer sozialen Phobie wiesen hingegen eine Hypomethylierung des *Oxytocin-Gens* auf, deren Ausprägung positiv mit der Erkrankungsschwere sowie der Cortisolsekretion im Rahmen einer störungsspezifischen Symptomprovokation korrelierte (Ziegler et al. 2015). Dieser Befund kontrastiert in gewisser Hinsicht die fehlende klinische Wirkung von Oxytocin in dieser Patientengruppe (▶ Abschn. 13.5.3) und reiht sich damit in die nicht immer widerspruchsfreie Befundlage ein, die die Erforschung der Angststörung bisher hervorgebracht hat.

13.6 Ein neurobiologisch-integrativer Ansatz

Die biopsychosoziale Pathogenese als transdiagnostisch evidentes Krankheitsmodel psychischer Erkrankungen lässt sich am Beispiel der Angsterkrankungen besonders gut nachvollziehen. Durch das Ineinandergreifen biologischer, psychologischer und entwicklungsassoziierter Faktoren wird die Empfindlichkeit zur Ausbildung der jeweiligen Syndrome erhöht, die durch Stress als zentralem symptomauslösenden und -aufrechterhaltenden Faktor schließlich „bedient" wird. Obwohl die Befundlage (noch) nicht durchgängig konsistent ist, zeichnet sich in der Entstehung von Angststörungen jedoch deutlich die Bedeutung einer vielschichtigen Kaskade von neurobiologischen Systemen ab, die häufig in funktionellem Zusammenhang miteinander stehen und letztlich das Erkrankungsrisiko erhöhen: Genetische Faktoren führen beispielweise zu Veränderungen von Botenstoffsystemen (z. B. der serotonergen Neurotransmission), die wiederum die Funktion von angstassoziierten Hirnarealen dergestalt beeinflussen, dass es unter der Einwirkung von Stress schneller zur Symptombildung kommt. Auch scheinen biologische Faktoren die Ausbildung von krankheitsbegünstigenden und stresssensitiven Persönlichkeitsmerkmalen wie Neurotizismus zu begünstigen, die wiederum ein Risikofaktor für die Ausbildung dysfunktionaler Konditionierungsprozesse und damit störungsspezifischer psychologischer Lernmodelle darstellen können. Die Bedeutung der Biologie bzw. der bidirektionalen Verbindung zwischen biologischen und psychologischen Faktoren in der Krankheitsentstehung wird nicht zuletzt durch die Effekte der gegenwärtigen pharmako- und psychotherapeutischen Behandlungsoptionen unterstrichen. Sowohl durch den Einsatz von Antidepressiva als auch kognitiver Verhaltenstherapie lassen sich korrespondierende Veränderungen der klinischen Symptomatik und verschiedener neurobiologischer Korrelate von Angststörungen erreichen; dadurch zeichnet sich ein synergistischer Effekt beider Therapieoptionen auch auf biologischer Ebene ab, der in der klinischen Praxis (zumindest ab einem gewissen Schweregrad der Angst) genutzt werden sollte. Darüber hinaus lässt das in Bezug auf die Angststörungen noch relativ wenig erforschte Feld der Epigenetik interessante Befunde für die Zukunft erhoffen. In diesem Zusammenhang erscheint es möglich oder ist es sogar zu erwarten, dass „Stress", welcher immer noch überwiegend als rein psychologisches Phänomen wahrgenommen wird, zu einem noch integraleren Bestandteil der neurobiologischen Forschung wird und so zum weiteren Verständnis intraindividueller und transgenerationaler biologischer Veränderungen im Bereich der Angststörungen beitragen kann.

Literatur

American Psychiatric Association (2013) Diagnostic and statistical manual of mental disorders, 5. Aufl. American Psychiatric Association, Arlington

Askew C, Field AP (2007) Vicarious learning and the development of fears in childhood. Behav Res Ther 45:2616–2627

Asmundson GJ, Fetzner MG, Deboer LB et al (2013) Let's get physical: a contemporary review of the anxiolytic effects of exercise for anxiety and its disorders. Depress Anxiety 30:362–373

Bandelow B (1995) Assessing the efficacy of treatments for panic disorder and agoraphobia. II. The panic and agoraphobia scale. Int Clin Psychopharmacol 10:73–81

Bandelow B, Wiltink J, Alpers GW et al. (2014) Deutsche S3-Leitlinie Behandlung von Angststörungen. ▶ www.awmf.org/leitlinien.htm

Bandelow B, Baldwin D, Abelli M et al (2016) Biological markers for anxiety disorders, OCD and PTSD – a consensus statement. Part I: Neuroimaging and genetics. World J Biol Psychiatry 17:321–365

Bastiaansen JA, Servaas MN, Marsman JB et al (2014) Filling the gap: relationship between the serotonin-transporter-linked polymorphic region and amygdala activation. Psychol Sci 25:2058–2066

Beck AT (1985) Theoretical perspectives on clinical anxiety. In: Tuma AH, Maser J (Hrsg) Anxiety and the anxiety disorders. Erlbaum, Hillsdale, S 183–196

Beck JG, Carmin CN, Henninger NJ (1998) The utility of the fear survey schedule-III: an extended replication. J Anxiety Disord 12:177–182

Behar E, DiMarco ID, Hekler EB et al (2009) Current theoretical models of generalized anxiety disorder (GAD): conceptual review and treatment implications. J Anxiety Disord 23:1011–1023

Beutel ME, Scheurich V, Knebel A et al (2013) Implementing panic-focused psychodynamic therapy into clinical practice. Can J Psychiatry 58:326–334

Bienvenu OJ, Onyike CU, Stein MB et al (2006) Agoraphobia in adults: incidence and longitudinal relationship with panic. Br J Psychiatry 188:432–438

Blaya C, Salum GA, Moorjani P et al (2010) Panic disorder and serotonergic genes (SLC6A4, HTR1A and HTR2A): association and interaction with childhood trauma and parenting. Neurosci Lett 485:11–15

Chelli B, Pini S, Abelli M et al (2008) Platelet 18 kDa translocator protein density is reduced in depressed patients with adult separation anxiety. Eur Neuropsychopharmacol 18:249–254

Clark DM, Wells A (1995) A cognitive model of social phobia. In: Heimberg RG, Liebowitz MR, Hope DA, Schneider FR (Hrsg) Social phobia: diagnosis, assessment, treatment. Guildford, New York, S 69–93

Cuijpers P, Sijbrandij M, Koole SL et al (2014) Adding psychotherapy to antidepressant medication in depression and anxiety disorders: a meta-analysis. World Psychiatry 13(1):56–67

Cyranowski JM, Shear M, Rucci P et al (2002) Adult separation anxiety: psychometric properties of a new structured clinical interview. J Psychiatr Res 36:77–86

De Cagna F, Fusar-Poli L, Damiani S et al (2019) The role of intranasal oxytocin in anxiety and depressive disorders: A systematic review of randomized controlled trials. Clin Psychopharmacol Neurosci 17:1–11

Dilling H, Mombour W, Schmidt MH et al (2015) Internationale Klassifikation psychischer Störungen: ICD-10 Kapitel V (F) klinisch-diagnostische Leitlinien, 10. Aufl. Hogrefe, Bern

Domschke K, Tidow N, Kuithan H et al (2012) Monoamine oxidase A gene DNA hypomethylation – a risk factor for panic disorder? Int J Neuropsychopharmacol 15:1217–1228

Domschke K, Tidow N, Schrempf M et al (2013) Epigenetic signature of panic disorder: a role of glutamate decarboxylase 1 (GAD1) DNA hypomethylation? Prog Neuropsychopharmacol Biol Psychiatry 46:189–196

Ehlers A, Margraf J (1989) The psychophysiological model of panic attacks. In: Emmelkamp PMG, Everaerd WTAM, Kraaimaat F, van Son MJM (Hrsg) Fresh perspectives on anxiety disorders. Swets Zeitlinger, Amsterdam, S 1

Erhardt A, Akula N, Schumacher J et al (2012) Replication and meta-analysis of TMEM132D gene variants in panic disorder. Transl Psychiatry 2:e156

Fanselow MS (2018) The role of learning in threat Imminence and defensive behaviors. Curr Opin Behav Sci 24:44–49

Farb DH, Ratner MH (2014) Targeting the modulation of neural circuitry for the treatment of anxiety disorders. Pharmacol Rev 66:1002–1032

Galvao-de Almeida A, Araujo Filho GM, Berberian Ade A et al (2013) The impacts of cognitive-behavioral therapy on the treatment of phobic disorders measured by functional neuroimaging techniques: a systematic review. Rev Bras Psiquiatr 35:279–283

Garcia R (2017) Neurobiology of fear and specific phobias. Learn Mem 16::462–471

Gottschalk MG, Domschke K (2017) Genetics of generalized anxiety disorder and related traits. Dialogues Clin Neurosci 19:159–168

Graeff FG, Zangrossi H Jr (2010) The dual role of serotonin in defense and the mode of action of antidepressants on generalized anxiety and panic disorders. Cent Nerv Syst Agents Med Chem 10:207–217

Hamm AO (2017) Spezifische Phobien. Psych up2date 3:223–236

Harro J (2018) Animals, anxiety, and anxiety disorders: how to measure anxiety in rodents and why. Behav Brain Res 352:81–93

Hayes-Skelton SA, Roemer L, Orsillo SM (2013) A randomized clinical trial comparing an acceptance-based behavior therapy to applied relaxation for generalized anxiety disorder. J Consult Clin Psychol 81:761–773

Heimberg RG, Horner KJ, Juster HR et al (1999) Psychometric properties of the liebowitz social anxiety scale. Psychol Med 29:199–212

Holzschneider K, Mulert C (2012) Neuroimaging in anxiety disorders. Dialogues Clin Neurosci 13:453–461

Howe AS, Buttenschøn HN, Bani-Fatemi A et al (2016) Candidate genes in panic disorder: meta-analyses of 23 common variants in major anxiogenic pathways. Mol Psychiatry 21:665–679

Irle E, Ruhleder M, Lange C et al (2010) Reduced amygdalar and hippocampal size in adults with generalized social phobia. J Psychiatry Neurosci 35:126–131

Jacobi F, Höfler M, Siegert J et al (2014) Twelve-month prevalence, comorbidity and correlates of mental disorders in Germany: the mental health module of the German health interview and examination survey for adults (DEGS1-MH). Int J Methods Psychiatr Res 23:304–319

Kaczkurkin AN, Foa EB (2015) Cognitive-behavioral therapy for anxiety disorders: an update on the empirical evidence. Dialogues Clin Neurosci 17:337–346

Kandel ER, Hawkins RD (1992) Molekulare Grundlagen des Lernens. Spektrum der Wissenschaft 11:66–76

Katzman MA, Bleau P, Blier P et al. (2014) Canadian clinical practice guidelines for the management of anxiety, posttraumatic stress and obsessive-compulsive disorders. BMC Psychiatry 14(1):S1

Keefe JR, McCarthy KS, Dinger U et al (2014) A meta-analytic review of psychodynamic therapies for anxiety disorders. Clin Psychol Rev 34:309–323

13 Kogan CS, Stein DJ, Maj M et al (2016) The classification of anxiety and fear-related disorders in the ICD-11. Depress Anxiety 33:1141–1154

Lahat A, Hong M, Fox NA (2011) Behavioural inhibition: is it a risk factor for anxiety? Int Rev Psychiatry 23:248–257

Lakshmi J, Sudhir PM, Sharma MP et al (2016) Effectiveness of metacognitive therapy in patients with social anxiety disorder: a pilot investigation. Indian J Psychol Med 38:466–471

Lai CH (2011) Gray matter deficits in panic disorder: a pilot study of meta-analysis. J Clin Psychopharmacol 31:287–293

Lang T, Helbig-Lang S, Westphal D et al (2012) Expositionsbasierte Therapie der Panikstörung mit Agoraphobie. Ein Behandlungsmanual. Hogrefe, Göttingen

Leichsenring F, Salzer S, Jaeger U et al (2009) Short-term psychodynamic psychotherapy and cognitive-behavioral therapy in generalized anxiety disorder: a randomized, controlled trial. Am J Psychiatry 166:875–881

Leichsenring F, Salzer S, Beutel ME et al (2013) Psychodynamic therapy and cognitive-behavioral therapy in social anxiety disorder: a multicenter randomized controlled trial. Am J Psychiatry 170:759–767

Lissek S, Powers AS, McClure EB et al (2005) Classical fear conditioning in the anxiety disorders: a meta-analysis. Behav Res Ther 43:1391–1424

Lueken U, Zierhut KC, Hahn T et al (2016) Neurobiological markers predicting treatment response in anxiety disorders: a systematic review and implications for clinical application. Neurosci Biobehav Rev 66:143–162

Maron E, Kuikka JT, Shlik J et al (2004) Reduced brain serotonin transporter binding in patients with panic disorder. Psychiatry Res 132:173–181

Maron E, Nutt D, Shlik J (2012) Neuroimaging of serotonin system in anxiety disorders. Curr Pharm Des 18:5699–5708

Merikangas KR, Swanson SA (2010) Comorbidity in anxiety disorders. Curr Top Behav Neurosci 2:37–59

Meyer TJ, Miller ML, Metzger RL et al (1990) Development and validation of the Penn State Worry Questionnaire. Behav Res Ther 28:487–495

Mowrer OH (1960) Learning theory and behavior. Wiley, New York

Nagel M, Jansen PR, Stringer S et al (2018) Meta-analysis of genome-wide association studies for neuroticism in 449,484 individuals identifies novel genetic loci and pathways. Nat Genet 50:920–927

Nash JR, Sargent PA, Rabiner EA et al (2008) Serotonin 5-HT1A receptor binding in people with panic disorder: positron emission tomography study. Br J Psychiatry 193:229–234

Öhman A, Mineka S (2001) Fears, phobias, and preparedness: toward an evolved module of fear and fear learning. Psychol Rev 108:483–522

Öst LG, Thulin U, Ramnero J (2004) Cognitive behavior therapy vs exposure in vivo in the treatment of panic disorder with agoraphobia (corrected from agrophobia). Behav Res Ther 42:1105–1127

Offidani E, Guidi J, Tomba E et al (2013) Efficacy and tolerability of benzodiazepines versus antidepressants in anxiety disorders: a systematic review and meta-analysis. Psychother Psychosom 82:355–362

Pavlov IP (1927) Conditional reflexes: an investigation of the physiological activity of the cerebral cortex. Oxford University Press, Oxford

Perna G, Alciati A, Riva A et al (2016) Long-term pharmacological treatments of anxiety disorders: an updated systematic review. Curr Psychiatry Rep 18:23

Peterson A, Thome J, Frewen P et al (2014) Resting-state neuroimaging studies: a new way of identifying differences and similarities among the anxiety disorders? Can J Psychiatry 59(6):294–300

Phan KL, Coccaro EF, Angstadt M et al (2013) Corticolimbic brain reactivity to social signals of threat before and after sertraline treatment in generalized social phobia. Biol Psychiatry 73:329–336

Plag J, Ströhle A (2012) Pharmakotherapie der Angststörungen. In: Gründer G, Benkert O (Hrsg) Handbuch der psychiatrischen Pharmakotherapie, 2. Aufl. Springer, Heidelberg

Plag J, Hoyer J (2019) Die generalisierte Angststörung - ein update. Psych up2date 13:243–260

Plag J, Siegmund A, Ströhle A (2012) Neue Ansätze in der Angstbehandlung. In: Rupprecht R, Kellner M (Hrsg) Angststörungen. Klinik, Forschung, Therapie. Kohlhammer, Stuttgart

Plag J, Schumacher S, Schmid U et al (2013) Baseline and acute changes in the HPA system in patients with anxiety disorders: current state of research. Neuropsychiatry 3(1–18):1

Reiss S, McNally RJ (1985) Expectancy model of fear. In: Reiss S, Bootzin RR (Hrsg) Theoretical issues in behavior therapy. Academic, New York, S 107–121

Sanchez-Meca J, Rosa-Alcazar AI, Marın-Martınez F et al (2010) Psychological treatment of panic disorder with or without agoraphobia: a meta-analysis. Clin Psychol Rev 30:37–50

Schiele MA, Domschke K (2018) Epigenetics at the crossroads between genes, environment and resilience in anxiety disorders. Genes Brain Behav 17:e12423

Seligman MEP (1971) Phobias and preparedness. Behav Ther 2:307–320

Shimada-Sugimoto M, Otowa T, Hettema JM (2015) Genetics of anxiety disorders: genetic epidemiological and molecular studies in humans. Psychiatry Clin Neurosci 69:388–401

Skinner BF (1938) The behavior of organisms: an experimental analysis. Appleton-Century, Oxford

Smoller JW (2016) The genetics of stress-related disorders: PTSD, depression, and anxiety disorders. Neuropsychopharmacology 41:297–319

Spindelegger C, Lanzenberger R, Wadsak W et al (2009) Influence of escitalopram treatment on 5-HAT 1A receptor binding in limbic regions in patients with anxiety disorders. Mol Psychiatry 14:1040–1050

Stein MB, Chen CY, Jain S et al (2017) Genetic risk variants for social anxiety. Am J Med Genet B Neuropsychiatr Genet 174:120–131

Steinhausen HC (2010) Fragebogen zur Erfassung des Elektiven Mutismus (FEM). In: Steinhausen HC (Hrsg) Psychische Störungen bei Kindern und Jugendlichen, 7. Aufl. Elsevier, München, S 558–560

Ströhle A, Romeo E, di Michele F et al (2002) GABA(A) receptor-modulating neuroactive steroid composition in patients with panic disorder before and during paroxetine treatment. Am J Psychiatry 159:145–147

Ströhle A, Feller C, Strasburger CJ et al (2006) Anxiety modulation by the heart? Aerobic exercise and atrial natriuretic peptide. Psychoneuroendocrinology 31:1127–1130

Stubbs B, Vancampfort D, Rosenbaum S et al (2017) An examination of the anxiolytic effects of exercise for people with anxiety and stress-related disorders: a meta-analysis. Psychiatry Res 249:102–108

Thorndike EL (1911) Animal intelligence. Experimental studies. Macmillan, New York

van der Heiden C, Muris P, Van der Molen HT (2012) Randomized controlled trial on the effectiveness of metacognitive therapy and tolerance-of-uncertainty therapy for generalized anxiety disorder. Behav Res Ther 50:100–109

van der Wee NJ, van Veen JF, Stevens H et al (2008) Increased serotonin and dopamine transporter binding in psychotropic medication naive patients with generalized social anxiety disorder shown by 123I-beta-(4-iodophenyl)-tropane SPECT. J Nucl Med 49:757–763

van Houtem CM, Laine ML, Boomsma DI et al (2013) A review and meta-analysis of the heritability of specific phobia subtypes and corresponding fears. J Anxiety Disord 27:379–388

Webb BT, Guo AY, Maher BS et al (2012) Meta-analyses of genome-wide linkage scans of anxiety-related phenotypes. Eur J Hum Genet 20:1078–1084

Wells A, Welford M, King P et al (2010) A pilot randomized trial of metacognitive therapy vs applied relaxation in the treatment of adults with generalized anxiety disorder. Behav Res Ther 48:429–434

Wells A (2011) Metakognitive Therapie bei Angststörungen und Depression. Beltz, Weinheim

Yeganeh R, Beidel DC, Turner SM et al (2003) Clinical distinctions between selective mutism and social phobia: an investigation of childhood psychopathology. J Am Acad Child Adolesc Psychiatry 42:1069–1075

Ziegler C, Dannlowski U, Bräuer D et al (2015) Oxytocin receptor gene methylation: converging multilevel evidence for a role in social anxiety. Neuropsychopharmacology 40:1528–1538

Neuropsychotherapie – Psychotherapieverfahren und ihre Wirkung

Nina Romanczuk-Seiferth

G. Roth et al. (Hrsg.), *Psychoneurowissenschaften*, https://doi.org/10.1007/978-3-662-59038-6_14

In diesem Kapitel wird es darum gehen, eine Einführung in eine neurobiologische Perspektive auf die Psychotherapie zu geben. Dazu wird die bisherige Entwicklung im Zusammenspiel von Neurowissenschaften und Psychotherapie(-forschung) betrachtet und in neurowissenschaftliche Methoden in der Psychotherapieforschung eingeführt. Zudem werden sowohl die großen Therapieschulen, wie Verhaltenstherapie und Psychoanalyse, wie auch schulenübergreifende Konzepte betrachtet und zugehörige neurobiologische Erkenntnisse exemplarisch dargestellt. Daran anknüpfend werden Implikationen der neurobiologischen Perspektive für den therapeutischen Alltag erläutert. Abschließend werden mögliche Zukunftsperspektiven dieses Forschungsbereichs aufgezeigt.

Lernziele

Der Leserkreis soll nach Bearbeitung dieses Kapitels …

… ein Verständnis für die Entwicklung und das Zusammenspiel von Neurowissenschaften und Psychotherapie(-forschung) entwickelt haben

… einen Überblick über die wissenschaftlichen Methoden in diesem Feld erhalten haben

… die grundlegenden Erkenntnisse zu neurobiologischen Grundlagen von sowohl schulenorientierten als auch von schulenübergreifenden Konzepten kennengelernt haben

… einen praxisnahen Eindruck von möglichen Implikationen neurowissenschaftlicher Erkenntnisse für die Anwendung psychotherapeutischer Methoden bekommen haben

14.1 Neuropsychotherapie – eine integrative Perspektive

Im folgenden Abschnitt wird eine kurze Einführung ins Thema mit Blick auf die bisherige Entwicklung im Zusammenspiel von Neurowissenschaften und Psychotherapie(-forschung) gegeben.

Während sich die Neurowissenschaften mithilfe von naturwissenschaftlichen Methoden der Erforschung des menschlichen Gehirns, seines Aufbaus und seiner Funktionsweise widmen, beschäftigt sich die Psychotherapieforschung als ein Feld der klinischen Psychologie mit der Wirkweise psychotherapeutischer Verfahren, deren Wirksamkeit sowie der Weiterentwicklung psychotherapeutischer Methoden für die klinische Praxis. Während man den Menschen also auf der einen Seite als ein vorwiegend biologisches Wesen betrachtet und studiert, werden der Mensch und sein Erleben und Verhalten auf der anderen Seite vorwiegend als psychologisches Phänomen begriffen und zu verstehen und zu verändern versucht. Während die Wiege der Neurowissenschaften eher in der Biologie und Medizin zu finden ist, entspringt die Psychotherapieforschung vor allem der empirischen Psychologie, genauer: dem Teilgebiet der Klinischen Psychologie und Psychotherapie. Die Wege der Neurowissenschaften und der Psychotherapieforschung müssten sich daher nicht zwingend kreuzen. Beiden Disziplinen ist jedoch gemeinsam, dass sie den Blick auf den Menschen und seine mentalen Vorgänge richten und seine Anpassung an eine sich verändernde Umwelt betrachten. Eine weitere Gemeinsamkeit besteht darin, dass beide Bereiche multidisziplinäre Forschungsfelder darstellen, d. h. Wissenschaftlerinnen und Wissenschaftler aus vielen verschiedenen Disziplinen, wie etwa der Psychologie, Medizin, Biologie, Informatik oder Mathematik, beteiligt sind und an gemeinsamen Forschungsfragen arbeiten. So ist es nicht verwunderlich, dass neurowissenschaftliche Methoden aus der Forschung im Bereich der klinischen Psychologie und Psychotherapie inzwischen nicht mehr wegzudenken sind und umgekehrt psychologische Theorien und Konzepte häufig neurowissenschaftliche Forschungsfragen informieren.

Als integratives Konzept gewinnt daher die Neurobiologie der Psyche bzw. die sog.

Neuropsychotherapie in den letzten Jahrzehnten klar an Bedeutung. Die Neuropsychotherapie befasst sich mit der Anwendung der Erkenntnisse der Neurowissenschaften, also aus unterschiedlichen Teilbereichen wie der Neurobiologie und Neuropsychologie, auf die Psychotherapie. Letztere steht dabei auf dem Fundament empirischer Erkenntnisse aus der Psychotherapieforschung.

> Den Begriff der Neuropsychotherapie prägte vor allem der Psychotherapeut und Psychotherapieforscher Klaus Grawe, der damit ein 2004 erschienenes Buch betitelte, in dem er für eine integrative Sichtweise auf Psychotherapie und für eine stärkere wechselseitige Beförderung der Psychotherapieforschung und der Neurowissenschaften argumentierte (Grawe 2004).

Diese multidisziplinäre und integrative Herangehensweise erzielt zunehmend wichtige Ergebnisse im Bereich der Grundlagen menschlicher Lern- und Entwicklungsprozesse. Als wichtigstes Beispiel sind Erkenntnisse zur neuronalen Plastizität des menschlichen Gehirns zu nennen, die lange Zeit als klar begrenzt eingeschätzt worden war. Neuronale Plastizität meint die enorme Fähigkeit des menschlichen Gehirns, sich durch verschiedene neurobiologische Prozesse lebenslang zu verändern. Dies geschieht im Kontext der jeweiligen Erfahrungen und des Handelns eines Menschen. Erkenntnisse zur lebenslangen neuronalen Plastizität unterstreichen daher auch die Bedeutsamkeit therapeutischer Interventionen für neurobiologische Veränderungen im Gehirn des Behandelten. Erkenntnisse über Hirnveränderungen zu gewinnen, welche mit bestimmten Erkrankungen assoziiert sind bzw. welche im Zusammenhang mit therapeutischen Interventionen im Behandlungsprozess stehen, stellt daher eine große Hoffnung dar, um Menschen mit einer psychischen Erkrankung möglichst gut und effektiv helfen zu können. Die möglichen Chancen eines Blicks auf die Neurowissenschaften und die Psychotherapie(-forschung) aus einer integrativen Perspektive umfassen daher verschiedene potenziell nützliche Aspekte (◘ Tab. 14.1).

Aus methodischer Perspektive ergänzen Befunde aus z. B. funktioneller Bildgebung das bisherige Vorgehen um einen Zwischenschritt. Will die Psychotherapieforschung üblicherweise genauer beschreiben und verstehen, wie ein bestimmtes Symptom oder eine Funktion, die mit einer psychischen Erkrankung in Verbindung steht, durch eine spezifische Intervention verändert werden kann, so fügt die neurowissenschaftliche Perspektive den Zwischenschritt der zugrunde liegenden Veränderungen im Gehirn hinzu (◘ Abb. 14.1).

◘ Tab. 14.1 Chancen und Möglichkeiten einer integrativen Perspektive auf Neurowissenschaften und Psychotherapie(-forschung)

Objektivierende Beschreibung von Symptomen, die in ihrer klinischen Erfassung per definitionem subjektiv sind
Erweiterung des Verständnisses der Entstehung und Aufrechterhaltung psychischer Erkrankungen
Optimierung diagnostischer Verfahren
Verbesserung der Wirksamkeit von bekannten Interventionen
Weiter- und Neuentwicklung von Interventionen anhand neurobiologischer Erkenntnisse
Erweiterung der Möglichkeiten differenzieller Indikationen
Orientierung des Therapeutenverhalten an bestmöglichen hirnbiologischen Veränderungsbedingungen

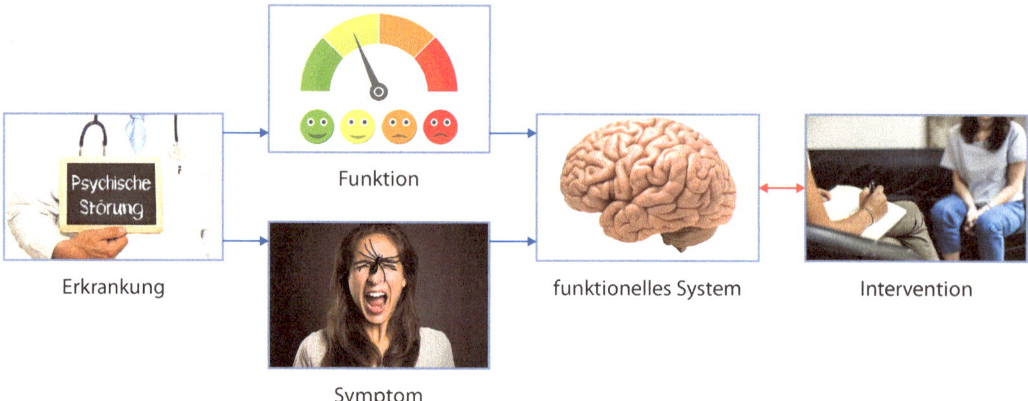

Abb. 14.1 Wissenschaftliche Untersuchung der Wirkung therapeutischer Interventionen (© von links nach rechts: DOC RABE Media, stas111, lassedesignen, danheighton, loreanto, jeweils bei ▶ stock.adobe.com)

Neben den begründeten Hoffnungen existieren auch berechtigte Zweifel, wie groß der Mehrwert neurobiologischer Erkenntnisse für die Psychotherapie tatsächlich sein kann. Dies liegt vor allem in der Tatsache begründet, dass beliebte neurobiologische Untersuchungen, wie etwa Bildgebungsstudien, bisher vorwiegend Aussagen über Gesamtstichproben treffen können. Vorhersagen über klinisch relevante Parameter, wie Diagnosen oder zu erwartender Behandlungserfolg, lassen sich für das Individuum mit den bisher verfügbaren Methoden kaum präzise oder reliabel treffen. Konkrete translationale Umsetzungen in den klinischen Alltag sind entsprechend noch dünn gesät (Won und Kim 2018). Es bleibt abzuwarten, welche methodischen Neuerungen hier Abhilfe schaffen können (s. a. ▶ Abschn. 14.8).

14

Aus einer mehr philosophischen Betrachtungsweise ist es gleichsam interessant, dass insbesondere die Erforschung des Gehirns und seiner Funktionen als Erklärung für Phänomene wie „den Geist" einen erstaunlichen Skeptizismus hervorruft. David Papineau, ein zeitgenössischer Philosoph, stellt den Vergleich an, dass wir uns wenig schwer damit tun, eine klare, geruchs- und geschmackslose Flüssigkeit durch das Wort „Wasser" und gleichzeitig durch die chemische Strukturformel „H_2O" zu beschreiben (Papineau 1998). Beides steht für unterschiedliche Zugänge zum gleichen Phänomen. Ungleich schwerer fällt es uns Menschen, ein Gefühl von „Liebe" gleichzeitig durch „neuronale Aktivität in Areal X" zu erfassen, auch wenn es sich hier ebenso nicht um eine Ersetzung, sondern um die Ergänzung einer weiteren Ebene der Beschreibung handelt.

In diesem Abschnitt haben wir einen ersten Blick auf die parallele Entwicklung der Neurowissenschaften und der Psychotherapie(-forschung) geworfen. Entwickelten sich beide zunächst vor allem getrennt voneinander, wandeln sich diese Forschungsbereiche inzwischen immer mehr in Wechselwirkung miteinander.

14.2 Neurowissenschaftliche Methoden in der Psychotherapieforschung

Um die neurobiologische Psychotherapieforschung und ihre Bedeutung für das Gesamtfeld sehen und einordnen zu können, ist es zunächst wichtig, die methodischen Besonderheiten in diesem Forschungsbereich exemplarisch zu erläutern und zu diskutieren. Ziel ist es, ein Grundverständnis für Chancen und Grenzen der Verzahnung von Neurowissenschaften und Psychotherapieforschung vor dem Hintergrund methodischer Gegebenheiten zu schaffen.

Aus archäologischen Funden des frühen Ägyptens ist bekannt, dass der Mensch bereits vor ca. 5000 Jahren operative Eingriffe am Gehirn des Menschen getätigt hat. Seither versucht der Mensch, mit den jeweils zur Verfügung stehenden Möglichkeiten das Verständnis für dieses Organ in unserem Kopf zu erweitern. Während in der Antike starkes Interesse am Gehirn und seinen Vorgängen vorherrschte, dies über das Mittelalter deutlich nachließ, wuchs das Verständnis des menschlichen Gehirns im weiteren Verlauf der Menschheitsgeschichte weiter stetig an und erreichte einen vorläufigen Höhepunkt mit den großen neurobiologischen Erkenntnissen des 19. und 20. Jahrhunderts, wie etwa der Entdeckung der sog. Langzeitpotenzierung als direkten Hinweis dafür, dass Erfahrungen die Aktivität von Nervenzellen ändern können. In den letzten Jahrzehnten und aktuell setzt sich dieser Trend vor allem in Form von methodologischen Neuerungen fort.

14.2.1 Methoden der neurowissenschaftlichen Psychotherapieforschung

Die Teilbereiche der heutigen, modernen Neurowissenschaften, die sich mit den Veränderungen des menschlichen Erlebens und Verhaltens im Rahmen von psychischen Erkrankungen und deren Korrelaten im Gehirn beschäftigen, nutzen inzwischen verschiedenste Methoden, mit unterschiedlichen Stärken und Schwächen. Diese Methoden kommen ebenso zur Untersuchung der neurobiologischen Grundlagen von psychotherapeutischen Prozessen zum Einsatz. Die klassische Psychotherapieforschung fokussiert vor allem auf psychologische und soziologische Methoden, um die Veränderungen des Individuums bzw. des sozialen Systems zu beschreiben, während die Neurowissenschaft verschiedene hirnbiologisch orientierte Zugänge hinzufügt. Untersuchungsmethoden wie die Elektrophysiologie, die Bildgebung oder sog. Stimulationsverfahren sind makroskopischen Perspektiven auf das Gehirn zuzurechnen, während z. B. zellphysiologische, molekularbiologische oder genetische Ansätze das Verständnis mikroskopischer Prozesse zum Ziel haben (▣ Abb. 14.2). Im Idealfall ergänzen sich diese verschiedenen Zugänge zu einem Gesamtbild.

Die verfügbaren neurowissenschaftlichen Methoden unterscheiden sich in ihrer Anwendbarkeit beim Menschen. Entsprechend kommen im Bereich der neurowissenschaftlichen Psychotherapieforschung vorwiegend nichtinvasive Verfahren zum Einsatz. Diese umfassen verschiedene Ansätze, die mithilfe von technischen Geräten direkte oder indirekte Rückschlüsse auf die Aktivität des Gehirns zulassen.

Als Beispiel sind hier die sog. elektrophysiologischen Methoden zu nennen, welche elektrische Potenziale oder Felder messen und Veränderungen der Hirnaktivität zeitgenau abbilden können. Hierzu zählen die Elektroenzephalografie (EEG) und die Magnetoenzephalografie (MEG). An beiden Methoden ist vorteilhaft, dass sie die Aktivität von großen Zellverbänden in hoher zeitlicher Auflösung messen können, die räumliche Auflösung ist hingegen mäßig. Daher eignen sich diese Methoden besonders für die Analyse aufeinanderfolgender Verarbeitungsschritte im Gehirn. Methoden, die vorwiegend zur Identifikation von Läsionen im Gehirn genutzt werden, wie etwa die kraniale Computertomografie (cCT) oder die strukturelle Magnetresonanztomografie (sMRT), spielen in der Psychotherapieforschung kaum eine Rolle. Hingegen sind alle Bildgebungsmethoden, welche funktionelle Veränderungen des Gehirns abbilden können, besonders relevant, wie die funk-

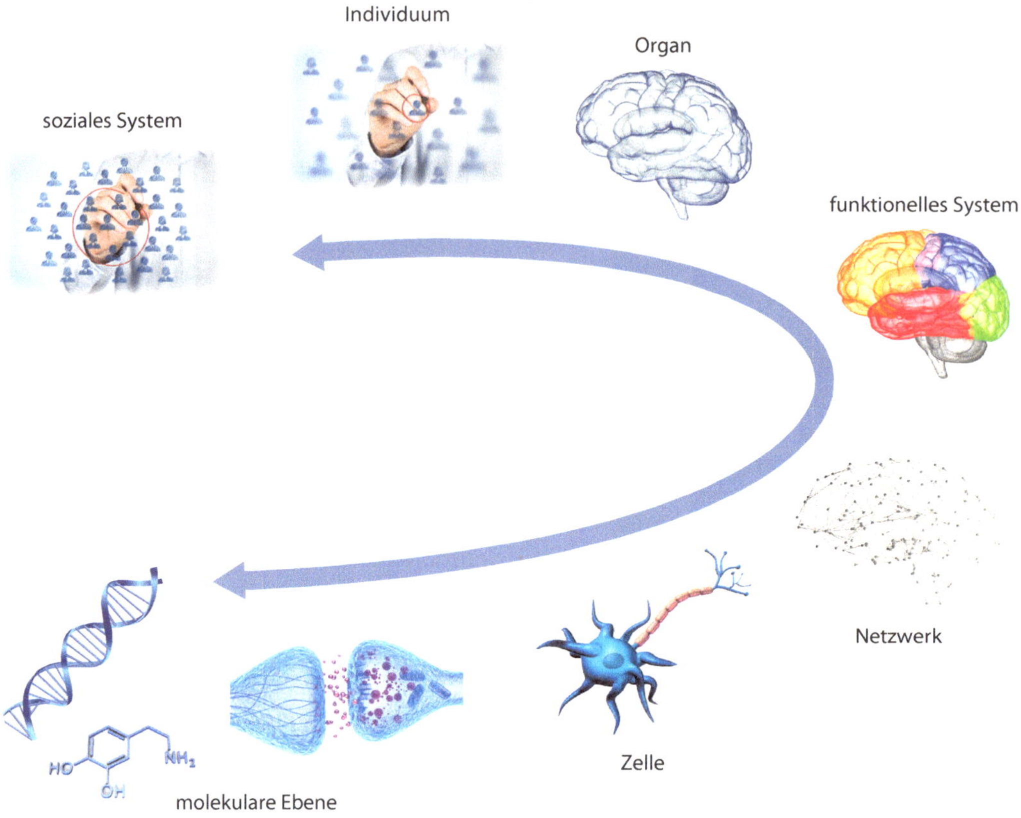

Abb. 14.2 Verschiedene methodologische Ansätze zur (neuro-)wissenschaftlichen Untersuchung des Menschen (© im Uhrzeigersinn von links oben: Jakub Jirsák (2x), ag visuell (2x), tampatra, freshidea, vector_factory, dana_c, Alexandr Mitiuc, jeweils bei ▶ stock.adobe.com)

tionelle Magnetresonanztomografie (fMRT). Diese Methode ist nichtinvasiv, verfügt über eine gute bis sehr gute räumliche Auflösung und ist in westlichen Ländern weit verbreitet verfügbar, besitzt aber eine relativ schlechte zeitliche Auflösung. Zu dieser Gruppe zählen auch die weniger weit verbreiteten Methoden der Positronen-Emissions-Tomografie (PET) und der Single Photon Emission Computed Tomography (SPECT), die neben der Aktivierung auch molekulare Korrelate der Neurotransmission messen können. Hinzu kommt die Nahinfrarotspektroskopie (NIRS), die eine gute zeitliche Auflösung besitzt, aber nur kleine Teile des Gehirns aufzeichnen kann. Ebenfalls werden zunehmend sog. Stimulationsverfahren eingesetzt, welche vorübergehend und lokal die Hirnaktivität beeinflussen können, wie die Transkranielle Magnetstimulation (TMS), die Gleichstromstimulation (engl. *transcranial direct current stimulation,* tDCS) oder die Tiefe Hirnstimulation (engl. *deep brain stimulation,* DBS). Diese teils invasiven Verfahren spielen in der Erforschung psychotherapeutischer Prozesse bisher nur eine minimale Rolle. Neuere Methoden bzw. Weiterentwicklungen der verfügbaren Verfahren sind hingegen für die Psychotherapieforschung sehr interessant, so etwa die zunehmende Analyse von fMRT-Daten anhand von Netzwerkmodellen und mit Blick auf funktionelle Kopplungen (funktionelle Konnektivitäten) sowie die Erfassung von Mechanismen anhand mathematischer Modelle in der sog. *Computational Neuroscience.*

Seltener ist bisher die Verwendung mikrobiologischer bzw. genetischer Ansätze für Fragestellungen in der Psychotherapieforschung. Mit Blick auf die Modulation peripher-physiologischer Parameter durch Psychotherapie, wie beispielsweise stressassoziierte Parameter, kommt hier jedoch ein entsprechend breites Repertoire an peripher-physiologischen Methoden zum Einsatz.

Auch kommen zunehmend neuropharmakologische Ansätze in diesem Feld auf, d. h. die Verwendung pharmakologischer Modulation zur Augmentation psychotherapeutischer Effekte. Beispielsweise wird die Gabe von D-Cycloserin begleitend zur kognitiv-verhaltenstherapeutischen Behandlung von Angsterkrankungen diskutiert, um über eine Modulation des glutamatergen Systems eine Optimierung der Wirkung der psychotherapeutischen Interventionen zu erzielen, bisher ist die Datenlage dazu aber uneindeutig (Ori et al. 2015).

14.2.2 Experimentelle Paradigmen in der neurowissenschaftlichen Psychotherapieforschung

Zur Untersuchung der Effekte von psychotherapieverfahren und spezifischen Interventionen werden unterschiedliche experimentelle Paradigmen genutzt. Hierbei lassen sich vor allem drei Gruppen von Paradigmen unterscheiden:

- Paradigmen mit Symptomprovokation,
- Paradigmen zu ätiologischen Modellen einer Erkrankung, und
- Interventionsparadigmen.

Ebenfalls verwendet werden sog. Ruhe-Paradigmen *(resting-state)*, also Messungen der Hirnaktivität unter Ruhebedingungen.

▪ Paradigmen mit Symptomprovokation

Paradigmen mit sog. Symptomprovokationen untersuchen die Veränderungen des Gehirns im Zusammenhang mit einer Psychotherapie, indem sie die Veränderungen der Gehirnaktivität bei gezielter Stimulation des Gehirns mit einem symptomauslösenden Reiz vor und nach Therapie vergleichen. Beispielhaft sind hier die neuronale Verarbeitung von Bildern mit angstauslösenden Objekten oder Situationen bei Phobien (Paquette et al. 2003), auditiv präsentierte Skripte traumatischer Erfahrungen bei posttraumatischer Belastungsstörung (Lindauer et al. 2008; Malejko et al. 2017) oder von suchtrelevanten Reizen wie Bildern, Gerüchen oder Geräuschen bei Menschen mit Abhängigkeitserkrankungen (Owens et al. 2017) zu nennen. Wie an den Beispielen ersichtlich wird, ist dieses Vorgehen aus methodischen Gründen vor allem dann geeignet, wenn für die zu stimulierenden Symptome externe Trigger vorhanden sind. Anspruchsvoller sind Untersuchungen zu realisieren, die sich auf interne Trigger beziehen, z. B. durch bestimmte Gedanken Grübelschleifen bei depressiven Patienten auszulösen.

Insgesamt werden Paradigmen zur Symptomprovokation inzwischen häufig verwendet. So konnte eine der ersten Bildgebungsstudien zu diesem Thema (Paquette et al. 2003) bei Menschen mit Spinnenphobie zeigen, dass sich die neuronalen Effekte einer Konfrontation mit Videosequenzen von Spinnen nach einer erfolgreich durchgeführten kognitiven Verhaltenstherapie normalisiert hatten. Während die Patienten vor Therapie mit einer erhöhten Aktivität vor allem im dorsolateralen Präfrontalcortex und im parahippocampalen Bereich auf die Spinnenvideos reagierten, was die Autoren als Gedächtnis- sowie selbstregulatorische Aktivität interpretierten, war dies nach Therapie nicht mehr messbar.

▪ Paradigmen zu ätiologischen Modellen einer Erkrankung

Experimentelle Paradigmen zu ätiologischen Modellen einer Erkrankung nutzen Wissen über die Entstehung einer Erkrankung, um ein ätiologisch relevantes, funktionelles System des Gehirns zu stimulieren und dessen veränderte Aktivität im Zusammenhang mit einer Psychotherapie zu erfassen. Beispielsweise findet sich dieser Ansatz in Untersuchungen zur neuronalen Verarbeitung emotionaler Reize bei Depressionen (Ritchey et al. 2011), zur Verarbeitung von Verstärkern im motivationalen System des Gehirns bei Abhängigkeitserkrankungen (Balodis et al. 2016), zur Handlungskontrolle und deren neuronalen Korrelaten bei Zwangserkrankungen (Nakao et al. 2005) oder zur Veränderung von präfrontaler Aktivität im Zusammenhang mit Arbeitsgedächtnisfunktionen bei Schizophrenie (Kumari et al. 2009). Letztere Studie konnte etwa zeigen, dass sich Patienten mit einer Schizophrenie durch eine kognitive Verhaltenstherapie (± *treatment as usual*) signifikant verbesserten und dass diese klinische Besserung mit einer erhöhten dorsolateralen präfrontalen Aktivität in einer Arbeitsgedächtnisaufgabe verbunden war (Kumari et al. 2009). An diesem Beispiel zeigt sich auch gut, dass bei experimentellen Paradigmen zu ätiologischen Modellen häufig eben nicht symptomnahe Phänomene im Vordergrund stehen, wie etwa Halluzinationen oder Wahn bei der Schizophrenie, sondern kognitive oder emotionale Funktionen, die als eine Art Basisstörung für die jeweilige Erkrankung angesehen werden.

▪ Interventionsparadigmen

Sog. Interventionsparadigmen untersuchen hingegen in einer therapieähnlichen Situation die Veränderungen der Hirnfunktionen anhand einer gezielten Intervention. Dies findet sich beispielsweise bei der Untersuchung von Effekten klinischer Hypnose auf die Schmerzwahrnehmung (Rainville et al. 1999) oder bei der Verwendung von Neurofeedback (Hohenfeld et al. 2017), d. h. der Echtzeit-Rückmeldung über die Aktivität in einer bestimmten Hirnregion und deren zu erlernende Modulation. Als Beispiel für die erfolgreiche Verwendung von Interventionsparadigmen in der neurowissenschaftlichen Forschung sei hier angeführt, dass Studien inzwischen konsistent zeigen konnten, dass achtsamkeitsbasierte Interventionen die Schmerzwahrnehmung sowie die damit einhergehende neuronale Aktivität direkt beeinflussen, insbesondere im anterioren Cingulum, der Insula und dem dorsolateralen Präfrontalcortex (Bilevicius et al. 2016).

▪ Paradigmen zur Ruheaktivität des Gehirns *(resting-state)*

Die Verwendung von Ruhe-Paradigmen basiert auf der Annahme, dass sich im Muster der Hirnaktivität in Ruhe eine typische Antwortbereitschaft des Gehirns beschreiben lässt, welche diagnostisch nutzbar ist (Kim und Yoon 2018) bzw. dessen Veränderung infolge von Psychotherapie messbar ist. So konnte etwa mittels PET gezeigt werden, dass metabolische Veränderungen in der Ruheaktivität des Gehirns bei Menschen mit Depressionen nach kognitiver Verhaltenstherapie insbesondere im Hippocampus und dorsalen Cingulum (Erhöhung) und in verschiedenen frontalen Regionen (Abmilderung) auftraten und das sich dieses Muster von den Veränderungen unterschied, die im Zusammenhang mit den Effekten einer antidepressiven Medikation beobachtbar waren (Goldapple et al. 2004).

14.2.3 Untersuchungsdesigns in der neurowissenschaftlichen Psychotherapieforschung

Zur Beantwortung der jeweiligen Fragestellungen werden in der neurowissenschaftlichen Psychotherapieforschung unterschiedliche Untersuchungsdesigns verwendet (◘ Abb. 14.3; Linden 2006).

Das klassische Design umfasst einen reinen Prä-post-Vergleich neurobiologischer Parameter, wie hier z. B. anhand einer Bildgebungsuntersuchung vor und nach einer applizierten Psychotherapie (d. h. Durch-

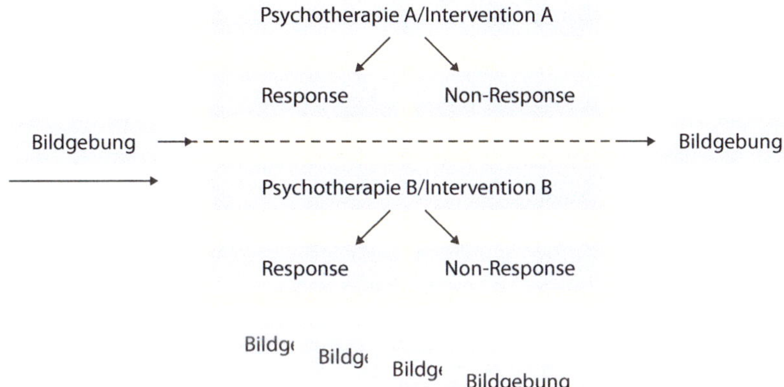

Abb. 14.3 Untersuchungsdesigns in der neurowissenschaftlichen Psychotherapieforschung

führung Psychotherapie A in Abb. 14.3) und einen Vergleich mit Blick auf die jeweilige Response bzw. Non-Response (Lueken et al. 2013). Differenzielle Untersuchungsdesigns vergleichen zusätzlich eine Psychotherapie mit einer möglichen anderen Intervention, z. B. Pharmakotherapie, oder einer anderen Form der Psychotherapie (Psychotherapie A vs. Psychotherapie B). Zunehmend an Bedeutung gewinnen zudem Designs, die nicht auf eine Psychotherapieform als Ganzes schauen, sondern die neurobiologischen Korrelate konkreter Teilaspekte, Wirkfaktoren oder Interventionen zu beschreiben suchen. Dies ist u. a. darin begründet, dass auch aufgrund der Neurowissenschaften die Erkenntnis wächst, dass Menschen und ihre Gehirne nicht analog zu diagnostischen Kategorien strukturiert sind, vgl. die sog. Research-Domain-Criteria- (RDoC-)Initiative (Insel et al. 2010). Gleichermaßen ist es nicht denkbar, eine Behandlung gemäß einer bestimmten psychotherapeutischen Schule, wie der Verhaltenstherapie oder der Psychoanalytischen Psychotherapie, in Gänze präzise neurobiologisch abzubilden, da jeweils verschiedenste Elemente und Faktoren verquickt sind. So ist es nur konsequent, insbesondere Fragestellungen nach Mechanismen und Wirkweisen der Psychotherapie auf konkrete Interventionen oder Konzepte zu beschränken und diese differenziell zu betrachten (Intervention A vs. Intervention B; Dörfel et al. 2014). Auch ist es möglich, neurobiologische Prädiktoren des Therapieerfolgs zu identifizieren, um diese im Sinne einer selektiven Indikation zu verwenden, z. B. die Testung präfrontaler Funktionen unter Stress. Je nachdem, ob sich eher ein generelles präfrontales Defizit oder eine situativ-/stressbedingte Hemmung der Funktionen zeigen, sind unterschiedliche Interventionsprofile definierbar. Auch für eine Vorhersage der allgemeinen Responsivität auf eine therapeutische Intervention innerhalb einer Population ist diese Art Untersuchungen interessant. So ließ sich etwa ein Zusammenhang zwischen einer hohen Reagibilität der Amygdala und des ventralen anterioren Cingulums auf ängstliche Gesichter vor Therapie und einer geringen Response auf kognitive Verhaltenstherapie bei Posttraumatischer Belastungsstörung zeigen (Abb. 14.4; Bryant et al. 2008).

Schließlich ist es mit einem entsprechenden Untersuchungsdesign auch möglich, neurobiologische Prozessvariablen zu definieren und diese zu erheben, wie etwa über wiederholte Bildgebungsuntersuchungen parallel zum therapeutischen Prozess (Abb. 14.3), welche eine prozessorientierte, adaptive Indikation anhand der kontinuierlichen Rückmeldung über die hirn-

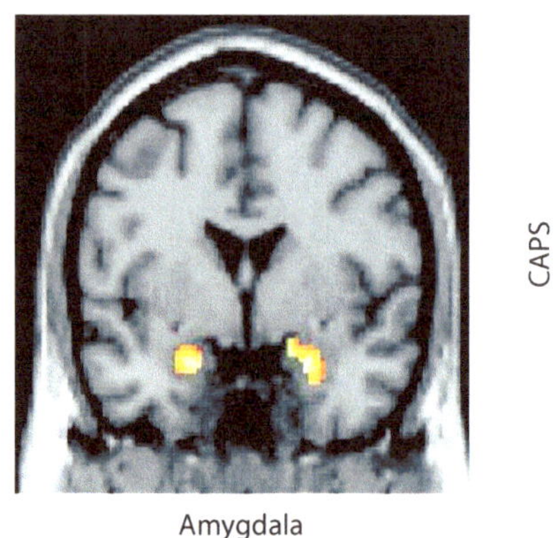

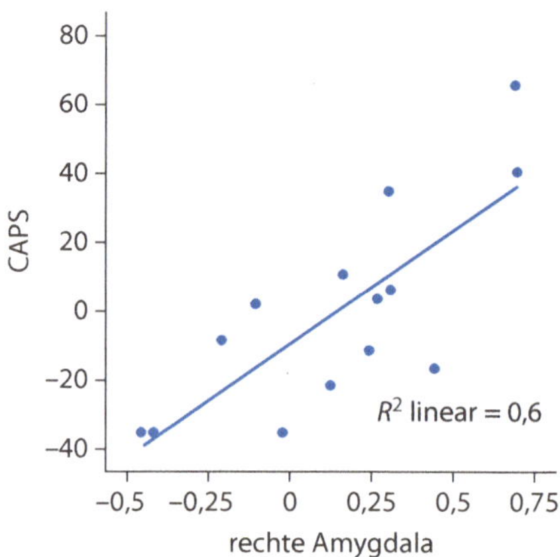

Abb. 14.4 Die Reagibilität der Amygdalae auf ängstliche Gesichter vor Therapie steht mit der Response auf kognitive Verhaltenstherapie bei Posttraumatischer Belastungsstörung in Zusammenhang (CAPS = Clinician-Administered Post-Traumatic Stress Disorder Scale, Skalenwerte post-prä Behandlung). (Nach Bryant et al. 2008)

funktionellen Veränderungen des Patienten oder der Patientin im Prozess der Therapie möglich machen würden.

In diesem Abschnitt haben wir uns mit den methodischen Grundlagen der neurowissenschaftlichen Psychotherapieforschung beschäftigt. Was Menschen erleben, was wir wahrnehmen, fühlen, denken und tun lässt sich auf unterschiedlichen Ebenen wissenschaftlich beschreiben und untersuchen. Heutige neurowissenschaftliche Methoden wie die funktionelle Bildgebung bieten die Möglichkeit, unseren bisherigen psychologischen und soziologischen Blickwinkeln weitere Perspektiven hinzuzufügen und dem Gehirn sozusagen bei der Arbeit zuzuschauen. Zur Beantwortung der jeweiligen Fragestellungen werden in der neurowissenschaftlichen Psychotherapieforschung unterschiedliche experimentelle Paradigmen genutzt, darunter Paradigmen mit Symptomprovokation, zu ätiologischen Modellen einer Erkrankung, Interventionsparadigmen sowie Ruhemessungen. Diese werden im Rahmen unterschiedlicher Untersuchungsdesigns verwendet, welche wiederum verschiedene Schlüsse, von einfachen Prä-post-Vergleichen bis hin zur Prädiktion von Therapieeffekten, zulassen.

14.3 Die verschiedenen Schulen in der Psychotherapie

Um Ergebnisse der neurowissenschaftlichen Psychotherapieforschung an Beispielen genauer betrachten zu können, werden wir im folgenden Abschnitt kurz auf die Besonderheiten der verschiedenen Psychotherapieschulen (Verhaltenstherapie, Tiefenpsychologisch fundierte Therapie, Psychoanalytische Psychotherapie, Systemische Therapie und Gesprächspsychotherapie) schauen und uns die wichtigsten Kernannahmen und postulierten Wirkmechanismen vergegenwärtigen.

Betrachtet man die verschiedenen Psychotherapieschulen, so wird schnell deutlich, dass sich diese aus unterschiedlichen Traditionen heraus und auf unterschiedlichen

Tab. 14.2 Gegenüberstellung der großen Psychotherapieschulen und -richtungen mit Fokus auf einer vereinfachten Darstellung der Kernannahmen und postulierten Wirkmechanismen

Therapieschule	Kernannahmen und postulierte Wirkmechanismen
Verhaltenstherapie	• Erleben und Verhalten wurde weitestgehend erlernt, kann daher auch wieder „verlernt" bzw. umgelernt werden • Förderung des Verständnisses der Mechanismen eines Problems durch Problem- und Bedingungsanalysen • Berücksichtigung der Kognitionen, d. h. Denkschemata bzw. emotionalen und motivationalen Prozesse, die das Problem mit verursachen • Verhaltensübungen und alternative Erfahrungen helfen, neues Verhalten zu etablieren, Konfrontation mit problematischen Reizen (z. B. phobischen Reize), Verstärkung von positivem Verhalten und Abschwächung problematischer Verhaltensweisen
Tiefenpsychologisch fundierte Therapie	• Schwerpunkt auf Konflikten und Entwicklungsstörungen, die in der aktuellen Lebenssituation der Patientin oder des Patienten auftreten oder reaktiviert werden • Vermutete Ursachen hierfür liegen in der Kindheit und Jugend, d. h. Blick in die Vergangenheit für besseres Verständnis der Gegenwart • Interpretation aktueller Aussagen und Konflikte als Ausdruck eines bereits langen andauernden inneren Konfliktes zur Aufdeckung dysfunktionaler Bewältigungsstrategien, die mit der Störung und der aktuellen Problematik in Verbindung stehen • Etablierung reiferer Verarbeitungen und Manifestationen unbewusster Konflikte in aktuellen Lebensumständen, insbesondere in gegenwärtigen interpersonellen Beziehungen
Psychoanalytische Psychotherapie	• Unbewusste Faktoren beeinflussen unser Denken, Handeln und Fühlen, was zu inneren Konflikten führen kann • Grundlegende, in der Kindheit erworbene Konflikte wirken sich auf die therapeutische Interaktion aus (Übertragung/Gegenübertragung) • Patientinnen und Patienten halten an der bisher angewendeten Bewältigungsstrategie (Abwehrmechanismus) fest (Widerstand), auch wenn sie zu Problemen geführt hat • Unbewusstes Zurückgehen der Patientin oder des Patienten an den Entwicklungspunkt, an dem die Störung entstanden ist (Regression), um einen Neuanfang im Schutz der therapeutischen Beziehung herbeizuführen
Systemische Therapie	• Nicht die Patientin oder der Patient ist die Ursache der Probleme, sondern vielmehr ein gestörtes System, das sich durch die Symptome der Indexperson in einer dysfunktionalen Homöostase befindet • Beziehungsprozesse tragen zur Entstehung und Aufrechterhaltung von Problemen bei • Metaphorische Techniken (z. B. Skulpturen) legen die Familienkonstellationen und soziale Beziehungen offen; zirkuläres Fragen und paradoxe Interventionen brechen die aktuelle Konstellation auf und schieben Veränderungsprozess des Gesamtsystems an
Gesprächspsychotherapie	• Personenzentrierter, humanistischer Ansatz, d. h. im Mittelpunkt steht die Person, nicht das Problem • Verborgene oder bisher sozial nicht akzeptierte Fähigkeiten einer Person werden zu Tage gefördert und die Patientinnen und Patienten dazu befähigt, eigenständige Lösungen für Probleme zu finden • Die positiv erlebte Therapiebeziehung bildet Grundlage für die Entfaltung des Potenzials der Patientinnen und Patienten, d. h. die Therapeutin oder der Therapeut begegnet Patientinnen und Patienten mit Wertschätzung, vorurteilsfrei und mit Verständnis für ihre Lebenszusammenhänge, echt und ohne Expertenattitüde

Wegen entwickelt haben. In der heutigen Zeit nähern sich die klassischen Therapieschulen zunehmend einander an, dennoch sind sie in den postulierten Wirkmechanismen verschieden, was hier kurz in Form einer tabellarischen Übersicht dargestellt werden soll (◘ Tab. 14.2).

In diesem Abschnitt haben wir uns einen Überblick über Besonderheiten der verschiedenen Psychotherapieschulen (Verhaltenstherapie, tiefenpsychologisch fundierte Therapie, psychoanalytische Psychotherapie, systemische Therapie und Gesprächspsychotherapie) verschafft.

14.4 Neurobiologische Erkenntnisse zur Wirkung der großen Psychotherapierichtungen

Im Folgenden soll es um einige konkrete Beispiele zu bisherigen Studien zu den neurobiologischen Korrelaten schulenfokussierter Psychotherapien gehen.

Bereits Sigmund Freud, den wir als Begründer der Psychoanalyse kennen und der von seiner Ausbildung her Nervenarzt war, hat in einer seiner frühen Schriften (Freud 1885) die Annahme formuliert, dass seelische Leidenszustände auf der Basis von Veränderungen von Hirnzuständen entstehen. Er selber verfolgte diese Thesen während seines Lebens aber nicht explizit weiter. Auch die Mehrheit der heutigen Psychoanalytiker und Psychoanalytikerinnen hängt nicht unbedingt der Vision einer neurobiologischen Beschreibung ihrer Tätigkeit an. Gleichzeitig sprachen sich berühmte Persönlichkeiten, wie der Nobelpreisträger Eric Kandel, dafür aus, dass die Psychoanalyse sich neurowissenschaftlichen Einsichten stellen müsse, wenn sie in Zukunft noch eine produktive Rolle auf dem Gebieten der Psychiatrie und Psychotherapie spielen wolle (Kandel 1998). Umfassende Untersuchungen zum Effekt von psychoanalytischen Therapien auf neurobiologische Parameter sowie zu Langzeitverläufen fehlen bisher weitestgehend (Abbass et al. 2014). Mit Fokus auf die neurobiologischen Korrelate psychodynamischer Psychotherapien wurde etwa eine Studie zur Behandlung chronisch depressiver Patienten durch erfahrene Psychoanalytikerinnen und -analytiker durchgeführt. Neben einer umfangreichen klinischen Diagnostik mit psychodynamischen psychometrischen Verfahren, die z. B. unbewusste zentrale Konflikte oder Bindungsrepräsentationen messen sollen, wurden die Studienteilnehmerinnen und -teilnehmer mit einer Frequenz von ≥ 2 Therapiesitzungen wöchentlich behandelt und über einen Zeitraum von 15 Monaten mittels fMRT und EEG zu zwei Messzeitpunkten untersucht. Es zeigte sich, dass sich die neuronale Verarbeitung personalisierter bindungsrelevanter Stimuli über den Zeitverlauf bei den Patienten veränderte: Sie zeigten dabei eine vor Behandlung erhöhte Aktivität in Regionen wie dem linken anterioren Hippocampus, der Amygdala, dem subgenualen Cingulum und dem präfrontalen Cortex, welche sich nach Behandlung reduzierte und mit der symptomatischen Verbesserung assoziiert war (Buchheim et al. 2012a, b; ◘ Abb. 14.5).

Eine Untersuchung der Wirkmechanismen psychodynamischer Therapien ist

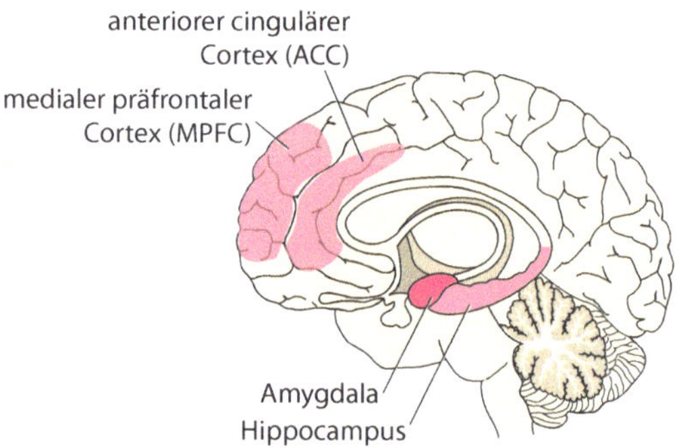

◘ **Abb. 14.5** Relevante Hirnareale, in denen sich bei Verarbeitung bindungsrelevanter Reize eine Veränderung nach einer Psychoanalyse zeigte. (Nach Buchheim et al. 2012a)

aufgrund der Grundkonzeption der Freud'schen Theorie, die sich einer empirischen Überprüfbarkeit entzieht, auch mit neurowissenschaftlichen Methoden schwierig. Vertreter der Psychoanalyse führen an, dass der Nachweis des von Freud konzeptualisierten Unbewussten inzwischen auch außerhalb der Neuropsychoanalyse erbracht worden sei (Doering und Ruhs 2015), z. B. in Form des Phänomens subliminaler Wahrnehmung, also Wahrnehmungen, die uns nicht bewusst sind, nachweisbar aber Einfluss auf unsere Entscheidungen ausüben (Berlin 2011). So sind auch andere neurowissenschaftliche Befunde im Sinne der psychodynamischen Theorie deutbar. Anderson et al. (2004) beispielsweise sahen in einer Hyperaktivierung des dorsolateralen präfrontalen Cortex in Verbindung mit einer Hypoaktivierung des Hippocampus beim Vorgang des „aktiven Vergessens“ eine Analogie zur Verdrängung, einem wichtigen Konzept der Psychoanalyse. Ein weiteres wichtiges Konzept aus dem Spektrum der Methoden der psychodynamischen Schule ist die freie Assoziation. Indirekt beschäftigen sich hiermit ebenfalls Studien, z. B. zu den neurobiologischen Grundlagen von Kreativität und deren Zusammenhang mit psychischen Erkrankungen. So wird argumentiert, dass sich zwischen der Ruheaktivität des Gehirns *(default mode network),* welches als intrinsische Funktion des Gehirns während freiem Gedankenwandern gesehen werden kann, und freier Assoziation als therapeutischer Methode eine Beziehung bestehen könnte, die mit Veränderungen der Aktivität in verschiedenen frontalen Arealen und parieto-temporalen Regionen zusammenhängt. Auch wiesen kreative Menschen mehr Aktivität in Assoziationscortizes während kreativer Aufgaben auf und zeigten gleichzeitig eine höhere Wahrscheinlichkeit, an einer psychischen Erkrankung zu leiden (Vellante et al. 2018).

Zu neurobiologischen Veränderungen in Zusammenhang mit der anderen großen Psychotherapieschule, der Verhaltenstherapie, existieren inzwischen zahlreiche Studien (Linden 2006; Barsaglini et al. 2014; Lueken und Hahn 2016). Dies hängt auch damit zusammen, dass die Verhaltenstherapie aus der empirischen Psychologie hervorgegangen und entsprechend wissenschaftsaffin ist. Im Folgenden einige interessante Beispiele für Studien in diesem Bereich: Zur Frage der neurobiologischen Korrelate erfolgreicher verhaltenstherapeutischer Therapie konnte eine fünffach wiederholte fMRT-Untersuchung von Menschen mit einer Borderline-Erkrankung – begleitend zum Verlauf einer 12-wöchigen Dialektisch-Behavioralen Therapie (DBT) – neurobiologisch abbilden, dass die vor Therapie bestehende affektive Übererregbarkeit während der experimentellen Emotionsinduktion im Kernspintomografen im Sinne einer Verminderung der Aktivität im rechten anterioren Cingulum, in temporalen sowie parietalen Cortizes sowie in der linken Insula zurückging (◘ Abb. 14.6; Schnell und Herpertz 2007).

Andere Forscher und Forscherinnen untersuchten beispielsweise, zu welchem Zeitpunkt in der Therapie von Menschen mit Zwangserkrankungen eine Expositionstherapie wohl besonders erfolgversprechend sein würde, und bezogen auch neurobiologische Daten mit ein. Sie konnten anhand hochfrequenter Protokolle der Symptome und wiederholter fMRT-Untersuchungen über einen Verlauf von acht Wochen in einer Einzelfallanalyse zeigen, dass kurz vor einer Symptomreduktion in der Mitte der Behandlung die dynamische Komplexität der Daten zugenommen hatte, was sich als kritische Instabilität des Systems interpretierten lässt, welche Veränderungsprozesse wahrscheinlicher werden lässt. Die initial erhöhte Aktivität im anterioren Cingulum bei Provokation mit Bildern, die üblicherweise Zwangshandlungen bei der Patientin auslösten (z. B. dreckige Wäsche etc.), nahm dabei über den Verlauf der Behandlung ab (Schiepek et al. 2009).

Interessant sind auch die Möglichkeiten differenzieller Vergleiche (Furmark et al. 2002; Goldapple et al. 2004; Quidé et al. 2012; Barsaglini et al. 2014), d. h. genauer zu untersuchen, ob einer psychotherapeutisch vermittelten Besserung psychopathologischer Symptomatik ähnliche oder

Abb. 14.6 Beispiele für Stimulusmaterialien zur experimentellen Induktion negativer Gefühle. (Aus Schnell und Herpertz 2007)

distinkte Mechanismen zugrunde liegen wie einer wirksamen Pharmakotherapie. So konnte beispielsweise per PET-Messungen gezeigt werden, dass eine kognitiv-verhaltenstherapeutische Behandlung sozialer Phobie ebenso wie eine Behandlung mit dem selektiven Serotonin-Wiederaufnahmehemmer Citalopram nach Therapie mit einer verminderten Reagibilität bilateral in Regionen des Amygdala-Hippocampus-Komplex' während einer Symptomprovokation einherging (Furmark et al. 2002). Möglich ist dabei, dass derlei ähnliche Effekte auf Basis distinkter neurobiologischer Ansatzpunkte zustande kommen. Eine gängige Theorie zu differenziellen Wirkmechanismen verschiedener Behandlungen bei Angsterkrankungen und Depressionen ist es, dass Psychotherapie eher regulative präfrontale Funktionen adressiert (sogenannte „Top-down"-Effekte), während eine Pharmakotherapie über die Modulation der Aktivität subcortikaler Strukturen (sogenannte „Bottom-up"-Effekte) auf die beteiligten funktionellen Netzwerke Einfluss nimmt (Abb. 14.7).

Auch ließen sich anhand von Bildgebungsdaten bereits erfolgreich Prädiktoren des Langzeitverlaufs bei Menschen mit einer Depression identifizieren. Depressive Patienten mit einer initial geringeren Aktivität im subgenualen Cingulum sowie einer hohen Amygdalaaktivität konnten am meisten von einer 16-stündigen kognitiven Verhaltenstherapie profitieren (Siegle et al. 2006).

In anderen Therapierichtungen ist die umfassende Nutzung neurobiologischer Methoden noch wenig verbreitet, wird aber z. B. in der systemischen Therapie (Schwing 2013) diskutiert. Mit weiterem Wachstum der sozialen Neurowissenschaften dürften die Erkenntnisse zur Neurobiologie psychischer Erkrankungen und deren Behandlung zukünftig auch für systemische Therapeutinnen und Therapeuten zunehmend interessant werden.

In diesem Abschnitt haben wir uns beispielhaft Studien zu den neurobiologischen Korrelaten insbesondere psychodynamischer und verhaltenstherapeutischer Psychotherapien und deren Ergebnisse angesehen.

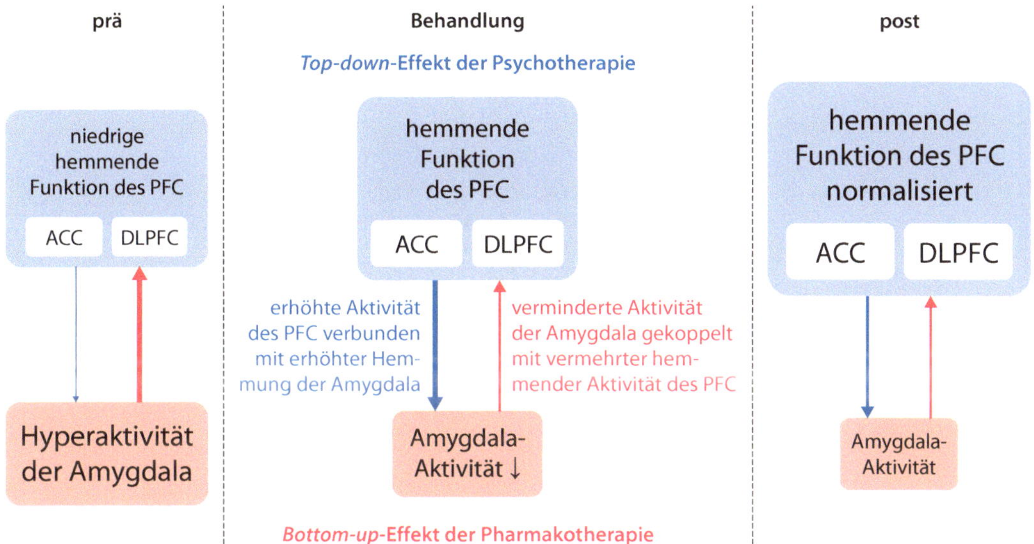

Abb. 14.7 Hypothetisches Modell hirnfunktioneller Veränderungen bei Angsterkrankungen und Depressionen durch verschiedene Behandlungsansätze. Vor der Behandlung (prä) zeigen Patientinnen und Patienten insgesamt eine erhöhte Amygdalaaktivität und reduzierte hemmende präfrontale Aktivierungen. Verschiedene Behandlungen führen in diesem Modell zu differenziellen neurobiologischen Effekten (Behandlung): Psychotherapie (blaue Pfeile) führt zu einer Erhöhung hemmender präfrontaler Aktivität, verbunden mit einer reduzierten Amygdala-Aktivität („Top-down"-Effekt), während Pharmakotherapie (rote Pfeile) eine Reduktion der Amygdala-Aktivität bedingt, verbunden mit einer Erhöhung der hemmenden Funktion des Präfrontalcortex auf diese Struktur („Bottom-up"-Effekt). Nach der Behandlung (post) zeigen die beteiligten Strukturen entsprechend eine Normalisierung ihrer Funktion. PFC: Präfrontalcortex; ACC: anteriorer cingulärer cortex; DLPFC: dorsolateraler präfrontaler Cortex. (Nach Quidé et al. 2012)

14.5 Schulenübergreifende Verfahren und das Konzept allgemeiner Wirkfaktoren in der Psychotherapie

In diesem Abschnitt wird es um eine kurze Erläuterung integrativer Konzepte der Psychotherapie am Beispiel des Modells allgemeiner Wirkfaktoren nach Grawe gehen.

Neben eher schulenfokussierten Ansätzen existieren inzwischen auch schulenübergreifende Ansätze, welche von gemeinsamen oder ähnlichen Wirkfaktoren erfolgreicher Psychotherapien unabhängig von der jeweiligen Schule ausgehen. Als eines der wesentlichen Modelle in diesem Bereich sei hier das Konzept allgemeiner Wirkfaktoren nach Klaus Grawe vorgestellt (Grawe et al. 1994). Eine erfolgreiche Psychotherapie beinhaltet demnach unabhängig von der jeweiligen Schule die allgemeinen Wirkfaktoren (Tab. 14.3):

1. Ressourcenaktivierung
2. motivationale Klärung
3. Problemaktualisierung
4. Problembewältigung
5. therapeutische Beziehung

Psychotherapien wirken demnach über die Verbesserung psychischer Konsistenz. Hohe Konsistenz, gleichbedeutend mit guten Möglichkeiten zur Befriedigung psychischer Grundbedürfnisse (Orientierung/Kontrolle, Lustgewinn/Unlustvermeidung, Bindung, Selbstwerterhöhung/-stabilisierung), trägt zum Schutz vor der Entwicklung psychischer Störungen bei. Diese entstehen insbesondere dann, wenn über längere Zeit psychische Inkonsistenzen bestehen, z. B.

Tab. 14.3 Allgemeine Wirkfaktoren der Psychotherapie (Grawe et al. 1994)

Wirkfaktor	Erläuterung
Ressourcenaktivierung	Gezielte Nutzung der bei Patienten vorhandenen Stärken, Fähigkeiten, Interessen, Werte, Potenziale, sozialen Beziehungen etc.
Motivationale Klärung	Förderung der Einsicht in individuelle problematische Erlebens- und Verhaltensweisen, Problemzusammenhänge und Bedingungsgefüge in Zusammenhang mit der Erkrankung
Problemaktualisierung	Aktivierung und Erfahrbarmachung der Probleme im Therapiesetting, um diese einer neuen Erfahrung im Therapiesetting und im Alltag zugänglich zu machen
Problembewältigung	Vermittlung von Kompetenzen zur Problembewältigung und Ermöglichen von Bewältigungserfahrungen im Therapiesetting und im Alltag
Therapeutische Beziehung	Herstellung eines therapeutischen interpersonellen Rahmens, der ein vertrauensvolles Einlassen auf die Therapie ermöglicht und als Basis für Veränderungsprozesse dienen kann

weil eine erfolgreiche Bedürfnisbefriedigung blockiert ist oder sich Vermeidungs- und Annäherungsziele gegenseitig motivational behindern. Dies führt zu der Annahme, dass therapeutisch induzierte Veränderungen dann möglich werden, wenn die Therapie diese psychischen Gegebenheiten berücksichtigt und möglichst auch aus neurobiologischer Perspektive optimale Bedingungen schafft, welche den (Wieder-)Aufbau gesünderer Abläufe und Strukturen im Gehirn ermöglichen und unterstützen (Grawe 2000, 2004). Beispielsweise resultiert daraus, dass die Therapie im Dienste neuer, konkreter und positiver Lebenserfahrungen stehen sollte, d. h. die Bearbeitung eines Problems nur begrenzt Interventionen rund um das Problem enthalten sollte. Vielmehr ist für eine erfolgreiche psychische Veränderung unerlässlich, dass wichtige Annäherungsziele der Patienten im Fokus stehen, also der Therapeut oder die Therapeutin ihren Patienten so oft wie möglich Wahrnehmungen ermöglichen, die für die individuellen motivationalen Ziele von Relevanz sind und so motivationales Lernen, inklusive der assoziierten neuronalen Veränderungen, ermöglichen.

Dieser Abschnitt führte in ein integratives Konzept allgemeiner Wirkfaktoren der Psychotherapie ein, welche unabhängig von der jeweiligen Ausrichtung des Therapeuten oder der Therapeutin bzw. der Therapieschule den Verlauf einer Psychotherapie positiv beeinflussen können.

14.6 Neurobiologische Korrelate allgemeiner Wirkfaktoren in der Psychotherapie

Im folgenden Abschnitt erfolgt eine Darstellung einiger exemplarischer Studien zu den neurobiologischen Korrelaten allgemeiner Wirkfaktoren der Psychotherapie, wie der therapeutischen Beziehung, Ressourcenaktivierung, Problemaktualisierung und Problembewältigung.

Der Mediziner, Neurophysiologe und psychoanalytisch ausgebildete Eric Kandel, der 2000 einen Nobelpreis für seine Arbeiten zur Signalübertragung im Nervensystem erhielt, betonte bereits früh, dass wir vor der faszinierenden Möglichkeit stünden, in Zukunft Bildgebungsmethoden zur Erfolgskontrolle der Psychotherapie einzusetzen. Er argumentiert, dass es im Rahmen einer Psychotherapie zu einer Veränderung der Genexpression in den Nervenzellen komme, welche bei erfolgreicher Behandlung auch zu strukturellen Veränderungen der involvierten Neuronen führe (Kandel 1979).

Im Grunde ist dies keine Überraschung, wenn wir uns vor Augen führen, dass unser Gehirn ein Organ ist, das auf die Anpassung an seine sich ständig verändernde Umwelt spezialisiert ist. Psychotherapie basiert auf diesen Fähigkeiten des Gehirns zur Anpassung an die jeweilige Umwelt und gestaltet diese Umwelt systematisch nach psychologischen Prinzipien, sodass ein Veränderungsprozess – d. h. ein Anpassungsprozess – zustande kommt. Dass wir gut daran tun, unser Gehirn als ein Anpassungsorgan zu begreifen, zeigen inzwischen zahlreiche Studien. Unser Gehirn verändert sich im Laufe des Lebens stark auf makroskopischer und mikroskopischer Ebene. Im Laufe unseres Lebens nimmt die Dichte grauer Substanz in den meisten Hirnregionen nichtlinear ab, insbesondere in dorsal-frontalen und parietalen Assoziationscortizes. Das Volumen weißer Substanz, also das der Faserverbindungen zwischen Hirnzentren, erhöht sich jedoch noch bis ins höhere Erwachsenenalter (Sowell et al. 2004). Strukturell bildgebende Studien konnten zudem zeigen, dass sich das Volumen in bestimmten Hirnregionen lokal in Abhängigkeit unserer Erfahrungen verändert. So weisen etwa Londoner Taxifahrer höhere Volumina im Hippocampus auf, einer zentralen Struktur des menschlichen Gedächtnisses (Maguire et al. 2000). Menschen, die neu lernen zu jonglieren, zeigen nach bereits drei Monaten einen Zuwachs an Volumen in Regionen des Gehirns, die mit der Verarbeitung komplexer, visuell gesteuerter Bewegungen assoziiert sind (Draganski et al. 2004). Das Gehirn scheint entgegen früherer Lehrmeinungen auch im adulten Menschen ein hohes Maß lokaler struktureller Plastizität in Abhängigkeit der Erfordernisse in seiner Umwelt aufzuweisen. Veränderungen in der Organisation funktioneller Systeme des Gehirns spielen in Zusammenhang mit unseren Erfahrungen eine wichtige Rolle, welche sich in Form von veränderter Neurotransmission einer Zelle bzw. Synapse, Veränderungen der Konnektivitäten oder der Synchronizität in einem Netzwerk usw. manifestieren und damit in funktionell bildgebenden oder elektrophysiologischen Studien zumindest prinzipiell erfasst werden können. Das Gehirn lässt sich als ein komplexes Netzwerk begreifen, welches sich in ständiger Anpassung an seine Umwelt befindet und möglicherweise auch Merkmale selbstorganisierender Systeme aufweist (Bassett et al. 2018; Takagi 2018).

Wenn wir also davon ausgehen, dass therapeutische Veränderungen auf Veränderungen der Erregungsbereitschaft bestimmter Netzwerke oder Systeme im Gehirn beruhen, so finden diese Veränderungen vor allem durch Prozesse wie Bahnung/Verstärkung, Nichtbenutzung/Schwächung und aktive Hemmung statt. In diesem Sinne bestünde die „Löschung" einer Angstreaktion in dem Aufbau eines hemmenden oder veränderten neuronalen Erregungsmusters, während eine Löschung im Sinne von „Vergessen" der relevanten Erregungsmuster für die Psychotherapie wenig relevant sein dürften. Es ist zudem anzunehmen, dass das Gehirn die Anpassung an seine Umwelt unter unterschiedlichen Bedingungen unterschiedlich gut leisten kann. Neurowissenschaftliche Erkenntnisse könnten daher dazu beitragen, die optimalen Bedingungen für Veränderungsprozesse näher zu charakterisieren. Im Fokus stehen hierbei Neurotransmitter wie Dopamin oder Serotonin (Heinz 2017). Es ist bekannt, dass die Aktivität dopaminerger Neurone für die Verarbeitung von Verstärkern und damit motivationales Lernen eine wichtige Rolle spielt (Schultz 2016). Prosoziale Neuropeptide, wie Oxytocin und Vasopressin, welche beispielsweise beim Sex oder beim Stillen ausgeschüttet werden, begünstigen ihrerseits die Dopaminausschüttung im motivationalen System des Gehirns, fördern so Gedächtnisbildung und stärken soziale Beziehungen (Vargas-Martínez et al. 2014). Neurotransmitter wie Serotonin und Noradrenalin modulieren den affektiven Zustand eines Menschen (Young 2013). Es ist bekannt, dass eine verstärkte oder andauernde Ausschüttung von Stresshormonen wie Cortisol und Adrenalin zur unerwünschten Hemmung neuronaler Aktivität und langfristig gar zu strukturellen Veränderungen des Gehirns führen kann, wie etwa im Zusammenhang mit traumatischen Erfahrungen (O'Doherty et al. 2015).

Spätestens seit eine verbesserte Untersuchung emotionaler und motivationaler Funktionen des Gehirns möglich ist, werden die Erkenntnisse der Neurowissenschaften interessant für ein tieferes Verständnis von Wirkmechanismen in Psychotherapien. Folgen wir dem Modell der allgemeinem Wirkfaktoren nach Grawe, so wäre da zunächst die therapeutische Beziehung. Sie stellt zum einen die Basis für wirksames therapeutisches Handeln dar. Zum anderen entspricht das Erleben einer Bindung zu anderen Menschen auch einem unserer psychischen Grundbedürfnisse. Neurobiologisch ließ sich bereits zeigen, dass sich analog zu den unterschiedlichen, subjektiv empfundenen Qualitäten zwischenmenschlicher Beziehungen auch distinkte Aktivierungsmuster im Gehirn abbilden lassen (Zeki 2007), z. B. bei mütterlicher vs. romantischer Liebe (Bartels und Zeki 2004), u. a. vermittelt durch Unterschiede in der dopaminergen Neurotransmission (Takahashi et al. 2015). Auch die hirnbiologischen Korrelate der Empfindung unbedingter Liebe wurden bereits betrachtet (Beauregard et al. 2009), was dem Merkmal der unbedingten Wertschätzung im Rahmen der therapeutischen Beziehung am nächsten kommt. Obgleich die Bedeutung von ungünstigen Bindungserfahrungen für die Entstehung verschiedener psychischer Erkrankungen weitestgehend unstrittig ist (Bora et al. 2009), fehlen ausführliche Studien zu neurobiologischen Korrelaten einer hilfreichen therapeutischen Beziehung bisher.

Mit Blick auf den allgemeinen Wirkfaktor der Ressourcenaktivierung lassen sich einige neurobiologische Studien anführen, die z. B. die Effekte des Annäherungsverhaltens untersucht haben. Dieser Wirkfaktor steht dabei in engem Zusammenhang mit dem psychischen Grundbedürfnis nach Lustgewinn/Unlustvermeidung. Der gut belegte negative Einfluss von Stress auf Lernen und Gedächtnis sowie assoziierte neuronale Prozesse (Schwabe 2017) legt nahe, dass Menschen in Zuständen subjektiven Wohlbefindens besonders lernbereit und -fähig sind. Die individuell optimalen Bedingungen der Leistungsfähigkeit eines Menschen liegen zwischen jeweiliger Unter- bzw. Überforderung, vgl. Yerkes-Dodson-Gesetz (Yerkes und Dodson 1908). Dies bedeutet, erste Aufgabe des Therapeuten oder der Therapeutin ist es auch aus neurobiologischer Perspektive, möglichst günstige Ausgangsbedingungen zu schaffen, indem er oder sie die individuellen Voraussetzungen und die Motivlage der Patienten versteht und sie bei der Entfaltung ihrer Potenziale unterstützt bzw. eine Bedürfnisbefriedigung im Rahmen der therapeutischen Beziehung ermöglicht (vgl. motivorientierte Beziehungsgestaltung; Stucki und Grawe 2007). Erst dann wären die Bedingungen aus neurobiologischer Sicht für einen Veränderungsprozess optimal. Gleichzeitig werden diese neuen, sog. korrigierenden Erfahrungen im Rahmen der therapeutischen Beziehung zu einer veränderten neuronalen Signatur führen, welche wiederum andere Erwartungen und Erregungsbereitschaften des Gehirns in zukünftigen Situationen bedingen. Ein ganzer Forschungszweig untersucht und belegt verschiedene Priming-Effekte, d. h. Kontexteffekte, und deren neurophysiologische Korrelate, sowohl im basalen wahrnehmungspsychologischen Bereich, z. B. bei subliminalem Priming (Elgendi et al. 2018) wie auch mit sozialpsychologischer Relevanz (Molden 2014). Die Anwendung neurobiologischer Methoden auf den psychotherapeutischen Kontext fehlt hier aber noch weitestgehend.

Neurobiologische Veränderungen therapeutischer Interventionen, die sich mit dem

Wirkfaktor der Motivationalen Klärung in Verbindung bringen lassen, ließen sich beispielsweise in Untersuchungen zu den hirnfunktionellen Effekten von Psychoedukation betrachten. Obwohl eine positive Wirkung neurobiologisch informierter Psychoedukation insbesondere auf eine Reduktion der Stigmatisierung und das Hilfesuchverhalten von Patienten belegt ist (Livingston et al. 2012; Han und Chen 2014), fehlt ein neurobiologisches Verständnis solcher Interventionen bisher.

Zu den neurobiologischen Korrelaten von Wirkfaktoren wie Problemaktualisierung und Problembewältigung lässt sich sagen, dass hier insbesondere Studien zur Verarbeitungstiefe von Emotionen bzw. zur Emotionsinduktion anhand individueller, d. h. personalisierter, Stimuli wie auch autobiografischer Informationen (Cabeza und St. Jacques 2007), interessant sind, da diese eine entsprechende emotionale Tiefe, Lebendigkeit und Selbstreferenzialität mit sich bringen, was sich auch in den zugrunde liegenden Aktivierungsmustern widerspiegelt. In Psychotherapien häufig verwendet sind hierbei Techniken wie Affektbrückenarbeit oder imaginatives Überschreiben (Holmes et al. 2007). Insbesondere das entsprechende Bewältigungserleben erscheint relevant für die Befriedigung der psychischen Grundbedürfnisse nach Orientierung/Kontrolle und Selbstwertstabilisierung/-erhöhung. In diesem Zusammenhang sind auch Studien zu den neurobiologischen Korrelaten therapeutischer Interventionen bei Patienten mit Persönlichkeitsstörungen aus dem sog. Cluster B interessant. Bei Erkrankungen dieser Art, wie etwa der sog. narzisstischen oder der Borderline-Persönlichkeitsstörung, spielt die Verletzung des Bedürfnisses nach Integrität des Selbst sowie des Selbstwerts in der lebensbiografischen Entwicklung eine wichtige Rolle. Auf psychologischer Ebene äußert sich dies z. B. in Veränderungen der Kompetenzen zur Affektregulation in interpersonell relevanten Situationen, was daher einen wichtigen Teil einer verhaltenstherapeutisch orientierten Psychotherapie bei diesen Krankheitsbildern darstellt. Borderline-Patientinnen und -Patienten etwa zeigten in einer funktionell bildgebenden Untersuchung zur neuronalen Verarbeitung emotionaler Stimuli initial eine erhöhte Reagibilität der Amygdala und der Insula sowie eine gegenüber Gesunden erhöhte orbitofrontale und insuläre Aktivierung während des Versuchs bewusster Affektregulation (Schulze et al. 2011). Es konnte darüber hinaus gezeigt werden, dass diese neuronalen Auffälligkeiten bei Affektregulation nach DBT-Therapie rückläufig sind (Schmitt et al. 2016). Dazu passend ließ sich eine verstärkte Reagibilität auf negative soziale Informationen bei Patientinnen und Patienten mit Borderline-Erkrankung ebenfalls mit einer erhöhten Amygdalaaktivität in Verbindung bringen, welche unter intranasaler Therapie mit Oxytocin gebessert werden konnte (Bertsch et al. 2013). Ähnlich lässt sich für Menschen mit einer narzisstischen Persönlichkeitsstörung anhand bildgebender Verfahren zeigen, dass diese Patientengruppe besonders empfindlich gegenüber Ausgrenzungserfahrungen ist, was sich in einer attenuierten Reaktion in Regionen des sog. sozialen Schmerznetzwerks (anteriore Insula, dorsales und subgenuales anteriores Cingulum) zeigte (◻ Abb. 14.8; Cascio et al. 2015).

In diesem Abschnitt haben wir uns auf die Suche nach neurobiologischen Studien begeben, die uns die allgemeinen Wirkfaktoren der Psychotherapie, wie die therapeutische Beziehung, Ressourcenaktivierung, Problemaktualisierung und das Bewältigungserleben, besser verstehen lassen. Trotz interessanter Ansätze einiger Studien in diesem Feld ist eine weiterführende Erforschung affektiv-motivationaler Faktoren der Therapie und deren neurobiologischer Korrelate nötig, um die Mechanismen der Wirkung von Psychotherapie im therapeutischen Prozesses weiter zu enthüllen und um möglichst optimale Voraussetzungen für Veränderungen auch auf neuronaler Ebene zu schaffen.

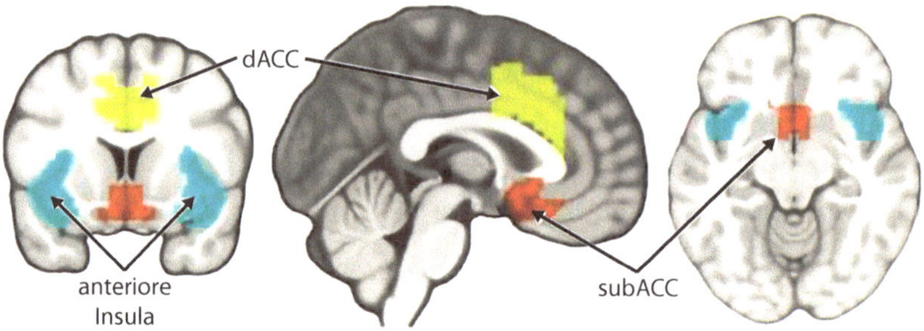

Abb. 14.8 Abbildung der hirnanatomischen Strukturen – anteriore Insula, dorsales (dACC) und subgenuales (subACC) anteriores Cingulum–, die für das sog. soziale Schmerznetzwerk relevant sind und welche u. a. bei Ausgrenzungserfahrungen bedeutsam zu sein scheinen. (Nach Cascio et al. 2015)

14.7 Implikationen neurobiologischer Erkenntnisse für die Entwicklung von psychotherapeutischen Ansätzen

In diesem Abschnitt wird es um eine exemplarische Darstellung der möglichen Implikationen neurobiologischer Forschung für den therapeutischen Alltag gehen. Wir betrachten dazu beispielhaft insbesondere solche Interventionen, die Veränderungen des motivationalen Systems im Rahmen von psychischen Erkrankungen wie Abhängigkeitserkrankungen berücksichtigen und zu verändern suchen.

14

So faszinierend und interessant eine umfassendere Kenntnis neurobiologischer Korrelate von erfolgreichen Psychotherapien, einzelnen Interventionen oder relevanter Wirkfaktoren auch sein mag, dieses Wissen ist aus therapeutischer Sicht nur relevant, wenn es sich in therapeutisches Handeln übersetzen lässt und so einer besseren Versorgung und Behandlung von Menschen mit psychischen Erkrankungen dient. Gerade die Neurowissenschaften, deren Methoden häufig zeit- und kostenintensiv und teils invasiv sind, müssen sich die Frage gefallen lassen, welchen Mehrwert sie für die klinische Praxis erbringen, welchen Nutzen sie für die Gesellschaft insgesamt und die Patientinnen und Patienten insbesondere haben (Walter et al. 2009).

Betrachten wir daher zunächst, welche Bedeutung sich aus einer zunehmenden Zusammenarbeit zwischen den Neurowissenschaften und der Psychotherapieforschung für die Gesellschaft und die Entwicklung des Feldes ergeben könnten (Tab. 14.4), bevor wir uns konkreten Implikationen für Therapeutinnen und Therapeuten zuwenden.

Eine Öffnung der Psychotherapieforschung für neurowissenschaftliche Methoden komplementiert zunächst den in der Medizin vorherrschenden bio-psycho-sozialen Gesamtentwurf der Entstehung psychischer Erkrankungen. Aufgrund der erweiterten Objektivierbarkeit von Psychotherapieeffekten bzw. als Element der Qualitätssicherung könnten neurowissenschaftliche Befunde auf gesundheitspolitischer Ebene zudem zu einer Stärkung der Argumentation für eine konsequentere Bereitstellung notwendiger Ressourcen für die Psychotherapie von Menschen mit psychischen Erkrankungen beitragen. Auf Ebene des Verhaltens von Therapeuten bzw. Patienten liegen Chancen in einer Anpassung der Kommunikation zwischen Therapeuten und Patienten, z. B. im Sinne einer Entmystifizierung der Psychotherapie und einer Förderung der transparenten Aufklärung über die zugrunde liegenden Mechanismen. Direkt förderlich ist die Kommunikation über neurobiologische

Tab. 14.4 Implikationen einer neurobiologischen Perspektive auf psychische Erkrankungen für die Praxis

Komplementierung eines bio-psycho-sozialen Gesamtentwurfs
Gesundheitspolitische Konsequenzen, z. B. aufgrund der erweiterten Objektivierbarkeit von Psychotherapieeffekten
Anpassung der Kommunikation mit Patienten
Einfluss auf Erwartungen von Patienten und Therapeuten an den therapeutischen Prozess
Förderung der Entstigmatisierung von psychischen Erkrankungen
Beeinflussung des Hilfesuchverhalten
Stimulation von neuen Ansätzen insbesondere für ältere Patientinnen und Patienten

Grundlagen psychotherapeutischer Interventionen sicherlich zudem bei Patientinnen und Patienten mit einem vorwiegend biologischen Krankheitsverständnis, was am ehesten durch eine Veränderung der Wirkungserwartung der Patienten im therapeutischen Prozess begründet sein dürfte. Die Verbreitung von Wissen zu den neurobiologischen Grundlagen psychischer Erkrankungen und therapeutischer Interventionen kann zudem die Entstigmatisierung psychischer Erkrankungen fördern und sich so auch positiv auf das Hilfesuchverhalten auswirken (Livingston et al. 2012; Han und Chen 2014). Zugleich ist zu berücksichtigen, dass eine biologische Perspektive auf psychische Erkrankungen unter bestimmten Bedingungen auch zu einer erhöhten Stigmatisierung durch die Gesellschaft beitragen kann, z. B. bei Menschen, die als gefährlich wahrgenommen werden (Müller und Heinz 2013; Andersson und Harkness 2018). Nicht zuletzt könnten neurobiologische Erkenntnisse, wie etwa solche zur lebenslang hohen neuronalen Plastizität des Menschen, zu einer weiteren Stimulation von therapeutischen Ansätzen für Menschen im Erwachsenenalter bzw. insbesondere für ältere Patientinnen und Patienten führen.

Doch was bedeutet all dies für Professionelle im Hilfesystem und insbesondere für Therapeutinnen und Therapeuten? Wie bereits zuvor ausgeführt, führen therapeutische Gespräche in gewohnten Bahnen nicht zu langfristigen Veränderungen des Gehirns. Dies bedeutet aus neurobiologischer Perspektive, dass die Analyse von Problemen einerseits relevant ist, beispielsweise in Form von klinischer oder funktionaler Diagnostik, andererseits aber nur dann produktiv ist, wenn sie der Vorbereitung und gezielten Umsetzung verändernder Interventionen dient, d. h. neue, alternative Erfahrungen der behandelten Person ermöglicht. Um Veränderungen im Erleben und Verhalten zu erreichen, sind wiederholte, anhaltende Aktivierungen der spezifischen Netzwerke erforderlich, d. h. es ist aus neurobiologischer Perspektive hilfreich, den Fokus auf Gedanken, Gefühle und Verhaltensweisen zu lenken, welche eine Annäherung an die Therapieziele darstellen, wie z. B. in der Vorstellung von Zielzuständen in der Verhaltenstherapie oder der sog. Wunderfrage in der systemischen Therapie. Dabei muss es sich um relevante motivationale Ziele des Patienten oder der Patientin handeln, da sonst nicht von einer Aktivierung des selbstreferenziellen Netzwerks bzw. des motivationalen Netzwerks im Gehirn auszugehen ist. Letzteres sorgt mit der Zuschreibung von Bedeutsamkeit für eine erhöhte Aufmerksamkeitsleistung für assoziierte Inhalte, bahnt Verhaltensimpulse in dieser Richtung und fördert die Gedächtniskonsolidierung zugehöriger Erfahrungen (Schultz 2016). Angestrebt werden sollte also eine Gleichzeitigkeit der Bearbeitung von Problemkonstellationen und die Aktivierung von Annäherungszielen in der Psychotherapie, um einen Umbau zugrunde liegender hirnbiologischer Systeme zu stimulieren. Schließlich ist festzustellen, dass diese wichtige Frage nach der konkreten Nutzbarkeit der Ergebnisse aus den Neurowissenschaften für den therapeutischen Alltag zunehmend dazu führt, dass neben entsprechenden neuen Lehr- und Fachbüchern auch neue Werke mit einer primär therapeutischen Zielgruppe entstehen (Eßing 2015).

Wir betrachten exemplarisch die konkreten Erkenntnisse und deren Potenzial zur Umsetzung in der Praxis für den Forschungsbereich der Abhängigkeiten genauer (Romanczuk-Seiferth 2017; vgl. dazu auch ► Kap. 10): Im Verlauf der Entstehung einer Abhängigkeit wird ein zunächst positiv erlebter Substanzkonsum zu einem habituellen, automatischen Verhalten (Everitt und Robbins 2005; Seiferth und Heinz 2010). Aus Studien zur Neurobiologie von Abhängigkeitserkrankungen ist inzwischen gut bekannt, dass die mit der Entwicklung einer Abhängigkeitserkrankung zusammenhängenden Lernprozesse mit neurofunktionellen Veränderungen der Belohnungssensitivität und der kognitiven Kontrolle einhergehen. Bei abhängigen Patientinnen und Patienten wurde belegt, dass es zu einer erhöhten Sensitivität des motivationalen Systems des Gehirns, dem sog. mesocortico-limbischen Belohnungssystem, auf alle suchtassoziierten Kontextreize kommt (Schacht et al. 2013), verbunden mit einer Verschiebung des Aufmerksamkeitsfokus auf suchtrelevante Reize in der Umgebung (Hester und Luijten 2014). Gleichzeitig kommt es bei Abhängigen in der neuronalen Verarbeitung von üblichen verstärkenden Reizen, also etwa leckerem Essen, Sexualität, sozialem Kontakt etc., zu einer Hyposensibilität des Gehirns, also einer verminderten Ansprechbarkeit, insbesondere im sog. ventralen Striatum als einer zentralen Region des mesolimbischen Belohnungssystems (Wrase et al. 2007; Romanczuk-Seiferth et al. 2015).

Darüber hinaus ist bekannt, dass es im Rahmen von Abhängigkeiten ebenso zu einer veränderten neuronalen Aktivierung bei zielgerichteten Verhaltensweisen (Sebold et al. 2017) bzw. bei kognitiver Kontrolle von Verhaltensimpulsen (Bickel et al. 2012) kommt. Zugleich fällt es abhängigen Patientinnen und Patienten schwerer, ihr Verhalten an wechselnde Belohnungskontingenzen anzupassen, d. h. umzulernen, was mit einer verminderten Konnektivität zwischen ventralem Striatum und präfrontalem Cortex einhergeht (Park et al. 2010).

Grundsätzlich scheint für die Behandlung von Abhängigkeitserkrankungen daher die Vermittlung neurobiologischen Wissens wie im Rahmen von Psychoedukation hilfreich, da gezeigt werden konnte, dass Scham und (Selbst-)Stigmatisierung relevante Barrieren für die Aufnahme einer Behandlung darstellen (Wallhed Finn et al. 2014). Auch ließ sich feststellen, dass Schulungen von Medizinpersonal zu diesem Thema zu einer Reduktion der Stigmatisierung von Menschen mit Abhängigkeiten beitragen können (Livingston et al. 2012). Zudem lassen sich z. B. die Befunde zur Beeinträchtigung des Umlernens bei Abhängigkeitserkrankungen entlastend mit Patienten kommunizieren und dienen damit der Aufrechterhaltung der Motivation über den Therapieverlauf.

Aus den oben skizzierten neurobiologischen Erkenntnissen zu Abhängigkeitserkrankungen lassen sich aber auch direkte Therapieansätze ableiten. Naheliegend ist etwa eine Senkung des motivationalen Anreizes, der von einer Substanz bzw. assoziierten Reizen in der Umgebung ausgeht, wie es sich in der klinischen Praxis bei Strategien zur Stimuluskontrolle wiederfindet. Hierbei ist jedoch nicht die direkte Reduzierung des motivationalen Anreizes das Ziel, sondern es soll die Auftretenswahrscheinlichkeit von suchtrelevanten Reizen, d. h. mit hohem motivationalem Anreiz, reduziert werden. Interessant wären daher neuere Therapieansätze, die eine direkte Modulation motivationalen Anreizes zulassen. Ähnlich interessant sind Ansätzen, die auf eine Schwächung automatisierten suchthaften Verhaltens abzielen. Hierzu wurde etwa ein Training entwickelt, das automatische Annäherungstendenzen an suchtassoziierte Reize abschwächt. Dies konnte als wirksam für die Konsumreduktion bzw. Abstinenzerhaltung in Rauchern und Alkoholabhängigen gezeigt werden (Kakoschke et al. 2017). Auf neurobiologischer Ebene lässt sich dies ebenfalls beschreiben, Patienten wiesen durch ein solches Training eine Normalisierung der neuronalen Antwort auf drogenassoziierte Reize in frontalen und limbischen Arealen auf (Wiers et al. 2015).

Ebenfalls relevant sind Maßnahmen zur Stärkung exekutiver Kontrolle der Abhängigen, wie klinisch bereits üblich bei Ablehnungstrainings oder sozialen Kompetenztrainings. Neurobiologisch fundierte Therapiebausteine sind in diesem Sinne auch Methoden, die eine Schwächung von automatisiertem Suchtverhalten unterstützen, wie etwa die Nutzung von Beobachtungsaufgaben, Tagebüchern, Verhaltensanalysen und Ampelsystemen zur Einschätzung kritischer Situationen.

Zur Modulation von Impulsivität bzw. impulsiven Entscheidungsverhaltens im Rahmen von Abhängigkeitserkrankungen kommt teilweise die bereits erwähnte Neurostimulation zum Einsatz. Es ließ sich zeigen, dass nach der Stimulation des dorsolateralen Präfrontalcortex via Transkranieller Magnetstimulation (TMS) bei Nikotinabhängigkeit eine höhere Fähigkeit zum Belohnungsaufschub als Aspekt der (geringeren) Impulsivität feststellbar war. Dieser Effekt generalisierte aber nicht auf einen verminderten Zigarettenkonsum nach der Behandlung, derlei Behandlungen können bisher also nur begleitend zu einer nachweislich effektiven Psychotherapie, wie kognitiver Verhaltenstherapie, hilfreich sein (Sheffer et al. 2013).

Insbesondere mit Blick auf die umfassenden adaptiven Fähigkeiten unseres Gehirns erscheinen zudem Therapiemethoden sinnvoll und hilfreich, die auf ein Umlernen in Zusammenhang mit dem bisherigen Substanzkonsum und damit verbundenem Verhalten setzen, vgl. Anwendung von Expositionstrainings im Bereich Alkohol/Drogen.

Direkt aus neurobiologischen Befunden ableitbar ist zudem die Bedeutung von Therapieverfahren, die auf die Stärkung von protektiven Faktoren und die Reaktivierung der Verarbeitung alternativer Verstärker, wie Kontakt zu Menschen, sinnliche Erfahrungen etc. abzielen, wie es sich in der therapeutischen Praxis teilweise in sog. euthymen Therapien oder Genusstrainings wiederfindet. Über Übungen zur Wahrnehmung mit allen fünf Sinnen wird die Genussfähigkeit (wieder-)gestärkt und das Gehirn für die Verarbeitung dieser Eindrücke sensibilisiert – alternativ zum suchthaften Verhalten. Es konnte beispielsweise gezeigt werden, dass bei hoher Reagibilität des motivationalen Systems auf positive emotionale Reize, wie Bilder lachender Menschen etc., weniger schwere Rückfälle im Rahmen einer Alkoholabhängigkeit vorkommen (Heinz et al. 2007).

In diesem Abschnitt haben wir uns eingehender mit den möglichen Implikationen neurobiologischer Forschung für den therapeutischen Alltag beschäftigt. Dazu haben wir uns exemplarisch genauer die bisherigen Erkenntnisse zur Neurobiologie von Abhängigkeitserkrankungen angesehen und deren mögliche Bedeutung für das therapeutische Handeln im Sinne neurobiologisch informierter Psychotherapien diskutiert.

14.8 Zukunftsperspektiven einer integrativen Neuropsychotherapie

Im folgenden Abschnitt wird es um eine kurze abschließende Erläuterung weiterer relevanter Forschungsperspektiven und um einen allgemeinen Ausblick gehen.

Für ein besseres Verständnis der Entstehung von schweren psychischen Erkrankungen, wie etwa Schizophrenien, wurden und werden durchaus große Hoffnungen in die Weiterentwicklung genetischer Forschung gesetzt. Die Kombination genetischer Informationen mit neurobiologischen Merkmalen, wie es etwa beim sog. *Imaging Genetics* der Fall ist, erhöht die Wahrscheinlichkeit, relevante Endophänotypen einer Erkrankung zu beschreiben und kann als Forschungszweig der humanen Neurowissenschaften in der Zukunft weiterhin eine Rolle spielen (Arslan 2018).

Die Identifikation potenzieller Biomarker psychischer Erkrankungen ist mit Blick auf die Nutzbarkeit für die Zukunft dann besonders interessant, wenn sich daraus Vorhersagen über die Effektivität von Behandlungen oder deren Nachhaltigkeit treffen lassen. Während die Vorhersage von Rückfällen in anderen Bereichen eine weniger prominente Bedeutung zu haben scheint, spielt diese in der Forschung zu Abhängigkeitserkrankungen traditionell eine große Rolle. So existieren auch zu den neurobiologischen Korrelaten von Rückfällen bei Abhängigkeitserkrankungen inzwischen einzelne Befunde, z. B. zur Bedeutung der Adressierung des Präfrontalcortexes, welche zur Optimierung bisheriger Therapiestrategien bzw. für selektivere Indikationen genutzt werden könnten (Moeller und Paulus 2018).

In einem Übersichtsartikel zu Ergebnissen der funktionellen Magnetresonanztomografie unter Ruhebedingungen *(resting-state)* bei Panikstörung und sozialer Phobie (Kim und Yoon 2018) konnten Forscherinnen und Forscher zeigen, dass bei Menschen mit einer Panikstörung neben Veränderungen des *default mode network* und des medialen Temporalcortex vor allem auch interozeptiv relevante Netzwerke inklusive des sensorimotorischen Cortex' relevant waren, während sich bei Menschen mit einer sozialen Phobie zusätzlich vor allem Veränderungen der Konnektivität im sog. Salienznetzwerk zeigten. Derlei Kenntnisse überlappender und auch distinkter Veränderungen der Konnektivität des Gehirns in Ruhe ließen sich nutzen, um phänotypisch unterschiedliche psychische Störungen, wie verschiedene Angsterkrankungen, in neurobiologisch informierte Subgruppen zu unterteilen, welche geeignet sind, die Suche nach Biomarkern besser zu unterstützen und damit die Chance auf neue Therapieoptionen zu steigern. Entsprechend voranbringen könnte dies auch die Entwicklung neurobiologisch informierter Behandlungsprogramme (Knatz et al. 2015). Auch erscheinen in diesem Zusammenhang solche Studien zunehmend interessant, die uns eine direkte neurochemische Modulation des Gehirns bei Menschen mit psychischen Erkrankungen erlauben: So konnte etwa gezeigt werden, dass sich intranasale Oxytocingabe positiv auf die Fähigkeit zur Gesichterverarbeitung bei Menschen mit Autismus auswirkt (Domes et al. 2013). Insgesamt scheint das therapeutische Potenzial von Neuropeptiden und deren neurobiologische Wirkung von wachsendem Interesse zu sein (Lefevre et al. 2019).

Auch ist das Potenzial nicht überall ausgeschöpft, bestehendes neurobiologisches Wissen über relevante Krankheitsmechanismen in therapeutisches Handeln umzusetzen. So lässt sich etwa beispielhaft argumentierten, dass für Essstörungen, wie Anorexia nervosa und Bulimia nervosa, zahlreiche Studien zu Veränderungen des motivationalen Systems des Gehirns vorliegen, diese Kenntnisse bisher jedoch nicht in konkreten Interventionen münden, die auf eine Modulation der Verstärkerverarbeitung fokussieren (Monteleone et al. 2018).

Letztlich liegt all diesen Ansätzen zur Nutzung neurobiologischen Wissens in der Therapie psychischer Erkrankungen die Hoffnung zugrunde, mithilfe der gewonnen Erkenntnisse individuelle Therapieentscheidungen neurobiologisch begründen zu können und Vorhersagen zu den möglichen Erfolgsaussichten einer bestimmten Intervention auf individueller Basis machen zu können (Ball et al. 2014). Eine wichtige Aufgabe für die Zukunft ist es daher sicherlich, die Lücke zwischen den Erkenntnissen aus der Grundlagenwissenschaft und der praktischen Anwendung im therapeutischen Alltag zu verkleinern oder gar zu schließen. Sehr hilfreich erscheinen dabei individualstatistische Methoden zur Überwindung der Lücke zwischen populationsbasierten Forschungsergebnissen und klinischer Praxis, z. B. anhand der Anwendung von Machine-Learning-Ansätzen in der sog. „vorhersagenden Medizin" (*predictive medicine*; Hahn et al. 2017). Hierunter fallen Methoden, welche die Vorhersage von bestimmten Merkmalen, wie etwa das Vorliegen einer psychischen Erkrankung, aus anderen personenbezogenen Daten auf individueller Ebene ermöglichen sollen. Beispielsweise existieren inzwischen mehrere Befunde, welche auf Basis der hirnstrukturellen Daten von Menschen mithilfe von Machine-Learning-Ansätzen Vorhersagen zum Vorliegen einer affektiven Erkrankung auf individueller Ebene treffen können und so die Hoffnung nähren, Ergebnisse aus der neurobiologischen Forschung direkt in den klinischen Alltag transferieren zu können. Gleichzeitig begrenzen methodische Überlegungen aktuell die Generalisierbarkeit und damit Alltagstauglichkeit dieser Erkenntnisse (Kim und Na 2018). Die Anwendung computationaler Ansätze in der Psychotherapie *(computational psychotherapy)* ist jedoch auch mit Blick auf eine Erweiterung des Verständnisses von Wirkmechanismen interessant: Insbesondere für verhaltenstherapeutische Ansätze bieten Methoden der mathematischen Modellierung die Möglichkeit, bestehende Hypothesen dazu zu überprüfen, wie Menschen aus Erfahrungen Rückschlüsse ziehen, wie dies bei psychischen Erkrankungen verändert ist bzw. durch die Therapie modifiziert wird (Moutoussis et al. 2018).

Derlei Ansätze zur Vorhersage psychischer Erkrankungen bzw. der Wirkung von Psychotherapie entwickeln sich eng verknüpft mit dem Feld sog. „präziser" oder „personalisierter" Medizin (*precision medicine/personalized medicine*; Fernandes et al. 2017), welche zum Ziel hat, Behandlung und Prävention von Erkrankungen unter Berücksichtigung der individuellen Variabilität eines Menschen mit Blick auf Genetik, Umweltfaktoren, Lebensstil etc. zu realisieren.

Auch wenn das vorliegende Kapitel auf die Darstellung der Möglichkeiten einer neuropsychotherapeutischen Perspektive fokussiert, so ist es wichtig, zu betonen, dass aus wissenschaftlich-methodischer Perspektive relevante kritische Aspekte der Befunde in diesem Feld zu erwägen sind. So zeigen sich die Ergebnisse neurobiologischer Studien selten homogen, in der Regel existieren heterogene Befunde zu einer konkreten Fragestellung, welche auf Faktoren wie unterschiedliche verwendete Methoden und Paradigmen, Umfang und Selektion der untersuchten Stichproben, klinische Merkmale der Population (Komorbiditäten, Krankheitsdauer etc.) und Spezifika der Therapie (Art, Dauer, Setting, Intensität der Interventionen etc.) zurückzuführen sind und die Generalisierbarkeit der Ergebnisse entsprechend einschränken (Walter und Müller 2011).

Mit dem Fortschritt der Neurowissenschaften rücken deren Chancen und Grenzen auch in den Fokus einer gesamtgesellschaftlichen Debatte (Meckel 2018). Insbesondere die Loslösung der generierten Techniken und der errungenen Erkenntnisse von einer Anwendung im klinischen Kontext verdienen eine ausführliche kritische Debatte. So wird es Aufgabe der heutigen Gesellschaft sein, für sich und kommende Generationen zu entscheiden, wie weit wir uns einer Optimierung des gesunden Gehirns verschreiben wollen, wie es etwa im Bereich des sog. Neuroenhancement das Ziel ist. Oder wie weit Erkenntnisse über uns und unser Gehirn als Grundlage für ökonomische Interessen nutzbar gemacht werden sollten, wie es bereits beim sog. Neuromarketing der Fall ist.

Nicht zuletzt wäre es höchst interessant, auch die neurobiologischen Veränderungen näher zu verstehen, welche das Gehirn des Therapeuten bzw. der Therapeutin im

Rahmen der zahlreichen Therapieprozesse durchläuft. Wie bei Experten vs. Novizen in einer Mitgefühlsmediation gezeigt werden konnte, zeigen Experten eine neuronal verstärkte Sensitivität gegenüber emotional-aversiven Reizen (Lutz et al. 2008). Dies mag als ein Beispiel für mögliche (neuronale) Risiken und Nebenwirkungen des Therapeutenberufs dienen, die sicher noch nicht annähernd verstanden sind.

Übersicht

In diesem Abschnitt haben wir uns mit möglichen Zukunftsperspektiven beschäftigt. Hierzu zählen die Weiterentwicklung genetischer Forschung im Sinne des sogenannten „Imaging Genetics", die Nutzung potenzieller Biomarker psychischer Erkrankungen für die Vorhersagen der Effektivität verschiedener Behandlungen oder deren Nachhaltigkeit, die Beschreibung neurobiologisch-informierter Subgruppen von psychischen Erkrankungen und die Entwicklung passender Behandlungsprogramme und die Weiterentwicklung von Methoden zur Ableitung von Ergebnissen, die für individuelle Therapieentscheidungen nutzbar sind, z. B. im Rahmen sogenannter computationaler Ansätze in der Psychotherapie. Ob sich die Hoffnungen, die in diese Zukunftsperspektiven gesetzt werden, auch erfüllen werden, bleibt abzuwarten. Zudem zeigen sich auch aus wissenschaftlich-methodischer Perspektive sowie aus gesellschaftlich-ethischem Blickwinkel relevante Begrenzungen des Feldes, welche zu diskutieren bzw. zu berücksichtigen sind.

Kurt Lewin, der Mitbegründer der modernen Psychologie, sagte: „If you want to truly understand something, try to change it" (► https://www.verywellmind.com/kurt-lewin-quotes-2795692, Zugriff am 25.06.2019). Vermutlich hat eine gemeinsame, fruchtbare Entwicklung der Neurowissenschaften und der Psychotherapie(-forschung) gerade erst begonnen.

Literatur

Abbass AA, Nowoweiski SJ, Bernier D et al (2014) Review of psychodynamic psychotherapy neuroimaging studies. Psychother Psychosom 83:142–147

Anderson MC, Ochsner KN, Kuhl B et al (2004) Neural systems underlying the suppression of unwanted memories. Science 303:232–235

Andersson MA, Harkness SK (2018) When do biological attributions of mental illness reduce stigma? Using qualitative comparative analysis to contextualize attributions. Soc Ment Health 8:175–194

Arslan A (2018) Imaging genetics of schizophrenia in the post-GWAS era. Prog Neuro-Psychopharmacol Biol Psychiatry 80:155–165

Ball TM, Stein MB, Paulus MP (2014) Toward the application of functional neuroimaging to individualized treatment for anxiety and depression. Depress Anxiety 31:920–933

Balodis IM, Kober H, Worhunsky PD et al (2016) Neurofunctional reward processing changes in cocaine dependence during recovery. Neuropsychopharmacology 41:2112–2121

Barsaglini A, Sartori G, Benetti S et al (2014) The effects of psychotherapy on brain function: a systematic and critical review. Prog Neurobiol 114:1–14

Bartels A, Zeki S (2004) The neural correlates of maternal and romantic love. Neuroimage 21:1155–1166

Bassett DS, Zurn P, Gold JI (2018) On the nature and use of models in network neuroscience. Nat Rev Neurosci 19:566–578

Beauregard M, Courtemanche J, Paquette V, St-Pierre ÉL (2009) The neural basis of unconditional love. Psychiatry Res Neuroimaging 172:93–98

Berlin HA (2011) The neural basis of the dynamic unconscious. Neuropsychoanalysis 13:5–31

Bertsch K, Gamer M, Schmidt B et al (2013) Oxytocin and reduction of social threat hypersensitivity in women with borderline personality disorder. Am J Psychiatry 170:1169–1177

Bickel WK, Jarmolowicz DP, Mueller ET et al (2012) Excessive discounting of delayed reinforcers as a trans-disease process contributing to addiction and other disease-related vulnerabilities: emerging evidence. Pharmacol Ther 134:287–297

Bilevicius E, Kolesar T, Kornelsen J (2016) Altered neural activity associated with mindfulness during nociception: a systematic review of functional MRI. Brain Sci 6:14

Bora E, Yucel M, Allen NB (2009) Neurobiology of human affiliative behaviour: implications for psychiatric disorders. Curr Opin Psychiatry 22:320–325

Bryant RA, Felmingham K, Kemp A et al (2008) Amygdala and ventral anterior cingulate activation predicts treatment response to cognitive behaviour therapy for post-traumatic stress disorder. Psychol Med 38:555–561

Buchheim A, Cierpka M, Kächele H, Roth G (2012a) Neuropsychoanalyse: Das Hirn heilt mit. Gehirn Geist 11:50–53

Buchheim A, Viviani R, Kessler H et al (2012b) Changes in prefrontal-limbic function in major depression after 15 months of long-term psychotherapy. PLoS One 7:e33745

Cabeza R, St Jacques P (2007) Functional neuroimaging of autobiographical memory. Trends Cognit Sci 11:219–227

Cascio CN, Konrath SH, Falk EB (2015) Narcissists' social pain seen only in the brain. Soc Cognit Affect Neurosci 10:335–341

Doering S, Ruhs A (2015) Neuropsychoanalyse – Modeerscheinung oder Rückkehr zu den Freud'schen Urkonzepten? Neuropsychiatrie 29:39–42

Domes G, Heinrichs M, Kumbier E et al (2013) Effects of intranasal oxytocin on the neural basis of face processing in autism spectrum disorder. Biol Psychiatry 74:164–171

Dörfel D, Lamke J-P, Hummel F et al (2014) Common and differential neural networks of emotion regulation by detachment, reinterpretation, distraction, and expressive suppression: a comparative fMRI investigation. Neuroimage 101:298–309

Draganski B, Gaser C, Busch V et al (2004) Neuroplasticity: changes in grey matter induced by training. Nature 427:311–312

Elgendi M, Kumar P, Barbic S et al (2018) Subliminal priming-state of the art and future perspectives. Behav Sci 8:e54 (Basel)

Eßing G (2015) Praxis der Neuropsychotherapie: Wie die Psyche das Gehirn formt. Deutscher Psychologen Verlag, Berlin

Everitt BJ, Robbins TW (2005) Neural systems of reinforcement for drug addiction: from actions to habits to compulsion. Nat Neurosci 8:1481–1489

Fernandes BS, Williams LM, Steiner J et al (2017) The new field of „precision psychiatry". BMC Med 15:80

Freud S (1885) Entwurf einer Psychologie. In: Gesammelte Werke – Texte aus den Jahren 1885 bis 1938, S 375–386

Furmark T, Tillfors M, Marteinsdottir I et al (2002) Common changes in cerebral blood flow in patients with social phobia treated with citalopram or cognitive-behavioral therapy. Arch Gen Psychiatry 59:425

Goldapple K, Segal Z, Garson C et al (2004) Modulation of cortical-limbic pathways in major depression. Arch Gen Psychiatry 61:34

Grawe K (2000) Psychologische Therapie. Hogrefe, Göttingen

Grawe K (2004) Neuropsychotherapie. Hogrefe, Göttingen

Grawe K, Donati R, Bernauer F (1994) Psychotherapie im Wandel: von der Konfession zur Profession. Hogrefe, Göttingen

Hahn T, Nierenberg AA, Whitfield-Gabrieli S (2017) Predictive analytics in mental health: applications, guidelines, challenges and perspectives. Mol Psychiatry 22:37–43

Han D-Y, Chen S-H (2014) Reducing the stigma of depression through neurobiology-based psychoeducation: a randomized controlled trial. Psychiatry Clin Neurosci 68:666–673

Heinz A (2017) A new understanding of mental disorders. Computational models for dimensional psychiatry. MIT Press, Cambridge

Heinz A, Wrase J, Kahnt T et al (2007) Brain activation elicited by affectively positive stimuli is associated with a lower risk of relapse in detoxified alcoholic subjects. Alcohol Clin Exp Res 31:1138–1147

Hester R, Luijten M (2014) Neural correlates of attentional bias in addiction. CNS Spectr 19:231–238

Hohenfeld C, Nellessen N, Dogan I et al (2017) Cognitive improvement and brain changes after real-time functional MRI neurofeedback training in healthy elderly and prodromal Alzheimer's disease. Front Neurol 8:384

Holmes EA, Arntz A, Smucker MR (2007) Imagery rescripting in cognitive behaviour therapy: images, treatment techniques and outcomes. J Behav Ther Exp Psychiatry 38:297–305

Insel T, Cuthbert B, Garvey M et al (2010) Research domain criteria (RDoC): toward a new classification framework for research on mental disorders. Am J Psychiatry 167:748–751

Kakoschke N, Kemps E, Tiggemann M (2017) Approach bias modification training and consumption: a review of the literature. Addict Behav 64:21–28

Kandel ER (1979) Psychotherapy and the single synapse. N Engl J Med 301:1028–1037

Kandel ER (1998) A new intellectual framework for psychiatry. Am J Psychiatry 155:457–469

Kim Y-K, Na K-S (2018) Application of machine learning classification for structural brain MRI in mood disorders: critical review from a clinical perspective. Prog Neuro-Psychopharmacol Biol Psychiatry 80:71–80

Kim Y-K, Yoon H-K (2018) Common and distinct brain networks underlying panic and social anxiety disorders. Prog Neuro-Psychopharmacol Biol Psychiatry 80:115–122

Knatz S, Wierenga CE, Murray SB et al (2015) Neurobiologically informed treatment for adults with anorexia nervosa: a novel approach to a chronic disorder. Dialogues Clin Neurosci 17:229–236

Kumari V, Peters ER, Fannon D et al (2009) Dorsolateral prefrontal cortex activity predicts responsiveness to cognitive-behavioral therapy in schizophrenia. Biol Psychiatry 66:594–602

Lefevre A, Hurlemann R, Grinevich V (2019) Imaging neuropeptide effects on human brain function. Cell Tissue Res 375:279–286

Lindauer RJL, Booij J, Habraken JBA et al (2008) Effects of psychotherapy on regional cerebral blood flow during trauma imagery in patients with post-traumatic stress disorder: a randomized clinical trial. Psychol Med 38:543–554

Linden DEJ (2006) How psychotherapy changes the brain – the contribution of functional neuroimaging. Mol Psychiatry 11:528–538

Livingston JD, Milne T, Fang ML, Amari E (2012) The effectiveness of interventions for reducing stigma related to substance use disorders: a systematic review. Addiction 107:39–50

Lueken U, Hahn T (2016) Functional neuroimaging of psychotherapeutic processes in anxiety and depression: from mechanisms to predictions. Curr Opin Psychiatry 29:25–31

Lueken U, Straube B, Konrad C et al (2013) Neural substrates of treatment response to cognitive-behavioral therapy in panic disorder with agoraphobia. Am J Psychiatry 170:1345–1355

Lutz A, Brefczynski-Lewis J, Johnstone T, Davidson RJ (2008) Regulation of the neural circuitry of emotion by compassion meditation: effects of meditative expertise. PLoS One 3:e1897

Maguire EA, Gadian DG, Johnsrude IS et al (2000) Navigation-related structural change in the hippocampi of taxi drivers. Proc Natl Acad Sci USA 97:4398–4403

Malejko K, Abler B, Plener PL, Straub J (2017) Neural correlates of psychotherapeutic treatment of post-traumatic stress disorder: a systematic literature review. Front Psychiatry 8:85

Meckel M (2018) Mein Kopf gehört mir. Eine Reise durch die schöne neue Welt des Brainhacking. Piper, München

Moeller SJ, Paulus MP (2018) Toward biomarkers of the addicted human brain: using neuroimaging to predict relapse and sustained abstinence in substance use disorder. Prog Neuro-Psychopharmacol Biol Psychiatry 80:143–154

Molden DC (2014) Understanding priming effects in social psychology: what is "social priming" and how does it occur? Soc Cognit 32:1–11

Monteleone AM, Castellini G, Volpe U et al (2018) Neuroendocrinology and brain imaging of reward in eating disorders: a possible key to the treatment of anorexia nervosa and bulimia nervosa. Prog Neuro-Psychopharmacol Biol Psychiatry 80:132–142

Moutoussis M, Shahar N, Hauser TU, Dolan RJ (2018) Computation in psychotherapy, or how computational psychiatry can aid learning-based psychological therapies. Comput Psychiatry (Camb Mass) 2:50–73

Müller S, Heinz A (2013) Stigmatisierung oder Entstigmatisierung durch Biologisierung psychischer Krankheiten? Nervenheilkunde 32:955–961

Nakao T, Nakagawa A, Yoshiura T et al (2005) Brain activation of patients with obsessive-compulsive disorder during neuropsychological and symptom provocation tasks before and after symptom improvement: a functional magnetic resonance imaging study. Biol Psychiatry 57:901–910

O'Doherty DCM, Chitty KM, Saddiqui S et al (2015) A systematic review and meta-analysis of magnetic resonance imaging measurement of structural volumes in posttraumatic stress disorder. Psychiatry Res Neuroimaging 232:1–33

Ori R, Amos T, Bergman H et al (2015) Augmentation of cognitive and behavioural therapies (CBT) with d-cycloserine for anxiety and related disorders. Cochrane Database Syst Rev

Owens MM, MacKillop J, Gray JC et al (2017) Neural correlates of tobacco cue reactivity predict duration to lapse and continuous abstinence in smoking cessation treatment. Addict Biol 23:1189–1199

Papineau D (1998) Mind the gap. Nous 32:373–388

Paquette V, Lévesque J, Mensour B et al (2003) "Change the mind and you change the brain": effects of cognitive-behavioral therapy on the neural correlates of spider phobia. Neuroimage 18:401–409

Park SQ, Kahnt T, Beck A et al (2010) Prefrontal cortex fails to learn from reward prediction errors in alcohol dependence. J Neurosci 30:7749–7753

Quidé Y, Witteveen AB, El-Hage W et al (2012) Differences between effects of psychological versus pharmacological treatments on functional and morphological brain alterations in anxiety disorders and major depressive disorder: a systematic review. Neurosci Biobehav Rev 36:626–644

Rainville P, Hofbauer RK, Paus T et al (1999) Cerebral mechanisms of hypnotic induction and suggestion. J Cognit Neurosci 11:110–125

Ritchey M, Dolcos F, Eddington KM et al (2011) Neural correlates of emotional processing in depression:

changes with cognitive behavioral therapy and predictors of treatment response. J Psychiatr Res 45:577–587
Romanczuk-Seiferth N (2017) Therapie (ge)braucht das Gehirn. PiD Psychother im Dialog 18:80–83
Romanczuk-Seiferth N, Koehler S, Dreesen C et al (2015) Pathological gambling and alcohol dependence: neural disturbances in reward and loss avoidance processing. Addict Biol 20:557–569
Schacht JP, Anton RF, Myrick H (2013) Functional neuroimaging studies of alcohol cue reactivity: a quantitative meta-analysis and systematic review. Addict Biol 18:121–133
Schiepek G, Tominschek I, Karch S et al (2009) A controlled single case study with repeated fMRI measurements during the treatment of a patient with obsessive-compulsive disorder: testing the nonlinear dynamics approach to psychotherapy. World J Biol Psychiatry 10:658–668
Schmitt R, Winter D, Niedtfeld I et al (2016) Effects of psychotherapy on neuronal correlates of reappraisal in female patients with borderline personality disorder. Biol Psychiatry Cognit Neurosci Neuroimaging 1:548–557
Schnell K, Herpertz SC (2007) Effects of dialectic-behavioral-therapy on the neural correlates of affective hyperarousal in borderline personality disorder. J Psychiatr Res 41:837–847
Schultz W (2016) Reward functions of the basal ganglia. J Neural Transm 123:679–693
Schulze L, Domes G, Krüger A et al (2011) Neuronal correlates of cognitive reappraisal in borderline patients with affective instability. Biol Psychiatry 69:564–573
Schwabe L (2017) Memory under stress: from single systems to network changes. Eur J Neurosci 45:478–489
Schwing R (2013) Spuren des Erfolgs: Was lernt die systemische Praxis von der Neurobiologie? In: Syst. Hirngespinste. Vandenhoeck & Ruprecht, Göttingen, S 63–119
Sebold M, Nebe S, Garbusow M et al (2017) When habits are dangerous: alcohol expectancies and habitual decision making predict relapse in alcohol dependence. Biol Psychiatry 82:847–856
Seiferth N, Heinz A (2010) Neurobiology of substance-related addiction: findings of neuroimaging. In: Del-Ben CM (Hrsg) Neuroimaging. IntechOpen, Rijeka
Sheffer CE, Mennemeier M, Landes RD et al (2013) Neuromodulation of delay discounting, the reflection effect, and cigarette consumption. J Subst Abuse Treat 45:206–214
Siegle GJ, Carter CS, Thase ME (2006) Use of fMRI to predict recovery from unipolar depression with cognitive behavior therapy. Am J Psychiatry 163:735–738
Sowell ER, Thompson PM, Toga AW (2004) Mapping changes in the human cortex throughout the span of life. Neuroscientist 10:372–392
Stucki C, Grawe K (2007) Bedürfnis- und Motivorientierte Beziehungsgestaltung. Psychotherapeut 52:16–23
Takagi K (2018) Information-based principle induces small-world topology and self-organized criticality in a large scale brain network. Front Comput Neurosci 12:65
Takahashi K, Mizuno K, Sasaki AT et al (2015) Imaging the passionate stage of romantic love by dopamine dynamics. Front Hum Neurosci 9:191
Vargas-Martínez F, Uvnäs-Moberg K, Petersson M et al (2014) Neuropeptides as neuroprotective agents: Oxytocin a forefront developmental player in the mammalian brain. Prog Neurobiol 123:37–78
Vellante F, Sarchione F, Ebisch SJH et al (2018) Creativity and psychiatric illness: a functional perspective beyond chaos. Prog Neuro-Psychopharmacol Biol Psychiatry 80:91–100
Wallhed Finn S, Bakshi A-S, Andréasson S (2014) Alcohol consumption, dependence, and treatment barriers: perceptions among nontreatment seekers with alcohol dependence. Subst Use Misuse 49:762–769
Walter H, Müller S (2011) Neuroethik und Psychotherapie. In: Schiepek G (Hrsg) Neurobiol. der Psychother., 2 Aufl. Schattauer, Stuttgart, S 646–655
Walter H, Berger M, Schnell K (2009) Neuropsychotherapy: conceptual, empirical and neuroethical issues. Eur Arch Psychiatry Clin Neurosci 259:173–182
Wiers CE, Ludwig VU, Gladwin TE et al (2015) Effects of cognitive bias modification training on neural signatures of alcohol approach tendencies in male alcohol-dependent patients. Addict Biol 20:990–999
Won E, Kim Y-K (2018) Neuroimaging in psychiatry: steps toward the clinical application of brain imaging in psychiatric disorders. Prog Neuro-Psychopharmacol Biol Psychiatry 80:69–70
Wrase J, Schlagenhauf F, Kienast T et al (2007) Dysfunction of reward processing correlates with alcohol craving in detoxified alcoholics. Neuroimage 35:787–794
Yerkes RM, Dodson JD (1908) The relation of strength of stimulus to rapidity of habit-formation. J Comp Neurol Psychol 18:459–482
Young SN (2013) The effect of raising and lowering tryptophan levels on human mood and social behaviour. Philos Trans R Soc Lond B Biol Sci 368:20110375
Zeki S (2007) The neurobiology of love. FEBS Lett 581:2575–2579

Psychoneurowissenschaften und ihre Bedeutung für die Praxis

Andreas Heinz, Gerhard Roth und Henrik Walter

G. Roth et al. (Hrsg.), *Psychoneurowissenschaften*, https://doi.org/10.1007/978-3-662-59038-6_15

Das vorliegende Buch hat sich zum Ziel gesetzt, eine Brücke zwischen den „Psychowissenschaften“ (Psychologie, Psychiatrie, Psychotherapie) und den Neurowissenschaften zu schlagen. Wie dargestellt, gelingt ein solcher Brückenschlag am leichtesten in Bereichen der Wahrnehmungspsychologie und kognitiven Psychologie, während etwa in der Persönlichkeitspsychologie erst allmählich neurowissenschaftlich fundierte Konzepte Anwendung finden. In den Bereichen der Psychiatrie ist nach wie vor eine dualistische Abgrenzung des Faches als einer „Geisteswissenschaft“ von der als Naturwissenschaft verstandenen Neurologie populär, was zugleich in einem bemerkenswerten Gegensatz zu einer ebenso verbreiteten Pharmakologie-Gläubigkeit steht. Auch innerhalb der Psychotherapie sind die Bemühungen um eine neurowissenschaftliche Fundierung der hier vertretenen Ansätze noch nicht weit gediehen. Besonders die Psychoanalyse hat sich – sehr zum eigenen Schaden und entgegen der Intentionen ihres Begründers Sigmund Freud – sehr lange gegen eine „Neurobiologisierung“ gewehrt (vgl. Roth und Strüber 2018). Wir hoffen, mit unserem Buch den Brückenschlag über derartige Gräben befördern zu können.

Es wäre aber falsch, dies als rein akademisches Unterfangen zu verstehen. Hier gilt der berühmte Satz von Kurt Lewin: „Nichts ist praktischer als eine gute Theorie!“. Wissenschaftliche Fakten und Erkenntnisse deuten sich nicht von allein, sondern erhalten Bedeutung nur über ihre Einbettung ihn ein übergreifendes theoretisches Konzept und dessen praktische Implikationen. Es ist eben für die Praxis nicht gleichgültig, ob jemand als Psychologe, Psychiater oder Psychotherapeut davon ausgeht, dass Geist und Psyche im Sinne eines Dualismus unabhängig vom materiellen Gehirn verstanden werden können oder sogar müssen, ob man im Sinne eines Reduktionismus glaubt, geistige bzw. psychische Prozesse ließen sich vollständig auf neuronale Prozesse zurückführen, oder ob man Geist-Psyche und Gehirn-Körper als eine vielgestaltige und zugleich notwendige Einheit begreift. Dies führt zu der Fragen, die wir abschließend behandeln wollen: Welche theoretischen und praktischen, aber auch ethischen Implikationen haben die in diesem Buch dargestellten Sachverhalte?

Zu allererst dürfte eines klar geworden sein: Aus Sicht der Neurowissenschaften ist ein Dualismus überholt, der versucht, kategoriale Unterscheidungen zwischen psychischen und neurobiologisch verankerten Erkrankungen des Gehirns zu treffen. So ist es beispielsweise im Bereich der Suchterkrankungen nicht sinnvoll, zwischen „körperlicher“ und „psychischer“ Abhängigkeit zu unterscheiden. Entsprechend einer dem Dualismus verpflichteten Differenzierung wären körperliche Zeichen einer Abhängigkeit solche, die sich anhand körperlich beobachtbarer Phänomene wie Schwitzen und Zittern objektivieren lassen, während sich die psychische Abhängigkeit als starkes Verlangen und verminderte Kontrolle über dieses Verlangen manifestieren soll. Bereits dieser Versuch einer Zuordnung der Leitsymptome zu einem psychischen gegenüber einem körperlichen Bereich relevanter Phänomene ist aber nur um den Preis einer unzulässigen Verkürzung zu haben. Denn zu den Entzugssymptomen zählen neben Zittern und Schwitzen eben auch entzugsbedingte Störungen der Schlaf-Wach-Regulation und der Stimmung bis hin zum manifesten Delir, das beispielsweise durch Halluzinationen gekennzeichnet ist, die als Störungen der Wahrnehmung bei strenger Dichotomisierung dem „psychischen“ Bereich zuzuordnen wären.

Zudem finden sich für die vermeintlich „körperlichen“ wie „psychischen“ Leitsymptome neurobiologische Korrelate in unterschiedlichen neuralen Netzwerken, so für Entzugssymptome im Bereich der noradrenergen Regulierung psychischer Funktionen oder bezüglich des Drogenverlangens im Bereich der dopaminergen Neurotransmission (Heinz 2017). Aus neurowissenschaftlicher Sicht ist auch die Unterscheidung zwischen psychiatrischen („psychischen“) und neurologischen

(„organischen") Erkrankungen unscharf und in manchen Fällen willkürlich (z. B. bei Demenz). Oft gehen „neurologische" Erkrankungen mit psychischen Symptomen einher und umgekehrt. Eine Störung der tonischen dopaminergen Neurotransmission im Bereich des dorsalen Striatums wird mit dem Parkinson-Syndrom in Verbindung gebracht, das durch Bewegungseinschränkungen, aber eben auch durch Depressionen und andere affektive Symptome gekennzeichnet ist, während eine Störung der phasischen dopaminergen Neurotransmission im Bereich des ventralen und assoziativen Striatums als Korrelat der Motivation, des Drogenverlangens und – bei stressbedingter oder chaotischer Aktivierung – bestimmter psychotischer Erfahrungen wie der Wahnwahrnehmungen verstanden wird (Heinz 2002b).

Es ist ein Ziel dieses Buches, solch überholte Entgegensetzungen aufzubrechen und zu einem *ganzheitlichen* Verständnis jener Krankheitsbilder zu gelangen, die – so vertrackt ist die durch den Dualismus kontaminierte Sprache – nicht ohne Rückgriff auf tradierte Dichotomien als „psychische" bezeichnet werden. Dies bedeutet indes nicht, die unterschiedlichen Zugangsweisen zu den relevanten Phänomenen zu vernachlässigen oder in einen inadäquaten Reduktionismus zu verfallen. Die hier notwendigen Differenzierungen überwinden eine einfache Entgegensetzung von Leitsymptomen in der Außenwelt, die beispielsweise als objektivierbare motorische Funktionsstörungen zur Neurologie zu rechnen wären, und Phänomenen in der Innenwelt, wie eben dem Hören von Stimmen oder dem Erlebnis eingegebener Gedanken, die dann psychische Erkrankungen kennzeichnen sollen. Die Verständigung über die Innenwelt und damit das Erleben von Menschen mit psychischen Erkrankungen sind nicht ohne eine „Mitwelt" möglich (Heinz 2014; Plessner 1975), d. h. nicht ohne Rückgriff auf gemeinsame Bemühungen um Versprachlichung oder um andere Formen der Artikulation und Darstellung individueller Erlebnisse.

Üblicherweise wird von „neurobiologischen Korrelaten" jener Phänomene gesprochen, die als Leitsymptome psychischer Erkrankungen gewertet werden und so unterschiedlicher Natur sein können wie Bewusstseinstrübungen im Delir, Schmerzerfahrungen bei Somatisierungsstörungen, Halluzinationen im Rahmen von epileptischen Auren oder psychotischen Erfahrungen und affektstarre Verstimmungen bei majoren Depressionen. Vermeintlich psychische Erkrankungen können motorische Leitsymptome aufweisen, wie bei der sogenannten Katatonie, während umgekehrt psychotische Erfahrungen und depressive Verstimmungen bei Patienten mit Chorea Huntington häufig anzutreffen sind. Wir plädieren also für eine differenzierte Sicht der Leitsymptome der sogenannten psychischen Erkrankungen, die sich nicht in ein Prokrustesbett vermeintlich psychischer versus körperlicher Phänomene pressen lassen. Aus dieser Sicht ist die historische und durch Interessenslagen bedingte strikte Unterscheidung in Neurologie und Psychiatrie obsolet.

Wenn wir also eher neutral von „neurobiologischen Korrelaten" der Leitsymptome psychischer Erkrankungen sprechen, lassen wir es bewusst offen, wie das Verhältnis komplexer kognitiver Leistungen zu diesen biologischen Korrelaten zu verstehen ist, welche Formen der Identität oder Emergenz hier also vorausgesetzt werden. Dies hat den Vorteil, dass unser Ansatz auch gegenüber anderen Ansätzen offen ist, auch wenn wir uns als Psychiater, Neurowissenschaftler und Philosophen einem Materialismus verpflichtet sehen, der die Schönheit und Komplexität der Lebewesen und ihrer Organe schätzt (Ernst und Heinz 2013). Verkürzende Aussagen wie „das Gehirn tut dieses oder jenes", die neuronale Prozesse personalisieren, sind zwar manchmal anschaulich, werden aber dieser Komplexität letztlich nicht gerecht. Wenn wir sprachlich überholte Dualismen und Dichotomien im Bereich der Symptome psychischer Erkrankungen und ihrer neurobiologischen

Korrelate auflösen wollen, dann sind verkürzende Gleichsetzungen der handelnden Personen mit ihrem Gehirn nicht hilfreich. Das zeigt sich auch daran, dass in den kognitiven Neurowissenschaften das Konzept der *situierten Kognition,* also die Annahme, dass kognitive Prozesse eines Organismus immer auch verkörpert und handelnd in die Umwelt eingebettet sind, immer mehr Beachtung in der empirischen Forschung gewinnt (Newen et al. 2018; Walter 2018). Hinzu kommt, dass wir uns bewusst sein müssen, dass unser Verständnis vom Gehirn und seiner Interaktion mit dem lebendigen Leib immer von zeitgenössischen Vorstellungen geprägt wird. So finden sich bei Auseinandersetzungen mit der Geschichte psychischer Erkrankungen vielfältige Projektionen sozialer Herrschaftsverhältnisse auf das Organ Gehirn, die dann paradigmatisch dessen weitere Erforschung leiten und zu zirkulären Fehlschlüssen bezüglich angeblicher biologischer Grundlagen sozialer Ungleichheit führen. Beispielhaft wurde dies für die Konstruktion schizophrener Erkrankungen aufgearbeitet (Heinz 2002a). Das Gehirn ist ein wundervoll komplexes Organ, dessen Verständnis sich solcher ideologischen Zugriffe entzieht (Roth 1996).

Welche praktischen und ethischen Implikationen ergeben sich aus dem Aufweisen neurobiologischer Korrelate psychischer Erkrankungen? Wir möchten dies an drei Punkten näher ausführen, zum einen anhand der Frage der Willensfreiheit, zum zweiten

bezüglich der Frage der Voraussage (Prädiktion) des Verlaufs von Erkrankungen und drittens anhand des Themas der Gleichbehandlung von Menschen mit „psychischen“ versus „somatischen“ Erkrankungen. Bezüglich der Willensfreiheit vertreten wir als Herausgeber teilweise gemeinsame und teilweise etwas unterschiedliche Positionen (vgl. Heinz 2014; Roth 2003, 2009; Walter 1999, 2011). Wir sind uns darin einig, dass eine unbedingte Freiheit, also die Möglichkeit, trotz vorhandener Gründe und Motive in einer als identisch angenommenen Situation auch anders handeln zu können, beliebig wäre und keine moralische Verantwortlichkeit – die Kehrseite der Willensfreiheit – begründen kann. Eine bedingte Freiheit, unter ähnlichen Umständen aufgrund von eigenen (personalen) Gründen auch anders handeln zu können, ist dagegen aus neurowissenschaftlicher Sicht möglich. Willensfreiheit in diesem Sinne ist ein graduelles Phänomen und kann in relevanter Weise eingeschränkt sein. Andererseits gibt es eine meist sehr niedrige Schwelle, bei der die affektiv-kognitiven Fähigkeiten so stark eingeschränkt sind, dass eine selbstbestimmte Entscheidung aufgrund dieser krankhaft eingeschränkten Fähigkeiten nicht mehr sinnvoll zugeschrieben werden kann. Eine solche Feststellung ergibt sich niemals allein aus einer Diagnose, entscheidend sind dabei die aktuellen Fähigkeiten einer Person im relevanten Kontext. Einschränkungen lebensrelevanter Funktionsfähigkeiten wie Bewusstseinstrübungen oder räumliche Desorientiertheit beim Delir können eine solche Selbstbestimmung unmöglich machen und damit zu einem „Freiheitsverlust“ der betroffenen Person führen. Diesen könnten wir freilich schwer als solchen definieren, würden wir nicht zumindest im Alltag handelnden Personen eine bedingte Entscheidungsfreiheit zugestehen.

Wir plädieren insgesamt für ein Verständnis psychischer Erkrankungen, das auf Denkverbote und falsche Dichotomien verzichtet, ohne in unangemessenen Reduktionismen zu verfallen. Gerade der Respekt vor der Materie als Trägerin unseres Lebens gebietet, auch die komplexesten Leistungen biologischer und damit materieller Organe in ihrer Eigendynamik zu respektieren, ohne hier immaterielle Konstrukte wie einen vermeintlichen „freien Geist“ bemühen zu müssen (Plessner 1975; Scheler 1928). Nur am Rande sei vermerkt, dass es sich hier nicht um einen technokratischen Standpunkt der Neuzeit, sondern um bereits in der Antike artikulierte Anschauungen handelt (vgl. Laotse 1921; Lukrez 2014).

Der zweite Punkt betrifft die Frage: Läuft die Prädiktion psychischer Erkrankungsverläufe aus neurobiologischen Korrelaten Gefahr, die Patientin oder den Patienten zu entmutigen oder ihrer Handlungsmöglichkeiten zu berauben? Eine einfache und schnelle Antwort aufgrund der jetzigen Datenlage muss „Nein" lauten, denn alle bisher entdeckten Biomarker erlauben nur eine sehr unvollständige und partielle Vorhersage weiterer Verläufe. Man kann zwar mithilfe komplexer Untersuchungsmethoden wie der funktionellen Kernspintomografie Bilder der bevorzugten Drogen nutzen, um anhand der Aktivierungsmuster im zentralen Nervensystem vorherzusagen, welche Patienten besonders gefährdet sind, rückfällig zu werden. Aber dies erklärt nur einen ganz begrenzten Teil der Varianz künftiger Verläufe (Beck et al. 2012) und kann für die Vorhersage im individuellen Patienten (noch) nicht genutzt werden.

Noch geringer ist in aller Regel die Möglichkeit, aus genetischen Risikofaktoren die Manifestation einer psychischen Erkrankung wie etwa einer schizophrenen Psychose vorherzusagen. Zwar konnte man schon 2014 unter Kenntnis aller vorkommenden genetischen SNPs *(single nucleotide polymorphisms)* 18,4 % der Varianz des Auftretens schizophrener Psychosen in sehr großen Datensätzen erklären (Ripke et al. 2014), dies ist aber nach wie vor für individuelle Fragestellungen klinisch nicht relevant, und jede einzelne genetische Variante (SNP) erhöht das Risiko, an einer Schizophrenie zu erkranken, nur um den Bruchteil eines Prozents. Deshalb halten wir es für wichtig, bei Korrelaten häufiger genetischer Polymorphismen mit Hirnstruktur oder -aktivität, beispielsweise bei veränderten Aktivierungsmustern während der Durchführung bestimmter Aufgaben, nicht von „dysfunktionalen Aktivierungsmustern" zu sprechen.

Diese häufigen genetischen Varianzen sind in der Allgemeinbevölkerung weit verbreitet; sie sind in aller Regel mit keinerlei Leistungseinschränkung verbunden und tragen zur Diversität menschlicher Lebensformen bei. Psychische Erkrankungen entwickeln sich nicht unausweichlich aus einer bestimmten genetischen Prädisposition, sondern letztere stellen Vulnerabilitätsfaktoren dar, d. h. sie erhöhen die Empfindlichkeit der betroffenen Personen, bei Eintreffen bestimmter Lebensereignisse eine psychische Erkrankung zu entwickeln (vgl. ▶ Kap. 5 und 7).

Solche Erkrankungen sind definiert durch die Einschränkung generell lebenswichtiger Funktionsfähigkeiten. Hierzu gehören Bewusstseinstrübungen, Störungen der räumlichen oder zeitlichen Orientierung, Störungen der Wahrnehmung bis hin zu komplexen akustischen Halluzinationen oder Beeinträchtigungen der affektiven Schwingungsfähigkeit, wie man sie in Manien oder Depressionen findet. Eine klinisch relevante Erkrankung ist aber auch bei Vorliegen solcher Leitsymptome nur dann gegeben, wenn das betroffene Individuum unter ihnen leidet oder in seinen Aktivitäten des täglichen Lebens eingeschränkt ist, die die Grundlage der sozialen Teilhabe darstellen. Wer sich also aufgrund seiner Gedächtnisstörungen im Rahmen seiner Demenz nicht mehr waschen oder anziehen kann oder unter komplexen akustischen Halluzinationen persönlich leidet, ist klinisch relevant erkrankt. Hingegen würden Personen, die ihre Stimmen als Ratgeber schätzen und ihren Alltag bewältigen, aus ärztlicher Sicht zwar immer noch Halluzinationen und somit Störungen der Wahrnehmung aufweisen, eine klinische Relevanz wäre damit aber nicht verbunden (Heinz 2014).

Allerdings ist der Verweis auf die (noch) geringe Aussagekraft neurobiologischer Veränderungen kein Argument dafür, dass eine solche Prädiktion eines Tages nicht auch ethische Probleme aufwerfen könnte. Eine immer genauere Erfassung der neurobiologischen Korrelate psychischer Vorgänge könnte dazu führen, dass menschliche Verhaltensweisen immer besser vorhersehbar und damit auch kontrollierbar oder gar manipulierbar werden. Hinzu kommt, dass *jedes* psychische Phänomen ein organisches Korrelat aufweisen wird, wenn die Untersuchungsmethoden nur fein und genau genug sind. Es ist für uns von entscheidender Bedeutung, menschliche Diversität zu schützen, unterschiedliche Lebensentwürfe zu respektieren und Krankheiten nicht als Abweichungen von einer willkürlich gesetzten oder statistisch definierten Norm zu verstehen. Es geht also um die Frage, welche Funktionsfähigkeiten lebensrelevant und damit aus medizinischer Sicht Krankheitssymptome sind, und um die Bewertung ihrer Auswirkungen auf die Lebenswelt des betroffenen Individuums.

Beim dritten Punkt, der Frage der Gleichbehandlung psychisch erkrankter Personen mit Menschen, die an sogenannten somatischen Erkrankungen leiden, kann aus unserer Sicht die Beschreibung der neurobiologischen Korrelate der Entstigmatisierung dienen. So machen neurobiologisch definierbare Mechanismen es verständlich, warum es einer Person mit einer Suchterkrankung besonders schwer fallen kann, ihre Verhaltensweisen zu ändern; habituierte Reaktionen auf Drogenreize können bei intensiver, bewusster Vorsatzbildung nur schwer kontrollierbar sein. Ein neurobiologisches Verständnis kann überkommene Dichotomien aufbrechen, die Menschen als frei oder unfrei klassifizieren, und stattdessen auf den Schweregrad der Veränderungen von Lernmechanismen hinweisen, die es für die betroffenen Personen besonders schwierig, aber nicht unmöglich machen, ihre Verhaltensweisen zu ändern. Idealerweise helfen neurobiologische Erkrankungen also, Verständnis für die Schwierigkeiten psychisch Kranker zu wecken.

Das ist aber keinesfalls ein Selbstläufer. Tatsächlich zeigen Metaanalysen, dass biogenetische Erklärungen psychischer Erkrankungen einerseits die Vorwürflichkeit gegenüber Kranken reduzieren, andererseits aber auch zu einem prognostischen Pessimismus führen können und möglicherweise auch zu einer Tendenz, psychisch kranke Menschen eher als gewaltätig anzusehen (Kvaale et al. 2013). Die Geschichte der Psychiatrie ist voll von Stigmatisierungen, Ausgrenzungen sowie von menschenverachtenden Umgangsweisen bis hin zum Mord an psychisch Kranken in der Zeit des Nationalsozialismus. Die Beschreibung biologischer Mechanismen läuft immer Gefahr, die Betroffenen als in irgendeiner Form „anders“ zu labeln und auszugrenzen. Dem sei hier mit allem Nachdruck entgegengetreten: Psychische Erkrankungen ergeben sich aus der besonderen Stellung der Menschen in ihrer Lebenswelt. Nur wer sich von sich selbst distanzieren und über sich reflektieren kann, ist überhaupt in der „zutiefst menschlichen“ Position, die eigenen Gedanken als „fremd“ oder „eingegeben“ zu erfahren, wie das bei psychotischen Ich-Störungen der Fall ist (Heinz 2014). Nur wer seine Stimmung artikulieren und reflektieren kann, ist in der Lage, neben der depressiven Verstimmung auch einen Versündigungs- oder Verschuldungswahn zu entwickeln. Ein starkes Verlangen nach dem Konsum von Drogen lässt sich auch im Tiermodell beobachten, eine Verminderung der Kontrolle im Sinne eines Drogenkonsums entgegen anderslautendender Vorsätze ist wiederum nur beim Menschen beobachtbar, also einem Wesen, das über seine Vorhaben Aussagen treffen kann. Dies gilt neben der Psychiatrie auch im Bereich der Neurologie, denn dort beruht die klinische Untersuchung einer Aphasie oder Ataxie auf der Interaktion mit der betroffenen Person.

Dennoch gibt es eine fortbestehende Diskriminierung psychisch Kranker in vielfältiger Weise; nicht nur durch Stigmatisierung in der Gesellschaft und sozialen Ausschluss, sondern auch durch Ungleichbehandlung im Gesundheitssystem. So müssen Suchtkranke nach der Entgiftung einen Antrag auf Rehabilitation stellen, damit ihre Grunderkrankung, nämlich die Abhängigkeit von Drogen, behandelt wird. Man stelle sich vor, eine solche Zumutung würde gegenüber Patientinnen und Patienten mit affektiven Erkrankungen ausgesprochen werden, und die Krankenkassen würden nur die Akutversorgung nach einem Suizidversuch bezahlen, während die Behandlung der Grunderkrankung, in diesem Fall der Depression, erst nach Erstellen eines Antrags auf Rehabilitation möglich wäre.

Auf dem Hintergrund solcher Überlegungen und des von Betroffenen und Angehörigen getragenen Kampfes um Gleichbehandlung aller Menschen mit psychisch ebenso wie somatisch verordbaren Erkrankungen wollten wir mit diesem Buch die neurobiologischen Korrelate psychischer Krankheitsbilder beschreiben und zur Entstigmatisierung psychischer Erkrankungen beitragen. Von der tradierten Stigmatisierung psychisch Kranker zur Inklusion in die Lebenswelt ist es oft ein weiter und steiniger Weg; wir hoffen, dass unser Versuch einer Aufklärung über die Entstehungsbedingungen psychischer Erkrankungen und über ihre Therapiemöglichkeiten hierzu beitragen kann.

Literatur

Beck A, Wüstenberg T, Genauck A, Wrase J, Schlagenhauf F, Smolka M, Heinz A (2012) Effect of brain structure, brain function, and brain connectivity on relapse in alcohol-dependent patients. Arch Gen Psychiatry 69(8):842–852

Ernst G, Heinz A (2013) Die widerspenstige Materie: Neues aus der Naturwissenschaft und Konsequenzen für linke Theorie und Praxis. Schmetterling, Stuttgart

Heinz A (2002a) Anthropologische und evolutionäre Modelle in der Schizophrenieforschung (Das transkulturelle Psychoforum). VWB-Verlag, Bergisch Gladbach

Heinz A (2002b) Dopaminergic dysfunction in alcoholism and schizophrenia – psychopathological and behavioral correlates. Eur Psychiatry 17(1):9–16

Heinz A (2014) Der Begriff der psychischen Krankheit. Suhrkamp, Berlin

Heinz A (2017) A new understanding of mental disorders: computational models for dimensional psychiatry. MIT Press, London

Kvaale EP, Haslam N, Gottdiener W (2013) The ‚side effects' of medicalization: a meta-analytic review of how biogenetic explanations affect stigma. Clin Psychol Rev 33(2013):782–794

Laotse (1921) Tao Te King. Das Buch des alten vom Sinn und Leben. Aus dem chinesischen verdeutscht und erläutert von Richard Wilhelm. Eugen Diedrichs-Verlag, Jena

Lukrez (2014) Über die Natur der Dinge. Galiani, Berlin

Newen A et al (2018) 4E cognition: historical roots, key concepts and central issues. In: Newen A, De Bruin L, Gallagher S (Hrsg) The Oxford handbook of 4E cognition. OUP, Oxford

Plessner H (1975) Die Stufen des Organischen und der Mensch. Einleitung in die philosophische Anthropologie. De Gruyter, Berlin

Ripke S, Schizophrenia Working Group of the Psychiatric Genomics Consortium et al (2014) Biological insights from 108 schizophrenia-associated genetic loci. Nature 511(7510):421–427 (IF 42.3)

Roth G (1996) Das Gehirn und seine Wirklichkeit: Kognitive Neurobiologie und ihre philosophischen Konsequenzen. Suhrkamp, Frankfurt a. M.

Roth G (2003) Fühlen, Denken, Handeln. Wie das Gehirn unser Verhalten steuert. Suhrkamp, Frankfurt

Roth G (2009) Aus Sicht des Gehirns. Suhrkamp, Frankfurt

Roth G, Strüber N (2018) Wie das Gehirn die Seele macht. Klett-Cotta, Stuttgart

Scheler M (1928) Die Stellung des Menschen im Kosmos. Reichl, Darmstadt

Walter H (1999) Neurophilosophie der Willensfreiheit. Mentis, Paderborn (English edition: Neurophilosophy of free will. MIT, Boston, 2001; Erstveröffentlichung 1998)

Walter H (2011) Contributions of neuroscience to the free will debate: from random movement to intelligible action. In: Kane R (Hrsg) Oxford Handbook of Free Will. Oxford University Press, Oxford, S 515–529

Walter H (2018) Über das Gehirn hinaus. Aktiver Externalismus und die Natur des Mentalen. Nervenheilkunde 37(7/8):479–486

Serviceteil

G. Roth et al. (Hrsg *Psychoneurowissenschaften*, https://doi.org/10.1007/978-3-662-59038-6

Stichwortverzeichnis

D

E

F

G

H

J

L

M

N

T

Z

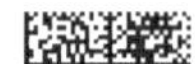